三支决策空间

胡宝清　著

科 学 出 版 社
北　京

内 容 简 介

本书系统地介绍了三支决策空间理论的基本原理与基本方法. 全书共 9 章, 内容包括三支决策空间理论的相关基本概念——偏序集、Fuzzy 集、粗糙集、三支决策; 三支决策空间的建立——决策评价函数公理、三支决策空间上的三支决策、基于各类集合的三支决策、动态三支决策和双决策评价函数的三支决策; 三支决策空间的构造——三支决策的聚合、半三支决策空间及其转化; 三支决策空间的推广——基于三角模的决策评价函数构造和广义三支决策空间. 本书对阐述的重要概念附有英文对照, 便于读者对相关英文文献的检索; 除第 1, 2 章外, 每章章后附有小结, 便于读者对最新研究成果的追踪; 大量的参考文献便于读者进一步阅读和研究.

本书可以作为高等院校高年级本科生和研究生的教学参考书, 也可作为从事数据科学、大数据技术、粒计算、软计算、机器学习、模糊集理论与应用研究的工程技术人员和广大教师的参考书.

图书在版编目（CIP）数据

三支决策空间 / 胡宝清著. —北京：科学出版社，2024.1
ISBN 978-7-03-077036-3

Ⅰ. ①三…　Ⅱ. ①胡…　Ⅲ. ①决策支持系统-研究　Ⅳ. ①TP399

中国国家版本馆 CIP 数据核字（2023）第 224784 号

责任编辑：李静科　李香叶 / 责任校对：彭珍珍
责任印制：张　伟 / 封面设计：无极书装

科 学 出 版 社出版
北京东黄城根北街 16 号
邮政编码：100717
http:// www.sciencep.com
北京天宇星印刷厂印刷
科学出版社发行　各地新华书店经销
*
2024 年 1 月第　一　版　开本：720×1000　1/16
2024 年 9 月第二次印刷　印张：22
字数：380 000
定价：158.00 元
（如有印装质量问题，我社负责调换）

前　言

粗糙集理论作为一种数据分析理论，于 1982 年由波兰科学家 Pawlak 提出. 然而，经典粗糙集理论由于没有考虑不确定性的容错性，其应用受到一定的限制. 为完善该经典理论，加拿大里贾纳大学的姚一豫 (Yao) 教授于 1989 年将贝叶斯风险决策引入粗糙集中，提出了决策粗糙集理论. 2009—2010 年, Yao 在决策粗糙集理论的基础上提出了三支决策，至此，决策粗糙集的理论模型及其语义应用体系已正式建立. 三支决策 (3WD) 是经典双支决策 (2WD) 的延伸，其主要目的是将粗糙集的正、负和边界区域分别解释为三元分类中的三个决策结果为接受、拒绝和不确定性 (或延迟). 三支决策有着十分广泛的应用背景. 三支决策的思想已在医学、工程、管理、信息领域得到了成功的应用. 近几年来，对于三支决策和粒计算的研究引起了国内外学者的广泛关注.

随着三支决策模型研究的深入与扩大，三支决策模型被推广到 Fuzzy 集、区间值 Fuzzy 集、直觉 Fuzzy 集、区间集、阴影集等. 而这些推广模型都可以统一到 Fuzzy 格或偏序集上，这样就形成了三支决策空间. 2014 年胡宝清在 Fuzzy 格上给出了公理化的三支决策空间，随后 2016 年将三支决策空间建立在偏序集上. 2017 年讨论了满足部分公理的三支决策空间及其决策评价函数构造，随后在三支决策空间上考虑了决策评价函数聚合、决策评价函数推广与构造、决策参数等.

本书系统地介绍了三支决策空间理论的基本原理与基本方法. 全书共 9 章，内容包括三支决策空间理论的相关基本概念——偏序集、Fuzzy 集、粗糙集、三支决策 (第 1, 2 章)；三支决策空间的建立——决策评价函数公理、三支决策空间上的三支决策、基于各类集合的三支决策、动态三支决策和双决策评价函数的三支决策 (第 3, 4 章)；三支决策空间的构造——三支决策空间的聚合、半三支决策空间及其转化 (第 5—7 章)；三支决策空间的推广——基于三角模的决策评价函数构造和广义三支决策空间 (第 8, 9 章).

书中对重要概念附有英文对照，便于读者对相关英文文献的模糊检索；书中对某些定义、定理和例等标明出处，便于读者查询其背景与详细内容；书中对不同章节里再次出现的概念和方法标明出处，便于读者选择性阅读；除第 1, 2 章,每章章后附有小结, 便于读者对最新研究成果的追踪; 书后列出参考文献, 便于读者对文献的查阅.

本书得到包括姚一豫教授在内的国内外专家学者与包括李庆国和李进金教授在内的中国系统工程学会模糊数学与模糊系统专业委员会诸委员的热忱支持, 这给作者极大的鼓舞. 仰恩大学工程技术学院和数学系的亲切关怀, 给作者极大的鞭策. 科学出版社的无私帮助, 给作者莫大的安慰. 丰富的文献, 使本书生辉. 本书的出版得到了国家自然科学基金项目 (编号: 11971365, 11571010) 的资助. 在此一并致谢!

倘若本书能给那些对三支决策感到神秘而又无从下手的朋友以及想从事三支决策应用研究而又苦于理论贫乏的朋友有所帮助, 作者就感到欣慰了, 也不枉费初衷.

由于作者才疏学浅, 不足与疏漏在所难免, 诚望广大读者批评斧正.

胡宝清

2023 年 1 月于仰恩大学

目　　录

第 1 章　偏序集与 Fuzzy 集

本章主要介绍偏序集、格、Fuzzy 集及其运算、Fuzzy 集的截集与分解、t-模与 t-余模及其推广、Fuzzy 关系和 Fuzzy 集的各类推广等. 这些概念在后续的章节要用到.

1.1　偏序集与格

一般的量化和决策涉及排序问题, 这种排序不一定能保证在这个集合内的所有对象可相互比较. 下面给出偏序集、格、分配格、布尔代数、软代数等概念.

1.1.1　偏序集

定义 1.1.1　称 $(P, \leqslant_P)$ 为**偏序集** (partially ordered set 或 poset), 若 P 上的关系 $\leqslant_P$ 满足以下条件:

(1) **自反性**　$a \leqslant_P a$;

(2) **反对称性**　$a \leqslant_P b, b \leqslant_P a \Rightarrow a = b$;

(3) **传递性**　$a \leqslant_P b, b \leqslant_P c \Rightarrow a \leqslant_P c$.

这时 $\leqslant_P$ 称为 P 的偏序关系或偏序. 在偏序集 $(P, \leqslant_P)$ 中, 未必有 $a \leqslant_P b$ 与 $b \leqslant_P a$ 之一成立. 对任意 $a, b \in P$, 必有 $a \leqslant_P b$ 或 $b \leqslant_P a$, 称 P 为线性序, 同时 $(P, \leqslant_P)$ 称为**线性序集** (linear ordered set). 用 $\geqslant_P$ 表示 $\leqslant_P$ 的逆关系, 即对任意 $a, b \in P$, $a \geqslant_P b$ 当且仅当 $b \leqslant_P a$. $a <_P b$ 表示 $a \leqslant_P b$, 并且 $a \neq b$. 同理可定义 $a >_P b$.

设 $(P, \leqslant_P)$ 为偏序集, 如果存在 $a \in P$, 使 $\forall b \in P$, 有 $a \leqslant_P b$ ($b \leqslant_P a$), 称 a 为 P 的最小元 (最大元). 记 0_P 为最小元, 1_P 为最大元. 具有最小元和最大元的偏序集称为有界偏序集, 记为 $(P, \leqslant_P, 0_P, 1_P)$.

设 $(P, \leqslant_P)$ 为偏序集, $H \subseteq P$, 若存在 $u \in P$, $\forall h \in H$, 使 $h \leqslant_P u$, 称 u 为 H 的上界. 如果 H 的上界集合有一个最小元, 称它为 H 的最小上界, 记为 $\sup H$ 或 $\bigvee_{h \in H} h$. 若存在 $v \in P$, $\forall h \in H$, 使 $v \leqslant_P h$, 称 v 为 H 的下界. 如果 H 的下界集合

有一个最大元, 称它为 H 的最大下界, 记为 $\inf H$ 或 $\bigwedge_{h\in H} h$. 特别地, 我们称 $\{a, b\}$ 的最小上界 (最大下界) 为元素 a,b 的最小上界 (最大下界), 记为 $a\vee b$ $(a\wedge b)$.

定义 1.1.2 设 $(P, \leqslant_P)$ 为有界偏序集, 则映射 $N_P: P\to P$ 称为**否算子** (negation operator), 如果满足

(1) $N_P(0_P)=1_P$, $N_P(1_P)=0_P$;

(2) 逆序 $x\leqslant_P y \Leftrightarrow N_P(y)\leqslant_P N_P(x), \forall x,y\in P$.

具有否算子 N_P 的有界偏序集记为 $(P,\leqslant_P,N_P,0_P,1_P)$.

例 1.1.1 令 $I=[0,1]$, 则 $(I,\leqslant)$ 是一个有界偏序集, 其最小元为 0, 最大元为 1.

(1) $N_I^{(\lambda)}(x)=1-x^{\lambda}$, $x\in[0,1]$, $\lambda\in(0,+\infty)$;

(2) $N_I^{(\min)}(x)=\begin{cases}1, & x=0,\\ 0, & x\neq 0,\end{cases}$ $x\in[0,1]$;

(3) $N_I^{(\max)}(x)=\begin{cases}0, & x=1,\\ 1, & x\neq 1,\end{cases}$ $x\in[0,1]$,

则 $N_I^{(\lambda)}$, $N_I^{(\min)}$ 和 $N_I^{(\max)}$ 都是 [0, 1] 上的否算子. [0, 1] 上的否算子也称为 **Fuzzy 否定** (fuzzy negation).

定义 1.1.3 设 $(P, \leqslant_P)$ 为有界偏序集, 否算子 $N_P: P\to P$ 称为**对合否算子** (involution negation operator) 或**逆序对合对应** (inverse order involution mapping) 或**伪补** (pseudo-complement), 如果满足对合律 $N_P(N_P(x))=x, \forall x\in P$.

例 1.1.1 中的 $N_I^{(\lambda)}$ $(\lambda\neq 1)$, $N_I^{(\min)}$ 和 $N_I^{(\max)}$ 不满足对合律.

具有对合否算子 N_P 的有界偏序集记为 $(P,\leqslant_P,N_P,0_P,1_P)$.

例 1.1.2 (1) 在 $\{0,1\}$ 上定义 $0\leqslant 1$, 则 $(\{0,1\},\leqslant)$ 是一个有界偏序集, 其最小元为 0, 最大元为 1, 对合否算子是 $0^c=1$, $1^c=0$.

(2) 在 $\{0,[0,1],1\}$ 上定义 $0\leqslant[0,1]\leqslant 1$, 则 $\left(\{0,[0,1],1\},1\right)$ 是一个有界偏序集, 其最小元为 0, 最大元为 1, 对合否算子是 $0^c=1$, $1^c=0$, $[0,1]^c=[0,1]$.

(3) 在有界偏序集 $(I,\leqslant)$ 上考虑 $N_I(x)=N_I^{(1)}(x)=1-x$, $\forall x\in[0,1]$, 则 N_I 是 [0, 1] 上的对合否算子. [0, 1]上的对合否算子也称为**强 Fuzzy 否定** (strong fuzzy negation). 在[0, 1]上, 定义 $\forall x\in[0,1]$, $N_\lambda(x)=\dfrac{1-x}{1+\lambda x}$ $(\lambda\in(-1,+\infty))$ 和 $N_\omega(x)=\sqrt[\omega]{1-x^{\omega}}$ $(\omega\in(0,+\infty))$, 则 N_λ 和 N_ω 是 [0,1] 上的对合否算子. 事实上

$$N_\lambda(N_\lambda(x))=\frac{1-N_\lambda(x)}{1+\lambda N_\lambda(x)}=\frac{1-\frac{1-x}{1+\lambda x}}{1+\lambda\frac{1-x}{1+\lambda x}}=x.$$

(4) 令 $I^2=I\times I$，特别 $I_q^2=\left\{(a,b)\in I^2\mid a^q+b^q\leqslant 1\right\}$ ($q\geqslant 1$)。显然 $I_q^2\subset I^2$。如果定义 $(x_1,y_1)\leqslant_{I^2}(x_2,y_2)$ 当且仅当 $x_1\leqslant x_2, y_1\geqslant y_2$，$\forall(x_1,y_1),(x_2,y_2)\in I^2$，则 $(I^2,\leqslant_{I^2})$ 和 $(I_q^2,\leqslant_{I^2})$ 都是有界偏序集，其最小元为 $0_{I^2}=0_{I_q^2}=(0,1)$，最大元为 $1_{I^2}=1_{I_q^2}=(1,0)$。它的对合否算子 $N_{I^2}((x,y))=(y,x)$，$\forall(x,y)\in I^2$。在 I^2 上还可以定义 $\forall(x_1,y_1),(x_2,y_2)\in I^2$，

$$(x_1,y_1)\vee_{I^2}(x_2,y_2)=(x_1\vee x_2,y_1\wedge y_2),$$
$$(x_1,y_1)\wedge_{I^2}(x_2,y_2)=(x_1\wedge x_2,y_1\vee y_2).$$

(5) 令 $I^{(2)}=\left\{[a^-,a^+]\mid 0\leqslant a^-\leqslant a^+\leqslant 1\right\}$。如果定义 $[x^-,x^+]\leqslant_{I^{(2)}}[y^-,y^+]$ 当且仅当 $x^-\leqslant y^-, x^+\leqslant y^+$ 时，$\forall[x^-,x^+],[y^-,y^+]\in I^{(2)}$，则 $(I^{(2)},\leqslant_{I^{(2)}})$ 是有界偏序集，其最小元为 $0_{I^{(2)}}=[0,0]$，最大元为 $1_{I^{(2)}}=[1,1]$。它的对合否算子是 $N_{I^{(2)}}\left([x^-,x^+]\right)=[1-x^+,1-x^-]$，$\forall[x^-,x^+]\in I^{(2)}$。在 I^2 上还可以定义 $\forall[x^-,x^+],[y^-,y^+]\in I^{(2)}$，

$$[x^-,x^+]\vee_{I^{(2)}}[y^-,y^+]=[x^-\vee y^-,x^+\vee y^+],$$
$$[x^-,x^+]\wedge_{I^{(2)}}[y^-,y^+]=[x^-\wedge y^-,x^+\wedge y^+].$$

令 $I_*^{(2)}=I^{(2)}-\{[a,1]\mid a\neq 0,1\}$，显然 $I_*^{(2)}\subseteq I^{(2)}$，并且 $(I_*^{(2)},\leqslant_{I^{(2)}})$ 的最小元还是 $0_{I^{(2)}}=[0,0]$，最大元还是 $1_{I^{(2)}}=[1,1]$。有界偏序集 $(I_*^{(2)},\leqslant_{I^{(2)}})$ 在第 9 章用到.

令 $I_{0.5}^{(2)}=\{[a^-,a^+]\mid 0\leqslant a^-\leqslant 0.5\leqslant a^+\leqslant 1\}$，显然 $I_{0.5}^{(2)}\subseteq I^{(2)}$，并且 $(I_{0.5}^{(2)},\leqslant_{I^{(2)}})$ 的最小元是 $0_{I_{0.5}^{(2)}}=[0,0.5]$，最大元还是 $1_{I_{0.5}^{(2)}}=[0.5,1]$ (Hu, Yiu, 2024).

(6) 令 $B_F=[-1,0]\times[0,1]$，如果定义 $(x_1,y_1)\leqslant_{B_F}(x_2,y_2)$ 当且仅当 $x_1\leqslant x_2$，$y_1\leqslant y_2$，$\forall(x_1,y_1),(x_2,y_2)\in B_F$，则 $(B_F,\leqslant_{B_F})$ 是有界偏序集，其最小元为 $0_{B_F}=(-1,0)$，最大元为 $1_{B_F}=(0,1)$。它的对合否算子 $N_{B_F}((x,y))=(-y,-x)$，$\forall(x,y)\in B_F$。在 B_F 上还可以定义 $\forall(x_1,y_1),(x_2,y_2)\in B_F$ (Hu, Yiu, 2024),

$$(x_1,y_1)\vee_{B_F}(x_2,y_2)=(x_1\vee x_2,y_1\vee y_2),$$
$$(x_1,y_1)\wedge_{B_F}(x_2,y_2)=(x_1\wedge x_2,y_1\wedge y_2).$$

例 1.1.3 (Torra, 2010; Hu, 2016, 2017a)　在 $P=2^{[0,1]}-\{\varnothing\}$ 上定义下列运算和序关系：对所有 $A,B\in 2^{[0,1]}-\{\varnothing\}$，

(1) $A\sqcap B=\left\{x\wedge y\mid x\in A, y\in B\right\}$;

(2) $A \sqcup B = \{x \vee y \mid x \in A, y \in B\}$;

(3) $N(A) = \{1 - x \mid x \in A\}$;

(4) $A \sqsubseteq B$ 当且仅当 $A \sqcap B = A$;

(5) $A \Subset B$ 当且仅当 $A \sqcup B = B$;

(6) $A \trianglelefteq B$ 当且仅当 $A \sqsubseteq B$ 并且 $A \Subset B$,

则易知 $(2^{[0,1]} - \{\varnothing\}, \sqsubseteq)$ 和 $(2^{[0,1]} - \{\varnothing\}, \Subset)$ 是偏序集; $(2^{[0,1]} - \{\varnothing\}, \trianglelefteq)$ 是一个具有对合否算子 N 与最小元 $\{0\}$ 和最大元 $\{1\}$ 的偏序集.

$\trianglelefteq$ 的逆关系用 $\trianglerighteq$ 表示, 即 $A \trianglerighteq B$ 当且仅当 $B \trianglelefteq A$. $A \triangleleft B$ 当且仅当 $A \trianglelefteq B$ 并且 $A \neq B$. 同理, $A \triangleright B$ 当且仅当 $A \trianglerighteq B$ 并且 $A \neq B$.

例 1.1.4 (Yao, 1993, 1996, 2009) 设 U 是一个论域集, $A_l \subseteq A_u \subseteq U$, 则 $[A_l, A_u] = \{A \mid A_l \subseteq A \subseteq A_u\}$ 称为 U 的一个**区间集** (interval set). 令 $I(2^U) = \{[A_l, A_u] \mid A_l \subseteq A_u \subseteq U\}$. 在 $I(2^U)$ 上定义下列运算: $[A_l, A_u]$, $[B_l, B_u] \in I(2^U)$,

$[A_l, A_u] \sqsubseteq_{\text{Yao}} [B_l, B_u]$ 当且仅当 $A_l \subseteq B_l$ 和 $A_u \subseteq B_u$,

$[A_l, A_u] \sqcap_{\text{Yao}} [B_l, B_u] = [A_l \cap B_l, A_u \cap B_u] = \{A \cap B \mid A \in [A_l, A_u], B \in [B_l, B_u]\}$,

$[A_l, A_u] \sqcup_{\text{Yao}} [B_l, B_u] = [A_l \cup B_l, A_u \cup B_u] = \{A \cup B \mid A \in [A_l, A_u], B \in [B_l, B_u]\}$,

$[A_l, A_u] -_{\text{Yao}} [B_l, B_u] = [A_l - B_u, A_u - B_l] = \{A - B \mid A \in [A_l, A_u], B \in [B_l, B_u]\}$,

$N_{\text{Yao}}([A_l, A_u]) = [U, U] - [A_l, A_u] = [A_u^c, A_l^c]$,

则 $(I(2^U), \sqsubseteq_{\text{Yao}})$ 是一个具有对合否算子 N_{Yao} 与最小元 $[\varnothing, \varnothing]$ 和最大元 $[U, U]$ 的偏序集.

下面讨论 [0, 1] 上对合否算子的性质.

定理 1.1.1 (胡宝清, 2010) 设 N_P 是 P 上的对合否算子, 则

(1) $N_P(0_P) = 1_P, N_P(1_P) = 0_P$;

(2) N_P 是双射 (即一一对应的满射);

(3) N 在[0, 1]上连续.

证明 (1) 由 $0_P \leqslant_P N_P(1_P)$ 得到 $1_P = N_P(N_P(1_P)) \leqslant_P N_P(0_P)$, 即 $N_P(0_P) = 1_P$. 再由对合律知 $N_P(1_P) = 0_P$.

(2) 显然 $\forall x, y \in P$, $x \neq y \Leftrightarrow N_P(x) \neq N_P(y)$. 又 $\forall y \in P$, 则 $x = N_P(y) \in P$, 且 $N_P(x) = N_P(N_P(y)) = y$.

(3) 任取 $\{a_n\} \subseteq [0,1]$ 是单增的, 且 $\lim_{n\to\infty} a_n = a \in [0,1]$, $\{N(a_n)\} \subseteq [0,1]$ 是单减的, 故 $\lim_{n\to\infty} N(a_n) = b \geqslant N(a)$. 若 $b > N(a)$, 则由 $N(a_n) \geqslant b > N(a)$ 及 N 的一一对应和逆序对应性, 我们有 $a_n \leqslant N(b) < a$, 这与 $\lim_{n\to\infty} a_n = a$ 矛盾, 故 $\lim_{n\to\infty} N(a_n) =$

$N(a)$. 类似地证明, 当 $\{a_n\}$ 单减趋于 $a\in[0,1]$ 时, $\{N(a_n)\}$ 单增趋于 $N(a)$, 即 N 是连续的. □

1.1.2　格

偏序集的任意子集不一定有最小上界或最大下界, 由此引入格的定义.

定义 1.1.4 (Birkhoff, 1973)　设 $(L,\leqslant)$ 是一个偏序集, 如果 L 中任意两个元素都有最小上界和最大下界, 则称 $(L,\leqslant)$ 为**格** (lattice), 简称 L 是格. L 中的两个元 a,b 的最小上界和最大下界分别记为 $a\vee b$ 和 $a\wedge b$. $(L,\vee,\wedge)$ 称为格 $(L,\leqslant)$ 的诱导代数. 若 L 为有限集, 则称格 $(L,\leqslant)$ 为**有限格** (finite lattice). 若 L 有最小元 0_L 与最大元 1_L, 则称格 $(L,\leqslant)$ 为**有界格** (bounded lattice). 如果 L 中任意子集都有最小上界和最大下界, 则称 $(L,\leqslant)$ 为**完备格** (complete lattice).

定理 1.1.2　集 L 是格的充分必要条件为

(1) 存在两种运算 $\vee,\wedge$, 使得 $\forall a,b\in L$, 有 $a\vee b\in L$, $a\wedge b\in L$;

(2) $a\vee b=b\vee a, a\wedge b=b\wedge a$; (交换律)

(3) $a\vee(b\vee c)=(a\vee b)\vee c, a\wedge(b\wedge c)=(a\wedge b)\wedge c$; (结合律)

(4) $a\vee(a\wedge b)=a, a\wedge(a\vee b)=a$. (吸收律)

设 N_L 是格 $(L,\leqslant)$ 上的对合否算子, 则

$$N_L(a\vee b)=N_L(a)\wedge N_L(b),$$
$$N_L(a\wedge b)=N_L(a)\vee N_L(b).$$

设 N_L 是完备格 $(L,\leqslant)$ 上的对合否算子, 则 $\forall\{a_t\mid t\in T\}\subseteq L$ 有

$$N_L\left(\bigvee_{t\in T}a_t\right)=\bigwedge_{t\in T}N_L(a_t),$$
$$N_L\left(\bigwedge_{t\in T}a_t\right)=\bigvee_{t\in T}N_L(a_t).$$

例 1.1.5　在例 1.1.2 中的有界偏序 $(\{0,1\},\leqslant,c,0,1)$, $(\{0,[0,1],1\},\leqslant,c,0,1)$, $([0,1],\leqslant,N_I,0,1)$, $(I^2,\leqslant_{I^2},N_{I^2},(0,1),(1,0))$, $(I^{(2)},\leqslant_{I^{(2)}},N_{I^{(2)}},[0,0],[1,1])$ 和 $(B_F,\leqslant_{B_F},N_{B_F},(-1,0),(0,1))$ 都是具有对合否算子的有界格. $(I_{0.5}^{(2)},\leqslant_{I^{(2)}},N_{I^{(2)}},[0,0.5],[0.5,1])$ 是 $(I^{(2)},\leqslant_{I^{(2)}},N_{I^{(2)}},[0,0],[1,1])$ 的子格.

1.1.3　分配格

定义 1.1.5　若格 $(L,\leqslant)$ 的诱导代数系统 $(L,\vee,\wedge)$ 满足分配律, 即 $\forall a,b,c\in L$ 满足

$$a\wedge(b\vee c)=(a\wedge b)\vee(a\wedge c),$$

$$a \vee (b \wedge c) = (a \vee b) \wedge (a \vee c),$$

则称 $(L, \leqslant)$ 是**分配格** (distributive lattice).

例 1.1.6 在例 1.1.5 中的有界格 $(\{0,1\}, \leqslant, c, 0, 1)$, $(\{0,[0,1],1\}, \leqslant, c, 0, 1)$, $([0,1], \leqslant, N_I, 0, 1)$, $(I^2, \leqslant_{I^2}, N_{I^2}, (0,1), (1,0))$, $(I^{(2)}, \leqslant_{I^{(2)}}, N_{I^{(2)}}, [0,0], [1,1])$ 和 $(B_F, \leqslant_{B_F}, N_{B_F}, (-1,0), (0,1))$ 都是具有对合否算子的有界分配格.

定义 1.1.6 设 $(L, \leqslant)$ 是完备格, 若 $\forall H \subseteq L$, 有

$$a \vee \left(\bigwedge_{h \in H} h \right) = \bigwedge_{h \in H} (a \vee h),$$

$$a \wedge \left(\bigvee_{h \in H} h \right) = \bigvee_{h \in H} (a \wedge h),$$

称 $(L, \leqslant)$ 是无穷可分配的完备格. 若 $\forall \{a_{ij}, i \in T, j \in J_i\} \subseteq L$, 有

$$\bigwedge_{i \in T} \left(\bigvee_{j \in J_i} a_{ij} \right) = \bigvee_{f \in \prod J_i} \left(\bigwedge_{i \in T} a_{if(i)} \right),$$

$$\bigvee_{i \in T} \left(\bigwedge_{j \in J_i} a_{ij} \right) = \bigwedge_{f \in \prod J_i} \left(\bigvee_{i \in T} a_{if(i)} \right),$$

称 L 为完全分配格.

例 1.1.7 $(\{0,1\}, \leqslant, 0, 1)$, $(\{0,[0,1],1\}, \leqslant, 0, 1)$ 和 $([0,1], \leqslant)$ 是完全分配格.

1.1.4 布尔代数

定义 1.1.7 设 $(L, \leqslant, 0, 1)$ 是一个有界格, 对于 $a \in L$, 若存在 $b \in L$, 使得 $a \vee b = 1, a \wedge b = 0$, 则称 b 是 a 的补元. 如果每一个元素至少有一个补元, 则称此格为**有补格** (complemented lattice).

显然, 在有界格中, 0 的补元为 1, 1 的补元为 0.

定义 1.1.8 既有补, 又分配的格称为**有补分配格** (complemented distributive lattice) 或**布尔格** (Boolean lattice). 其 a 的补元记为 $\overline{a}$. 由布尔格 $(L, \leqslant)$ 诱导的代数系统 $(L, \vee, \wedge, -)$ 称为**布尔代数** (Boolean algebra).

例 1.1.8 (1) $(\{0,1\}, \leqslant)$ 是布尔格, 最小元为 0, 最大元为 1, 0 与 1 互为补元.

(2) $(\{0,[0,1],1\}, \leqslant)$ 为有界分配格, 最小元为 0, 最大元为 1, 0 与 1 互为补元. 但 $[0,1]$ 不存在补元, 故 $(\{0,[0,1],1\}, \leqslant)$ 不构成布尔格.

(3) $([0,1], \leqslant)$ 为有界分配格, 最小元为 0, 最大元为 1. 但若 $a \in (0,1)$, 则不存在 b 使 $a \vee b = 1, a \wedge b = 0$. 故 $([0,1], \leqslant)$ 不构成布尔格.

(4) $(I^2, \leqslant_{I^2})$ 为有界分配格, 最小元为 $(0,1)$, 最大元为 $(1,0)$. 但若 $(a,b) \in (0,1] \times [0,1]$ 或 $(a,b) \in [0,1] \times [0,1)$, 则不存在 $(c,d) \in I^2$ 使 $(a,b) \vee_{I^2} (c,d) = (1,0), (a,b) \wedge_{I^2} (c,d) = (0,1)$. 故 $(I^2, \leqslant_{I^2})$ 不构成布尔格.

(5) $(I^{(2)}, \leqslant_{I^{(2)}})$ 为有界分配格，最小元为 $[0,0]$，最大元为 $[1,1]$. 但若 $[a^-, a^+] \in I^{(2)} - \{[0,0],[1,1]\}$，则不存在 $[b^-, b^+] \in I^{(2)}$ 使 $[a^-, a^+] \vee_{I^{(2)}} [b^-, b^+] = [1,1]$，$[a^-, a^+] \wedge_{I^{(2)}} [b^-, b^+] = [0,0]$. 故 $(I^{(2)}, \leqslant_{I^{(2)}})$ 不构成布尔格.

(6) $(B_F, \leqslant_{B_F})$ 为有界分配格，最小元为 $(-1,0)$，最大元为 $(0,1)$. 但若 $(a,b) \in B_F - \{(-1,0),(0,1)\}$，则不存在 $(c,d) \in B_F$ 使 $(a,b) \vee_{B_F} (c,d) = (0,1)$, $(a,b) \wedge_{B_F} (c,d) = (-1,0)$. 故 $(B_F, \leqslant_{B_F})$ 不构成布尔格.

1.1.5　软代数

定义 1.1.9　具有 0, 1 元及对合否算子的分配格称为 De Morgan 代数. 完备的 De Morgan 代数称为 **Fuzzy 格**或**软代数** (soft algebra).

例 1.1.9　在例 1.1.2 中 $(\{0,1\}, \leqslant, c, 0, 1)$，$(\{0,[0,1],1\}, \leqslant, c, 0, 1)$，$([0,1], \leqslant, N_I, 0, 1)$，$(I^2, \leqslant_{I^2}, N_{I^2}, (0,1),(1,0))$，$(I^{(2)}, \leqslant_{I^{(2)}}, N_{I^{(2)}}, [0,0],[1,1])$ 和 $(B_F, \leqslant_{B_F}, N_{B_F}, (-1,0),(0,1))$ 不构成布尔格，但构成 Fuzzy 格.

1.2　Fuzzy 集及其运算

1965 年美国计算机与控制论专家 L. A. Zadeh 第一次提出了 Fuzzy 集概念，对 Cantor 集合理论作了有益的推广. 自此，Fuzzy 集受到广泛重视，迄今已形成一个较为完善的数学分支，且在很多领域中获得了卓有成效的应用，特别以模糊推理为核心的人工智能技术在许多领域取得了明显的成果和经济效益.

1.2.1　Fuzzy 集的定义与运算

19 世纪末，德国数学家 G. Cantor 首创的集合论迅速渗透到各个数学分支，这对数学基础的奠定有着重大贡献. 对于一个经典集合 A，空间中任一元素 x，要么 $x \in A$，要么 $x \notin A$，二者必居其一. 这一特征可用一个函数表示为

$$\chi_A(x) = \begin{cases} 1, & x \in A, \\ 0, & x \notin A, \end{cases}$$

$\chi_A(x)$ 称为集合 A 的特征函数.

将特征函数推广到 Fuzzy 集，在经典集合中只取 0, 1 两值推广到 Fuzzy 集中即为区间 $[0,1]$.

定义 1.2.1 (Zadeh, 1965)　设 A 是论域 U 到 $[0,1]$ 的一个映射，即

$$A:U\to[0,1],\quad x\mapsto A(x),$$

称 A 是 U 上的 **Fuzzy 集**，$A(x)$ 称为 Fuzzy 集 A 的**隶属函数** (membership function) (或称为 x 对 Fuzzy 集 A 的**隶属度** (degree of membership)).

例 1.2.1 设 $x\in U$，$\lambda\in(0,1]$，令

$$x_\lambda(t)=\begin{cases}\lambda, & t=x,\\ 0, & \text{其他},\end{cases}$$

则 x_λ 是 U 的 Fuzzy 子集，称 x_λ 为 Fuzzy 点.

例 1.2.2 设 $U=\{x_1,x_2,x_3,x_4,x_5\}$，则 Fuzzy 集 A = "年老" 可定义为

$$A=\frac{0.6}{x_1}+\frac{0.2}{x_2}+\frac{0.1}{x_3}+\frac{0.8}{x_4}+\frac{0.5}{x_5}.$$

设 X, Y 为两个论域，$\mathrm{Map}(X,Y)$ 表示 X 到 Y 的所有映射，即 $\mathrm{Map}(X,Y)=\{f\mid f:X\to Y\}$. 这样 U 上全体 Fuzzy 集为 $\mathrm{Map}(U,[0,1])$.

显然 $\mathrm{Map}(U,\{0,1\})\subset\mathrm{Map}(U,[0,1])$，从而经典集也可视为 Fuzzy 集. 也就是说，经典集合 A 与特征函数 $\chi_A(x)$ 分别是 Fuzzy 集与隶属函数的特例. 反过来，Fuzzy 集 A 与隶属函数 $A(x)$ 是经典集与特征函数的推广.

定义 1.2.2 设 $A\in\mathrm{Map}(U,[0,1])$，记

$$\mathrm{supp}A\triangleq\{x\mid x\in U, A(x)>0\},$$

$$\ker A\triangleq\{x\mid x\in U, A(x)=1\}.$$

分别称 $\mathrm{supp}\,A$，$\ker A$ 为 A 的**支集** (support) 与**核** (kernel). $\mathrm{supp}A\setminus\ker A$ 称为 A 的**边界** (boundary). 当 $\ker A\neq\varnothing$ 时，称 A 为**正规 Fuzzy 集** (normal fuzzy set).

同经典集合一样，下面来研究 Fuzzy 集之间的序关系及其运算.

定义 1.2.3 设 $A,B\in\mathrm{Map}(U,[0,1])$，若 $\forall x\in U, A(x)\leqslant B(x)$，则称 B **包含** A，或 A **被包含于** B，并记为 $A\subseteq B$，或 $B\supseteq A$；而若 $\forall x\in U, A(x)=B(x)$，则称 A 与 B 相等，记为 $A=B$. 若 $A\subseteq B$，但 $A\neq B$，则称 B 真包含 A，或 A 被真包含于 B，并记为 $A\subset B$ 或 $B\supset A$.

今后我们用 $\varnothing$ 表示其隶属函数值恒为 0 的 Fuzzy 集 (即 $\varnothing(x)\equiv 0$)，即空集. U 表示其隶属函数恒为 1 的 Fuzzy 集 (即 $U(x)\equiv 1$)，即论域 U. 一般地，如果 $A(x)\equiv c\in[0,1]$，则称 A 为 U 的常 Fuzzy 集. 按照定义 1.2.1，下面的定理是显然的.

定理 1.2.1 设 $A,B,C\in\mathrm{Map}(U,[0,1])$，则下列各式成立:

(1) **有界性** $\varnothing\subseteq A\subseteq U$.

(2) **自反性** $A\subseteq A$.

(3) **反对称性** $A\subseteq B, B\subseteq A\Rightarrow A=B$.

(4) **传递性**　$A \subseteq B, B \subseteq C \Rightarrow A \subseteq C$.

由定理 1.2.1 的 (1) − (4), 我们易知 $(\mathrm{Map}(U,[0,1]), \subseteq, \varnothing, U)$ 是一个有界偏序集.

下面用取大 ($\vee$) 和取小 ($\wedge$) 运算来定义 Fuzzy 集间的各种运算. 符号$\vee$, $\wedge$在模糊数学中常称为 Zadeh 算子.

定义 1.2.4　设 $A, B \in \mathrm{Map}(U,[0,1])$, 分别称 Fuzzy 集 $A \bigcup B$, $A \bigcap B$ 为 A 与 B 的**并** (union) 和**交** (intersection), 而称 Fuzzy 集 A^c 为 A 的**补集**或**余集** (complement), 其中 $\forall x \in U$,

$$(A \bigcup B)(x) = \max\{A(x), B(x)\} = A(x) \vee B(x),$$

$$(A \bigcap B)(x) = \min\{A(x), B(x)\} = A(x) \wedge B(x),$$

$$(A^c)(x) = 1 - A(x).$$

显然, 我们有 $A \subseteq B \Leftrightarrow A \bigcup B = B \Leftrightarrow A \bigcap B = A$.

下面将 Fuzzy 集的并交运算推广到任意族 Fuzzy 集的情形.

设 T 为任意指标集, $A_t \in \mathrm{Map}(U,[0,1])$ $(t \in T)$, 则分别定义并 $\bigcup\limits_{t\in T} A_t$ 与交 $\bigcap\limits_{t\in T} A_t$ 如下:

$$\left(\bigcup_{t\in T} A_t\right)(x) = \sup_{t\in T} A_t(x) = \bigvee_{t\in T} A_t(x),$$

$$\left(\bigcap_{t\in T} A_t\right)(x) = \inf_{t\in T} A_t(x) = \bigwedge_{t\in T} A_t(x),$$

这里, $\bigvee\limits_{t\in T} A_t(x)$ $\left(\text{或}\sup\limits_{t\in T} A_t(x)\right)$, $\bigwedge\limits_{t\in T} A_t(x)$ $\left(\text{或}\inf\limits_{t\in T} A_t(x)\right)$ 分别为 $\{A_t(x) \mid t \in T\}$ 的上确界、下确界.

Fuzzy 集合的并、交、补运算具有下列性质.

定理 1.2.2　设 $A, B, C \in \mathrm{Map}(U,[0,1])$, 则 $\mathrm{Map}(U,[0,1])$ 上的$\bigcup$, $\bigcap$, ^{c} 运算具有下列运算规律:

(1) **幂等律**　$A \bigcup A = A, A \bigcap A = A$;

(2) **交换律**　$A \bigcup B = B \bigcup A, A \bigcap B = B \bigcap A$;

(3) **结合律**　$A \bigcup (B \bigcup C) = (A \bigcup B) \bigcup C, A \bigcap (B \bigcap C) = (A \bigcap B) \bigcap C$;

(4) **分配律**　$A \bigcup (B \bigcap C) = (A \bigcup B) \bigcap (A \bigcup C)$, $A \bigcap (B \bigcup C) = (A \bigcap B) \bigcup (A \bigcap C)$;

(5) **吸收律**　$A \bigcup (A \bigcap B) = A, A \bigcap (A \bigcup B) = A$;

(6) **复原律**　$(A^c)^c = A$;

(7) **0-1 律**　$A \bigcup \varnothing = A$, $A \bigcap \varnothing = \varnothing$, $A \bigcup U = U, A \bigcap U = A$;

(8) **对偶律**　$(A \bigcup B)^c = A^c \bigcap B^c, (A \bigcap B)^c = A^c \bigcup B^c$.

与经典集合比较，对 Fuzzy 集合，互补律不成立，即 $A\bigcup A^c=U, A\bigcap A^c=\varnothing$ 不真.

例 1.2.3 设 $\forall x\in U$，$A(x)=0.5$，则 $A^c(x)\equiv 1-0.5=0.5$. 因此

$$(A\bigcup A^c)(x)=(A\bigcap A^c)(x)\equiv 0.5, \quad \text{即} \quad A\bigcup A^c\neq U, A\bigcap A^c\neq\varnothing.$$

这说明例 1.2.3 中 Fuzzy 集 A, 以 A^c 作为它的补集时互补律不成立. 那么是否有其他的 B, 以 B 作为 A 的补集而使互补律成立呢？回答是否定的.

定理 1.2.3 任取 Fuzzy 集 $A\in \mathrm{Map}(U,[0,1])$，若 $\exists x_0\in U$，使 $A(x_0)=a\in(0,1)$，则对任意 $B\in \mathrm{Map}(U,[0,1])$，$A\bigcup B=U, A\bigcap B=\varnothing$ 至少有一个不成立.

证明 任取 $B\in \mathrm{Map}(U,[0,1])$，欲使 $A(x_0)\wedge B(x_0)=0$，只有取 $B(x_0)=0$，但这时 $A(x_0)\vee B(x_0)=a\neq 1$. 欲使 $A(x_0)\vee B(x_0)=1$，只有取 $B(x_0)=1$，而这时又有 $A(x_0)\wedge B(x_0)=a\neq 0$, 即对任意 $B\in \mathrm{Map}(U,[0,1])$，$A\bigcup B=U, A\bigcap B=\varnothing$ 至少有一个不成立. □

这样，$(\mathrm{Map}(U,[0,1]),\bigcup,\bigcap,c)$ 是一个 Fuzzy 格.

1.2.2 Fuzzy 集的截集与分解

在 Fuzzy 集与普通集合相互转化中的一个重要概念是 λ 水平截集. 这样，可将一个 Fuzzy 集转换成一个分明集，从而在 Fuzzy 集与经典集之间铺架起了相互联系的桥梁.

定义 1.2.5 若 $A\in \mathrm{Map}(U,[0,1])$，而 $\lambda\in[0,1]$，记

$$A_\lambda=\{x\in U\mid A(x)\geqslant\lambda\},$$

称 A_λ 为 Fuzzy 集 A 的 λ **截集** (λ-cut set)，或称 A_λ 为 A 的 λ **水平集** (λ-level set). 而称

$$A_{\lambda+}=\{x\in U\mid A(x)>\lambda\}$$

为 A 的**强 λ 截集** (strong λ-cut set); λ 称为**阈值** (threshold value).

例 1.2.4 设 $U=\{x_1,x_2,x_3,x_4,x_5\}$ 为五个学生构成的一个论域，五位学生的某课程考试成绩 (百分制分数除以 100) 可看成一个 Fuzzy 集

$$A=\frac{0.6}{x_1}+\frac{0.2}{x_2}+\frac{0.1}{x_3}+\frac{0.8}{x_4}+\frac{0.5}{x_5}.$$

则 $A_{0.6}=\{x_1,x_4\}$ 表示按 60 分及格标准而及格的学生.

A_λ 是经典集. 由于 Fuzzy 集的边界是模糊的，如果要把 Fuzzy 概念转化为数学语言，需要选取不同的置信水平 $\lambda\,(0\leqslant\lambda\leqslant 1)$ 来确定其隶属关系. λ 截集就是将 Fuzzy 集转化为经典集的方法.

λ 截集具有下列结论.

定理 1.2.4　设 $A, B \in \mathrm{Map}(U,[0,1])$，$\lambda, \mu \in [0,1]$，则

(1) $\lambda < \mu \Rightarrow A_{\mu+} \subseteq A_{\mu} \subseteq A_{\lambda^+} \subseteq A_{\lambda}$；

(2) $A \subseteq B \Leftrightarrow \forall \lambda \in [0,1], A_{\lambda} \subseteq B_{\lambda}$；

(3) $A \subseteq B \Leftrightarrow \forall \lambda \in [0,1], A_{\lambda+} \subseteq B_{\lambda+}$.

定理 1.2.5　设 $A, B \in \mathrm{Map}(U,[0,1])$，则 $\forall \lambda \in [0,1]$,

(1) $(A \cup B)_{\lambda} = A_{\lambda} \cup B_{\lambda}, (A \cap B)_{\lambda} = A_{\lambda} \cap B_{\lambda}$；

(2) $(A \cup B)_{\lambda+} = A_{\lambda+} \cup B_{\lambda+}, (A \cap B)_{\lambda+} = A_{\lambda+} \cap B_{\lambda+}$.

证明　$\forall \lambda \in [0,1]$，

$$
\begin{aligned}
(A \cup B)_{\lambda} &= \{x \mid (A \cup B)(x) \geqslant \lambda\} \\
&= \{x \mid A(x) \vee B(x) \geqslant \lambda\} \\
&= \{x \in U \mid A(x) \geqslant \lambda \text{ 或 } B(x) \geqslant \lambda\} \\
&= \{x \in U \mid A(x) \geqslant \lambda\} \cup \{x \mid B(x) \geqslant \lambda\} \\
&= A_{\lambda} \cup B_{\lambda}.
\end{aligned}
$$

同理可证其他各式.　□

从截集的性质可知，当 λ 从 1 下降趋向零时，A_{λ} 从 A 的核 $\ker A$（可能为空集）逐渐向 A 的支集 $\mathrm{supp}\, A$ 扩展. 因此，我们可以将 Fuzzy 集 A 看作其边界在 $\ker A$ 和 $\mathrm{supp}\, A$ 之间游移，即将 Fuzzy 集 A_{λ} 看作经典集合族 $\{A_{\lambda} \mid \lambda \in [0,1]\}$ 的总体. 下面的分解定理反映了这一事实.

定义 1.2.6　设 $\lambda \in [0,1]$，$A \in \mathrm{Map}(U,[0,1])$，定义 $\lambda A \in \mathrm{Map}(U,[0,1])$，其隶属函数为

$$(\lambda A)(x) = \lambda \wedge A(x),$$

称 λA 为 λ 与 A 的**数积** (scalar product).

当 A 为经典集时，$(\lambda A)(x) = \lambda \wedge \chi_A(x) = \begin{cases} \lambda, & x \in A, \\ 0, & x \notin A, \end{cases}$ 而 λA 仍是 Fuzzy 集.

定理 1.2.6 (分解定理)　设 $A \in \mathrm{Map}(U,[0,1])$，则

$$A = \bigcup_{\lambda \in [0,1]} (\lambda A_{\lambda}),$$

$$A = \bigcup_{\lambda \in [0,1)} (\lambda A_{\lambda+}).$$

证　只证第一式，第二式的证明是类似的.

因 A_{λ} 是普通集合，且其特征函数

$$\chi_{A_{\lambda}}(x) = \begin{cases} 1, & A(x) \geqslant \lambda, \\ 0, & A(x) < \lambda. \end{cases}$$

故 $\forall x \in U$, 有

$$\left(\bigcup_{\lambda\in[0,1]} \lambda A_\lambda\right)(x) = \bigvee_{\lambda\in[0,1]} (\lambda A_\lambda)(x)$$
$$= \bigvee_{\lambda\in[0,1]} (\lambda \wedge \chi_{A_\lambda}(x))$$
$$= \left(\bigvee_{0\leqslant\lambda\leqslant A(x)} (\lambda \wedge \chi_{A_\lambda}(x))\right) \vee \left(\bigvee_{A(x)<\lambda\leqslant 1} (\lambda \wedge \chi_{A_\lambda}(x))\right)$$
$$= \bigvee_{0\leqslant\lambda\leqslant A(x)} \lambda = A(x).$$

□

1.2.3 Fuzzy 集运算的扩张原理

经典集合上的运算可以扩张到 Fuzzy 集上.

定义 1.2.7 (扩张原理 (Zadeh, 1965, 1975)) 设有映射 $f: U \to V$, 则由该映射可以诱导出一个如下映射:

$$f: \mathrm{Map}(U,[0,1]) \to \mathrm{Map}(V,[0,1]), \quad A \mapsto f(A),$$

其中

$$f(A)(y) = \bigvee_{f(x)=y} A(x) = \begin{cases} \bigvee_{f(x)=y} A(x), & f^{-1}(y) \neq \varnothing, \\ 0, & f^{-1}(y) = \varnothing, \end{cases}$$

称 $f(A)$ 是 A 在 f 下的像. 如图 1.2.1 所示.

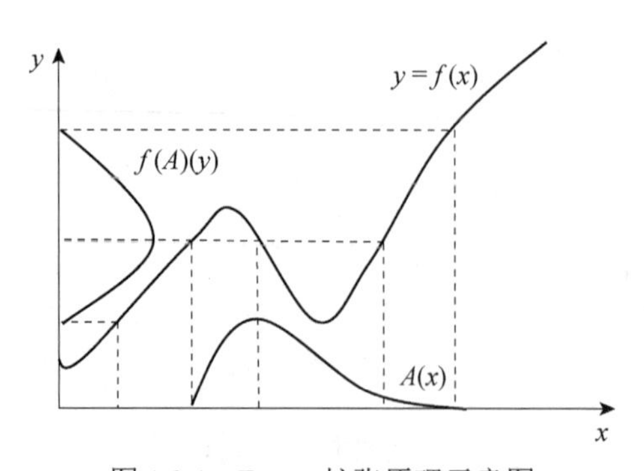

图 1.2.1 Fuzzy 扩张原理示意图

例 1.2.5 设 $(P,\leqslant)$ 是偏序集, $N: P \to P$ 是 P 上的对合否算子 (参见定义 1.1.3), 则对于 $A \in \mathrm{Map}(P,[0,1])$, N 的扩张运算记为 $A^{\tilde{N}}$, 我们有 $A^{\tilde{N}}(x) = A(N(x))$. 事实上由扩张原理我们得到 $A^{\tilde{N}}(x) = \bigvee_{N(y)=x} A(y) = \bigvee_{y=N(x)} A(y) = A(N(x))$, $\forall x \in P$. 值得注意的是, $A^{\tilde{N}}$ 不同于 A 的伪补或对合否算子: $A^N(x) = N(A(x))$, $\forall x \in P$. 容易验证: 对所有 $A, B \in \mathrm{Map}(U,[0,1])$,

$$A^{\tilde{N}\tilde{N}} = A, \quad A^{N\tilde{N}} = A^{\tilde{N}N}, \quad A^{NN} = A,$$

$$(A \cup B)^{\tilde{N}} = A^{\tilde{N}} \cup B^{\tilde{N}}，\ (A \cap B)^{\tilde{N}} = A^{\tilde{N}} \cap B^{\tilde{N}}.$$

定理 1.2.7　设 $f:U \to V$，以及 $A,B \in \mathrm{Map}(U,[0,1])$，$\{A_t \mid t \in T\} \subseteq \mathrm{Map}(U,[0,1])$，则有

(1) $f(A)=\varnothing \Leftrightarrow A=\varnothing$；

(2) $A \subseteq B \Rightarrow f(A) \subseteq f(B)$；

(3) $f\left(\bigcap_{t\in T} A_t\right) \subseteq \bigcap_{t\in T} f(A_t)$；

(4) $f\left(\bigcup_{t\in T} A_t\right) = \bigcup_{t\in T} f(A_t)$.

证明　(1) 若 $A=\varnothing$，由扩张原理，显见 $f(A)=f(\varnothing)=\varnothing$. 反之，设 $f(A)=\varnothing$，则 $\forall x \in U$，记 $y=f(x)$，有

$$A(x) \leqslant \bigvee_{f(t)=y} A(t) = f(A)(y) = 0.$$

故 $A=\varnothing$.

(2) $A \subseteq B \Rightarrow \forall x \in U, A(x) \leqslant B(x) \Rightarrow \forall y \in V, \bigvee_{f(x)=y} A(x) \leqslant \bigvee_{f(x)=y} B(x)$

$$\Rightarrow \forall y \in V, f(A)(y) \leqslant f(B)(y) \Rightarrow f(A) \subseteq f(B).$$

(3) 由(2)易证.

(4) 任取 $y \in V$，若 $f^{-1}(y)=\varnothing$，由于 $\forall t \in T, f(A_t)=\varnothing$，则

$$f\left(\bigcup_{t\in T} A_t\right) = \bigcup_{t\in T} f(A_t) = \varnothing.$$

又若 $f^{-1}(y) \neq \varnothing$，则由扩张原理，得

$$\begin{aligned} f\left(\bigcup_{t\in T} A_t\right)(y) &= \bigvee_{x\in f^{-1}(y)} \left(\bigcup_{t\in T} A_t\right)(x) = \bigvee_{x\in f^{-1}(y)} \bigvee_{t\in T} A_t(x) \\ &= \bigvee_{t\in T} \bigvee_{x\in f^{-1}(y)} A_t(x) = \bigvee_{t\in T} f(A_t)(y) = \left(\bigcup_{t\in T} f(A_t)\right)(y), \end{aligned}$$

从而 $f\left(\bigcup_{t\in T} A_t\right) = \bigcup_{t\in T} f(A_t)$，(4) 得证.　□

定义 1.2.8 (胡宝清, 2010; Hu, Kwong, 2014)　设 $f:U \times V \to W$，

$$(x,y) \mapsto f(x,y) = z,$$

则 f 可诱导出

$$f:\mathrm{Map}(U,[0,1]) \times \mathrm{Map}(V,[0,1]) \to \mathrm{Map}(W,[0,1]),$$

$$(A,B) \mapsto f(A,B),$$

$$f(A,B)(w) = \sup_{f(u,v)=w} (A(u) \wedge B(v)) = \begin{cases} \sup\limits_{f(u,v)=w} (A(u) \wedge B(v)), & f^{-1}(w) \neq \varnothing, \\ 0, & f^{-1}(w) = \varnothing. \end{cases}$$

特别地，设 $A,B\in \mathrm{Map}(\mathbb{R},[0,1])$，则

$$(A\tilde{\vee}B)(z)=\sup_{x\vee y=z}(A(x)\wedge B(y)),$$

$$(A\tilde{\wedge}B)(z)=\sup_{x\wedge y=z}(A(x)\wedge B(y)).$$

定理 1.2.8 设 $A,B\in \mathrm{Map}(\mathbb{R},[0,1])$，则

(1) $A\tilde{\vee}A=A, A\tilde{\wedge}A=A$；

(2) $A\tilde{\vee}B=B\tilde{\vee}A, A\tilde{\wedge}B=B\tilde{\wedge}A$；

(3) $A\tilde{\vee}(B\tilde{\vee}C)=(A\tilde{\vee}B)\tilde{\vee}C$，$A\tilde{\wedge}(B\tilde{\wedge}C)=(A\tilde{\wedge}B)\tilde{\wedge}C$；

(4) $A\tilde{\vee}\varnothing=A\tilde{\wedge}\varnothing=\varnothing$.

证明 只证 (1)，其他类似可证. 设 $A\in \mathrm{Map}(\mathbb{R},[0,1])$，$\forall z\in\mathbb{R}$，则

$$\begin{aligned}(A\tilde{\vee}A)(z)&=\sup_{x\vee y=z}(A(x)\wedge A(y))\\&=\sup_{x\leqslant z}(A(x)\wedge A(z))\\&=\left(\sup_{x\leqslant z}A(x)\right)\wedge A(z)\\&=\begin{cases}A(z), & \sup\limits_{x\leqslant z}A(x)>A(z),\\ \sup\limits_{x\leqslant z}A(x)=A(z), & \sup\limits_{x\leqslant z}A(x)\leqslant A(z).\end{cases}\end{aligned}$$

于是，$A\tilde{\vee}A=A$. 类似可证 $A\tilde{\wedge}A=A$. □

1.2.4 Fuzzy 数及其扩张运算

定义 1.2.9 实数 $\mathbb{R}$ 上的 Fuzzy 集 $A\in \mathrm{Map}(\mathbb{R},[0,1])$ 称为 $\mathbb{R}$ 上的一个 **Fuzzy 数** (fuzzy number)，如果 $\forall\alpha\in(0,1]$，A_α 是有限闭区间.

若 supp$A$ 为有界集，则称 Fuzzy 数 A 为**有界 Fuzzy 数** (bounded fuzzy number). 若 $\mathrm{supp}A\subseteq[0,+\infty)$，则称 Fuzzy 数 A 为**正 Fuzzy 数** (positive fuzzy number). 若 $\mathrm{supp}A\subseteq(-\infty,0]$，则称 Fuzzy 数 A 为**负 Fuzzy 数** (negative fuzzy number). 全体 Fuzzy 数记为 $\widetilde{\mathbb{R}}$，全体正 Fuzzy 数记为 $\widetilde{\mathbb{R}}^+$，全体负 Fuzzy 数记为 $\widetilde{\mathbb{R}}^-$.

从定义 1.2.9 可知: Fuzzy 数 A 是正规的，即存在 $x_0\in\mathbb{R}$，使 $A(x_0)=1$.

例 1.2.6 下面是常用的 Fuzzy 数.

(1) 设 $A\in \mathrm{Map}(\mathbb{R},[0,1])$，且

$$A(x)=\begin{cases}1, & x=a,\\ 0, & x\neq a,\end{cases}$$

则 $A(a)=1$ 且 $\forall\alpha\in(0,1]$，$A_\alpha=[a,a]$，即 A 是 Fuzzy 数，且表示了普通数 a，即 Fuzzy 数可以视为普通数的推广.

(2) 设 $A\in \mathrm{Map}(\mathbb{R},[0,1])$，且

$$A(x)=\exp\left(-\left(\frac{x-a}{\sigma}\right)^2\right),\quad \sigma>0.$$

如图 1.2.2 所示，易证 A 也是 Fuzzy 数，称为**正态 Fuzzy 数** (normal fuzzy number) 或 Gauss Fuzzy 数. 在不混淆的情况下，记 A 为 (a,σ).

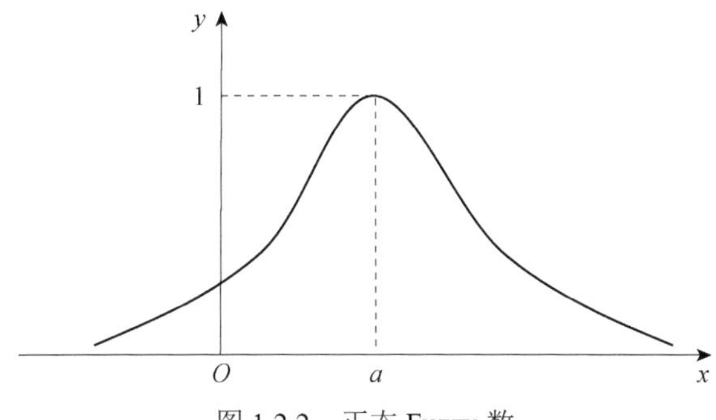

图 1.2.2 正态 Fuzzy 数

(3) 设 $A\in \mathrm{Map}(\mathbb{R},[0,1])$，且

$$A(x)=\begin{cases}\dfrac{x-a}{b-a}, & a\leqslant x\leqslant b,\\ 1, & b<x\leqslant c,\\ \dfrac{d-x}{d-c}, & c<x\leqslant d,\\ 0, & \text{其他}.\end{cases}$$

如图 1.2.3 所示，易证 A 也是 Fuzzy 数，称为**梯形 Fuzzy 数** (trapezoidal fuzzy number)，也称 Fuzzy 区间，简记为 $\langle a,b,c,d\rangle$.

特别地, A 为

$$A(x)=\begin{cases}\dfrac{x-a}{b-a}, & a\leqslant x\leqslant b,\\ \dfrac{c-x}{c-b}, & b<x\leqslant c,\\ 0, & \text{其他},\end{cases}$$

称之为**三角形 Fuzzy 数**或**三角 Fuzzy 数** (triangular fuzzy number)，简记为 $\langle a,b,c\rangle$. 若 $b-a=c-b\triangleq d$，则称 A 为对称的三角 Fuzzy 数，其隶属函数为

$$d\neq 0,\quad A(x)=\begin{cases}1-\dfrac{|x-b|}{d}, & b-d\leqslant x\leqslant b+d,\\ 0, & \text{其他},\end{cases}$$

$$d=0, \quad A(x)=\begin{cases}1, & x=b,\\ 0, & x\neq b.\end{cases}$$

这时 A 简记为 $\langle b,d\rangle$.

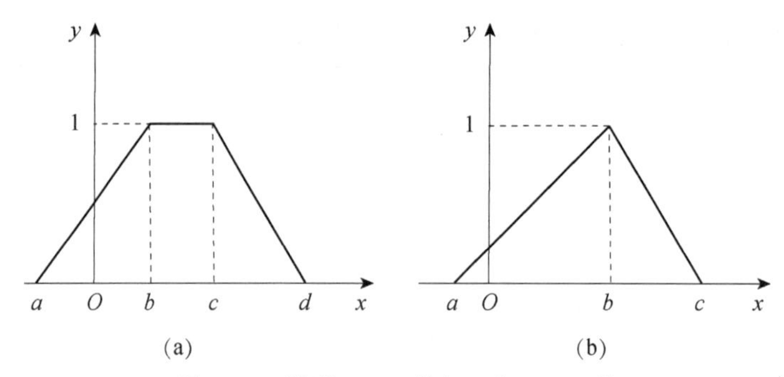

图 1.2.3 梯形 Fuzzy 数与三角 Fuzzy 数

梯形 Fuzzy 数也称为 Fuzzy 区间.

1.3 三角模

Fuzzy 集是经典集的推广, 经典集是 Fuzzy 集的特殊情形. 因此, 在 Fuzzy 集上定义运算也可视为经典集上相应运算的推广. 1.2 节中在 Fuzzy 集上定义的 $\cup,\cap,{}^c$ 运算都是经典集上相应运算的推广. 但是这种推广并不是唯一的.

1.3.1 *t*-模与 *t*-余模

Fuzzy 集的 $\cup,\cap$ 运算是用 $\vee,\wedge$ 算子定义的, 这是迄今为止应用最为广泛的一对算子. 然而在实际应用中, 用 $\vee,\wedge$ 算子处理模糊信息时, 有时往往会遗失的信息太多而使得对于问题的处理脱离实际. Zadeh 一开始就注意到了这个事实, 并且指出: 有大量的理由说明, 要根据具体的问题而选用不同的算子. 解决这个问题的有力工具是由 Menger (1942) 提出的三角模. Bellman 和 Giertz (1973) 在这个方面做了许多开创性的工作. 首先引入下面的定义.

定义 1.3.1 映射 $\mathrm{T}:[0,1]\times[0,1]\to[0,1]$, 如果 $\forall a,b,c,d\in[0,1]$ 满足条件:

(1) **交换律** $\mathrm{T}(a,b)=\mathrm{T}(b,a)$;

(2) **结合律** $\mathrm{T}(\mathrm{T}(a,b),c)=\mathrm{T}(a,\mathrm{T}(b,c))$;

(3) **单调性** $a\leqslant c, b\leqslant d\Rightarrow \mathrm{T}(a,b)\leqslant \mathrm{T}(c,d)$,

则称 T 为[0, 1]上的三角模. 如果三角模 T 满足

(4) 边界条件 $\mathsf{T}(1,a)=a$,

则称 T 为 ***t*-模** (*t*-norm). $\mathsf{T}(a,b)$ 也可写成 $a\mathsf{T}b$. 如果三角模 $\perp$ 满足

(4′) 边界条件 $\perp(a,0)=a$,

则称 $\perp$ 为 ***t*-余模** (*t*-conorm).

[0, 1]上的二元运算称为 **Fuzzy 算子** (fuzzy operator), *t*-模与 *t*-余模是[0, 1]上的 Fuzzy 算子. 当[0, 1]上的 Fuzzy 算子为连续函数时, 称其为连续的 Fuzzy 算子. 当 *t*-模与 *t*-余模为连续函数时, 则分别称为连续的 *t*-模与连续的 *t*-余模. 如果连续的 *t*-模 T (连续的 *t*-余模 $\perp$) 满足 $\forall x\in(0,1)$, $\mathsf{T}(x,x)<x$ ($\perp(x,x)>x$), 则称 *t*-模 T (*t*-余模 $\perp$) 是阿基米德 *t*-模 (Mayor, Torrens, 1991).

例 1.3.1 对任意 $x,y\in[0,1]$, 令 $x\wedge y=\min(x,y)\triangleq\mathsf{T}_M$, $x\vee y=\max(x,y)\triangleq\perp_M$. 易证 $\wedge,\vee$ 分别是 [0, 1] 上的 *t*-模与 *t*-余模. $\wedge,\vee$ 常称为 Zadeh 算子, 它是 1.2 节中用来定义 Fuzzy 集的 $\cup,\cap$ 运算的依据. 因此, *t*-模与 *t*-余模也可视为 Zadeh 算子的推广.

下面是一些常见的算子:

(1) Drastic 和与 Drastic 积算子 (Dubois, Prade, 1980a, 1982)

$$\perp_D(x,y)=\begin{cases}y, & x=0,\\ x, & y=0,\\ 1, & xy\neq 0,\end{cases}$$

$$\mathsf{T}_D(x,y)=\begin{cases}y, & x=1,\\ x, & y=1,\\ 0, & x\neq 1\text{ 且 }y\neq 1.\end{cases}$$

(2) 代数和与代数积算子

$$\perp_P(x,y)=x+y-xy,$$

$$\mathsf{T}_P(x,y)=xy.$$

(3) 有界和与有界积或 Łukasiewicz 算子 (Giles, 1976)

$$\perp_L(x,y)=\min(x+y,1),$$

$$\mathsf{T}_L(x,y)=\max(0,x+y-1).$$

(4) Einstein 和与 Einstein 积算子 (Mizumoto, 1981)

$$\perp_E(x,y)=\frac{x+y}{1+xy},$$

$$\mathsf{T}_E(x,y)=\frac{xy}{1+(1-x)(1-y)}.$$

(5) 幂零最小算子

$$\perp^{nM}(x,y)=\begin{cases}1, & x+y\geqslant 1,\\ \max(x,y), & \text{其他},\end{cases}$$

$$\mathsf{T}^{nM}(x,y)=\begin{cases}0, & x+y\leqslant 1,\\ \min(x,y), & \text{其他}.\end{cases}$$

(6) Hamacher 算子，$\lambda\in[0,+\infty)$

$$\perp_{\lambda}^{H}(x,y)=\begin{cases}\perp_D(x,y), & \lambda=+\infty,\\ 1, & \lambda=0,x=y=1,\\ \dfrac{x+y-(2-\lambda)xy}{1-(1-\lambda)xy}, & \text{其他},\end{cases}$$

$$\mathsf{T}_{\lambda}^{H}(x,y)=\begin{cases}\mathsf{T}_D(x,y), & \lambda=+\infty,\\ 0, & \lambda=x=y=0,\\ \dfrac{xy}{\lambda+(1-\lambda)(x+y-xy)}, & \text{其他}.\end{cases}$$

特别地，$\lambda=1$，$\perp_1^H=\perp_P$，$\mathsf{T}_1^H=\mathsf{T}_P$.

(7) Sugeno-Weber 算子，$\lambda\in[-1,+\infty]$ (Weber, 1983)

$$\perp_{\lambda}^{\mathrm{SW}}(x,y)=\begin{cases}\perp_D(x,y), & \lambda=-1,\\ \perp_P(x,y), & \lambda=+\infty,\\ \min(x+y+\lambda xy,1), & \text{其他},\end{cases}$$

$$\mathsf{T}_{\lambda}^{\mathrm{SW}}(x,y)=\begin{cases}\mathsf{T}_D(x,y), & \lambda=-1,\\ \mathsf{T}_P(x,y), & \lambda=+\infty,\\ \max\left(\dfrac{x+y-1+\lambda xy}{1+\lambda},0\right), & \text{其他}.\end{cases}$$

特别地，$\lambda=0$，$\perp_0^{\mathrm{SW}}=\perp_L$，$\mathsf{T}_0^{\mathrm{SW}}=\mathsf{T}_L$.

(8) Mayor-Torrens 算子，$\lambda\in[0,1]$ (Mayor, Torrens, 1991)

$$\perp_{\lambda}^{MT}(x,y)=\begin{cases}\min(x+y+\lambda-1,1), & \lambda\in(0,1],(x,y)\in[1-\lambda,1]^2,\\ \max(x,y), & \text{其他},\end{cases}$$

$$\mathsf{T}_{\lambda}^{MT}(x,y)=\begin{cases}\max(x+y-\lambda,0), & \lambda\in(0,1],(x,y)\in[0,\lambda]^2,\\ \min(x,y), & \text{其他}.\end{cases}$$

特别地，$\lambda=1$，$\perp_1^{MT}=\perp_L$，$\mathsf{T}_1^{MT}=\mathsf{T}_L$.

定理 1.3.1 设 T，$\perp$ 分别是[0, 1]上的 t-模、t-余模，则

$$\mathsf{T}(x,0)=0,\quad \perp(x,1)=1,\quad \mathsf{T}(x,x)\leqslant x\leqslant\perp(x,x),\quad \forall x\in[0,1].$$

证明 $\forall x\in[0,1]$，$0\leqslant\mathsf{T}(x,0)\leqslant\mathsf{T}(1,0)=0$，$1=\perp(0,1)\leqslant\perp(x,1)\leqslant 1$，

$\mathsf{T}(x,x) \leqslant \mathsf{T}(x,1) = x = \perp(x,0) \leqslant \perp(x,x)$. □

如果 t-模 T 与 t-余模 $\perp$ 还满足一定条件, 则 $\mathsf{T} = \wedge, \perp = \vee$. 下面一些定理可以说明这一点.

定理 1.3.2 (1) 如果 t-模 T (t-余模 $\perp$) 满足幂等律, 即 $\forall x \in [0,1]$, $\mathsf{T}(x,x) = x$ ($\perp(x,x) = x$), 则 $\mathsf{T} = \wedge$ ($\perp = \vee$).

(2) 如果 t-模 T 和 t-余模 $\perp$ 满足吸收律, 即 $\forall x, y \in [0,1]$, $\mathsf{T}(\perp(x,y),x) = x$ ($\perp(\mathsf{T}(x,y),x) = x$), 则 $\mathsf{T} = \wedge$ ($\perp = \vee$).

证明 (1) $\forall x, y \in [0,1]$, $x \wedge y = \mathsf{T}(x \wedge y, x \wedge y) \leqslant \mathsf{T}(x,y) \leqslant x \wedge y$, 即 $\mathsf{T} = \wedge$. 对 t-余模 $\perp$ 类似可证.

(2) 在 $\mathsf{T}(\perp(x,y),x) = x$ 中令 $y = 0$ 或在 $\perp(\mathsf{T}(x,y),x) = x$ 中令 $y = 1$ 即得幂等律. □

定义 1.3.2 设 T, $\perp$, N 分别是[0, 1]上的 t-模、t-余模与对合否算子, 且

$$(\forall x, y \in [0,1]) \quad (\mathsf{T}(x,y) = N(\perp(N(x), N(y))))$$

$$(\text{等价于}\ (\forall x, y \in [0,1]) \quad (\perp(x,y) = N(\mathsf{T}(N(x), N(y))))),$$

则称 T 和 $\perp$ 关于 N 是**对偶的** (dual), 该式也称为 T 和 $\perp$ 的对偶律.

例 1.3.2 $\mathsf{T}_M = \wedge$ 与 $\perp_M = \vee$, T_D 与 $\perp_D$, T_P 与 $\perp_P$, T_L 与 $\perp_L$, T_E 与 $\perp_E$, T^{nM} 与 $\perp^{nM}$ 关于 $N(x) = 1 - x$ 是对偶的. 我们只验证 T^{nM} 与 $\perp^{nM}$, $\forall x, y \in [0,1]$,

$$\begin{aligned}
\perp^{nM}(1-x, 1-y) &= \begin{cases} 1, & 1-x+1-y \geqslant 1, \\ \max(1-x, 1-y), & \text{其他} \end{cases} \\
&= \begin{cases} 1, & x+y \leqslant 1, \\ 1-\min(x,y), & \text{其他} \end{cases} \\
&= 1 - \begin{cases} 0, & x+y \leqslant 1, \\ \min(x,y), & \text{其他} \end{cases} \\
&= 1 - \mathsf{T}^{nM}(x,y),
\end{aligned}$$

即 T^{nM} 与 $\perp^{nM}$ 关于 $N_I(x) = 1 - x$ 是对偶的.

并且

$$\mathsf{T}_L(x, N_I(x)) = \mathsf{T}_L(x, 1-x) = \max\{0, x + (1-x) - 1\} = 0,$$

$$\perp_L(x, N_I(x)) = \perp_L(x, 1-x) = \min\{x + (1-x), 1\} = 1.$$

这说明 T_L 与 $\perp_L$ 关于 $N_I(x) = 1 - x$ 还存在互补律.

1.3.2 t-模诱导的蕴涵算子

定义 1.3.3 (Sanchez, 1976) 设 T 是[0, 1]上的 t-模, 则在[0, 1]上定义一个算

子 $\to_{\mathsf{T}}$:

$$x \to_{\mathsf{T}} y = \vee\{t \in [0,1] \mid x\mathsf{T}t \leqslant y\}, \quad \forall x, y \in [0,1].$$

例 1.3.3 如果 $\mathsf{T} = \mathsf{T}_M$, 则

$$x \to_{\mathsf{T}_M} y = \begin{cases} 1, & x \leqslant y, \\ y, & x > y. \end{cases}$$

如果 $\mathsf{T} = \mathsf{T}_P$, 则

$$x \to_{\mathsf{T}_P} y = \begin{cases} 1, & x \leqslant y, \\ \dfrac{y}{x}, & x > y. \end{cases}$$

如果 $\mathsf{T} = \mathsf{T}_L$, 则

$$x \to_{\mathsf{T}_L} y = \begin{cases} 1, & x \leqslant y, \\ 1 - x + y, & x > y. \end{cases}$$

如果 $\mathsf{T} = \mathsf{T}_E$, 则

$$x \to_{\mathsf{T}_E} y = \begin{cases} 1, & x \leqslant y, \\ \dfrac{(2-x)y}{x + (1-x)y}, & x > y. \end{cases}$$

定理 1.3.3 (1) $\forall x \in [0,1], 1 \to_{\mathsf{T}} x = x$;

(2) $\forall x, y, z \in [0,1]$, $x \leqslant y \Rightarrow x \to_{\mathsf{T}} z \geqslant y \to_{\mathsf{T}} z, z \to_{\mathsf{T}} x \leqslant z \to_{\mathsf{T}} y$.

证明 (1) 由定义直接得到.

(2) 若 $x \leqslant y$, 则 $\forall z \in [0,1]$,

$$\{t \mid x\mathsf{T}t \leqslant z\} \supseteq \{t \mid y\mathsf{T}t \leqslant z\}, \quad \{t \mid z\mathsf{T}t \leqslant x\} \subseteq \{t \mid z\mathsf{T}t \leqslant y\},$$

易知, $x \to_{\mathsf{T}} z \geqslant y \to_{\mathsf{T}} z, z \to_{\mathsf{T}} x \leqslant z \to_{\mathsf{T}} y$. □

定理 1.3.4 设 T 是[0, 1]上的 t-模, 若在[0, 1]上定义一个算子 $N_{\to_{\mathsf{T}}}(x) = x \to_{\mathsf{T}} 0$, 则 $N_{\to_{\mathsf{T}}}$ 是 [0, 1] 上的否算子.

证明 由定义 1.3.3 易知 $N_{\to_{\mathsf{T}}}(0) = 0 \to_{\mathsf{T}} 0 = 1$. 由定理 1.3.3 (1) 知 $N_{\to_{\mathsf{T}}}(1) = 1 \to_{\mathsf{T}} 0 = 0$. 由定理 1.3.3 (2) 知 $N_{\to_{\mathsf{T}}}$ 是逆序. □

定理 1.3.4 的否算子不一定是对合的.

例 1.3.4 如果 $\mathsf{T} = \wedge$, $\mathsf{T} = \hat{\bullet}$ 或 $\mathsf{T} = \dot{\varepsilon}$, 则

$$N_{\to_{\mathsf{T}}}(x) = x \to_{\mathsf{T}} 0 = \begin{cases} 1, & x = 0, \\ 0, & x > 0. \end{cases}$$

1.3.3 *t*-模与 *t*-余模的推广

定义 1.3.4 (Yager, Rybalov, 1996) 设 $\mathcal{U}: [0,1] \times [0,1] \to [0,1]$ 是三角模, 如果存在

单位元 $e \in [0,1]$，即 $\forall x \in [0,1]$，$\mathcal{U}(e,x)=x$，则称 $\mathcal{U}$ 是[0, 1]上的**一致模** (uninorm).

很显然，如果 $e=1$，则一致模 $\mathcal{U}$ 是 t-模. 如果 $e=0$，则一致模 $\mathcal{U}$ 是 t-余模.

定理 1.3.5 (Yager, Rybalov, 1996)　假设 $\mathcal{U}$ 是带单位元 e 的一致模, N 是[0, 1]上的对合否算子，$\bar{\mathcal{U}}$ 定义为

$$\bar{\mathcal{U}}(x,y)=N(\mathcal{U}(N(x),N(y))),$$

则 $\bar{\mathcal{U}}$ 是带单位元 $N(e)$ 的一致模. $\bar{\mathcal{U}}$ 称为 $\mathcal{U}$ 的对偶一致模.

证明　$\bar{\mathcal{U}}$ 的交换律、结合律、单调性由定义直接得到. 因为 e 是一致模 $\mathcal{U}$ 的单位元和 N 是[0, 1]上的对合否算子，所以 $\forall x \in [0,1]$，

$$\bar{\mathcal{U}}(x,N(e))=N(\mathcal{U}(N(x),N(N(e))))=N(\mathcal{U}(N(x),e))=N(N(x))=x. \qquad \square$$

定理 1.3.6 (Fordor et al., 1997; Klement et al., 1996)　设 $\mathcal{U}$ 是 $[0,1]$ 上具有单位元 $e \in (0,1)$ 的一致模，定义二元运算

$$\mathsf{T}_{\mathcal{U}}(x,y)=\frac{\mathcal{U}(ex,ey)}{e},$$

$$\perp_{\mathcal{U}}(x,y)=\frac{\mathcal{U}(e+(1-e)x,e+(1-e)y)-e}{1-e},$$

则 $\mathsf{T}_{\mathcal{U}}$ 是 $[0,1]$ 上的 t-模并且 $\perp_{\mathcal{U}}$ 是 $[0,1]$ 上的 t-余模.

证明　显然 $\mathsf{T}_{\mathcal{U}}$ 和 $\perp_{\mathcal{U}}$ 是 $[0,1]$ 上的三角模. 又 $\forall x \in [0,1]$，

$$\mathsf{T}_{\mathcal{U}}(1,x)=\frac{\mathcal{U}(e\times 1,ex)}{e}=\frac{\mathcal{U}(e,ex)}{e}=x,$$

$$\perp_{\mathcal{U}}(0,x)=\frac{\mathcal{U}(e,e+(1-e)x)-e}{1-e}=x,$$

于是，$\mathsf{T}_{\mathcal{U}}$ 是 $[0,1]$ 上的 t-模，$\perp_{\mathcal{U}}$ 是 $[0,1]$ 上的 t-余模.　$\square$

定理 1.3.6 反过来也成立.

定理 1.3.7　设 T 是 $[0,1]$ 上的 t-模并且 $a \in (0,1]$，定义二元运算

$$\mathcal{U}_{\mathsf{T}}(x,y)=a\mathsf{T}\left(\frac{x}{a},\frac{y}{a}\right),$$

则 $\mathcal{U}_{\mathsf{T}}$ 是 $[0,1]$ 上具有单位元 a 的一致模. 设 $\perp$ 是 $[0,1]$ 上的 t-余模并且 $b \in [0,1)$，定义二元运算

$$\mathcal{U}_{\perp}(x,y)=(1-b)\perp\left(\frac{x-b}{1-b},\frac{y-b}{1-b}\right)+b,$$

则 $\mathcal{U}_{\perp}$ 是 $[0,1]$ 上具有单位元 b 的一致模.

证明　显然 $\mathcal{U}_{\mathsf{T}}$ 和 $\mathcal{U}_{\perp}$ 是 $[0,1]$ 上的三角模. 又 $\forall x \in [0,1]$，

$$\mathcal{U}_{\mathsf{T}}(a,x)=a\mathsf{T}\left(\frac{a}{a},\frac{x}{a}\right)=a\mathsf{T}\left(1,\frac{x}{a}\right)=x.$$

$$\mathcal{U}_{\perp}(b,x)=(1-b)\perp\left(\frac{b-b}{1-b},\frac{x-b}{1-b}\right)+b=(1-b)\perp\left(0,\frac{x-b}{1-b}\right)+b=x. \qquad \square$$

例 1.3.5 在定理 1.3.7 中，$a\in(0,1]$，$b\in[0,1)$.

(1) 取 $\mathsf{T}=\mathsf{T}_M$，则 $\mathcal{U}_{\mathsf{T}_M}=\mathsf{T}_M$. 取 $\perp=\perp_M$，则 $\mathcal{U}_{\perp_M}=\perp_M$.

(2) 取 $\mathsf{T}=\mathsf{T}_P$，则 $\mathcal{U}_{\mathsf{T}_P}(x,y)=\dfrac{xy}{a}$，$\forall x,y\in[0,1]$.

取 $\perp=\perp_P$，则 $\mathcal{U}_{\perp_P}(x,y)=\dfrac{x+y-b-xy}{1-b}$，$\forall x,y\in[0,1]$.

(3) 取 $\mathsf{T}=\mathsf{T}_L$，则 $\mathcal{U}_{\mathsf{T}_L}(x,y)=\max(0,x+y-a)$，$\forall x,y\in[0,1]$.

取 $\perp=\perp_L$，则 $\mathcal{U}_{\perp_L}(x,y)=\min(x+y,a)$，$\forall x,y\in[0,1]$.

命题 1.3.1 如果 $\min(x,y)\leqslant e\leqslant\max(x,y)$，则

$$\min(x,y)\leqslant\mathcal{U}(x,y)\leqslant\max(x,y).$$

证明 假设 $x\leqslant e\leqslant y$. 则由单调性得到

$$\mathcal{U}(x,y)\leqslant\mathcal{U}(e,y)=y=\max(x,y) \quad 并且 \quad \mathcal{U}(x,y)\geqslant\mathcal{U}(x,e)=x=\min(x,y). \qquad \square$$

命题 1.3.2 假设 $\mathcal{U}$ 是一致模并且 $\mathcal{U}(x,1)$，$\mathcal{U}(x,0)$ 在 $[0,e)\cup(e,1]$ 上是连续的.

(a) 如果 $\mathcal{U}(0,1)=0$，则 $\mathcal{U}(x,1)=x$，$\forall x\in[0,e)$.

(b) 如果 $\mathcal{U}(0,1)=1$，则 $\mathcal{U}(x,0)=x$，$\forall x\in(e,1]$.

证明 (a) 因 $\mathcal{U}(0,1)=0$ 并且 $\mathcal{U}(e,1)=1$，故 $\forall x\in[0,e)$，存在 $z\in[0,e)$ 使得 $x=\mathcal{U}(z,1)$. 则 $\mathcal{U}(x,1)=\mathcal{U}(\mathcal{U}(z,1),1)=\mathcal{U}(z,\mathcal{U}(1,1))=\mathcal{U}(z,1)=x$.

(b) 用同样的方法，$\forall x\in(e,1]$，存在 $z\in(e,1]$ 使得 $x=\mathcal{U}(z,0)$. 因此我们得到

$$\mathcal{U}(0,x)=\mathcal{U}(0,\mathcal{U}(0,z))=\mathcal{U}(\mathcal{U}(0,0),z)=\mathcal{U}(0,z)=x. \qquad \square$$

定义 1.3.5 (Bustince et al., 2009) 映射 O: $[0,1]\times[0,1]\to[0,1]$ 称为**重叠函数** (overlap function)，如果满足下列条件:

(O1) O 是交换的;

(O2) $O(x,y)=0$ 当且仅当 $xy=0$;

(O3) $O(x,y)=1$ 当且仅当 $xy=1$;

(O4) O 是单调递增的;

(O5) O 是连续的.

在下面的例子中，我们给出几类常见的重叠函数.

例 1.3.6 (1) 任一没有非平凡零因子的连续 t-模是一重叠函数. 特别地，我们称取小 t-模为取小重叠函数且记为 O_M.

(2) 对任意 $p>0$，如下定义的二元函数 $O_p:[0,1]^2\to[0,1]$，

$$O_p(x,y)=x^p y^p$$

是一重叠函数. 我们称 O_p 为 p-乘积重叠函数. 明显地, 1-乘积重叠函数就是乘积 t-模, 即 $O_1 = \mathsf{T}_p$. 同时, 值得一提的是, 对任意 $p \neq 1$, p-乘积重叠函数既不满足结合律也不是以 1 为单位元. 因此, 不再是 t-模.

(3) 如下定义的二元函数 $O_{\text{Mid}}:[0,1]^2 \to [0,1]$,

$$O_{\text{Mid}}(x,y)=xy\frac{x+y}{2}$$

是一重叠函数.

(4) 如下定义的二元函数 $O_{\text{Mid}}:[0,1]^2 \to [0,1]$,

$$O_{\text{nM}}(x,y)=\min(x,y)\max(x^2,y^2)$$

是一重叠函数.

(5) 如下定义的二元函数 $O_{\text{DM}}:[0,1]^2 \to [0,1]$,

$$O_{\text{DM}}(x,y)=\begin{cases}\dfrac{2xy}{x+y}, & x+y\neq 0,\\ 0, & x+y=0\end{cases}$$

是一重叠函数.

定义 1.3.6 (Bustince et al., 2012)　映射 $G:[0,1]\times[0,1]\to[0,1]$ 称为**群组函数** (grouping function), 如果满足下列条件:

(G1) G 是交换的;

(G2) $G(x,y)=0$ 当且仅当 $x=y=0$;

(G3) $G(x,y)=1$ 当且仅当 $x=1$ 或 $y=1$;

(G4) G 是单调递增的;

(G5) G 是连续的.

例 1.3.7　(1) 任一没有非平凡一因子的连续 t-余模是一群组函数. 特别地, 我们称取大 t-余模为取大群组函数且记为 G_M.

(2) 对任意 $p>0$, 如下定义的二元函数 $G_p:[0,1]^2 \to [0,1]$,

$$G_p(x,y)=1-(1-x)^p(1-y)^p$$

是一群组函数. 我们称 G_p 为 p-乘积群组函数. 明显地, 1-乘积群组函数就是乘积 t-余模, 即 $G_1 = \perp_p$. 同时, 值得一提的是, 对任意 $p\neq 1$, p-乘积群组函数既不满足结合律也不是以 0 为单位元. 因此, 不再是 t-余模.

(3) 如下定义的二元函数 $G_{M_p}:[0,1]^2 \to [0,1]$,

$$G_{M_p}(x,y)=\max(x^p,y^p)$$

是一群组函数.

(4) 如下定义的二元函数 $G_{\mathrm{DM}}:[0,1]^2\to[0,1]$,

$$G_{\mathrm{DM}}(x,y)=\begin{cases}\dfrac{x+y-2xy}{2-x-y}, & x+y\neq 2,\\ 1, & x+y=2\end{cases}$$

是一群组函数.

1.3.4 基于 *t*-模与 *t*-余模的 Fuzzy 集运算

现将 t-模、t-余模与对合否算子用于 Fuzzy 集之间的运算.

定义 1.3.7 设 $\top$, $\perp$, N 分别是 [0, 1] 上的 t-模、t-余模与对合否算子, $A,B,C\in \mathrm{Map}(U,[0,1])$.

(1) 若 $C(x)=\perp(A(x),B(x)), \forall x\in U$, 则记 $C=A\bigcup_{\perp}B$, 称 $A\bigcup_{\perp}B$ 为 A 与 B 的"**模并**";

(2) 若 $C(x)=\top(A(x),B(x)), \forall x\in U$, 则记 $C=A\bigcap_{\top}B$, 称 $A\bigcap_{\top}B$ 为 A 与 B 的"**模交**";

(3) 若 $C(x)=N(A(x)), \forall x\in U$, 则记 $C=A^N$, 称 A^N 为 A 的"**伪补**" (pseudo-complement) 或"**对合否算子**".

特别地, 若 $N(a)=1-a$, 则仍常记 A^N 为 A^c.

容易验证 Fuzzy 集模并、模交与伪补运算具有下列性质, 其证明略.

定理 1.3.8 设 $\top$, $\perp$, N 分别是[0, 1]上的 t-模、t-余模与对合否算子, 则

(1) $A\bigcup_{\perp}B=B\bigcup_{\perp}A, A\bigcap_{\top}B=B\bigcap_{\top}A$;

(2) $(A\bigcup_{\perp}B)\bigcup_{\perp}C=A\bigcup_{\perp}(B\bigcup_{\perp}C)$, $(A\bigcap_{\top}B)\bigcap_{\top}C=A\bigcap_{\top}(B\bigcap_{\top}C)$;

(3) $A\subseteq B\Rightarrow(\forall C\in\mathrm{Map}(U,[0,1]))\ (A\bigcup_{\perp}C\subseteq B\bigcup_{\perp}C, A\bigcap_{\top}C\subseteq B\bigcap_{\top}C)$;

(4) $A\bigcup_{\perp}\varnothing=A, A\bigcap_{\top}\varnothing=\varnothing, A\bigcup_{\perp}U=U, A\bigcap_{\top}U=A$;

(5) 若 $\top$ 与 $\perp$ 关于 N 是对偶的, 则

$$(A\bigcup_{\perp}B)^N=A^N\bigcap_{\top}B^N,\quad (A\bigcap_{\top}B)^N=A^N\bigcup_{\perp}B^N.$$

1.4 Fuzzy 关系

在自然界中, 事物之间存在着一定的关系. 有些关系是非常明确的, 如"父

子关系”、数学上的“线性函数关系”、$\in$、$\subseteq$、$=$、$\geqslant$、$<$ 等等. 但有些关系的界限是不明确的, 如“相像关系”、“朋友关系”、“信任关系”与“两数几乎相等”等等. 经典关系是直积上的子集, 自然地, 界限不明确的关系可用直积上的 Fuzzy 集来描述 (Zadeh, 1975).

1.4.1 Fuzzy 关系的定义

定义 1.4.1 设 U, V 是两个论域, 那么 U 到 V(或在 U 与 V 之间) 的 **Fuzzy 关系** (fuzzy relation) R 是一个直积 $U\times V=\{(x,y)\mid x\in U,\ y\in V\}$ 上的 Fuzzy 集, 即 $R\in \mathrm{Map}(U\times V,[0,1])$,

$$R:U\times V\to[0,1],$$

$R(x,y)$ 表示 x 与 y 具有 R 关系的程度. 特别地, 当 $U=V$ 时, R 称为 U 上的 Fuzzy 关系.

由定义易知, Fuzzy 关系实质上是一个 Fuzzy 集, 所以有关 Fuzzy 集的一切运算与性质对其都是成立的. 下面来给出 Fuzzy 关系的各种运算.

定义 1.4.2 设 $R,S,R_t(t\in T)\in \mathrm{Map}(U\times V,[0,1])$, 则称 $R\cup S, R\cap S$ 分别为 Fuzzy 关系 R 与 S 的并和交; 而分别称 $\bigcup\limits_{t\in T}R_t$, $\bigcap\limits_{t\in T}R_t$ 为 Fuzzy 关系族 $\{R_t\mid t\in T\}$ 的并与交, 其中

$$(R\cup S)(x,y)=R(x,y)\vee S(x,y),$$
$$(R\cap S)(x,y)=R(x,y)\wedge S(x,y),$$
$$\left(\bigcup_{t\in T}R_t\right)(x,y)=\bigvee_{t\in T}R(x,y),$$
$$\left(\bigcap_{t\in T}R_t\right)(x,y)=\bigwedge_{t\in T}R(x,y).$$

若又设 $R^c\in \mathrm{Map}(U\times V,[0,1])$, $R^{-1}\in \mathrm{Map}(V\times U,[0,1])$ 使得

$$\forall x\in U, y\in V,\quad R^c(x,y)=1-R(x,y),\quad R^{-1}(y,x)=R(x,y),$$

则称 R^c 为 R 的**补** (complement relation), R^{-1} 为 R 的**逆** (inverse relation).

对 Fuzzy 关系的补和逆, 有下列的运算性质.

定理 1.4.1 设 $R,S,R_t\ (t\in T)\in \mathrm{Map}(U\times V,[0,1])$, 则有

(1) $R\subseteq S\Rightarrow R^{-1}\subseteq S^{-1}, S^c\subseteq R^c$;

(2) $(R^{-1})^{-1}=R, (R^{-1})^c=(R^c)^{-1}$;

(3) $\left(\bigcup\limits_{t\in T}R_t\right)^{-1}=\bigcup\limits_{t\in T}R_t^{-1}$, $\left(\bigcap\limits_{t\in T}R_t\right)^{-1}=\bigcap\limits_{t\in T}R_t^{-1}$.

证明 只证 (2), (3). (1) 的证明类似.

(2) 任取 $(y,x)\in V\times U$，由定义易知

$$(R^{-1})^c(y,x)=1-(R^{-1})(y,x)=1-R(x,y)=(R^c)(x,y)=(R^c)^{-1}(y,x),$$

故 $(R^{-1})^c=(R^c)^{-1}$. 同理有 $(R^{-1})^{-1}=R$.

(3) 任取 $(y,x)\in V\times U$，则有

$$\begin{aligned}\left(\bigcup_{t\in T}R_t\right)^{-1}(y,x)&=\left(\bigcup_{t\in T}R_t\right)(x,y)=\bigvee_{t\in T}R_t(x,y)\\&=\bigvee_{t\in T}R_t^{-1}(y,x)=\left(\bigcup_{t\in T}R_t^{-1}\right)(y,x),\end{aligned}$$

从而，$\left(\bigcup_{t\in T}R_t\right)^{-1}=\bigcup_{t\in T}R_t^{-1}$. (3) 的另一式同理可证. □

很显然，$(\mathrm{Map}(U\times V,[0,1]),\cup,\cap,c)$ 是一个完备的软代数.

假设 $U=\{x_1,x_2,\cdots,x_m\}$ 与 $V=\{y_1,y_2,\cdots,y_n\}$ 为有限集，则 $U\times V$ 上的 Fuzzy 关系 R 可用一个 $m\times n$ 的矩阵表示

$$R=\begin{bmatrix}R(x_1,y_1) & R(x_1,y_2) & \cdots & R(x_1,y_n)\\ R(x_2,y_1) & R(x_2,y_2) & \cdots & R(x_2,y_n)\\ \vdots & \vdots & & \vdots\\ R(x_m,y_1) & R(x_m,y_2) & \cdots & R(x_m,y_n)\end{bmatrix}.$$

这种表示 Fuzzy 关系的矩阵称为 **Fuzzy 矩阵** (fuzzy matrix)，简记为 $R=\left[r_{ij}\right]_{m\times n}$，其中 $r_{ij}=R(x_i,y_j)$. 因为 R 在 $[0,1]$ 上取值，Fuzzy 矩阵的元素 $r_{ij}\in[0,1]$. 若 $r_{ij}\in\{0,1\}$，则称 R 为**布尔矩阵** (Boolean matrix). 用 $[0,1]^{m\times n}$ 表示全体 $m\times n$ 的 Fuzzy 矩阵，用 $\{0,1\}^{m\times n}$ 表示全体 $m\times n$ 的布尔矩阵.

例 1.4.1 医学上用

$$体重(\mathrm{kg})=身高(\mathrm{cm})-100$$

表示人的标准体重，这实际上给出了身高 (U) 和体重 (V) 的二元关系. 令 $U=\{140, 150, 160, 170, 180\}$, $V=\{40, 50, 60, 70, 80\}$，则上述等式可得到一个布尔关系 R，用布尔矩阵表示为

$$\begin{array}{r} \\ 140\\ 150\\ R{=}160\\ 170\\ 180\end{array}\begin{array}{c}\begin{array}{ccccc}40 & 50 & 60 & 70 & 80\end{array}\\ \begin{bmatrix}1 & 0 & 0 & 0 & 0\\ 0 & 1 & 0 & 0 & 0\\ 0 & 0 & 1 & 0 & 0\\ 0 & 0 & 0 & 1 & 0\\ 0 & 0 & 0 & 0 & 1\end{bmatrix}\end{array}.$$

人有胖瘦, 对于 "非标准" 的情况, 应该描述其接近标准的程度. 这样, 下面 Fuzzy 矩阵所表示的 Fuzzy 关系显然更全面地给出了身高与标准体重的关系.

$$
\begin{array}{c} \\ \\ \\ R= \end{array}
\begin{array}{c} \\ 140 \\ 150 \\ 160 \\ 170 \\ 180 \end{array}
\begin{array}{c} \begin{array}{ccccc} 40 & 50 & 60 & 70 & 80 \end{array} \\
\begin{bmatrix} 1 & 0.8 & 0.2 & 0.1 & 0 \\ 0.8 & 1 & 0.8 & 0.2 & 0.1 \\ 0.2 & 0.8 & 1 & 0.8 & 0.2 \\ 0.1 & 0.2 & 0.8 & 1 & 0.8 \\ 0 & 0.1 & 0.2 & 0.8 & 1 \end{bmatrix} \end{array}.
$$

定义 1.4.3　如果 $Q \in \mathrm{Map}(U \times V, [0,1])$, $R \in \mathrm{Map}(V \times W, [0,1])$, 则 Q 与 R 的**复合** (**或合成**) (composition relation), 记为 $Q \circ R$, 是 $U \times W$ 上的一个 Fuzzy 关系, 其隶属函数是

$$Q \circ R(x,z) = \bigvee_{y \in V} \{Q(x,y) \wedge R(y,z)\}, \quad \forall x \in U, z \in W.$$

这种复合用到了取大 ($\vee = \max$) 与取小 ($\wedge = \min$) 运算, 所以称之为**最大最小复合** (max-min composition). 而 $Q \,\hat{\circ}\, R$ 也是 $U \times W$ 上的一个 Fuzzy 关系, 其隶属函数定义为

$$Q \,\hat{\circ}\, R(x,z) = \bigwedge_{y \in V} \{Q(x,y) \vee R(y,z)\}, \quad \forall x \in U, z \in W,$$

称为最小最大复合 (min-max composition).

例 1.4.2　设 R_1 表示西红柿的颜色和成熟程度之间的关系, R_2 表示西红柿的成熟程度和味道之间的关系. 设颜色论域为 $X = \{$绿, 黄, 红$\}$, 成熟程度论域为 $Y = \{$青翠, 半熟, 熟$\}$, 味道论域 $Z = \{$酸, 无味, 甜$\}$, 其中

$$
R_1 = \begin{array}{c} \\ 绿 \\ 黄 \\ 红 \end{array}
\begin{array}{c} \begin{array}{ccc} 青翠 & 半熟 & 熟 \end{array} \\
\begin{bmatrix} 1 & 0.5 & 0 \\ 0.3 & 1 & 0.4 \\ 0 & 0.2 & 1 \end{bmatrix} \end{array},
$$

$$
R_2 = \begin{array}{c} \\ 青翠 \\ 半熟 \\ 熟 \end{array}
\begin{array}{c} \begin{array}{ccc} 酸 & 无味 & 甜 \end{array} \\
\begin{bmatrix} 1 & 0.2 & 0 \\ 0.7 & 1 & 0.3 \\ 0 & 0.7 & 1 \end{bmatrix} \end{array},
$$

则按照 Fuzzy 关系复合运算 (最大−乘积复合), $R_1 \circ R_2$ 表示西红柿的颜色和味道之间的关系.

$$R_1 \circ R_2 = \begin{array}{c} \\ 绿 \\ 黄 \\ 红 \end{array}\begin{array}{c} \begin{array}{ccc} 酸 & 无味 & 甜 \end{array} \\ \begin{bmatrix} 1 & 0.5 & 0.3 \\ 0.7 & 1 & 0.4 \\ 0.2 & 0.7 & 1 \end{bmatrix} \end{array}.$$

1.4.2 Fuzzy 关系的性质

定义 1.4.4 (1) U 上的 Fuzzy 关系 R 称为**自反的** (reflexive), 如果

$$R(x,x)=1, \quad \forall x \in U. \quad \text{(Zadeh, 1971)}$$

(2) U 上的 Fuzzy 关系 R 称为**对称的** (symmetric), 如果 $\forall x,y \in U$,

$$R(x,y)=R^{-1}(x,y)=R(y,x).$$

(3) U 上的 Fuzzy 关系 R 称为**反对称的** (anti-symmetric), 如果 $\forall x,y \in U$,

$$R(x,y) \wedge R(y,x) > 0 \Rightarrow x=y.$$

(4) U 上的 Fuzzy 关系 R 称为**传递的** (transitive), 如果 $\forall x,y \in U$,

$$R \circ R \subseteq R.$$

例 1.4.3 设 $R=\begin{bmatrix} 0.5 & 0.4 & 0.5 \\ 0.7 & 0.4 & 0.7 \\ 0.8 & 0.4 & 0.5 \end{bmatrix}$, 则

$$R \circ R=\begin{bmatrix} 0.5 & 0.4 & 0.5 \\ 0.7 & 0.4 & 0.5 \\ 0.5 & 0.4 & 0.5 \end{bmatrix} \subset \begin{bmatrix} 0.5 & 0.4 & 0.5 \\ 0.7 & 0.4 & 0.7 \\ 0.8 & 0.4 & 0.5 \end{bmatrix}=R,$$

即 Fuzzy 关系 R 是传递的.

定义 1.4.5 设 R 是 U 上的 Fuzzy 关系, 如果

(1) U 上的 Fuzzy 关系 S 是传递的且 $S \supseteq R$;

(2) U 上的 Fuzzy 关系 Q 是传递的且 $Q \supseteq R \Rightarrow Q \supseteq S$,

则称 S 为 R 的**传递闭包** (transitive closure), 记为 $t(R)$.

定理 1.4.2 设 $R \in [0,1]^{n \times n}$ 是自反的, 则 $t(R)=R^m, \forall m \geqslant n$.

由定理 1.4.2, 求 $t(R)$ 采用平方法

$$R \to R^2 \to (R^2)^2 \to \cdots \to R^{2^k}.$$

令 $2^k \geqslant n$, 故 $k \geqslant \log_2 n$, 这时 $t(R)=R^{2^k}$.

用平方法只需要计算 $[\log_2 n]+1$ 次 (复合) 便得 $t(R)$. 例如 $n=30$, 平方法只需 5 次复合计算便得 $t(R)$, 这时计算出 $R^{2^5}=R^{32}(=R^{30})$.

例 1.4.4　设

$$R=\begin{bmatrix}1&0.3&0.1&0.4&0.8&0.7&0.6\\0.3&1&0.5&0.9&0.6&0.8&0.9\\0.1&0.5&1&0.7&0.6&0.2&0.1\\0.4&0.9&0.7&1&0.5&0.9&0.4\\0.8&0.6&0.6&0.5&1&0.7&0.5\\0.7&0.8&0.5&0.9&0.7&1&0.4\\0.6&0.9&0.1&0.4&0.5&0.4&1\end{bmatrix},$$

显然 R 是自反的和对称的. 用平方法求 $t(R)$,

$$R^2=R\circ R=\begin{bmatrix}1&0.7&0.6&0.7&0.8&0.7&0.6\\0.7&1&0.7&0.9&0.7&0.9&0.9\\0.6&0.7&1&0.7&0.6&0.7&0.5\\0.7&0.9&0.7&1&0.7&0.9&0.9\\0.8&0.7&0.6&0.7&1&0.7&0.6\\0.7&0.9&0.7&0.9&0.7&1&0.8\\0.6&0.9&0.5&0.9&0.6&0.8&1\end{bmatrix},$$

$$R^4=R^2\circ R^2=\begin{bmatrix}1&0.7&0.7&0.7&0.8&0.7&0.7\\0.7&1&0.7&0.9&0.7&0.9&0.9\\0.7&0.7&1&0.7&0.7&0.7&0.7\\0.7&0.9&0.7&1&0.7&0.9&0.9\\0.8&0.7&0.7&0.7&1&0.7&0.7\\0.7&0.9&0.7&0.9&0.7&1&0.9\\0.7&0.9&0.7&0.9&0.7&0.9&1\end{bmatrix},$$

$$R^8=R^4\circ R^4=\begin{bmatrix}1&0.7&0.7&0.7&0.8&0.7&0.7\\0.7&1&0.7&0.9&0.7&0.9&0.9\\0.7&0.7&1&0.7&0.7&0.7&0.7\\0.7&0.9&0.7&1&0.7&0.9&0.9\\0.8&0.7&0.7&0.7&1&0.7&0.7\\0.7&0.9&0.7&0.9&0.7&1&0.9\\0.7&0.9&0.7&0.9&0.7&0.9&1\end{bmatrix},$$

$R^8=R^4$, 由定理 1.4.2 知 $t(R)=R^4$.

定义 1.4.6　设 R 是 U 上的 Fuzzy 关系, 则

(1) R 称为 U 上的 Fuzzy 相容关系 (fuzzy tolerance relation), 如果 R 满足自反性和对称性.

(2) R 称为 U 上的 Fuzzy 等价关系 (fuzzy equivalence relation), 如果 R 满足自

反性、对称性和传递性.

定理 1.4.3 设 R 是 U 上的 Fuzzy 关系, 则 R 为 U 上的 Fuzzy 等价关系 (相容关系) 的充分必要条件是: $\forall \alpha \in [0,1], R_\alpha$ 是 U 上的等价关系 (相容关系).

证明 必要性 (1) 设Fuzzy关系R是自反的, 则$\forall \alpha \in [0,1]$, 由于$R \supseteq I$, 有$\forall x \in U$, $R(x,x) \geqslant I(x,x) = 1 \geqslant \alpha$, 所以$(x,x) \in R_\alpha$, 即$R_\alpha$是自反的.

(2) 设 Fuzzy 关系 R 是对称的, 则 $\forall \alpha \in [0,1]$,

$$\forall x, y \in U,\ (x,y) \in R_\alpha \Rightarrow R(y,x) = R(x,y) \geqslant \alpha \Rightarrow (y,x) \in R_\alpha,$$

即 R_α 是对称的.

(3) 设 Fuzzy 关系 R 是传递的, 则 $\forall \alpha \in [0,1]$,

$$\forall x, y, z \in U,\ (x,y) \in R_\alpha, (y,z) \in R_\alpha \Rightarrow R(x,z) \geqslant R^2(x,z) = \bigvee_{t \in x}(R(x,t) \wedge R(t,y))$$

$$\geqslant R(x,y) \wedge R(y,z) \geqslant \alpha \Rightarrow (x,z) \in R_\alpha,$$

即 R_α 是传递的.

充分性 (1) 设$\forall \alpha \in [0,1]$, R_α是自反的, 则$\forall x \in U$, $(x,x) \in R_\alpha \Rightarrow R(x,x) \geqslant \alpha$, 由$\alpha$的任意性推出$R(x,x) = 1$, 即 Fuzzy 关系 R 是自反的.

(2) 设 $\forall \alpha \in [0,1]$, R_α 是对称的. 若存在 $x_0, y_0 \in U$, 使 $R(x_0,y_0) \neq R(y_0,x_0)$, 不妨设 $R(x_0,y_0) > R(y_0,x_0)$, 则取 $R(y_0,x_0) < \alpha_0 < R(x_0,y_0)$, 这样 $(x_0,y_0) \in R_\alpha$, 但 $(y_0,x_0) \notin R_{\alpha_0}$, 这与 R_{α_0} 的对称性矛盾. 从而 R 是对称的.

(3) 设 $\forall \alpha \in [0,1]$, R_α 是传递的, 则 $\forall x, y, z \in U$, 对于 $\alpha = R(x,y) \wedge R(y,z)$,

$$R(x,y) \geqslant \alpha, R(y,z) \geqslant \alpha \Rightarrow (x,y) \in R_\alpha, (y,z) \in R_\alpha \Rightarrow (x,z) \in R_\alpha \Rightarrow R(x,z) \geqslant \alpha,$$

即 $R(x,z) \geqslant R(x,y) \wedge R(y,z)$. 由 y 的任意性, $R(x,z) \geqslant \bigvee_{y \in U} R(x,y) \wedge R(y,z)$, 即 $R^2 \subseteq R$, 亦即 R 是传递的. □

定义 1.4.7 设 R 是 U 上的 Fuzzy 关系, 则称 R 是 **Fuzzy 偏序关系** (fuzzy partial order relation), 如果 R 是自反的、反对称的和传递的 (Zadeh, 1971).

1.5 Fuzzy 集的各类推广

1.5.1 2 型 Fuzzy 集

到目前为止, 我们已经考虑了 Fuzzy 集, 它带有精确定义的隶属函数或隶属度. 在人们心目中无疑有了一个隶属函数的精确印象. 然而在实际中, 有时隶属度仍表现出模糊性而使得很难用一个数值来表示. 因此 Zadeh 提出了隶属函数本身是 Fuzzy 集的 Fuzzy 集概念. 如果我们称目前为止所考虑的 Fuzzy 集为 1 型

Fuzzy 集的话, 那么这种推广的 Fuzzy 集称为 2 型 Fuzzy 集, 严格定义如下.

定义 1.5.1 (Mizumoto, Tanaka, 1976)　设 A 是论域 U 到 $\mathrm{Map}([0,1],[0,1])$ 的一个映射, 即

$$A:U\to \mathrm{Map}([0,1],[0,1]),$$

称 A 是 U 上的 **2 型 Fuzzy 集** (type 2 fuzzy set) (或称为 **Fuzzy 值 Fuzzy 集**). U 上的全体 2 型 Fuzzy 集为 $\mathrm{Map}(U,\mathrm{Map}([0,1],[0,1]))$.

就 Fuzzy 集 $A=$“年老” 来说明定义 1.5.1 的含义.

例 1.5.1　设 $X=\{x_1,x_2,x_3,x_4,x_5\}$, 而 $A=$“年老” 为

$$A=\frac{0.8}{x_1}+\frac{0.2}{x_2}+\frac{0.1}{x_3}+\frac{0.9}{x_4}+\frac{0.5}{x_5}.$$

通常, 这些隶属值是很难准确给出的, 所以 Fuzzy 集 A 一般是下列形式

$$A=\frac{\text{较年老}}{x_1}+\frac{\text{年轻}}{x_2}+\frac{\text{很年轻}}{x_3}+\frac{\text{很年老}}{x_4}+\frac{\text{中年}}{x_5},$$

即

$$A=\frac{\widetilde{0.8}}{x_1}+\frac{\widetilde{0.2}}{x_2}+\frac{\widetilde{0.1}}{x_3}+\frac{\widetilde{0.9}}{x_4}+\frac{\widetilde{0.5}}{x_5}.$$

这里 “较年老” ($\widetilde{0.8}$)、“年轻” ($\widetilde{0.2}$)、“很年轻” ($\widetilde{0.1}$)、“很年老” ($\widetilde{0.9}$), 以及 “中年” ($\widetilde{0.5}$) 等 Fuzzy 集表示属于 “年老” 的程度. 定义

$$\widetilde{0.8}=\frac{0.3}{0.6}+\frac{0.8}{0.7}+\frac{1.0}{0.8}+\frac{0.7}{0.9}+\frac{0.4}{1.0},$$

$$\widetilde{0.2}=\frac{0.3}{0.0}+\frac{0.7}{0.1}+\frac{1.0}{0.2}+\frac{0.4}{0.3}+\frac{0.1}{0.4},$$

$$\widetilde{0.1}=\frac{0.5}{0.0}+\frac{1.0}{0.1}+\frac{0.6}{0.2}+\frac{0.2}{0.3}+\frac{0.1}{0.4},$$

$$\widetilde{0.9}=\frac{0.6}{0.7}+\frac{0.7}{0.8}+\frac{1.0}{0.9}+\frac{0.8}{1.0},$$

$$\widetilde{0.5}=\frac{0.3}{0.3}+\frac{0.8}{0.4}+\frac{1.0}{0.5}+\frac{0.7}{0.6}+\frac{0.4}{0.7}.$$

如 $\widetilde{0.8}(0.7)=0.8$ 指 x_1 70%是 “年老” 的程度是 0.8, 这时可以认为 x_1 有点老了.

2 型 Fuzzy 集对模糊现象的刻画更为深刻, 也更加接近于实际情形, 但对其的处理比一般的 Fuzzy 集要复杂得多. 如果 $A,B\in \mathrm{Map}(U,\mathrm{Map}([0,1],[0,1]))$, 且设

$$A(x)=\int_{[0,1]}\frac{a_x(r)}{r},\quad B(x)=\int_{[0,1]}\frac{b_x(r)}{r},$$

则分别定义 $A(x)\tilde{\vee} B(x)$, $A(x)\tilde{\wedge} B(x)$ 与 $\neg A(x)$ 如下 (Mizumoto, Tanaka, 1976):

$$(A(x)\,\tilde{\vee}\,B(x))(r)=\bigvee_{r_1\vee r_2=r}\{a_x(r_1)\wedge b_x(r_2)\};$$

$$(A(x)\,\tilde{\wedge}\,B(x))(r)=\bigvee_{r_1\wedge r_2=r}\{a_x(r_1)\wedge b_x(r_2)\};$$

$$(\neg A(x))(r)=\int_{[0,1]}\frac{a_x(r)}{1-r}.$$

2 型 Fuzzy 集的并、交、补与序关系定义如下：设 $A,B\in \mathrm{Map}(U,\mathrm{Map}([0,1],[0,1]))$，则

(1) $(A\bigcup B)(x)=A(x)\,\tilde{\vee}\,B(x)$，$\forall x\in U$;

(2) $(A\bigcap B)(x)=A(x)\,\tilde{\wedge}\,B(x)$，$\forall x\in U$;

(3) $(A^c)(x)=\neg A(x)$，$\forall x\in U$;

(4) $A\subseteq B\Leftrightarrow(\forall x\in U)(A(x)\subseteq B(x))$.

1.5.2 区间值 Fuzzy 集

如果 2 型 Fuzzy 集的隶属函数值为区间，则我们有下面的定义.

定义 1.5.2 (Zadeh, 1975) 设 A 是论域 U 到 $I^{(2)}$ 的一个映射，即

$$A:U\to I^{(2)},$$

称 A 是 U 上的**区间值 Fuzzy 集** (interval-valued fuzzy set).

例 1.5.2 设 $U=\{x_1,x_2,x_3,x_4,x_5\}$，则区间值 Fuzzy 集 $A=$“年老” 可定义为

$$A=\frac{[0.6,0.8]}{x_1}+\frac{[0.2,0.3]}{x_2}+\frac{[0.1,0.2]}{x_3}+\frac{[0.8,0.9]}{x_4}+\frac{[0.5,0.5]}{x_5}.$$

设 $A\in \mathrm{Map}(U,I^{(2)})$，则 $A(x)\triangleq[A^-(x),A^+(x)]$，这时实际上 $A^-,A^+\in \mathrm{Map}(U,[0,1])$，记 $A\triangleq[A^-,A^+]$. A^- 和 A^+ 分别称为 A 的下隶属函数 (lower membership function) 和上隶属函数 (upper membership function). 区间值 Fuzzy 集的并、交、补与序关系定义如下：设 $A,B\in \mathrm{Map}(U,I^{(2)})$，则

(1) $(A\bigcup B)(x)=[A^-(x)\vee B^-(x),A^+(x)\vee B^+(x)]$，$\forall x\in U$;

(2) $(A\bigcap B)(x)=[A^-(x)\wedge B^-(x),A^+(x)\wedge B^+(x)]$，$\forall x\in U$;

(3) $A^c(x)=[1-A^+(x),1-A^-(x)]$，$\forall x\in U$;

(4) $A\subseteq B\Leftrightarrow A^-\subseteq B^-$ 且 $A^+\subseteq B^+$.

定义 1.5.3 设 $A=[A^-,A^+]\in \mathrm{Map}(U,I^{(2)})$，$\lambda=[\lambda^-,\lambda^+]\in I^{(2)}$，我们分别称

$$A_{[\lambda^-,\lambda^+]}=\left\{x\in U\mid A^-(x)\geqslant\lambda^-,A^+(x)\geqslant\lambda^+\right\}$$

和

$$A_{(\lambda^-,\lambda^+)}=\left\{x\in U\mid A^-(x)>\lambda^-,A^+(x)>\lambda^+\right\}$$

为 A 的 $[\lambda^-,\lambda^+]$−截集 (或水平集), (λ^-,λ^+)−截集 (或水平集).

很显然, $x\in A_{[\lambda^-,\lambda^+]}$ 当且仅当 $A(x)\geqslant_{I^{(2)}}[\lambda^-,\lambda^+]$.

定义 1.5.4　设 $A=[A^-,A^+]\in \mathrm{Map}(U,I^{(2)})$, $\lambda=[\lambda^-,\lambda^+]\in I^{(2)}$, 我们定义

$$([\lambda^-,\lambda^+]A)(x)=[\lambda^-,\lambda^+]\wedge[A^-,A^+].$$

定理 1.5.1 (区间值 Fuzzy 集的分解定理)　设 $A=[A^-,A^+]\in \mathrm{Map}(U,I^{(2)})$, 则

$$A=\bigcup_{[\lambda^-,\lambda^+]\in I^{(2)}}[\lambda^-,\lambda^+]A_{[\lambda^-,\lambda^+]},$$

$$A=\bigcup_{[\lambda^-,\lambda^+]\in I^{(2)}}[\lambda^-,\lambda^+]A_{(\lambda^-,\lambda^+)}.$$

定义 1.5.5　设 U,V 是两个论域, 如果 $R=[R^-,R^+]\in \mathrm{Map}(U\times V,I^{(2)})$, 那么 R 称为 U 到 V(或在 U 与 V 之间) 的**区间值 Fuzzy 关系** (interval-valued fuzzy relation).

定义 1.5.6　(1) U 上的区间值 Fuzzy 关系 R 称为**自反的** (reflexive), 如果 $\forall x\in U$,

$$R(x,x)=1_{I^{(2)}}.$$

(2) U 上的区间值 Fuzzy 关系 R 称为**对称的** (symmetric), 如果 $\forall x,y\in U$,

$$R(x,y)=R^{-1}(x,y)=R(y,x).$$

(3) U 上的区间值 Fuzzy 关系 R 称为**传递的** (transitive), 如果 $\forall x,y,z\in U$,

$$R(x,z)\geqslant_{I^{(2)}}R(x,y)\wedge R(y,z).$$

(4) R 称为 U 上的区间值 Fuzzy 等价关系 (interval-valued fuzzy equivalence relation), 如果 R 满足自反性、对称性和传递性.

下面我们讨论一个特殊的区间值 Fuzzy 集.

定义 1.5.7 (Hu, Yiu, 2024)　设 A 是论域 U 到 $I_{0.5}^{(2)}$ 的一个映射, 即

$$A:U\to I_{0.5}^{(2)},$$

称 A 是 U 上的**分割区间值 Fuzzy 集** (intersected interval-valued fuzzy set).

讨论分割区间值 Fuzzy 集的目的是说明**双极值 Fuzzy 集** (bipolar-valued fuzzy set) (Zhang, 1994)

$$A:U\to[-1,0]\times[0,1]$$

等价于分割区间值 Fuzzy 集. 这个等价性依赖下面的定理.

定理 1.5.2 (Hu, Yiu, 2024)　映射

$$f:[-1,0]\times[0,1]\to I_{0.5}^{(2)},$$

$$(x,y)\mapsto[0.5(x+1),0.5(y+1)]$$

是一个双射, 并且 $([-1,0]\times[0,1],\leqslant_{bv})$ 同构于 $\left(I_{0.5}^{(2)},\leqslant_{I^{(2)}}\right)$.

证明 (i) 对任意 $[u,v]\in I_{0.5}^{(2)}$，令 $x=2u-1$，$y=2v-1$，则 $(x,y)\in[-1,0]\times[0,1]$ 并且 $f(x,y)=[u,v]$，即 f 是一个满射.

(ii) 设 $(x,y),(x',y')\in[-1,0]\times[0,1]$ 并且 $(x,y)\neq(x',y')$，则

$$f(x,y)=[0.5(x+1),0.5(y+1)]\neq[0.5(x'+1),0.5(y'+1)]=f(x',y'),$$

即 f 是一个单射.

(iii) 设 $(x,y),(x',y')\in[-1,0]\times[0,1]$ 并且 $(x,y)\leqslant_{\text{bv}}(x',y')$，即 $x\leqslant x',y\leqslant y'$，则

$$f(x,y)=[0.5(x+1),0.5(y+1)]\leqslant_{I^{(2)}}[0.5(x'+1),0.5(y'+1)]=f(x',y'),$$

即 f 是保序的. □

1.5.3 区间值 2 型 Fuzzy 集

前面讨论了 2 型 Fuzzy 集以及它的特殊情形——区间值 Fuzzy 集. 有很多学者使用了**区间 2 型 Fuzzy 集** (interval type-2 fuzzy set)，其实是区间值 Fuzzy 集，这容易引起误导. 针对这个问题，我们引入了区间值 2 型 Fuzzy 集的概念.

定义 1.5.8 (Hu, Wang, 2014) 论域 U 上的一个**区间值 2 型 Fuzzy 集** (interval-valued type-2 fuzzy set)，记为 $[A]$，是一个映射

$$[A]:\ U\to \mathrm{Map}(I,I^{(2)}),$$

即 $[A]\in\mathrm{Map}(U,\mathrm{Map}(I,I^{(2)}))$，其中 $[A](x)=A_x=[A_x^-,A_x^+]\in\mathrm{Map}(I,I^{(2)})$ 是[0, 1]上的一个区间值 Fuzzy 集，其隶属函数为 $[A](x)(r)=A_x(r)=[A_x^-(r),A_x^+(r)]$，$\forall r\in[0,1]$，$\forall x\in U$，其中 $A_x^-,A_x^+\in\mathrm{Map}([0,1],[0,1])$.

图 1.5.1 显示了一个区间值 2 型 Fuzzy 集.

区间值 2 型 Fuzzy 集 $[A]$ 可以表示为

$$\begin{aligned}[A]&\equiv\int_{x\in U}\int_{r\in[0,1]}A_x(r)/(x,r)\\&\equiv\int_{x\in U}[A](x)\Big/x=\int_{x\in U}\left[\int_{r\in[0,1]}A_x(r)/r\right]\Big/x=\int_{x\in[0,1]}\left[\int_{r\in[0,1]}[A_x^-(r),A_x^+(r)]/r\right]\Big/x.\end{aligned}$$

事实上，$\int_{x\in U}\left[\int_{r\in[0,1]}A_x^-(r)/r\right]\Big/x$ 和 $\int_{x\in U}\left[\int_{r\in[0,1]}A_x^+(r)/r\right]\Big/x$ 是两个 U 上 2 型 Fuzzy 集，分别用 $\tilde{A}^-$ 和 $\tilde{A}^+$ 表示. 因此，我们定义 $[A]\triangleq[\tilde{A}^-,\tilde{A}^+]$.

$[A]$ 的下、上不确定域 LFOU 和 UFOU 分别是 $\tilde{A}^-$ 和 $\tilde{A}^+$ 的不确定域，即

$$\mathrm{LFOU}([A])\triangleq\mathrm{FOU}(\tilde{A}^-)=\{(x,y)\mid x\in U,y\in\mathrm{Supp}(A_x^-)\}\subseteq U\times[0,1],$$

$$\mathrm{UFOU}([A])\triangleq\mathrm{FOU}(\tilde{A}^+)=\{(x,y)\mid x\in U,y\in\mathrm{Supp}(A_x^+)\}\subseteq U\times[0,1].$$

很清楚，$\mathrm{LFOU}([A])\subseteq\mathrm{UFOU}([A])$.

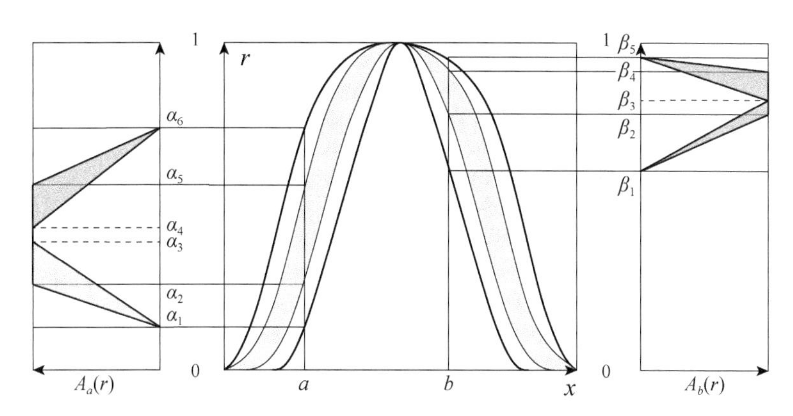

图 1.5.1　区间值 2 型 Fuzzy 集概念的示意图

在图 1.5.1 中，A_a 和 A_b 是 [0, 1] 上的区间值 Fuzzy 集，其中，A_a^-，A_a^+，A_b^+ 是 [0,1]上的梯形 Fuzzy 数，A_b^- 是 [0, 1] 上的三角 Fuzzy 数，即 $A_a^- = (\alpha_1, \alpha_3, \alpha_4, \alpha_6)$，$A_a^+ = (\alpha_1, \alpha_2, \alpha_5, \alpha_6)$，$A_b^+ = (\beta_1, \beta_2, \beta_4, \beta_5)$，$A_b^- = (\beta_1, \beta_3, \beta_5)$.

区间值 2 型 Fuzzy 集 $[A] = \int_{x \in U} \left[\int_{r \in [0,1]} [A_x^-(r), A_x^+(r)] / r \right] \Big/ x$ 有三种如下的特殊情形.

(1) 在区间值 2 型 Fuzzy 集 $[A]$ 中，如果 $A_x^-(r) = A_x^+(r)$，$\forall r \in [0,1]$，$x \in U$，则 $[A]$ 是一个 2 型 Fuzzy 集，用 $\tilde{A}$ 表示.

(2) 如果 $x \in U$，$\mathrm{Supp}(\tilde{A}(x))$ 是 [0, 1] 上的一个闭区间并且 $A_x(r) = 1$，$\forall r \in \mathrm{Supp}(\tilde{A}(x))$，则 $\tilde{A}$ 是一个区间值 Fuzzy 集，用 A 表示.

(3) 如果 $A^-(x) = A^+(x)$，$\forall x \in U$，则 A 是 U 上的一个 Fuzzy 集或 1 型 Fuzzy 集 (T1FS).

图 1.5.2 显示了 Fuzzy 集、区间值 Fuzzy 集、2 型 Fuzzy 集和 2 型值 Fuzzy 集的关系.

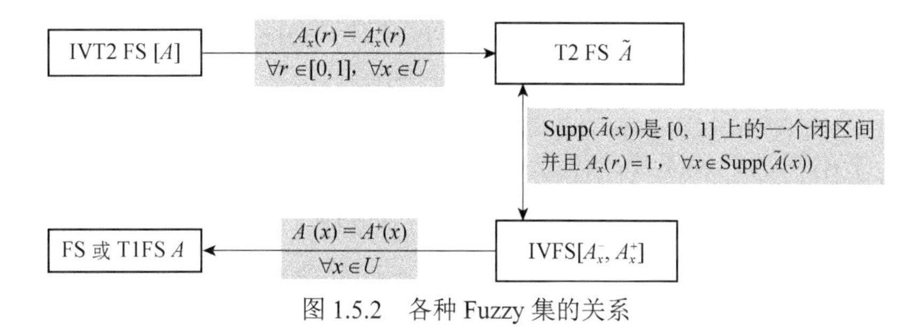

图 1.5.2　各种 Fuzzy 集的关系

对于区间值 2 型 Fuzzy 集，我们定义

$$[a]=\int_{x\in U}[a](x)\Big/x=\int_{x\in U}\left[[1,1]/a+\int_{r\in[0,1]\setminus\{a\}}[0,0]/r\right]\Big/x,\quad \forall a\in[0,1],$$

$$\varnothing=\int_{x\in U}\varnothing(x)\Big/x=\int_{x\in U}[[1,1]/0]\Big/x=[0],$$

$$U=\int_{x\in U}U(x)\Big/x=\int_{x\in U}[[1,1]/1]\Big/x=[1].$$

定义 1.5.9 设$[A],[B]\in \mathrm{Map}(U,\mathrm{Map}([0,1],I^{(2)}))$,

$$[A]=\int_{x\in U}[A](x)\Big/x=\int_{x\in U}\left[\int_{r\in[0,1]}A_x(r)/r\right]\Big/x=\int_{x\in U}\left[\int_{r\in[0,1]}[A_x^-(r),A_x^+(r)]/r\right]\Big/x,$$

$$[B]=\int_{x\in U}[B](x)\Big/x=\int_{x\in U}\left[\int_{r\in[0,1]}B_x(r)/r\right]\Big/x=\int_{x\in U}\left[\int_{r\in[0,1]}[B_x^-(r),B_x^+(r)]/r\right]\Big/x.$$

区间值 2 型 Fuzzy 集的并、交、补运算定义如下: $\forall x\in U$,

$$([A]\sqcup[B])(x)=[A](x)\,\tilde{\vee}\,[B](x)=\int_{r\in[0,1]}\sup_{r_1\vee r_2=r}\{A_x(r_1)\wedge B_x(r_2)\}\Big/r;$$

$$([A]\sqcap[B])(x)=[A](x)\,\tilde{\wedge}\,[B](x)=\int_{r\in[0,1]}\sup_{r_1\wedge r_2=r}\{A_x(r_1)\wedge B_x(r_2)\}\Big/r;$$

$$([A]^{\tilde{N}})(x)=([A](x))^{\tilde{N}}=\int_{r\in[0,1]}A_x(r)/N(r)=\int_{r\in[0,1]}A_x(N(r))/r.$$

如果$\trianglelefteq$是$\mathrm{Map}([0,1],I^{(2)})$上的序关系, 则区间值 2 型 Fuzzy 集$[A]$和$[B]$的序关系定义为

$$[A]\trianglelefteq[B]\Leftrightarrow[A](x)\trianglelefteq[B](x),\quad \forall x\in U.$$

由定义 1.5.9, 我们有下列结论.

定理 1.5.3 设$[A],[B]\in \mathrm{Map}(U,\mathrm{Map}([0,1],I^{(2)}))$, 则

$$([A]\sqcup[B])(x)=[A_x^-\,\tilde{\vee}\,B_x^-,A_x^+\,\tilde{\vee}\,B_x^+],$$

$$([A]\sqcap[B])(x)=[A_x^-\,\tilde{\wedge}\,B_x^-,A_x^+\,\tilde{\wedge}\,B_x^+],$$

$$([A]^{\tilde{N}})(x)=[(A_x^-)^{\tilde{N}},(A_x^+)^{\tilde{N}}],$$

即$([A]^{\tilde{N}})_x(r)=[A_x^-(N(r)),A_x^+(N(r))]$.

由定理 1.5.3, 我们有下列结论.

定理 1.5.4 设$[A],[B],[C]\in \mathrm{Map}(U,\mathrm{Map}([0,1],I^{(2)}))$, 则

(1) $[A]\sqcup[B]=[B]\sqcup[A],[A]\sqcap[B]=[B]\sqcap[A]$;

(2) $[A]\sqcup([B]\sqcup[C])=([A]\sqcup[B])\sqcup[C]$, $[A]\sqcap([B]\sqcap[C])=([A]\sqcap[B])\sqcap[C]$;

(3) $[A]\sqcup\varnothing=[A]\sqcap U=[A]$;

(4) $([A]\sqcup[B])^{\tilde{N}}=[A]^{\tilde{N}}\sqcap[B]^{\tilde{N}},([A]\sqcap[B])^{\tilde{N}}=[A]^{\tilde{N}}\sqcup[B]^{\tilde{N}}$;

(5) $[A]\subseteq_{\mathrm{LR}}[B]\Rightarrow[A]\sqcup[C]\subseteq_{\mathrm{LR}}[B]\sqcup[C],[A]\sqcap[C]\subseteq_{\mathrm{LR}}[B]\sqcap[C]$;

(6) $[A]\,\tilde{\sqsubseteq}\,[B]\Leftrightarrow[B]^{\tilde{N}}\,\tilde{\Subset}\,[A]^{\tilde{N}}$.

1.5.4　阴影集

定义 1.5.10 (Pedrycz, 1998)　设 H 是论域 U 到 $\{0,[0,1],1\}$ 的一个映射, 即

$$H:U\to\{0,[0,1],1\},$$

称 H 是 U 上的**阴影集** (shadowed set).

由例 1.1.2(2) 知, $(\{0,[0,1],1\},\leqslant)$ 是一个全序集, 其中 $0\leqslant[0,1]\leqslant 1$, 对合否算子是 $0^c=1$, $1^c=0$, $[0,1]^c=[0,1]$. 这样阴影集的并、交和补运算分别如下: $H,G\in \mathrm{Map}(U,\{0,[0,1],1\})$,

$$(H\bigcup G)(x)=H(x)\vee G(x),$$
$$(H\bigcap G)(x)=H(x)\wedge G(x),$$
$$H^c(x)=(H(x))^c.$$

一个 Fuzzy 集可以诱导一个阴影集. 例如, 设 $A\in \mathrm{Map}(U,[0,1])$, $\alpha\in[0,0.5)$, 定义

$$H(x)=\begin{cases}0, & A(x)\leqslant\alpha,\\ 1, & A(x)\geqslant 1-\alpha,\\ [0,1], & \alpha<A(x)<1-\alpha,\end{cases}$$

则 $H\in \mathrm{Map}(U,\{0,[0,1],1\})$.

由 Fuzzy 集导出的阴影集如图 1.5.3 所示, 请注意隶属度位于 α 和 $1-\alpha$ 之间的区域生成一个阴影.

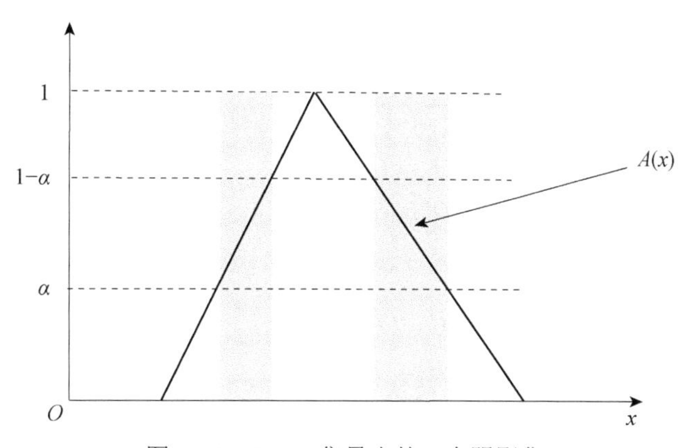

图 1.5.3　Fuzzy 集导出的一个阴影集

最后参考图 1.5.3, 并给定低于 α 且高于 $1-\alpha$, $\alpha\in[0,0.5)$ 的隶属度, 我们以下面形式表示上述关系的成分 (我们假设所有积分都存在).

隶属度的减少 (低隶属度被减少至 0)

$$\int_{x:\,A(x)\leqslant\alpha} A(x)dx.$$

隶属度的增加 (高隶属度被增加至 1)

$$\int_{x:\, A(x)\leqslant 1-\alpha} (1-A(x))dx.$$

阴影

$$\int_{x:\, \alpha<A(x)<1-\alpha} dx.$$

绝对差

$$V(\alpha)=\left|\int_{x:\, A(x)\leqslant\alpha} A(x)dx+\int_{x:\, A(x)\geqslant 1-\alpha} (1-A(x))dx-\int_{x:\, \alpha<A(x)<1-\alpha} dx\right|$$

关于 α 的最小化以下面优化问题的形式给出

$$\alpha_{\text{opt}}=\arg\min_{\alpha\in[0,\, 0.5)} V(\alpha).$$

例如，在处理三角隶属函数时，α 的最优值等于 $\sqrt{2}-1\approx 0.4142$. 对于形式为 $A(x,a)=\max(0,1-(x/a)^2)$ 的抛物线隶属函数，$a>0$，优化导致 α 值等于 0.405.

1.5.5 犹豫 Fuzzy 集

定义 1.5.11 (Torra, 2010; Hu, 2017a) 设 H 是论域 U 到 $2^{[0,1]}-\{\varnothing\}$ 的一个映射，即

$$H:U\to 2^{[0,1]}-\{\varnothing\},$$

称 H 是 U 上的**犹豫 Fuzzy 集** (hesitant fuzzy set).

犹豫 Fuzzy 集的交、并、补与序关系定义如下：对所有 $H,H_1,H_2\in \text{Map}\,(U, 2^{[0,1]}-\{\varnothing\})$，有

(1) $(H_1\sqcap H_2)(x)=H_1(x)\sqcap H_2(x)$;

(2) $(H_1\sqcup H_2)(x)=H_1(x)\sqcup H_2(x)$;

(3) $N(H)(x)=N_{2^{[0,1]}-\{\varnothing\}}(H(x))$;

(4) $H_1\sqsubseteq H_2$ 当且仅当 $H_1\sqcap H_2=H_1$;

(5) $H_1\Subset H_2$ 当且仅当 $H_1\sqcup H_2=H_2$;

(6) $H_1\trianglelefteq H_2$ 当且仅当 $H_1\sqsubseteq H_2$ 并且 $H_1\Subset H_2$.

易知 $(\text{Map}(U,2^{[0,1]}-\{\varnothing\}),\sqsubseteq)$ 和 $(\text{Map}(U,2^{[0,1]}-\{\varnothing\}),\Subset)$ 是偏序集；$(\text{Map}(U, 2^{[0,1]}-\{\varnothing\}),\trianglelefteq)$ 是一个具有对合否算子 N 和最小元 $\{0\}_U$ 及最大元 $\{1\}_U$ 的偏序集.

犹豫 Fuzzy 集和犹豫 Fuzzy 关系将在 4.4.1 节详细讨论. 区间值犹豫 Fuzzy 集与区间值犹豫 Fuzzy 关系的定义和运算将在 4.5.1 节详细讨论.

1.5.6 直觉 Fuzzy 集

Atanassov 于 1983 年给出了 Fuzzy 集的一个推广概念——直觉 Fuzzy 集. Fuzzy 集给出了论域中一点的隶属度, 而直觉 Fuzzy 集给出了论域中一点的隶属度与非隶属度.

定义 1.5.12 (Atanassov, 1983, 1999) 论域 U 上的一个**直觉 Fuzzy 集** (intuitionistic fuzzy set) 是下列形式的一个对象

$$A=(\mu_A,\nu_A),$$

其中 $\mu_A(x)\ (\in[0,1])$ 称为 x 属于 A 的隶属度 (degree of truth-membership 或 degree of membership), $\nu_A(x)\ (\in[0,1])$ 称为 x 不属于 A 的隶属度 (degree of false-membership 或 degree of non-membership), 并且其和满足下列条件:

$$\mu_A(x)+\nu_A(x)\leqslant 1,\quad \forall x\in U.$$

论域 U 上的所有直觉 Fuzzy 集为 $\mathrm{Map}(U,I_1^2)$.

例 1.5.3 设 $U=\{x_1,x_2,x_3,x_4,x_5\}$, 则直觉 Fuzzy 集 $A=$ “年老” 可定义为

$$A=\frac{(0.6,0.2)}{x_1}+\frac{(0.2,0.7)}{x_2}+\frac{(0.1,0.8)}{x_3}+\frac{(0.8,0.1)}{x_4}+\frac{(0.5,0.5)}{x_5}.$$

对于 $A=(\mu_A,\nu_A)\in\mathrm{Map}(U,I_1^2)$, 我们称

$$\pi_A(x)=1-\mu_A(x)-\nu_A(x)$$

为元素 x 在 A 中的**直觉指标** (intuitionistic index). 很显然 $0\leqslant\pi_A(x)\leqslant 1$ (Burillo, Bustince, 1996). $[\mu_A(x),1-\nu_A(x)]$ 称为 x 在直觉 Fuzzy 集 $A=(\mu_A,\nu_A)$ 中的 **Fuzzy 值** (fuzzy value) (Atanassov, 1986).

直觉 Fuzzy 集的并、交、补与序关系定义如下, 设 $A=(\mu_A,\nu_A),B=(\mu_B,\nu_B)\in\mathrm{Map}(U,I_1^2)$, 则

(1) $A\cup B=(\mu_A\cup\mu_B,\nu_A\cap\nu_B)$;

(2) $A\cap B=(\mu_A\cap\mu_A,\nu_A\cup\nu_B)$;

(3) $A^c=(\nu_A,\mu_A)$;

(4) $A\subseteq B\Leftrightarrow\mu_A\subseteq\mu_B$ 且 $\nu_A\supseteq\nu_B$;

(5) $A=B\Leftrightarrow A\subseteq B,B\subseteq A$.

直觉 Fuzzy 集与区间值 Fuzzy 集是 Fuzzy 集的两个推广, 数学形式上两者是等价的, 通过下面的映射可以证明

$$f:\ \mathrm{Map}(U,I^{(2)})\to\mathrm{Map}(U,I_1^2),$$

$$A=[A^-,A^+]\to B,$$

其中 $\mu_B(x)=A^-(x)$，$\nu_B(x)=1-A^+(x)$. 但在应用上两者的含义还是不同的. 比如例 1.5.2 与例 1.5.3，$f(A)=B$.

1.5.7 *q* 阶正交 Fuzzy 集

定义 1.5.13 (Yager, 2017) 论域 U 上的一个 ***q* 阶正交 Fuzzy 集** (*q*-rung orthopair fuzzy set) 是下列形式的一个对象

$$A=(\mu_A,\nu_A),$$

其中 $\mu_A(x)\ (\in[0,1])$ 称为 x 属于 A 的隶属度，$\nu_A(x)\ (\in[0,1])$ 称为 x 不属于 A 的隶属度，并且其和满足下列条件

$$(\mu_A(x))^q+(\nu_A(x))^q\leqslant 1,\quad \forall x\in U,$$

其中 $q\geqslant 1$. 论域 U 上的所有 q 阶正交 Fuzzy 集为 $\mathrm{Map}(U,I_q^2)$.

特别，$q=1$，$A=(\mu_A,\nu_A)$ 为直觉 Fuzzy 集；$q=2$，$A=(\mu_A,\nu_A)$ 为**毕达哥拉斯 Fuzzy 集** (Pythagorean fuzzy set) (Yager, 2013).

例 1.5.4 设 $U=\{x_1,x_2,x_3,x_4,x_5\}$，则毕达哥拉斯 Fuzzy 集 $A=$"年老" 可定义为

$$A=\frac{(0.8,0.3)}{x_1}+\frac{(0.2,0.8)}{x_2}+\frac{(0.3,0.9)}{x_3}+\frac{(0.9,0.2)}{x_4}+\frac{(0.6,0.6)}{x_5}.$$

很显然, A 不是直觉 Fuzzy 集.

定理 1.5.5 (Yager, 2017) 如果 A 是 U 上一个 q_1 阶正交 Fuzzy 集并且 $q_2>q_1$，则 A 也是 U 上一个 q_2 阶正交 Fuzzy 集.

证明 如果 $A=(\mu_A,\nu_A)$ 是 U 上一个 q_1 阶正交 Fuzzy 集，则 $\forall x\in U$，$(\mu_A(x))^{q_1}+(\nu_A(x))^{q_1}\leqslant 1$. 又因为 $q_2>q_1$，所以 $(\mu_A(x))^{q_2}+(\nu_A(x))^{q_2}\leqslant(\mu_A(x))^{q_1}+(\nu_A(x))^{q_1}\leqslant 1$. □

推论 1.5.1 (Yager, 2017) (1) 任何直觉 Fuzzy 集是一个 q 阶正交 Fuzzy 集 (对所有 $q\geqslant 1$)，即对所有 $q\geqslant 1$，$\mathrm{Map}(U,I_1^2)\subseteq\mathrm{Map}(U,I_q^2)$.

(2) 任何直觉 Fuzzy 集是一个毕达哥拉斯 Fuzzy 集.

(3) 任何毕达哥拉斯 Fuzzy 集是一个 q 阶正交 Fuzzy 集 (对所有 $q\geqslant 2$)，即对所有 $q\geqslant 2$，$\mathrm{Map}(U,I_2^2)\subseteq\mathrm{Map}(U,I_q^2)$.

q 阶正交 Fuzzy 集的并、交、补与序关系定义如下：设 $A=(\mu_A,\nu_A)$，$B=(\mu_B,\nu_B)\in\mathrm{Map}(U,I_q^2)$，则

(1) $A\cup B=(\mu_A\cup\mu_B,\nu_A\cap\nu_B)$;

(2) $A\cap B=(\mu_A\cap\mu_B,\nu_A\cup\nu_B)$;

(3) $A^c = (\nu_A, \mu_A)$;

(4) $A \subseteq B \Leftrightarrow \mu_A \subseteq \mu_B$ 且 $\nu_A \supseteq \nu_B$;

(5) $A = B \Leftrightarrow A \subseteq B, B \subseteq A$.

下面来验证这些运算的合理性.

设 $A = (\mu_A, \nu_A), B = (\mu_B, \nu_B) \in \mathrm{Map}(U, I_q^2)$, 则 $\forall x \in U$,

$$(\mu_A(x))^q + (\nu_A(x))^q = S_A^q \leqslant 1, \quad (\mu_B(x))^q + (\nu_B(x))^q = S_B^q \leqslant 1.$$

$$\begin{aligned}((\mu_A \cup \mu_B)(x))^q &= (\mu_A(x) \vee \mu_B(x))^q \\ &= (\mu_A(x))^q \vee (\mu_B(x))^q \\ &\leqslant (1-(\nu_A(x))^q) \vee (1-(\nu_B(x))^q) \\ &= 1-(\nu_A(x))^q \wedge (\nu_B(x))^q \\ &= 1-((\nu_A \cap \nu_B)(x))^q,\end{aligned}$$

即 $((\mu_A \cup \mu_B)(x))^q + ((\nu_A \cap \nu_B)(x))^q \leqslant 1$.

类似可以验证其他运算合理性.

1.5.8　犹豫集

本节 $(J, \leqslant, N)$ 总表示带对合否算子 N 的线性序集.

例 1.5.5　(1) 如果 $J = \{0, 1\}$, $0 < 1$ 并且 $N(0) = 1$, $N(1) = 0$, 则 $(\{0, 1\}, \leqslant, N)$ 是带对合否算子 N 的线性序集.

(2) 如果 $J = [0, 1]$ 并且 $N_I(x) = 1 - x$, 则 $([0, 1], \leqslant, N)$ 是带对合否算子 N_I 的线性序集.

(3) 考 虑 $J = I^{(2)} = \{[a^-, a^+] \mid 0 \leqslant a^- \leqslant a^+ \leqslant 1\}$ 并 且 $N_{I^{(2)}}([a^-, a^+]) = 1_{I^{(2)}} - [a^-, a^+] = [1-a^+, 1-a^-]$. $[a^-, a^+] \leqslant_{\mathrm{Hu}} [b^-, b^+]$ 当且仅当 $\dfrac{a^- + a^+}{2} < \dfrac{b^- + b^+}{2}$ 或 $\dfrac{a^- + a^+}{2} = \dfrac{b^- + b^+}{2}$, $b^+ - b^- < a^+ - a^-$ (Hu, Wang, 2006). 则 $(I^{(2)}, \leqslant_{\mathrm{Hu}}, N_{I^{(2)}})$ 是带对合否算子 $N_{I^{(2)}}$ 的线性序集.

(4) 考虑 $J = I_{0.5}^{(2)} = \{[a^-, a^+] \mid 0 \leqslant a^- \leqslant 0.5 \leqslant a^+ \leqslant 1\}$, 则 $(I_{0.5}^{(2)}, \leqslant_{\mathrm{Hu}}, N_{I^{(2)}})$ 是带对合否算子 $N_{I^{(2)}}$ 的线性序集.

定义 1.5.14 (Hu, 2017a)　在 $2^J - \{\varnothing\}$ 中定义下列运算, $\forall A, B \in 2^J - \{\varnothing\}$,

$$A \sqcap B = \{x \wedge y \mid x \in A, y \in B\},$$

$$A \sqcup B = \{x \vee y \mid x \in A, y \in B\},$$

$$N(A)=\{N(\gamma)\mid\gamma\in A\}.$$

当 $A=\{a\}$, $B=\{b\}$ 时, 则 $A\sqcap B=\{a\wedge b\}$, $A\sqcup B=\{a\vee b\}$ 并且 $N(A)=\{N(a)\}$. 这表示 $2^{[0,1]}-\varnothing$ 上的 $\sqcap$, $\sqcup$ 和 N 分别是 J 的 $\wedge$, $\vee$ 和 N 的推广.

定理 1.5.6 (Hu, 2017a) 运算 $\sqcap$, $\sqcup$ 和 N 具有下列性质: $\forall A,B,C,D\in 2^J-\{\varnothing\}$.

(1) 如果 $A\subseteq B, C\subseteq D$, 则 $A\sqcap C\subseteq B\sqcap D$, $A\sqcup C\subseteq B\sqcup D$;

(2) $A\sqcap A=A$, $A\sqcup A=A$;

(3) $A\sqcap B=B\sqcap A, A\sqcup B=B\sqcup A$;

(4) $A\sqcap(B\sqcap C)=(A\sqcap B)\sqcap C$, $A\sqcup(B\sqcup C)=(A\sqcup B)\sqcup C$;

(5) $A\subseteq A\sqcap(A\sqcup B)=A\sqcup(A\sqcap B)$;

(6) $A\sqcap(B\sqcup C)\subseteq(A\sqcap B)\sqcup(A\sqcap C)$, $A\sqcup(B\sqcap C)\subseteq(A\sqcup B)\sqcap(A\sqcup C)$;

(7) $N(N(A))=A$;

(8) $N(A\sqcap B)=N(A)\sqcup N(B), N(A\sqcup B)=N(A)\sqcap N(B)$.

证明 下面只给(5)和(8)的证明, 其他由定义 1.5.14 直接得到.

(5) 显然 $A\subseteq A\sqcap(A\sqcup B)$. 如果 $x\in A\sqcap(A\sqcup B)$, 则存在 $x_1,x_2\in A$ 和 $y\in B$ 使得 $x=x_1\wedge(x_2\vee y)$. 并且

$$x=x_1\wedge(x_2\vee y)=(x_1\wedge x_2)\vee(x_1\wedge y)\in A\sqcup(A\sqcap B).$$

所以 $A\sqcap(A\sqcup B)\subseteq A\sqcup(A\sqcap B)$. 类似可核实 $A\sqcup(A\sqcap B)\subseteq A\sqcap(A\sqcup B)$. 于是

$$A\subseteq A\sqcap(A\sqcup B)=A\sqcup(A\sqcap B).$$

(8) 设 $x\in N(A\sqcap B)$, 则存在 $y\in A\sqcap B$ 使得 $x=N(y)$, 所以存在 $y_1\in A$ 和 $y_2\in B$ 使得 $y=y_1\wedge y_2$. 于是

$$x=N(y_1\wedge y_2)=N(y_1)\vee N(y_2)\in N(A)\sqcup N(B).$$

反之, 如果 $x\in N(A)\sqcup N(B)$, 则存在 $y_1\in A$ 和 $y_2\in B$ 使得

$$x=N(y_1)\vee N(y_2)=N(y_1\wedge y_2)\in N(A\sqcap B).$$

因此 $N(A\sqcap B)=N(A)\sqcup N(B)$. 第二个等式类似可证. □

定义 1.5.15 (Hu, 2017a) 设 $A,B\in 2^J-\{\varnothing\}$.

(1) $A\sqsubseteq B$ 当且仅当 $A\sqcap B=A$;

(2) $A\Subset B$ 当且仅当 $A\sqcup B=B$;

(3) $A\trianglelefteq B$ 当且仅当 $A\sqsubseteq B$ 并且 $A\Subset B$.

定理 1.5.7 (1) $(2^J-\{\varnothing\},\sqsubseteq)$ 和 $(2^J-\{\varnothing\},\Subset)$ 是偏序集.

(2) $(2^J-\{\varnothing\},\trianglelefteq)$ 是带对合否算子 N 的偏序集, 并且 $\{0\}$ 和 $\{1\}$ 分别是其最小元和最大元.

证明　(1) 由定理 1.5.6 (2) 知$\sqsubseteq$是自反的.

如果 $A\sqsubseteq B$，$B\sqsubseteq A$，则 $A\sqcap B=A$，$B\sqcap A=B$．由$\sqcap$的交换性得到 $A=B$．于是$\sqsubseteq$满足反对称性.

如果 $A\sqsubseteq B$，$B\sqsubseteq C$，则 $A\sqcap B=A$ 和 $B\sqcap C=B$．所以

$$A\sqcap C=(A\sqcap B)\sqcap C=A\sqcap(B\sqcap C)=A\sqcap B=A.$$

即 $A\sqsubseteq C$．于是$\sqsubseteq$满足传递性.

因此 $(2^J-\varnothing,\sqsubseteq)$ 是偏序集. 类似地，$(2^J-\varnothing,\Subset)$ 也是偏序集.

(2) 我们只证明 N 是对合否算子. 如果 $A\trianglelefteq B$，则 $A\sqcap B=A$，$A\sqcup B=B$．所以由定理 1.5.6 (8) 得到

$$N(B)=N(A\sqcup B)=N(A)\sqcap N(B),$$
$$N(A)=N(A\sqcap B)=N(A)\sqcup N(B).$$

于是，$N(B)\sqsubseteq N(A)$ 和 $N(B)\Subset N(A)$，即 $N(B)\trianglelefteq N(A)$．　□

定义 1.5.16 (Hu, 2017a)　如果 $H\in \mathrm{Map}(U,2^J-\{\varnothing\})$，则 H 称为 U 的**犹豫集** (hesitant set).

下面的例子是一些特殊的犹豫集.

(1) 当 $J=\{0,1\}$ 时，$H\in \mathrm{Map}(U,2^{\{0,1\}}-\{\varnothing\})$ 是**阴影集** (shadow set)，其真值是 $\{0\}$，$\{1\}$ 和 $\{0,1\}$．这与定义 1.5.10 定义的阴影集是一致的．$H\in \mathrm{Map}(U,\mathrm{single}(2^{\{0,1\}}-\{\varnothing\}))$ 是 U 的 Cantor 子集.

(2) 当 $J=[0,1]$ 时，$H\in \mathrm{Map}(U,2^{[0,1]}-\{\varnothing\})$ 是 U 的**犹豫 Fuzzy 集** (hesitant fuzzy set)．$H\in \mathrm{Map}(U,\mathrm{single}(2^{[0,1]}-\{\varnothing\}))$ 是 U 的 Fuzzy 集.

(3) 当 $J=I^{(2)}$ 时，$H\in \mathrm{Map}(U,2^{I^{(2)}}-\{\varnothing\})$ 是 U 的**区间值犹豫 Fuzzy 集** (interval-valued hesitant fuzzy set)．$H\in \mathrm{Map}(U,\mathrm{single}(2^{I^{(2)}}-\{\varnothing\}))$ 是 U 的区间值 Fuzzy 集.

(4) 当 $J=I_{0.5}^{(2)}$ 时，$H\in \mathrm{Map}(U,2^{I_{0.5}^{(2)}}-\varnothing)$ 是 U 的**双极犹豫 Fuzzy 集** (bipolar-valued hesitant fuzzy set)．$H\in \mathrm{Map}(U,\mathrm{single}(2^{I_{0.5}^{(2)}}-\{\varnothing\}))$ 是 U 的双极 Fuzzy 集，这等价于 Zhang (1994) 的定义 (Hu, Yiu, 2024).

设 $H,G\in \mathrm{Map}(U,2^J-\{\varnothing\})$，则 $\forall x\in U$，定义

$$(H\sqcap G)(x)=H(x)\sqcap G(x),$$
$$(H\sqcup G)(x)=H(x)\sqcup G(x),$$
$$N(H)(x)=N(H(x)).$$

对于 $*\in\{\sqsubseteq,\Subset,\trianglelefteq\}$，还可定义 $H*G$，如果 $H(x)*G(x)$，$\forall x\in U$.

容易得到 $(\mathrm{Map}(U,2^J-\{\varnothing\}),*)$ 是一个偏序集，其中 N 是对合否算子，0_H

($0_H(x)=\{0\},\forall x\in U$) 和 1_H ($1_H(x)=\{1\},\forall x\in U$) 分别是 $\mathrm{Map}(U,2^J-\{\varnothing\})$ 的最小元和最大元.

1.5.9 格值 Fuzzy 集

定义 1.5.17 设 $(P,\leqslant_P)$ 为有界偏序集, 则论域 U 到 P 的一个映射 A, 即

$$A:U\to P,$$

称为 U 上的 ***P*-Fuzzy 集** (P-fuzzy set).

如果 $A,B\in\mathrm{Map}(U,P)$, 则 $A\subseteq_P B$ 定义为 $A(x)\leqslant_P B(x)$, $\forall x\in U$. 并且 $(0_P)_U(x)=0_P,\forall x\in U$ 和 $(1_P)_U(x)=1_P,\forall x\in U$,

$$N_P(A)(x)=N_P(A(x)).$$

定义 1.5.18 (Goguen, 1967) 设 $(L,\vee,\wedge,\leqslant)$ 为格, 则论域 U 到 L 的一个映射 A, 即

$$A:U\to L$$

称为 U 上的 ***L*-Fuzzy 集** (L-fuzzy set).

由于[0,1], $I^{(2)}$, $\mathrm{Map}([0,1],[0,1])$ 都是格, 所以定义 1.2.1 中的 Fuzzy 集、定义 1.5.2 中的区间值 Fuzzy 集、定义 1.5.12 中的直觉 Fuzzy 集都是特殊的 L-Fuzzy 集.

L-Fuzzy 集的并、交、补与序关系定义如下: 设 $A,B\in\mathrm{Map}(U,L)$, 则

(1) $(A\bigcup B)(x)=A(x)\vee B(x)$, $\forall x\in U$;

(2) $(A\bigcap B)(x)=A(x)\wedge B(x)$, $\forall x\in U$;

(3) $N_L(A)(x)=N_L(A(x))$, $\forall x\in U$;

(4) $A\subseteq B\Leftrightarrow(\forall x\in U)(A(x)\leqslant B(x))$,

这里 N_L 为 $(L,\leqslant)$ 的对合否算子 (参见定义 1.1.3).

第 2 章　粗糙集与三支决策

1982 年, 以波兰数学家 Pawlak 为代表的研究者首次提出了粗糙集理论, 粗糙集理论是一种新的处理模糊和不确定性知识的数学工具. 其主要思想就是在保持分类能力不变的前提下, 通过知识约简, 导出问题的决策或分类规则. 目前, 粗糙集理论与三支决策方法已被成功地应用于机器学习、决策分析、过程控制、模式识别与数据挖掘等领域. 粗糙集理论已成为国内外人工智能领域中的学术热点, 引起了越来越多科研人员的关注. 本章主要介绍标准粗糙集理论 (Pawlak 粗糙集模型) 及其推广模型, 包括信息系统与决策表、近似空间与粗糙集、三支决策等. 这些作为后面各章节的基础.

2.1　信息系统与决策表

现实生活中有许多含糊现象并不能简单地用真、假值来表示, 如何表示和处理这些现象就成为一个研究领域. 早在 1904 年谓词逻辑的创始人 G. Frege 就提出了含糊 (vague) 一词, 他把它归结到边界线上, 也就是说在全域上存在一些个体既不能在其某个子集上分类, 也不能在该子集的补集上分类.

为了处理这类不确定性问题, Zadeh 于 1965 年引入了 Fuzzy 集的概念. Fuzzy 集的隶属函数可以在 [0, 1] 上的闭区间内取值, 允许元素部分属于该集合. Zadeh 提出 Fuzzy 集后, 不少理论计算机科学家和逻辑学家试图通过这一理论解决 G. Frege 的含糊概念. 但是, Fuzzy 集是不可计算的, 无法计算它的边界线上具体的含糊元素数目. Pawlak (1982) 通过引入上、下近似的概念提出粗糙集理论 (Pawlak, 1982, 1991). 上、下近似集通过等价关系这一数学概念描述. 这时含糊元素是可计算的. 粗糙集理论在数据处理上的应用有很多重要优势. 例如, 它为寻找数据中的隐藏模式提供了有效算法; 它可找到数据的最小集和评价数据的重要性等.

设 $U \neq \varnothing$ 是我们感兴趣的对象组成的有限集合, 称为论域. $\mathcal{C}=\{X_1, X_2, \cdots, X_n\}$, $X_i \subseteq U$, $i=1,2,\cdots,n$. 集合族 $\mathcal{C} \subseteq 2^U$ 称为 U 的一个**划分** (partition), 若它满足

(1) $X_i \neq \varnothing$, $i=1,2,\cdots,n$;

(2) $X_i \cap X_j = \varnothing$, $i \neq j, i, j=1,2,\cdots,n$;

(3) $\bigcup_{i=1}^{n} X_i = U$.

设 R 是 U 上的一个等价关系, U/R 表示 R 的所有等价类 (或者 U 上的分类) 构成的集合, $[x]_R$ 表示包含元素 $x \in U$ 的 R 等价类. 一个等价关系对应一个划分, 一个划分对应一个等价关系.

例 2.1.1 给定一玩具积木的集合 $U = \{x_1, x_2, \cdots, x_8\}$. 并假设这些积木有不同的颜色 (红、黄、蓝), 形状 (方、圆、三角), 体积 (小、大). 因此, 这些积木都可以用颜色、形状、体积来描述. 例如, 一块积木可以是红色、小而圆的或黄色、大而方的等. 如果我们根据某一属性描述这些积木的情况, 就可以按颜色、形状、体积分类.

按颜色分类:

x_1, x_3, x_7 ——红;

x_2, x_4 ——蓝;

x_5, x_6, x_8 ——黄.

按形状分类:

x_1, x_5 ——圆;

x_2, x_6 ——方;

x_3, x_4, x_7, x_8 ——三角.

按体积分类:

x_2, x_7, x_8 ——大;

x_1, x_3, x_4, x_5, x_6 ——小.

换言之, 我们定义三个等价关系 (即属性): 颜色 R_1、形状 R_2 和体积 R_3, 通过这些等价关系, 可以得到下面三个等价类:

$$U/R_1 = \{\{x_1, x_3, x_7\}, \{x_2, x_4\}, \{x_5, x_6, x_8\}\},$$

$$U/R_2 = \{\{x_1, x_5\}, \{x_2, x_6\}, \{x_3, x_4, x_7, x_8\}\},$$

$$U/R_3 = \{\{x_2, x_7, x_8\}, \{x_1, x_3, x_4, x_5, x_6\}\}.$$

定义 2.1.1 四元组 $K = (U, \mathrm{AT}, V, f)$ 称为一个信息系统或知识表达系统, 其中

U 是对象的非空有限集合, 称为论域;

AT 是属性的非空有限集合;

$V = \bigcup_{a \in A} V_a$, V_a 是属性 a 的值域;

$f: U \times \mathrm{AT} \to 2^V - \{\varnothing\}$ 是一个信息函数, 它为每个对象的每个属性赋予一个

信息值，即 $\forall a \in \mathrm{AT}, x \in U, f(x,a) \in 2^{V_a} - \{\varnothing\}$.

通常也用 $K=(U,\mathrm{AT})$ 来代替 $K=(U,\mathrm{AT},V,f)$.

知识表达系统的数据以关系表的形式表示. 关系表的列对应要研究的对象，行对应对象的属性，对象的信息是通过指定对象的各属性值来表达的.

容易看出，一个属性对应一个等价关系，即知识. 一个表可以看作是定义的一族等价关系，即知识库. 前几节讨论的问题都可以用属性及属性值引入的分类来表示.

例 2.1.2　一个关于某些患者的信息系统如表 2.1.1，其中

$U=\{e_1,e_2,e_3,e_4,e_5,e_6\}$，　AT＝{头痛（$a_1$），肌肉痛（$a_2$），体温（$a_3$）}.

$V_{a_1}=$ {是，否}，　$V_{a_2}=$ {是，否}，　$V_{a_3}=$ {正常，高，很高}.

表 2.1.1　患者的信息系统

患者	a_1	a_2	a_3
e_1	是	是	正常
e_2	是	是	高
e_3	是	是	很高
e_4	否	是	正常
e_5	否	否	高
e_6	否	是	很高

定义 2.1.2　一个信息系统 $K=(U,\mathrm{AT},V,f)$ 是确定的，如果对每一个 $a \in \mathrm{AT}$ 和 $x \in U$ 都有 $|f(x,a)|=1$，否则 K 称为是不确定的. 如果对每一个 $x \in U$，$|f(x,a)|=1$，那么属性 a 称为是确定的，否则属性 a 称为是不确定的. $|\cdot|$ 表示集合的基数.

例 2.1.3　一个关于某些人的简历的信息系统如表 2.1.2，其中

$U=\{p_1,p_2,p_3,p_4\}$，

AT = {眼睛（a_1），性别（a_2），身高（a_3），体重（a_4），学位（a_5），语言（a_6）}，

$V_{a_1}=$ {蓝色，橙色，灰色，绿色}，$V_{a_2}=$ {男，女}，

$V_{a_3}=[160, 190]$，$V_{a_4}=[50, 100]$，

$V_{a_5}=$ {理学学士，文学学士，理学硕士，文学硕士，理学博士，文学博士}，

$V_{a_6}=$ {英语，法语，德语，俄语}.

从表 2.1.2 中可以看出属性 a_1，a_2，a_3，a_4 是确定的，属性 a_5 和 a_6 是不确定的. 表 2.1.2 显示的是不确定信息系统.

表 2.1.2 某些人的简历的信息系统

个人	眼睛	性别	身高/cm	体重/kg	学位	语言
p_1	灰色	男	185	93	{理学学士, 理学硕士, 理学博士}	{英语, 法语}
p_2	蓝色	女	174	80	{文学学士, 文学硕士, 文学博士}	{英语, 德语, 俄语}
p_3	橙色	男	169	75	无	{英语, 法语}
p_4	绿色	女	169	58	{文学学士, 文学硕士}	{英语, 法语}

令 $P\subseteq \mathrm{AT}$, 定义属性集 P 的不可区分关系 $\mathrm{ind}(P)$ 为

$$\mathrm{ind}(P)=\{(x,y)\in U\times U\mid \forall a\in P, f(x,a)=f(y,a)\}.$$

如果 $(x,y)\in \mathrm{ind}(P)$, 则称 x 和 y 是 P 不可区分的. 容易证明 $\forall P\subseteq \mathrm{AT}$, 不可区分关系 $\mathrm{ind}(P)$ 是 U 上的等价关系, 符号 $U/\mathrm{ind}(P)$ (简记为 U/P) 表示不可区分关系 $\mathrm{ind}(P)$ 在 U 上导出的划分, $\mathrm{ind}(P)$ 中的等价类称为 P 基本集. 符号 $[x]_P$ 表示包含 $x\in U$ 的 P 等价类.

在不产生混淆的情况下, 我们也用 P 来代替 $\mathrm{ind}(P)$.

决策表是一类特殊而重要的知识表达系统. 多边决策问题都可以用决策表形式来表达, 这一工具在决策应用中起着重要的作用.

决策表可以根据知识表达系统定义如下.

设 (U,AT,V,f) 为一信息系统, $\mathrm{AT}=C\bigcup D, C\bigcap D=\varnothing$, C 称为条件属性集, D 称为决策属性集. 具有条件属性和决策属性的信息系统称为决策信息系统或决策表.

例 2.1.4 一个关于某些患者的决策信息系统如表 2.1.3, 其中

$$U=\{e_1,e_2,e_3,e_4,e_5,e_6,e_7,e_8\},\quad \mathrm{AT}=C\bigcup D,$$

$$C=\{头痛, 肌肉痛, 体温\},\quad D=\{流感\}.$$

表 2.1.3 患者的决策信息系统

患者	条件属性			决策属性
	头痛	肌肉痛	体温	流感
e_1	是	是	正常	否
e_2	是	是	高	是
e_3	是	是	很高	是
e_4	否	是	正常	否
e_5	否	否	高	否

续表

患者	条件属性			决策属性
	头痛	肌肉痛	体温	流感
e_6	否	是	很高	是
e_7	否	否	高	是
e_8	否	是	很高	否

例 2.1.5　一个关于学历、工作经历和薪水的决策信息系统如表 2.1.4, 其中 $U=\{s_1,s_2,\cdots,s_8\}$，$\mathrm{AT}=C\cup D$，其中 C={学历, 工作经历}, D={薪水}.

表 2.1.4　薪水的决策信息系统

U	条件属性		决策属性
	学历	工作经历 n	薪水
s_1	博士	$6<n\leqslant 8$	高
s_2	博士	$0<n\leqslant 2$	中
s_3	硕士	$6<n\leqslant 8$	高
s_4	硕士	$2<n\leqslant 4$	中
s_5	硕士	$8<n\leqslant 10$	高
s_6	硕士	$6<n\leqslant 8$	中
s_7	学士	$0<n\leqslant 2$	低
s_8	学士	$2<n\leqslant 4$	低

例 2.1.6　一个气象决策信息系统如表 2.1.5, 其中 $U=\{1,2,\cdots,14\}$，$\mathrm{AT}=C\cup D$，其中 C={天气, 温度, 湿度, 风}, D={流感}.

表 2.1.5　气象决策信息系统

U	条件属性 C				决策属性 D
	天气 (a_1)	温度 (a_2)	湿度 (a_3)	风 (a_4)	流感 (d)
1	晴	热	高	无	N
2	晴	热	高	有	N
3	多云	热	高	无	P
4	雨	温暖	高	无	P
5	雨	凉	正常	无	P
6	雨	凉	正常	有	N
7	多云	凉	正常	有	P

续表

U	条件属性 C				决策属性 D
	天气 (a_1)	温度 (a_2)	湿度 (a_3)	风 (a_4)	流感 (d)
8	晴	温暖	高	无	N
9	晴	凉	正常	无	P
10	雨	温暖	正常	无	P
11	晴	温暖	正常	有	P
12	多云	温暖	高	有	P
13	多云	热	正常	无	P
14	雨	温暖	高	有	N

2.2 近似空间与粗糙集

2.2.1 粗糙集的定义

定义 2.2.1 (Pawlak, 1982) 设 U 是一个有限非空论域并且 R 是 U 上的等价关系, 则关系系统 (U,R) 称为一个 Pawlak **近似空间** (approximation space). 如果 $x, y \in U$, 并且 $(x, y) \in R$, 那么 x 和 y 属于相同的等价类, 这时说 x 和 y 是**不可区分的** (indistinguishable), 关系 R 也称为一个**不可区分关系** (indiscernibility relation). $[x]_R$ 表示 R 包含元素 x 的等价类, U/R 表示 R 的全体等价类或基本集. 设 $X \subseteq U$, 若 A 能表示成一些 R 的基本集的并, 则称 X 为 U 上的精确集或可定义集或 R 可定义集, 否则称 X 为 U 上的**粗糙集** (rough set) 或 R 粗糙集.

为了描述粗糙集, Pawlak 引进两个精确集: **上近似集** (upper approximation set) 和**下近似集** (lower approximation set).

定义 2.2.2 (Pawlak, 1982) 设 (U, R) 为 Pawlak 近似空间, $A \subseteq U$ 是任一子集, 则偶对 $(\underline{R}(A), \overline{R}(A))$ 称为 A 在 Pawlak 近似空间 (U, R) 上的一个**粗糙近似** (rough approximation), 其中

$$\underline{R}(A) = \left\{x \in U \mid [x]_R \subseteq A\right\}, \tag{2.2.1}$$

$$\overline{R}(A) = \left\{x \in U \mid [x]_R \cap A \neq \varnothing\right\}, \tag{2.2.2}$$

$\underline{R}(A)$ 和 $\overline{R}(A)$ 分别称为 A 的 ***R* 下近似集**和 ***R* 上近似集**.

$\underline{R}(A)$ 表示根据关系 R 肯定属于 A 的 U 中的元素的集合, $\overline{R}(A)$ 表示根据关系 R 可能属于 A 的 U 中的元素的集合. 以上是经典的 Pawlak 意义下的粗糙集概念.

另有较多的研究者常常将上近似集和下近似集近似构成的偶对 $(\underline{R}(A),\overline{R}(A))$ 称为 A 的粗糙集. 定义角度的不同并不会影响我们对概念的理解, 因为其核心总在于下近似、上近似的概念. $\underline{R}(A)$ 和 $\overline{R}(A)$ 的另一种等价定义方式 (Dubois, Prade, 1990) 可以使我们从不同的层面认识这一概念:

$$\underline{R}(A)=\bigcup\{Y\in U/R \mid Y\subseteq A\}, \tag{2.2.3}$$

$$\overline{R}(A)=\bigcup\{Y\in U/R \mid Y\cap A\neq\varnothing\}. \tag{2.2.4}$$

$\mathrm{POS}_R(A)=\underline{R}(A)$ 称为 A 的 ***R* 正域** (positive region); $\mathrm{NEG}_R(A)=U\setminus\overline{R}(A)$ 称为 A 的 ***R* 负域** (negative region); 集合 $\mathrm{BND}_R(A)=\overline{R}(A)\setminus\underline{R}(A)$ 称为 A 的 ***R* 边界域** (boundary region).

上、下近似的图像表示如图 2.2.1 所示.

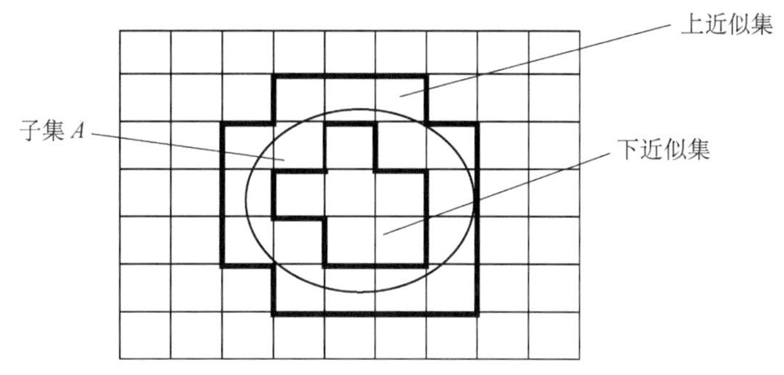

图 2.2.1　A 的上近似与下近似

例 2.2.1 (例 2.1.1 续)　通过三个等价关系 (即属性): 颜色 R_1、形状 R_2 和体积 R_3, 可以得到下面三个等价类:

$$U/R_1=\{\{x_1,x_3,x_7\},\{x_2,x_4\},\{x_5,x_6,x_8\}\},$$

$$U/R_2=\{\{x_1,x_5\},\{x_2,x_6\},\{x_3,x_4,x_7,x_8\}\},$$

$$U/R_3=\{\{x_2,x_7,x_8\},\{x_1,x_3,x_4,x_5,x_6\}\}.$$

设 $A=\{x_2,x_4,x_6\}$, 则

$$\underline{R_1}(A)=\{x_2,x_4\},$$

$$\overline{R_1}(A)=\{x_2,x_4,x_5,x_6,x_8\},$$

$$\mathrm{BND}_{R_1}(A)=\overline{R_1}(A)-\underline{R_1}(A)=\{x_5,x_6,x_8\},$$

$$\mathrm{POS}_{R_1}(A)=\underline{R_1}(A)=\{x_2,x_4\},$$

$$\mathrm{NEG}_{R_1}(A)=U-\overline{R}(A)=\{x_1,x_3,x_7\}.$$

对 R_2, R_3 类似可计算, 其结果见表 2.2.1.

表 2.2.1 A 的上下近似、边界和负域

	$\underline{R}(\mathrm{POS}_R)$	$\overline{R}$	BND_R	NEG_R
R_1	$\{x_2,x_4\}$	$\{x_2,x_4,x_5,x_6,x_8\}$	$\{x_5,x_6,x_8\}$	$\{x_1,x_3,x_7\}$
R_2	$\{x_2,x_6\}$	$\{x_2,x_3,x_4,x_6,x_7,x_8\}$	$\{x_3,x_4,x_7,x_8\}$	$\{x_1,x_5\}$
R_3	$\varnothing$	U	U	$\varnothing$

2.2.2 粗糙集的性质

下列性质是显而易见的.

定理 2.2.1 设 (U,R) 为 Pawlak 近似空间, 则

(1) A 为 R 可定义集当且仅当 $\underline{R}(A)=\overline{R}(A)$.

(2) A 为 R 粗糙集当且仅当 $\underline{R}(A)\neq\overline{R}(A)$.

我们也可将 $\underline{R}(A)$ 描述为 A 中的最大可定义集, 将 $\overline{R}(A)$ 描述为含有 A 的最小可定义集. 这样, 范畴就是可以用已知知识表达的信息项. 换句话说, 范畴就是用我们的知识可表达的具有相同性质的对象的子集. 一般地说, 在一给定的知识库中, 并不是所有对象子集都可以构成范畴 (即用知识表达的概念). 因此, 这样的子集可以看作粗范畴 (即不精确或近似范畴), 它只能用知识通过两个精确范畴, 即上、下近似集粗略地定义.

定理 2.2.2 设 (U,R) 为 Pawlak 近似空间, 则 $\forall A,B\subseteq U$,

(1) $\underline{R}(A)\subseteq A\subseteq\overline{R}(A)$;

(2) $\underline{R}(A^c)=(\overline{R}(A))^c$, $\overline{R}(A^c)=(\underline{R}(A))^c$;

(3) $\underline{R}(\varnothing)=\overline{R}(\varnothing)=\varnothing$, $\underline{R}(U)=\overline{R}(U)=U$;

(4) $\overline{R}(A\cup B)=\overline{R}(A)\cup\overline{R}(B)$, $\underline{R}(A\cap B)=\underline{R}(A)\cap\underline{R}(B)$;

(5) $A\subseteq B\Rightarrow\underline{R}(A)\subseteq\underline{R}(B),\overline{R}(A)\subseteq\overline{R}(B)$;

(6) $\underline{R}(A\cup B)\supseteq\underline{R}(A)\cup\underline{R}(B)$, $\overline{R}(A\cap B)\subseteq\overline{R}(A)\cap\overline{R}(B)$;

(7) $\underline{R}(\underline{R}(A))=\overline{R}(\underline{R}(A))=\underline{R}(A)$, $\overline{R}(\overline{R}(A))=\underline{R}(\overline{R}(A))=\overline{R}(A)$.

证明 (1) $\forall x\in U$, $x\in\underline{R}(A)\Rightarrow x\in[x]\subseteq A$. 因此, $\underline{R}(A)\subseteq A$.

$\forall x\in U$, $x\in A\Rightarrow[x]\cap A\neq\varnothing\Rightarrow x\in\overline{R}(A)$. 因此 $A\subseteq\overline{R}(A)$.

(2) 因为 $\forall x\in U$, $x\in\underline{R}(A^c)\Leftrightarrow[x]\subseteq A^c\Leftrightarrow[x]\cap A=\varnothing\Leftrightarrow x\notin\overline{R}(A)\Leftrightarrow x\in(\overline{R}(A))^c$, 所以 $\underline{R}(A^c)=(\overline{R}(A))^c$.

在上式中用 A^c 代替 A, 即得 $\overline{R}(A^c)=(\underline{R}(A))^c$.

(3) 由 (1) 知, $\underline{R}(\varnothing)\subseteq\varnothing$, 所以 $\underline{R}(\varnothing)=\varnothing$. 假设 $\overline{R}(\varnothing)\neq\varnothing$, 则存在 $x\in U$ 使

得 $x \in \overline{R}(\varnothing)$，即 $[x] \cap \varnothing \neq \varnothing$，这是不可能的. 因此，$\overline{R}(\varnothing) = \varnothing$.

由 $\underline{R}(\varnothing) = \overline{R}(\varnothing) = \varnothing$ 与 (2) 得到 $\underline{R}(U) = \overline{R}(U) = U$.

(4) $\forall x \in U$,

$$\begin{aligned} x \in \overline{R}(A \cup B) &\Leftrightarrow [x] \cap (A \cup B) \neq \varnothing \\ &\Leftrightarrow ([x] \cap A) \cup ([x] \cap B) \neq \varnothing \\ &\Leftrightarrow [x] \cap A \neq \varnothing \text{ 或 } [x] \cap B \neq \varnothing \\ &\Leftrightarrow x \in \overline{R}(A) \text{ 或 } x \in \overline{R}(B) \\ &\Leftrightarrow x \in \overline{R}(A) \cup \overline{R}(B), \end{aligned}$$

因此 $\overline{R}(A \cup B) = \overline{R}(A) \cup \overline{R}(B)$.

由 $\overline{R}(A \cup B) = \overline{R}(A) \cup \overline{R}(B)$ 与 (2) 得到 $\underline{R}(A \cap B) = \overline{R}(A) \cap \overline{R}(B)$.

(5) $A \subseteq B \Rightarrow A \cap B = A \Rightarrow \underline{R}(A \cap B) = \underline{R}(A)$. 由 (4) 知，$\underline{R}(A) \cap \underline{R}(B) = \underline{R}(A)$，因此 $\underline{R}(A) \subseteq \underline{R}(B)$.

$A \subseteq B \Rightarrow A \cup B = B \Rightarrow \overline{R}(A \cup B) = \overline{R}(B)$. 由 (4) 知，$\overline{R}(A) \cup \overline{R}(B) = \overline{R}(A)$，因此 $\overline{R}(A) \subseteq \overline{R}(B)$.

(6) $A \subseteq A \cup B, B \subseteq A \cup B \Rightarrow \underline{R}(A) \subseteq \underline{R}(A \cup B), \underline{R}(B) \subseteq \underline{R}(A \cup B) \Rightarrow \underline{R}(A) \cup \underline{R}(B) \subseteq \underline{R}(A \cup B)$.

$A \cap B \subseteq A, A \cap B \subseteq B \Rightarrow \overline{R}(A \cap B) \subseteq \overline{R}(A), \overline{R}(A \cap B) \subseteq \overline{R}(B) \Rightarrow \overline{R}(A \cap B) \subseteq \overline{R}(A) \cap \overline{R}(B)$.

(7) 由于上、下近似集是精确集, 所以结论是直接的. □

2.2.3 粗糙集的数值特征与拓扑特征

集合 (范畴) 的不精确性是由边界域的存在而引起的. 集合的边界域越大, 其精确性则越低. 为了更准确地表达这一点, 我们引入精度的概念. 由等价关系 R 定义的集合 R 的近似精度为

$$\alpha_R(A) = \frac{|\underline{R}(A)|}{|\overline{R}(A)|}, \tag{2.2.5}$$

其中 $A \neq \varnothing$，$|A|$ 表示集合 A 的基数.

精度 $\alpha_R(A)$ 用来反映我们对于了解集合 A 的知识的完全程度. 显然, 对每一个 R 和 $A \subseteq U$ 有 $0 \leqslant \alpha_R(A) \leqslant 1$. 当 $\alpha_R(A) = 1$ 时, A 的 R 边界域为空集, 集合 A 为 R 可定义的; 当 $\alpha_R(A) < 1$ 时, 集合 A 有非空 R 边界域, 集合 A 为 R 不可定义的.

当然, 其他一些量度同样可用来定义集合 A 的不精确程度.

例如，可用$\alpha_R(A)$的一种变形，即A的R粗糙度$\rho_R(A)$来定义

$$\rho_R(A)=1-\alpha_R(A)=1-\frac{|\underline{R}(A)|}{|\overline{R}(A)|}. \tag{2.2.6}$$

A的R粗糙度与精度恰恰相反，它表示的是集合A的知识的不完全程度.

集合的粗糙性是由边界域的存在而引起的. 集合的边界域越大，其粗糙度也越大，它表示的是集合A的知识的不完全程度. 普通集合的粗糙度有下面一些性质:

(1) $0\leqslant\rho_R(A)\leqslant 1$;

(2) $\rho_R(A)=0$当且仅当A在(U,R)中是可定义的.

我们可以看到，与概率论和 Fuzzy 集合论不同，不精确性的数值不是事先假定的，而是通过表达知识不精确性的概念近似计算得到的. 这样不精确性的数值表示的是有限知识 (对象分类能力) 的结果，这里我们不需要用一个机构来指定精确的数值去表达不精确的知识，而是采用量化概念 (分类) 来处理. 不精确的数值特征用来表示概念的精确度.

下面用粗糙集的数值特征讨论近似分类问题.

令$F=\{X_1,X_2,\cdots,X_n\}$是U的一个分类或划分，这个分类独立于知识R. 例如，它可能由一个专家为解决一个分类问题所给出. 子集$X_i(i=1,2,\cdots,n)$是划分F的类. F的R下近似和上近似分别定义为$\underline{R}F=\{\underline{R}(X_1),\underline{R}(X_2),\cdots,\underline{R}(X_n)\}$和$\overline{R}F=\{\overline{R}(X_1),\overline{R}(X_2),\cdots,\overline{R}(X_n)\}$.

我们定义两个量度来描述近似分类的不精确性.

第一个量度: 根据R, F的近似分类精度

$$\alpha_R(F)=\frac{\sum_{i=1}^{n}|\underline{R}(X_i)|}{\sum_{i=1}^{n}|\overline{R}(X_i)|}. \tag{2.2.7}$$

第二个量度: 根据R, F的近似分类质量

$$\gamma_R(F)=\frac{\sum_{i=1}^{n}|\underline{R}(X_i)|}{|X|}. \tag{2.2.8}$$

近似分类精度描述的是当使用知识R对对象分类时，可能的决策中正确决策的百分比；近似分类质量表示的是应用知识R能确切地划入F类的对象的百分比.

除了用数值 (近似程度的精度) 来表示粗糙集的特征外，也可根据上、下近似的定义来表达粗糙集的另一个有用的特征，即拓扑特征.

下面定义四种不同的重要粗糙集:

(1) 如果 $\underline{R}(A)\neq\varnothing$ 且 $\overline{R}(A)\neq U$，则称 A 为 R **粗糙可定义**.

(2) 如果 $\underline{R}(A)=\varnothing$ 且 $\overline{R}(A)\neq U$，则称 A 为 R **内不可定义**.

(3) 如果 $\underline{R}(A)\neq\varnothing$ 且 $\overline{R}(A)=U$，则称 A 为 R **外不可定义**.

(4) 如果 $\underline{R}(A)=\varnothing$ 且 $\overline{R}(A)=U$，则称 A 为 R **全不可定义**.

这个划分的直观意义是这样的:

如果集合 A 为 R 粗糙可定义, 则意味着我们可以确定 U 中某些元素属于 A 或 A^c.

如果 A 为 R 内不可定义, 则意味着我们可以确定 U 中某些元素是否属于 A^c, 但不能确定 U 中的任一元素是否属于 A.

如果 A 为 R 外不可定义, 则意味着我们可以确定 U 中某些元素是否属于 A, 但不能确定 U 中的任一元素是否属于 A^c.

如果 A 为 R 全不可定义, 则意味着我们不能确定 U 中任一元素是否属于 A 或 A^c.

下面我们给出集合拓扑划分的一个有用性质.

定理 2.2.3　设 (U,R) 为 Pawlak 近似空间, $A\subseteq U$，则

(1) 集合 A 为 R 粗糙可定义 (或 R 全不可定义) 当且仅当 A^c 为 R 粗糙可定义 (或 R 全不可定义).

(2) 集合 A 为 R 外 (内) 不可定义当且仅当 A^c 为 R 内 (外) 不可定义.

证明　(1) 设 A 为 R 粗糙可定义. 则 $\underline{R}(A)\neq\varnothing$ 且 $\overline{R}(A)\neq U$,

$$\begin{aligned}\underline{R}(A)\neq\varnothing &\Leftrightarrow \text{存在 } x\in A\text{，使得 } [x]_R\subseteq A\\ &\Leftrightarrow [x]_R\cap A^c=\varnothing\Leftrightarrow \overline{R}(A^c)\neq U.\end{aligned}$$

类似地,

$$\begin{aligned}\overline{R}(A)\neq U &\Leftrightarrow \text{存在 } y\in A\text{，使得 } [x]_R\subseteq \overline{R}(A)=\varnothing\\ &\Leftrightarrow [y]_R\subseteq(\overline{R}(A))^c\Leftrightarrow [y]_R\subseteq \underline{R}(A^c)\Leftrightarrow \underline{R}(A^c)\neq\varnothing.\end{aligned}$$

同理可证其余情况.　□

至此, 我们已经介绍了两种刻画粗糙集的方法. 其一为用近似程度的精度来表示粗糙集的数字特征; 其二为用粗糙集的分类表示粗糙集的拓扑特征. 粗糙集的数字特征表示了集合边界域的大小, 但没有说明边界域的结构. 而粗糙集的拓扑特征没有给出边界域大小的信息, 它提供的是边界域的结构.

此外, 粗糙集的数字特征和拓扑特征之间存在一种关系. 首先, 如果集合为

内不可定义或全不可定义, 则其精度为 0. 其次, 当集合为外不可定义或全不可定义时, 则它的补集的精度为 0. 这样即使知道了集合的精度, 我们也不能确定它的拓扑结构. 反过来, 集合的拓扑结构也不具备精度的信息.

因此在粗糙集的实际应用中, 我们需要将边界域的两种信息结合起来, 既要考虑精度因素, 又要考虑集合的拓扑结构.

例 2.2.2 给定 Pawlak 近似空间 (U,R), 其中 $U=\{x_1,x_2,\cdots,x_{10}\}$, 且有 R 的下列等价类:

$$E_1=\{x_1,x_2\},\quad E_2=\{x_3,x_4\},\quad E_3=\{x_5,x_6\},\quad E_4=\{x_7,x_8\},\quad E_5=\{x_9,x_{10}\}.$$

(1) 集合 $A_1=\{x_1,x_2,x_7,x_8\}$ 为 R 可定义集, 因为

$$\underline{R}(A_1)=\overline{R}(A_1)=E_1\cup E_4.$$

(2) 集合 $A_2=\{x_2,x_3,x_4,x_5,x_6,x_{10}\}$ 为 R 粗糙可定义集.

A_2 的近似集、边界和精度为

$$\underline{R}(A_2)=E_2\cup E_3=\{x_3,x_4,x_5,x_6\},$$

$$\overline{R}(A_2)=E_1\cup E_2\cup E_3\cup E_5=\{x_1,x_2,x_3,x_4,x_5,x_6,x_9,x_{10}\},$$

$$\mathrm{BND}_R(A_2)=E_1\cup E_5=\{x_1,x_2,x_9,x_{10}\},$$

$$\alpha_R(A_2)=4/8=1/2.$$

(3) 集合 $A_3=\{x_1,x_3,x_5\}$ 为 R 内不可定义. 因为

$$\underline{R}(A_3)=\varnothing,$$

$$\overline{R}(A_3)=E_1\cup E_2\cup E_3=\{x_1,x_2,x_3,x_4,x_5,x_6\}\neq U.$$

(4) 集合 $A_4=\{x_1,x_2,x_4,x_6,x_8,x_{10}\}$ 为 R 外不可定义.

A_4 的近似集、边界和精度分别为

$$\underline{R}(A_4)=E_1=\{x_1,x_2\},$$

$$\overline{R}(A_4)=U,$$

$$\mathrm{BND}_R(A_4)=E_2\cup E_3\cup E_4\cup E_5=\{x_3,x_4,x_5,x_6,x_7,x_8,x_9,x_{10}\},$$

$$\alpha_R(A_3)=1/5.$$

(5) 集合 $A_5=\{x_2,x_3,x_6,x_7,x_9\}$ 为 R 全不可定义, 因为

$$\underline{R}(A_5)=\varnothing,\quad \overline{R}(A_5)=U.$$

定义 2.2.3 在近似空间 (U, R) 中, $A\subseteq U$, 对于 U 中的任意元素 x, $\dfrac{|[x]_R\cap A|}{|[x]_R|}$ 称为 x 在 A 中的**粗糙属于度** (rough membership degree) (Pawlak, Skowron, 1994), 即 x 的等价类属于 A 的相对比率, 这可以导出一个新的 Fuzzy 集, 我们记为 $E(A)$, 它的隶属函数如下:

$$E(A)(x)=\frac{|[x]_R\cap A|}{|[x]_R|}, \tag{2.2.9}$$

可以看出, $E(A)$ 的支集与核分别是 A 在 U 中的上近似和下近似, 而边界域中的元素对 $E(A)$ 的属于度属于区间 (0, 1).

设 (U, R) 为 Pawlak 近似空间, 则

(1) $x\in\underline{R}(A)$ 当且仅当 $E(A)(x)=1$;

(2) $x\in\overline{R}(A)$ 当且仅当 $E(A)(x)>0$.

并且正域、负域和边界域具有下面的形式:

$$\mathrm{POS}_R(A)=\{x\in U\mid E(A)(x)=1\},$$

$$\mathrm{NEG}_R(A)=\{x\in U\mid E(A)(x)=0\},$$

$$\mathrm{BND}_R(A)=\{x\in U\mid 0<E(A)(x)<1\}.$$

粗糙集概念和通常的集合有着本质的区别. 在集合的相等上也有一个重要的区别. 在普通集合里, 如果两个集合有完全相同的元素, 则这两个集合相等. 在粗糙集理论中, 我们需要另一个集合相等的概念, 即近似 (粗糙) 相等. 两个集合在普通集合里不是相等的, 但在粗糙集里可能是近似相等的. 因为两个集合是否近似相等是根据我们得到的知识判断的.

2.3 粗糙集的各类推广

2.3.1 概率粗糙集

粗糙集理论的中心问题是分类分析. Pawlak 粗糙集模型的一个局限性是它处理的分类必须是完全正确或肯定的, 因为它是严格按照等价类来分类的, 所以它的分类是精确的, 亦即 "包含" 或 "不包含", 而没有某种程度上的 "包含" 或 "不包含". Pawlak 粗糙集模型的另一个局限性是它所处理的对象是已知的, 且从模型中得到的所有结论仅仅适用于这些对象集. 但在实际应用中, 往往需要将一些小规模的对象集中得到的结论应用到大规模的对象集中去.

设 (U, R) 为 Pawlak 近似空间并且 $P:2^U\to[0,1]$ 是一个概率测度. 则三元组 (U, R, P) 称为概率近似空间 (Pawlak et al., 1988; Wong, Ziarko, 1987). 在 (U, R, P) 上粗糙隶属函数可以由下面的条件概率定义: 对于给定的 $A\subseteq U$, $\forall x\in U$,

$$\mu_A(x)=P(A\mid[x]_R).$$

从式 (2.2.3) 和式 (2.3.4) 我们可以看到在基于粗糙隶属度的上近似和下近似定义中, 使用了两个特殊的值 1 和 0. 基于式 (2.2.3) 和式 (2.3.4), Yao 和 Wong (1992)

通过引入变参数提出了一类概率粗糙集模型.

设 (U,E,P) 是概率近似空间. Yao 和 Wong (1992) 针对两种情形提出了概率近似.

定义 2.3.1 (Yao, Wong, 1992; Yao, 2008) 对于 $0\leqslant\beta<\alpha\leqslant 1$, 子集 A 的下概率近似和上概率近似分别定义为

$$\underline{R}_{(\alpha,\beta)}(A)=\bigcup\{[x]_R\in U/R \mid P(A\mid[x]_R)\geqslant\alpha\}, \tag{2.3.1}$$

$$\overline{R}_{(\alpha,\beta)}(A)=\bigcup\{[x]_R\in U/R \mid P(A\mid[x]_R)>\beta\}. \tag{2.3.2}$$

正域、负域和边界域定义如下:

$$\mathrm{POS}_{(\alpha,\beta)}(A)=\{x\in U \mid P(A\mid[x]_R)\geqslant\alpha\};$$

$$\mathrm{NEG}_{(\alpha,\beta)}(A)=\{x\in U \mid P(A\mid[x]_R)\leqslant\beta\};$$

$$\mathrm{BND}_{(\alpha,\beta)}(A)=\{x\in U \mid \alpha<P(A\mid[x]_R)<\beta\}.$$

特别 $\alpha=1-\beta$, $0\leqslant\beta<0.5$, 下概率近似和上概率近似就成了 Ziarko (1993) 的变精度问题.

定理 2.3.1 (Ziarko, 1993) $\forall A\subseteq U$, 下列关系成立:

$$\mathrm{POS}_{(\alpha,1-\alpha)}(A^c)=\mathrm{NEG}_{(\alpha,1-\alpha)}(A).$$

证明 设 $A\subseteq U$, $\forall x\in U$,

$$\begin{aligned} x\in\mathrm{POS}_{(\alpha,1-\alpha)}(A^c) &\Leftrightarrow P(A^c\mid[x]_R)\geqslant\alpha \\ &\Leftrightarrow 1-P(A\mid[x]_R)\geqslant\alpha \\ &\Leftrightarrow P(A\mid[x]_R)\leqslant 1-\alpha \\ &\Leftrightarrow x\in\mathrm{NEG}_{(\alpha,1-\alpha)}(A). \end{aligned}$$

□

将上面近似集的定义与 Pawlak 粗糙集模型相比较, 我们会发现, 如果取 $P(A\mid[x]_R)$ 为式 (2.2.9) 的 $E(A)$, 并且 $\alpha=1$, $\beta=0$, 那么 Pawlak 粗糙集模型就变成了概率粗糙集模型的特殊形式了.

2.3.2 不完备信息系统的粗糙集

Pawlak 粗糙集理论是一种新的处理模糊和不确定性知识的数据分析工具, 是基于等价关系的形成, 但在很多实际问题中, 要保证每个对象的所有属性值的完整性往往是非常困难的. 如果信息系统中某个对象的属性值是未知的或部分已知的, 则称这种信息系统是不完备信息系统. 信息除了缺损外, 还可能存在不确定性问题, 即对于某些属性, 一些对象在这些属性下的取值并不是唯一确定的, 而是有多种可能, 这样的信息系统就称为集值信息系统. 不完备信息系统在某些情

形下也可以作为一类特殊的集值信息系统进行研究. 因此, 为了适应实际需要, 许多学者把等价关系推广到了非等价关系, 如相容关系、优势关系、偏序关系等, 这种推广可以用来处理不完备信息系统或集值信息系统的属性约简与规则获取.

本节主要介绍不完备信息系统下的粗糙集模型、知识约简和决策规则的提取 (Kryszkiewicz, 1999). Pawlak 的粗糙集可以推广到不完备的信息系统和不完备的决策表中的知识获取.

本节主要介绍基于相容关系 (或容差关系) 的不完备信息系统的基本理论, 在不完备信息系统中集合的上下近似, 以及属性约简的基本概念.

定义 2.3.2 (Kryszkiewicz, 1999) 设 $K=(U,\mathrm{AT},V,f)$ 是一个信息系统, 如果存在至少一个属性 $a\in\mathrm{AT}$ 使得 V_a 含有缺失值, 则称 K 是一个**不完备信息系统** (incomplete information system), 否则就称它是完备的, 且用*来表示缺失值. 设 $\mathrm{AT}=C\cup D$, $C\cap D=\varnothing$, C 为条件属性集, D 为决策属性集. 如果至少存在一个属性 $a\in C$ 使得 V_a 含有缺失值, 则称 K 是一个不完备的决策表. Extn (K) 和 Comp (K) 分别称为 K 的所有扩张和所有完备扩张.

定义 2.3.3 (Kryszkiewicz, 1999) 设 $K=(U,\mathrm{AT},V,f)$ 和 $K'=(U,\mathrm{AT},V,f')$ 是两个信息系统. 对于 $a\in\mathrm{AT}$, $x\in U$, 如果由 $f(x,a)\neq *$ 可知 $f'(x,a)=f(x,a)$, 则 K' 称为 K 的一个扩张. 如果 K' 是完备信息系统, 则称 K' 是 K 的一个完备扩张.

例 2.3.1 (Kryszkiewicz, 1998) 表 2.3.1 表示一个关于车的不完备决策表 $K=(U,\mathrm{AT},V,f)$. 价格、里程、大小和最大速度是系统的条件属性 (分别相应简记为 P, M, S, MS), d 是决策属性. 属性值为 V_P={高, 低}, V_M={高, 低}, V_S= {大, 小}, V_{MS}={高, 低}, V_d={劣质, 上等, 优质}.

表 2.3.2 是表 2.3.1 的一个扩张 $K'=(U,\mathrm{AT},V,f')$, 即 $K'\in\mathrm{Extn}(K)$.

表 2.3.3 是完备决策表, 它是表 2.3.1 的一个完备 $K'=(U,\mathrm{AT},V,f')$, 即 $K'\in\mathrm{Comp}(K)$.

表 2.3.1 不完备决策表 $K=(U,\mathrm{AT},V,f)$

车	价格	里程	大小	最大速度	d
1	高	低	大	低	上等
2	低	*	大	低	上等
3	*	*	小	低	劣质
4	高	*	大	高	上等
5	*	*	大	高	优质
6	低	高	大	*	上等

表 2.3.2 表 2.3.1 的一个扩张

车	价格	里程	大小	最大速度	d
1	高	低	大	低	上等
2	低	*	大	低	上等
3	高	高	小	低	劣质
4	高	*	大	高	上等
5	*	低	大	高	优质
6	低	高	大	*	上等

表 2.3.3 表 2.3.1 的一个完备决策表

车	价格	里程	大小	最大速度	d
1	高	低	大	低	上等
2	低	低	大	低	上等
3	高	高	小	低	劣质
4	高	低	大	高	上等
5	高	低	大	高	优质
6	低	高	大	高	上等

定义 2.3.4 (Kryszkiewicz, 1998, 1999) 设 $K=(U,\mathrm{AT},V,f)$ 为一个不完备信息系统. 令 $B\subseteq \mathrm{AT}$, 定义相容关系 (或容差关系) 如下:

$$\mathrm{sim}(B)=\{(x,y)\in U\times U\mid \forall a\in B, f(x,a)=f(y,a)\vee f(x,a)=*\vee f(y,a)=*\}. \tag{2.3.3}$$

定理 2.3.2 $\mathrm{sim}(B)$ 是 U 上的一个相容关系 (自反性、对称性), 并且

$$\mathrm{sim}(B)=\bigcap_{a\in B}\mathrm{sim}(\{a\}).$$

令 $T_B(x)$ 表示元素集 $\{y\in U\mid (x,y)\in \mathrm{sim}(B)\}$, 称为相容类. 令 $U/\mathrm{sim}(B)=\{T_B(x)\mid x\in U\}$, 则有 $\bigcup U/\mathrm{sim}(B)=U$, 即 $U/\mathrm{sim}(B)$ 构成 U 的一个覆盖. 但一般地, $U/\mathrm{sim}(B)$ 中的相容类并不构成 U 的一个划分, 它们可能相交为非空集或者存在包含关系.

例 2.3.2 表 2.3.4 是一个不完备信息系统.

表 2.3.4 一个不完备信息系统

U	c_1	c_2	c_3	c_4
x_1	1	0	1	0
x_2	0	0	*	0
x_3	0	*	0	*

续表

U	c_1	c_2	c_3	c_4
x_4	*	1	1	1
x_5	1	*	*	1
x_6	*	0	0	*

其中$U=\{x_1,x_2,x_3,x_4,x_5,x_6\}$，$\mathrm{AT}=\{c_1,c_2,c_3,c_4\}$，记

$$U/\mathrm{AT}=\{T_{\mathrm{AT}}(x_1),T_{\mathrm{AT}}(x_2),T_{\mathrm{AT}}(x_3),T_{\mathrm{AT}}(x_4),T_{\mathrm{AT}}(x_5),T_{\mathrm{AT}}(x_6)\},$$

$$T_{\mathrm{AT}}(x_1)=\{x_1\},\quad T_{\mathrm{AT}}(x_2)=T_{\mathrm{AT}}(x_3)=\{x_2,x_3,x_6\},\quad T_{\mathrm{AT}}(x_4)=\{x_4,x_5\},$$

$$T_{\mathrm{AT}}(x_5)=\{x_4,x_5,x_6\},\ T_{\mathrm{AT}}(x_6)=\{x_2,x_3,x_5,x_6\}.$$

计算可得(U,AT,V,f)的一个约简为$\{c_1,c_3,c_4\}$.

定义 2.3.5 (Kryszkiewicz, 1998) 设$K=(U,\mathrm{AT},V,f)$为一个不完备信息系统，$B\subseteq \mathrm{AT}$，$A\subseteq U$，则A关于B的下近似和上近似分别为

$$\underline{\mathrm{sim}(B)}(A)=\{x\in U\mid T_B(x)\subseteq A\}=\{x\in A\mid T_B(x)\subseteq A\},\tag{2.3.4}$$

$$\overline{\mathrm{sim}(B)}(A)=\{x\in U\mid T_B(x)\cap A\neq\varnothing\}=\bigcup\{T_B(x)\mid x\in A\}.\tag{2.3.5}$$

注 2.3.1 在完备信息系统中，由于两个等价类要么相等，要么相交为空集，故必有$\underline{R}(A)=\{x\in U\mid [x]_R\subseteq A\}=\{[x]_R\in U/R\mid [x]_R\subseteq A\}$成立，但在不完备信息系统中，由于相容类之间存在重合或包含关系，$\underline{\mathrm{sim}(B)}(A)=\bigcup\{T_B(x)\mid T_B(x)\subseteq A\}$一般是不成立的.

定理 2.3.3 (Kryszkiewicz, 1998) $\forall B,B_1,B_2\subseteq C$，$\forall A\subseteq U$，有

(1) $\underline{\mathrm{sim}(B)}(A)\subseteq A\subseteq\overline{\mathrm{sim}(B)}(A)$；

(2) $B_1\subseteq B_2\Rightarrow \underline{\mathrm{sim}(B_1)}(A)\subseteq\underline{\mathrm{sim}(B_2)}(A)$；

(3) $B_1\subseteq B_2\Rightarrow \overline{\mathrm{sim}(B_2)}(A)\subseteq\overline{\mathrm{sim}(B_1)}(A)$.

证明 (1) $\forall x\in U$，

$$x\in\underline{\mathrm{sim}(B)}(A)=\{x\in U\mid T_B(x)\subseteq A\}=\{x\in A\mid T_B(x)\subseteq A\}$$

$$\Rightarrow x\in A$$

$$\Rightarrow x\in\{x\in U\mid T_B(x)\cap A\neq\varnothing\}=\bigcup\{T_B(x)\mid x\in A\}=\overline{\mathrm{sim}(B)}(A).$$

(2) 设$B_1\subseteq B_2$，$\forall x\in U$，

$$x\in\underline{\mathrm{sim}(B_1)}(A)=\{x\in U\mid T_{B_1}(x)\subseteq A\}$$

$$\Rightarrow x\in\{x\in U\mid T_{B_2}(x)\subseteq A\}=\underline{\mathrm{sim}(B_2)}(A)\quad (\text{注意}\ T_{B_2}(x)\subseteq T_{B_1}(x)).$$

(3) 设$B_1\subseteq B_2$，$\forall x\in U$，

$$x\in\overline{\mathrm{sim}(B_2)}(A)=\{x\in U\mid T_{B_2}(x)\cap A\neq\varnothing\}$$

$$\Rightarrow x \in \{x \in U \mid T_{B_1}(x) \cap A \neq \varnothing\} = \overline{\mathrm{sim}(B_1)}(A) \quad (\text{注意 } T_{B_2}(x) \subseteq T_{B_1}(x)). \qquad \square$$

2.3.3 基于覆盖的粗糙集

基于覆盖的粗糙集模型, 最早是由 Zakowski (1983) 提出的, 目前已有数种不同的定义. 比较重要的文献有 Bonikowski 等 (1998). Zhu 对此问题有深入讨论 (Zhu, 2006, 2007a, 2007b; Zhu, Wang, 2003, 2006, 2007a, 2007b).

令 U 为给定非空论域, $\mathcal{C}=\{X_1, X_2, \cdots, X_n\}$, $X_i \subseteq U$, $i=1,2,\cdots,n$. 集合族 $\mathcal{C} \subseteq 2^U$ 称为 U 的一个覆盖, 若它满足

(1) $X_i \neq \varnothing$, $i=1,2,\cdots,n$;

(2) $\bigcup_{i=1}^{n} X_i = U$.

若 $\mathcal{C}$ 是论域 U 的一个覆盖, 则偶对 $(U,\mathcal{C})$ 称为**覆盖近似空间** (covering approximation space).

定义 2.3.6 (Bonikowski et al., 1998) 设 $(U,\mathcal{C})$ 是一个覆盖近似空间. 对 $A \subseteq U$, 其覆盖下近似、覆盖上近似定义为

$$\underline{\mathcal{C}}(A) = \bigcup\{X \in \mathcal{C} \mid X \subseteq A\}, \tag{2.3.6}$$

$$\overline{\mathcal{C}}(A) = \bigcup\{X \in \mathcal{C} \mid X \cap A \neq \varnothing\}. \tag{2.3.7}$$

偶对 $(\underline{\mathcal{C}}(A), \overline{\mathcal{C}}(A))$ 描述了集合 A 在 $(U,\mathcal{C})$ 的**覆盖粗糙近似** (covering rough approximation). 若 $\underline{\mathcal{C}}(A) = \overline{\mathcal{C}}(A)$, 则称集合 A 是可定义的.

注 2.3.2 显然, 当 $\mathcal{C}$ 特别地为论域 U 的一个划分时, 上述基于覆盖的粗糙集还原为 Pawlak 粗糙集模型.

在文献 (Zhu, Wang, 2007a) 中, 定义 2.3.6 被称为**第二类基于覆盖的粗糙集模型** (the second type of covering-based rough sets). 对基于覆盖的粗糙集, 文献 (Zhu, Wang, 2007b) 讨论了三种不同的定义. 这三种定义中, 下近似都是一样的, 上近似的定义不同, 并且不是等价的. 覆盖上近似还有另外两个不同的定义 (Tsang et al., 2004; Zhu, Wang, 2007b). 下列两式分别是文献 (Zhu, Wang, 2007a) 中的第一类和第三类基于覆盖的粗糙集模型中上近似的定义

$$\overline{\mathcal{C}}(A) = \underline{\mathcal{C}}(A) \cup \{\mathrm{Md}(x) \mid x \in A - \underline{\mathcal{C}}(A)\},$$

$$\overline{\mathcal{C}}(A) = \bigcup\{\mathrm{Md}(x) \mid x \in A\},$$

其中 Md (x) 为 x 的最小描述, 具体见下面的定义 2.3.7.

定义 2.3.7 (Bonikowski et al., 1998) 设 $(U,\mathcal{C})$ 是一个覆盖近似空间, $x \in U$.

集合族

$$\mathrm{Md}(x)=\{X\in\mathcal{C}\mid x\in X\wedge(\forall Y\in\mathcal{C})(x\in Y\wedge Y\subseteq X\Rightarrow X=Y)\}\tag{2.3.8}$$

称为 x 的**最小描述** (minimal description).

例 2.3.3 (Lin et al., 2013; Hu, 2014)　让我们考虑一下信用卡申请人的评价问题. 假设 $U=\{x_1, x_2, \cdots, x_9\}$是一组 9 个申请人. AT = {教育背景, 薪水}是两个条件属性的集合. “教育背景” 的属性值是{最好, 较好, 好}. “薪水” 的属性值是{高, 中, 低}. 我们让三位专家 I, II, III 评估这些申请人的属性值. 它们对相同属性值的评估结果可能彼此不相同. 评估结果列于表 2.3.5. 在表 2.3.5 中 y_i $(i=1, 2, 3)$ 表示三位专家 I, II, III 的评估结果 y_i 和 n_i $(i=1, 2, 3)$, 其中 y_i 表示 “是”, n_i 表示 “否”.

表 2.3.5　(Lin et al., 2013; Hu, 2014) 一个评价信息系统

U	AT																	
属性值	教育背景									薪水								
	最好			较好			好			高			中			低		
	I	II	III	I	II	III	I	II	III	I	II	III	I	II	III	I	II	III
x_1	y_1	y_2	n_3	n_1	n_2	n_3	n_1	n_2	y_3	y_1	y_2	y_3	n_1	n_2	n_3	n_1	n_2	n_3
x_2	n_1	y_2	n_3	y_1	y_2	y_3	n_1	n_2	n_3	y_1	y_2	y_3	n_1	n_2	n_3	y_1	n_2	n_3
x_3	n_1	n_2	n_3	n_1	n_2	n_3	y_1	y_2	y_3	y_1	y_2	y_3	n_1	n_2	n_3	n_1	n_2	n_3
x_4	y_1	y_2	y_3	n_1	n_2	n_3	n_1	n_2	n_3	n_1	n_2	n_3	y_1	y_2	y_3	n_1	n_2	n_3
x_5	y_1	y_2	n_3	n_1	y_2	n_3	n_1	y_2	y_3	n_1	n_2	n_3	y_1	y_2	y_3	y_1	n_2	n_3
x_6	n_1	n_2	n_3	n_1	n_2	n_3	y_1	y_2	y_3	n_1	n_2	n_3	y_1	y_2	y_3	n_1	n_2	n_3
x_7	y_1	y_2	y_3	n_1	n_2	n_3	n_1	n_2	n_3	n_1	n_2	n_3	y_1	y_2	n_3	n_1	n_2	y_3
x_8	n_1	y_2	n_3	y_1	y_2	y_3	n_1	n_2	n_3	n_1	n_2	n_3	y_1	y_2	y_3	n_1	y_2	n_3
x_9	n_1	n_2	n_3	n_1	n_2	n_3	y_1	y_2	y_3	n_1	n_2	n_3	n_1	n_2	n_3	y_1	y_2	y_3

由表 2.3.5, 对于属性 “教育背景”, 专家 I, II, III 分别给出了对应于 U 的三个覆盖的如下评价:

$$\mathcal{C}_1=\{\{x_1,x_4,x_5,x_7\},\{x_2,x_8\},\{x_3,x_6,x_9\}\},$$

$$\mathcal{C}_2=\{\{x_1,x_2,x_4,x_5,x_7,x_8\},\{x_2,x_5,x_8\},\{x_3,x_5,x_6,x_9\}\},$$

$$\mathcal{C}_3=\{\{x_4,x_7\},\{x_2,x_8\},\{x_1,x_3,x_5,x_6,x_9\}\}.$$

对于属性 “薪水”, 专家 I, II, III 分别给出了对应于 U 的三个覆盖的如下评价:

$$\mathcal{C}_4=\{\{x_1,x_2,x_3\},\{x_4,x_5,x_6,x_7,x_8\},\{x_2,x_5,x_9\}\},$$

$$\mathcal{C}_5=\{\{x_1,x_2,x_3\},\{x_4,x_5,x_6,x_7,x_8\},\{x_7,x_8,x_9\}\},$$

$$\mathcal{C}_6=\{\{x_1,x_2,x_3\},\{x_4,x_5,x_6,x_8\},\{x_7,x_9\}\}.$$

对于覆盖 $\mathcal{C}_2$, U 中对象的最小描述为

$$\mathrm{Md}_{\mathcal{C}_2}(x_1)=\mathrm{Md}_{\mathcal{C}_2}(x_4)=\mathrm{Md}_{\mathcal{C}_2}(x_7)=\{\{x_1,x_2,x_4,x_5,x_7,x_8\}\},$$
$$\mathrm{Md}_{\mathcal{C}_2}(x_2)=\mathrm{Md}_{\mathcal{C}_2}(x_8)=\{\{x_2,x_5,x_8\}\},$$
$$\mathrm{Md}_{\mathcal{C}_2}(x_5)=\{\{x_2,x_5,x_8\},\{x_3,x_5,x_6,x_9\}\},$$
$$\mathrm{Md}_{\mathcal{C}_2}(x_3)=\mathrm{Md}_{\mathcal{C}_2}(x_6)=\mathrm{Md}_{\mathcal{C}_2}(x_9)=\{\{x_3,x_5,x_6,x_9\}\}.$$

对于覆盖 $\mathcal{C}_5$, U 中对象的最小描述为

$$\mathrm{Md}_{\mathcal{C}_5}(x_1)=\mathrm{Md}_{\mathcal{C}_5}(x_2)=\mathrm{Md}_{\mathcal{C}_5}(x_3)=\{\{x_1,x_2,x_3\}\},$$
$$\mathrm{Md}_{\mathcal{C}_5}(x_4)=\mathrm{Md}_{\mathcal{C}_5}(x_5)=\mathrm{Md}_{\mathcal{C}_5}(x_6)=\{\{x_4,x_5,x_6,x_7,x_8\}\},$$
$$\mathrm{Md}_{\mathcal{C}_5}(x_7)=\mathrm{Md}_{\mathcal{C}_5}(x_8)=\{\{x_4,x_5,x_6,x_7,x_8\},\{x_7,x_8,x_9\}\},$$
$$\mathrm{Md}_{\mathcal{C}_5}(x_9)=\{\{x_7,x_8,x_9\}\}.$$

2.3.4 粗糙 Fuzzy 集

如果考虑有限非空论域 U 上的 Fuzzy 集, 则 Pawlak 意义下的粗糙集可推广.

定义 2.3.8 (Dubois, Prade, 1990) 设 R 是有限非空论域 U 上的等价关系, 即 (U,R) 为 Pawlak 近似空间, 对于 Fuzzy 集 $A\in\mathrm{Map}(U,[0,1])$, A 的下近似与上近似分别定义为两个 Fuzzy 集 $\underline{R}(A)$ 和 $\overline{R}(A)$, 它们的隶属函数为

$$\underline{R}(A)(x)=\wedge\{A(y)\mid y\in[x]_R\},\tag{2.3.9}$$
$$\overline{R}(A)(x)=\vee\{A(y)\mid y\in[x]_R\}.\tag{2.3.10}$$

称 Fuzzy 集偶对 $(\underline{R}(A),\overline{R}(A))$ 为**粗糙 Fuzzy 集** (rough fuzzy set).

定理 2.3.4 设 (U,R) 为 Pawlak 近似空间, 则 $\forall A,B\in\mathrm{Map}(U,[0,1])$,

(1) $\underline{R}(A)\subseteq A\subseteq\overline{R}(A)$;

(2) $A\subseteq B\Rightarrow\underline{R}(A)\subseteq\underline{R}(B),\overline{R}(A)\subseteq\overline{R}(B)$;

(3) $\underline{R}(A^c)=(\overline{R}(A))^c$, $\overline{R}(A^c)=(\underline{R}(A))^c$;

(4) $\underline{R}(\varnothing)=\overline{R}(\varnothing)=\varnothing$, $\underline{R}(U)=\overline{R}(U)=U$;

(5) $\overline{R}(A\cup B)=\overline{R}(A)\cup\overline{R}(B)$, $\underline{R}(A\cap B)=\underline{R}(A)\cap\underline{R}(B)$;

(6) $\underline{R}(A\cup B)\supseteq\underline{R}(A)\cup\underline{R}(B)$, $\overline{R}(A\cap B)\subseteq\overline{R}(A)\cap\overline{R}(B)$;

(7) $\underline{R}(\underline{R}(A))=\overline{R}(\underline{R}(A))=\underline{R}(A)$, $\overline{R}(\overline{R}(A))=\underline{R}(\overline{R}(A))=\overline{R}(A)$.

证明 (1) $\underline{R}(A)(x)=\wedge\{A(y)\mid y\in[x]_R\}\leqslant A(x)\leqslant\vee\{A(y)\mid y\in[x]_R\}=\overline{R}(A)(x)$.

(2) $A\subseteq B\Rightarrow\underline{R}(A)(x)=\wedge\{A(y)\mid y\in[x]_R\}\leqslant\wedge\{B(y)\mid y\in[x]_R\}=\underline{R}(B)(x)\Rightarrow\underline{R}(A)\subseteq\underline{R}(B)$.

同理 $A\subseteq B\Rightarrow\overline{R}(A)\subseteq\overline{R}(B)$.

(3) $\underline{R}(A^c)(x)=\wedge\{A^c(y)\mid y\in[x]_R\}=1-\vee\{A(y)\mid y\in[x]_R\}=(\overline{R}(A))^c(x)$.

$$\overline{R}(A^c)(x)=\vee\{A^c(y)\mid y\in[x]_R\}=1-\wedge\{A(y)\mid y\in[x]_R\}=(\underline{R}(A))^c(x).$$

(4) $\underline{R}(\varnothing)(x)=\wedge\{\varnothing(y)\mid y\in[x]_R\}=0$, $\overline{R}(\varnothing)(x)=\vee\{\varnothing(y)\mid y\in[x]_R\}=0$,由 $\underline{R}(\varnothing)=\overline{R}(\varnothing)=\varnothing$ 与 (3) 得到, $\underline{R}(U)=\overline{R}(U)=U$.

(5) $\overline{R}(A\cup B)(x)=\vee\{(A\cup B)(y)\mid y\in[x]_R\}$

$$=\vee\{A(y)\vee B(y)\mid y\in[x]_R\}=(\overline{R}(A)\cup\overline{R}(B))(x).$$

由 $\overline{R}(A\cup B)=\overline{R}(A)\cup\overline{R}(B)$ 与 (3) 得到 $\underline{R}(A\cap B)=\underline{R}(A)\cap\underline{R}(B)$.

(6) 由 (2) 直接得到.

(7) 注意由 $y\in[x]_R$ 可知 $[x]_R=[y]_R$, 于是由 (2.3.9) 得到

$$\underline{R}(\underline{R}(A))(x)=\wedge\{\wedge\{A(z)\mid z\in[y]_R\}\mid y\in[x]_R\}=\wedge\{A(x)\mid z\in[x]_R\}=\underline{R}(A)(x),$$

即 $\underline{R}(\underline{R}(A))=\underline{R}(A)$, 同理可证 $\overline{R}(\underline{R}(A))=\underline{R}(A)$ 和 $\overline{R}(\overline{R}(A))=\underline{R}(\overline{R}(A))=\overline{R}(A)$. □

粗糙集的思想是用一对普通集合, 即上下近似来近似任何概念 (U 中的子集). 但是概念通常是模糊的, 即是 U 中的 Fuzzy 集. 这就导致了一个新的研究方向, 即把粗糙集和 Fuzzy 集结合起来. Banerjee 和 Pal 提出了 Fuzzy 集的粗糙度概念.

定义 2.3.9 (Banerjee, Pal, 1996)　设 (U,R) 为 Pawlak 近似空间, 其中论域 U 为有限非空集合. 定义 Fuzzy 集 A 关于参数 α,β ($0<\beta\leqslant\alpha\leqslant1$) 的粗糙度 $\rho_R^{\alpha,\beta}(A)$ 如下所示:

$$\rho_R^{\alpha,\beta}(A)=1-\frac{|\underline{R}(A)_\alpha|}{|\overline{R}(A)_\beta|}. \tag{2.3.11}$$

Fuzzy 集 A 的粗糙度 $\rho_R^{\alpha,\beta}(A)$ 有下面一些性质.

定理 2.3.5　设 (U,R) 为 Pawlak 近似空间,

(1) $0\leqslant\rho_R^{\alpha,\beta}(A)\leqslant1$;

(2) 如果 U 中的每个等价类都存在一个元素 x, 使 $A(x)<\alpha$, 则 $\underline{R}(A)_\alpha=\varnothing$, 从而 $\rho_R^{\alpha,\beta}(A)=1$;

(3) 如果 A 是一个可定义的 Fuzzy 集 ($\underline{R}(A)=\overline{R}(A)$), 并且 $\alpha=\beta$, 则 $\underline{R}(A)_\alpha=\overline{R}(A)_\beta$, 从而 $\rho_R^{\alpha,\beta}(A)=0$;

(4) 如果 A 是一个常 Fuzzy 集, 比如 $A(x)=\delta\in[0,1]$, 对所有 $x\in U$, 则当 $\delta\geqslant\alpha$ 时, $\rho_R^{\alpha,\beta}(A)=0$. 而当 $\beta\leqslant\delta<\alpha$ 时, $\rho_R^{\alpha,\beta}(A)=1$.

Banerjee 和 Pal (1996) 提出的粗糙度测量依赖于一些参数, 因而有一些不太好的性质. Huynh 和 Nakamori (2005) 提出了一种不含参数的粗糙度.

定义 2.3.10　有限集合 Ω 上的质量分布 m 是一个 2^Ω 到 [0, 1] 上的函数, 且满足下面条件

$$\sum_{S\subseteq\Omega} m(S)=1.$$

定义 2.3.11 (Huynh, Nakamori, 2005) 设 A 是有限论域 U 上的 Fuzzy 集, A 的隶属函数的取值为 $\alpha_1,\alpha_2,\cdots,\alpha_n$, 其中 $\alpha_i>\alpha_{i+1}>0$, $i=1,2,\cdots,n-1$, 记为 $\mathrm{rang}(A)=\{\alpha_1,\alpha_2,\cdots,\alpha_n\}$. 则 Fuzzy 集 A 的质量分布 m_A 满足

$$m_A(\varnothing)=1-\alpha_1,\quad m_A(A_{\alpha_i})=\alpha_i-\alpha_{i+1},$$

其中 $\alpha_{n+1}=0$.

如果把 $\{A_{\alpha_i}\}_{i=1}^n$ 解释成概念 A 的一族可能的定义, 则 $m_A(A_{\alpha_i})$ 便是事件"概念是 A_{α_i}"的概率. 根据这个解释来定义 Fuzzy 集 A 的粗糙度.

定义 2.3.12 (Huynh, Nakamori, 2005) 设 (U,R) 为 Pawlak 近似空间, A 为 U 上的 Fuzzy 集, 定义 A 关于近似空间 (U,R) 的粗糙度如下所示:

$$\hat{\rho}_R(A)=\sum_{i=1}^n m_A(A_{\alpha_i})\left(1-\frac{|\underline{R}(A_{\alpha_i})|}{|\overline{R}(A_{\alpha_i})|}\right)=\sum_{i=1}^n m_A(A_i)\rho_R(A_{\alpha_i}).$$

可以证明, $\hat{\rho}_R(A)$ 满足下面一些性质:

(1) $0\leqslant\hat{\rho}_R(A)\leqslant 1$;

(2) $\hat{\rho}_R$ 是 Pawlak 粗糙度的自然推广, 如果 A 是经典集合, 则 $\hat{\rho}_R(A)=\rho_R(A)$ (参见式 (2.2.6));

(3) $\hat{\rho}_R(A)=0$ 当且仅当 A 是一个可定义的 Fuzzy 集 ($\underline{R}(A)=\overline{R}(A)$).

定义 2.3.13 在 Pawlak 近似空间 (U,R) 中, $A\in\mathrm{Map}(U,[0,1])$, 对于 U 中的任意元素 x, 我们称

$$\frac{\sum_{y\in[x]_R}A(y)}{|[x]_R|}$$

为 x 在 A 中的**粗糙 Fuzzy 属于度**, 即 x 所在的等价类对 A 的平均隶属度, 这可以导出一个新的 Fuzzy 集, 记为 $E(A)$, 隶属函数如下:

$$E(A)(x)=\frac{\sum_{y\in[x]_R}A(y)}{|[x]_R|}. \tag{2.3.12}$$

可以验证 $\underline{R}(A)\subseteq E(A)\subseteq\overline{R}(A)$ 成立, 且 $E(A)$ 的支集与 $\overline{R}(A)$ 的支集相同, $E(A)$ 的核与 $\underline{R}(A)$ 的核相同.

下面我们看一下 Fuzzy 集 $E(A)$ 的一些简单性质.

定理 2.3.6 (Liu, Hu, 2006) 设 (U,R) 为 Pawlak 近似空间, $A,B\in\mathrm{Map}(U,[0,1])$, 则

(1) 如果 $A\subseteq B$，则 $E(A)\subseteq E(B)$；

(2) $(E(A))^c=E(A^c)$；

(3) $E(A\bigcup B)\supseteq E(A)\bigcup E(B)$；

(4) $E(A\bigcap B)\subseteq E(A)\bigcap E(B)$.

证明　(2) 对 $\forall x\in U$，

$$E(A)(x)+E(A^c)(x)=\frac{\sum\limits_{y\in[x]_R}A(y)}{|[x]_R|}+\frac{\sum\limits_{y\in[x]_R}A^c(y)}{|[x]_R|}=\frac{\sum\limits_{y\in[x]_R}A(y)+\sum\limits_{y\in[x]_R}A^c(y)}{|[x]_R|}=\frac{|[x]_R|}{|[x]_R|}=1,$$

即 $(E(A))^c=E(A^c)$.

(3) $\forall x\in U$，

$$E(A\bigcup B)(x)=\frac{\sum\limits_{y\in[x]_R}(A\bigcup B)(y)}{|[x]_R|}\geqslant\max\left\{\frac{\sum\limits_{y\in[x]_R}A(y)}{|[x]_R|},\frac{\sum\limits_{y\in[x]_R}B(y)}{|[x]_R|}\right\}=\max\{E(A)(x),E(B)(x)\}=(E(A)\bigcup E(B))(x),$$

因此有 $E(A\bigcup B)\supseteq E(A)\bigcup E(B)$. □

2.3.5 Fuzzy 粗糙集

Fuzzy 粗糙集理论建立初期的代表性文献 (Dubois, Prade, 1990) 是由 Dubois 和 Prade 共同给出的. 同时期对此问题进行讨论的文献, 重要的还有 Banerjee 和 Pal (1996), Bodjanova (1997), Coker (1998), Kuncheva (1992), Nakamura (1988), Nakamura 和 Gao (1992), Nanda 和 Majumdar (1992), Yao (1997) 等文献. 从时间上看, 集中在 20 世纪 90 年代上半时期. 这是 Fuzzy 粗糙集理论发展的第一阶段, 这个阶段的特点是引入了 Fuzzy 集和 Fuzzy 等价关系.

Dubois 模型起源于 Willaeys 和 Malvache (1981) 对 Fuzzy 等价关系与 Fuzzy 分类的讨论. 目前文献中所引用的 Fuzzy 粗糙集概念, 大多是指 Dubois 和 Prade

(1990) 的定义. 与 Pawlak 粗糙集相比, 其不同之处在于: ① 被近似对象由经典集换为 Fuzzy 集. ② 等价关系 R 推广为 Fuzzy 等价关系.

定义 2.3.14 (Dubois, Prade, 1990) 设 R 是有限论域 U 上的 Fuzzy 等价关系, 则 (U, R) 称为一个 **Fuzzy 近似空间** (fuzzy approximation space). 如果 A 是 U 上的 Fuzzy 集, 定义 U 上的两个 Fuzzy 集 $\underline{R}(A)$ 和 $\overline{R}(A)$ 并且

$$\underline{R}(A)(x) = \bigwedge_{y\in U}\{A(y)\vee(1-R(x,y))\},\quad x\in U, \tag{2.3.13}$$

$$\overline{R}(A)(x) = \bigvee_{y\in U}\{A(y)\wedge R(x,y)\},\quad x\in U, \tag{2.3.14}$$

则 $\underline{R}(A)$ 和 $\overline{R}(A)$ 分别称为 Fuzzy 集 A 的**下近似和上近似** (lower and upper approximation), $(\underline{R}(A),\overline{R}(A))$ 称为 **Fuzzy 粗糙集** (fuzzy rough set).

例 2.3.4 (Pawlak, 1982) 如果 R 是有限论域 U 上的经典等价关系, 并且 $A\subseteq U$, 则

$$\begin{aligned}\underline{R}(A)(x)=1 &\Leftrightarrow \forall y\in U, A(y)\vee(1-R(x,y))=1\\ &\Leftrightarrow \forall y\in U,(R(x,y)=1\Rightarrow A(x)=1)\\ &\Leftrightarrow [x]_R\subseteq A,\\ \overline{R}(A)(x)=1 &\Leftrightarrow \exists y\in U, A(y)\wedge R(x,y)=1\\ &\Leftrightarrow [x]_R\cap A\neq\varnothing.\end{aligned}$$

于是式 (2.3.13) 和式 (2.3.14) 变成

$$\underline{R}(A)=\{x\in U\mid [x]_R\subseteq A\},$$

$$\overline{R}(A)=\{x\in U\mid [x]_R\cap A\neq\varnothing\}.$$

$(\underline{R}(A),\overline{R}(A))$ 即为定义 2.2.2 中的 Pawlak 粗糙集.

于是定义式 (2.2.1) 和式 (2.2.2) 可改写为

$$\underline{R}(A)(x) = \bigwedge_{y\in X}\{\chi_A(y)\mid (x,y)\in R\},\quad x\in U, \tag{2.3.15}$$

$$\overline{R}(A)(x) = \bigvee_{y\in X}\{\chi_A(y)\mid (x,y)\in R\},\quad x\in U. \tag{2.3.16}$$

其含义是直观的: 只有任一与 x 具有等价关系 R 的 y 都在集合 A 中 (即 $\chi_A(x)=1$), 才有 $\underline{R}(A)(x)=1$ (即 $x\in\underline{R}(A)$). 另一式的理解类似.

式 (2.3.15) 和式 (2.3.16) 还可以进一步写为

$$\underline{R}(A)(x) = \bigwedge_{y\notin A}\{1-\chi_R(x,y)\},\quad x\in U, \tag{2.3.17}$$

$$\overline{R}(A)(x) = \bigvee_{y\in A}\{\chi_R(x,y)\},\quad x\in U. \tag{2.3.18}$$

这是因为

$x\in\underline{R}(A)\Leftrightarrow \underline{R}(A)(x)=1\Leftrightarrow(\forall y\in A^c)(\chi_R(x,y)=0)\Leftrightarrow(\forall y\in A^c)((x,y)\notin R)$,

$$x \in \overline{R}(A) \Leftrightarrow \overline{R}(A)(x)=1 \Leftrightarrow (\exists y \in A)(\chi_R(x,y)=1) \Leftrightarrow (\exists y \in A)((x,y)\in R).$$

例 2.3.5 (Dubois, Prade, 1990)　如果 R 是有限论域 U 上的经典等价关系，并且 $A \in \mathrm{Map}(U,[0,1])$，则

$$\underline{R}(A)(x) = \wedge\{A(y) \mid y \in [x]_R\}, \tag{2.3.19}$$

$$\overline{R}(A)(x) = \vee\{A(y) \mid y \in [x]_R\}. \tag{2.3.20}$$

Fuzzy 集偶对 $(\underline{R}(A),\overline{R}(A))$ 即为定义 2.3.8 中讨论的粗糙 Fuzzy 集.

例 2.3.6 (Dubois, Prade, 1990)　如果 R 是有限论域 U 上的 Fuzzy 等价关系并且 $A \subseteq U$，则

$$\underline{R}(A)(x) = \bigwedge_{y \notin A}\{1-R(x,y)\}, \tag{2.3.21}$$

$$\overline{R}(A)(x) = \bigvee_{y \in A}\{R(x,y)\}. \tag{2.3.22}$$

下面讨论 Fuzzy 粗糙集的性质.

如同 Pawlak 粗糙集可以用如式 (2.2.3) 和式 (2.2.4) 的形式来定义, Dubois 和 Prade 用等价类描述的方式定义了 Fuzzy 粗糙集: R 是论域 U 上的一个 Fuzzy 等价关系. R 将论域 U 进行 Fuzzy 划分, 所得的 Fuzzy 等价类 $[x]_R$ 由隶属函数 $[x]_R(y)=R(x,y)$ 来确定. 用 Fuzzy 等价类集合 U/R 中的元素描述给定的 Fuzzy 集 A, 所得的下近似 $\underline{R}(A)$、上近似 $\overline{R}(A)$ 是 U/R 上的一对 Fuzzy 集.

定理 2.3.7 (Dubois, Prade, 1990)　在 Fuzzy 近似空间 (U,R) 中, (2.3.13) 和 (2.3.14) 所定义的 $(\underline{R}(A),\overline{R}(A))$ 等价于下面的公式

$$\mu_{\underline{\Phi}(A)}(F_i) = \bigwedge_{x \in X}\{A(x) \vee (1-F_i(x))\},$$

$$\mu_{\overline{\Phi}(A)}(F_i) = \bigvee_{x \in X}\{A(x) \wedge F_i(x)\},$$

其中 $\Phi=\{F_1,F_2,\cdots,F_k\}$ 是由 R 生成的 Fuzzy 等价类集或 Fuzzy 商集.

定理 2.3.8　在 Fuzzy 近似空间 (U,R) 中, $(\underline{R}(A),\overline{R}(A))$ 为(2.3.13)和(2.3.14) 所定义的 Fuzzy 粗糙集, 对任意 $A,B \in \mathrm{Map}(U,[0,1])$，有下列性质:

(1) $\underline{R}(A) \subseteq A \subseteq \overline{R}(A)$；

(2) $A \subseteq B \Rightarrow \underline{R}(A) \subseteq \underline{R}(B)$，$\overline{R}(A) \subseteq \overline{R}(B)$；

(3) $\underline{R}(A^c) = (\overline{R}(A))^c$，$\overline{R}(A^c) = (\underline{R}(A))^c$；

(4) $\underline{R}(\varnothing) = \overline{R}(\varnothing) = \varnothing$，$\underline{R}(U) = \overline{R}(U) = U$；

(5) $\underline{R}(A \cup B) \supseteq \underline{R}(A) \cup \underline{R}(B)$，$\underline{R}(A \cap B) = \underline{R}(A) \cap \underline{R}(B)$；

(6) $\overline{R}(A \cup B) = \overline{R}(A) \cup \overline{R}(B)$，$\overline{R}(A \cap B) \subseteq \overline{R}(A) \cap \overline{R}(B)$；

(7) $\underline{R}(U-\{y\})(x) = \underline{R}(U-\{x\})(y)$，$\overline{R}(1_{\{x\}})(y) = \overline{R}(1_{\{y\}})(x)$，$\forall x,y \in U$.

证明 (1) $\forall x\in U$, $\underline{R}(A)(x)=\bigwedge_{y\in U}\{A(y)\vee(1-R(x,y))\}$

$$\leqslant A(x)\vee(1-R(x,x))=A(x),$$

$$\overline{R}(A)(x)=\bigvee_{y\in U}\{A(y)\wedge R(x,y)\}$$

$$\geqslant A(x)\wedge R(x,x)=A(x).$$

(2) 由定义直接得到.

(3) $\underline{R}(A^c)(x)=\bigwedge_{y\in U}\{(1-A(y))\vee(1-R(x,y))\}$

$$=1-\bigvee_{y\in U}\{A(y)\wedge R(x,y)\}$$

$$=\left(\overline{R}(A)\right)^c(x).$$

在 $\underline{R}(A^c)=(\overline{R}(A))^c$ 中 A 用 A^c 代替即得 $\overline{R}(A^c)=(\underline{R}(A))^c$.

(4) 由(1)知, $\underline{R}(\varnothing)\subseteq\varnothing\subseteq\overline{R}(\varnothing)$. 又 $\overline{R}(\varnothing)(x)=\bigvee_{y\in U}\{\varnothing(y)\wedge R(x,y)\}=0,\ \forall x\in U$. 由 $\underline{R}(\varnothing)=\overline{R}(\varnothing)=\varnothing$ 与 (3) 得到 $\underline{R}(U)=\overline{R}(U)=U$.

(5) $\forall x\in U$,

$$\begin{aligned}\underline{R}(A\cup B)(x)&=\bigwedge_{y\in U}\{A(y)\vee B(y)\vee(1-R(x,y))\}\\&=\bigwedge_{y\in U}\{(A(y)\vee(1-R(x,y)))\vee(B(y)\vee(1-R(x,y)))\}\\&\geqslant\left(\bigwedge_{y\in U}\{A(y)\vee(1-R(x,y))\}\right)\vee\left(\bigwedge_{y\in U}\{B(y)\vee(1-R(x,y))\}\right)\\&=(\underline{R}(A)\cup\underline{R}(B))(x),\end{aligned}$$

$$\begin{aligned}\underline{R}(A\cap B)(x)&=\bigwedge_{y\in U}\{(A(y)\wedge B(y))\vee(1-R(x,y))\}\\&=\bigwedge_{y\in U}\{(A(y)\vee(1-R(x,y)))\wedge(B(y)\vee(1-R(x,y)))\}\\&=\left(\bigwedge_{y\in U}\{A(y)\vee(1-R(x,y))\}\right)\wedge\left(\bigwedge_{y\in U}\{B(y)\vee(1-R(x,y))\}\right).\end{aligned}$$

(6) 由 (3) 与 (5) 直接得到.

(7) $\forall x,y\in U$, $\underline{R}(U-\{y\})(x)=\bigwedge_{z\in U}\{\chi_{U-\{y\}}(z)\vee(1-R(x,z))\}=1-R(x,y)$, 同理可得 $\underline{R}(U-\{x\})(y)=1-R(y,x)$. 又因 R 是 Fuzzy 等价关系, 所以 $\underline{R}(U-\{y\})(x)=\underline{R}(U-\{x\})(y)$. 用同样的方法可证 $\overline{R}(1_{\{x\}})(y)=\overline{R}(1_{\{y\}})(x)$. □

上述概念还可推广到 Fuzzy 相容关系、自反关系和一般 Fuzzy 关系 (包括不同区域).

定义 2.3.15 (Liu, Hu, 2006) 设 (U,R) 为 Fuzzy 近似空间, $A\in\mathrm{Map}(U,[0,1])$, 则我们定义 Fuzzy 集 $E^{\mathrm{T}}(A)$,

$$E^{\top}(A)(x)=\frac{\sum_{y\in U}\top(R(x,y),A(y))}{\sum_{y\in U}R(x,y)}, \tag{2.3.23}$$

其中 $\top$ 为 t-模. 当 $\top=\wedge$ 时，$E^{\top}(A)$ 简记为 $E(A)$.

下面给出 Fuzzy 集 $E^{\top}(A)$ 的性质.

定理 2.3.9 (Liu, Hu, 2006)　设 (U,R) 为 Fuzzy 近似空间，$A,B\in \mathrm{Map}\ (U,[0,1])$，则

(1) 如果 $A\subseteq B$，则 $E^{\top}(A)\subseteq E^{\top}(B)$；

(2) $E^{\top}(A\cup B)\supseteq E^{\top}(A)\cup E^{\top}(B)$；

(3) $E^{\top}(A\cap B)\subseteq E^{\top}(A)\cap E^{\top}(B)$；

(4) 当 R 为普通等价关系时，$E^{\top}(A)=E(A)$；

(5) $E^{\top}(U)=U$，$E^{\top}(\varnothing)=\varnothing$.

证明　(1) 由定义 2.3.15 直接得到.

(2) 和 (3) 与定理 2.3.6 的证明类似.

(4) 由于 R 为普通等价关系时, 则 $\forall x\in U$，有

$$\sum_{y\in U}R(x,y)=|[x]_R|,$$

$$\sum_{y\in U}\top(R(x,y),A(y))=\sum_{y\in U}A(y)$$

成立, 从而 $E^{\top}(A)=E(A)$，得证.

(5) 对 $\forall x\in U$,

$$E^{\top}(U)(x)=\frac{\sum_{y\in U}\top(R(x,y),U(y))}{\sum_{y\in U}R(x,y)}=\frac{\sum_{y\in U}R(x,y)}{\sum_{y\in U}R(x,y)}=1.$$

对 $\forall x\in U$,

$$E^{\top}(\varnothing)(x)=\frac{\sum_{y\in U}\top(R(x,y),\varnothing(y))}{\sum_{y\in U}R(x,y)}=\frac{\sum_{y\in U}0}{\sum_{y\in U}R(x,y)}=0.$$ □

例 2.3.7 (Liu, Hu, 2006)　设 $U=\{x_1,x_2,x_3,x_4\}$ 为一组被研究的四个人, Fuzzy 集合 A 表示 Fuzzy 概念 “年老”, 其隶属函数为

$$A=\frac{0}{x_1}+\frac{1}{x_2}+\frac{0.75}{x_3}+\frac{0}{x_4}.$$

Fuzzy 等价关系 R 的隶属函数如表 2.3.6 所示.

表 2.3.6 Fuzzy 等价关系 R 的隶属函数

	x_1	x_2	x_3	x_4
x_1	1	0.25	0.25	0.5
x_2	0.25	1	0.75	0.25
x_3	0.25	0.75	1	0.25
x_4	0.50	0.25	0.25	1

计算可得

$$\underline{R}(A)=\frac{0}{x_1}+\frac{0.75}{x_2}+\frac{0.75}{x_3}+\frac{0}{x_4},$$

$$\overline{R}(A)=\frac{0.25}{x_1}+\frac{1}{x_2}+\frac{0.75}{x_3}+\frac{0.25}{x_4},$$

且有 (取 $\mathsf{T}=\wedge$)

$E^{\mathsf{T}}(A)(x_1)=0.25$, $E^{\mathsf{T}}(A)(x_2)=0.7778$, $E^{\mathsf{T}}(A)(x_3)=0.6667$, $E^{\mathsf{T}}(A)(x_4)=0.25$.

从上面可以看到, $E^{\mathsf{T}}(A)(x_3)<\underline{R}(A)(x_3)$, $E^{\mathsf{T}}(A)(x_3)\leqslant\overline{R}(A)(x_3)$, 从而此时有

$$\underline{R}(A)\subseteq E^{\mathsf{T}}(A)\subseteq\overline{R}(A)$$

不成立.

2.3.6 区间值粗糙 Fuzzy 集

如果考虑有限非空论域 U 上的区间值 Fuzzy 集, 则在 Dubois 和 Prade 意义下的粗糙 Fuzzy 集可推广.

定义 2.3.16 (Gong et al., 2008) 设 (U,R) 为 Pawlak 近似空间, 对于区间值 Fuzzy 集 $A=[A^-,A^+]\in\mathrm{Map}(X,I^{(2)})$, A 的下近似与上近似分别定义为两个区间值 Fuzzy 集 $\underline{R}(A)$ 和 $\overline{R}(A)$, 它们的隶属函数分别为

$$\underline{R}(A)(x)=\wedge\{A(y)\mid y\in[x]_R\}=[\wedge\{A^-(y)\mid y\in[x]_R\},\wedge\{A^+(y)\mid y\in[x]_R\}], \tag{2.3.24}$$

$$\overline{R}(A)(x)=\vee\{A(y)\mid y\in[x]_R\}=[\vee\{A^-(y)\mid y\in[x]_R\},\vee\{A^+(y)\mid y\in[x]_R\}]. \tag{2.3.25}$$

称区间值 Fuzzy 集偶对 $(\underline{R}(A),\overline{R}(A))$ 为**区间值粗糙 Fuzzy 集** (interval-valued rough fuzzy set).

区间值粗糙 Fuzzy 集有下面的性质.

定理 2.3.10 (Gong et al., 2008) 设 (U,R) 为 Pawlak 近似空间, $(\underline{R}(A),\overline{R}(A))$ 为区

间值粗糙 Fuzzy 集，则 $\forall A,B\in \mathrm{Map}(U,I^{(2)})$，有

(1) $\underline{R}(A)\subseteq A\subseteq \overline{R}(A)$;

(2) $\underline{R}(A^c)=(\overline{R}(A))^c$，$\overline{R}(A^c)=(\underline{R}(A))^c$;

(3) $\overline{R}(A\cup B)=\overline{R}(A)\cup\overline{R}(B)$，$\underline{R}(A\cap B)=\underline{R}(A)\cap\underline{R}(B)$;

(4) $\underline{R}(A\cup B)\supseteq\underline{R}(A)\cup\underline{R}(B)$，$\overline{R}(A\cap B)\subseteq\overline{R}(A)\cap\overline{R}(B)$;

(5) $\underline{R}(\underline{R}(A))=\overline{R}(\underline{R}(A))=\underline{R}(A)$，$\overline{R}(\overline{R}(A))=\underline{R}(\overline{R}(A))=\overline{R}(A)$.

证明　(1) 因 $\underline{R}(A)(x)=\wedge\{A(y)\mid y\in[x]_R\}=[\wedge\{A^-(y)\mid y\in[x]_R\},\wedge\{A^+(y)\mid y\in[x]_R\}]$，并且 $A(x)=\left[A^-(x),A^+(x)\right]$，故我们有

$$\wedge\{A^-(y)\mid y\in[x]_R\}\leqslant A^-(x),$$
$$\wedge\{A^+(y)\mid y\in[x]_R\}\leqslant A^+(x).$$

从而 $\left[\wedge\{A^-(y)\mid y\in[x]_R\},\wedge\{A^+(y)\mid y\in[x]_R\}\right]\leqslant_{I^{(2)}}\left[A^-(x),A^+(x)\right]$，即 $\underline{R}(A)\subseteq A$．同理可证 $A\subseteq\overline{R}(A)$.

(2)
$$\begin{aligned}\underline{R}(A^c)(x)&=\left[\wedge\{1-A^+(y)\mid y\in[x]_R\},\wedge\{1-A^-(y)\mid y\in[x]_R\}\right]\\&=\left[1-\vee\{A^+(y)\mid y\in[x]_R\},1-\vee\{A^-(y)\mid y\in[x]_R\}\right]\\&=1_{I^{(2)}}-\left[\vee\{A^-(y)\mid y\in[x]_R\},\vee\{A^+(y)\mid y\in[x]_R\}\right]\\&=(\overline{R}(A))^c(x).\end{aligned}$$

于是 $\underline{R}(A^c)=(\overline{R}(A))^c$．同理可证 $\overline{R}(A^c)=(\underline{R}(A))^c$.

(3)
$$\begin{aligned}&(\overline{R}(A)\cup\overline{R}(B))(x)\\&=\left[\vee\{A^-(y)\mid y\in[x]_R\},\vee\{A^+(y)\mid y\in[x]_R\}\right]\\&\quad\vee_{I^{(2)}}\left[\vee\{B^-(y)\mid y\in[x]_R\},\vee\{B^+(y)\mid y\in[x]_R\}\right]\\&=\left[(\vee\{A^-(y)\mid y\in[x]_R\})\vee(\vee\{B^-(y)\mid y\in[x]_R\}),(\vee\{A^+(y)\mid y\in[x]_R\})\vee\right.\\&\quad\left.(\vee\{B^+(y)\mid y\in[x]_R\})\right]\\&=\left[\vee\{A^-(y)\vee B^-(y)\mid y\in[x]_R\},\vee\{A^+(y)\vee B^+(y)\mid y\in[x]_R\}\right]\\&=\overline{R}(A\cup B)(x),\end{aligned}$$

即 $\overline{R}(A\cup B)=\overline{R}(A)\cup\overline{R}(B)$．交换上面证明中的 $\vee$ 和 $\wedge$ 易证明 $\underline{R}(A\cap B)=\underline{R}(A)\cap\underline{R}(B)$.

(4)
$$\begin{aligned}(\underline{R}(A)\cup\underline{R}(B))(x)&=\left[\wedge\{A^-(y)\mid y\in[x]_R\},\wedge\{A^+(y)\mid y\in[x]_R\}\right]\\&\quad\vee_{I^{(2)}}\left[\wedge\{B^-(y)\mid y\in[x]_R\},\wedge\{B^+(y)\mid y\in[x]_R\}\right]\\&=\left[(\wedge\{A^-(y)\mid y\in[x]_R\})\vee(\wedge\{B^-(y)\mid y\in[x]_R\}),\right.\end{aligned}$$

$$(\wedge\{A^+(y)\mid y\in[x]_R\})\vee(\wedge\{B^+(y)\mid y\in[x]_R\})\big].$$

注意到有

$$(\wedge\{A^-(y)\mid y\in[x]_R\})\vee(\wedge\{B^-(y)\mid y\in[x]_R\})\leqslant\wedge\{A^-(y)\vee B^-(y)\mid y\in[x]_R\},$$
$$(\wedge\{A^+(y)\mid y\in[x]_R\})\vee(\wedge\{B^+(y)\mid y\in[x]_R\})\leqslant\wedge\{A^+(y)\vee B^+(y)\mid y\in[x]_R\}.$$

因此

$$(\underline{R}(A)\cup\underline{R}(B))(x)\leqslant_{I^{(2)}}\left[\wedge\{A^-(y)\vee B^-(y)\mid y\in[x]_R\},\wedge\{A^+(y)\vee B^+(y)\mid y\in[x]_R\}\right]$$
$$=\underline{R}(A\cup B)(x),$$

即 $\underline{R}(A\cup B)\supseteq\underline{R}(A)\cup\underline{R}(B)$. 同理可证 $\overline{R}(A\cap B)\subseteq\overline{R}(A)\cap\overline{R}(B)$.

(5) 设 $C=\underline{R}(A)$, 则

$$C(x)=\underline{R}(A)(x)=\left[\wedge\{A^-(y)\mid y\in[x]_R\},\wedge\{A^+(y)\mid y\in[x]_R\}\right],$$
$$\underline{R}(C)(x)=\left[\wedge\{\wedge\{A^-(u)\mid u\in[y]_R\}\mid y\in[x]_R\},\wedge\{\wedge\{A^+(u)\mid u\in[y]_R\}\mid y\in[x]_R\}\right]$$
$$=\left[\wedge\{A^-(y)\mid y\in[x]_R\},\wedge\{A^+(y)\mid y\in[x]_R\}\right]=C(x)=\underline{R}(A)(x),$$

即 $\underline{R}(\underline{R}(A))=\underline{R}(A)$. 同理可证 $\overline{R}(\underline{R}(A))=\underline{R}(A)$, $\overline{R}(\overline{R}(A))=\underline{R}(\overline{R}(A))=\overline{R}(A)$. □

2.3.7 区间值 Fuzzy 粗糙集

如果考虑有限非空论域 U 上的区间值 Fuzzy 集和区间值 Fuzzy 关系, 则 Dubois 和 Prade 意义下的 Fuzzy 粗糙集可推广.

先考虑普通集合的区间值 Fuzzy 粗糙近似.

定义 2.3.17 (Sun et al., 2008) 设 R 是有限论域 U 上的区间值 Fuzzy 等价关系, 则 $K=(U,R)$ 称为一个**区间值 Fuzzy 等价关系信息系统** (interval-valued fuzzy equivalence relation information system). 设 $A\subseteq U$, 定义 U 上的两个区间值 Fuzzy 集 $\underline{R}(A)$ 和 $\overline{R}(A)$ 如下:

$$\underline{R}(A)(x)=\bigwedge_{y\notin A}\{1_{I^{(2)}}-R(x,y)\}=\left[\bigwedge_{y\notin A}\{1-R^+(x,y),\bigwedge_{y\notin A}\{1-R^-(x,y)\right],\quad(2.3.26)$$

$$\overline{R}(A)(x)=\bigvee_{y\in A}R(x,y)=\left[\bigvee_{y\in A}R^-(x,y),\bigvee_{y\in A}R^+(x,y)\right].\quad(2.3.27)$$

则 $\underline{R}(A)$ 和 $\overline{R}(A)$ 分别称为**区间值 Fuzzy 下近似和上近似** (interval-valued fuzzy lower and upper approximation), $(\underline{R}(A),\overline{R}(A))$ 称为**区间值 Fuzzy 粗糙集** (interval-valued fuzzy rough set).

区间值 Fuzzy 粗糙集有下面的性质.

定理 2.3.11 (Sun et al., 2008) 在区间值 Fuzzy 近似空间 (U,R) 中, $(\underline{R}(A),\overline{R}(A))$ 为区间值 Fuzzy 粗糙集, 对任意 $A,B\subseteq U$, 有下列性质:

(1) $\underline{R}(A)\subseteq[A,A]\subseteq\overline{R}(A)$;

(2) $\underline{R}(A^c)=(\overline{R}(A))^c$, $\overline{R}(A^c)=(\underline{R}(A))^c$;

(3) $\overline{R}(A\cup B)=\overline{R}(A)\cup\overline{R}(B)$, $\underline{R}(A\cap B)=\underline{R}(A)\cap\underline{R}(B)$;

(4) $\underline{R}(A\cup B)\supseteq\underline{R}(A)\cup\underline{R}(B)$, $\overline{R}(A\cap B)\subseteq\overline{R}(A)\cap\overline{R}(B)$;

(5) $\underline{R}(A)=\overline{R}(A)$ 当且仅当 $R(x,y)=0_{I^{(2)}}$, $x\in A,y\notin A$.

证明　(1) 如果 $x\notin A$, 则由下近似的定义和 R 的自反性得到 $\underline{R}(A)(x)=\bigwedge_{y\notin A}\{1_{I^{(2)}}-R(x,y)\}=0_{I^{(2)}}$. 如果 $x\in A$, 则由上近似的定义和 R 的自反性得到 $\overline{R}(A)(x)=\bigvee_{y\in A}R(x,y)=1_{I^{(2)}}$.

(2)
$$\begin{aligned}\underline{R}(A^c)(x)&=[\bigwedge_{y\notin A^c}(1-R^+(x,y)),\bigwedge_{y\notin A^c}(1-R^-(x,y))]\\&=[1-\bigvee_{y\in A}R^+(x,y),1-\bigvee_{y\in A}R^-(x,y)]\\&=1_{I^{(2)}}-[\bigvee_{y\in A}R^-(x,y),\bigvee_{y\in A}R^+(x,y)]\\&=(\overline{R}(A))^c(x).\end{aligned}$$

于是 $\underline{R}(A^c)=(\overline{R}(A))^c$. 同理可证 $\overline{R}(A^c)=(\underline{R}(A))^c$.

(3) $\overline{R}(A\cup B)(x)=\bigvee_{y\in A\cup B}R(x,y)=(\bigvee_{y\in A}R(x,y))\vee(\bigvee_{y\in B}R(x,y))=(\overline{R}(A)\cup\overline{R}(B))(x)$,

即 $\overline{R}(A\cup B)=\overline{R}(A)\cup\overline{R}(B)$. 同理可证 $\underline{R}(A\cap B)=\underline{R}(A)\cap\underline{R}(B)$.

(4)
$$\begin{aligned}(\underline{R}(A)\cup\underline{R}(B))(x)&=(\bigwedge_{y\notin A}\{1_{I^{(2)}}-R(x,y)\})\vee(\bigwedge_{y\notin B}\{1_{I^{(2)}}-R(x,y)\})\\&\leqslant_{I^{(2)}}\bigwedge_{y\notin A\cup B}\{1_{I^{(2)}}-R(x,y)\}=\underline{R}(A\cup B)(x),\end{aligned}$$

即 $\underline{R}(A\cup B)\supseteq\underline{R}(A)\cup\underline{R}(B)$. 同理可证 $\overline{R}(A\cap B)\subseteq\overline{R}(A)\cap\overline{R}(B)$.

(5) 由 R 的自反性可知 $A(x)\leqslant_{I^{(2)}}\bigvee_{y\in A}R(x,y)$. 从而 $A(x)=\bigvee_{y\in A}R(x,y)$ 当且仅当对 $\forall x\in A,y\notin A$ 有 $R(x,y)=0_{I^{(2)}}$. 又因为 $\bigwedge_{y\notin A}\{1_{I^{(2)}}-R(x,y)\}=A(x)$, 故 $\underline{R}(A)=\overline{R}(A)$. □

下面考虑区间值 Fuzzy 集的粗糙近似.

定义 2.3.18 (Sun et al., 2008)　设 (U,R) 为区间值 Fuzzy 近似空间, 对 $A\in\mathrm{Map}(U,I^{(2)})$, 可分别定义 A 的**区间值 Fuzzy 下近似** $\underline{R}(A)$ 和**上近似** $\overline{R}(A)$:

$$\begin{aligned}\underline{R}(A)(x)&=\bigwedge_{y\in U}\{A(y)\vee(1_{I^{(2)}}-R(x,y))\}\\&=\left[\bigwedge_{y\in U}\{A^-(y)\vee(1-R^+(x,y))\},\bigwedge_{y\in U}\{A^+(y)\vee(1-R^-(x,y))\}\right],\end{aligned}\tag{2.3.28}$$

$$\begin{aligned}\overline{R}(A)(x)&=\bigvee_{y\in U}\{A(y)\wedge R(x,y)\}\\&=\left[\bigvee_{y\in U}\{A^-(y)\wedge R^-(x,y)\},\bigvee_{y\in U}\{A^-(y)\wedge R^+(x,y)\}\right].\end{aligned}\tag{2.3.29}$$

下面我们考虑区间值 Fuzzy 集与经典 Pawlak 粗糙集之间的关系.

(1) 设 A 为 U 上的经典集合, R 是 U 上的一般关系. 这时

$$R_s(x) = \{y \in U \mid (x, y) \in R\}.$$

则 $\forall x \in U$ 有

$$\begin{aligned}
\underline{R}(A)(x) = 1 &\Leftrightarrow \forall y \in U,\ A(y) \vee (1 - R(x, y)) = 1 \\
&\Leftrightarrow (\forall y \in U,\ y \notin A \Rightarrow (x, y) \notin R) \\
&\Leftrightarrow (\forall y \in V, y \notin A \Rightarrow y \notin R_s(x)) \\
&\Leftrightarrow R_s(x) \subseteq A \\
&\Leftrightarrow \underline{\mathrm{apr}}(A)(x) = 1 \quad \text{(Yao, 1996)}, \\
\overline{R}(A)(x) = 1 &\Leftrightarrow \exists y \in U,\ A(y) = R(x, y) = 1 \\
&\Leftrightarrow A \cap R_s(x) \neq \varnothing \\
&\Leftrightarrow \overline{\mathrm{apr}}(A)(x) = 1 \quad \text{(Yao, 1996)}.
\end{aligned}$$

这是基于一般关系的经典 Pawlak 粗糙集模型.

(2) 设 A 为 U 上的经典集合, R 是 U 上的等价关系, 则 $\forall x \in U$ 有

$$\begin{aligned}
\underline{R}(A)(x) = 1 &\Leftrightarrow \forall y \in U,\ A(y) \vee (1 - R(x, y)) = 1 \\
&\Leftrightarrow (\forall y \in U,\ y \notin A \Rightarrow (x, y) \notin R) \\
&\Leftrightarrow (y \notin A \Rightarrow y \notin [x]_R) \\
&\Leftrightarrow [x]_R \subseteq A \\
&\Leftrightarrow x \in \{x \in U \mid [x]_R \subseteq A\}, \\
\overline{R}(A)(x) = 1 &\Leftrightarrow \exists y \in U,\ A(y) = R(x, y) = 1 \\
&\Leftrightarrow A \cap [x]_R \neq \varnothing \\
&\Leftrightarrow x \in \{x \in U \mid A \cap [x]_R \neq \varnothing\}.
\end{aligned}$$

这是基于等价关系的经典 Pawlak 粗糙集模型.

(3) 设 A 为 U 上的经典集合, R 是 U 上的 Fuzzy 关系, 则 $\forall x \in U$ 有

$$\underline{R}(A)(x) = \bigwedge_{y \in U} \{A(y) \vee (1 - R(x, y))\},$$

$$\overline{R}(A)(x) = \bigvee_{y \in U} \{A(y) \wedge R(x, y)\}.$$

这是经典集合在一般 Fuzzy 信息系统中的粗糙近似.

(4) 设 A 为 U 上的经典集合, R 是 U 上的区间值 Fuzzy 关系, 则 $\forall x \in U$ 有

$$\underline{R}(A)(x) = \bigwedge_{y \in U} \{A(y) \vee (1_{I^{(2)}} - R(x, y))\} = \bigwedge_{y \notin A} \{1_{I^{(2)}} - R(x, y)\}$$

$$= \left[\bigwedge_{y \notin A} \{1 - R^{+}(x, y)\}, \bigwedge_{y \notin A} \{1 - R^{-}(x, y)\}\right],$$

$$\overline{R}(A)(x)=\bigvee_{y\in U}\{A(y)\wedge R(x,y)\}=\bigvee_{y\in A}R(x,y)$$
$$=\left[\bigvee_{y\in A}R^{-}(x,y),\bigvee_{y\in A}R^{+}(x,y)\right].$$

这是区间值 Fuzzy 信息系统的粗糙集模型, 即经典集合在区间值 Fuzzy 信息系统中的近似.

(5) 设 A 为 U 上的 Fuzzy 集, R 是 U 上的一般关系, 则 $\forall x\in U$ 有

$$\underline{R}(A)(x)=\bigwedge_{y\in U}\{A(y)\vee(1-R(x,y))\}$$
$$=\bigwedge_{y\in U}\{A(y)\mid(x,y)\in R\}$$
$$=\bigwedge_{y\in U}\{A(y)\mid y\in R_s(x)\},$$
$$\overline{R}(A)(x)=\bigvee_{y\in U}\{A(y)\wedge R(x,y)\}$$
$$=\bigvee_{y\in U}\{A(y)\mid(x,y)\in R\}$$
$$=\bigvee_{y\in U}\{A(y)\mid y\in R_s(x)\}.$$

这是一般粗糙 Fuzzy 集模型.

(6) 设 A 为 U 上的 Fuzzy 集, R 是 U 上的等价关系, 则 $\forall x\in U$ 有

$$\underline{R}(A)(x)=\bigwedge_{y\in U}\{A(y)\vee(1-R(x,y))\}$$
$$=\bigwedge_{y\in U}\{A(y)\mid(x,y)\in R\}$$
$$=\bigwedge_{y\in U}\{A(y)\mid y\in[x]_R\},$$
$$\overline{R}(A)(x)=\bigvee_{y\in U}\{A(y)\wedge R(x,y)\}$$
$$=\bigvee_{y\in U}\{A(y)\mid(x,y)\in R\}$$
$$=\bigvee_{y\in U}\{A(y)\mid y\in[x]_R\}.$$

这是经典的粗糙 Fuzzy 集模型 (定义 2.3.8).

(7) 设 A 为 U 上的 Fuzzy 集, R 是 U 上的 Fuzzy 关系, 则 $\forall x\in U$ 有

$$\underline{R}(A)(x)=\bigwedge_{y\in U}\{A(y)\vee(1-R(x,y))\},$$
$$\overline{R}(A)(x)=\bigvee_{y\in U}\{A(y)\wedge R(x,y)\},$$

这是经典 Fuzzy 粗糙集模型 (定义 2.3.14).

(8) 设 A 为 U 上的 Fuzzy 集, R 是 U 上的区间值 Fuzzy 关系, 则 $\forall x\in U$ 有

$$\underline{R}(A)(x)=\bigwedge_{y\in U}\{A(y)\vee(1_{I^{(2)}}-R(x,y))\}$$
$$=\bigwedge_{y\in U}\left\{\left[A(y),A(y)\right]\vee_{I^{(2)}}\left[1-R^{+}(x,y),1-R^{-}(x,y)\right]\right\}$$

$$=\left[\bigwedge_{y\in U}\{A(y)\vee(1-R^{+}(x,y))\},\bigwedge_{y\in U}\{A(y)\vee(1-R^{-}(x,y))\}\right],$$

$$\underline{R}(A)(x)=\bigwedge_{y\in U}\{A(y)\vee(1_{I^{(2)}}-R(x,y))\}$$

$$=\bigwedge_{y\in U}\left\{[A(y),A(y)]\vee_{I^{(2)}}\left[1-R^{+}(x,y),1-R^{-}(x,y)\right]\right\}$$

$$=\left[\bigvee_{y\in U}\{A(y)\wedge R^{-}(x,y)\},\bigvee_{y\in U}\{A(y)\wedge R^{+}(x,y)\}\right].$$

这是区间值 Fuzzy 集信息系统的普通 Fuzzy 集的近似.

(9) 设 A 为 U 上的区间值 Fuzzy 集, R 是 U 上的一般关系, 即

$$R(x,y)=R_s(x)=\{y\in U\mid(x,y)\in R\},$$

则 $\forall x\in U$ 有

$$\underline{R}(A)(x)=\bigwedge_{y\in R_s(x)}\{A(y)\vee(1-R(x,y))\}=\bigwedge_{y\in R_s(x)}\{A(y)\vee(1-1)\}$$

$$=\left[\bigwedge_{y\in U}\{A^{-}(y)\vee(1-1)\},\bigwedge_{y\in U}\{A^{+}(y)\vee(1-1)\}\right]$$

$$=\bigwedge_{y\in U}\left[A^{-}(y),A^{+}(y)\right]=\left[\bigwedge_{y\in U}A^{-}(y),\bigwedge_{y\in U}A^{+}(y)\right]$$

$$=\left[\bigwedge_{y\in R_s(x)}A^{-}(y),\bigwedge_{y\in R_s(x)}A^{+}(y)\right]=\underline{\mathrm{apr}}(A)(x),$$

$$\overline{R}(A)(x)=\bigvee_{y\in U}\{A(y)\wedge R(x,y)\}=\bigvee_{y\in R_s(x)}\{A(y)\wedge R(x,y)\}$$

$$=\bigvee_{y\in R_s(x)}\{A(y)\wedge 1_{I^{(2)}}\}=\left[\bigvee_{y\in U}\{A^{-}(y)\wedge 1\},\bigvee_{y\in U}\{A^{+}(y)\wedge 1\}\right]$$

$$=\bigvee_{y\in U}\left[A^{-}(y),A^{+}(y)\right]=\left[\bigvee_{y\in U}A^{-}(y),\bigvee_{y\in U}A^{+}(y)\right]$$

$$=\left[\bigvee_{y\in R_s(x)}A^{-}(y),\bigvee_{y\in R_s(x)}A^{+}(y)\right]=\overline{\mathrm{apr}}(A)(x).$$

这是广义区间值粗糙 Fuzzy 集模型.

(10) 设 A 为 U 上的区间值 Fuzzy 集, R 是 U 上的等价关系, 则 $\forall x\in U$ 有

$$\underline{R}(A)(x)=\left[\bigwedge_{y\in U}\{A^{-}(y)\vee(1-1)\},\bigwedge_{y\in U}\{A^{+}(y)\vee(1-1)\}\right]$$

$$=\bigwedge_{y\in U}\left[A^{-}(y),A^{+}(y)\right]=\left[\bigwedge_{y\in U}A^{-}(y),\bigwedge_{y\in X}A^{+}(y)\right],$$

$$\overline{R}(A)(x)=\left[\bigvee_{y\in U}\{A^{-}(y)\wedge 1\},\bigvee_{y\in U}\{A^{+}(y)\wedge 1\}\right]$$

$$=\bigvee_{y\in U}\left[A^{-}(y),A^{+}(y)\right]=\left[\bigvee_{y\in U}A^{-}(y),\bigvee_{y\in U}A^{+}(y)\right].$$

这是区间值粗糙 Fuzzy 集模型 (定义 2.3.16).

(11) 设 A 为 U 上的区间值 Fuzzy 集, R 是 U 上的普通 Fuzzy 关系, 则 $\forall x\in U$ 有

$$\underline{R}(A)(x)=\left[\bigwedge_{y\in U}\{A^-(y)\vee(1-R(x,y))\},\bigwedge_{y\in U}\{A^+(y)\vee(1-R(x,y))\}\right],$$

$$\overline{R}(A)(x)=\left[\bigvee_{y\in U}\{A^-(y)\wedge(1-R(x,y))\},\bigvee_{y\in U}\{A^+(y)\wedge(1-R(x,y))\}\right].$$

这是普通 Fuzzy 信息系统中的区间值 Fuzzy 集的近似.

2.3.8 优势粗糙集

优势粗糙集最先由著名学者 Greco, Matarazzo, Slowinski 于 2002 年提出. 考虑信息表中属性值的有序关系. 下面我们在偏序关系上讨论优势粗糙集.

设 (U,AT,V,f) 为信息系统, 对每一个属性 $a\in\mathrm{AT}$ 的值域上存在一个偏序关系 $\leqslant_a$, 则称 (U,AT,V,f) 为序信息系统. 对于序信息系统 (U,AT,V,f), 在 U 上定义一个偏序关系:

$$\preceq_a|\ x\preceq_a y\Leftrightarrow f(x,a)\leqslant_a f(y,a).$$

如果决策信息系统 $(U,C\cup\{d\},V,f)$ 是序信息系统并且 $\leqslant_d$ 是线性序, 则称其为序决策信息系统.

定义 2.3.19 设 $(U,C\cup\{d\},V,f)$ 为序决策信息系统且 $A\subseteq C$, 则关于 A 的优势关系定义为

$$\preceq_A|\ x\preceq_A y\Leftrightarrow(\forall a\in A)(x\preceq_a y).$$

由定义 2.3.19 很容易看到优势关系 $\preceq_A$ 是 U 上的偏序关系.

根据优势关系 $\preceq_A$, 可定义如下两个集合: 对给定 $x\in U$,

$$D_A^+(x)=\{y\in U\mid x\preceq_A y\}$$

和

$$D_A^-(x)=\{y\in U\mid y\preceq_A x\}$$

分别表示 x 的 ***A*-占优集** (A-dominating set) 和 ***A*-被占优集** (A-dominated set).

定理 2.3.12 设 $(U,C\cup\{d\},V,f)$ 为序决策信息系统且 $A\subseteq C$, 则下列结论成立: $\forall x,y\in U$, 有

(1) $D_A^+(x)=\bigcap_{a\in A}D_a^+(x)$, $D_A^-(x)=\bigcap_{a\in A}D_a^-(x)$.

(2) 若 $B\subseteq A\subseteq C$, 则 $D_A^+(x)\subseteq D_B^+(x)$ 且 $D_A^-(x)\subseteq D_B^-(x)$.

(3) $x\in D_A^+(y)\Leftrightarrow y\in D_A^-(x)\Leftrightarrow D_A^+(x)\subseteq D_A^+(y)$, 如果 $\forall a\in A$, $\preceq_a$ 是线性序, 则 $D_A^+(x)\subseteq D_A^+(y)\Leftrightarrow D_A^-(y)\subseteq D_A^-(x)$.

证明 (1)

$$\begin{aligned}y\in D_A^+(x)&\Leftrightarrow x\preceq_A y\\&\Leftrightarrow(\forall a\in A)(x\preceq_a y)\end{aligned}$$

$$\Leftrightarrow (\forall a \in A)(y \in D_a^+)$$
$$\Leftrightarrow y \in \bigcap_{a \in A} D_a^+ ,$$

即 $D_A^+(x) = \bigcap_{a \in A} D_a^+(x)$. 同理可证 $D_A^-(x) = \bigcap_{a \in A} D_a^-(x)$.

(2) 设 $B \subseteq A \subseteq C$，则由 (1) 得到 $y \in D_A^+(x) = \bigcap_{a \in A} D_a^+(x) \subseteq \bigcap_{a \in B} D_a^+(x) = D_B^+(x)$，即 $D_A^+(x) \subseteq D_B^+(x)$. 同理可证 $D_A^-(x) \subseteq D_B^-(x)$.

(3) (i) $x \in D_A^+(y) \Leftrightarrow y \preceq_A x \Leftrightarrow y \in D_A^-(x)$.

(ii) 设 $x \in D_A^+(y)$，即 $y \preceq_A x$. 若 $t \in D_A^+(x)$，则 $x \preceq_A t$，由 $\preceq_A$ 的传递性知 $y \preceq_A t$，即 $t \in D_A^+(y)$. 于是 $D_A^+(x) \subseteq D_A^+(y)$. 反之，设 $D_A^+(x) \subseteq D_A^+(y)$，则 $x \in D_A^+(x) \subseteq D_A^+(y)$.

(iii) 如果 $\forall a \in A$，$\preceq_a$ 是线性序，则

$$\begin{aligned} D_A^+(x) \subseteq D_A^+(y) &\Leftrightarrow (\forall t \in U)(x \preceq_A t \Rightarrow y \preceq_A t) \\ &\Leftrightarrow (\forall t \in U)(t \preceq_A y \Rightarrow t \preceq_A x) \\ &\Leftrightarrow D_A^-(y) \subseteq D_A^-(x). \end{aligned}$$

□

设 $(U, C \cup \{d\}, V, f)$ 为序决策信息系统，$\{D_1, D_2, \cdots, D_n\} (n \geqslant 2)$ 是 d 对 U 形成的等价类并且 $f(D_1, d) <_d f(D_2, d) <_d \cdots <_d f(D_n, d)$，其中 $f(D_i, d) = f(x, d)$，$\forall x \in D_i$，$i = 1, 2, \cdots, n$，有

$$D_i^{\geqslant} = \bigcup_{j \geqslant i} D_j, \quad D_i^{\leqslant} = \bigcup_{j \leqslant i} D_j, \quad i = 1, 2, \cdots, n.$$

定义 2.3.20 (Greco et al., 2002) 设 $(U, C \cup \{d\}, V, f)$ 为序决策信息系统且 $A \subseteq C$，则 $D_i^{\geqslant}$ 关于 A 的上、下近似分别为 $(\forall i \in \{1, 2, \cdots, n\})$

$$\overline{A}(D_i^{\geqslant}) = \{x \in U \mid D_A^-(x) \cap D_i^{\geqslant} \neq \varnothing\},$$
$$\underline{A}(D_i^{\geqslant}) = \{x \in U \mid D_A^+(x) \subseteq D_i^{\geqslant}\};$$

$D_i^{\leqslant}$ 关于 A 的上、下近似分别为 $(\forall i \in \{1, 2, \cdots, n\})$

$$\overline{A}(D_i^{\leqslant}) = \{x \in U \mid D_A^+(x) \cap D_i^{\leqslant} \neq \varnothing\},$$
$$\underline{A}(D_i^{\leqslant}) = \{x \in U \mid D_A^-(x) \subseteq D_i^{\leqslant}\}.$$

上、下近似的差称为边界，边界 $\mathrm{BND}_A(D_i^{\geqslant})$ 和 $\mathrm{BND}_A(D_i^{\leqslant})$，$i \in \{1, 2, \cdots, n\}$，分别为

$$\mathrm{BND}_A(D_i^{\geqslant}) = \overline{A}(D_i^{\geqslant}) - \underline{A}(D_i^{\geqslant}),$$
$$\mathrm{BND}_A(D_i^{\leqslant}) = \overline{A}(D_i^{\leqslant}) - \underline{A}(D_i^{\leqslant}).$$

例 2.3.8 考虑表 2.3.7 所示的学生成绩评价的序决策信息系统，其中 $U = \{x_1, x_2, x_3, x_4, x_5, x_6\}$ 是 6 位学生，通过数学（c_1）和英语（c_2）的考试成绩（百分制，实数序）对学生进行评价，决策属性 d 的序是自然序的反序，即 $3 <_d 2 <_d 1$. d 对 U 形成的等价类 $\{D_1, D_2, D_3\}$，其中 $D_1 = \{x_5, x_6\}$，$D_2 = \{x_2, x_3\}$，

$D_3 = \{x_1, x_4\}$.

表 2.3.7 学生序决策信息系统

学生 U	数学（c_1）	英语（c_2）	d
x_1	90	80	1
x_2	80	70	2
x_3	90	70	2
x_4	100	90	1
x_5	70	60	3
x_6	60	70	3

根据(被)占优集的定义，可以计算出所有学生的 C/d-(被)占优集，见表 2.3.8.

表 2.3.8 C-(被)占优集和 d-(被)占优集

学生 U	$D_C^+(x)$	$D_C^-(x)$	$D_d^+(x)$	$D_d^-(x)$
x_1	$\{x_1, x_4\}$	$\{x_1, x_2, x_3, x_5, x_6\}$	$\{x_1, x_4\}$	U
x_2	$\{x_1, x_2, x_3, x_4\}$	$\{x_2, x_5, x_6\}$	$\{x_1, x_2, x_3, x_4\}$	$\{x_2, x_3, x_5, x_6\}$
x_3	$\{x_1, x_3, x_4\}$	$\{x_2, x_3, x_5, x_6\}$	$\{x_1, x_2, x_3, x_4\}$	$\{x_2, x_3, x_5, x_6\}$
x_4	$\{x_4\}$	$\{x_1, x_2, x_3, x_4, x_5, x_6\}$	$\{x_1, x_4\}$	U
x_5	$\{x_1, x_2, x_3, x_4, x_5\}$	$\{x_5\}$	U	$\{x_5, x_6\}$
x_6	$\{x_1, x_2, x_3, x_4, x_6\}$	$\{x_6\}$	U	$\{x_5, x_6\}$

根据上、下近似的定义，可以计算出所有 $D_i^{\geqslant}$ 和 $D_i^{\leqslant}$ 的上、下近似.

表 2.3.9 $D_i^{\geqslant}$ 和 $D_i^{\leqslant}$ 的上、下近似

	1	2	3
D_i	$\{x_5, x_6\}$	$\{x_2, x_3\}$	$\{x_1, x_4\}$
$D_i^{\geqslant}$	U	$\{x_2, x_3, x_5, x_6\}$	$\{x_1, x_4\}$
$\overline{C}(D_i^{\geqslant})$	U	$\{x_1, x_2, x_3, x_4, x_5\}$	$\{x_1, x_4\}$
$\underline{C}(D_i^{\geqslant})$	U	$\varnothing$	$\{x_1, x_4\}$
$D_i^{\leqslant}$	$\{x_5, x_6\}$	$\{x_2, x_3, x_5, x_6\}$	U
$\overline{C}(D_i^{\leqslant})$	U	U	U
$\underline{C}(D_i^{\leqslant})$	$\varnothing$	$\varnothing$	U

定理 2.3.13 (Greco et al., 2002) $D_i^{\geqslant}$ 和 $D_i^{\leqslant}$ 的上近似可以用知识粒的方式表示:

$$\overline{A}(D_i^{\geqslant}) = \bigcup_{x \in D_i^{\geqslant}} D_A^{+}(x),$$

$$\overline{A}(D_i^{\leqslant}) = \bigcup_{x \in D_i^{\leqslant}} D_A^{-}(x).$$

证明 对任意 $x \in \overline{A}(D_i^{\geqslant})$，即 $D_A^{-}(x) \cap D_i^{\geqslant} \neq \varnothing$，则存在 $y \in U$ 使得 $y \in D_i^{\geqslant}$ 且 $y \in D_A^{-}(x)$, 由定理 2.3.12 (3) 知 $x \in D_A^{+}(y)$. 因此, $x \in \bigcup_{y \in D_i^{\geqslant}} D_A^{+}(y)$, 进而, $\overline{A}(D_i^{\geqslant}) \subseteq \bigcup_{x \in D_i^{\geqslant}} D_A^{+}(x)$.

反之, 对任意 $y \in \bigcup_{x \in D_i^{\geqslant}} D_A^{+}(x)$，则存在 $x \in D_i^{\geqslant}$ 且 $y \in D_A^{+}(x)$，即 $x \in D_A^{-}(y)$. 因此, $D_A^{-}(y) \cap D_i^{\geqslant} \neq \varnothing$，即 $y \in \overline{A}(D_i^{\geqslant})$. 因此, $\bigcup_{x \in D_i^{\geqslant}} D_A^{+}(x) \subseteq \overline{A}(D_i^{\geqslant})$.

综上, $\overline{A}(D_i^{\geqslant}) = \bigcup_{x \in D_i^{\geqslant}} D_A^{+}(x)$. 第二式类似可证. □

定理 2.3.14 (Greco et al., 2002) 粗糙近似 $\underline{A}(D_i^{\geqslant})$, $\underline{A}(D_i^{\leqslant})$, $\overline{A}(D_i^{\geqslant})$ 和 $\overline{A}(D_i^{\leqslant})$ 满足下列性质: 对任意 $D_i^{\geqslant}$ 和 $D_i^{\leqslant}$, $i \in \{1,2,\cdots,n\}$ (规定 $D_0^{\leqslant} = D_{n+1}^{\geqslant} = \varnothing$), 有

(1) (粗包含) $\underline{A}(D_i^{\geqslant}) \subseteq D_i^{\geqslant} \subseteq \overline{A}(D_i^{\geqslant})$, $\underline{A}(D_i^{\leqslant}) \subseteq D_i^{\leqslant} \subseteq \overline{A}(D_i^{\leqslant})$;

(2) (互补律) $\underline{A}(D_i^{\geqslant}) = U - \overline{A}(D_{i-1}^{\leqslant})$, $\underline{A}(D_i^{\leqslant}) = U - \overline{A}(D_{i+1}^{\geqslant})$;

(3) (近似和边界的单调性) 若 $B \subseteq A \subseteq C$, 则

$$\underline{B}(D_i^{\geqslant}) \subseteq \underline{A}(D_i^{\geqslant}),\ \overline{B}(D_i^{\geqslant}) \supseteq \overline{A}(D_i^{\geqslant}),$$

$$\underline{B}(D_i^{\leqslant}) \subseteq \underline{A}(D_i^{\leqslant}),\ \overline{B}(D_i^{\leqslant}) \supseteq \overline{A}(D_i^{\leqslant}),$$

$$\mathrm{BND}_B(D_i^{\geqslant}) \supseteq \mathrm{BND}_A(D_i^{\geqslant}),\ \mathrm{BND}_B(D_i^{\leqslant}) \supseteq \mathrm{BND}_A(D_i^{\leqslant});$$

(4) (边界重合) $\mathrm{BND}_A(D_i^{\geqslant}) = \mathrm{BND}_A(D_{i-1}^{\leqslant})$;

(5) (近似表示) $\overline{A}(D_i^{\geqslant}) = D_i^{\geqslant} \cup \mathrm{BND}_A(D_i^{\geqslant})$, $\underline{A}(D_i^{\geqslant}) = D_i^{\geqslant} - \mathrm{BND}_A(D_i^{\geqslant})$,

$\overline{A}(D_i^{\leqslant}) = D_i^{\leqslant} \cup \mathrm{BND}_A(D_i^{\leqslant})$, $\underline{A}(D_i^{\leqslant}) = D_i^{\leqslant} - \mathrm{BND}_A(D_i^{\leqslant})$.

证明 (1) 由 $\underline{A}(D_i^{\geqslant}) = \{x \in U : D_A^{+}(x) \subseteq D_i^{\geqslant}\}$ 和 $x \in D_A^{+}(x)$ 易知 $\underline{A}(D_i^{\geqslant}) \subseteq D_i^{\geqslant}$. 如果 $x \in D_i^{\geqslant}$, 由 $x \in D_A^{-}(x)$ 知 $x \in \overline{A}(D_i^{\geqslant}) = \{x \in U \mid D_A^{-}(x) \cap D_i^{\geqslant} \neq \varnothing\}$, 即 $D_i^{\geqslant} \subseteq \overline{A}(D_i^{\geqslant})$. 对第二式类似可证.

(2)
$$\begin{aligned} x \in \underline{A}(D_i^{\geqslant}) &\Leftrightarrow D_A^{+}(x) \subseteq D_i^{\geqslant} = U - D_{i-1}^{\leqslant} \\ &\Leftrightarrow D_A^{+}(x) \cap D_{i-1}^{\leqslant} = \varnothing \\ &\Leftrightarrow x \notin \overline{A}(D_{i-1}^{\leqslant}) \end{aligned}$$

$$\Leftrightarrow x \in U - \overline{A}(D_{i-1}^{\leqslant}),$$

即 $\underline{A}(D_i^{\geqslant}) = U - \overline{A}(D_{i-1}^{\leqslant})$. 对第二式类似可证.

(3) 设 $B \subseteq A \subseteq C$, 则对所有 $x \in \underline{A}(D_i^{\geqslant})$,

$$\begin{aligned} x \in \underline{B}(D_i^{\geqslant}) &\Rightarrow D_B^+(x) \subseteq D_i^{\geqslant} \\ &\Rightarrow D_A^+(x) \subseteq D_B^+(x) \subseteq D_i^{\geqslant} \quad (\text{由定理 } 2.3.12(2)) \\ &\Rightarrow x \in \underline{A}(D_i^{\geqslant}). \end{aligned}$$

于是 $\underline{B}(D_i^{\geqslant}) \subseteq \underline{A}(D_i^{\geqslant})$. 其他类似可证.

(4)
$$\begin{aligned} \mathrm{BND}_A(D_i^{\geqslant}) &= \overline{A}(D_i^{\geqslant}) - \underline{A}(D_i^{\geqslant}) \\ &= (U - \underline{A}(D_{i-1}^{\leqslant})) - (U - \overline{A}(D_{i-1}^{\leqslant})) \\ &= \overline{A}(D_{i-1}^{\leqslant}) - \underline{A}(D_{i-1}^{\leqslant}) \\ &= \mathrm{BND}_A(D_{i-1}^{\leqslant}). \end{aligned}$$

(5) 由 $\mathrm{BND}_A(D_i^{\geqslant}) = \overline{A}(D_i^{\geqslant}) - \underline{A}(D_i^{\geqslant})$ 和 $\underline{A}(D_i^{\geqslant}) \subseteq D_i^{\geqslant}$, 直接得到 $\overline{A}(D_i^{\geqslant}) = D_i^{\geqslant} \cup \mathrm{BND}_A(D_i^{\geqslant})$ 和 $\underline{A}(D_i^{\geqslant}) = D_i^{\geqslant} - \mathrm{BND}_A(D_i^{\geqslant})$. 其他类似可证. □

2.3.9 Fuzzy 概率粗糙集

定义 2.3.21 (Zadeh, 1968)　设 $(U, \mathcal{A}, P)$ 是概率空间, 其中 U 是事件的样本空间, $\mathcal{A}$ 是 U 的一个 σ-代数 (即 U 的可测子集) 并且 P 是定义在 $\mathcal{A}$ 上的概率测度. 对于 U 上的一个 Fuzzy 集 A, 如果

$$A \in \{A \in \mathrm{Map}(U, [0,1]) \mid A_\alpha \in \mathcal{A}, \alpha \in [0,1]\},$$

则 A 是 U 的一个 **Fuzzy 事件** (fuzzy event). Fuzzy 事件 A 的概率 (称为 A 的 Fuzzy 概率) 是

$$P_Z(A) = \int_U A(u)dP.$$

注 2.3.3　由经典概率 P 生成的测度 P_Z 称为 U 的 Fuzzy 概率测度. 如果 A 退化为经典事件, 则 $P_Z(A) = P(A)$. 下标 “Z” 代表这个 Fuzzy 概率是 Zadeh 意义的. 为了简单起见, 下面在不混淆的情况下省略下标.

注 2.3.4 (Zadeh, 1968)　如果 U 是有限集, 即 $U = \{u_1, u_2, \cdots, u_n\}$, 并且 $p_i = P(\{u_i\})$, 则

$$P(A) = \sum_{i=1}^{n} A(u_i) p_i. \tag{2.3.30}$$

定义 2.3.22 (Zadeh, 1968)　设 $(U, \mathcal{A}, P)$ 是概率空间, A 和 B 是 U 的两个 Fuzzy 事件. 如果 $P(B) \neq 0$, 则

$$P(A \mid B)=\frac{P(AB)}{P(B)} \tag{2.3.31}$$

称为 A 在 B 下的条件概率.

如果 U 是有限集, 即 $U=\{u_1,u_2,\cdots,u_n\}$, 并且 $p_i=P(\{u_i\})$, 则

$$P(A \mid B)=\frac{\sum_{i=1}^{n} A(u_i)B(u_i)p_i}{\sum_{i=1}^{n} B(u_i)p_i}. \tag{2.3.32}$$

定理 2.3.15 (Zhao, Hu, 2016) 设 $(U,\mathcal{A},P)$ 是概率空间, A 是 U 的一个经典事件, 则对 U 上的每一个 Fuzzy 事件 B, 下式成立:

$$P(A \mid B)+P(A^c \mid B)=1.$$

证明 设 A 和 B 分别是 U 上的经典事件和 Fuzzy 事件, 则

$$\begin{aligned}
P(A \mid B)+P(A^c \mid B) &= \frac{P(AB)}{P(B)}+\frac{P(A^cB)}{P(B)} \\
&= \frac{\int_U A(x)B(x)\mathrm{d}P}{\int_U B(x)\mathrm{d}P}+\frac{\int_U A^c(x)B(x)\mathrm{d}P}{\int_U B(x)\mathrm{d}P} \\
&= \frac{\int_U A(x)B(x)\mathrm{d}P+\int_U A^c(x)B(x)\mathrm{d}P}{\int_U B(x)\mathrm{d}P} \\
&= \frac{\int_A B(x)\mathrm{d}P+\int_{A^c} B(x)\mathrm{d}P}{\int_U B(x)\mathrm{d}P} \\
&= \frac{\int_{A\cup A^c} B(x)\mathrm{d}P}{\int_U B(x)\mathrm{d}P}=1.
\end{aligned}$$

□

设 $U=\{u_1,u_2,\cdots,u_n\}$, P 是 U 的概率分布, R 是 U 上的一个 Fuzzy 关系, 则 (U, R, P) 称为一个 Fuzzy 概率近似空间. 考虑条件概率

$$P(A \mid [x]_R)=\frac{\sum_{u_i \in A} R(x,u_i)P(\{u_i\})}{\sum_{u_j \in U} R(x,u_j)P(\{u_j\})}, \tag{2.3.33}$$

其中 $[x]_R(y)=R(x,y)$.

如果 R 是 U 上的一个等价关系, P 是 U 的均匀概率分布, 则

$$P(A \mid [x]_R)=\frac{|A \cap [x]_R|}{|[x]_R|}.$$

定义 2.3.23 (Zhao, Hu, 2016) 设 (U, R, P) 是一个概率近似空间, 并且 $A \in$

$\mathrm{Map}(U,[0,1])$ 是一 Fuzzy 事件. 对满足 $0 \leqslant \beta < P(A) < \alpha \leqslant 1$ 的一对参数 α 和 β, A 的 α-Fuzzy 概率下近似和 β-Fuzzy 概率上近似分别定义如下:

$$\underline{R}_{(\alpha,\beta)}(A) = \{x \in U \mid P(A \mid [x]_R) \geqslant \alpha\}, \tag{2.3.34}$$

$$\overline{R}_{(\alpha,\beta)}(A) = \{x \in U \mid P(A \mid [x]_R) > \beta\}. \tag{2.3.35}$$

子集对 $(\underline{R}_{(\alpha,\beta)}(A), \overline{R}_{(\alpha,\beta)}(A))$ 称为 A 的 (α, β)-Fuzzy 概率粗糙集 (简记 (α, β)-FPRS). A 的 (α, β)-Fuzzy 概率正域、(α, β)-Fuzzy 概率负域和 (α, β)-Fuzzy 概率边界域分别定义如下:

$$\mathrm{POS}_{(\alpha,\beta)}(A) = \{x \in U \mid P(A \mid [x]_R) \geqslant \alpha\};$$

$$\mathrm{NEG}_{(\alpha,\beta)}(A) = \{x \in U \mid P(A \mid [x]_R) \leqslant \beta\};$$

$$\mathrm{BND}_{(\alpha,\beta)}(A) = \{x \in U \mid \alpha < P(A \mid [x]_R) < \beta\}.$$

对于 Fuzzy 事件 A, 参数 α 反映与 A 的正域中相关的对象的最低可接受程度, 参数 β 表示将对象包含在 A 的负域中的最高可接受程度. 条件 $\alpha > P(A)$ 确保在正域中出现的元素或 A 的下近似值将 A 的出现提高到至少一个水平 α (即 $P(A \mid [x]_R) \geqslant \alpha > P(A)$). 类似地, 条件 $\beta < P(A)$ 确保 A 的负域仅包含那些对象, 使得它们的出现次数将 A 的出现次数减少到 β 水平 (即 $P(A \mid [x]_R) \leqslant \beta < P(A)$). 最后, 其余元素属于 A 的边界域, 这些元素的出现没有影响到 A 的出现到所需水平 (即 $\beta < P(A \mid [x]_R) < \alpha$). (α, β)-FPRS 也称为非对称 FPRS, 其目的是以所需的高预测精度水平近似 Fuzzy 概念.

注 2.3.5　(1) 设 $U = \{x_1, x_2, \cdots, x_n\}$ 是有限论域集, $P(x_i) = p_i \ (i = 1, 2, \cdots, n)$, 则由式 (2.3.32) 得到

$$P(A \mid [x]_R) = \frac{\sum_{i=1}^{n} R(x, x_i) A(x_i) p_i}{\sum_{i=1}^{n} R(x, x_i) p_i}. \tag{2.3.36}$$

这种条件概率的计算与 (Yao, Herbert, 2007; Yao, Wong, 1992; Yao, 2007, 2010, 2011) 中的计算不同, 后者实际上是基于经典集合的基数. 它使论域的概率分布在构建下和上近似中发挥了真正的作用.

(2) 如果 Fuzzy 关系 R 和 Fuzzy 事件 A 分别退化为经典等价关系和经典事件, 则 (α, β)-FPRS 退化为 (Ziarko, 2003) 中的 (α, β)-PRS.

注 2.3.6　在 Fuzzy 概率近似空间 (U, R, P) 中, 对任意 Fuzzy 事件 $A, B \in \mathrm{Map}(U,[0,1])$ ($P(A) \neq 0$), 下列结论由注 2.3.5 和定义 2.3.23 直接得到

(1) 如果 $0 \leqslant \beta < P(A) < \alpha \leqslant 1$, 则 $\underline{R}_{(\alpha,\beta)}(A) \subseteq \overline{R}_{(\alpha,\beta)}(A)$;

(2) $\underline{R}_{(\alpha,\beta)}(\varnothing)=\varnothing, \overline{R}_{(\alpha,\beta)}(U)=U$, $\forall \alpha\in(0,1], \beta\in[0,1)$;

(3) 如果 $A\subseteq B$, $0\leqslant\beta<\min(P(A),P(B))$, $\max(P(A),P(B))<\alpha\leqslant 1$, 则

$$\underline{R}_{(\alpha,\beta)}(A)\subseteq\underline{R}_{(\alpha,\beta)}(B),\quad \overline{R}_{(\alpha,\beta)}(A)\subseteq\overline{R}_{(\alpha,\beta)}(B);$$

(4) 如果 $P(A)<\alpha_1\leqslant\alpha_2\leqslant 1$, $0\leqslant\beta_1\leqslant\beta_2<P(A)$, 则

$$\underline{R}_{(\alpha_2,\beta_2)}(A)\subseteq\underline{R}_{(\alpha_1,\beta_1)}(A),\quad \overline{R}_{(\alpha_2,\beta_2)}(A)\subseteq\overline{R}_{(\alpha_1,\beta_1)}(A).$$

例 2.3.9 设 $U=\{x_1,x_2,\cdots,x_{10}\}$ 是 10 位正在申请工作的面试官, 每个面试官被选择的概率分别为{0.15, 0.08, 0.035, 0.16, 0.08, 0.08, 0.1, 0.15, 0.035, 0.13}. 基于客观评估的这些面试官之间的相似性用 T-Fuzzy 等价关系表示, 见下表 (因 R 是自反的和对称的, 只用下三角阵表示), 其中 $\mathrm{T}(a,b)=\mathrm{T}_L(a,b)=\max(0,a+b-1)$.

$$R=\begin{bmatrix}
1 & & & & & & & & & \\
0.70 & 1 & & & & & & & & \\
0.50 & 0.70 & 1 & & & & & & & \\
0.90 & 0.6 & 0.4 & 1 & & & & & & \\
0.75 & 0.95 & 0.65 & 0.65 & 1 & & & & & \\
0.70 & 1 & 0.70 & 0.60 & 0.95 & 1 & & & & \\
0.90 & 0.70 & 0.45 & 0.90 & 0.75 & 0.70 & 1 & & & \\
0.95 & 0.75 & 0.50 & 0.85 & 0.80 & 0.75 & 0.95 & 1 & & \\
0.45 & 0.60 & 0.90 & 0.40 & 0.55 & 0.60 & 0.35 & 0.40 & 1 & \\
0.80 & 0.90 & 0.70 & 0.70 & 0.95 & 0.90 & 0.75 & 0.80 & 0.60 & 1
\end{bmatrix}.$$

设 Fuzzy 集

$$A=\frac{0.8}{x_1}+\frac{0.6}{x_2}+\frac{0.25}{x_3}+\frac{0.85}{x_4}+\frac{0.6}{x_5}+\frac{0.6}{x_6}+\frac{0.85}{x_7}+\frac{0.75}{x_8}+\frac{0.25}{x_9}+\frac{0.6}{x_{10}}$$

表示面试官可能通过面试的 Fuzzy 事件. 利用式 (2.3.30) 和式 (2.3.36), 我们得到了 A 的 Fuzzy 概率 ($P(A)=0.693$) 和给定 x_i (由 $[x_i]_R$ 描述, $i=1, 2, \cdots, 10$) 的 A 的 Fuzzy 条件概率:

$$P(A\,|\,[x_1]_R)=0.7175,\quad P(A\,|\,[x_2]_R)=0.6811,\quad P(A\,|\,[x_3]_R)=0.6521,$$

$$P(A\,|\,[x_4]_R)=0.7268,\quad P(A\,|\,[x_5]_R)=0.6872,\quad P(A\,|\,[x_6]_R)=0.6811,$$

$$P(A\,|\,[x_7]_R)=0.7216,\quad P(A\,|\,[x_8]_R)=0.7159,\quad P(A\,|\,[x_9]_R)=0.6469,$$

$$P(A\,|\,[x_{10}]_R)=0.6885.$$

由于预计预测精度很高, 因此我们设置 $\alpha=0.7$ 和 $\beta=0.66$. 根据定义 2.3.23 获得以下结果:

$$\mathrm{POS}_{(0.7,\,0.66)}(A)=\{x_1,x_4,x_7,x_8\},$$

$$\mathrm{NEG}_{(0.7,\,0.66)}(A)=\{x_3,x_9\},$$
$$\mathrm{BND}_{(0.7,\,0.66)}(A)=\{x_2,x_5,x_6,x_{10}\}.$$

这意味着我们接受 x_1, x_4, x_7 和 x_8 作为面试官, 他们将以不低于 0.7 的概率通过面试, 我们拒绝不太可能通过面试的面试官 x_3 和 x_9, 用当前的评价不确定面试官 x_2, x_5, x_6 和 x_{10}.

(α,β) -FPRS 的特殊情况, $\beta=1-\alpha<P(A)<\alpha$, 称为对称 FPRS. 优点之一是只需要确定一个参数, 这将降低参数值的评估成本.

定义 2.3.24 设 (U,R,P) 是一个 Fuzzy 概率近似空间, $A\in \mathrm{Map}(U,[0,1])$ 是一个 Fuzzy 事件. 对于 $0.5<\alpha\leqslant 1$, α-Fuzzy 概率下近似和上近似分别定义如下:

$$\underline{R}_{(\alpha,\,1-\alpha)}(A)=\{x\in U\mid P(A\mid[x]_R)\geqslant\alpha\},\tag{2.3.37}$$

$$\overline{R}_{(\alpha,\,1-\alpha)}(A)=\{x\in U\mid P(A\mid[x]_R)>1-\alpha\}.\tag{2.3.38}$$

子集对 $(\underline{R}_{(\alpha,1-\alpha)}(A),\overline{R}_{(\alpha,1-\alpha)}(A))$ 称为 A 的 $(\alpha,1-\alpha)$ -Fuzzy 概率粗糙集 (简记为 $(\alpha,1-\alpha)$ -FPRS 或 α -FPRS). A 的 $(\alpha,1-\alpha)$ -Fuzzy 概率正域、$(\alpha,1-\alpha)$ -Fuzzy 概率负域和 $(\alpha,1-\alpha)$ -Fuzzy 概率边界域分别定义如下:

$$\mathrm{POS}_{(\alpha,\,1-\alpha)}(A)=\underline{R}_{(\alpha,\,1-\alpha)}(A)=\{x\in U\mid P(A\mid[x]_R)\geqslant\alpha\};$$

$$\mathrm{NEG}_{(\alpha,\,1-\alpha)}(A)=(\overline{R}_{(\alpha,\,1-\alpha)}(A))^c=\{x\in U\mid P(A\mid[x]_R)\leqslant 1-\alpha\};$$

$$\mathrm{BND}_{(\alpha,\,1-\alpha)}(A)=\overline{R}_{(\alpha,\,1-\alpha)}(A)-\underline{R}_{(\alpha,\,1-\alpha)}(A)=\{x\in U\mid \alpha<P(A\mid[x]_R)<1-\alpha\}.$$

当人们只关心那些在一定程度上支持 Fuzzy 事件的对象时 (例如不少于 60%), $(\alpha,1-\alpha)$ -FPRS 被采用.

注 2.3.7 如果 Fuzzy 关系 R 和 Fuzzy 事件 A 分别退化为经典等价关系和经典事件, 则 α-FPRS 退化为 (Ziarko, 2008) 中的 α-PRS. 进一步, 如果 P 是 U 的均匀分布, 则 α-FPRS 退化为 (Ziarko, 1993) 中的 VPRS.

注 2.3.8 给定 Fuzzy 概率近似空间 (U, R, P) 和参数 $0.5<\alpha\leqslant 1$, 下列性质成立: $\forall A,B\in \mathrm{Map}(U,[0,1])$, 有

(1) $\underline{R}_{(\alpha,\,1-\alpha)}(A)\subseteq\overline{R}_{(\alpha,\,1-\alpha)}(A)$;

(2) $\underline{R}_{(\alpha,\,1-\alpha)}(\varnothing)=\overline{R}_{(\alpha,\,1-\alpha)}(\varnothing)=\varnothing$, $\underline{R}_{(\alpha,\,1-\alpha)}(U)=\overline{R}_{(\alpha,\,1-\alpha)}(U)=U$;

(3) 如果 $A\subseteq B$, 则 $\underline{R}_{(\alpha,\,1-\alpha)}(A)\subseteq\underline{R}_{(\alpha,\,1-\alpha)}(B)$, $\overline{R}_{(\alpha,\,1-\alpha)}(A)\subseteq\overline{R}_{(\alpha,\,1-\alpha)}(B)$;

(4) 如果 $0.5<\alpha_1\leqslant\alpha_2\leqslant 1$, 则

$$\underline{R}_{(\alpha_2,\,1-\alpha_2)}(A)\subseteq\underline{R}_{(\alpha_1,\,1-\alpha_1)}(A),\quad \overline{R}_{(\alpha_2,\,1-\alpha_2)}(A)\subseteq\overline{R}_{(\alpha_1,\,1-\alpha_1)}(A);$$

(5) $\underline{R}_{(\alpha,\,1-\alpha)}(A)=(\overline{R}_{(\alpha,\,1-\alpha)}(A^c))^c$.

例 2.3.10 (继续考虑例 2.3.9) 现在考虑另一个 Fuzzy 事件

$$B=\frac{0.70}{x_1}+\frac{0.35}{x_2}+\frac{0.10}{x_3}+\frac{0.80}{x_4}+\frac{0.42}{x_5}+\frac{0.38}{x_6}+\frac{0.80}{x_7}+\frac{0.65}{x_8}+\frac{0.08}{x_9}+\frac{0.43}{x_{10}}$$

表示面试官最可能通过面试的 Fuzzy 事件. 利用式 (2.3.36), 我们得到了给定 x_i (由 $[x_i]_R$ 描述, $i=1,2,\cdots,10$) 的 B 的 Fuzzy 条件概率:

$$P(B\,|\,[x_1]_R)=0.5966,\ P(B\,|\,[x_2]_R)=0.5424,\ P(B\,|\,[x_3]_R)=0.5105,$$
$$P(B\,|\,[x_4]_R)=0.6105,\ P(B\,|\,[x_5]_R)=0.5512,\ P(B\,|\,[x_6]_R)=0.5424,$$
$$P(B\,|\,[x_7]_R)=0.6018,\ P(B\,|\,[x_8]_R)=0.5935,\ P(B\,|\,[x_9]_R)=0.5058,$$
$$P(B\,|\,[x_{10}]_R)=0.5545.$$

假设现在我们对那些以不低于 0.55 的概率通过面试的面试官感兴趣, 即 α=0.55, 那么, 从定义 2.3.23 得出

$$\mathrm{POS}_{(0.55,\,0.45)}(B)=\{x_1,x_4,x_5,x_7,x_8,x_{10}\},$$
$$\mathrm{NEG}_{(0.55,\,0.45)}(B)=\{x_2,x_3,x_6,x_9\},$$
$$\mathrm{BND}_{(0.55,\,0.45)}(B)=\varnothing.$$

这就是说, 面试官 x_1, x_4, x_5, x_7, x_8 和 x_{10} 最有可能通过面试, 概率至少为 0.55.

上述两种类型的 FPRS, (α, β) -FPRS 和 α-FPRS, 在应用它们时都需要评估参数的值. 在下文中, 我们将介绍另外两种没有未确定参数的 FPRS.

定义 2.3.25 设 (U,R,P) 是一个 Fuzzy 概率近似空间, $A\in \mathrm{Map}(U,[0,1])$ 是一个 Fuzzy 事件, 则 0.5-Fuzzy 概率下近似和上近似分别定义如下:

$$\underline{R}_{0.5}(A)=\{x\in U\,|\,P(A\,|\,[x]_R)>0.5\}, \tag{2.3.39}$$
$$\overline{R}_{0.5}(A)=\{x\in U\,|\,P(A\,|\,[x]_R)\geqslant 0.5\}. \tag{2.3.40}$$

子集对 $(\underline{R}_{0.5}(A),\overline{R}_{0.5}(A))$ 称为 A 的 0.5-Fuzzy 概率粗糙集 (简记 0.5-FPRS). A 的 0.5-Fuzzy 概率正域, 0.5-Fuzzy 概率负域和 0.5-Fuzzy 概率边界域分别定义如下:

$$\mathrm{POS}_{0.5}(A)=\underline{R}_{0.5}(A)=\{x\in U\,|\,P(A\,|\,[x]_R)>0.5\};$$
$$\mathrm{NEG}_{0.5}(A)=(\overline{R}_{0.5}(A))^c=\{x\in U\,|\,P(A\,|\,[x]_R)<0.5\};$$
$$\mathrm{BND}_{0.5}(A)=\overline{R}_{0.5}(A)-\underline{R}_{0.5}(A)=\{x\in U\,|\,P(A\,|\,[x]_R)=0.5\}.$$

0.5-FPRS 决定以概率大于 0.5 确保 Fuzzy 事件 A 发生的对象属于 A 的正域 (即下近似), 概率小于 0.5 的属于 A 的负域, 以及概率仅 0.5 的适合 A 的边界域.

注 2.3.9 当 Fuzzy 关系 R 和 Fuzzy 事件 A 分别退化为经典等价关系和经典事件时, 则 0.5-FPRS 退化成文献 (Pawlak et al., 1988) 中的 0.5-PRS.

注 2.3.10 对于 0.5-Fuzzy 概率近似算子, $\underline{R}_{0.5}(A)$ 和 $\overline{R}_{0.5}(A)$, 下列性质是显然的: $\forall A,B\in \mathrm{Map}(U,[0,1])$,

(1) $\underline{R}_{0.5}(A) \subseteq \overline{R}_{0.5}(A)$;

(2) $\underline{R}_{0.5}(\varnothing) = \overline{R}_{0.5}(\varnothing) = \varnothing, \underline{R}_{0.5}(U) = \overline{R}_{0.5}(U) = U$;

(3) 如果 $A \subseteq B$，则 $\underline{R}_{0.5}(A) \subseteq \underline{R}_{0.5}(B)$，$\overline{R}_{0.5}(A) \subseteq \overline{R}_{0.5}(B)$;

(4) $\underline{R}_{0.5}(A) = (\overline{R}_{0.5}(A^c))^c$.

定义 2.3.26　设 (U,R,P) 是一个 Fuzzy 概率近似空间，$A \in \mathrm{Map}(U,[0,1])$ 是一个 Fuzzy 事件，则 A 的贝叶斯 Fuzzy 概率下近似和上近似分别定义如下:

$$\underline{R}^*(A) = \{x \in U \mid P(A \mid [x]_R) > P(A)\}, \tag{2.3.41}$$

$$\overline{R}^*(A) = \{x \in U \mid P(A \mid [x]_R) \geqslant P(A)\}. \tag{2.3.42}$$

子集对 $(\underline{R}^*(A), \overline{R}^*(A))$ 称为 A 的贝叶斯 Fuzzy 概率粗糙集 (简记 B-FPRS). A 的贝叶斯 Fuzzy 概率正域、贝叶斯 Fuzzy 概率负域和贝叶斯 Fuzzy 概率边界域分别定义如下:

$$\mathrm{POS}^*(A) = \underline{R}^*(A) = \{x \in U \mid P(A \mid [x]_R) > P(A)\};$$

$$\mathrm{NEG}^*(A) = (\overline{R}^*(A))^c = \{x \in U \mid P(A \mid [x]_R) < P(A)\};$$

$$\mathrm{BND}^*(A) = \overline{R}^*(A) - \underline{R}^*(A) = \{x \in U \mid P(A \mid [x]_R) = P(A)\}.$$

那些在 $P(A \mid [x]_R) > P(A)$ 意义上增加 Fuzzy 事件 A 的发生次数的元素被分类为 A 的正域 (即下近似); 那些减少 A 出现 (即 $P(A \mid [x]_R) < P(A)$) 的元素被归类为 A 的负域, 并且, 其余对 A 的出现没有影响的元素属于 A 的边界域.

注 2.3.11　(1) 当 Fuzzy 关系 R 和 Fuzzy 事件 A 分别退化为经典等价关系和经典事件时, 则 B-FPRS 退化成 (Slezak, Ziarko, 2005) 中的 BRS.

(2) 如果 $P(A) = 0.5$，则 B-FPRS 就是定义 2.3.25 的 0.5-FPRS.

(3) 对于贝叶斯 Fuzzy 概率近似算子, $\underline{R}^*$ 和 $\overline{R}^*$，下列两个性质是显然的:

(a) $\underline{R}^*(A) \subseteq \overline{R}^*(A)$，$\forall A \in \mathrm{Map}(U,[0,1])$;

(b) $\underline{R}^*(\varnothing) = \underline{R}^*(U) = \varnothing$，$\overline{R}^*(\varnothing) = \overline{R}^*(U) = U$.

例 2.3.11 (继续考虑例 2.3.9)　现在考虑另一个 Fuzzy 事件

$$C = \frac{0.25}{x_1} + \frac{0.85}{x_2} + \frac{0.65}{x_3} + \frac{0.20}{x_4} + \frac{0.80}{x_5} + \frac{0.85}{x_6} + \frac{0.22}{x_7} + \frac{0.25}{x_8} + \frac{0.45}{x_9} + \frac{0.72}{x_{10}}$$

表示面试官最可能通过面试的 Fuzzy 事件. 利用式 (2.3.30) 和式 (2.3.36), 我们得到了给定 x_i (由 $[x_i]_R$ 描述, $i = 1, 2, \cdots, 10$) 的 C 的 Fuzzy 条件概率:

$$P(C \mid [x_1]_R) = 0.4287, \quad P(C \mid [x_2]_R) = 0.5056, \quad P(C \mid [x_3]_R) = 0.5158,$$

$$P(C \mid [x_4]_R) = 0.4125, \quad P(C \mid [x_5]_R) = 0.4957, \quad P(C \mid [x_6]_R) = 0.5056,$$

$$P(C\,|\,[x_7]_R)=0.4265,\quad P(C\,|\,[x_8]_R)=0.4353,\quad P(C\,|\,[x_9]_R)=0.5119,$$
$$P(C\,|\,[x_{10}]_R)=0.4876.$$

按照定义 2.3.25, 我们有

$$\mathrm{POS}^{0.5}(C)=\{x_2,x_3,x_6,x_9\},$$
$$\mathrm{NEG}^{*}(C)=\{x_1,x_4,x_5,x_7,x_8,x_{10}\},$$
$$\mathrm{BND}^{*}(C)=\varnothing.$$

这意味着面试官 x_2, x_3, x_6 和 x_9 最不确定他 (她) 是否会以超过 0.5 的概率通过面试. 此外, 通过定义 2.3.26, 我们获得了

$$\mathrm{POS}^{*}(C)=\{x_2,x_3,x_5,x_6,x_9,x_{10}\},$$
$$\mathrm{NEG}^{*}(C)=\{x_1,x_4,x_7,x_8\},$$
$$\mathrm{BND}^{*}(C)=\varnothing.$$

这意味着面试官 x_2, x_3, x_5, x_6, x_9 和 x_{10} 最不确定他 (她) 是否会以超过 $P(C)$ 的概率通过面试.

Fuzzy 概率粗糙集可以推广到双论域和区间值 Fuzzy 集, 详见 (Zhao, Hu, 2016).

2.4 三支决策

2.4.1 Yao 模型

三支决策理论是经典二支决策的一种推广 (Yao, 2009, 2010, 2011, 2012), 其基本思想来自 Pawlak 粗糙集 (Pawlak, 1982, 1991) 和概率粗糙集 (Deng, Yao, 2014; Li, Yang, 2014; Ma et al., 2014; Yao, 2003, 2007, 2008, 2010, 2011, 2012; Yao, Wong, 1992; Yao et al., 1990), 其主要目的是诠释粗糙集的正域、负域和边界域分别为三个决策结果: 接受、拒绝和不确定 (或延迟确定). 除了粗糙集外, 作为三支决策的代表还有其他不确定性: Fuzzy 不确定性和随机不确定性 (胡宝清, 2013). 表 2.4.1 列出了三支决策的三个典型代表. 其他代表参见胡宝清和赵雪荣 (2022) 的三支决策思想的渗透.

表 2.4.1 (胡宝清, 2013) 三支决策的代表

三支决策	接受	拒绝	不确定
粗糙集	正域	负域	边界域
Fuzzy 集	属于 (核)	不属于 (非支集)	不确定 (边界)
随机集	必然事件	不可能事件	不确定事件

决策粗糙集 (decision-theoretic rough sets, DTRS) (Yao, 1996, 2009, 2012; Yao, Wong, 1992; Yao et al., 1990) 是通过考虑集合中等价类的包含程度来对 Pawlak 粗糙集进行定量推广.

三支决策 DTRS 很容易与不正确的接受错误和不正确的拒绝错误相关联 (Yao, 2010). 具体而言, 不正确的接受错误由下式给出: $P(A^c\mid[x]_R)=1/P(A\mid[x]_R)\leqslant 1/\alpha$. 同样, 不正确的拒绝错误由下式给出: $P(A\mid[x]_R)\leqslant\beta$. 因此, 阈值对可以解释为定义误差的容差水平.

一个 DTRS 模型的主要优点是基于贝叶斯决策理论. 另外, 可以通过最小化三元分类总体成本来系统地计算阈值对 (Yao, 2010).

下面给出的贝叶斯决策理论可以应用于 DTRS 的推导. 我们有 2 个状态的集合和对每个状态的 3 个操作的集合. 状态集用 $\Omega=\{A,A^c\}$ 表示. 为了简单起见, 我们用相同的符号既表示一个集合 A, 也表示其相应状态. 对于这三个区域, 与一个状态有关的一组行动由 $A=\{a_P,a_N,a_B\}$ 给出, 其中 a_P, a_N 和 a_B 分别表示对对象 x 进行分类的三个操作, 即分别决定 $x\in\mathrm{POS}(A)$, $x\in\mathrm{NEG}(A)$ 和 $x\in\mathrm{BND}(A)$. 这些分类行动相对于不同状态的风险或成本的损失函数由表 2.4.2 给出.

表 2.4.2　相对于不同状态的风险或成本的损失函数

	$A(P)$	$A^c(N)$
a_P	λ_{PP}	λ_{PN}
a_N	λ_{NP}	λ_{NN}
a_B	λ_{BP}	λ_{BN}

在表 2.4.2 中, λ_{PP}, λ_{NP} 和 λ_{BP} 分别表示分别因采取行动 a_P, a_N 和 a_B 而遭受的损失, 当对象属于 A 时, λ_{PN}, λ_{NN} 和 λ_{BN} 表示当对象不属于 A 时执行相同操作所产生的损失. $P(A\mid[x]_R)$ 表示对象 x 属于 A 的条件概率. 对于一个对象 x, 采取所有行动所得到的期望损失 $R(a_i\mid[x]_R)$ ($i=P,N,B$) 可以表达为

$$R(a_P\mid[x]_R)=\lambda_{PP}P(A\mid[x]_R)+\lambda_{PN}P(A^c\mid[x]_R), \tag{2.4.1}$$

$$R(a_N\mid[x]_R)=\lambda_{NP}P(A\mid[x]_R)+\lambda_{NN}P(A^c\mid[x]_R), \tag{2.4.2}$$

$$R(a_B\mid[x]_R)=\lambda_{BP}P(A\mid[x]_R)+\lambda_{BN}P(A^c\mid[x]_R). \tag{2.4.3}$$

根据贝叶斯最小风险原则, 可以得到以下形式的决策规则:

(P) 如果 $R(a_P\mid[x]_R)\leqslant R(a_B\mid[x]_R)$ 和 $R(a_P\mid[x]_R)\leqslant R(a_N\mid[x]_R)$ 成立, 则有 $x\in\mathrm{POS}(A)$;

(N) 如果 $R(a_N\mid[x]_R)\leqslant R(a_P\mid[x]_R)$ 和 $R(a_N\mid[x]_R)\leqslant R(a_B\mid[x]_R)$ 成立, 则有

$x \in \mathrm{NEG}(A)$;

(B) 如果 $R(a_B|[x]_R) \leqslant R(a_P|[x]_R)$ 和 $R(a_B|[x]_R) \leqslant R(a_N|[x]_R)$ 成立，则有 $x \in \mathrm{BND}(A)$.

根据 Yao 的研究，决策规则 (P)—规则 (B) 称为三支决策，即包括三个区域：POS (*A*), NEG (*A*) 和 BND (*A*) (Yao, 2010). 考虑损失值间关系存在如下：

$$\lambda_{PP} \leqslant \lambda_{BP} < \lambda_{NP}, \quad \lambda_{NN} \leqslant \lambda_{BN} < \lambda_{PN}. \tag{2.4.4}$$

式 (2.4.4) 表明，如果 x 属于 A，那么将 x 判入 POS (*A*) 中所带来的损失要小于将其判入 BND (*A*) 中，同时两者的损失又都小于将其判入 NEG (*A*) 中所带来的损失. 同理，如果 x 不属于 A，将其判入 NEG (*A*) 中所带来的损失要小于将其判入 BND (*A*) 中的，同时两者的损失都小于将其判入 POS (*A*) 中所带来的损失. 以式 (2.4.4) 为前提条件，利用

$$P(A|[x]_R) + P(A^c|[x]_R) = 1,$$

对规则 (P)—规则 (B) 进行简化，则得到决策规则 (P0)—规则 (B0) 简化表达式：

(P0) 如果 $P(A|[x]_R) \geqslant \alpha$ 和 $P(A|[x]_R) \geqslant \gamma$ 成立，则有 $x \in \mathrm{POS}(A)$;

(N0) 如果 $P(A|[x]_R) \leqslant \beta$ 和 $P(A|[x]_R) \leqslant \gamma$ 成立，则有 $x \in \mathrm{NEG}(A)$;

(B0) 如果 $P(C|[x]_R) \leqslant \alpha$ 和 $P(A|[x]_R) \geqslant \beta$ 成立，则有 $x \in \mathrm{BND}(A)$,

其中，阈值 (α, β, γ) 为

$$\alpha = \frac{\lambda_{PN} - \lambda_{BN}}{(\lambda_{PN} - \lambda_{BN}) + (\lambda_{BP} - \lambda_{PP})}, \tag{2.4.5}$$

$$\beta = \frac{\lambda_{BN} - \lambda_{NN}}{(\lambda_{BN} - \lambda_{NN}) + (\lambda_{NP} - \lambda_{BP})}, \tag{2.4.6}$$

$$\gamma = \frac{\lambda_{PN} - \lambda_{NN}}{(\lambda_{PN} - \lambda_{NN}) + (\lambda_{NP} - \lambda_{PP})}, \tag{2.4.7}$$

即阈值对可以通过损失函数计算.

2.4.2 基于 Fuzzy 概率粗糙集的三支决策

设 (*U*, *R*, *P*) 是 Fuzzy 概率近似空间，$\Omega = \{A, A^c\}$ (*A* 是 *U* 上的 Fuzzy 集合) 是两个 Fuzzy 状态的集合. 操作集是 $A = \{a_P, a_N, a_B\}$，决定 x 属于状态 A、x 不在状态 A 中、x 不确定 (因此, x 的决定延迟). 损失函数由表 2.4.2 给出.

对于每个元素 $x \in U$，采用 Fuzzy 等价类 $[x]_R$ 作为 x 的描述，并且 $[x]_R(y) = R(x, y)$，$\forall y \in U$. 因此，计算对元素 x 采取不同操作的预期损失

$$R(a_P|[x]_R) = \lambda_{PP} P(A|[x]_R) + \lambda_{PN} P(A^c|[x]_R), \tag{2.4.8}$$

$$R(a_N\,|\,[x]_R)=\lambda_{NP}P(A\,|\,[x]_R)+\lambda_{NN}P(A^c\,|\,[x]_R)\,, \tag{2.4.9}$$

$$R(a_B\,|\,[x]_R)=\lambda_{BP}P(A\,|\,[x]_R)+\lambda_{BN}P(A^c\,|\,[x]_R)\,. \tag{2.4.10}$$

贝叶斯决策过程建议采用下列最小风险决策规则:

(P1) 如果 $R(a_P\,|\,[x]_R)\leqslant R(a_B\,|\,[x]_R)$ 和 $R(a_P\,|\,[x]_R)\leqslant R(a_N\,|\,[x]_R)$ 成立，则有 $x\in \mathrm{POS}(A)$;

(N1) 如果 $R(a_N\,|\,[x]_R)\leqslant R(a_P\,|\,[x]_R)$ 和 $R(a_N\,|\,[x]_R)\leqslant R(a_B\,|\,[x]_R)$ 成立，则有 $x\in \mathrm{NEG}(A)$;

(B1) 如果 $R(a_B\,|\,[x]_R)\leqslant R(a_P\,|\,[x]_R)$ 和 $R(a_B\,|\,[x]_R)\leqslant R(a_N\,|\,[x]_R)$ 成立，则有 $x\in \mathrm{BND}(A)$.

当任何两个或所有行动具有相同的风险时, 根据具体情况采用不同的决胜标准.

注 2.4.1 式 (2.4.8) — 式 (2.4.10) 所产生的概率是 Fuzzy 概率, 这是因为状态 A 是 Fuzzy 集, 关系 R 是 Fuzzy 等价关系. 为了区别于 Yao 等在文献 (Yao et al., 1990) 中提出的 DTRS 方法, 本节中的新方法被称为 Fuzzy 决策理论粗糙集 (简称 FDTRS) 方法, 当 Fuzzy 集和 Fuzzy 关系都成为经典方法时, 该方法将退化为 DTRS 方法.

考虑损失值间关系 (2.4.4), 规则 (P1)—规则 (B1) 同样可以简化为决策规则 (P2)—规则 (B2) 的表达式:

(P2) 如果 $P(A|[x]_R)\geqslant\alpha$ 和 $P(A|[x]_R)\geqslant\gamma$ 成立, 则有 $x\in\mathrm{POS}(A)$;

(N2) 如果 $P(A|[x]_R)\leqslant\beta$ 和 $P(A|[x]_R)\leqslant\gamma$ 成立, 则有 $x\in\mathrm{NEG}(A)$;

(B2) 如果 $P(A|[x]_R)\leqslant\alpha$ 和 $P(A|[x]_R)\geqslant\beta$ 成立, 则有 $x\in\mathrm{BND}(A)$,

其中, 阈值 (α,β,γ) 见式 (2.4.5) — 式 (2.4.7).

为了从 FDTRS 方法中导出 FPRS, 考虑关于损失函数 (Yao et al., 1990; Yao, Wong, 1992; Yao, 2007, 2008) 的四个附加条件

$$(\lambda_{PN}-\lambda_{BN})(\lambda_{NP}-\lambda_{BP})>(\lambda_{BN}-\lambda_{NN})(\lambda_{BP}-\lambda_{PP})\,, \tag{2.4.11}$$

$$(\lambda_{BP}-\lambda_{PP})(\lambda_{NP}-\lambda_{BP})=(\lambda_{BN}-\lambda_{NN})(\lambda_{PN}-\lambda_{BN})\,, \tag{2.4.12}$$

$$\lambda_{PN}-\lambda_{BN}>\lambda_{BP}-\lambda_{PP}\,, \tag{2.4.13}$$

$$\lambda_{BP}-\lambda_{PP}=\lambda_{PN}-\lambda_{BN},\quad \lambda_{BN}-\lambda_{NN}=\lambda_{NP}-\lambda_{BP}\,. \tag{2.4.14}$$

下面给出基于几种 Fuzzy 概率粗糙集类型的三支决策.

第 I 类: 基于 (α,β)-Fuzzy 概率粗糙集的三支决策.

假设 $P(A)>0$ 并且损失函数满足条件 (2.4.4) 和 (2.4.11), 则 $1\geqslant\alpha>\gamma>\beta\geqslant 0$. 进一步假设下列约束:

$$P(A)(\lambda_{BP}-\lambda_{PP})<(1-P(A))(\lambda_{PN}-\lambda_{BN}), \tag{2.4.15}$$

$$P(A)(\lambda_{NP}-\lambda_{BP})>(1-P(A))(\lambda_{BN}-\lambda_{NN}). \tag{2.4.16}$$

这导致 $\alpha>P(A)>\beta$. 决策标准 (tie-breaking criteria, TBC) 如下:

(TBC1) 当将元素 $x\in U$ 分类为 A 的正域 (或负域) 的风险等于将 x 分类为 A 的边界域的风险时, 我们决定 $x\in \mathrm{POS}(A)$ (或 $x\in \mathrm{NEG}(A)$).

基于这个决策标准, 获得了决策规则 (P2) — 规则 (B2) 的以下简化和等价形式:

(P3) 如果 $P(A|[x]_R)\geqslant\alpha$ 成立, 则有 $x\in \mathrm{POS}(A)$;

(N3) 如果 $P(A|[x]_R)\leqslant\beta$ 成立, 则有 $x\in \mathrm{NEG}(A)$;

(B3) 如果 $\beta<P(A|[x]_R)<\alpha$ 成立, 则有 $x\in \mathrm{BND}(A)$.

参数 γ 不再需要. $A\in \mathrm{Map}(U,[0,1])$ 的决策域——Fuzzy 概率正域、负域和边界域分别由规则 (P3) — 规则 (B3) 给出如下所示:

$$\mathrm{POS}_{(\alpha,\beta)}(A)=\{x\in U\mid P(A|[x]_R)\geqslant\alpha\};$$

$$\mathrm{NEG}_{(\alpha,\beta)}(A)=\{x\in U\mid P(A|[x]_R)\leqslant\beta\};$$

$$\mathrm{BND}_{(\alpha,\beta)}(A)=\{x\in U\mid \beta<P(A|[x]_R)<\alpha\}.$$

A 的相应概率近似 (Fuzzy 概率下近似和上近似) 通过概率近似和决策域之间的关系推导出来, 如下所示:

$$\underline{R}_{(\alpha,\beta)}(A)=\mathrm{POS}_{(\alpha,\beta)}(A)=\{x\in U\mid P(A|[x]_R)\geqslant\alpha\},$$

$$\overline{R}_{(\alpha,\beta)}(A)=(\mathrm{NEG}_{(\alpha,\beta)}(A))^c=\{x\in U\mid P(A|[x]_R)>\beta\}.$$

集合对 $(\underline{R}_{(\alpha,\beta)}(A),\overline{R}_{(\alpha,\beta)}(A))$ 是定义 2.3.1 中的 (α,β)-FPRS.

第 II 类: 基于 α-Fuzzy 概率粗糙集的三支决策.

如果损失函数满足条件 (2.4.4), (2.4.12) 和 (2.4.13), 则 $\beta=1-\alpha$, $\alpha>0$. 利用决策标准 (TBC1) 产生决策规则 (P2) — 规则 (B2) 的下列简化和等价形式:

(P4) 如果 $P(A|[x]_R)\geqslant\alpha$ 成立, 则有 $x\in \mathrm{POS}(A)$;

(N4) 如果 $P(A|[x]_R)\leqslant 1-\alpha$ 成立, 则有 $x\in \mathrm{NEG}(A)$;

(B4) 如果 $1-\alpha<P(A|[x]_R)<\alpha$ 成立, 则有 $x\in \mathrm{BND}(A)$.

$A\in \mathrm{Map}(U,[0,1])$ 的 Fuzzy 概率正域、负域和边界域分别由规则 (P4) — 规则 (B4) 给出, 如下所示:

$$\mathrm{POS}_{(\alpha,1-\alpha)}(A)=\{x\in U\mid P(A|[x]_R)\geqslant\alpha\};$$

$$\mathrm{NEG}_{(\alpha,1-\alpha)}(A)=\{x\in U\mid P(A|[x]_R)\leqslant 1-\alpha\};$$

$$\mathrm{BND}_{(\alpha,1-\alpha)}(A)=\{x\in U\mid 1-\alpha<P(A|[x]_R)<\alpha\}.$$

此外, Fuzzy 概率下近似和上近似得到如下:

$$\underline{R}_{(\alpha,1-\alpha)}(A)=\mathrm{POS}_{(\alpha,1-\alpha)}(A)=\{x\in U\mid P(A\mid[x]_R)\geqslant\alpha\},$$

$$\overline{R}_{(\alpha,1-\alpha)}(A)=(\mathrm{NEG}_{(\alpha,1-\alpha)}(A))^c=\{x\in U\mid P(A\mid[x]_R)>1-\alpha\}.$$

集合对 $(\underline{R}_{(\alpha,1-\alpha)}(A),\overline{R}_{(\alpha,1-\alpha)}(A))$ 是定义 2.3.1 中的 $(\alpha,1-\alpha)$ -FPRS.

第 III 类: 基于 0.5-Fuzzy 概率粗糙集的三支决策.

如果损失函数满足条件 (2.4.4) 和 (2.4.14), 则 $\alpha=\gamma=\beta=0.5$. 采用决策标准如下:

(TBC2) 当将元素 $x\in U$ 分类为 A 的正域 (或负域) 的风险等于将其分类为 A 的边界域的风险时, 我们决定 $x\in\mathrm{BND}(A)$.

通过这个决策标准, 我们得到决策规则 (P2)—规则 (B2) 的以下简化和等价形式:

(P5) 如果 $P(A\mid[x]_R)>0.5$ 成立, 则有 $x\in\mathrm{POS}(A)$;

(N5) 如果 $P(A\mid[x]_R)<0.5$ 成立, 则有 $x\in\mathrm{NEG}(A)$;

(B5) 如果 $P(A\mid[x]_R)=0.5$ 成立, 则有 $x\in\mathrm{BND}(A)$.

$A\in\mathrm{Map}(U,[0,1])$ 的 Fuzzy 概率正域、负域和边界域分别由规则 (P5)—规则 (B5) 给出, 如下所示:

$$\mathrm{POS}_{0.5}(A)=\{x\in U\mid P(A\mid[x]_R)>0.5\};$$

$$\mathrm{NEG}_{0.5}(A)=\{x\in U\mid P(A\mid[x]_R)<0.5\};$$

$$\mathrm{BND}_{0.5}(A)=\{x\in U\mid P(A\mid[x]_R)=0.5\}.$$

相应的 Fuzzy 概率下近似和上近似推导如下:

$$\underline{R}_{0.5}(A)=\mathrm{POS}_{0.5}(A)=\{x\in U\mid P(A\mid[x]_R)>0.5\},$$

$$\overline{R}_{0.5}(A)=(\mathrm{NEG}_{0.5}(A))^c=\{x\in U\mid P(A\mid[x]_R)\geqslant 0.5\}.$$

集合对 $(\underline{R}_{0.5}(A),\overline{R}_{0.5}(A))$ 是定义 2.3.1 中的 0.5-FPRS.

第 IV 类: 基于贝叶斯 Fuzzy 概率粗糙集的三支决策.

假设 $P(A)>0$, 损失函数满足条件 (2.4.4) 和下列两个条件:

$$P(A)(\lambda_{BP}-\lambda_{PP})=(1-P(A))(\lambda_{PN}-\lambda_{BN}),$$

$$P(A)(\lambda_{NP}-\lambda_{BP})=(1-P(A))(\lambda_{BN}-\lambda_{NN}),$$

则我们可以得到 $\alpha=\beta=\gamma=P(A)$. 利用决策标准 (TBC2), 可以得出规则 (P2)—规则 (B2) 的以下简化和等价形式:

(P6) 如果 $P(A\mid[x]_R)>P(A)$ 成立, 则有 $x\in\mathrm{POS}(A)$;

(N6) 如果 $P(A\mid[x]_R)<P(A)$ 成立, 则有 $x\in\mathrm{NEG}(A)$;

(B6) 如果 $P(A\mid[x]_R)=P(A)$ 成立, 则有 $x\in\mathrm{BND}(A)$.

随后得到 A 的以下 Fuzzy 概率正域、负域和边界域:

$$\mathrm{POS}^*(A)=\{x\in U\mid P(A|[x]_R)>P(A)\};$$
$$\mathrm{NEG}^*(A)=\{x\in U\mid P(A|[x]_R)<P(A)\};$$
$$\mathrm{BND}^*(A)=\{x\in U\mid P(A|[x]_R)=P(A)\}.$$

相应的 Fuzzy 概率下近似和上近似推导为

$$\underline{R}^*(A)=\mathrm{POS}^*(A)=\{x\in U\mid P(A|[x]_R)>P(A)\},$$
$$\overline{R}^*(A)=(\mathrm{NEG}^*(A))^c=\{x\in U\mid P(A|[x]_R)\geqslant P(A)\}.$$

集合对 $(\underline{R}^*(A),\overline{R}^*(A))$ 是定义 2.3.26 中的 B-FPRS.

例 2.4.1 (继续考虑例 2.3.9) 假设某专家估计 Fuzzy 事件 A 的损失函数如下:

$$\lambda_{PP}=0,\quad \lambda_{BP}=13,\quad \lambda_{NP}=10,\quad \lambda_{PN}=3,\quad \lambda_{BN}=20,\quad \lambda_{NN}=0.$$

例如, $\lambda_{PP}=0$ 的含义是, 当 x 的实际状态刚好为 A 时, 将面试官 x 判定为 A 的正域的损失在本例中等于 0. 我们观察到满足 (2.4.4), (2.4.11) 和 (2.4.16), 因此, 通过应用式 (2.4.5) 和式 (2.4.7), $\alpha=0.7$ 和 $\beta=0.65$. 最后, 我们得到 Fuzzy 事件 A 的决策域:

$$\mathrm{POS}_{(0.7,\,0.65)}(A)=\{x_1,x_4,x_7,x_8\};$$
$$\mathrm{NEG}_{(0.7,\,0.65)}(A)=\{x_9\};$$
$$\mathrm{BND}_{(0.7,\,0.65)}(A)=\{x_2,x_3,x_5,x_6,x_{10}\}.$$

Fuzzy 事件 A 概率近似为

$$\underline{R}_{(0.7,\,0.65)}(A)=\{x_1,x_4,x_7,x_8\},$$
$$\overline{R}_{(0.7,\,0.65)}(A)=\{x_1,x_4,x_7,x_8,x_9\}.$$

2.4.3 三支决策的推广

三支决策的推广模型越来越多, 这些推广归纳起来主要包括下列三个方面: 从 Yao 模型的损失函数推广、从 Yao 模型的评价函数推广、从多步角度推广.

1. 从 Yao 模型的损失函数推广

Fuzzy 集 (Liang et al., 2013)、区间值 Fuzzy 集 (Liang, Liu, 2014; Jiang, Hu, 2022)、直觉 Fuzzy 集 (Liang, Liu, 2015b; Jiang, Hu, 2021a)、犹豫 Fuzzy 集 (Liang, Liu, 2015a)、双犹豫 Fuzzy 集 (Liang et al., 2020)、毕达哥拉斯 Fuzzy 集 (Liang et al., 2018)、多标准环境 (Jia, Liu, 2019) 等.

2. 从 Yao 模型的评价函数推广

犹豫 Fuzzy 集 (Jiang, Hu, 2021b)、2 型 Fuzzy 和区间值 2 型 Fuzzy 信息系统

(Xiao et al., 2016)、不完备信息系统 (Liu et al., 2016; Yang et al., 2020; Yang et al., 2022)、集值信息系统 (Luo et al, 2020)、序信息系统 (Liu, Liang, 2017; Yang et al., 2020; Wang et al., 2022)、多值集信息系统 (Zhao, Hu, 2020)、不完备多尺度信息系统 (Luo et al., 2019)、Fuzzy 概率 (Zhao, Hu, 2016)、软集 (Yang, Yao, 2020) 等.

3. 从多步角度推广

序贯三支决策 (Yao, Deng, 2011; Chen et al., 2022)、多粒度序贯三支决策 (Qian et al., 2019)、动态三支决策 (Hu, 2014)、分层序贯三支决策模型 (Qian et al., 2022) 等.

2.4.4 三支决策的应用

自从三支决策模型提出之后, 三支决策的研究主要集中在应用上, 主要包含下列应用方面.

(1) 三支聚类.

利用三支决策理论研究基于树的增量重叠聚类方法 (Yu et al., 2016). 基于数学形态学的三支聚类方法 (Wang, Yao, 2018). 使用图像增强操作的三支聚类方法 (Ali et al., 2022).

(2) 三支分类.

使用粒度描述符, 基于三支决策的记录链接 (Ouyang et al., 2019). 通过考虑关键样本选择成本的差异, 我们提出了一种面向不平衡数据过采样的三支决策集成方法 (Yan et al., 2019). 具有决策理论粗糙集的多类别分类方法 (Liu et al., 2012). 将 Logistic 逻辑回归纳入分类的决策理论粗糙集 (Liu et al., 2014). 在三支决策中对不确定边界进行建模来增强二元分类 (Li et al., 2017). 具有两种分类错误的三支决策模型 (Zhang et al., 2017). 三支分类的基尼 (Gini) 目标函数 (Zhang, Yao, 2017). 多类决策理论粗糙集 (Zhou, 2014). 具有 Fuzzy 决策树的三支分类 (Han et al., 2023). 基于三支决策的多标签分类 (Zhao et al., 2022).

(3) 三支推荐.

基于随机森林的三支推荐系统 (Zhang, Min, 2016). 基于回归的三支推荐 (Zhang et al., 2017).

(4) 三支约简.

基于三支决策的变精度多粒度 Fuzzy 粗糙集的不确定性与约简 (Feng et al., 2017). 类特定属性约简的三支决策视角 (Ma, Yao, 2018). 动态粒度下序贯三支决策的属性约简 (Qian et al., 2017). 通过三支决策实现代价敏感型近似属性约简

(Fang, Min, 2019). 三支属性约简 (Zhang, Miao, 2017). 三支决策理论粗糙集模型中的多目标属性约简 (Li et al., 2019). 邻域系统中的三支决策约简 (Chen et al., 2016).

(5) 三支群决策.

借助群体决策, 在语言评估下基于决策理论粗糙集的三支决策 (Liang et al., 2015). 具有决策理论粗糙集的三支群决策 (Liang et al., 2016). 基于双论域多粒度 Fuzzy 决策理论粗糙集的三支群决策 (Sun et al., 2017).

(6) 三支计算.

用于流计算的具有概率粗糙集的三支决策模型 (Xu et al., 2017). 三支决策建立在坚实的认知基础上, 提供认知优势和好处 (Yao, 2016). 基于认知科学的结果, 三支决策和粒计算两者的集成产生了三支粒度计算 (Yao, 2018).

(7) 机器学习.

序贯三支决策和粒化, 用于代价敏感型人脸识别 (Li et al., 2016). 基于序贯三支决策和粒度计算的分段规则对象的快速多类识别 (Savchenko, 2016). 使用深度神经网络的代价敏感序贯三支决策建模 (Li et al., 2017). 三支 k-均值方法 (Wang et al., 2019) 基于三支决策的网络形式化背景下网络规则抽取 (Fan et al., 2023).

(8) 数据挖掘.

增量频繁项集挖掘的三支决策方法 (Zhang et al., 2014).

(9) 其他.

三支决策方法还在多智能体 (multi-agent) (Yang, Yao, 2012)、预测 (Li et al., 2016)、投资 (Liu et al., 2011)、风险决策 (Li, Zhou, 2011)、信用评分 (Maldonado et al., 2020)、社会网络 (Peters, Ramanna, 2016)、医疗诊断 (Hu et al., 2022) 等方面有应用.

第 3 章　Fuzzy 格上的三支决策空间

三支决策理论的决策用什么来度量, 决策对条件如何选取, 决策评价函数如何确定? 三支决策空间理论系统地回答了这些问题. 本章首先介绍了决策度量、决策条件和决策评价函数的公理化定义, 建立了三支决策空间并在三支决策空间上给出各种三支决策, 总结了三支决策空间以及在此空间上的各类三支决策, 其中基于 Fuzzy 集的三支决策、基于随机集的三支决策、基于决策粗糙集的三支决策等这些都是三支决策空间的特例. 本章还讨论了多粒度三支决策的转化、动态三支决策、双决策评价函数等问题. 这些对三支决策的研究会起到理论指导和推动作用.

3.1　引言

从第 2 章我们知道, 三支决策理论由加拿大学者 Yao 首次提出, 是传统二支决策理论的拓广 (Yao, 2012; 姚一豫, 2013), 它的基本思想来源于粗糙集 (Pawlak, 1982, 1991) 和概率粗糙集 (Yao, Wong, 1992; Yao, 2003, 2007, 2008, 2010, 2011) 研究, 其主要目的是将粗糙集模型的正域、负域和边界域解释为接受、拒绝和不确定三种决策的结果. 除了将这类粗糙不确定性作为三支决策的代表外, 还有其他不确定性, 如 Fuzzy 不确定性和随机不确定性 (胡宝清, 2013). 表 2.4.1 列出了三支决策的典型代表.

在一定条件下, 概率三支决策优于 Pawlak 三支决策和二支决策 (Yao, 2011). 近年来许多学者进一步研究了三支决策的扩展和应用 (Liang et al., 2013; Liu et al., 2011, 2012; Yang, Yao, 2012; Yao, 2010, 2011, 2012). 对三支决策的研究主要集中在以下两个方面.

一方面是三支决策的背景研究, 主要包含粗糙集的扩展研究. 第一类是从 Pawlak 粗糙集到概率粗糙集的扩展, 例如, 决策理论粗糙集 (DTRS) (Deng, Yao, 2014; Yao, 2010, 2011; Yao, Wong, 1992; Yao et al., 1990)、可变精度粗糙集 (VPRS) (Katzberg, Ziarko, 1994; Ziarko, 1993)、贝叶斯粗糙集 (BRS) (Slezak, Ziarko, 2005)、博弈论粗糙集 (GTRS) (Herbert, Yao, 2011)、Fuzzy 粗糙集/粗糙 Fuzzy 集 (FRS/RFS) (Dubois, Prade, 1990)、区间值 Fuzzy 粗糙集 (IVFRS) (Gong, Sun, 2008; Hu,

Wong, 2013, 2014; Sun, Gong, 2008)、直觉 Fuzzy 决策理论粗糙集 (Liang, Liu, 2015)、三角 Fuzzy 决策理论粗糙集 (Liang et al., 2013)、区间值 Fuzzy 决策理论粗糙集 (Liang, Liu, 2014) 和基于优势关系的 Fuzzy 粗糙集 (Du, Hu, 2014; Fan et al., 2011) 等. 第二类是从单粒度到多粒度的延伸, 如多粒度粗糙集 (MGRS) (Qian et al., 2010, 2014; Qian, Liang, 2006)、多粒度决策理论粗糙集 (Qian et al., 2014)、基于覆盖的多粒度粗糙集 (Lin et al., 2013)、基于邻域的多粒度粗糙集 (NMGRS) (Lin et al., 2012) 等.

另一方面是三支决策的理论框架研究, 主要包括决策评价函数值域 (Yao, 2012)、构造与解释 (Yao, 2010, 2011, 2012) 和三支决策模式 (Yao, 2012) 等.

近年来三支决策的研究已经展开 (Yao, 2010, 2011; 胡宝清, 2013; Deng, Yao, 2014; Hu, 2014, 2016; Liang, Liu, 2015a, 2015b; Liang et al., 2015).

但三支决策理论存在一些问题, 如下:

(1) 决策结论的度量问题.

目前比较流行的是以[0, 1]为代表的全序关系集.

但有些问题不一定能用一个线性序来决策, 比如 Yao (2012) 使用了偏序集 P. 的确, 三支决策问题都可以通过两个集合 (决策域和条件域) 给出, 如何确定这两个集合是我们要解决的问题. 本章用一个 Fuzzy 格作为度量工具, 这样应用就能更加全面了.

(2) 决策的条件问题.

常用的决策条件是论域的一个子集或 Fuzzy 集 (Deng, Yao, 2014; Zadeh, 1965) 或区间值 Fuzzy 集 (Zadeh, 1975; Hu, Wong, 2013, 2014; Hu, 2015) 或直觉 Fuzzy 集 (Liang, Liu, 2015b) 或阴影集 (Pedrycz, 1998, 2009) 或区间集 (胡宝清, 2013; Yao, 1993, 1996; 姚一豫, 2012). 我们将其统一为论域到 Fuzzy 格的映射.

(3) 决策的评价函数问题.

决策评价函数是决策的关键, 选择的决策评价函数不同, 决策结果不同. 当前流行的决策评价函数与条件概率公式有关.

以概率粗糙集为例 (Yao, 2008), 代表模型有基于贝叶斯风险分析的决策粗糙集 (Yao, Wong, 1992; Yao, 2003, 2007, 2008, 2010, 2011)、变精度粗糙集 (Ziarko, 2008)、贝叶斯粗糙集模型 (Ziarko, 2008; Slezak, Ziarko, 2005; Zhang et al., 2012)、Fuzzy 概率粗糙集 (Hu et al., 2006; Yang, Liao, 2013) 等. 各模型使用的决策评价函数见表 3.1.1.

表 3.1.1 各类概率粗糙集

概率粗糙集	决策的条件	决策的度量	决策评价函数
DTRS	子集 C	[0, 1]	概率 $P(C\mid[x]_R)$ (R 是等价关系)
VPRS	子集 X	[0, 1]	$\frac{\lvert X\cap[x]_R\rvert}{\lvert[x]_R\rvert}$ (R 是等价关系)
BRS	子集 X	[0, 1]	条件概率 $P(X\mid E)=\frac{P(X\cap E)}{P(E)}$
FPRS	子集 X	[0, 1]	$P(X\mid[x]_{R_\lambda})$ (R 是 Fuzzy 等价关系)

这些已有的模型在决策的度量、决策的条件、决策的评价函数上都有共性, 这是诱发我们给出公理化方法的动因之一. 这些公理化方法为三支决策理论的发展提供了理论支撑, 例如:

(1) 概率粗糙集在 Fuzzy 集、区间值 Fuzzy 集、直觉 Fuzzy 集、犹豫 Fuzzy 集等上的推广可以统一到一个框架上.

(2) 构造更多的决策评价函数, 丰富三支决策理论.

本章详细安排如下: 3.2 节将三支决策的度量规范在以 [0,1] 为代表的 Fuzzy 格上, 给出了决策评价函数公理, 建立了三支决策空间. 3.3 节在三支决策空间上建立了三支决策理论, 包括一般三支决策、由三支决策导出的上下近似、多粒度三支决策等. 3.4 节将各类 Fuzzy 集的三支决策归结为三支决策空间的特例, 包括基于一般 Fuzzy 集的三支决策、基于区间值 Fuzzy 集的三支决策、基于 Fuzzy 关系的三支决策、基于阴影集的三支决策、基于区间集的三支决策. 3.5 节讨论了随机集的三支决策. 3.6 节讨论基于决策粗糙集的三支决策, 包括基于 Fuzzy 决策粗糙集和基于区间值 Fuzzy 决策粗糙集的三支决策. 3.7 节在三支决策空间上给出了动态三支决策. 3.8 节在三支决策空间上给出了基于双决策评价函数的三支决策. 3.9 节对本章进行了小结.

3.2 三支决策空间

这一节通过统一三支决策的决策度量、决策条件和决策评价函数建立三支决策空间 (3WDS).

3.2.1 三支决策的决策评价函数

现在三支决策流行的度量域是 [0, 1], 这与大部分实际问题是吻合的. 考虑到三支决策应用的广泛性, 还有其他的度量域值得研究. 本章为了统一, 将度量域放在 Fuzzy 格 (完备的 De Morgan 代数上或完备的具有对合否算子的分配格) 讨论. 三支决策的条件为 U 上的 L-Fuzzy 集.

设 $(L_C,\leqslant_{L_C} N_{L_C},0_{L_C},1_{L_C})$ 和 $(L_D,\leqslant_{L_D},N_{L_D},0_{L_D},1_{L_D})$ 是两个 Fuzzy 格. 设 U 是一个要作决策的非空论域, 称为决策域, 并且 V 是一个决策条件的非空论域, 称为条件域.

定义 3.2.1 (Hu, 2014) 设 U 是一个决策域和 V 是一个条件域, 映射 E: $\mathrm{Map}(V,L_C)\to\mathrm{Map}(U,L_D)$ 满足下列条件:

(E1) **最小元公理** $E(\varnothing)=\varnothing$, 即 $E(\varnothing)(x)=0_{L_D},\forall x\in U$;

(E2) **单调性公理** $A\subseteq_{L_C} B\Rightarrow E(A)\subseteq_{L_D} E(B),\forall A,B\in\mathrm{Map}(V,L_C)$, 即

$$E(A)(x)\leqslant_{L_D} E(B)(x),\quad \forall x\in U;$$

(E3) **自对偶性公理** $N_{L_D}(E(A))=E(N_{L_C}(A)),\forall A\in\mathrm{Map}(V,L_C)$, 即

$$N_{L_D}(E(A))(x)=E(N_{L_C}(A))(x),\quad \forall x\in U,$$

则称 $E(A)$ 为 U 的关于 A 的**决策评价函数** (decision evaluation function), $E(A)(x)$ 为 A 在 x 的决策值.

例 3.2.1 (Hu, 2014) 表 3.2.1 列出了 $U=V$ 上基于各类 Fuzzy 集的决策评价函数的例子.

表 3.2.1 各类 Fuzzy 集的决策评价函数

条件域 L_C	决策域 L_D	决策条件 $\mathrm{Map}(U,L_C)$	决策评价函数 $E(A)(x)$
[0, 1]	[0, 1]	$\mathrm{Map}(U,[0,1])$	$A(x)$
[0, 1]	{0, [0, 1], 1}	$\mathrm{Map}(U,[0,1])$	$E(A)(x)=\begin{cases}1, & A(x)\geqslant\alpha,\\ [0,1], & 1-\alpha<A(x)<\alpha\ ,\quad \alpha\in(0.5,1]\\ 0, & A(x)\leqslant 1-\alpha,\end{cases}$
$I^{(2)}$	$I^{(2)}$	$\mathrm{Map}(U,I^{(2)})$	$A(x)=[A^-(x),A^+(x)]$
$I^{(2)}$	[0, 1]	$\mathrm{Map}(U,I^{(2)})$	$A^{(m)}(x)$
$I^{(2)}$	I^2	$\mathrm{Map}(U,I^{(2)})$	$E(A)(x)=(A^-(x),(A^+)^c(x))$
I^2	I^2	$(\mu_A,\nu_A)\in\mathrm{Map}(U,I^2)$	$(\mu_A(x),\nu_A(x))$

例 3.2.2 (Hu, 2014) 下面是在有限论域 $U=V$ 上基于 (Fuzzy、区间值 Fuzzy) 等价关系的决策评价函数例子. 如果 A 是 U 上的 Fuzzy 集, 则 $|A|=\sum_{x\in U}A(x)$. 如果 R 是 U 上的等价关系, $[x]_R$ 是 x 的等价类. 如果 R 是 U 上的 Fuzzy 关系, 则

$[x]_R(y)=R(x,y)$，$\sum\limits_{y\in U}R(x,y)\neq 0$，$y\in U$.

(1) 设 $L_C=\{0,1\}$，$L_D=[0,1]$，$A\in \mathrm{Map}(U,\{0,1\})$，即 A 是 U 的子集并且 R 是 U 的一个等价关系，则

$$E(A)(x)=\frac{|A\bigcap [x]_R|}{|[x]_R|}$$

是 U 的一个决策评价函数.

(2) 设 $L_C=L_D=[0,1]$，$A\in \mathrm{Map}(U,[0,1])$，即 A 是 U 的 Fuzzy 集并且 R 是 U 的一个等价关系，则

$$E(A)(x)=\frac{|A\bigcap [x]_R|}{|[x]_R|}$$

是 U 的一个决策评价函数. 我们只需验证满足公理 (E3). 事实上,

$$\begin{aligned}|A\bigcap [x]_R|+|A^c\bigcap [x]_R| &= \sum_{y\in U}\big(A(y)\wedge [x]_R(y)\big)+\sum_{y\in U}\big(A^c(y)\wedge [x]_R(y)\big)\\ &= \sum_{y\in [x]_R}A(y)+\sum_{y\in [x]_R}A^c(y)=\big|[x]_R\big|.\end{aligned}$$

于是 $\big(E(A)\big)^c=E(A^c)$.

(3) 设 $L_C=\{0,1\}$，$L_D=[0,1]$，$A\in \mathrm{Map}(U,\{0,1\})$ 并且 R 是 U 的一个 Fuzzy 等价关系，则

$$E(A)(x)=\frac{|A\bigcap [x]_R|}{|[x]_R|}$$

是 U 的一个决策评价函数. 公理 (E3) 成立. 事实上,

$$\begin{aligned}|A\bigcap [x]_R|+|A^c\bigcap [x]_R| &= \sum_{y\in U}\big(A(y)\wedge R(x,y)\big)+\sum_{y\in U}\big(A^c(y)\wedge R(x,y)\big)\\ &= \sum_{y\in A}R(x,y)+\sum_{y\in A^c}R(x,y)=\big|[x]_R\big|.\end{aligned}$$

因此 $\big(E(A)\big)^c=E(A^c)$.

设 $L_C=L_D=[0,1]$，$A\in \mathrm{Map}(U,[0,1])$ 并且 R 是 U 的一个 Fuzzy 等价关系. 对于给定的 $\lambda\in(0,1)$，我们由本例的 (2) 得到

$$E(A)(x)=\frac{|A\bigcap [x]_{R_\lambda}|}{|[x]_{R_\lambda}|}$$

是 U 的一个决策评价函数.

(4) 设 $L_C=I^{(2)}$，$L_D=[0,1]$，$A=[A^-,A^+]\in \mathrm{Map}(U,I^{(2)})$，并且 R 是 U 的一个等价关系，则

$$E(A)(x)=\frac{|A^{(m)}\cap[x]_R|}{|[x]_R|}$$

是 U 的一个决策评价函数, 其中 $A^{(m)}(x)=\dfrac{A^-(x)+A^+(x)}{2}$, $\forall x\in U$. 如果 R 是 U 的一个 Fuzzy 等价关系, 则对于给定的 $\lambda\in(0,1)$,

$$E(A)(x)=\frac{|A^{(m)}\cap[x]_{R_\lambda}|}{|[x]_{R_\lambda}|}$$

也是 U 的一个决策评价函数. 因为 $\left(N_{L_C}(A)\right)^{(m)}=\left[(A^+)^c,(A^-)^c\right]^{(m)}=\left(A^{(m)}\right)^c$, 公理 (E3) 成立.

(5) 设 $L_C=\{0,1\}$, $L_D=[0,1]$, $A\in\mathrm{Map}(U,\{0,1\})$, 并且 $R=[R^-,R^+]$ 是 U 的一个区间值 Fuzzy 等价关系, 则

$$E^-(A)(x)=\frac{|A\cap[x]_{R^-}|}{|[x]_{R^-}|},$$

$$E^+(A)(x)=\frac{|A\cap[x]_{R^+}|}{|[x]_{R^+}|}$$

都是 U 的决策评价函数. 设 $L_C=[0,1]$, $L_D=[0,1]$, $A\in\mathrm{Map}(U,[0,1])$, 并且 $R=[R^-,R^+]$ 是 U 的一个区间值 Fuzzy 等价关系. 对于给定的 $\lambda\in(0,1)$, 我们有

$$E^-(A)(x)=\frac{|A\cap[x]_{R_\lambda^-}|}{|[x]_{R_\lambda^-}|},$$

$$E^+(A)(x)=\frac{|A\cap[x]_{R_\lambda^+}|}{|[x]_{R_\lambda^+}|}$$

都是 U 的决策评价函数.

(6) 设 $L_C=I^{(2)}$, $L_D=[0,1]$, $A\in\mathrm{Map}(U,I^{(2)})$, 并且 $R=[R^-,R^+]$ 是 U 的一个区间值 Fuzzy 等价关系, 则

$$E^-(A)(x)=\frac{|A^{(m)}\cap[x]_{R_\lambda^-}|}{|[x]_{R_\lambda^-}|},$$

$$E^+(A)(x)=\frac{|A^{(m)}\cap[x]_{R_\lambda^+}|}{|[x]_{R_\lambda^+}|}$$

都是 U 的决策评价函数.

(7) 设 $L_C=L_D=I^{(2)}$, $A\in\mathrm{Map}(U,I^{(2)})$, 并且 R 是 U 的一个等价关系, 则

$$E(A)(x)=\left[\frac{|A^{-}\cap[x]_R|}{|[x]_R|},\ \frac{|A^{+}\cap[x]_R|}{|[x]_R|}\right]$$

是 U 的一个决策评价函数. 只需要验证公理 (E3). 事实上,

$$\begin{aligned}E(N_{L_C}(A))(x)&=E\left(\left[(A^{+})^{c},(A^{-})^{c}\right]\right)(x)\\&=\left[\frac{|(A^{+})^{c}\cap[x]_R|}{|[x]_R|},\frac{|(A^{-})^{c}\cap[x]_R|}{|[x]_R|}\right]\\&=1_{I^{(2)}}-\left[\frac{|A^{-}\cap[x]_R|}{|[x]_R|},\frac{|A^{+}\cap[x]_R|}{|[x]_R|}\right]\\&=N_{L_D}(E(A)(x)).\end{aligned}$$

(8) 设 $L_C=L_D=I^2$, $A=(\mu_A,\nu_A)\in\mathrm{Map}(U,I^2)$, 并且 R 是 U 的一个等价关系, 则

$$E(A)(x)=\left(\frac{|\mu_A\cap[x]_R|}{|[x]_R|},\frac{|\nu_A\cap[x]_R|}{|[x]_R|}\right)$$

是 U 的一个决策评价函数.

便于比较, 上面的例子在表 3.2.2 中列出.

表 3.2.2　基于几类 Fuzzy 关系的决策评价函数

L_C	L_D	$\mathrm{Map}(U,L_C)$	$E(A)(x)$
$\{0,1\}$	$[0,1]$	$\mathrm{Map}(U,\{0,1\})$	$\frac{\lvert A\cap[x]_R\rvert}{\lvert[x]_R\rvert}$, R 是 U 上的等价关系或 Fuzzy 等价关系
$[0,1]$	$[0,1]$	$\mathrm{Map}(U,[0,1])$	$\frac{\lvert A\cap[x]_R\rvert}{\lvert[x]_R\rvert}$, R 是 U 上的等价关系 $\frac{\sum_{y\in U}A(y)R(x,y)}{\sum_{y\in U}R(x,y)}$, R 是 U 上的 Fuzzy 关系
$[0,1]$	$[0,1]$	$\mathrm{Map}(U,[0,1])$	$\frac{\lvert A\cap[x]_{R_\lambda}\rvert}{\lvert[x]_{R_\lambda}\rvert}$, $\lambda\in(0,1)$, R 是 U 上的 Fuzzy 等价关系
$I^{(2)}$	$[0,1]$	$\mathrm{Map}(U,I^{(2)})$	$\frac{\lvert A^{(m)}\cap[x]_R\rvert}{\lvert[x]_R\rvert}$, R 是 U 上的等价关系 $\frac{\lvert A^{(m)}\cap[x]_{R_\lambda}\rvert}{\lvert[x]_{R_\lambda}\rvert}$, $\lambda\in(0,1)$, R 是 U 上的 Fuzzy 等价关系
$\{0,1\}$	$[0,1]$	$\mathrm{Map}(U,\{0,1\})$	$\frac{\lvert A\cap[x]_{R^-}\rvert}{\lvert[x]_{R^-}\rvert}$, $\frac{\lvert A\cap[x]_{R^+}\rvert}{\lvert[x]_{R^+}\rvert}$, $R=[R^-,R^+]$ 是 U 上的区间值 Fuzzy 等价关系

续表

L_C	L_D	$\mathrm{Map}(U, L_C)$	$E(A)(x)$
$I^{(2)}$	$[0, 1]$	$\mathrm{Map}(U, I^{(2)})$	$\dfrac{\lvert A^{(m)} \cap [x]_{R_\lambda^-} \rvert}{\lvert [x]_{R_\lambda^-} \rvert}$ 和 $\dfrac{\lvert A^{(m)} \cap [x]_{R_\lambda^+} \rvert}{\lvert [x]_{R_\lambda^+} \rvert}$, R 是 U 上的区间值 Fuzzy 等价关系
$I^{(2)}$	$I^{(2)}$	$\mathrm{Map}(U, I^{(2)})$	$\left[\dfrac{\lvert A^- \cap [x]_R \rvert}{\lvert [x]_R \rvert}, \dfrac{\lvert A^+ \cap [x]_R \rvert}{\lvert [x]_R \rvert}\right]$, R 是 U 上的等价关系 $\left[\dfrac{\sum_{y \in U} A^-(y)R(x,y)}{\sum_{y \in U} R(x,y)}, \dfrac{\sum_{y \in U} A^+(y)R(x,y)}{\sum_{y \in U} R(x,y)}\right]$, R 是 U 上的 Fuzzy 关系
I^2	I^2	$(\mu_A, \nu_A) \in \mathrm{Map}(U, I^2)$	$\left(\dfrac{\lvert \mu_A \cap [x]_R \rvert}{\lvert [x]_R \rvert}, \dfrac{\lvert \nu_A \cap [x]_R \rvert}{\lvert [x]_R \rvert}\right)$, R 是 U 上的等价关系 $\left(\dfrac{\sum_{y \in U} \mu_A(y)R(x,y)}{\sum_{y \in U} R(x,y)}, \dfrac{\sum_{y \in U} \nu_A(y)R(x,y)}{\sum_{y \in U} R(x,y)}\right)$, R 是 U 上的 Fuzzy 关系

例 3.2.3 (Hu, 2014) 设 $L_C = \{0,1\}$ (对应的 $L_C = [0,1]$), $L_D = [0,1]$, U 是有限论域, 并且 C 是 U 的一个覆盖, 即 C 是 U 的有限个非空子集簇并且满足 $\bigcup C = U$. 如果 x 是 U 的任意元, 那么下列集类:

$$\mathrm{Md}(x) = \{K \in C : x \in K \wedge \forall S \in C (x \in S \wedge S \subseteq K \Rightarrow K = S)\}$$

称为对象 x 的最小描述 (Bonikowski et al., 1998), 对于 $A \in \mathrm{Map}(U, \{0,1\})$ (或 $A \in \mathrm{Map}(U, [0,1])$),

$$E(A)(x) = \frac{\left| A \cap \left(\bigcup \mathrm{Md}(x)\right) \right|}{\left| \bigcup \mathrm{Md}(x) \right|}$$

是 U 的一个决策评价函数.

例 3.2.4 (Hu, 2014) 取 $L_C = (I(2^U), \sqcup, \sqcap, \neg, \varnothing, [U, U])$ (例 1.1.4), $L_D = (\{0, [0,1], 1\}, \wedge, \vee, c, 0, 1)$ (例 1.1.2 (2)), $\mathcal{A} \in I(2^U)$, 定义

$$E(\mathcal{A})(x) = \begin{cases} 0, & x \in A_u^c, \\ [0,1], & x \in A_u - A_l, \\ 1, & x \in A_l, \end{cases}$$

则 $E(\mathcal{A})(x)$ 是 U 的一个决策评价函数. 公理 (E3) 是满足的. 事实上, $\forall x \in U$,

$$E(\neg\mathcal{A})(x) = E([A_u^c, A_l^c])(x) = \begin{cases} 0, & x \in A_l, \\ [0,1], & x \in A_l^c - A_u^c, \\ 1, & x \in A_u^c \end{cases}$$

$$
\begin{aligned}
&=\begin{cases}1^c, & x\in A_l,\\ [0,1]^c, & x\in A_l^c-A_u^c,\\ 0^c, & x\in A_u^c\end{cases}\\
&=\begin{cases}1^c, & x\in A_l,\\ [0,1]^c, & x\in A_u-A_l,\\ 0^c, & x\in A_u^c\end{cases}\\
&=\begin{cases}0^c, & x\in A_u^c,\\ [0,1]^c, & x\in A_u-A_l,\\ 1^c, & x\in A_l\end{cases}\\
&=(E(\mathcal{A}))^c(x).
\end{aligned}
$$

例 3.2.5 (Hu, 2014)　设 $(\Omega,\mathcal{A},P)$ 是一个概率空间, 其中 $\mathcal{A}$ 是 Ω 的一个 σ-代数并且 P 是概率测度. 设 $(U,\mathcal{B})$ 是另一个可测空间 (也称为对象空间). 如果一个映射 $X:\Omega\to 2^U$ 是 $(\mathcal{A},\mathcal{B})$ 可测, 即 $\forall Y\in\mathcal{B}$, $\{\omega\in\Omega\mid X(\omega)\bigcap Y\neq\varnothing\}\in\mathcal{A}$, 则映射 X 是 Ω 的一个随机集 (Mathéron, 1975; Nguyen, 2000, 2005; Miranda et al., 2005).

(1) 取 $L_C=L_D=2^U$. 如果 $X:\Omega\to 2^U$ 是一个随机集, 则 $E(X)(\omega)=X(\omega)$ 是 Ω 的决策评价函数.

(2) 取 $L_C=\{0,1\}$, $L_D=[0,1]$, $A\in\mathrm{Map}(U,\{0,1\})$. 如果 $X:\Omega\to 2^U-\{\varnothing\}$ 是一个随机集并且我们定义一个映射 $E:\mathrm{Map}(U,\{0,1\})\to\mathrm{Map}(\Omega,[0,1])$ 为

$$E(A)(\omega)=\frac{|A\bigcap X(\omega)|}{|X(\omega)|},$$

则 $E(A)(\omega)$ 是 Ω 的决策评价函数.

注 3.2.1　对某些情形 $N_{P_D}(E(A))=E(N_{P_C}(A))$ 不一定成立, 下面的例子说明了这一点.

例 3.2.6　设 $U=\{x_1,x_2,x_3,x_4,x_5\}$,

$$A=\frac{0.8}{x_1}+\frac{0.2}{x_2}+\frac{0.6}{x_3}+\frac{0.9}{x_4}+\frac{1}{x_5}$$

是 U 的一个 Fuzzy 集并且

$$R=\begin{bmatrix}1 & 0.8 & 0.6 & 0.4 & 0.6\\ 0.8 & 1 & 0.6 & 0.4 & 0.6\\ 0.6 & 0.6 & 1 & 0.4 & 0.9\\ 0.4 & 0.4 & 0.4 & 1 & 0.4\\ 0.6 & 0.6 & 0.9 & 0.4 & 1\end{bmatrix}.$$

很显然 R 是自反的和对称的. 又

$$R\circ R=\begin{bmatrix}1&0.8&0.6&0.4&0.6\\0.8&1&0.6&0.4&0.6\\0.6&0.6&1&0.4&0.9\\0.4&0.4&0.4&1&0.4\\0.6&0.6&0.9&0.4&1\end{bmatrix}\circ\begin{bmatrix}1&0.8&0.6&0.4&0.6\\0.8&1&0.6&0.4&0.6\\0.6&0.6&1&0.4&0.9\\0.4&0.4&0.4&1&0.4\\0.6&0.6&0.9&0.4&1\end{bmatrix}$$

$$=\begin{bmatrix}1&0.8&0.6&0.4&0.6\\0.8&1&0.6&0.4&0.6\\0.6&0.6&1&0.4&0.9\\0.4&0.4&0.4&1&0.4\\0.6&0.6&0.9&0.4&1\end{bmatrix}=R,$$

即 R 具有传递性. 于是 R 是 U 的一个 Fuzzy 等价关系. 但 $E(A)(x)=\dfrac{|A\cap[x]_R|}{|[x]_R|}$ 不是 U 的决策评价函数. 事实上,

$$E(A)=\frac{0.765}{x_1}+\frac{0.765}{x_2}+\frac{0.771}{x_3}+\frac{0.885}{x_4}+\frac{0.8}{x_5},$$

$$E(A^c)=\frac{0.441}{x_1}+\frac{0.441}{x_2}+\frac{0.371}{x_3}+\frac{0.423}{x_4}+\frac{0.371}{x_5},$$

即 $\left(E(A)\right)^c<E(A^c)$.

虽然 $N_{P_D}(E(A))=E(N_{P_C}(A))$ 不一定成立, 我们可以证明 $N_{P_D}(E(A))\leqslant_{P_D}E(N_{P_C}(A))$ 在某些情况下成立. 这一点可以通过下面基于 Fuzzy 关系的一个例子来说明. 首先, 证明例子中要用到的一个性质.

引理 3.2.1 (Hu, 2014) 设 a, b 和 c 是三个实数, 则

$$\min\{a,c\}+\min\{b,c\}\geqslant\min\{a+b,c\}.$$

证明 下面分三种情形验证.

情形 1 如果 $a\leqslant c,b\leqslant c$, 则

$$\min\{a,c\}+\min\{b,c\}=a+b\geqslant\min\{a+b,c\}.$$

情形 2 如果 $a>c,b\leqslant c$, 则

$$\min\{a,c\}+\min\{b,c\}=c+b\geqslant\min\{a+b,c\}.$$

情形 3 如果 $b>c$, 则

$$\min\{a,c\}+\min\{b,c\}=\min\{a,c\}+c\geqslant\min\{a+b,c\}.$$ □

例 3.2.7 (Hu, 2014) 设 $L_C=L_D=[0,1]$, U 和 V 是有限论域, $A\in\mathrm{Map}(V,[0,1])$ 并且 $R\in\mathrm{Map}(U\times V,[0,1])$. 对于 $x\in U$, 定义 V 的一个 Fuzzy 集 $R_x(y)=R(x,y)$,

$y \in V$. 假设 $|R_x| \neq 0$, $\forall x \in U$, 则

$$E(A)(x) = \frac{|A \cap R_x|}{|R_x|}$$

满足公理 (E1), (E2) 和 $E(A^c)(x) \geqslant (E(A))^c(x)$. 事实上, $\forall x \in U$,

$$\begin{aligned}
|A^c \cap R_x| + |A \cap R_x| &= \sum_{y \in U} (A^c \cap R_x)(y) + \sum_{y \in U} (A \cap R_x)(y) \\
&= \sum_{y \in U} A^c(y) \wedge R(x,y) + \sum_{y \in U} A(y) \wedge R(x,y) \\
&= \sum_{y \in U} \left(A^c(y) \wedge R(x,y) + A(y) \wedge R(x,y) \right) \\
&\geqslant \sum_{y \in U} \left(A^c(y) + A(y) \right) \wedge R(x,y) = \sum_{y \in U} R(x,y) = |R_x|.
\end{aligned}$$

因此 $E(A^c)(x) \geqslant 1 - \dfrac{|A \cap R_x|}{|R_x|} = (E(A))^c(x)$, $\forall x \in U$.

定理 3.2.1 (Hu, 2014) 设 $(L_C, \leqslant_{L_C}, \vee_{L_C}, \wedge_{L_C}, N_{L_C}, 0_{L_C}, 1_{L_C})$ 和 $(L_D, \leqslant_{L_D}, \vee_{L_D}, \wedge_{L_D}, N_{L_D}, 0_{L_D}, 1_{L_D})$ 是两个 Fuzzy 格, 并且 $E: \mathrm{Map}(V, L_C) \to \mathrm{Map}(U, L_D)$ 是 U 的一个决策评价函数, 则

(1) $A, B \in \mathrm{Map}(V, L_C) \Rightarrow E(A \cup_{L_C} B)(x) \geqslant_{L_D} E(A)(x) \vee_{L_D} E(B)(x)$, $\forall x \in U$;

(2) $A, B \in \mathrm{Map}(V, L_C) \Rightarrow E(A \cap_{L_C} B)(x) \leqslant_{L_D} E(A)(x) \wedge_{L_D} E(B)(x)$, $\forall x \in U$;

(3) $E(V)(x) = 1_{L_D}, \forall x \in U$.

证明 (1) 和 (2) 由公理 (E2) 得到.

(3) $\forall x \in U$,

$$\begin{aligned}
E(V)(x) &= E(N_{L_C}(\varnothing))(x) \\
&= N_{L_D}(E(\varnothing)(x)) = N_{L_D}(0_{L_D}) = 1_{L_D}.
\end{aligned}$$
□

注 3.2.2 值得注意的是, 如果 $(L_C, \leqslant_{L_C}, \vee_{L_C}, \wedge_{L_C}, N_{L_C}, 0_{L_C}, 1_{L_C})$ 和 $(L_D, \leqslant_{L_D}, \vee_{L_D}, \wedge_{L_D}, N_{L_D}, 0_{L_D}, 1_{L_D})$ 是两个 Fuzzy 格, E 和 F 是 U 的两个决策评价函数, 并且定义

$$(E \cup_{L_C} F)(A)(x) \triangleq E(A)(x) \vee_{L_D} F(A)(x), \quad \forall x \in U,$$
$$(E \cap_{L_C} F)(A)(x) \triangleq E(A)(x) \wedge_{L_D} F(A)(x), \quad \forall x \in U,$$

则容易核实 $E \cup_{L_C} F$ 和 $E \cap_{L_C} F$ 满足公理 (E1) 和 (E2), 但不一定满足公理 (E3). 事实上, 我们只能证明下列陈述:

$$\begin{aligned}
N_{L_D}((E \cup_{L_C} F)(A)(x)) &= N_{L_D}(E(A)(x) \vee_{L_D} F(A)(x)) \\
&= N_{L_D}(E(A)(x)) \wedge_{L_D} N_{L_D}(F(A)(x)) \\
&= E(N_{L_C}(A))(x) \wedge_{L_D} F(N_{L_C}(A))(x)
\end{aligned}$$

$$=(E\bigcap_{L_C} F)(N_{L_C}(A))(x).$$

注 3.2.3 在定理 3.2.1 中的等式 (1) 和 (2) 不一定成立. 下面的例子可以说明这一点.

例 3.2.8 (Hu, 2014) 设 $U=\{x_1,x_2,x_3,x_4,x_5\}$，$A=\{x_4,x_5\}$，$B=\{x_3,x_4\}$，并且

$$R=\begin{bmatrix} 1 & 0.8 & 0.6 & 0.4 & 0.6 \\ 0.8 & 1 & 0.6 & 0.4 & 0.6 \\ 0.6 & 0.6 & 1 & 0.4 & 0.9 \\ 0.4 & 0.4 & 0.4 & 1 & 0.4 \\ 0.6 & 0.6 & 0.9 & 0.4 & 1 \end{bmatrix}$$

出现在例 3.2.6. 如果定义

$$E(A)(x)=\frac{|A\bigcap[x]_R|}{|[x]_R|},$$

则

$$E(A)=\frac{0.29}{x_1}+\frac{0.29}{x_2}+\frac{0.37}{x_3}+\frac{0.54}{x_4}+\frac{0.4}{x_5},$$

$$E(B)=\frac{0.29}{x_1}+\frac{0.29}{x_2}+\frac{0.4}{x_3}+\frac{0.54}{x_4}+\frac{0.37}{x_5}.$$

但

$$E(A\bigcup B)=\frac{0.47}{x_1}+\frac{0.47}{x_2}+\frac{0.66}{x_3}+\frac{0.69}{x_4}+\frac{0.66}{x_5},$$

$$E(A\bigcap B)=\frac{0.12}{x_1}+\frac{0.12}{x_2}+\frac{0.11}{x_3}+\frac{0.38}{x_4}+\frac{0.11}{x_5},$$

即 $E(A\bigcup B)>E(A)\vee E(B)$，$E(A\bigcap B)<E(A)\wedge E(B)$.

下面的定理是定义 3.2.1 的直接结论.

定理 3.2.2 设 $A\in \mathrm{Map}(U,P_C)$，则 $E(A)=A:\mathrm{Map}(U,P_C)\to \mathrm{Map}(U,P_C)$ 是 U 的一个决策评价函数.

3.2.2 三支决策空间

有了前面对三支决策的条件域、决策域、决策评价函数的描述, 下面可以给出三支决策空间的定义.

定义 3.2.2 (Hu, 2014) 给定论域 U, 条件域为 $\mathrm{Map}(V,L_C)$，决策域为 L_D，决策评价函数为 E, 则 $(U,\mathrm{Map}(V,L_C),L_D,E)$ 称为一个三支决策空间. 设 $E_1,E_2,\cdots,E_n$ 是 U 上的 n 个决策评价函数, 则 $(U,\mathrm{Map}(V,L_C),L_D,\{E_1,E_2,\cdots,E_n\})$ 称为一个 n 粒

度三支决策空间.

从例 3.2.1—例 3.2.5, 我们能获得大量三支决策空间, 在表 3.2.3 列出.

表 3.2.3　例 3.2.1—例 3.2.5 中的三支决策空间

例子	三支决策空间
例 3.2.1 (1)	$(U,\mathrm{Map}(U,[0,1]),[0,1],A)$
(2)	$(U,\mathrm{Map}(U,[0,1]),\{0,[0,1],1\},A)$
(3)	$(U,\mathrm{Map}(U,I^{(2)}),I^{(2)},[A^-,A^+])$
(4)	$(U,\mathrm{Map}(U,I^{(2)}),[0,1],A^{(m)})$
(5)	$(U,\mathrm{Map}(U,I^{(2)}),I^2,(A^-,(A^+)^c))$
(6)	$(U,\mathrm{Map}(V,I^2),I^2,(\mu_A,\nu_A))$
例 3.2.2 (1)	$(U,\mathrm{Map}(U,\{0,1\}),[0,1],E)$, $E(A)(x)=\dfrac{\lvert A\cap[x]_R\rvert}{\lvert[x]_R\rvert}$
(2)	$(U,\mathrm{Map}(U,[0,1]),[0,1],E)$, $E(A)(x)=\dfrac{\lvert A\cap[x]_R\rvert}{\lvert[x]_R\rvert}$
(3)	$(U,\mathrm{Map}(U,\{0,1\}),[0,1],E)$, $E(A)(x)=\dfrac{\lvert A\cap[x]_R\rvert}{\lvert[x]_R\rvert}$ $(U,\mathrm{Map}(U,[0,1]),[0,1],E)$, $E(A)(x)=\dfrac{\lvert A\cap[x]_{R_\lambda}\rvert}{\lvert[x]_{R_\lambda}\rvert}$
(4)	$(U,\mathrm{Map}(U,I^{(2)}),[0,1],E)$, $E(A)(x)=\dfrac{\lvert A^{(m)}\cap[x]_R\rvert}{\lvert[x]_R\rvert}$ 或 $E(A)(x)=\dfrac{\lvert A^{(m)}\cap[x]_{R_\lambda}\rvert}{\lvert[x]_{R_\lambda}\rvert}$
(5)	$(U,\mathrm{Map}(U,\{0,1\}),[0,1],E)$, $E^-(A)(x)=\dfrac{\lvert A\cap[x]_{R^-}\rvert}{\lvert[x]_{R^-}\rvert}$, $E^+(A)(x)=\dfrac{\lvert A\cap[x]_{R^+}\rvert}{\lvert[x]_{R^+}\rvert}$ $(U,\mathrm{Map}(U,[0,1]),[0,1],E)$, $E^-(A)(x)=\dfrac{\lvert A\cap[x]_{R_\lambda^-}\rvert}{\lvert[x]_{R_\lambda^-}\rvert}$, $E^+(A)(x)=\dfrac{\lvert A\cap[x]_{R_\lambda^+}\rvert}{\lvert[x]_{R_\lambda^+}\rvert}$
(6)	$(U,\mathrm{Map}(U,I^{(2)}),[0,1],E)$, $E^-(A)(x)=\dfrac{\lvert A^{(m)}\cap[x]_{R_\lambda^-}\rvert}{\lvert[x]_{R_\lambda^-}\rvert}$, $E^+(A)(x)=\dfrac{\lvert A^{(m)}\cap[x]_{R_\lambda^+}\rvert}{\lvert[x]_{R_\lambda^+}\rvert}$
(7)	$(U,\mathrm{Map}(U,I^{(2)}),I^{(2)},E)$, $E(A)(x)=\left[\dfrac{\lvert A^-\cap[x]_R\rvert}{\lvert[x]_R\rvert},\dfrac{\lvert A^+\cap[x]_R\rvert}{\lvert[x]_R\rvert}\right]$
(8)	$(U,\mathrm{Map}(U,I^2),I^2,E)$, $E(A)(x)=\left(\dfrac{\lvert \mu_A\cap[x]_R\rvert}{\lvert[x]_R\rvert},\dfrac{\lvert \nu_A\cap[x]_R\rvert}{\lvert[x]_R\rvert}\right)$
例 3.2.3	$(U,\mathrm{Map}(U,\{0,1\}),[0,1],E)$, $(U,\mathrm{Map}(U,[0,1]),[0,1],E)$, $E(A)(x)=\dfrac{\left\lvert A\cap\left(\bigcup\mathrm{Md}(x)\right)\right\rvert}{\left\lvert\bigcup\mathrm{Md}(x)\right\rvert}$

续表

例子	三支决策空间
例 3.2.4	$(U,\mathrm{Map}(2^U,I(2^U)),\{0,[0,1],1\},E)$，$E(A)(x)=\begin{cases}0, & x\in(A_u)^c,\\ [0,1], & x\in A_u-A_l,\\ 1, & x\in A_l\end{cases}$
例 3.2.5 (1)	$(\Omega,\mathrm{Map}(\Omega,2^U),2^U,X)$，$X:\Omega\to 2^U$
(2)	$(\Omega,\mathrm{Map}(U,\{0,1\}),[0,1],E)$，$E(A)(\omega)=\dfrac{\lvert A\cap X(\omega)\rvert}{\lvert X(\omega)\rvert}$，$X:\Omega\to 2^U-\{\varnothing\}$

3.3 三支决策空间上的三支决策

本节总设 $(L_C,\leqslant_{L_C},\vee_{L_C},\wedge_{L_C},N_{L_C},0_{L_C},1_{L_C})$ 和 $(L_D,\leqslant_{L_D},\vee_{L_D},\wedge_{L_D},N_{L_D},0_{L_D},1_{L_D})$ 是两个 Fuzzy 格. 下面讨论三支决策空间上的三支决策.

3.3.1 三支决策

选择决策域上的两个参数, 可以利用条件域中决策条件的决策评价函数将决策域划分为三个区域.

定义 3.3.1 (Hu, 2014) 设 $(U,\mathrm{Map}(V,L_C),L_D,E)$ 是一个三支决策空间，$A\in\mathrm{Map}(V,L_C)$，$\alpha,\beta\in L_D$ 并且 $0_{L_D}\leqslant_{L_D}\beta<_{L_D}\alpha\leqslant_{L_D}1_{L_D}$，则三支决策为

(1) 接受域: $\mathrm{ACP}_{(\alpha,\beta)}(E,A)=\{x\in U\mid E(A)(x)\geqslant_{L_D}\alpha\}$；

(2) 拒绝域: $\mathrm{REJ}_{(\alpha,\beta)}(E,A)=\{x\in U\mid E(A)(x)\leqslant_{L_D}\beta\}$；

(3) 不确定域: $\mathrm{UNC}_{(\alpha,\beta)}(E,A)=\left(\mathrm{ACP}_{(\alpha,\beta)}(E,A)\cup\mathrm{REJ}_{(\alpha,\beta)}(E,A)\right)^c$.

如果 L_D 是线性序, 显然有 $\mathrm{UNC}_{(\alpha,\beta)}(E,A)=\{x\in U\mid\beta<_{L_D}E(A)(x)<_{L_D}\alpha\}$.

三支决策的三个区域见图 3.3.1.

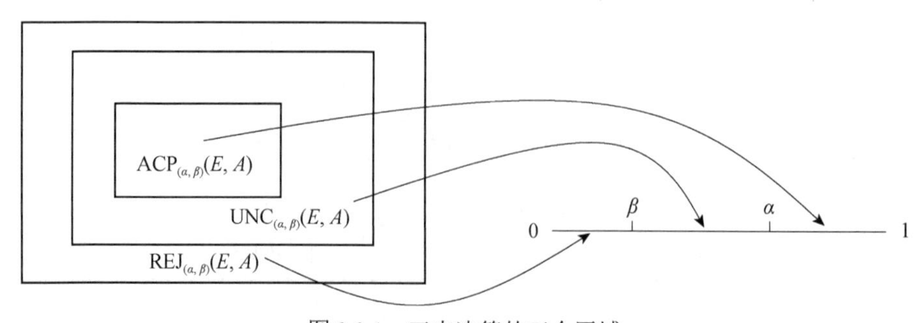

图 3.3.1 三支决策的三个区域

下面我们总假设 $(U,\mathrm{Map}(V,L_C),L_D,E)$ 是一个三支决策空间，$\alpha,\beta\in L_D$ 并且 $0_{L_D}\leqslant_{L_D}\beta<_{L_D}\alpha\leqslant_{L_D}1_{L_D}$.

定理 3.3.1 (Hu, 2014)　设 $A,B\in\mathrm{Map}(V,L_C)$，则

(1) $\mathrm{ACP}_{(\alpha,\beta)}(E,A)=\mathrm{REJ}_{(N_{L_D}(\beta),N_{L_D}(\alpha))}(E,N_{L_C}(A))$;

(2) $\mathrm{REJ}_{(\alpha,\beta)}(E,A)=\mathrm{ACP}_{(N_{L_D}(\beta),N_{L_D}(\alpha))}(E,N_{L_C}(A))$.

证明　(1) $\mathrm{ACP}_{(\alpha,\beta)}(E,A)$

$=\{x\in U\mid E(A)(x)\geqslant_{L_D}\alpha\}$

$=\{x\in U\mid N_{L_D}(E(A)(x))\leqslant_{L_D}N_{L_D}(\alpha)\}$ （N_{L_D} 是偏序 L_D 的对合否算子）

$=\{x\in U\mid E(N_{L_C}(A)(x))\leqslant_{L_D}N_{L_D}(\alpha)\}$ (E 的自对偶性公理)

$=\mathrm{REJ}_{(N_{L_D}(\beta),N_{L_D}(\alpha))}(E,N_{L_C}(A))$.

(2) 类似 (1) 可证. □

定理 3.3.2 (Hu, 2014)　设 $(L_C,\leqslant_{L_C},\vee_{L_C},\wedge_{L_C},N_{L_C},0_{L_C},1_{L_C})$ 是一个 Fuzzy 格，并且 $A,B\in\mathrm{Map}(V,N_{L_C})$，则

(1) $\mathrm{ACP}_{(\alpha,\beta)}\left(E,A\bigcup_{L_C}B\right)\supseteq\mathrm{ACP}_{(\alpha,\beta)}(E,A)\bigcup\mathrm{ACP}_{(\alpha,\beta)}(E,B)$,

$\mathrm{ACP}_{(\alpha,\beta)}\left(E,A\bigcap_{L_C}B\right)\subseteq\mathrm{ACP}_{(\alpha,\beta)}(E,A)\bigcap\mathrm{ACP}_{(\alpha,\beta)}(E,B)$;

(2) $\mathrm{REJ}_{(\alpha,\beta)}\left(E,A\bigcup_{L_C}B\right)\subseteq\mathrm{REJ}_{(\alpha,\beta)}(E,A)\bigcap\mathrm{REJ}_{(\alpha,\beta)}(E,B)$,

$\mathrm{REJ}_{(\alpha,\beta)}\left(E,A\bigcap_{L_C}B\right)\supseteq\mathrm{REJ}_{(\alpha,\beta)}(E,A)\bigcup\mathrm{REJ}_{(\alpha,\beta)}(E,B)$.

证明　由单调性直接得到. □

如果我们反向给出上下近似的概念，可以得到很多粗糙集类似的性质.

定义 3.3.2 (Hu, 2014)　设 $A\in\mathrm{Map}(V,L_C)$，则分别称

$$\underline{\mathrm{apr}}_{(\alpha,\beta)}(E,A)=\mathrm{ACP}_{(\alpha,\beta)}(E,A),$$

$$\overline{\mathrm{apr}}_{(\alpha,\beta)}(E,A)=\left(\mathrm{REJ}_{(\alpha,\beta)}(E,A)\right)^c$$

为 A 的下近似和上近似.

定理 3.3.3 (Hu, 2014)　设 $A,B\in\mathrm{Map}(V,L_C)$，则下列结论成立.

(1) $\underline{\mathrm{apr}}_{(\alpha,\beta)}(E,A)\subseteq\overline{\mathrm{apr}}_{(\alpha,\beta)}(E,A)$;

(2) $\underline{\mathrm{apr}}_{(\alpha,\beta)}(E,V)=U$，$\underline{\mathrm{apr}}_{(\alpha,\beta)}(E,\varnothing)=\varnothing$，$\overline{\mathrm{apr}}_{(\alpha,\beta)}(E,V)=U$，$\overline{\mathrm{apr}}_{(\alpha,\beta)}(E,\varnothing)=\varnothing$;

(3) $A\subseteq_{P_C}B\Rightarrow\underline{\mathrm{apr}}_{(\alpha,\beta)}(E,A)\subseteq\underline{\mathrm{apr}}_{(\alpha,\beta)}(E,B)$，$\overline{\mathrm{apr}}_{(\alpha,\beta)}(E,A)\subseteq\overline{\mathrm{apr}}_{(\alpha,\beta)}(E,B)$;

(4) $\underline{\mathrm{apr}}_{(\alpha,\beta)}(E,N_{L_C}(A))=\left(\overline{\mathrm{apr}}_{(N_{L_D}(\beta),N_{L_D}(\alpha))}(E,A)\right)^c$,

$$\overline{\mathrm{apr}}_{(\alpha,\beta)}(E,N_{L_C}(A))=\left(\underline{\mathrm{apr}}_{(N_{L_D}(\beta),N_{L_D}(\alpha))}(E,A)\right)^c;$$

(5) $\underline{\mathrm{apr}}_{(\alpha,\beta)}(E,A\bigcap_{L_D}B)\subseteq\underline{\mathrm{apr}}_{(\alpha,\beta)}(E,A)\bigcap\underline{\mathrm{apr}}_{(\alpha,\beta)}(E,B)$,

$\overline{\mathrm{apr}}_{(\alpha,\beta)}(E,A\bigcap_{L_D}B)\subseteq\overline{\mathrm{apr}}_{(\alpha,\beta)}(E,A)\bigcap\overline{\mathrm{apr}}_{(\alpha,\beta)}(E,B)$,

$\underline{\mathrm{apr}}_{(\alpha,\beta)}(E,A\bigcup_{L_D}B)\supseteq\underline{\mathrm{apr}}_{(\alpha,\beta)}(E,A)\bigcup\underline{\mathrm{apr}}_{(\alpha,\beta)}(E,B)$,

$\overline{\mathrm{apr}}_{(\alpha,\beta)}(E,A\bigcup_{L_D}B)\supseteq\overline{\mathrm{apr}}_{(\alpha,\beta)}(E,A)\bigcup\overline{\mathrm{apr}}_{(\alpha,\beta)}(E,B)$.

证明 (1)
$$\begin{aligned}\overline{\mathrm{apr}}_{(\alpha,\beta)}(E,A)&=\left(\mathrm{REJ}_{(\alpha,\beta)}(E,A)\right)^c\\&=\left(\left\{x\in U\mid E(A)(x)\leqslant_{L_D}\beta\right\}\right)^c\\&\supseteq\left\{x\in U\mid E(A)(x)\geqslant_{L_D}\alpha\right\}\\&=\underline{\mathrm{apr}}_{(\alpha,\beta)}(E,A).\end{aligned}$$

(2) 由公理 (E1)、定理 3.2.1 (3) 和定义 3.3.1 直接得到.

(3) 由公理 (E2) 和定义 3.3.1 直接得到.

(4)
$$\begin{aligned}\underline{\mathrm{apr}}_{(\alpha,\beta)}(E,N_{L_C}(A))&=\mathrm{ACP}_{(\alpha,\beta)}(E,N_{L_C}(A))\\&=\{x\in U\mid E(N_{L_C}(A))(x)\geqslant_{L_D}\alpha\}\\&=\{x\in U\mid E(A)(x)\leqslant_{L_D}N_{L_D}(\alpha)\}\\&=\mathrm{REJ}_{(N_{L_D}(\beta),N_{L_D}(\alpha))}(E,A)\\&=\left(\overline{\mathrm{apr}}_{(N_{L_D}(\beta),N_{L_D}(\alpha))}(E,A)\right)^c,\end{aligned}$$

$$\begin{aligned}\overline{\mathrm{apr}}_{(\alpha,\beta)}(E,N_{L_C}(A))&=\left(\mathrm{REJ}_{(\alpha,\beta)}(E,N_{L_C}(A))\right)^c\\&=\left(\{x\in U\mid E(N_{L_C}(A))(x)\leqslant_{L_D}\beta\}\right)^c\\&=\left(\{x\in U\mid E(A)(x)\geqslant_{L_D}N_{L_D}(\beta)\}\right)^c\\&=\left(\underline{\mathrm{apr}}_{(N_{L_D}(\beta),N_{L_D}(\alpha))}(E,A)\right)^c.\end{aligned}$$

(5) 由 (3) 直接得到. □

定理 3.3.4 (Hu, 2014) 设 $A\in\mathrm{Map}(V,L_C)$，则下列结论成立.

(1) 如果 $0_{L_D}\leqslant_{L_D}\beta\leqslant_{L_D}\beta'<_{L_D}\alpha'\leqslant_{L_D}\alpha\leqslant_{L_D}1_{L_D}$，则

$$\underline{\mathrm{apr}}_{(\alpha,\beta)}(E,A)\subseteq\underline{\mathrm{apr}}_{(\alpha',\beta')}(E,A),\quad \overline{\mathrm{apr}}_{(\alpha,\beta)}(E,A)\supseteq\overline{\mathrm{apr}}_{(\alpha',\beta')}(E,A);$$

(2) 如果 $\alpha,\beta\in L_D$ 并且 $\alpha\wedge_{L_D}\beta\neq0_{L_D}$，则 $\forall t\in L_D,0\leqslant_{L_D}t<_{L_D}\alpha\wedge_{L_D}\beta$，

$$\underline{\mathrm{apr}}_{(\alpha\vee_{L_D}\beta,t)}(E,A)=\underline{\mathrm{apr}}_{(\alpha,t)}(E,A)\bigcap\underline{\mathrm{apr}}_{(\beta,t)}(E,A).$$

进而如果 $\alpha,\beta\in L_D$ 并且 $\alpha\vee_{L_D}\beta\neq 1_{L_D}$，则 $\forall t\in L_D,\alpha\vee_{L_D}\beta<_{L_D}t\leqslant_{L_D}1_{L_D}$，

$$\overline{\mathrm{apr}}_{(t,\alpha\wedge_{L_D}\beta)}(E,A)=\overline{\mathrm{apr}}_{(t,\alpha)}(E,A)\cup\overline{\mathrm{apr}}_{(t,\beta)}(E,A).$$

证明　只证明 (2). 如果 $\alpha,\beta\in L_D$ 并且 $\alpha\wedge_{L_D}\beta\neq 0_{L_D}$，则 $\forall t\in L_D,0\leqslant_{L_D}t<_{L_D}\alpha\wedge_{L_D}\beta$，

$$\begin{aligned}\underline{\mathrm{apr}}_{(\alpha\vee_{L_D}\beta,t)}(E,A)&=\{x\in U\mid E(A)(x)\geqslant_{L_D}\alpha\vee_{L_D}\beta\}\\&=\{x\in U\mid E(A)(x)\geqslant_{L_D}\alpha\}\cap\{x\in U\mid E(A)(x)\geqslant_{L_D}\beta\}\\&=\underline{\mathrm{apr}}_{(\alpha,t)}(E,A)\cap\underline{\mathrm{apr}}_{(\beta,t)}(E,A).\end{aligned}$$

如果 $\alpha,\beta\in L_D$ 并且 $\alpha\vee_{L_D}\beta\neq 1_{L_D}$，则 $\forall t\in L_D,\alpha\vee_{L_D}\beta<_{L_D}t\leqslant_{L_D}1_{L_D}$，

$$\begin{aligned}\overline{\mathrm{apr}}_{(t,\alpha\wedge_{L_D}\beta)}(E,A)&=\left(\mathrm{REJ}_{(t,\alpha\wedge_{L_D}\beta)}(E,A)\right)^c\\&=\left(x\in U\mid E(A)(x)\leqslant\alpha\wedge_{L_D}\beta\right)^c\\&=\left(\{x\in U\mid E(A)(x)\leqslant_{L_D}\alpha\}\cap\{x\in U\mid E(A)(x)\leqslant_{L_D}\beta\}\right)^c\\&=\left(\{x\in U\mid E(A)(x)\leqslant_{L_D}\alpha\}\right)^c\cup\left(\{x\in U\mid E(A)(x)\leqslant_{L_D}\beta\}\right)^c\\&=\overline{\mathrm{apr}}_{(t,\alpha)}(E,A)\cup\overline{\mathrm{apr}}_{(t,\beta)}(E,A).\end{aligned}$$

□

下面我们通过一个例子来说明三支决策空间的某些概念.

例 3.3.1　我们考虑属于例 3.2.2 (7) 的情形. 设 $L_C=L_D=I^{(2)}$，$U=\{x_1,x_2,\cdots,x_8\}$，

$$A=\frac{[1,1]}{x_1}+\frac{[1,1]}{x_2}+\frac{[1,1]}{x_3}+\frac{[0.5,0.6]}{x_4}+\frac{[0.4,0.6]}{x_5}+\frac{[0.6,0.8]}{x_6}+\frac{[0.8,1]}{x_7}+\frac{[0.2,0.4]}{x_8},$$

$$U/R=\{\{x_1,x_8\},\{x_2\},\{x_3\},\{x_4,x_5\},\{x_6\},\{x_7\}\}.$$

由 $E(A)(x)=\left[\dfrac{|A^-\cap[x]_R|}{|[x]_R|},\dfrac{|A^+\cap[x]_R|}{|[x]_R|}\right]$ 得到

$$E(A)=\frac{[0.6,0.7]}{x_1}+\frac{[1,1]}{x_2}+\frac{[1,1]}{x_3}+\frac{[0.45,0.6]}{x_4}+\frac{[0.45,0.6]}{x_5}+\frac{[0.6,0.8]}{x_6}+\frac{[0.8,1]}{x_7}+\frac{[0.6,0.7]}{x_8}.$$

如果我们考虑 $\beta=[0.55,0.6]$ 和 $\alpha=[0.85,0.90]$，则三支决策给出如下:

接受域: $\mathrm{ACP}_{([0.85,0.9],[0.55,0.6])}(E,A)=\{x\in U\mid E(A)(x)\geqslant_{I^{(2)}}[0.85,0.9]\}=\{x_2,x_3\}$；

拒绝域: $\mathrm{REJ}_{([0.85,0.9],[0.55,0.6])}(E,A)=\{x\in U\mid E(A)(x)\leqslant_{I^{(2)}}[0.55,0.6]\}=\{x_4,x_5\}$；

不确定域:

$$\begin{aligned}\mathrm{UNC}_{([0.85,0.9],[0.55,0.6])}(E,A)&=\left(\mathrm{ACP}_{([0.85,0.9],[0.55,0.6])}(E,A)\cup\mathrm{REJ}_{([0.85,0.9],[0.55,0.6])}(E,A)\right)^c\\&=\{x_1,x_6,x_7,x_8\}.\end{aligned}$$

这时, $\{x\in U\mid[0.55,0.6]<E(A)(x)<[0.85,0.9]\}=\{x_1,x_6,x_8\}\neq\mathrm{UNC}_{([0.85,0.9],[0.55,0.6])}(E,A)$.

A 的下近似和上近似分别为

$$\underline{\mathrm{apr}}_{([0.85,0.9],[0.55,0.6])}(E,A)=\mathrm{ACP}_{([0.85,0.9],[0.55,0.6])}(E,A)=\{x_2,x_3\},$$

$$\overline{\mathrm{apr}}_{([0.85,0.9],[0.55,0.6])}(E,A)=\left(\mathrm{REJ}_{([0.85,0.9],[0.55,0.6])}(E,A)\right)^c=\{x_1,x_2,x_3,x_6,x_7,x_8\}.$$

3.3.2 乐观多粒度三支决策

上述结论 (3.3.1 节) 能推广到多粒度三支决策空间 (Hu, 2014).

定义 3.3.3 设 $(U,\mathrm{Map}(V,L_C),L_D,\{E_1,E_2,\cdots,E_n\})$ 是一个 n 粒度三支决策空间, $A\in\mathrm{Map}(V,L_C)$, $\alpha,\beta\in L_D$ 并且 $0_{L_D}\leqslant_{L_D}\beta<_{L_D}\alpha\leqslant_{L_D}1_{L_D}$, 则乐观 n 粒度三支决策为

(1) 接受域: $\mathrm{ACP}^{\mathrm{op}}_{(\alpha,\beta)}(E_{1\sim n},A)=\bigcup\limits_{i=1}^{n}\mathrm{ACP}_{(\alpha,\beta)}(E_i,A)=\bigcup\limits_{i=1}^{n}\left\{x\in U\mid E_i(A)(x)\geqslant_{L_D}\alpha\right\}$;

(2) 拒绝域: $\mathrm{REJ}^{\mathrm{op}}_{(\alpha,\beta)}(E_{1\sim n},A)=\bigcap\limits_{i=1}^{n}\mathrm{REJ}_{(\alpha,\beta)}(E_i,A)=\bigcap\limits_{i=1}^{n}\left\{x\in U\mid E_i(A)(x)\leqslant_{L_D}\beta\right\}$;

(3) 不确定域: $\mathrm{UNC}^{\mathrm{op}}_{(\alpha,\beta)}(E_{1\sim n},A)=\left(\mathrm{ACP}^{\mathrm{op}}_{(\alpha,\beta)}(E_{1\sim n},A)\cup\mathrm{REJ}^{\mathrm{op}}_{(\alpha,\beta)}(E_{1\sim n},A)\right)^c$.

由定义 3.3.3 可以看到

$$\mathrm{ACP}^{\mathrm{op}}_{(\alpha,\beta)}(E_{1\sim n},A)=\left\{x\in U\,\middle|\,\bigvee_{i=1}^{n}E_i(A)(x)\geqslant_{L_D}\alpha\right\},$$

$$\mathrm{REJ}^{\mathrm{op}}_{(\alpha,\beta)}(E_{1\sim n},A)=\left\{x\in U\,\middle|\,\bigvee_{i=1}^{n}E_i(A)(x)\leqslant_{L_D}\beta\right\}.$$

事实上, 如果 $x_0\in\mathrm{REJ}^{\mathrm{op}}_{(\alpha,\beta)}(E_{1\sim n},A)$, 则由拒绝域的定义知 $\forall i\in\{1,2,\cdots,n\}$, $E_i(A)(x_0)\leqslant_{L_D}\beta$. 所以 $\bigvee\limits_{i=1}^{n}E_i(A)(x_0)\leqslant_{L_D}\beta$, 即 $x_0\in\left\{x\in U\,\middle|\,\bigvee\limits_{i=1}^{n}E_i(A)(x)\leqslant_{L_D}\beta\right\}$. 反之, 如果 $x_0\in\left\{x\in U\,\middle|\,\bigvee\limits_{i=1}^{n}E_i(A)(x)\leqslant_{L_D}\beta\right\}$, 则 $\bigvee\limits_{i=1}^{n}E_i(A)(x_0)\leqslant_{L_D}\beta$. 于是 $\forall i\in\{1,2,\cdots,n\}$, $E_i(A)(x_0)\leqslant_{L_D}\beta$. 因此 $x_0\in\bigcap\limits_{i=1}^{n}\left\{x\in U\,\middle|\,E_i(A)(x)\leqslant_{L_D}\beta\right\}$, 即

$$x_0\in\mathrm{REJ}^{\mathrm{op}}_{(\alpha,\beta)}(E_{1\sim n},A).$$

如果 L_D 是线性序, 则

$$\mathrm{UNC}^{\mathrm{op}}_{(\alpha,\beta)}(E_{1\sim n},A)=\left\{x\in U\,\middle|\,\beta<_{L_D}\bigvee_{i=1}^{n}E_i(A)(x)<_{L_D}\alpha\right\}.$$

图 3.3.2 显示针对两个粒度的乐观 2 粒度三支决策的三个区域.

类似地, 我们也可以讨论多粒度三支决策的上下近似.

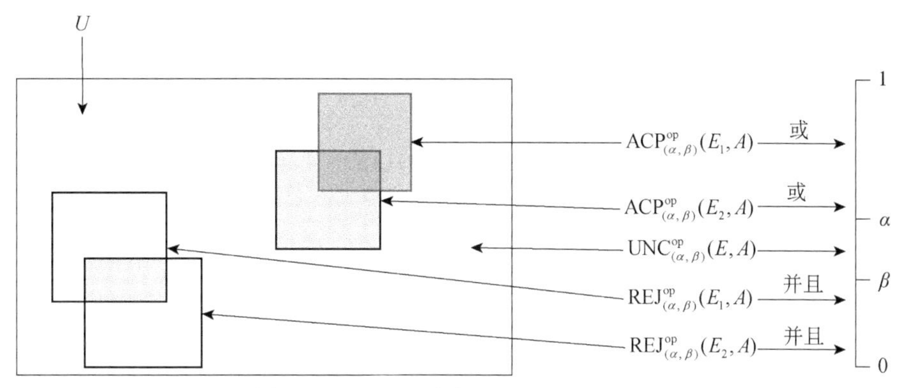

图 3.3.2　乐观 2 粒度三支决策的三区域

定义 3.3.4　设 $A\in \mathrm{Map}(V,L_C)$，则分别称

$$\underline{\mathrm{apr}}^{\mathrm{op}}_{(\alpha,\beta)}(E_{1\sim n},A)=\mathrm{ACP}^{\mathrm{op}}_{(\alpha,\beta)}(E_{1\sim n},A),$$

$$\overline{\mathrm{apr}}^{\mathrm{op}}_{(\alpha,\beta)}(E_{1\sim n},A)=\left(\mathrm{REJ}^{\mathrm{op}}_{(\alpha,\beta)}(E_{1\sim n},A)\right)^c$$

为 A 的乐观 n 粒度下近似和上近似.

很显然, 如果 L_D 是线性序, 则

$$\overline{\mathrm{apr}}^{\mathrm{op}}_{(\alpha,\beta)}(E_{1\sim n},A)=\left\{x\in U\left|\bigvee_{i=1}^{n}E_i(A)(x)>_{L_D}\beta\right.\right\}.$$

定理 3.3.5　设 $(U,\mathrm{Map}(V,L_C),L_D,\{E_1,E_2,\cdots,E_n\})$ 是 n 粒度三支决策空间, $A\in \mathrm{Map}(V,L_C)$， $\alpha,\beta\in L_D$ 并且 $0_{L_D}\leqslant_{L_D}\beta<_{L_D}\alpha\leqslant_{L_D}1$. 下列结论成立.

(1) $\underline{\mathrm{apr}}^{\mathrm{op}}_{(\alpha,\beta)}(E_{1\sim n},A)=\bigcup_{i=1}^{n}\underline{\mathrm{apr}}_{(\alpha,\beta)}(E_i,A)$;

(2) $\overline{\mathrm{apr}}^{\mathrm{op}}_{(\alpha,\beta)}(E_{1\sim n},A)=\bigcup_{i=1}^{n}\overline{\mathrm{apr}}_{(\alpha,\beta)}(E_i,A)$.

定理 3.3.6　设 $(U,\mathrm{Map}(V,L_C),L_D,\{E_1,E_2,\cdots,E_n\})$ 是 n 粒度三支决策空间, $A,B\in \mathrm{Map}(V,L_C)$， $\alpha,\beta\in L_D$ 并且 $0_{L_D}\leqslant_{L_D}\beta<_{L_D}\alpha\leqslant_{L_D}1$. 则

(1) $\underline{\mathrm{apr}}^{\mathrm{op}}_{(\alpha,\beta)}(E_{1\sim n},A)\subseteq\overline{\mathrm{apr}}^{\mathrm{op}}_{(\alpha,\beta)}(E_{1\sim n},A)$；

(2) $\underline{\mathrm{apr}}^{\mathrm{op}}_{(\alpha,\beta)}(E_{1\sim n},V)=U$， $\underline{\mathrm{apr}}^{\mathrm{op}}_{(\alpha,\beta)}(E_{1\sim n},\varnothing)=\varnothing$,

$\overline{\mathrm{apr}}^{\mathrm{op}}_{(\alpha,\beta)}(E_{1\sim n},V)=U$， $\overline{\mathrm{apr}}^{\mathrm{op}}_{(\alpha,\beta)}(E_{1\sim n},\varnothing)=\varnothing$；

(3) $A\subseteq_{L_C}B\Rightarrow\underline{\mathrm{apr}}^{\mathrm{op}}_{(\alpha,\beta)}(E_{1\sim n},A)\subseteq\underline{\mathrm{apr}}^{\mathrm{op}}_{(\alpha,\beta)}(E_{1\sim n},B)$,

$\overline{\mathrm{apr}}^{\mathrm{op}}_{(\alpha,\beta)}(E_{1\sim n},A)\subseteq\overline{\mathrm{apr}}^{\mathrm{op}}_{(\alpha,\beta)}(E_{1\sim n},B)$；

(4) $\underline{\mathrm{apr}}^{\mathrm{op}}_{(\alpha,\beta)}(E_{1\sim n},A\cap B)\subseteq\underline{\mathrm{apr}}^{\mathrm{op}}_{(\alpha,\beta)}(E_{1\sim n},A)\cap\underline{\mathrm{apr}}^{\mathrm{op}}_{(\alpha,\beta)}(E_{1\sim n},B)$,

$$\overline{\text{apr}}^{\text{op}}_{(\alpha,\beta)}(E_{1\sim n},A\cap B)\subseteq\overline{\text{apr}}^{\text{op}}_{(\alpha,\beta)}(E_{1\sim n},A)\cap\overline{\text{apr}}^{\text{op}}_{(\alpha,\beta)}(E_{1\sim n},B),$$
$$\underline{\text{apr}}^{\text{op}}_{(\alpha,\beta)}(E_{1\sim n},A\cup B)\supseteq\underline{\text{apr}}^{\text{op}}_{(\alpha,\beta)}(E_{1\sim n},A)\cup\underline{\text{apr}}^{\text{op}}_{(\alpha,\beta)}(E_{1\sim n},B),$$
$$\overline{\text{apr}}^{\text{op}}_{(\alpha,\beta)}(E_{1\sim n},A\cup B)\supseteq\overline{\text{apr}}^{\text{op}}_{(\alpha,\beta)}(E_{1\sim n},A)\cup\overline{\text{apr}}^{\text{op}}_{(\alpha,\beta)}(E_{1\sim n},B).$$

证明 由定理 3.3.3 和定理 3.3.5 可得. □

定理 3.3.7 设 $(U,\text{Map}(V,L_C),L_D,\{E_1,E_2,\cdots,E_n\})$ 是 n 粒度三支决策空间, $A\in\text{Map}(V,L_C)$. 则

(1) 如果 $0_{L_D}\leqslant_{L_D}\beta\leqslant_{L_D}\beta'<_{L_D}\alpha'\leqslant_{L_D}\alpha\leqslant_{L_D}1$, 则

$$\underline{\text{apr}}^{\text{op}}_{(\alpha,\beta)}(E_{1\sim n},A)\subseteq\underline{\text{apr}}^{\text{op}}_{(\alpha',\beta')}(E_{1\sim n},A),$$
$$\overline{\text{apr}}^{\text{op}}_{(\alpha,\beta)}(E_{1\sim n},A)\supseteq\overline{\text{apr}}^{\text{op}}_{(\alpha',\beta')}(E_{1\sim n},A).$$

(2) 如果 $\alpha,\beta\in L_D$ 并且 $\alpha\wedge_{L_D}\beta\neq 0_{L_D}$, 则 $\forall t\in L_D,0\leqslant_{L_D}t<_{L_D}\alpha\wedge_{L_D}\beta$,

$$\underline{\text{apr}}^{\text{op}}_{(\alpha\vee_{L_D}\beta,t)}(E_{1\sim n},A)\subseteq\underline{\text{apr}}^{\text{op}}_{(\alpha,t)}(E_{1\sim n},A)\cap\underline{\text{apr}}^{\text{op}}_{(\beta,t)}(E_{1\sim n},A);$$

如果 $\alpha,\beta\in L_D$ 并且 $\alpha\vee_{L_D}\beta\neq 1_{L_D}$, 则 $\forall t\in P_D,\alpha\vee_{L_D}\beta<_{L_D}t\leqslant_{L_D}1_{L_D}$,

$$\overline{\text{apr}}^{\text{op}}_{(t,\alpha\wedge_{L_D}\beta)}(E_{1\sim n},A)=\overline{\text{apr}}^{\text{op}}_{(t,\alpha)}(E_{1\sim n},A)\cup\overline{\text{apr}}^{\text{op}}_{(t,\beta)}(E_{1\sim n},A).$$

证明 (2) 如果 $\alpha,\beta\in L_D$ 并且 $\alpha\wedge_{L_D}\beta\neq 0_{L_D}$, 则 $\forall t\in L_D,0\leqslant_{L_D}t<_{L_D}\alpha\wedge_{L_D}\beta$,

$$\begin{aligned}\underline{\text{apr}}^{\text{op}}_{(\alpha\vee_{L_D}\beta,t)}(E_{1\sim n},A)&=\bigcup_{i=1}^{n}\underline{\text{apr}}_{(\alpha\vee_{L_D}\beta,t)}(E_i,A)\\&=\bigcup_{i=1}^{n}\left(\underline{\text{apr}}_{(\alpha,t)}(E_i,A)\cap\underline{\text{apr}}_{(\beta,t)}(E_i,A)\right)\\&\subseteq\left(\bigcup_{i=1}^{n}\underline{\text{apr}}_{(\alpha,t)}(E_i,A)\right)\cap\left(\bigcup_{i=}^{n}\underline{\text{apr}}_{(\beta,t)}(E_i,A)\right)\\&=\underline{\text{apr}}^{\text{op}}_{(\alpha,t)}(E_{1\sim n},A)\cap\underline{\text{apr}}^{\text{op}}_{(\beta,t)}(E_{1\sim n},A).\end{aligned}$$

如果 $\alpha,\beta\in L_D$ 并且 $\alpha\vee_{L_D}\beta\neq 1_{L_D}$, 则 $\forall t\in L_D,\alpha\vee_{L_D}\beta<_{L_D}t\leqslant_{L_D}1_{L_D}$,

$$\begin{aligned}\overline{\text{apr}}^{\text{op}}_{(t,\alpha\wedge_{L_D}\beta)}(E_{1\sim n},A)&=\bigcup_{i=1}^{n}\overline{\text{apr}}_{(t,\alpha\wedge_{L_D}\beta)}(E_i,A)\\&=\bigcup_{i=1}^{n}\left(\overline{\text{apr}}_{(t,\alpha)}(E_i,A)\cup\overline{\text{apr}}_{(t,\beta)}(E_i,A)\right)\\&=\left(\bigcup_{i=1}^{n}\overline{\text{apr}}_{(t,\alpha)}(E_i,A)\right)\cup\left(\bigcup_{i=1}^{n}\overline{\text{apr}}_{(t,\beta)}(E_i,A)\right)\\&=\overline{\text{apr}}^{\text{op}}_{(t,\alpha)}(E_{1\sim n},A)\cup\overline{\text{apr}}^{\text{op}}_{(t,\beta)}(E_{1\sim n},A).\end{aligned}$$

□

在这里, 我们使用一个示例来说明三支决策空间的一些概念.

例 3.3.2 (再次考虑例 2.3.3 (Lin et al., 2013; Hu, 2014))　让我们考虑信用卡申请人的评价问题. 假设 $U=\{x_1,x_2,\ \cdots,x_9\}$是一组 9 个申请人. AT = {教育背景, 薪水}是两个条件属性的集合. “教育背景” 的属性值是{最好, 较好, 好}. “薪水” 的属性值是{高, 中, 低}. 我们让三位专家 I, II, III 评估这些申请人的属性值. 它们对相同属性值的评价结果可能彼此不相同. 评估结果列于表 3.3.1. 在表 3.3.1 中 y_i $(i=1, 2, 3)$ 表示三位专家 I, II, III 的评价结果 y_i 和 n_i $(i=1, 2, 3)$, 其中 y_i 表示 “是”, n_i 表示 “否”.

表 3.3.1　一个评价信息系统

U	AT																	
属性值	教育背景									薪水								
	最好			较好			好			高			中			低		
	I	II	III	I	II	III	I	II	III	I	II	III	I	II	III	I	II	III
x_1	y_1	y_2	n_3	n_1	n_2	n_3	n_1	n_2	y_3	y_1	y_2	y_3	n_1	n_2	n_3	n_1	n_2	n_3
x_2	n_1	y_2	n_3	y_1	y_2	y_3	n_1	n_2	n_3	y_1	y_2	y_3	n_1	n_2	n_3	y_1	n_2	n_3
x_3	n_1	n_2	n_3	n_1	n_2	n_3	y_1	y_2	y_3	y_1	y_2	y_3	n_1	n_2	n_3	n_1	n_2	n_3
x_4	y_1	y_2	y_3	n_1	n_2	n_3	n_1	n_2	n_3	n_1	n_2	n_3	y_1	y_2	y_3	n_1	n_2	n_3
x_5	y_1	y_2	n_3	n_1	y_2	n_3	n_1	y_2	y_3	n_1	n_2	n_3	y_1	y_2	y_3	y_1	n_2	n_3
x_6	n_1	n_2	n_3	n_1	n_2	n_3	y_1	y_2	y_3	n_1	n_2	n_3	y_1	y_2	y_3	n_1	n_2	n_3
x_7	y_1	y_2	y_3	n_1	n_2	n_3	n_1	n_2	n_3	n_1	n_2	n_3	y_1	y_2	n_3	n_1	n_2	y_3
x_8	n_1	y_2	n_3	y_1	y_2	y_3	n_1	n_2	n_3	n_1	n_2	n_3	y_1	y_2	y_3	n_1	y_2	n_3
x_9	n_1	n_2	n_3	n_1	n_2	n_3	y_1	y_2	y_3	n_1	n_2	n_3	n_1	n_2	n_3	y_1	y_2	y_3

由表 3.31, 对于属性 “教育背景”, 专家 I, II, III 分别给出了对应于 U 的三个覆盖的如下评价:

$$\mathcal{C}_1=\{\{x_1,x_4,x_5,x_7\},\{x_2,x_8\},\{x_3,x_6,x_9\}\},$$

$$\mathcal{C}_2=\{\{x_1,x_2,x_4,x_5,x_7,x_8\},\{x_2,x_5,x_8\},\{x_3,x_5,x_6,x_9\}\},$$

$$\mathcal{C}_3=\{\{x_4,x_7\},\{x_2,x_8\},\{x_1,x_3,x_5,x_6,x_9\}\}.$$

对于属性 “薪水”, 专家 I, II, III 分别给出了对应于 U 的三个覆盖的如下评价:

$$\mathcal{C}_4=\{\{x_1,x_2,x_3\},\{x_4,x_5,x_6,x_7x_8\},\{x_2,x_5,x_9\}\},$$

$$\mathcal{C}_5=\{\{x_1,x_2,x_3\},\{x_4,x_5,x_6,x_7,x_8\},\{x_7,x_8,x_9\}\},$$

$$\mathcal{C}_6=\{\{x_1,x_2,x_3\},\{x_4,x_5,x_6,x_8\},\{x_7,x_9\}\}.$$

对于覆盖 $\mathcal{C}_2$, U 中对象的最小描述为

$$\mathrm{Md}_{\mathcal{C}_2}(x_1)=\mathrm{Md}_{\mathcal{C}_2}(x_4)=\mathrm{Md}_{\mathcal{C}_2}(x_7)=\{\{x_1,x_2,x_4,x_5,x_7,x_8\}\},$$

$$\mathrm{Md}_{\mathcal{C}_2}(x_2)=\mathrm{Md}_{\mathcal{C}_2}(x_8)=\{\{x_2,x_5,x_8\}\},$$

$$\mathrm{Md}_{\mathcal{C}_2}(x_5)=\{\{x_2,x_5,x_8\},\{x_3,x_5,x_6,x_9\}\},$$

$$\mathrm{Md}_{\mathcal{C}_2}(x_3)=\mathrm{Md}_{\mathcal{C}_2}(x_6)=\mathrm{Md}_{\mathcal{C}_2}(x_9)=\{\{x_3,x_5,x_6,x_9\}\}.$$

对于覆盖$\mathcal{C}_5$, U中对象的最小描述为

$$\mathrm{Md}_{\mathcal{C}_5}(x_1)=\mathrm{Md}_{\mathcal{C}_5}(x_2)=\mathrm{Md}_{\mathcal{C}_5}(x_3)=\{\{x_1,x_2,x_3\}\},$$

$$\mathrm{Md}_{\mathcal{C}_5}(x_4)=\mathrm{Md}_{\mathcal{C}_5}(x_5)=\mathrm{Md}_{\mathcal{C}_5}(x_6)=\{\{x_4,x_5,x_6,x_7,x_8\}\},$$

$$\mathrm{Md}_{\mathcal{C}_5}(x_7)=\mathrm{Md}_{\mathcal{C}_5}(x_8)=\{\{x_4,x_5,x_6,x_7,x_8\},\{x_7,x_8,x_9\}\},$$

$$\mathrm{Md}_{\mathcal{C}_5}(x_9)=\{\{x_7,x_8,x_9\}\}.$$

考虑$A=\{x_1,x_2,x_5,x_8\}$，决策评价函数

$$E_1(A)(x)=\frac{\left|A\cap\left(\bigcup\mathrm{Md}_{\mathcal{C}_2}(x)\right)\right|}{\left|\bigcup\mathrm{Md}_{\mathcal{C}_2}(x)\right|},$$

$$E_2(A)(x)=\frac{\left|A\cap\left(\bigcup\mathrm{Md}_{\mathcal{C}_5}(x)\right)\right|}{\left|\bigcup\mathrm{Md}_{\mathcal{C}_5}(x)\right|},$$

则

$$E_1(A)=\frac{\frac{2}{3}}{x_1}+\frac{1}{x_2}+\frac{\frac{1}{4}}{x_3}+\frac{\frac{2}{3}}{x_4}+\frac{\frac{1}{2}}{x_5}+\frac{\frac{1}{4}}{x_6}+\frac{\frac{2}{3}}{x_7}+\frac{1}{x_8}+\frac{\frac{1}{4}}{x_9},$$

$$E_2(A)=\frac{\frac{2}{3}}{x_1}+\frac{\frac{2}{3}}{x_2}+\frac{\frac{2}{3}}{x_3}+\frac{\frac{2}{5}}{x_4}+\frac{\frac{2}{5}}{x_5}+\frac{\frac{2}{5}}{x_6}+\frac{\frac{1}{3}}{x_7}+\frac{\frac{1}{3}}{x_8}+\frac{\frac{1}{3}}{x_9}.$$

在 2 粒度三支决策空间$(U,\mathrm{Map}(U,\{0,1\}),[0,1],\{E_1,E_2\})$中，如果我们考虑三组不同的参数$\alpha,\beta$，则$A$的乐观 2 粒度三支决策、下近似和上近似列入表 3.3.2.

表 3.3.2 对于不同参数α,β,A的乐观 2 粒度三支决策、下近似和上近似

	$\alpha=1,\beta=0$	$\alpha=\frac{2}{3},\beta=\frac{1}{2}$	$\alpha=\frac{2}{3},\beta=\frac{1}{3}$
$\mathrm{ACP}^{\mathrm{op}}_{(\alpha,\beta)}(E_{1\sim 2},A)$	$\{x_2,x_8\}$	$\{x_1,x_2,x_3,x_4,x_7,x_8\}$	$\{x_1,x_2,x_3,x_4,x_7,x_8\}$
$\mathrm{REJ}^{\mathrm{op}}_{(\alpha,\beta)}(E_{1\sim 2},A)$	$\varnothing$	$\{x_5,x_6,x_9\}$	$\{x_9\}$
$\mathrm{UNC}^{\mathrm{op}}_{(\alpha,\beta)}(E_{1\sim 2},A)$	$\{x_1,x_3,x_4,x_5,x_6,x_7,x_9\}$	$\varnothing$	$\{x_5,x_6\}$
$\underline{\mathrm{apr}}^{\mathrm{op}}_{(\alpha,\beta)}(E_{1\sim 2},A)$	$\{x_2,x_8\}$	$\{x_1,x_2,x_3,x_4,x_7,x_8\}$	$\{x_1,x_2,x_3,x_4,x_7,x_8\}$
$\overline{\mathrm{apr}}^{\mathrm{op}}_{(\alpha,\beta)}(E_{1\sim 2},A)$	U	$\{x_1,x_2,x_3,x_4,x_7,x_8\}$	$\{x_1,x_2,x_3,x_4,x_5,x_6,x_7,x_8\}$

3.3.3 悲观多粒度三支决策

下面我们考虑多粒度三支决策空间上的另一类三支决策 (Hu, 2014).

定义 3.3.5 设 $(U,\mathrm{Map}(V,L_C),L_D,\{E_1,E_2,\cdots,E_n\})$ 是一个 n 粒度三支决策空间, $A\in\mathrm{Map}(V,L_C)$, $\alpha,\beta\in L_D$ 并且 $0_{L_D}\leqslant_{L_D}\beta<_{L_D}\alpha\leqslant_{L_D}1_{L_D}$, 则悲观 n 粒度三支决策为

(1) 接受域: $\mathrm{ACP}^{\mathrm{pe}}_{(\alpha,\beta)}(E_{1\sim n},A)=\bigcap\limits_{i=1}^{n}\mathrm{ACP}_{(\alpha,\beta)}(E_i,A)=\bigcap\limits_{i=1}^{n}\{x\in U\mid E_i(A)(x)\geqslant_{L_D}\alpha\}$;

(2) 拒绝域: $\mathrm{REJ}^{\mathrm{pe}}_{(\alpha,\beta)}(E_{1\sim n},A)=\bigcup\limits_{i=1}^{n}\mathrm{REJ}_{(\alpha,\beta)}(E_i,A)=\bigcup\limits_{i=1}^{n}\{x\in U\mid E_i(A)(x)\leqslant_{L_D}\beta\}$;

(3) 不确定域: $\mathrm{UNC}^{\mathrm{pe}}_{(\alpha,\beta)}(E_{1\sim n},A)=\left(\mathrm{ACP}^{\mathrm{pe}}_{(\alpha,\beta)}(E_{1\sim n},A)\cup\mathrm{REJ}^{\mathrm{pe}}_{(\alpha,\beta)}(E_{1\sim n},A)\right)^c$.

由定义 3.3.5 很容易得到

$$\mathrm{ACP}^{\mathrm{pe}}_{(\alpha,\beta)}(E_{1\sim n},A)=\left\{x\in U\,\middle|\,\bigwedge_{i=1}^{n}E_i(A)(x)\geqslant_{L_D}\alpha\right\},$$

$$\mathrm{REJ}^{\mathrm{pe}}_{(\alpha,\beta)}(E_{1\sim n},A)=\left\{x\in U\,\middle|\,\bigwedge_{i=1}^{n}E_i(A)(x)\leqslant_{L_D}\beta\right\}.$$

如果 L_D 是线性序, 则 $\mathrm{UNC}^{\mathrm{pe}}_{(\alpha,\beta)}(E_{1\sim n},A)=\left\{x\in U\,\middle|\,\beta<_{L_D}\bigwedge\limits_{i=1}^{n}E_i(A)(x)<_{L_D}\alpha\right\}$.

图 3.3.3 显示了悲观 2 粒度三支决策的三个区域.

类似地, 我们可以讨论悲观多粒度三支决策的下近似和上近似.

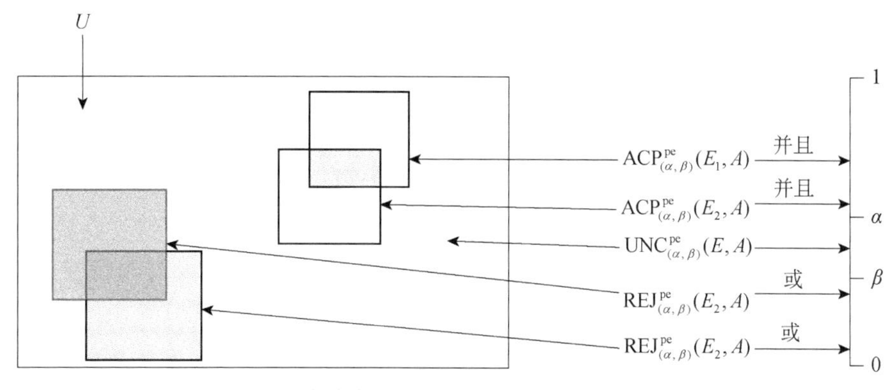

图 3.3.3 两个粒度的悲观 2 粒度三支决策的三个区域

定义 3.3.6 设 $A\in\mathrm{Map}(V,L_C)$, 则分别称

$$\underline{\mathrm{apr}}^{\mathrm{pe}}_{(\alpha,\beta)}(E_{1\sim n},A)=\mathrm{ACP}^{\mathrm{pe}}_{(\alpha,\beta)}(E_{1\sim n},A),$$

$$\overline{\mathrm{apr}}^{\mathrm{pe}}_{(\alpha,\beta)}(E_{1\sim n},A)=\left(\mathrm{REJ}^{\mathrm{pe}}_{(\alpha,\beta)}(E_{1\sim n},A)\right)^c$$

为 A 的悲观 n 粒度下近似和上近似.

很显然，当 L_D 是线性序时，

$$\overline{\mathrm{apr}}^{\mathrm{pe}}_{(\alpha,\beta)}(E_{1\sim n},A)=\left\{x\in U\,\middle|\,\bigwedge_{i=1}^{n}E_i(A)(x)>_{L_D}\beta\right\}.$$

定理 3.3.8 设 $(U,\mathrm{Map}(V,P_C),P_D,\{E_1,E_2,\cdots,E_n\})$ 是一个 n 粒度三支决策空间，$A\in\mathrm{Map}(V,L_C)$，$\alpha,\beta\in P_D$，$0\leqslant_{P_D}\beta<_{P_D}\alpha\leqslant_{P_D}1_{P_D}$. 下列结论成立.

(1) $\underline{\mathrm{apr}}^{\mathrm{pe}}_{(\alpha,\beta)}(E_{1\sim n},A)=\bigcap_{i=1}^{n}\underline{\mathrm{apr}}_{(\alpha,\beta)}(E_i,A)$;

(2) $\overline{\mathrm{apr}}^{\mathrm{pe}}_{(\alpha,\beta)}(E_{1\sim n},A)=\bigcap_{i=1}^{n}\overline{\mathrm{apr}}_{(\alpha,\beta)}(E_i,A)$.

定理 3.3.9 设 $(U,\mathrm{Map}(V,L_C),L_D,\{E_1,E_2,\cdots,E_n\})$ 是一个 n 粒度三支决策空间，$A,B\in\mathrm{Map}(V,P_C)$，$\alpha,\beta\in L_D$，$0\leqslant_{L_D}\beta<_{L_D}\alpha\leqslant_{L_D}1_{L_D}$. 下列结论成立.

(1) $\underline{\mathrm{apr}}^{\mathrm{pe}}_{(\alpha,\beta)}(E_{1\sim n},A)\subseteq\overline{\mathrm{apr}}^{\mathrm{pe}}_{(\alpha,\beta)}(E_{1\sim n},B)$;

(2) $\underline{\mathrm{apr}}^{\mathrm{pe}}_{(\alpha,\beta)}(E_{1\sim n},V)=U$，$\overline{\mathrm{apr}}^{\mathrm{pe}}_{(\alpha,\beta)}(E_{1\sim n},\varnothing)=\varnothing$，

$\underline{\mathrm{apr}}^{\mathrm{pe}}_{(\alpha,\beta)}(E_{1\sim n},\varnothing)=\varnothing$，$\overline{\mathrm{apr}}^{\mathrm{pe}}_{(\alpha,\beta)}(E_{1\sim n},V)=U$;

(3) $A\subseteq_{L_C}B\Rightarrow\underline{\mathrm{apr}}^{\mathrm{pe}}_{(\alpha,\beta)}(E_{1\sim n},A)\subseteq\underline{\mathrm{apr}}^{\mathrm{pe}}_{(\alpha,\beta)}(E_{1\sim n},B)$,

$\overline{\mathrm{apr}}^{\mathrm{pe}}_{(\alpha,\beta)}(E_{1\sim n},A)\subseteq\overline{\mathrm{apr}}^{\mathrm{pe}}_{(\alpha,\beta)}(E_{1\sim n},B)$;

(4) $\underline{\mathrm{apr}}^{\mathrm{pe}}_{(\alpha,\beta)}(E_{1\sim n},A\cap B)\subseteq\underline{\mathrm{apr}}^{\mathrm{pe}}_{(\alpha,\beta)}(E_{1\sim n},A)\cap\underline{\mathrm{apr}}^{\mathrm{pe}}_{(\alpha,\beta)}(E_{1\sim n},B)$,

$\overline{\mathrm{apr}}^{\mathrm{pe}}_{(\alpha,\beta)}(E_{1\sim n},A\cap B)\subseteq\overline{\mathrm{apr}}^{\mathrm{pe}}_{(\alpha,\beta)}(E_{1\sim n},A)\cap\overline{\mathrm{apr}}^{\mathrm{pe}}_{(\alpha,\beta)}(E_{1\sim n},B)$,

$\underline{\mathrm{apr}}^{\mathrm{pe}}_{(\alpha,\beta)}(E_{1\sim n},A\cup B)\supseteq\underline{\mathrm{apr}}^{\mathrm{pe}}_{(\alpha,\beta)}(E_{1\sim n},A)\cup\underline{\mathrm{apr}}^{\mathrm{pe}}_{(\alpha,\beta)}(E_{1\sim n},B)$,

$\overline{\mathrm{apr}}^{\mathrm{pe}}_{(\alpha,\beta)}(E_{1\sim n},A\cup B)\supseteq\overline{\mathrm{apr}}^{\mathrm{pe}}_{(\alpha,\beta)}(E_{1\sim n},A)\cup\overline{\mathrm{apr}}^{\mathrm{pe}}_{(\alpha,\beta)}(E_{1\sim n},B)$.

证明 由定理 3.3.3 和定理 3.3.8 易得. □

定理 3.3.10 设 $(U,\mathrm{Map}(V,L_C),L_D,\{E_1,E_2,\cdots,E_n\})$ 是一个 n 粒度三支决策空间，$A\in\mathrm{Map}(V,L_C)$. 则我们有下列陈述.

(1) 如果 $0_{L_D}\leqslant_{L_D}\beta\leqslant_{L_D}\beta'<_{L_D}\alpha'\leqslant_{L_D}\alpha\leqslant_{L_D}1_{L_D}$，则

$$\underline{\mathrm{apr}}^{\mathrm{pe}}_{(\alpha,\beta)}(E_{1\sim n},A)\subseteq\underline{\mathrm{apr}}^{\mathrm{pe}}_{(\alpha',\beta')}(E_{1\sim n},A),$$

$$\overline{\mathrm{apr}}^{\mathrm{pe}}_{(\alpha,\beta)}(E_{1\sim n},A)\supseteq\overline{\mathrm{apr}}^{\mathrm{pe}}_{(\alpha',\beta')}(E_{1\sim n},B);$$

(2) 如果 $\alpha,\beta\in L_D$ 并且 $\alpha\wedge_{P_D}\beta\neq0_{P_D}$，则 $\forall t\in L_D,0_{L_D}\leqslant_{L_D}t<_{L_D}\alpha\wedge_{L_D}\beta$,

$$\underline{\mathrm{apr}}^{\mathrm{pe}}_{(\alpha\vee_{P_D}\beta,\,t)}(E_{1\sim n},A)=\underline{\mathrm{apr}}^{\mathrm{pe}}_{(\alpha,\,t)}(E_{1\sim n},A)\cap\underline{\mathrm{apr}}^{\mathrm{pe}}_{(\beta,\,t)}(E_{1\sim n},A);$$

如果$\alpha,\beta\in L_D$并且$\alpha\vee_{L_D}\beta\neq 1_{L_D}$，则$\forall t\in L_D,\alpha\vee_{L_D}\beta<_{L_D}t\leqslant_{L_D}1_{L_D}$，

$$\overline{\mathrm{apr}}^{\mathrm{pe}}_{(t,\,\alpha\wedge\beta)}(E_{1\sim n},A)\supseteq\overline{\mathrm{apr}}^{\mathrm{pe}}_{(t,\,\beta)}(E_{1\sim n},A)\cup\overline{\mathrm{apr}}^{\mathrm{pe}}_{(t,\,\beta)}(E_{1\sim n},A).$$

证明　(1) 由定义 3.3.5 和定义 3.3.6 直接得到.

(2) 如果$\alpha,\beta\in L_D$并且$\alpha\wedge_{L_D}\beta\neq 0_{L_D}$，则$\forall t\in L_D,0_{L_D}\leqslant_{L_D}t<_{L_D}\alpha\wedge_{L_D}\beta$，

$$\begin{aligned}\underline{\mathrm{apr}}^{\mathrm{pe}}_{(\alpha\vee_{L_D}\beta,\,t)}(E_{1\sim n},A)&=\bigcap_{i=1}^{n}\underline{\mathrm{apr}}_{(\alpha\vee_{L_D}\beta,\,t)}(E_i,A)\\&=\bigcap_{i=1}^{n}\left(\underline{\mathrm{apr}}_{(\alpha,\,t)}(E_i,A)\cap\underline{\mathrm{apr}}_{(\beta,\,t)}(E_i,A)\right)\\&=\left(\bigcap_{i=1}^{n}\underline{\mathrm{apr}}_{(\alpha,\,t)}(E_i,A)\right)\cap\left(\bigcap_{i=1}^{n}\underline{\mathrm{apr}}_{(\beta,\,t)}(E_i,A)\right)\\&=\underline{\mathrm{apr}}^{\mathrm{pe}}_{(\alpha,\,t)}(E_{1\sim n},A)\cap\underline{\mathrm{apr}}^{\mathrm{pe}}_{(\beta,\,t)}(E_{1\sim n},A).\end{aligned}$$

如果$\alpha,\beta\in L_D$并且$\alpha\vee_{L_D}\beta\neq 1_{L_D}$，则$\forall t\in L_D,\alpha\vee_{L_D}\beta<_{L_D}t\leqslant_{L_D}1_{L_D}$，

$$\begin{aligned}\overline{\mathrm{apr}}^{\mathrm{pe}}_{(t,\,\alpha\wedge_{L_D}\beta)}(E_i,A)&=\bigcap_{i=1}^{n}\left(\overline{\mathrm{apr}}^{\mathrm{pe}}_{(t,\,\alpha)}(E_i,A)\cup\overline{\mathrm{apr}}^{\mathrm{pe}}_{(t,\,\beta)}(E_i,A)\right)\\&\supseteq\left(\bigcap_{i=1}^{n}\overline{\mathrm{apr}}^{\mathrm{pe}}_{(t,\,\alpha)}(E_i,A)\right)\cup\left(\bigcap_{i=1}^{n}\overline{\mathrm{apr}}^{\mathrm{pe}}_{(t,\,\beta)}(E_i,A)\right)\\&=\overline{\mathrm{apr}}^{\mathrm{pe}}_{(t,\,\alpha)}(E_{1\sim n},A)\cup\overline{\mathrm{apr}}^{\mathrm{pe}}_{(t,\,\beta)}(E_{1\sim n},A).\end{aligned}$$

□

例 3.3.3　再次考虑例 3.3.2. 在 2 粒度三支决策空间$(U,\mathrm{Map}(U,\{0,1\}),[0,1],\{E_1,E_2\})$中，如果我们考虑与例 3.3.2 相同的三组参数$\alpha,\beta$，则悲观 2 粒度三支决策、下近似和上近似列入表 3.3.3.

表 3.3.3　对于不同参数α,β,A的悲观 2 粒度三支决策、下近似和上近似

	$\alpha=1,\beta=0$	$\alpha=\frac{2}{3},\beta=\frac{1}{2}$	$\alpha=\frac{2}{3},\beta=\frac{1}{3}$
$\mathrm{ACP}^{\mathrm{pe}}_{(\alpha,\,\beta)}(E_{1\sim 2},A)$	$\varnothing$	$\{x_1,x_2\}$	$\{x_1,x_2\}$
$\mathrm{REJ}^{\mathrm{pe}}_{(\alpha,\,\beta)}(E_{1\sim 2},A)$	$\varnothing$	$\{x_3,x_4,x_5,x_6,x_7,x_8,x_9\}$	$\{x_3,x_6,x_7,x_8,x_9\}$
$\mathrm{UNC}^{\mathrm{pe}}_{(\alpha,\,\beta)}(E_{1\sim 2},A)$	U	$\varnothing$	$\{x_4,x_5\}$
$\underline{\mathrm{apr}}^{\mathrm{pe}}_{(\alpha,\,\beta)}(E_{1\sim 2},A)$	$\varnothing$	$\{x_1,x_2\}$	$\{x_1,x_2\}$
$\overline{\mathrm{apr}}^{\mathrm{pe}}_{(\alpha,\,\beta)}(E_{1\sim 2},A)$	U	$\{x_1,x_2\}$	$\{x_1,x_2,x_4,x_5\}$

下面定理显示了乐观多粒度三支决策和悲观多粒度三支决策的关系.

定理 3.3.11 设 $(U,\mathrm{Map}(V,L_C),L_D,\{E_1,E_2,\cdots,E_n\})$ 是 n 粒度三支决策空间, $A\in\mathrm{Map}(V,L_C)$, $\alpha,\beta\in L_D$, $0_{P_D}\leqslant_{P_D}\beta<_{P_D}\alpha\leqslant_{P_D}1_{P_D}$. 则下列结论成立.

(1) $\mathrm{ACP}^{\mathrm{op}}_{(\alpha,\beta)}(E_{1\sim n},N_{L_C}(A))=\mathrm{REJ}^{\mathrm{pe}}_{(N_{L_D}(\beta),N_{L_D}(\alpha))}(E_{1\sim n},A)$;

(2) $\mathrm{REJ}^{\mathrm{op}}_{(\alpha,\beta)}(E_{1\sim n},N_{L_C}(A))=\mathrm{ACP}^{\mathrm{pe}}_{(N_{L_D}(\beta),N_{L_D}(\alpha))}(E_{1\sim n},A)$;

(3) $\mathrm{UNC}^{\mathrm{op}}_{(\alpha,\beta)}(E_{1\sim n},N_{L_C}(A))=\mathrm{UNC}^{\mathrm{pe}}_{(N_{L_D}(\beta),N_{L_D}(\alpha))}(E_{1\sim n},A)$.

证明

$$\begin{aligned}\mathrm{ACP}^{\mathrm{op}}_{(\alpha,\beta)}(E_{1\sim n},N_{L_C}(A))&=\bigcup_{i=1}^{n}\mathrm{ACP}_{(\alpha,\beta)}(E_i,N_{L_C}(A))\\&=\bigcup_{i=1}^{n}\mathrm{REJ}_{(N_{L_D}(\beta),N_{L_D}(\alpha))}(E_i,A)\\&=\mathrm{REJ}^{\mathrm{pe}}_{(N_{L_D}(\beta),N_{L_D}(\alpha))}(E_{1\sim n},A).\end{aligned}$$

其他类似可证. □

由定义 3.3.6 和定理 3.3.11 直接得到下列定理.

定理 3.3.12 设 $(U,\mathrm{Map}(V,L_C),L_D,\{E_1,E_2,\cdots,E_n\})$ 是 n 粒度的三支决策空间, $A\in\mathrm{Map}(V,L_C)$, $\alpha,\beta\in P_D$, $0_{L_D}\leqslant_{L_D}\beta<_{L_D}\alpha\leqslant_{L_D}1_{L_D}$. 则下列结论成立.

(1) $\underline{\mathrm{apr}}^{\mathrm{op}}_{(\alpha,\beta)}(E_{1\sim n},N_{L_C}(A))=\left(\overline{\mathrm{apr}}^{\mathrm{pe}}_{(N_{L_D}(\beta),N_{L_D}(\alpha))}(E_{1\sim n},A)\right)^c$;

(2) $\overline{\mathrm{apr}}^{\mathrm{op}}_{(\alpha,\beta)}(E_{1\sim n},N_{L_C}(A))=\left(\underline{\mathrm{apr}}^{\mathrm{pe}}_{(N_{L_D}(\beta),N_{L_D}(\alpha))}(E_{1\sim n},A)\right)^c$.

注 3.3.1 从注 3.2.2 我们能看到如果 $E_1,E_2,\cdots,E_n$ 是 n 个决策评价函数, 则 $\mathop{\wedge}\limits_{i=1}^{n}E_i(A)(x)$ 和 $\mathop{\vee}\limits_{i=1}^{n}E_i(A)(x)$ 不一定是决策评价函数. 所以定义 3.3.3 和定义 3.3.5 不是定义 3.3.1 的特殊情形.

3.4 基于 Fuzzy 集的三支决策

由决策评价函数的定义易知, 对于 $A\in\mathrm{Map}(U,P_c)$ 本身也是 U 上的一个决策评价函数. 下面针对一般 Fuzzy 集、区间值 Fuzzy 集、Fuzzy 关系、阴影集、区间集分别考虑相应的三支决策 (Hu, 2014).

3.4.1 基于一般 Fuzzy 集的三支决策空间

设 A 是 U 的一个 Fuzzy 集 (Zadeh, 1965), $A(x)$ 是其隶属函数, 取 $E(A)(x)=A(x)$, 则 $(U,\mathrm{Map}(U,[0,1]),[0,1],E)$ 是 U 的一个三支决策空间. 如果 $0\leqslant\beta<$

$\alpha \leqslant 1$，则三支决策为

(1) 接受域：$\mathrm{ACP}_{(\alpha,\beta)}(E,A)=\{x\in U \mid E(A)(x)=A(x)\geqslant \alpha\}$；

(2) 拒绝域：$\mathrm{REJ}_{(\alpha,\beta)}(E,A)=\{x\in U \mid E(A)(x)=A(x)\leqslant \beta\}$；

(3) 不确定域：$\mathrm{UNC}_{(\alpha,\beta)}(E,A)=\{x\in U \mid \beta < A(x) < \alpha\}$.

基于 Fuzzy 集 A 的三支决策如图 3.4.1 所示.

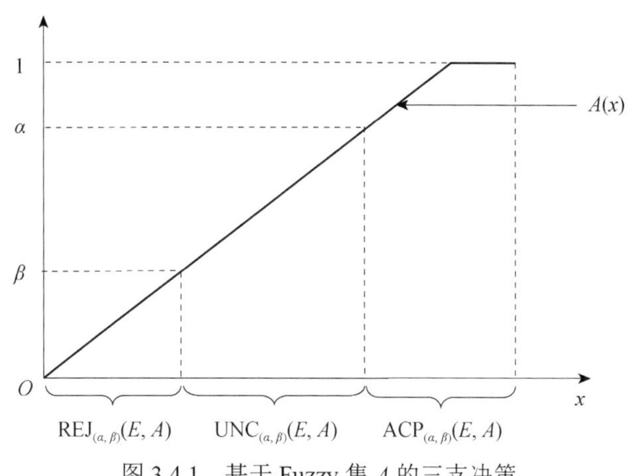

图 3.4.1 基于 Fuzzy 集 A 的三支决策

很显然，$\mathrm{ACP}_{(\alpha,\beta)}(E,A)=A_\alpha$，$\mathrm{REJ}_{(\alpha,\beta)}(E,A)=(A_{\beta+})^c$ 并且 $\mathrm{UNC}_{(\alpha,\beta)}(E,A)=(A_\alpha)^c\cap A_{\beta+}$. 如果 $\beta=0$ 和 $\alpha=1$，则接受域 $\mathrm{ACP}_{(1,0)}(E,A)$ 是 Fuzzy 集 A 的核；不确定域 $\mathrm{UNC}_{(1,0)}(E,A)$ 是 Fuzzy 集 A 的边界；接受域与不确定域之并集 $\mathrm{ACP}_{(1,0)}(E,A)\cup \mathrm{UNC}_{(1,0)}(E,A)$ 是 Fuzzy 集 A 的支集.

3.4.2 基于区间值 Fuzzy 集的三支决策空间

设 $A=[A^-,A^+]$ 是 U 的一个区间值 Fuzzy 集 (Zadeh, 1975; Hu, Wong, 2013, 2014; Hu, 2015)，取 $E(A)(x)=A^{(m)}(x)$，则 $(U,\mathrm{Map}(U,I^{(2)}),[0,1],E)$ 是一个三支决策空间. 如果 $0\leqslant \beta < \alpha \leqslant 1$，则三支决策为

(1) 接受域：$\mathrm{ACP}_{(\alpha,\beta)}(E,A)=\{x\in U \mid A^{(m)}(x)\geqslant \alpha\}$；

(2) 拒绝域：$\mathrm{REJ}_{(\alpha,\beta)}(E,A)=\{x\in U \mid A^{(m)}(x)\leqslant \beta\}$；

(3) 不确定域：$\mathrm{UNC}_{(\alpha,\beta)}(E,A)=\{x\in U \mid \beta < A^{(m)}(x) < \alpha\}$.

基于区间值 Fuzzy 集的三支决策如图 3.4.2 所示.

设 $A=[A^-,A^+]$ 是 U 的一个区间值 Fuzzy 集，取 $E(A)(x)=A(x)$，则 $(U,\mathrm{Map}(U,I^{(2)}),I^{(2)},E)$ 是一个三支决策空间. 如果 $0_{I^{(2)}}\leqslant_{I^{(2)}}[\beta^-,\beta^+]<_{I^{(2)}}$

$[\alpha^-,\alpha^+]\leqslant_{I^{(2)}} 1_{I^{(2)}}$，$\alpha=[\alpha^-,\alpha^+],\beta=[\beta^-,\beta^+]\in I^{(2)}$，则区间值三支决策为

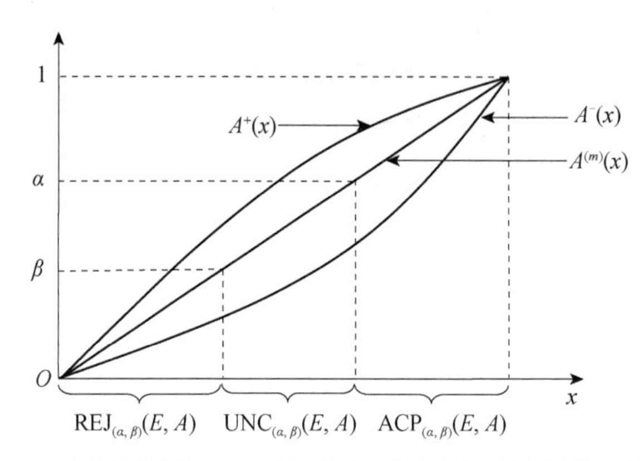

图 3.4.2 基于区间值 Fuzzy 集 $A(x)=[A^-(x),A^+(x)]$ 的三支决策

(1) 接受域: $\mathrm{ACP}_{([\alpha^-,\alpha^+],[\beta^-,\beta^+])}(E,A)=\{x\in U\mid E(A)(x)=A(x)\geqslant_{I^{(2)}}[\alpha^-,\alpha^+]\}$;

(2) 拒绝域: $\mathrm{REJ}_{([\alpha^-,\alpha^+],[\beta^-,\beta^+])}(E,A)=\{x\in U\mid E(A)(x)=A(x)\leqslant_{I^{(2)}}[\beta^-,\beta^+]\}$;

(3) 不确定域: $\mathrm{UNC}_{([\alpha^-,\alpha^+],[\beta^-,\beta^+])}(E,A)=(\{x\in U\mid A(x)\geqslant_{I^{(2)}}[\alpha^-,\alpha^+]\}\cup\{x\in U\mid A(x)\leqslant_{I^{(2)}}[\beta^-,\beta^+]\})^c$.

基于区间值 Fuzzy 集的三支决策如图 3.4.3 所示.

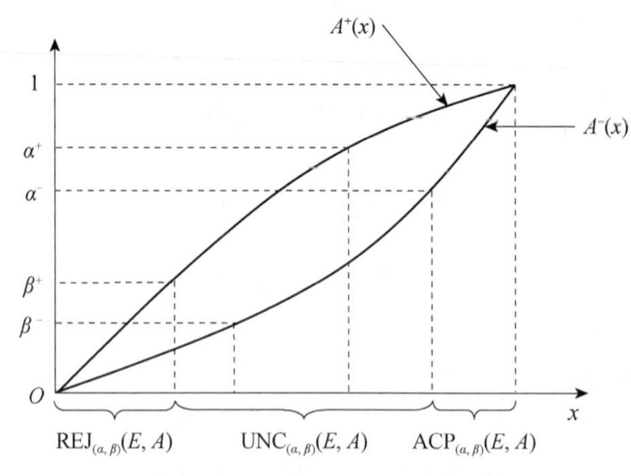

图 3.4.3 基于区间值 Fuzzy 集 $A(x)=[A^-(x),A^+(x)]$ 的三支决策

3.4.3 基于 Fuzzy 关系的三支决策

由于 U 到 V 的 Fuzzy 关系是一个论域 $U\times V$ 的 Fuzzy 集，上面基于 Fuzzy 集的三支决策可应用到 Fuzzy 关系. 设 R 是 U 到 V 的 Fuzzy 关系，$R(x,y)$ 是其隶属

函数，取 $E(R)(x,y)=R(x,y)$，则 $(U\times V,\mathrm{Map}(U\times V,[0,1]),[0,1],E)$ 是一个三支决策空间. 如果 $0\leqslant\beta<\alpha\leqslant 1$，则三支决策为

(1) 接受域: $\mathrm{ACP}_{(\alpha,\beta)}(E,R)=\{(x,y)\in U\times V\mid E(R)(x,y)=R(x,y)\geqslant\alpha\}=R_\alpha$;

(2) 拒绝域: $\mathrm{REJ}_{(\alpha,\beta)}(E,R)=\{(x,y)\in U\times V\mid E(R)(x,y)=R(x,y)\leqslant\beta\}=(R_{\beta+})^c$;

(3) 不确定域: $\mathrm{UNC}_{(\alpha,\beta)}(E,R)=\{(x,y)\in U\times V\mid \beta<R(x,y)<\alpha\}=(R_\alpha)\cap R_{\beta+}$.

类似区间值 Fuzzy 集可以建立基于区间值 Fuzzy 集的三支决策空间 $(U\times V,\mathrm{Map}(U\times V,I^{(2)}),I^{(2)},E)$ 和三支决策.

例 3.4.1　设 $U=\{x_1,x_2,x_3,x_4,x_5\}$ 并且

$$R=\begin{bmatrix}1 & 0.8 & 0.6 & 0.4 & 0.6\\ 0.8 & 1 & 0.6 & 0.4 & 0.6\\ 0.6 & 0.6 & 1 & 0.4 & 0.9\\ 0.4 & 0.4 & 0.4 & 1 & 0.4\\ 0.6 & 0.6 & 0.9 & 0.4 & 1\end{bmatrix},$$

则 R 是 U 的一个 Fuzzy 等价关系 (见例 3.2.6). 取 $\alpha=0.9$ 和 $\beta=0.6$，则三支决策由下列 Boolean 矩阵表示.

(1) 接受域: $\mathrm{ACP}_{(0.9,0.6)}(E,R)=\{(x,y)\in U\times U\mid R(x,y)\geqslant 0.9\}=\begin{bmatrix}1&0&0&0&0\\0&1&0&0&0\\0&0&1&0&1\\0&0&0&1&0\\0&0&1&0&1\end{bmatrix}$;

(2) 拒绝域: $\mathrm{REJ}_{(0.9,0.6)}(E,R)=\{(x,y)\in U\times U\mid R(x,y)\leqslant 0.6\}=\begin{bmatrix}0&0&1&1&1\\0&0&1&1&1\\1&1&0&1&0\\1&1&1&0&1\\1&1&0&1&0\end{bmatrix}$;

(3) 不确定域: $\mathrm{UNC}_{(0.9,0.6)}(E,R)=\{(x,y)\in U\times U\mid 0.6<R(x,y)<0.9\}$

$$=\begin{bmatrix}0&1&0&0&0\\1&0&0&0&0\\0&0&0&0&0\\0&0&0&0&0\\0&0&0&0&0\end{bmatrix}.$$

定理 3.4.1　设 R 和 S 分别是 $U\times V$ 和 $V\times W$ 的 Fuzzy 关系，$(U\times V,\mathrm{Map}(U\times V,[0,1]),[0,1],R)$ 和 $(V\times W,\mathrm{Map}(V\times W,[0,1]),[0,1],S)$ 是两个三支决策

空间. 则 $(U\times W, \mathrm{Map}(U\times W,[0,1]),[0,1], R\circ S)$ 是一个三支决策空间. 如果 $0\leqslant \beta<\alpha\leqslant 1$, 则三支决策如下:

(1) 当 V 是有限时, $\mathrm{ACP}_{(\alpha,\beta)}(E,R\circ S)=\left(\mathrm{ACP}_{(\alpha,\beta)}(E,R)\right)\circ\left(\mathrm{ACP}_{(\alpha,\beta)}(E,S)\right)$;

(2) $\mathrm{REJ}_{(\alpha,\beta)}(E,R\circ S)=\left(\mathrm{REJ}_{(\alpha,\beta)}(E,R)\right)\hat{\circ}\left(\mathrm{REJ}_{(\alpha,\beta)}(E,S)\right)$;

(3) 当 V 是有限时, $\mathrm{UNC}_{(\alpha,\beta)}(E,R\circ S)=\left(\left(\mathrm{ACP}_{(\alpha,\beta)}(E,R)\right)\circ\left(\mathrm{ACP}_{(\alpha,\beta)}(E,S)\right)\right)^c\cap\left(R_{\alpha+}\circ S_{\alpha+}\right)$.

证明 (1) $\mathrm{ACP}_{(\alpha,\beta)}(E,R\circ S)=\{(x,z)\in U\times W\mid (R\circ S)(x,z)\geqslant\alpha\}=R_\alpha\circ S_\alpha$

$$=\left(\mathrm{ACP}_{(\alpha,\beta)}(E,R)\right)\circ\left(\mathrm{ACP}_{(\alpha,\beta)}(E,S)\right).$$

(2) $\mathrm{REJ}_{(\alpha,\beta)}(E,R\circ S)=\{(x,z)\in U\times W\mid (R\circ S)(x,z)\leqslant\beta\}=((R\circ S)_{\beta+})^c$

$$=(R_{\beta+}\circ S_{\beta+})^c=(R_{\beta+})^c\,\hat{\circ}(S_{\beta+})^c$$

$$=\left(\mathrm{REJ}_{(\alpha,\beta)}(E,R)\right)\hat{\circ}\left(\mathrm{REJ}_{(\alpha,\beta)}(E,S)\right).$$

(3) $\mathrm{UNC}_{(\alpha,\beta)}(E,R\circ S)=\{(x,z)\in U\times W\mid \beta<(R\circ S)(x,z)<\alpha\}$

$$=\left(R_\alpha\circ S_\alpha\right)^c\cap(R\circ S)_{\beta+}$$

$$=\left(\left(\mathrm{ACP}_{(\alpha,\beta)}(E,R)\right)\circ\left(\mathrm{ACP}_{(\alpha,\beta)}(E,S)\right)\right)^c\cap\left(R_{\alpha+}\circ S_{\alpha+}\right).\quad\square$$

上面结论可以被推广到区间值 Fuzzy 关系. 设 R 是 $U\times V$ 的一个区间值 Fuzzy 关系并且 $E(R)(x,y)=R(x,y)$. 则 $(U\times V,\mathrm{Map}(U\times V,I^{(2)}),I^{(2)},E)$ 是一个三支决策空间. 如果 $0_{I^{(2)}}\leqslant_{I^{(2)}}[\beta^-,\beta^+]<_{I^{(2)}}[\alpha^-,\alpha^+]\leqslant_{I^{(2)}}1_{I^{(2)}}$, 则三支决策如下:

(1) 接受域: $\mathrm{ACP}_{([\alpha^-,\alpha^+],[\beta^-,\beta^+])}(E,R)=\{(x,y)\in U\times V\mid E(R)(x,y)\geqslant_{I^{(2)}}[\alpha^-,\alpha^+]\}$;

(2) 拒绝域: $\mathrm{REJ}_{([\alpha^-,\alpha^+],[\beta^-,\beta^+])}(E,R)=\{(x,y)\in U\times V\mid E(R)(x,y)\leqslant_{I^{(2)}}[\beta^-,\beta^+]\}$;

(3) 不确定域:

$$\mathrm{UNC}_{([\alpha^-,\alpha^+],[\beta^-,\beta^+])}(E,R)=\left(\mathrm{ACP}_{([\alpha^-,\alpha^+],[\beta^-,\beta^+])}(E,R)\cup\mathrm{REJ}_{([\alpha^-,\alpha^+],[\beta^-,\beta^+])}(E,R)\right)^c.$$

例 3.4.2 设 $U=\{x_1,x_2,x_3,x_4,x_5\}$ 并且

$$R=\begin{bmatrix}[1,1] & [0.6,0.8] & [0.5,0.6] & [0.4,0.5] & [0.7,0.8]\\ [0.6,0.8] & [1,1] & [0.5,0.6] & [0.4,0.5] & [0.7,0.8]\\ [0.5,0.6] & [0.5,0.6] & [1,1] & [0.4,0.5] & [0.9,0.9]\\ [0.4,0.5] & [0.4,0.5] & [0.4,0.5] & [1,1] & [0.4,0.5]\\ [0.7,0.8] & [0.7,0.8] & [0.9,0.9] & [0.4,0.5] & [1,1]\end{bmatrix}$$

是 U 的一个区间值 Fuzzy 关系. 取 $\alpha=[0.85,0.9]$ 和 $\beta=[0.65,0.7]$, 则三支决策由下列 Boolean 矩阵表示.

(1) 接受域: $\mathrm{ACP}_{([0.85,\,0.9],\,[0.65,\,0.7])}(E,R)=\{(x,y)\in U\times U\mid R(x,y)\geqslant_{I^{(2)}}[0.85,\,0.9]\}$

$$=\begin{bmatrix}1&0&0&0&0\\0&1&0&0&0\\0&0&1&0&1\\0&0&0&1&0\\0&0&1&0&1\end{bmatrix};$$

(2) 拒绝域: $\mathrm{REJ}_{([0.85,\,0.9],\,[0.65,\,0.7])}(E,R)=\{(x,y)\in U\times U\mid R(x,y)\leqslant_{I^{(2)}}[0.65,\,0.7]\}$

$$=\begin{bmatrix}0&0&1&1&0\\0&0&1&1&0\\1&1&0&1&0\\1&1&1&0&1\\0&0&0&1&0\end{bmatrix};$$

(3) 不确定域: $\mathrm{UNC}_{([0.85,\,0.9],\,[0.65,\,0.7])}(E,R)=\begin{bmatrix}0&1&0&0&1\\1&0&0&0&1\\0&0&0&0&0\\0&0&0&0&0\\1&1&0&0&0\end{bmatrix}$.

这时 $\{(x,y)\in U\times U\mid[0.65,0.7]<_{I^{(2)}}R(x,y)<_{I^{(2)}}[0.85,0.9]\}=\begin{bmatrix}0&0&0&0&1\\0&0&0&0&1\\0&0&0&0&0\\0&0&0&0&0\\1&1&0&0&0\end{bmatrix}\neq$ $\mathrm{UNC}_{([0.85,\,0.9],\,[0.65,\,0.7])}(E,R)$.

定理 3.4.2　设 R 和 S 分别是 $U\times V$ 和 $V\times W$ 的区间值 Fuzzy 关系, $(U\times V,\mathrm{Map}(U\times V,I^{(2)}),I^{(2)},R)$ 和 $(V\times W,\mathrm{Map}(V\times W,I^{(2)}),I^{(2)},S)$ 是两个三支决策空间. 则 $(U\times W,\mathrm{Map}(U\times W,I^{(2)}),I^{(2)},R\circ S)$ 是一个三支决策空间. 如果 $0_{I^{(2)}}\leqslant_{I^{(2)}}[\beta^-,\beta^+]<_{I^{(2)}}[\alpha^-,\alpha^+]\leqslant_{I^{(2)}}1_{I^{(2)}}$, 则三支决策如下:

(1) $\mathrm{ACP}_{([\alpha^-,\alpha^+],[\beta^-,\beta^+])}(E,R\circ S)\supseteq\left(\mathrm{ACP}_{([\alpha^-,\alpha^+],[\beta^-,\beta^+])}(E,R)\right)\circ\left(\mathrm{ACP}_{([\alpha^-,\alpha^+],[\beta^-,\beta^+])}(E,S)\right)$;

(2) $\mathrm{REJ}_{([\alpha^-,\alpha^+],[\beta^-,\beta^+])}(E,R\circ S)\supseteq\left(\mathrm{REJ}_{([\alpha^-,\alpha^+],[\beta^-,\beta^+])}(E,R)\right)\hat{\circ}\left(\mathrm{REJ}_{([\alpha^-,\alpha^+],[\beta^-,\beta^+])}(E,S)\right)$;

(3) $\mathrm{UNC}_{([\alpha^-,\alpha^+],[\beta^-,\beta^+])}(E,R\circ S)\subseteq\left(\left(\mathrm{ACP}_{([\alpha^-,\alpha^+],[\beta^-,\beta^+])}(E,R)\right)\circ\left(\mathrm{ACP}_{([\alpha^-,\alpha^+],[\beta^-,\beta^+])}(E,S)\right)\right)^c$ $\cap\left(\left(\mathrm{REJ}_{([\alpha^-,\alpha^+],[\beta^-,\beta^+])}(E,R)\right)\hat{\circ}\left(\mathrm{REJ}_{([\alpha^-,\alpha^+],[\beta^-,\beta^+])}(E,S)\right)\right)^c$.

证明 (1) $\mathrm{ACP}_{([\alpha^-,\alpha^+],[\beta^-,\beta^+])}(E,R\circ S)=\{(x,y)\in U\times W\mid(R\circ S)(x,y)\geqslant[\alpha^-,\alpha^+]\}$

$$\begin{aligned}&\supseteq R_{[\alpha^-,\alpha^+]}\circ S_{[\alpha^-,\alpha^+]}\\&=\left(\mathrm{ACP}_{([\alpha^-,\alpha^+],[\beta^-,\beta^+])}(E,R)\right)\\&\quad\circ\left(\mathrm{ACP}_{([\alpha^-,\alpha^+],[\beta^-,\beta^+])}(E,S)\right).\end{aligned}$$

(2) $\mathrm{REJ}_{([\alpha^-,\alpha^+],[\beta^-,\beta^+])}(E,R\circ S)=\{(x,y)\in U\times W\mid(R\circ S)(x,y)\leqslant[\beta^-,\beta^+]\}$

$$\begin{aligned}&=\{(x,y)\in U\times W\mid\vee_{y\in V}\left(R(x,y)\wedge S(y,z)\right)\\&\quad\leqslant[\beta^-,\beta^+]\}\\&\supseteq\{(x,y)\in U\times W\mid\forall y\in V,R(x,y)\\&\quad\leqslant[\beta^-,\beta^+]\text{或}S(y,z)\leqslant[\beta^-,\beta^+]\}\\&=\left(\mathrm{REJ}_{([\alpha^-,\alpha^+],[\beta^-,\beta^+])}(E,R)\right)\\&\quad\hat{\circ}\left(\mathrm{REJ}_{([\alpha^-,\alpha^+],[\beta^-,\beta^+])}(E,S)\right).\end{aligned}$$

(3) $\mathrm{UNC}_{([\alpha^-,\alpha^+],[\beta^-,\beta^+])}(E,R\circ S)=\left(\mathrm{ACP}_{([\alpha^-,\alpha^+],[\beta^-,\beta^+])}(E,R\circ S)\right.$

$$\begin{aligned}&\quad\left.\cup\mathrm{REJ}_{([\alpha^-,\alpha^+],[\beta^-,\beta^+])}(E,R\circ S)\right)^c\\&=\left(\mathrm{ACP}_{([\alpha^-,\alpha^+],[\beta^-,\beta^+])}(E,R\circ S)\right)^c\\&\quad\cap\left(\mathrm{REJ}_{([\alpha^-,\alpha^+],[\beta^-,\beta^+])}(E,R\circ S)\right)^c\\&\subseteq\left(\left(\mathrm{ACP}_{([\alpha^-,\alpha^+],[\beta^-,\beta^+])}(E,R)\right)\right.\\&\quad\left.\circ\left(\mathrm{ACP}_{([\alpha^-,\alpha^+],[\beta^-,\beta^+])}(E,S)\right)\right)^c\\&\quad\cap\left(\left(\mathrm{REJ}_{([\alpha^-,\alpha^+],[\beta^-,\beta^+])}(E,R)\right)\right.\\&\quad\left.\hat{\circ}\left(\mathrm{REJ}_{([\alpha^-,\alpha^+],[\beta^-,\beta^+])}(E,S)\right)\right)^c.\end{aligned}$$

□

3.4.4 基于阴影集的三支决策

设 A 是 U 的一个 Fuzzy 集，$A(x)$ 是其隶属函数，取

$$E_t(A)(x)=\begin{cases}1, & A(x)\geqslant t,\\0, & A(x)\leqslant 1-t,\\ [0,1], & 1-t<A(x)<t,\end{cases}\qquad t\in(0.5,1],$$

则对任意 $t\in(0.5,1]$，$(U,\mathrm{Map}(U,[0,1]),\{0,[0,1],1\},E_t)$ 是 U 的一个三支决策空间.

如果$\alpha,\beta\in\{0,[0,1],1\}$，$0\leqslant\beta<\alpha\leqslant 1$，则三支决策列入表 3.4.1.

表 3.4.1　基于 Fuzzy 集的三支决策

α,β	$\mathrm{ACP}_{(\alpha,\beta)}(E_t,A)$	$\mathrm{REJ}_{(\alpha,\beta)}(E_t,A)$	$\mathrm{UNC}_{(\alpha,\beta)}(E_t,A)$
$\alpha=1,\beta=0$	A_t	$(A_{(1-t)+})^c$	$A_{(1-t)+}\cap(A_t)^c$
$\alpha=[0,1],\beta=0$	$A_{(1-t)+}$	$(A_{(1-t)+})^c$	$\varnothing$
$\alpha=1,\beta=[0,1]$	A_t	$(A_t)^c$	$\varnothing$

基于阴影集 A 的三支决策如图 3.4.4.

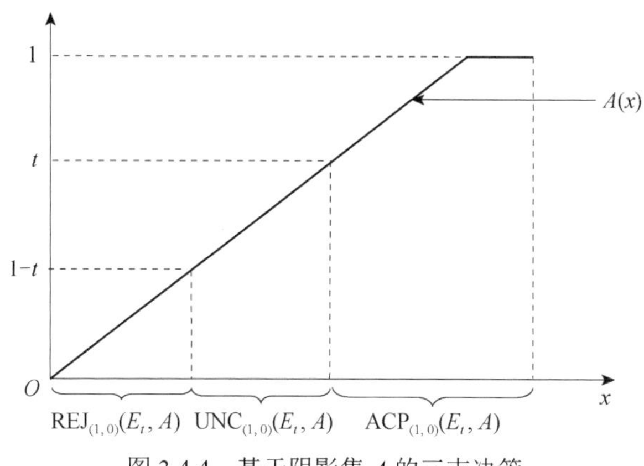

图 3.4.4　基于阴影集 A 的三支决策

如果取 $E(A)(x)=A(x)$，则对任意 $t\in(0.5,1]$，在 $(U,\mathrm{Map}(U,[0,1]),[0,1],E)$ 上的 $\mathrm{ACP}_{(t,1-t)}(E,A)$，$\mathrm{REJ}_{(t,1-t)}(E,A)$ 和 $\mathrm{UNC}_{(t,1-t)}(E,A)$ 与 $(U,\mathrm{Map}(U,[0,1]),\{0,[0,1],1\},E_t)$ 上的 $\mathrm{ACP}_{(1,0)}(E_t,A)$，$\mathrm{REJ}_{(1,0)}(E_t,A)$ 和 $\mathrm{UNC}_{(1,0)}(E_t,A)$ 有下列关系:

(1) 接受域: $\mathrm{ACP}_{(t,1-t)}(E,A)=\mathrm{ACP}_{(1,0)}(E_t,A)$;

(2) 拒绝域: $\mathrm{REJ}_{(t,1-t)}(E,A)=\mathrm{REJ}_{(1,0)}(E_t,A)$;

(3) 不确定域: $\mathrm{UNC}_{(t,1-t)}(E,A)=\mathrm{UNC}_{(1,0)}(E_t,A)$.

设 A 是 U 的一个阴影集, 取 $E(A)(x)=A(x)$, 则 $(U,\mathrm{Map}(U,\{0,[0,1],1\}),\{0,[0,1],1\},E)$ 是 U 的一个三支决策空间. 如果 $0\leqslant\beta<\alpha\leqslant 1$，则三支决策列入表 3.4.2.

表 3.4.2　基于阴影集的三支决策

α,β	$\mathrm{ACP}_{(\alpha,\beta)}(E,A)$	$\mathrm{REJ}_{(\alpha,\beta)}(E,A)$	$\mathrm{UNC}_{(\alpha,\beta)}(E,A)$
$\alpha=1,\beta=0$	$\{x\in U\mid A(x)=1\}$	$\{x\in U\mid A(x)=0\}$	$\{x\in U\mid A(x)=[0,1]\}$

续表

α,β	$\mathrm{ACP}_{(\alpha,\beta)}(E,A)$	$\mathrm{REJ}_{(\alpha,\beta)}(E,A)$	$\mathrm{UNC}_{(\alpha,\beta)}(E,A)$
$\alpha=[0,1],\beta=0$	$\{x\in U\mid A(x)\neq 0\}$	$\{x\in U\mid A(x)=0\}$	$\varnothing$
$\alpha=1,\beta=[0,1]$	$\{x\in U\mid A(x)=1\}$	$\{x\in U\mid A(x)\neq 1\}$	$\varnothing$

3.4.5 基于区间集的三支决策

设$\mathcal{A}=[A_l,A_u]$是U的一个区间集 (Yao, 1993, 1996; 姚一豫, 2012), 取

$$E(\mathcal{A})(x)=\begin{cases}0, & x\in(A_u)^c,\\ [0,1], & x\in A_u-A_l,\\ 1, & x\in A_l,\end{cases}$$

则$(U,\mathrm{Map}(I(2^U),\{0,1\}),\{0,[0,1],1\},E)$是$U$的一个三支决策空间. 如果$0\leqslant\beta<\alpha\leqslant 1$, 则三支决策列入表 3.4.3.

表 3.4.3 基于区间集的三支决策

α,β	$\mathrm{ACP}_{(\alpha,\beta)}(E,A)$	$\mathrm{REJ}_{(\alpha,\beta)}(E,A)$	$\mathrm{UNC}_{(\alpha,\beta)}(E,A)$
$\alpha=1,\beta=0$	A_l	$(A_u)^c$	A_u-A_l
$\alpha=[0,1],\beta=0$	A_u	$(A_u)^c$	$\varnothing$
$\alpha=1,\beta=[0,1]$	A_l	$(A_l)^c$	$\varnothing$

3.5 基于随机集的三支决策

3.5.1 随机集

随机集或可测多值映射, 是随机变量的一个有用的推广. 从数学上来说, 随机集是取值为集合 (而不是点) 的随机变量. 随机集数学理论由 Mathéron (1975) 给出, 还可参看文献 (Nguyen, 2000, 2005; Miranda et al., 2005; Wu et al., 2002; 胡宝清, 2012). 尽管随机集的概念是有用的, 比如说统计, 事实证明, 它在与各种类型不确定性度量的关系中扮演一个有趣的角色, 并且已经被成功地应用于不同领域.

设$(\Omega,\mathcal{A},P)$表示一概率空间, 其中$\mathcal{A}$是Ω的一个σ-代数, P是一个概率测度. $(U,\mathcal{B})$是另一个可测空间 (称为目标空间). 如果映射$X:\Omega\to 2^U$是$(\mathcal{A},\mathcal{B})$可测的, 即若对于任意$Y\in\mathcal{B}$, 有$\{\omega\in\Omega\mid X(\omega)\bigcap Y\neq\varnothing\}\in\mathcal{A}$, 则称映射$X$是一个随

机集 (Hu, 2014; Mathéron, 1975; Nguyen, 2000, 2005; Miranda et al., 2005; Wu et al., 2002; 胡宝清, 2012).

下逆和上逆的概念被引入 (Miranda et al., 2005).

设 $X:\Omega\to 2^U$ 是一个多值映射. 给定 $A\in\mathcal{B}$, 则 X 的下逆是 $X_*(A)=\{\omega\in\Omega\mid\varnothing\neq X(\omega)\subseteq A\}$, X 的上逆为 $X^*(A)=\{\omega\in\Omega\mid X(\omega)\cap A\neq\varnothing\}$. 很显然

$$X^*(A)=\left(X_*\left(A^c\right)\right)^c.$$

多值映射 $X:\Omega\to 2^U$ 称为强可测的, 如果对所有 $A\in\mathcal{B}$, $X_*(A),X^*(A)\in\mathcal{A}$.

给定随机集 $X:\Omega\to \mathrm{Map}(U,\{0,1\})-\{\varnothing\}$, $A\in\mathcal{B}$ 的上概率和下概率分别是

$$P_X^*(A)=\frac{P\left(X^*(A)\right)}{P\left(X^*(U)\right)},$$

$$P_{*X}(A)=\frac{P\left(X_*(A)\right)}{P\left(X_*(U)\right)}.$$

下面根据不同的决策度量域给出随机集的三支决策 (Hu, 2014).

3.5.2 决策度量域为集代数的三支决策

下面考虑 $L_C=L_D=2^U$.

设 $(\Omega,\mathcal{A},P)$ 是概率空间, $(U,\mathcal{B})$ 是另一个可测空间 (U 是非空集), 并且 $X:\Omega\to 2^U$ 是一个随机集, 则 $E(X)(\omega)=X(\omega)$ 是 Ω 的一个决策评价函数, 同时 $(\Omega,\mathrm{Map}(U,2^U),2^U,E)$ 是一个三支决策空间. 如果 $A,B\in 2^U$, $B\subseteq A$ 并且 $B\neq A$, 则 Ω 的三支决策是

(1) 接受域: $\mathrm{ACP}_{(A,B)}(E,X)=\{\omega\in\Omega\mid E(X)(\omega)=X(\omega)\supseteq A\}$;

(2) 拒绝域: $\mathrm{REJ}_{(A,B)}(E,X)=\{\omega\in\Omega\mid E(X)(\omega)=X(\omega)\subseteq B\}$;

(3) 不确定域: $\mathrm{UNC}_{(A,B)}(E,X)=\left(\mathrm{ACP}_{(A,B)}(E,X)\cup\mathrm{REJ}_{(A,B)}(E,X)\right)^c$.

例 3.5.1 让我们考虑概率空间 $(\Omega,\mathcal{A},P)$, 其中 $\Omega=\{\omega_1,\omega_2\}$, $\mathcal{A}=2^\Omega$ 并且 $P(\{\omega_1\})=\dfrac{1}{3}$. 再设 $U=\{1,2,3\}$, $\mathcal{B}=2^U$ 并且随机集 $X:\Omega\to 2^{\{1,2,3\}}$ 定义为 $X(\omega_1)=\{1,2,3\}$, $X(\omega_2)=\{1,2\}$. 如果取 $A=\{1,2,3\}$ 和 $B=\{1,2\}$, 则容易得到

(1) 接受域: $\mathrm{ACP}_{(\{1,2,3\},\{1,2\})}(E,X)=\{\omega_1\}$;

(2) 拒绝域: $\mathrm{REJ}_{(\{1,2,3\},\{1,2\})}(E,X)=\{\omega_2\}$;

(3) 不确定域: $\mathrm{UNC}_{(\{1,2,3\},\{1,2\})}(E,X)=\varnothing$.

3.5.3 决策度量域为[0,1]的三支决策

下面考虑 $L_C = \{0,1\}, L_D = [0,1]$.

设 $(\Omega, \mathcal{A}, P)$ 是一概率空间，$(U, \mathcal{B})$ 是另一个可测空间 (U 是非空有限集). 设 $A \in \mathrm{Map}(U, \{0,1\})$, $X: \Omega \to \mathrm{Map}(U, \{0,1\}) - \{\varnothing\}$ 是一个随机集，我们定义 $E: \mathrm{Map}(U, \{0,1\}) \to \mathrm{Map}(\Omega, [0,1])$,

$$E(A)(\omega) = \frac{|A \cap X(\omega)|}{|X(\omega)|},$$

则 $E(A)(\omega)$ 是 Ω 的一个决策评价函数，同时 $(\Omega, \mathrm{Map}(U, \{0,1\}), [0,1], E)$ 是一个三支决策空间. 如果 $0 \leqslant \beta < \alpha \leqslant 1$，则三支决策为

(1) 接受域: $\mathrm{ACP}_{(\alpha,\beta)}(E, A) = \{\omega \in \Omega \mid E(A)(\omega) \geqslant \alpha\}$;

(2) 拒绝域: $\mathrm{REJ}_{(\alpha,\beta)}(E, A) = \{\omega \in \Omega \mid E(A)(\omega) \leqslant \beta\}$;

(3) 不确定域: $\mathrm{UNC}_{(\alpha,\beta)}(E, A) = \{\omega \in \Omega \mid \beta < E(A)(\omega) < \alpha\}$.

如果 $\alpha = 1, \beta = 0$，则其下、上近似分别就是随机集 A 的下、上逆，即

$$\begin{aligned}\underline{\mathrm{apr}}_{(1,0)}(E, A) &= \mathrm{ACP}_{(1,0)}(E, A) = \{\omega \in \Omega \mid E(A)(\omega) = 1\} \\ &= \{\omega \in \Omega \mid \varnothing \neq X(\omega) \subseteq A\} = X_*(A),\end{aligned}$$

$$\begin{aligned}\overline{\mathrm{apr}}_{(1,0)}(E, A) &= \left(\mathrm{REJ}_{(1,0)}(E, A)\right)^c = \{\omega \in \Omega \mid E(A)(\omega) > 0\} \\ &= \{\omega \in \Omega \mid X(\omega) \cap A \neq \varnothing\} = X^*(A).\end{aligned}$$

随机集 A 的上、下逆如图 3.5.1 所示.

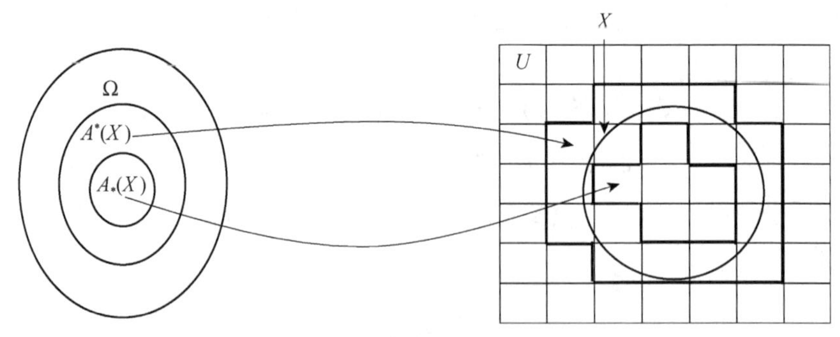

图 3.5.1 随机集 A 的上、下逆

3.6 基于决策粗糙集的三支决策

下面给出各种决策粗糙集的三支决策 (Hu, 2014).

3.6.1　基于 Fuzzy 决策粗糙集的三支决策

设 U 为有限论域, $A\subseteq U$ (或 A 是 U 上的 Fuzzy 集), R 是 U 上的等价关系, 取 $E(A)(x)=|A\cap[x]_R|/|[x]_R|$, 则 $(U,\mathrm{Map}(U,\{0,1\}),[0,1],E)$ (或 $(U,\mathrm{Map}(U,[0,1]),[0,1],E)$) 是一个三支决策空间. 如果 $0\leqslant\beta<\alpha\leqslant 1$, 则三支决策为

(1) 接受域: $\mathrm{ACP}_{(\alpha,\beta)}(E,A)=\{x\in U\mid E(A)(x)\geqslant\alpha\}$;

(2) 拒绝域: $\mathrm{REJ}_{(\alpha,\beta)}(E,A)=\{x\in U\mid E(A)(x)\leqslant\beta\}$;

(3) 不确定域: $\mathrm{UNC}_{(\alpha,\beta)}(E,A)=\{x\in U\mid \beta<E(A)(x)<\alpha\}$.

如果 $\alpha=1,\beta=0$, 则三支决策由 Pawlak 粗糙集确定. 如果 $\alpha\in(0.5,1]$, $\beta=1-\alpha$, 则三支决策由变精度粗糙集确定. 设 U 为有限论域, $A\subseteq U$, R_i 是 U 上的等价关系 ($i=1,2,\cdots,n$), 取 $E_i(A)(x)=|A\cap[x]_{R_i}|/|[x]_{R_i}|$, 则 $(U,\mathrm{Map}(U,\{0,1\}),[0,1],\{E_1,E_2,\cdots,E_n\})$ 是一个 n 粒度三支决策空间.

如果 $0\leqslant\beta<\alpha\leqslant 1$, 则基于 Fuzzy 集 A 的 n 粒度乐观三支决策是

(1) 接受域: $\mathrm{ACP}^{\mathrm{op}}_{(\alpha,\beta)}(E_{1\sim n},A)=\{x\in U\mid \bigvee_{i=1}^{n}E_i(A,x)\geqslant\alpha\}$;

(2) 拒绝域: $\mathrm{REJ}^{\mathrm{op}}_{(\alpha,\beta)}(E_{1\sim n},A)=\{x\in U\mid \bigvee_{i=1}^{n}E_i(A,x)\leqslant\beta\}$;

(3) 不确定域: $\mathrm{UNC}^{\mathrm{op}}_{(\alpha,\beta)}(E_{1\sim n},A)=\{x\in U\mid \beta<\bigvee_{i=1}^{n}E_i(A,x)<\alpha\}$.

基于 Fuzzy 集 A 的 n 粒度悲观三支决策是

(1) 接受域: $\mathrm{ACP}^{\mathrm{pe}}_{(\alpha,\beta)}(E_{1\sim n},A)=\{x\in U\mid \bigwedge_{i=1}^{n}E_i(A,x)\geqslant\alpha\}$;

(2) 拒绝域: $\mathrm{REJ}^{\mathrm{pe}}_{(\alpha,\beta)}(E_{1\sim n},A)=\{x\in U\mid \bigwedge_{i=1}^{n}E_i(A,x)\leqslant\beta\}$;

(3) 不确定域: $\mathrm{UNC}^{\mathrm{pe}}_{(\alpha,\beta)}(E_{1\sim n},A)=\{x\in U\mid \beta<\bigwedge_{i=1}^{n}E_i(A,x)<\alpha\}$.

我们可以给出乐观和悲观多粒度三支决策. 这说明多粒度三支决策 (Qian, Liang, 2006; Qian et al., 2010) 也包含在我们的三支决策理论中. 上面的结论可推广到 R 是 U 上的 Fuzzy 等价关系, 选决策评价函数为

$$E(A)(x)=\frac{|A\cap[x]_{R_\lambda}|}{|[x]_{R_\lambda}|}$$

或

$$E(A)(x)=\frac{|A\cap[x]_R|}{|[x]_R|}$$

得到类似的三支决策.

3.6.2 基于区间值 Fuzzy 决策粗糙集的三支决策

1. $L_C = I^{(2)}, L_D = [0,1]$

设 U 为有限论域，$A = [A^-, A^+]$ 是 U 上的区间值 Fuzzy 集，R 是 U 上的等价关系，取 $E(A)(x) = |A^{(m)} \cap [x]_R| / |[x]_R|$，则 $(U, \mathrm{Map}(U, I^{(2)}), [0,1], E)$ 是一个三支决策空间. 如果 $0 \leqslant \beta < \alpha \leqslant 1$，则

(1) 接受域：$\mathrm{ACP}_{(\alpha,\beta)}(E, A) = \{x \in U \mid E(A)(x) \geqslant \alpha\}$；

(2) 拒绝域：$\mathrm{REJ}_{(\alpha,\beta)}(E, A) = \{x \in U \mid E(A)(x) \leqslant \beta\}$；

(3) 不确定域：$\mathrm{UNC}_{(\alpha,\beta)}(E, A) = \{x \in U \mid \beta < E(A)(x) < \alpha\}$.

设 U 为有限论域，$A = [A^-, A^+]$ 是 U 上的区间值 Fuzzy 集，R_i 是 U 上的等价关系 $(i = 1, 2, \cdots, n)$，取 $E_i(A)(x) = |A^{(m)} \cap [x]_{R_i}| / |[x]_{R_i}|$，则 $(U, \mathrm{Map}(U, I^{(2)}), [0,1], \{E_1, E_2, \cdots, E_n\})$ 是一个 n 粒度三支决策空间. 我们也可以给出基于区间值 Fuzzy 集乐观和悲观 n 粒度三支决策.

如果 $0 \leqslant \beta < \alpha \leqslant 1$，则基于区间值 Fuzzy 集 A 的 n 粒度乐观三支决策是

(1) 接受域：$\mathrm{ACP}^{\mathrm{op}}_{(\alpha,\beta)}(E_{1\sim n}, A) = \{x \in U \mid \bigvee_{i=1}^{n} E_i(A)(x) \geqslant \alpha\}$；

(2) 拒绝域：$\mathrm{REJ}^{\mathrm{op}}_{(\alpha,\beta)}(E_{1\sim n}, A) = \{x \in U \mid \bigvee_{i=1}^{n} E_i(A)(x) \leqslant \beta\}$；

(3) 不确定域：$\mathrm{UNC}^{\mathrm{op}}_{(\alpha,\beta)}(E_{1\sim n}, A) = \{x \in U \mid \beta < \bigvee_{i=1}^{n} E_i(A)(x) < \alpha\}$.

基于区间值 Fuzzy 集 A 的 n 粒度悲观三支决策是

(1) 接受域：$\mathrm{ACP}^{\mathrm{pe}}_{(\alpha,\beta)}(E_{1\sim n}, A) = \{x \in U \mid \bigwedge_{i=1}^{n} E_i(A)(x) \geqslant \alpha\}$；

(2) 拒绝域：$\mathrm{REJ}^{\mathrm{pe}}_{(\alpha,\beta)}(E_{1\sim n}, A) = \{x \in U \mid \bigwedge_{i=1}^{n} E_i(A)(x) \leqslant \beta\}$；

(3) 不确定域：$\mathrm{UNC}^{\mathrm{pe}}_{(\alpha,\beta)}(E_{1\sim n}, A) = \{x \in U \mid \beta < \bigwedge_{i=1}^{n} E_i(A)(x) < \alpha\}$.

当 R 是 U 上的 Fuzzy 等价关系时，取 $E(A)(x) = |A^{(m)} \cap [x]_{R_\lambda}| / |[x]_{R_\lambda}|$.

2. $L_C = L_D = I^{(2)}$

设 U 为有限论域，$A = [A^-, A^+]$ 是 U 上的区间值 Fuzzy 集，R 是 U 上的等价关系，取

$$E(A)(x) = \left[\frac{|A^- \cap [x]_R|}{|[x]_R|}, \frac{|A^+ \cap [x]_R|}{|[x]_R|}\right],$$

则 $(U, \mathrm{Map}(U, I^{(2)}), I^{(2)}, E)$ 是一个三支决策空间. 如果 $[0,0] \leqslant_{I^{(2)}} [\beta^-, \beta^+] <_{I^{(2)}} [\alpha^-, \alpha^+] \leqslant_{I^{(2)}} [1,1]$，则

(1) 接受域: $\mathrm{ACP}_{([\alpha^-,\alpha^+],[\beta^-,\beta^+])}(E,A)=\{x\in U\mid E(A)(x)\geqslant_{I^{(2)}}[\alpha^-,\alpha^+]\}$;

(2) 拒绝域: $\mathrm{REJ}_{([\alpha^-,\alpha^+],[\beta^-,\beta^+])}(E,A)=\{x\in U\mid E(A)(x)\leqslant_{I^{(2)}}[\beta^-,\beta^+]\}$;

(3) 不确定域: $\mathrm{UNC}_{([\alpha^-,\alpha^+],[\beta^-,\beta^+])}(E,A)=\Big(\mathrm{ACP}_{([\alpha^-,\alpha^+],[\beta^-,\beta^+])}(E,A)$

$$\bigcup\mathrm{NEG}_{([\alpha^-,\alpha^+],[\beta^-,\beta^+])}(E,A)\Big)^c.$$

设 U 为有限论域, $A=[A^-,A^+]$ 是 U 上的区间值 Fuzzy 集, R_i 是 U 上的等价关系 ($i=1,2,\cdots,n$), 取

$$E_i(A)(x)=\left[\frac{|A^-\cap[x]_{R_i}|}{|[x]_{R_i}|},\frac{|A^+\cap[x]_{R_i}|}{|[x]_{R_i}|}\right],$$

则 $(U,\mathrm{Map}(U,I^{(2)}),I^{(2)},\{E_1,E_2,\cdots,E_n\})$ 是一个 n 粒度三支决策空间. 我们可以给出基于区间值 Fuzzy 集乐观和悲观 n 粒度三支决策.

如果 $0_{I^{(2)}}\leqslant_{I^{(2)}}[\beta^-,\beta^+]<_{I^{(2)}}[\alpha^-,\alpha^+]\leqslant_{I^{(2)}}1_{I^{(2)}}$, 则基于区间值 Fuzzy 集 A 的 n 粒度乐观三支决策是

(1) 接受域: $\mathrm{ACP}^{\mathrm{op}}_{([\alpha^-,\alpha^+],[\beta^-,\beta^+])}(E_{1\sim n},A)=\bigcup_{i=1}^{n}\Big\{x\in U\mid E_i(A)(x)\geqslant_{I^{(2)}}[\alpha^-,\alpha^+]\Big\}$;

(2) 拒绝域: $\mathrm{REJ}^{\mathrm{op}}_{([\alpha^-,\alpha^+],[\beta^-,\beta^+])}(E_{1\sim n},A)=\{x\in U\mid \bigvee_{i=1}^{n}E(A)(x)\leqslant_{I^{(2)}}[\beta^-,\beta^+]\}$;

(3) 不确定域:

$$\mathrm{UNC}^{\mathrm{op}}_{([\alpha^-,\alpha^+],[\beta^-,\beta^+])}(E_{1\sim n},A)=\Big(\mathrm{ACP}^{\mathrm{op}}_{([\alpha^-,\alpha^+],[\beta^-,\beta^+])}(E_{1\sim n},A)\bigcup\mathrm{REJ}^{\mathrm{op}}_{([\alpha^-,\alpha^+],[\beta^-,\beta^+])}(E_{1\sim n},A)\Big)^c.$$

基于区间值 Fuzzy 集 A 的 n 粒度悲观三支决策是

(1) 接受域: $\mathrm{ACP}^{\mathrm{pe}}_{([\alpha^-,\alpha^+],[\beta^-,\beta^+])}(E_{1\sim n},A)=\{x\in U\mid \bigwedge_{i=1}^{n}E_i(A,x)\geqslant_{I^{(2)}}[\alpha^-,\alpha^+]\}$;

(2) 拒绝域: $\mathrm{REJ}^{\mathrm{pe}}_{([\alpha^-,\alpha^+],[\beta^-,\beta^+])}(E_{1\sim n},A)=\bigcup_{i=1}^{n}\Big\{x\in U\mid E_i(A)(x)\leqslant_{I^{(2)}}[\beta^-,\beta^+]\Big\}$;

(3) 不确定域:

$$\mathrm{UNC}^{\mathrm{pe}}_{([\alpha^-,\alpha^+],[\beta^-,\beta^+])}(E_{1\sim n},A)=\Big(\mathrm{ACP}^{\mathrm{pe}}_{([\alpha^-,\alpha^+],[\beta^-,\beta^+])}(E_{1\sim n},A)\bigcup\mathrm{REJ}^{\mathrm{pe}}_{([\alpha^-,\alpha^+],[\beta^-,\beta^+])}(E_{1\sim n},A)\Big)^c.$$

当 R 是 U 上的 Fuzzy 等价关系时, 取

$$E(A)(x)=\left[\frac{|A^-\cap[x]_{R_\lambda}|}{|[x]_{R_\lambda}|},\frac{|A^+\cap[x]_{R_\lambda}|}{|[x]_{R_\lambda}|}\right].$$

3. $L_C=L_D=I^{(2)}$, $R=[R^-,R^+]$

设 U 为有限论域, $A=[A^-,A^+]$ 是 U 上的区间值 Fuzzy 集, $R=[R^-,R^+]$ 是 U

上的区间值 Fuzzy 等价关系并且$|[x]_{R^-}|=\left|\sum_{y\in U}R^-(x,y)\right|\neq 0$, $\forall x\in U$, 取

$$E(A)(x)=\left[\frac{|A^-\cap[x]_{R_\lambda^-}|}{|[x]_{R_\lambda^-}|},\frac{|A^+\cap[x]_{R_\lambda^+}|}{|[x]_{R_\lambda^+}|}\right],\quad \lambda\in[0,1],$$

则$E(A)$满足公理 (E1) 和 (E2), 但不满足 (E3). 事实上

$$\begin{aligned}E(A^c)(x)&=\left[\frac{|(A^+)^c\cap[x]_{R_\lambda^-}|}{|[x]_{R_\lambda^-}|},\frac{|(A^-)^c\cap[x]_{R_\lambda^+}|}{|[x]_{R_\lambda^+}|}\right]\\&=\left[1-\frac{|A^+\cap[x]_{\underline{R}_\lambda}|}{|[x]_{R_\lambda^-}|},1-\frac{|A^-\cap[x]_{R_\lambda^+}|}{|[x]_{R_\lambda^+}|}\right]\\&=1_{I^{(2)}}-\left[\frac{|\underline{A}\cap[x]_{\overline{R}_\lambda}|}{|[x]_{\overline{R}_\lambda}|},\frac{|\overline{A}\cap[x]_{\underline{R}_\lambda}|}{|[x]_{\underline{R}_\lambda}|}\right]\\&\neq\left(E(A)\right)^c(x).\end{aligned}$$

这说明$E(A)$不是决策评价函数, 文献 (Hu, 2014) 关于这个结论是错误的. 我们做如下修改: 设U为有限论域, $A=[A^-,A^+]$是U上的区间值 Fuzzy 集, $R=[R^-,R^+]$是U上的区间值 Fuzzy 关系并且$\sum_{y\in U}R^{(m)}(x,y)=\sum_{y\in U}\left(R^-(x,y)+R^+(x,y)\right)\big/2\neq 0$, $\forall x\in U$, 取

$$E(A)(x)=\left[\frac{\sum_{y\in U}A^-(y)R^{(m)}(x,y)}{\sum_{y\in U}R^{(m)}(x,y)},\frac{\sum_{y\in U}A^+(y)R^{(m)}(x,y)}{\sum_{y\in U}R^{(m)}(x,y)}\right],$$

则$(U,\mathrm{Map}(U,I^{(2)}),I^{(2)},E)$是一个三支决策空间. 如果$[0,0]\leqslant_{I^{(2)}}[\beta^-,\beta^+]<_{I^{(2)}}[\alpha^-,\alpha^+]\leqslant_{I^{(2)}}[1,1]$, 则

(1) 接受域: $\mathrm{ACP}_{([\alpha^-,\alpha^+],[\beta^-,\beta^+])}(E,A)=\{x\in U\mid E(A)(x)\geqslant_{I^{(2)}}[\alpha^-,\alpha^+]\}$;

(2) 拒绝域: $\mathrm{REJ}_{([\alpha^-,\alpha^+],[\beta^-,\beta^+])}(E,A)=\{x\in U\mid E(A)(x)\leqslant_{I^{(2)}}[\beta^-,\beta^+]\}$;

(3) 不确定域:

$$\mathrm{UNC}_{([\alpha^-,\alpha^+],[\beta^-,\beta^+])}(E,A)=\left(\mathrm{ACP}_{([\alpha^-,\alpha^+],[\beta^-,\beta^+])}(E,A)\cup\mathrm{REJ}_{([\alpha^-,\alpha^+],[\beta^-,\beta^+])}(E,A)\right)^c.$$

同样可以给出基于区间值 Fuzzy 集乐观和悲观n粒度三支决策. 这说明区间值 Fuzzy 粗糙集 (Gong et al., 2008; Sun et al., 2008) 可以考虑三支决策和n粒度三支决策.

设$A=[A^-,A^+]$是U的区间值 Fuzzy 集并且$R_i=[R_i^-,R_i^+]$是U的区间值 Fuzzy

等价关系 $(i=1,2,\cdots,n)$. 取

$$E_i(A)(x)=\left[\frac{|A^-\cap[x]_{(R_i^-)_\lambda}|}{|[x]_{(R_i^-)_\lambda}|},\frac{|A^+\cap[x]_{(R_i^+)_\lambda}|}{|[x]_{(R_i^+)_\lambda}|}\right],$$

则 $(U,\mathrm{Map}(U,I^{(2)}),I^{(2)},\{E_1,E_2,\cdots,E_n\})$ 是 n 粒度三支决策空间. 如果 $0_{I^{(2)}}\leqslant_{I^{(2)}}[\beta^-,\beta^+]<_{I^{(2)}}[\alpha^-,\alpha^+]\leqslant_{I^{(2)}}1_{I^{(2)}}$, 则基于区间值 Fuzzy 集 A 的 n 粒度乐观三支决策为

(1) 接受域: $\mathrm{ACP}^{\mathrm{op}}_{([\alpha^-,\alpha^+],[\beta^-,\beta^+])}(E_{1\sim n},A)=\bigcup\limits_{i=1}^{n}\left\{x\in U\mid E_i(A)(x)\geqslant_{I^{(2)}}[\alpha^-,\alpha^+]\right\}$;

(2) 拒绝域: $\mathrm{REJ}^{\mathrm{op}}_{([\alpha^-,\alpha^+],[\beta^-,\beta^+])}(E_{1\sim n},A)=\{x\in U\mid \bigvee\limits_{i=1}^{n}E(A)(x)\leqslant_{I^{(2)}}[\beta^-,\beta^+]\}$;

(3) 不确定域: $\mathrm{UNC}^{\mathrm{op}}_{([\alpha^-,\alpha^+],[\beta^-,\beta^+])}(E_{1\sim n},A)=\left(\mathrm{ACP}^{\mathrm{op}}_{([\alpha^-,\alpha^+],[\beta^-,\beta^+])}(E_{1\sim n},A)\cup\mathrm{REJ}^{\mathrm{op}}_{([\alpha^-,\alpha^+],[\beta^-,\beta^+])}(E_{1\sim n},A)\right)^c$.

基于区间值 Fuzzy 集 A 的 n 粒度悲观三支决策为

(1) 接受域: $\mathrm{ACP}^{\mathrm{pe}}_{([\alpha^-,\alpha^+],[\beta^-,\beta^+])}(E_{1\sim n},A)=\{x\in U\mid \bigwedge\limits_{i=1}^{n}E_i(A)(x)\geqslant_{I^{(2)}}[\beta^-,\alpha^+]\}$;

(2) 拒绝域: $\mathrm{REJ}^{\mathrm{pe}}_{([\alpha^-,\alpha^+],[\beta^-,\beta^+])}(E_{1\sim n},A)=\bigcup\limits_{i=1}^{n}\left\{x\in U\mid E_i(A)(x)\leqslant_{I^{(2)}}[\beta^-,\beta^+]\right\}$;

(3) 不确定域: $\mathrm{UNC}^{\mathrm{pe}}_{([\alpha^-,\alpha^+],[\beta^-,\beta^+])}(E_{1\sim n},A)=\left(\mathrm{ACP}^{\mathrm{pe}}_{([\alpha^-,\alpha^+],[\beta^-,\beta^+])}(E_{1\sim n},A)\cup\mathrm{REJ}^{\mathrm{pe}}_{([\alpha^-,\alpha^+],[\beta^-,\beta^+])}(E_{1\sim n},A)\right)^c$.

各种概率粗糙集模型列入表 3.6.1, 不过多粒度三支决策没有列入. 在表 3.6.1 中, 如果 A 是 U 的一个 Fuzzy 集, 则 $|A|=\sum\limits_{i=1}^{n}A(x)$.

表 3.6.1 各种概率粗糙集上的三支决策

三支决策空间	决策条件 A	关系 R	决策评价函数 E
$(U,\mathrm{Map}(U,\{0,1\}),[0,1],E)$	经典集	(Fuzzy) 等价关系	$\frac{\|A\cap[x]_R\|}{\|[x]_R\|}$
$(U,\mathrm{Map}(U,[0,1]),[0,1],E)$	Fuzzy 集	等价关系	$\frac{\|A\cap[x]_R\|}{\|[x]_R\|}$
$(U,\mathrm{Map}(U,[0,1]),[0,1],E)$	Fuzzy 集	Fuzzy 等价关系	$\frac{\|A\cap[x]_{R_\lambda}\|}{\|[x]_{R_\lambda}\|}$
$(U,\mathrm{Map}(U,I^{(2)}),[0,1],E)$	区间值 Fuzzy 集	等价关系	$\frac{\|A^{(m)}\cap[x]_R\|}{\|[x]_R\|}$

续表

三支决策空间	决策条件 A	关系 R	决策评价函数 E
$(U,\mathrm{Map}(U,I^{(2)}),[0,1],E)$	区间值 Fuzzy 集	Fuzzy 等价关系	$\dfrac{\lvert A^{(m)}\cap[x]_{R_\lambda}\rvert}{\lvert[x]_{R_\lambda}\rvert}$
$(U,\mathrm{Map}(U,I^{(2)}),I^{(2)},E)$	区间值 Fuzzy 集	等价关系	$\left[\dfrac{\lvert A^-\cap[x]_R\rvert}{\lvert[x]_R\rvert},\dfrac{\lvert A^+\cap[x]_R\rvert}{\lvert[x]_R\rvert}\right]$
$(U,\mathrm{Map}(U,I^{(2)}),I^{(2)},E)$	区间值 Fuzzy 集	区间值 Fuzzy 等价关系	$\left[\dfrac{\lvert A^-\cap[x]_{R_\lambda^-}\rvert}{\lvert[x]_{R_\lambda^-}\rvert},\dfrac{\lvert A^+\cap[x]_{R_\lambda^+}\rvert}{\lvert[x]_{R_\lambda^+}\rvert}\right]$

由上面的讨论, 我们可以考虑区间值 Fuzzy 集 (Gong et al., 2008; Hu, Wong, 2013; Liang, Liu, 2014) 到三支决策和多粒度三支决策.

3.7 三支决策空间的动态三支决策

3.7.1 动态二支决策

很多的实际决策问题不是一次三支决策, 而是由多次决策组成的. 先看下面的例子.

例 3.7.1 (Hu, 2014) 我国硕士研究生的录取决策.

我国硕士研究生的录取工作要经过初试、分数线、复试多个决策环节. 这些决策环节有一个共同特点, 除最后一个环节是确定接受域与拒绝域外, 前面每一个环节都是要决策出拒绝域和不确定域. 录取过程见图 3.7.1 所示. 在图中 “有分数” “上线” 是不确定域. “无分数” “未上线” “复试淘汰” 是拒绝域. “录取” 是接受域.

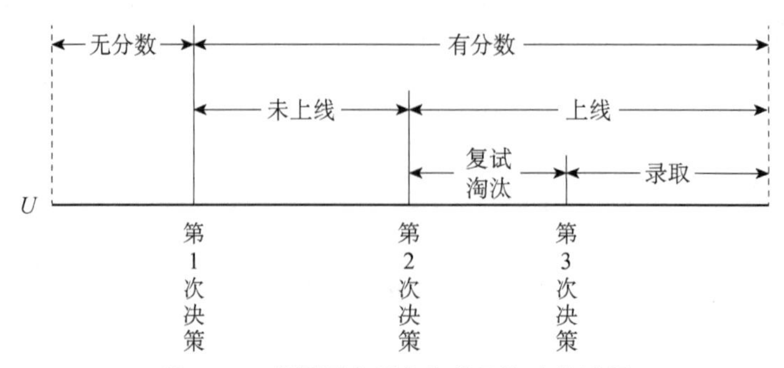

图 3.7.1 我国硕士研究生的录取决策过程

例 3.7.2 (Hu, 2014) 奥运会主办城市决策.

奥运会的主办城市通过资格验证 (假设 n 个候选城市) 和 k 轮投票 ($1\leqslant k\leqslant n$) 等多个部分确定. 在这些决策会议中, 除了最后一轮确定接受域和拒绝域外, 决定拒绝域和不确定域存在共同特征. 主办权的决策过程如图 3.7.2 所示. 在图中, "候选城市" 和 "第一轮通过" 是不确定的区域. "非候选城市"、"第一轮淘汰" 和 "最后一轮淘汰" 是拒绝域. "主办城市" 是一个接受区域.

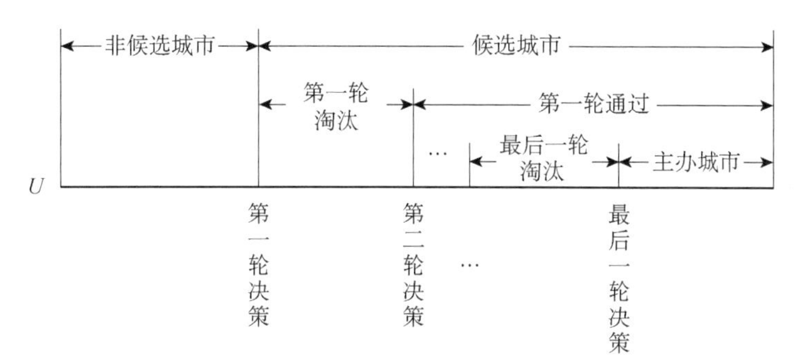

图 3.7.2　奥运会主办城市决策

这样的例子很多, 如基金项目的申请、工程项目的招投标、期刊论文的评审、工作应聘等. 下面给出严格的定义.

定义 3.7.1 (Hu, 2014)　设 $(U,\mathrm{Map}(V,P_C),P_D,E)$ 为一个三支决策空间, $A\in\mathrm{Map}(V,P_C)$, $\alpha\in P_D$, 则拒绝-不确定决策定义为

(1) 拒绝域: $\mathrm{REJ}_\alpha(E,A)=\{x\in U\mid E(A)(x)<_{P_D}\alpha\}$;

(2) 不确定域: $\mathrm{UNC}_\alpha(E,A)=\left(\mathrm{REJ}_\alpha(E,A)\right)^c$.

接受–不确定决策定义为

(1) 接受域: $\mathrm{ACP}_\alpha(E,A)=\{x\in U\mid E(A)(x)\geqslant_{P_D}\alpha\}$;

(2) 不确定域: $\mathrm{UNC}_\alpha(F,A)=\left(\mathrm{ACP}_\alpha(F,A)\right)^c$.

接受–拒绝决策定义为

(1) 接受域: $\mathrm{ACP}_\alpha(E,A)=\{x\in U\mid E(A)(x)\geqslant_{P_D}\alpha\}$;

(2) 拒绝域: $\mathrm{REJ}_\alpha(E,A)=\left(\mathrm{ACP}_\alpha(E,A)\right)^c$.

拒绝–不确定决策和接受–不确定决策称为不确定二支决策. 而接受–拒绝决策称为确定二支决策.

定义 3.7.2 (Hu, 2014)　设 $(U,\mathrm{Map}(V,P_C),P_D,E_i)$ 为 i 个三支决策空间, $A_i\in\mathrm{Map}(V,P_C)$, $\alpha_i\in P_D$ $(i=1,2,\cdots,n)$, 则

(决策 1) 拒绝–不确定决策

拒绝域：$\mathrm{REJ}_{\alpha_1}^{(1)}(E_1,A_1)=\{x\in U\mid E_1(A_1)(x)<_{P_D}\alpha_1\}$；

不确定域：$\mathrm{UNC}_{\alpha_1}^{(1)}(E_1,A_1)=\left(\mathrm{REJ}_{\alpha_1}^{(1)}(E_1,A_1)\right)^c$，

(决策 2) 拒绝-不确定决策

如果 $\mathrm{UNC}_{\alpha_1}^{(1)}(E_1,A_1)\neq\varnothing$，则

拒绝域：$\mathrm{REJ}_{\alpha_2}^{(2)}(E_2,A_2)=\{x\in \mathrm{UNC}_{\alpha_1}^{(1)}(E_1,A_1)\mid E_2(A_2)(x)<_{P_D}\alpha_2\}$；

不确定域：$\mathrm{UNC}_{\alpha_2}^{(2)}(E_2,A_2)=\mathrm{UNC}_{\alpha_1}^{(1)}(E_1,A_1)-\mathrm{REJ}_{\alpha_2}^{(2)}(E_2,A_2)$，

……

(决策 n−1) 拒绝-不确定决策

如果 $\mathrm{UNC}_{\alpha_{n-2}}^{(n-2)}(E_{n-2},A_{n-2})\neq\varnothing$，则

拒绝域：$\mathrm{REJ}_{\alpha_{n-1}}^{(n-1)}(E_{n-1},A_{n-1})=\{x\in \mathrm{UNC}_{\alpha_{n-2}}^{(n-2)}(E_{n-2},A_{n-2})\mid E_{n-1}(A_{n-1})(x)<_{P_D}\alpha_{n-1}\}$；

不确定域：$\mathrm{UNC}_{\alpha_{n-1}}^{(n-1)}(E_{n-1},A_{n-1})=\mathrm{UNC}_{\alpha_{n-2}}^{(n-2)}(E_{n-2},A_{n-2})-\mathrm{REJ}_{\alpha_{n-1}}^{(n-1)}(E_{n-1},A_{n-1})$，

(决策 n) 接受-拒绝决策

如果 $\mathrm{UNC}_{\alpha_{n-1}}^{(n-1)}(E_{n-1},A_{n-1})\neq\varnothing$，则

接受域：$\mathrm{ACP}_{\alpha_n}^{(n)}(E_n,A_n)=\{x\in \mathrm{UNC}_{\alpha_{n-1}}^{(n-1)}(E_{n-1},A_{n-1})\mid E_n(A_n)(x)\geqslant_{P_D}\alpha_n\}$；

拒绝域：$\mathrm{REJ}_{\alpha_n}^{(n)}(E_n,A_n)=\mathrm{UNC}_{\alpha_{n-1}}^{(n-1)}(E_{n-1},A_{n-1})-\mathrm{ACP}_{\alpha_n}^{(n)}(E_n,A_n)$

称为淘汰型动态二支决策.

有些决策是与定义 3.7.2 不一样的，决策从接受域和不确定域开始.

例 3.7.3 (Hu, 2014) 我国大学生课程通过决策.

我国大学生课程通过决策要经过课程考试、重修、毕业前多个决策环节. 这些决策环节有一个共同特点，除最后一个环节是确定接受域与拒绝域外，前面每一个环节都是要决策出接受域和不确定域. 决策过程如图 3.7.3 所示. 在图中“重修通过”“重修未通过”“毕业前考试未通过”是不确定域.“考试通过”“重修通过”“毕业前考试通过”“毕业后考试通过”是接受域.“毕业后考试未通过”是拒绝域.

这样的例子很多，如职称评定等. 下面给出严格的定义.

定义 3.7.3 (Hu, 2014) 设 $(U,\mathrm{Map}(V,L_C),L_D,E_i)$ 为 i 个三支决策空间，$A_i\in\mathrm{Map}(V,L_C)$，$\alpha_i\in L_D\,(i=1,2,\cdots,n)$，则

(决策 1) 接受-不确定决策

接受域：$\mathrm{ACP}_{\alpha_1}^{(1)}(E_1,A_1)=\{x\in U\mid E_1(A_1)(x)\geqslant_{L_D}\alpha_1\}$；

不确定域：$\mathrm{UNC}_{\alpha_1}^{(1)}(E_1,A_1)=\left(\mathrm{ACP}_{\alpha_1}^{(1)}(E_1,A_1)\right)^c$，

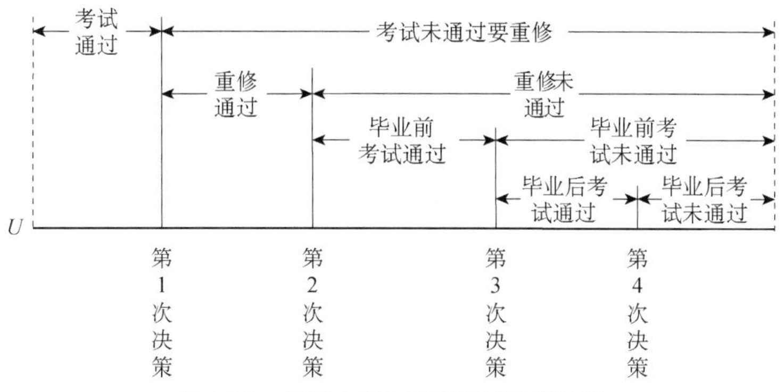

图 3.7.3 我国大学生课程通过决策过程

(决策 2) 接受–不确定决策

如果 $\mathrm{UNC}_{\alpha_1}^{(1)}(E_1,A_1)\neq\varnothing$，则

接受域：$\mathrm{ACP}_{\alpha_2}^{(2)}(E_2,A_2)=\{x\in\mathrm{UNC}_{\alpha_1}^{(1)}(E_1,A_1)\mid E_2(A_2)(x)\geqslant_{L_D}\alpha_2\}$；

不确定域：$\mathrm{UNC}_{\alpha_2}^{(2)}(E_2,A_2)=\mathrm{UNC}_{\alpha_1}^{(1)}(E_1,A_1)-\mathrm{ACP}_{\alpha_2}^{(2)}(E_2,A_2)$，

……

(决策 $n-1$) 接受–不确定决策

如果 $\mathrm{UNC}_{\alpha_{n-2}}^{(n-2)}(E_{n-2},A_{n-2})\neq\varnothing$，则

接受域：$\mathrm{ACP}_{\alpha_{n-1}}^{(n-1)}(E_{n-1},A_{n-1})=\{x\in\mathrm{UNC}_{\alpha_{n-2}}^{(n-2)}(E_{n-2},A_{n-2})\mid E_{n-2}(A_{n-2})(x)\geqslant_{L_D}\alpha_{n-2}\}$；

不确定域：$\mathrm{UNC}_{\alpha_{n-1}}^{(n-1)}(E_{n-1},A_{n-1})=\mathrm{UNC}_{\alpha_{n-2}}^{(n-2)}(E_{n-2},A_{n-2})-\mathrm{ACP}_{\alpha_{n-1}}^{(n-1)}(E_{n-1},A_{n-1})$，

(决策 n) 接受–拒绝决策

如果 $\mathrm{UNC}_{\alpha_{n-1}}^{(n-1)}(E_{n-1},A_{n-1})\neq\varnothing$，则

接受域：$\mathrm{ACP}_{\alpha_n}^{(n)}(E_n,A_n)=\{x\in\mathrm{UNC}_{\alpha_{n-1}}^{(n-1)}(E_{n-1},A_{n-1})\mid E_n(A_n)(x)\geqslant_{L_D}\alpha_n\}$；

拒绝域：$\mathrm{REJ}_{\alpha_n}^{(n)}(E_n,A_n)=\mathrm{UNC}_{\alpha_{n-1}}^{(n-1)}(E_{n-1},A_{n-1})-\mathrm{ACP}_{\alpha_n}^{(n)}(E_n,A_n)$，

称为选拔型动态二支决策.

三支决策可看成 $n=2$ 的动态二支决策.

3.7.2 动态三支决策

下面的决策由多个三支决策组成.

定义 3.7.4 (Hu, 2014) 设 $(U,\mathrm{Map}(V,L_C),L_D,E_i)$ 为 i 个三支决策空间，$A_i\in\mathrm{Map}(V,L_C)$，$\alpha_i,\beta_i\in L_D$，并且 $0_{L_D}\leqslant_{L_D}\beta_i<_{L_D}\alpha_i\leqslant_{L_D}1_{L_D}$ $(i=1,2,\cdots,n)$，则下面给出严格的动态三支决策定义.

(决策 1) 接受域 1: $\mathrm{ACP}^{(1)}_{(\alpha_1,\beta_1)}(E_1,A_1)=\{x\in U\mid E_1(A_1)(x)\geqslant_{L_D}\alpha_1\}$;

拒绝域 1: $\mathrm{REJ}^{(1)}_{(\alpha_1,\beta_1)}(E_1,A_1)=\{x\in U\mid E_1(A_1)(x)\leqslant_{L_D}\beta_1\}$;

不确定域 1: $\mathrm{UNC}^{(1)}_{(\alpha_1,\beta_1)}(E_1,A_1)=\left(\mathrm{ACP}^{(1)}_{(\alpha_1,\beta_1)}(E_1,A_1)\cup\mathrm{REJ}^{(1)}_{(\alpha_1,\beta_1)}(E_1,A_1)\right)^c$,

(决策 2) 如果 $\mathrm{UNC}^{(1)}_{(\alpha_1,\beta_1)}(E_1,A_1)\neq\varnothing$, 则

接受域 2:

$\mathrm{ACP}^{(2)}_{(\alpha_2,\beta_2)}(E_2,A_2)=\mathrm{ACP}^{(1)}_{(\alpha_1,\beta_1)}(E_1,A_1)\cup\{x\in UNC^{(1)}_{(\alpha_1,\beta_1)}(E_1,A_1)\mid E_2(A_2)(x)\geqslant_{L_D}\alpha_2\}$;

拒绝域 2:

$\mathrm{REJ}^{(2)}_{(\alpha_2,\beta_2)}(E_2,A_2)=\mathrm{REJ}^{(1)}_{(\alpha_1,\beta_1)}(E_1,A_1)\cup\{x\in\mathrm{UNC}^{(1)}_{(\alpha_1,\beta_1)}(E_1,A_1)\mid E_2(A_2)(x)\leqslant_{L_D}\beta_2\}$;

不确定域 2: $\mathrm{UNC}^{(2)}_{(\alpha_2,\beta_2)}(E_2,A_2)=\left(\mathrm{ACP}^{(2)}_{(\alpha_2,\beta_2)}(E_2,A_2)\cup\mathrm{REJ}^{(2)}_{(\alpha_2,\beta_2)}(E_2,A_2)\right)^c$,

……

(决策 n) 如果 $\mathrm{UNC}^{(n-1)}_{(\alpha_{n-1},\beta_{n-1})}(E_{n-1},A_{n-1})\neq\varnothing$, 则

接受域 n: $\mathrm{ACP}^{(n)}_{(\alpha_n,\beta_n)}(E_n,A_n)=$

$\mathrm{ACP}^{(n-1)}_{(\alpha_{n-1},\beta_{n-1})}(E_{n-1},A_{n-1})\cup\{x\in\mathrm{UNC}^{(n-1)}_{(\alpha_{n-1},\beta_{n-1})}(E_{n-1},A_{n-1})\mid E_n(A_n)(x)\geqslant_{L_D}\alpha_n\}$;

拒绝域 n: $\mathrm{REJ}^{(n)}_{(\alpha_n,\beta_n)}(E_n,A_n)=$

$\mathrm{REJ}^{(n-1)}_{(\alpha_{n-1},\beta_{n-1})}(E_{n-1},A_{n-1})\cup\{x\in\mathrm{UNC}^{(n-1)}_{(\alpha_{n-1},\beta_{n-1})}(E_{n-1},A_{n-1})\mid E_n(A_n)(x)\leqslant_{L_D}\beta_n\}$;

不确定域 n: $\mathrm{UNC}^{(n)}_{(\alpha_n,\beta_n)}(E_n,A_n)=\left(\mathrm{ACP}^{(n)}_{(\alpha_n,\beta_n)}(E_n,A_n)\cup\mathrm{REJ}^{(n)}_{(\alpha_n,\beta_n)}(E_n,A_n)\right)^c$.

动态三支决策见示意图 3.7.4.

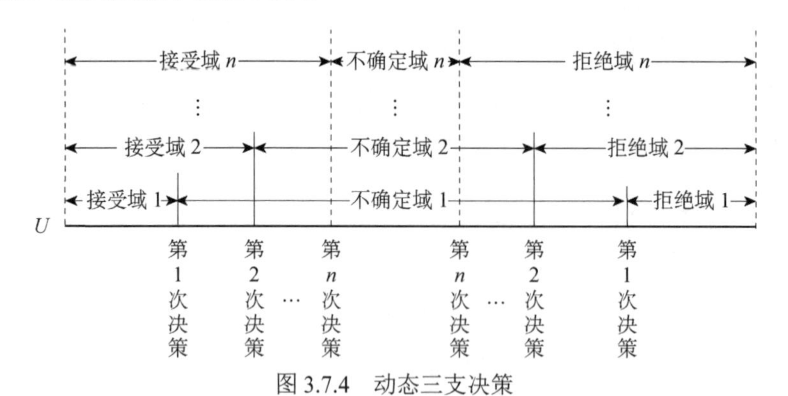

图 3.7.4 动态三支决策

3.8 三支决策空间上双决策评价函数的三支决策

Yao 根据所用决策评价函数的个数给出三支决策的两种评价模式. 一种是单

决策评价函数; 另一种是双决策评价函数 (Yao, 2010, 2012). 前面讨论的三支决策是基于一个决策评价函数, 虽然多粒度使用了多个决策评价函数, 但思想还是基于一个决策评价函数模式. 下面给出基于双决策评价函数的三支决策 (Hu, 2014).

定义 3.8.1 设 $(U,\mathrm{Map}(V,L_C),L_D,E_a)$ 和 $(U,\mathrm{Map}(V,L_C),L_D,E_b)$ 为两个三支决策空间, $A,B\in\mathrm{Map}(V,L_C)$, $\alpha,\beta\in L_D$, 则三支决策为

(1) 接受域:
$$\begin{aligned}\mathrm{ACP}_{(\alpha,\beta)}((E_a,E_b),(A,B))&=\left\{x\in U\mid E_a(A)(x)\geqslant\alpha\right\}\\&\quad\bigcap\left\{x\in U\mid E_b(B)(x)<_{L_D}\beta\right\}\\&=\mathrm{ACP}_\alpha(E_a,A)\bigcap\mathrm{REJ}_\beta(E_b,B);\end{aligned}$$

(2) 拒绝域:
$$\begin{aligned}\mathrm{REJ}_{(\alpha,\beta)}((E_a,E_b),(A,B))&=\left\{x\in U\mid E_a(A)(x)<_{L_D}\alpha\right\}\\&\quad\bigcap\left\{x\in U\mid E_b(B)(x)\geqslant_{L_D}\beta\right\}\\&=\mathrm{REJ}_\alpha(E_a,A)\bigcap\mathrm{ACP}_\beta(E_b,B);\end{aligned}$$

(3) 不确定域:
$$\mathrm{UNC}_{(\alpha,\beta)}((E_a,E_b),(A,B))=\left(\mathrm{ACP}_{(\alpha,\beta)}(E_a,E_b,A,B)\bigcup\mathrm{REJ}_{(\alpha,\beta)}(E_a,E_b,A,B)\right)^c.$$

定义 3.8.2 设 $(U,\mathrm{Map}(V,L_C),L_D,E_a)$ 和 $(U,\mathrm{Map}(V,L_C),L_D,E_b)$ 为两个三支决策空间, $A,B\in\mathrm{Map}(V,L_C)$, $\alpha,\beta\in L_D$, 则
$$\underline{\mathrm{apr}}_{(\alpha,\beta)}((E_a,E_b),(A,B))=\mathrm{ACP}_{(\alpha,\beta)}((E_a,E_b),(A,B)),$$
$$\overline{\mathrm{apr}}_{(\alpha,\beta)}((E_a,E_b),(A,B))=\left(\mathrm{REJ}_{(\alpha,\beta)}((E_a,E_b),(A,B))\right)^c.$$

如果 L_D 是线性的, 则
$$\overline{\mathrm{apr}}_{(\alpha,\beta)}((E_a,E_b),(A,B))=\left\{x\in U\mid E_a(A)(x)\geqslant_{L_D}\alpha\right\}\bigcup\left\{x\in U\mid E_b(B)(x)<_{L_D}\beta\right\}.$$

定理 3.8.1 设 $(U,\mathrm{Map}(V,L_C),L_D,E_a)$ 和 $(U,\mathrm{Map}(V,L_C),L_D,E_b)$ 为两个三支决策空间, $A,B,C,D\in\mathrm{Map}(V,L_C)$, $\alpha,\beta\in L_D$, 则下列结论成立.

(1) $\underline{\mathrm{apr}}_{(\alpha,\beta)}((E_a,E_b),(A,B))\subseteq\overline{\mathrm{apr}}_{(\alpha,\beta)}((E_a,E_b),(A,B))$;

(2) $\underline{\mathrm{apr}}_{(\alpha,\beta)}((E_a,E_b),(U,\varnothing))=U$, $\overline{\mathrm{apr}}_{(\alpha,\beta)}((E_a,E_b),(\varnothing,U))=\varnothing$;

(3) $\left(\underline{\mathrm{apr}}_{(\alpha,\beta)}((E_a,E_b),(A,B))\right)^c=\overline{\mathrm{apr}}_{(\beta,\alpha)}((E_b,E_a),(B,A))$;

(4) 如果 $A\subseteq C,B\supseteq D$, 则
$$\underline{\mathrm{apr}}_{(\alpha,\beta)}((E_a,E_b),(A,B))\subseteq\underline{\mathrm{apr}}_{(\alpha,\beta)}((E_a,E_b),(C,D)),$$
$$\overline{\mathrm{apr}}_{(\alpha,\beta)}((E_a,E_b),(A,B))\subseteq\overline{\mathrm{apr}}_{(\alpha,\beta)}((E_a,E_b),(C,D));$$

(5) $\underline{\mathrm{apr}}_{(\alpha,\beta)}((E_a,E_b),(A\bigcap B,C\bigcup D))\subseteq\underline{\mathrm{apr}}_{(\alpha,\beta)}((E_a,E_b),(A,C))$

$$\cap\underline{\mathrm{apr}}_{(\alpha,\beta)}((E_a,E_b),(B,D)),$$

$$\overline{\mathrm{apr}}_{(\alpha,\beta)}((E_a,E_b),(A\cap B,C\cup D))\subseteq\overline{\mathrm{apr}}_{(\alpha,\beta)}((E_a,E_b),(A,C))$$

$$\cap\overline{\mathrm{apr}}_{(\alpha,\beta)}((E_a,E_b),(B,D)),$$

$$\underline{\mathrm{apr}}_{(\alpha,\beta)}((E_a,E_b),(A\cup B,C\cap D))\supseteq\underline{\mathrm{apr}}_{(\alpha,\beta)}((E_a,E_b),(A,C))$$

$$\cup\underline{\mathrm{apr}}_{(\alpha,\beta)}((E_a,E_b),(B,D)),$$

$$\overline{\mathrm{apr}}_{(\alpha,\beta)}((E_a,E_b),(A\cup B,C\cap D))\supseteq\overline{\mathrm{apr}}_{(\alpha,\beta)}((E_a,E_b),(A,C))$$

$$\cup\overline{\mathrm{apr}}_{(\alpha,\beta)}((E_a,E_b),(B,D)).$$

证明 (1) $\overline{\mathrm{apr}}_{(\alpha,\beta)}((E_a,E_b),(A,B))=\left(\mathrm{REJ}_{(\alpha,\beta)}((E_a,E_b),(A,B))\right)^c$

$$=\left(\{x\in U\mid E_a(A)(x)<_{L_D}\alpha\}\cap\{x\in U\mid E_b(B)(x)\geqslant_{L_D}\beta\}\right)^c$$

$$=\left(\{x\in U\mid E_a(A)(x)<_{L_D}\alpha\}\right)^c\cup\left(\{x\in U\mid E_b(B)(x)\geqslant_{L_D}\beta\}\right)^c$$

$$\supseteq\left\{x\in U\mid E_a(A)(x)\geqslant_{L_D}\alpha\right\}\cap\left\{x\in U\mid E_b(B)(x)<_{L_D}\beta\right\}$$

$$=\underline{\mathrm{apr}}_{(\alpha,\beta)}((E_a,E_b),(A,B)).$$

(3) $\left(\underline{\mathrm{apr}}_{(\alpha,\beta)}((E_a,E_b),(A,B))\right)^c=\left(\left\{x\in U\mid E_a(A)(x)\geqslant_{L_D}\alpha\right\}\right.$

$$\left.\cap\left\{x\in U\mid E_b(B)(x)<_{L_D}\beta\right\}\right)^c$$

$$=\left(\mathrm{REJ}_{(\beta,\alpha)}((E_b,E_a),(B,A))\right)^c$$

$$=\overline{\mathrm{apr}}_{(\beta,\alpha)}((E_b,E_a),(B,A)).$$

(5) $\underline{\mathrm{apr}}_{(\alpha,\beta)}((E_a,E_b),(A\cap B,C\cup D))$

$$=\left\{x\in U\mid E_a(A\cap B)(x)\geqslant_{L_D}\alpha\right\}\cap\left\{x\in U\mid E_b(C\cup D)(x)<_{L_D}\beta\right\}$$

$$\subseteq\left\{x\in U\mid E_a(A)(x)\geqslant_{L_D}\alpha\right\}\cap\left\{x\in U\mid E_a(B)(x)\geqslant_{L_D}\alpha\right\}$$

$$\cap\left\{x\in U\mid E_b(C)(x)<_{L_D}\beta\right\}\cap\left\{x\in U\mid E_b(D)(x)<_{L_D}\beta\right\}$$

$$=\underline{\mathrm{apr}}_{(\alpha,\beta)}((E_a,E_b),(A,C))\cap\underline{\mathrm{apr}}_{(\alpha,\beta)}((E_a,E_b),(B,D)).$$

其他类似可证. □

我们还能证明下列定理.

定理 3.8.2 设 $(U,\mathrm{Map}(V,L_C),L_D,E_a)$ 和 $(U,\mathrm{Map}(V,L_C),L_D,E_b)$ 为两个三支决策空间，$A,B\in\mathrm{Map}(V,L_C)$，则下列命题成立.

(1) 如果 $0_{L_D}\leqslant_{L_D}\alpha\leqslant_{L_D}\alpha'\leqslant_{L_D}1_{L_D}$，$0_{L_D}\leqslant_{L_D}\beta'\leqslant_{L_D}\beta\leqslant_{L_D}1_{L_D}$，则

$$\underline{\mathrm{apr}}_{(\alpha,\beta)}((E_a,E_b),(A,B))\supseteq\underline{\mathrm{apr}}_{(\alpha',\beta')}((E_a,E_b),(A,B)),$$

$$\overline{\mathrm{apr}}_{(\alpha,\beta)}((E_a,E_b),(A,B)) \supseteq \overline{\mathrm{apr}}_{(\alpha',\beta')}((E_a,E_b),(A,B));$$

(2) 如果 $\alpha,\beta,\alpha',\beta' \in L_D$，则

$$\underline{\mathrm{apr}}_{(\alpha\vee_{L_D}\alpha',\,\beta\wedge_{L_D}\beta')}((E_a,E_b),(A,B)) = \underline{\mathrm{apr}}_{(\alpha,\beta)}((E_a,E_b),(A,B)) \cap \underline{\mathrm{apr}}_{(\alpha',\beta')}((E_a,E_b),(A,B)),$$

$$\overline{\mathrm{apr}}_{(\alpha\wedge_{L_D}\alpha',\,\beta\vee_{L_D}\beta')}((E_a,E_b),(A,B)) = \overline{\mathrm{apr}}_{(\alpha,\beta)}((E_a,E_b),(A,B)) \cup \overline{\mathrm{apr}}_{(\alpha',\beta')}((E_a,E_b),(A,B)).$$

证明　(1) 设 $0_{L_D} \leqslant_{L_D} \alpha \leqslant_{L_D} \alpha' \leqslant_{L_D} 1_{L_D}$，$0_{L_D} \leqslant_{L_D} \beta' \leqslant_{L_D} \beta \leqslant_{L_D} 1_{L_D}$. 如果

$$x \in \underline{\mathrm{apr}}_{(\alpha',\beta')}((E_a,E_b),(A,B)),$$

则 $E_a(A)(x) \geqslant_{L_D} \alpha'$ 和 $E_b(B)(x) <_{L_D} \beta'$. 于是 $E_a(A)(x) \geqslant_{L_D} \alpha$ 和 $E_b(B)(x) <_{L_D} \beta$, 即

$$x \in \underline{\mathrm{apr}}_{(\alpha,\beta)}((E_a,E_b),(A,B)).$$

如果 $x \in \overline{\mathrm{apr}}_{(\alpha',\beta')}((E_a,E_b),(A,B))$，则 $x \in \left(\mathrm{REJ}_{(\alpha',\beta')}((E_a,E_b),(A,B))\right)^c$，即 $E_a(A)(x) \geqslant_{L_D} \alpha'$ 或 $E_b(B)(x) <_{L_D} \beta'$. 于是 $E_a(A)(x) \geqslant_{L_D} \alpha$ 或 $E_b(B)(x) <_{L_D} \beta$，即 $x \in \overline{\mathrm{apr}}_{(\alpha,\beta)}((E_a,E_b),(A,B))$.

(2) 如果 $\alpha,\beta,\alpha',\beta' \in L_D$，则

$$\begin{aligned}
&\underline{\mathrm{apr}}_{(\alpha\vee_{L_D}\alpha',\,\beta\wedge_{L_D}\beta')}((E_a,E_b),(A,B))\\
&=\left\{x\in U \mid E_a(A,x) \geqslant_{L_D} \alpha\vee_{L_D}\alpha'\right\} \cap \left\{x\in U \mid E_b(B,x) <_{L_D} \beta\wedge_{L_D}\beta'\right\}\\
&=\left\{x\in U \mid E_a(A,x) \geqslant_{P_D} \alpha\right\} \cap \left\{x\in U \mid E_a(A,x) \geqslant_{P_D} \alpha'\right\}\\
&\quad\cap\left\{x\in U \mid E_b(B,x) <_{P_D} \beta\right\} \cap \left\{x\in U \mid E_b(B,x) <_{P_D} \beta'\right\}\\
&=\underline{\mathrm{apr}}_{(\alpha,\beta)}((E_a,E_b),(A,B)) \cap \underline{\mathrm{apr}}_{(\alpha',\beta')}((E_a,E_b),(A,B)),
\end{aligned}$$

$$\begin{aligned}
&\overline{\mathrm{apr}}_{(\alpha\wedge_{L_D}\alpha',\,\beta\vee_{L_D}\beta')}((E_a,E_b),(A,B)) = \left(\underline{\mathrm{apr}}_{(\beta\vee_{L_D}\beta',\,\alpha\wedge_{L_D}\alpha')}((E_b,E_a),(B,A))\right)^c\\
&=\left(\underline{\mathrm{apr}}_{(\beta,\alpha)}((E_b,E_a),(B,A)) \cap \underline{\mathrm{apr}}_{(\beta',\alpha')}((E_b,E_a),(B,A))\right)^c\\
&=\left(\underline{\mathrm{apr}}_{(\beta,\alpha)}((E_b,E_a),(B,A))\right)^c \cup \left(\underline{\mathrm{apr}}_{(\beta',\alpha')}((E_b,E_a),(B,A))\right)^c\\
&=\overline{\mathrm{apr}}_{(\alpha,\beta)}((E_a,E_b),(A,B)) \cup \overline{\mathrm{apr}}_{(\alpha',\beta')}((E_a,E_b),(A,B)).
\end{aligned}$$

□

3.9　本章小结

三支决策空间 (3WDS) 的建立统一了流行的三支决策. 本章最后讨论下列两个问题.

问题 3.9.1 (Hu, 2014)　在 $0 \leqslant_{L_D} \beta \leqslant_{L_D} \alpha \leqslant_{L_D} 1$ 的条件下，三支决策的定义可以变成下面的定义吗?

设 $(U, \mathrm{Map}(V, L_C), L_D, E)$ 是三支决策空间，$A \in \mathrm{Map}(V, L_C)$，$\alpha, \beta \in L_D$ 并且 $0 \leqslant_{L_D} \beta \leqslant_{L_D} \alpha \leqslant_{L_D} 1$，则三支决策定义如下:

(1) 接受域: $\mathrm{ACP}_{(\alpha,\beta)}(E, A) = \{x \in U \mid E(A)(x) \geqslant_{L_D} \alpha\}$;

(2) 拒绝域: $\mathrm{REJ}_{(\alpha,\beta)}(E, A) = \{x \in U \mid E(A)(x) <_{L_D} \beta\}$;

(3) 不确定域: $\mathrm{UNC}_{(\alpha,\beta)}(E, A) = \left(\mathrm{ACP}_{(\alpha,\beta)}(E, A) \cup \mathrm{REJ}_{(\alpha,\beta)}(E, A)\right)^c$.

这个定义有下列优点:

(1) 二支决策是 $\alpha = \beta$ 时三支决策的特殊情形.

(2) 接受用"⩾"并且拒绝用"<"更符合实际应用和语义.

(3) 这个定义统一了单决策评价函数与双决策评价函数, 这里基于双决策评价函数的三支决策可以被分类成基于单决策评价函数三支决策的某些运算.

然而, 如果这样, 当这个定义被用到概率粗糙集时就与流行的三支决策、上下近似等存在一些差异. 在问题 3.9.1 的拒绝域中, 很显然有

$$\lim_{\beta \to 0+} \mathrm{REJ}_{(\alpha,\beta)}(E, A) = \lim_{\beta \to 0+} \{x \in U \mid E(A)(x) < \beta\} = \{x \in U \mid E(A)(x) = 0\}.$$

此时, Pawlak 粗糙集被看成 $\beta \to 0^+$ 并且 $\alpha = 1$ 的概率粗糙集.

问题 3.9.2 在 $0 \leqslant_{L_D} \beta <_{L_D} \alpha \leqslant_{L_D} 1$ 的条件下, 三支决策的定义能变成下面的定义吗?

设 $(U, \mathrm{Map}(V, L_C), L_D, E)$ 是一个三支决策空间，$A \in \mathrm{Map}(V, L_C)$，$\alpha, \beta \in L_D$ 并且 $0 \leqslant_{L_D} \beta <_{L_D} \alpha \leqslant_{L_D} 1$，则三支决策定义如下.

(1) 接受域: $\mathrm{ACP}_{(\alpha,\beta)}(E, A) = \{x \in U \mid E(A)(x) \geqslant_{L_D} \alpha\}$;

(2) 拒绝域: $\mathrm{REJ}_{(\alpha,\beta)}(E, A) = \{x \in U \mid E(A)(x) \leqslant_{L_D} \beta\}$;

(3) 不确定域: $\mathrm{UNC}_{(\alpha,\beta)}(E, A) = \{x \in U \mid \beta <_{L_D} E(A)(x) <_{L_D} \alpha\}$.

如果 L_D 不是线性序, 则 $\mathrm{ACP}_{(\alpha,\beta)}(E, A) \cup \mathrm{REJ}_{(\alpha,\beta)}(E, A) \cup \mathrm{UNC}_{(\alpha,\beta)}(E, A)$ 不一定等于 U. 这时 $U - \left(\mathrm{ACP}_{(\alpha,\beta)}(E, A) \cup \mathrm{REJ}_{(\alpha,\beta)}(E, A) \cup \mathrm{UNC}_{(\alpha,\beta)}(E, A)\right)$ 被称为拒绝决策域, 记为 $\mathrm{REF}_{(\alpha,\beta)}(E, A)$.

第 4 章　偏序集上的三支决策空间

三支决策空间上的三支决策基于 Fuzzy 格，即完备的具有对合否算子的分配格. 然而，现在一些流行的结构，如犹豫Fuzzy集和2型Fuzzy集，并不构成Fuzzy格. 它限制了三支决策空间理论的应用. 因此，本章试图在三支决策空间中推广决策结论的度量从 Fuzzy 格到偏序集. 首先，基于一般偏序集讨论三支决策空间和三支决策. 其次，本章指出，[0, 1]的非空子集的集合和犹豫 Fuzzy 集的族都是偏序集合. 最后，系统地讨论了基于犹豫 Fuzzy 集和区间值犹豫 Fuzzy 集的三支决策空间与三支决策，得到了许多有用的决策评价函数.

4.1　引言

三支决策的理论框架研究主要包含决策评价函数的值域 (Yao, 2012)、决策评价函数的构造与解释 (Yao, 2010, 2011, 2012)、三支决策模式 (Yao, 2012) 和三支决策空间理论 (Hu, 2014) 等.

在三支决策的理论研究中，胡宝清系统研究了各种粗糙集的关系，引入了决策度量、决策条件和决策评价函数的公理定义，建立了三支决策空间 (Hu, 2014, 第 3 章). 在此基础上，对三支决策空间给出了多种三支决策，使得现有的三支决策是三支决策空间的特殊例子，如基于 Fuzzy 集、区间值 Fuzzy 集、区间集、阴影集、随机集和粗糙集的三支决策等. 同时，还建立了多粒度三支决策空间及其对应的多粒度三支决策，还引入了新颖的动态两支决策和基于三支决策空间的动态三支决策、基于双决策评价函数的三支决策. 在 Fuzzy 格上建立了三支决策空间，即具有对合否算子的完备的分配格. 流行的 Fuzzy 格有很多，如 Fuzzy 集 (Zadeh, 1965)、区间值 Fuzzy 集 (Hu, 2015; Hu, Wong, 2013, 2014; Zadeh, 1975)、直觉 Fuzzy 集 (Atanassov, 1983, 1986)、区间值直觉 Fuzzy 集 (Atanassov, Gargov, 1989)、区间集 (Yao, 1993, 1996; Zhang et al., 2016)、阴影集 (Pedrycz, 1998) 等集代数都形成了 Fuzzy 格. 然而，一些著名结构不构成 Fuzzy 格或在特殊条件下构成 Fuzzy 格，例如，2 型 Fuzzy 集 (Hu, Kwong, 2014)、区间值 2 型 Fuzzy 集 (Hu,

Wang, 2014)、犹豫 Fuzzy 集 (Farhadinia, 2013a, 2013b, 2014a; Torra, 2010) 和区间值犹豫 Fuzzy 集 (Chen et al., 2013; Farhadinia, 2013b, 2014b), 它们是 Fuzzy 集的有用推广. Fuzzy 格限制了三支决策空间理论的广泛应用. 此外, 姚一豫在 (Yao, 2012) 中首先使用了偏序集合 L, 并将其分为两个不相交的非空集合 L^- 和 L^+, 其中 L^- 是拒绝区域, L^+是接受区域. 因此, 本章试图推广三支决策空间中对决策结论 (决策域) 的度量从 Fuzzy 格到偏序集.

本章详细安排如下: 4.2 节将三支决策的度量统一到偏序集上, 给出了决策评价函数公理, 并建立基于偏序集的三支决策空间. 4.3 节建立了基于偏序集合的三支决策空间的三支决策理论, 其中包含一般三支决策、三支决策诱导的下近似与上近似和多粒度三支决策等. 在 4.4 节中, 作为基于偏序集的三支决策空间的特殊情况, 讨论了基于犹豫 Fuzzy 集的三支决策, 并给出了许多决策评价函数. 同样, 作为基于偏序集的三支决策空间的特殊情况, 4.5 节讨论了基于区间犹豫 Fuzzy 集的三支决策, 并给出了许多决策评价函数. 最后, 在 4.6 节对本章进行了小结.

4.2 偏序集上的三支决策空间

基于 Fuzzy 格的三支决策空间和三支决策可以推广到偏序集上.

设 $(P_C, \leqslant_{P_C}, N_{P_C}, 0_{P_C}, 1_{P_C})$ 和 $(P_D, \leqslant_{P_D}, N_{P_D}, 0_{P_D}, 1_{P_D})$ 是两个具有对合否算子的有界偏序集. 设 U 是一个要做决策的非空论域, 称为决策域, 并且 V 是一个决策条件的非空论域, 称为条件域.

定义 4.2.1 (Hu, 2016) 设 U 是一个决策域和 V 是一个条件域, 映射 $E: \mathrm{Map}(V, P_C) \to \mathrm{Map}(U, P_D)$ 满足下列条件:

(E1) **最小元公理** $E(\varnothing) = \varnothing$, 即 $E(\varnothing)(x) = 0_{P_D}, \forall x \in U$;

(E2) **单调性公理** $A \subseteq_{P_C} B \Rightarrow E(A) \subseteq_{P_D} E(B), \forall A, B \in \mathrm{Map}(V, P_C)$, 即

$$E(A)(x) \leqslant_{P_D} E(B)(x), \quad \forall x \in U;$$

(E3) **自对偶性公理** $N_{P_D}(E(A)) = E(N_{P_C}(A)), \forall A \in \mathrm{Map}(V, P_C)$, 即

$$N_{P_D}(E(A))(x) = E(N_{P_C}(A))(x), \quad \forall x \in U,$$

则称 $E(A)$ 为 U 的关于 A 的决策评价函数, $E(A)(x)$ 为 A 在 x 的决策值.

如第 3 章所述, 这些公理的背景来自概率粗糙集中大量决策评价函数的共同

性质，例如 $\frac{|A\cap[x]_R|}{|[x]_R|}$ (A 是 U 的子集，R 是有限论域 U 上的等价关系)．在 $\frac{|A\cap[x]_R|}{|[x]_R|}$ 中，对最小元公理，$\frac{|\varnothing\cap[x]_R|}{|[x]_R|}=0$；对单调性公理，$A\subseteq B$ 可推出 $\frac{|A\cap[x]_R|}{|[x]_R|}\leqslant\frac{|B\cap[x]_R|}{|[x]_R|}$；对自对偶性公理，$\frac{|A^c\cap[x]_R|}{|[x]_R|}=1-\frac{|A\cap[x]_R|}{|[x]_R|}$．

因为 Fuzzy 格是偏序集，所以例 3.2.2—例 3.2.5 都是满足定义 4.2.1 三个公理的决策评价函数．然而，对 Fuzzy 集 A 或有限论域上 Fuzzy 关系 R，$\frac{|A\cap[x]_R|}{|[x]_R|}$ 不一定是决策评价函数．下面我们给出一个新的决策评价函数，这个函数在有限论域上经典集 A 和等价关系 R 的条件下等价于 $\frac{|A\cap[x]_R|}{|[x]_R|}$．

例 4.2.1　(1) 设 $P_C=P_D=[0,1]$，U 和 V 是两个有限论域，$A\in\mathrm{Map}(V,[0,1])$，$R\in\mathrm{Map}(U\times V,[0,1])$ 并且 $\sum_{y\in V}R(x,y)\neq 0,\forall x\in U$，则

$$E(A)(x)=\frac{\sum_{y\in V}A(y)R(x,y)}{\sum_{y\in V}R(x,y)} \tag{4.2.1}$$

是 U 的关于 $A\in\mathrm{Map}(V,[0,1])$ 的一个决策评价函数．我们只验证它满足公理 (E3)．事实上，$\forall x\in U$，

$$\begin{aligned}E(A^c)(x)&=\frac{\sum_{y\in V}A^c(y)R(x,y)}{\sum_{y\in V}R(x,y)}\\&=\frac{\sum_{y\in V}(1-A(y))R(x,y)}{\sum_{y\in V}R(x,y)}\\&=\frac{\sum_{y\in V}\big(R(x,y)-A(y)R(x,y)\big)}{\sum_{y\in V}R(x,y)}\\&=1-\frac{\sum_{y\in V}A(y)R(x,y)}{\sum_{y\in V}R(x,y)}\\&=1-E(A)(x),\end{aligned}$$

即 $(E(A))^c = E(A^c)$. 考虑例 3.2.6, 其中 $U=V=\{x_1,x_2,x_3,x_4,x_5\}$,

$$R=\begin{bmatrix} 1 & 0.8 & 0.6 & 0.4 & 0.6 \\ 0.8 & 1 & 0.6 & 0.4 & 0.6 \\ 0.6 & 0.6 & 1 & 0.4 & 0.9 \\ 0.4 & 0.4 & 0.4 & 1 & 0.4 \\ 0.6 & 0.6 & 0.9 & 0.4 & 1 \end{bmatrix},$$

则 $E_1(A)(x)=\dfrac{|A\bigcap[x]_R|}{|[x]_R|}$ 不一定是 U 的决策评价函数. 比如, 我们取

$$A=\frac{0.8}{x_1}+\frac{0.2}{x_2}+\frac{0.6}{x_3}+\frac{0.9}{x_4}+\frac{1}{x_5},$$

则

$$E_1(A)=\frac{0.765}{x_1}+\frac{0.765}{x_2}+\frac{0.771}{x_3}+\frac{0.885}{x_4}+\frac{0.8}{x_5},$$

$$E_1(A^c)=\frac{0.441}{x_1}+\frac{0.441}{x_2}+\frac{0.371}{x_3}+\frac{0.346}{x_4}+\frac{0.371}{x_5},$$

但是, $E_1(A^c)(x)\neq 1-E_1(A)(x)$, $\forall x\in U$. 然而

$$E_2(A)(x)=\frac{|A\cdot[x]_R|}{|[x]_R|}$$

是 U 的决策评价函数, 其中 $\left(A\cdot[x]_R\right)(y)=A(y)R(x,y)$, $\forall x,y\in U$. 比如, 对相同的 Fuzzy 集

$$A=\frac{0.8}{x_1}+\frac{0.2}{x_2}+\frac{0.6}{x_3}+\frac{0.9}{x_4}+\frac{1}{x_5},$$

则

$$E_2(A)=\frac{0.671}{x_1}+\frac{0.635}{x_2}+\frac{0.703}{x_3}+\frac{0.746}{x_4}+\frac{0.714}{x_5},$$

$$E_2(A^c)=\frac{0.329}{x_1}+\frac{0.365}{x_2}+\frac{0.297}{x_3}+\frac{0.254}{x_4}+\frac{0.286}{x_5},$$

这时, $E_2(A^c)(x)=1-E_2(A)(x)$, $\forall x\in U$.

(2) 设 $P_C=P_D=I^{(2)}$, U 和 V 是两个有限论域, $A\in \mathrm{Map}(V,I^{(2)})$, $R\in \mathrm{Map}\,(U\times V,[0,1])$, 并且 $\sum\limits_{y\in V}R(x,y)\neq 0,\forall x\in U$, 则

$$E(A)(x)=\left[\frac{\sum\limits_{y\in V}A^-(y)R(x,y)}{\sum\limits_{y\in V}R(x,y)},\quad \frac{\sum\limits_{y\in V}A^+(y)R(x,y)}{\sum\limits_{y\in V}R(x,y)}\right]$$

是 U 的关于 $A\in \mathrm{Map}(V,I^{(2)})$ 的决策评价函数. 我们只需验证它满足公理 (E3). 事实上, $\forall x\in U$,

$$\begin{aligned}
E(A^c)(x) &= E([(A^+)^c,(A^-)^c])(x)\\
&=\left[\frac{\sum_{y\in V}(A^+)^c(y)R(x,y)}{\sum_{y\in V}R(x,y)},\frac{\sum_{y\in V}(A^-)^c(y)R(x,y)}{\sum_{y\in V}R(x,y)}\right]\\
&=\left[\frac{\sum_{y\in V}(1-A^+(y))R(x,y)}{\sum_{y\in V}R(x,y)},\frac{\sum_{y\in V}(1-A^-(y))R(x,y)}{\sum_{y\in V}R(x,y)}\right]\\
&=\left[\frac{\sum_{y\in V}\left(R(x,y)-A^+(y)R(x,y)\right)}{\sum_{y\in V}R(x,y)},\frac{\sum_{y\in V}\left(R(x,y)-A^-(y)R(x,y)\right)}{\sum_{y\in V}R(x,y)}\right]\\
&=\left[1-\frac{\sum_{y\in V}A^+(y)R(x,y)}{\sum_{y\in V}R(x,y)},1-\frac{\sum_{y\in V}A^-(y)R(x,y)}{\sum_{y\in V}R(x,y)}\right]\\
&=1_{I^{(2)}}-\left[\frac{\sum_{y\in V}A^-(y)R(x,y)}{\sum_{y\in V}R(x,y)},\frac{\sum_{y\in V}A^+(y)R(x,y)}{\sum_{y\in V}R(x,y)}\right]\\
&=1_{I^{(2)}}-E(A)(x).
\end{aligned}$$

于是, $(E(A))^c=E(A^c)$.

(3) 设 $P_C=P_D=[0,1]^2$, U 和 V 是两个有限论域, $A=(\mu_A,\nu_A)\in \mathrm{Map}(V,[0,1]^2)$, $R\in \mathrm{Map}(U\times V,[0,1])$, 并且 $\sum_{y\in V}R(x,y)\neq 0,\forall x\in U$, 则

$$E(A)(x)=\left(\frac{\sum_{y\in V}\mu_A(y)R(x,y)}{\sum_{y\in V}R(x,y)},\frac{\sum_{y\in V}\nu_A(y)R(x,y)}{\sum_{y\in V}R(x,y)}\right)$$

是 U 的关于 $A=(\mu_A,\nu_A)\in \mathrm{Map}(V,[0,1]^2)$ 的决策评价函数.

上面的例子是基于 Fuzzy 格. 基于偏序集的例子将在 4.4 节和 4.5 节给出.

由公理 (E1) 和公理 (E3) 得到 $E(V)(x)=1_{P_D},\forall x\in U$.

下面的定理是定义 4.2.1 的直接结论.

定理 4.2.1　设 $A\in \mathrm{Map}(U,P_C)$, 则 $E(A)=A:\mathrm{Map}(U,P_C)\to \mathrm{Map}(U,P_C)$ 是 U 的一个决策评价函数.

有了前面对三支决策的条件域、决策域、决策评价函数的描述，下面可以给出基于偏序集的三支决策空间的定义.

定义 4.2.2 (Hu, 2016) 给定论域 U, 条件域为 $\mathrm{Map}(V,P_C)$，决策域为 P_D，决策评价函数为 E, 则 $(U,\mathrm{Map}(V,P_C),P_D,E)$ 称为一个基于偏序集的三支决策空间. 设 $E_1,E_2,\cdots,E_n$ 是 U 上的 n 个决策评价函数, 则 $(U,\mathrm{Map}(V,P_C),P_D,\{E_1,E_2,\cdots,E_n\})$ 称为一个基于偏序集的 n 粒度三支决策空间.

4.3 三支决策空间上的三支决策

本节介绍基于偏序集的三支决策空间上的三支决策.

4.3.1 三支决策

选择决策域上的两个参数, 可以利用条件域中决策条件的决策评价函数将决策域划分为三个区域.

定义 4.3.1 (Hu, 2016) 设 $(U,\mathrm{Map}(V,P_C),P_D,E)$ 是一个三支决策空间, $A\in\mathrm{Map}(V,P_C)$，$\alpha,\beta\in P_D$ 并且 $0_{P_D}\leqslant_{P_D}\beta<_{P_D}\alpha\leqslant_{P_D}1_{P_D}$，则三支决策为

(1) 接受域: $\mathrm{ACP}_{(\alpha,\beta)}(E,A)=\{x\in U\mid E(A)(x)\geqslant_{P_D}\alpha\}$;

(2) 拒绝域: $\mathrm{REJ}_{(\alpha,\beta)}(E,A)=\{x\in U\mid E(A)(x)\leqslant_{P_D}\beta\}$;

(3) 不确定域: $\mathrm{UNC}_{(\alpha,\beta)}(E,A)=\left(\mathrm{ACP}_{(\alpha,\beta)}(E,A)\cup\mathrm{REJ}_{(\alpha,\beta)}(E,A)\right)^c$.

如果 P_D 是线性序, 则显然有 $\mathrm{UNC}_{(\alpha,\beta)}(E,A)=\{x\in U\mid\beta<_{P_D}E(A)(x)<_{P_D}\alpha\}$.

如果我们从三支决策中定义下近似和上近似的概念, 那么它可以获得许多类似于粗糙集的性质.

定义 4.3.2 (Hu, 2016) 如果 $A\in\mathrm{Map}(V,P_C)$，则

$$\underline{\mathrm{apr}}_{(\alpha,\beta)}(E,A)=\mathrm{ACP}_{(\alpha,\beta)}(E,A),$$

$$\overline{\mathrm{apr}}_{(\alpha,\beta)}(E,A)=\left(\mathrm{REJ}_{(\alpha,\beta)}(E,A)\right)^c$$

分别称为 A 的下近似和上近似.

定理 4.3.1 设 $A,B\in\mathrm{Map}(V,P_C)$，则下列结论成立.

(1) $\underline{\mathrm{apr}}_{(\alpha,\beta)}(E,A)\subseteq\overline{\mathrm{apr}}_{(\alpha,\beta)}(E,A)$;

(2) $\underline{\mathrm{apr}}_{(\alpha,\beta)}(E,V)=U$, $\underline{\mathrm{apr}}_{(\alpha,\beta)}(E,\varnothing)=\varnothing$, $\overline{\mathrm{apr}}_{(\alpha,\beta)}(E,V)=U$, $\overline{\mathrm{apr}}_{(\alpha,\beta)}(E,\varnothing)=\varnothing$;

(3) $A\subseteq_{P_C}B\Rightarrow\underline{\mathrm{apr}}_{(\alpha,\beta)}(E,A)\subseteq\underline{\mathrm{apr}}_{(\alpha,\beta)}(E,B)$, $\overline{\mathrm{apr}}_{(\alpha,\beta)}(E,A)\subseteq\overline{\mathrm{apr}}_{(\alpha,\beta)}(E,B)$;

(4) $\underline{\mathrm{apr}}_{(\alpha,\beta)}(E,N_{P_C}(A))=\left(\overline{\mathrm{apr}}_{(N_{P_D}(\beta),N_{P_D}(\alpha))}(E,A)\right)^c$,

$\overline{\mathrm{apr}}_{(\alpha,\beta)}(E,N_{P_C}(A))=\left(\underline{\mathrm{apr}}_{(N_{P_C}(\beta),N_{P_D}(\alpha))}(E,A)\right)^c$.

定理 4.3.2　设 $A\in\mathrm{Map}(V,P_C)$，并且 $0\leqslant_{P_D}\beta\leqslant_{P_D}\beta'<_{P_D}\alpha'\leqslant_{P_D}\alpha\leqslant_{P_D}1$，则

$$\underline{\mathrm{apr}}_{(\alpha,\beta)}(E,A)\subseteq\underline{\mathrm{apr}}_{(\alpha',\beta')}(E,A),$$

$$\overline{\mathrm{apr}}_{(\alpha,\beta)}(E,A)\supseteq\overline{\mathrm{apr}}_{(\alpha',\beta')}(E,A).$$

4.3.2　基于偏序集的乐观多粒度三支决策

基于 Fuzzy 格的乐观多粒度三支决策可以推广到偏序集上 (Hu, 2016).

定义 4.3.3　设 $(U,\mathrm{Map}(V,P_C),P_D,\{E_1,E_2,\cdots,E_n\})$ 是一个 n 粒度的三支决策空间，$A\in\mathrm{Map}(V,P_C)$，$\alpha,\beta\in P_D$ 并且 $0\leqslant_{P_D}\beta<_{P_D}\alpha\leqslant_{P_D}1$，则乐观 n 粒度三支决策定义如下:

(1) 接受域: $\mathrm{ACP}^{\mathrm{op}}_{(\alpha,\beta)}(E_{1\sim n},A)=\bigcup_{i=1}^{n}\mathrm{ACP}_{(\alpha,\beta)}(E_i,A)=\bigcup_{i=1}^{n}\left\{x\in U\mid E_i(A)(x)\geqslant_{P_D}\alpha\right\}$;

(2) 拒绝域: $\mathrm{REJ}^{\mathrm{op}}_{(\alpha,\beta)}(E_{1\sim n},A)=\bigcap_{i=1}^{n}\mathrm{REJ}_{(\alpha,\beta)}(E_i,A)=\bigcap_{i=1}^{n}\left\{x\in U\mid E_i(A)(x)\leqslant_{P_D}\beta\right\}$;

(3) 不确定域: $\mathrm{UNC}^{\mathrm{op}}_{(\alpha,\beta)}(E_{1\sim n},A)=\left(\mathrm{ACP}^{\mathrm{op}}_{(\alpha,\beta)}(E_{1\sim n},A)\cup\mathrm{REJ}^{\mathrm{op}}_{(\alpha,\beta)}(E_{1\sim n},A)\right)^c$.

如果 P_D 是线性序，则

$$\mathrm{REJ}^{\mathrm{op}}_{(\alpha,\beta)}(E_{1\sim n},A)=\left\{x\in U\,\middle|\,\bigvee_{i=1}^{n}E_i(A)(x)\leqslant_{P_D}\beta\right\},$$

$$\mathrm{UNC}^{\mathrm{op}}_{(\alpha,\beta)}(E_{1\sim n},A)=\left\{x\in U\mid\beta<_{P_D}\bigvee_{i=1}^{n}E_i(A)(x)<_{P_D}\alpha\right\}.$$

定义 4.3.4　如果 $A\in\mathrm{Map}(V,P_C)$，则

$$\underline{\mathrm{apr}}^{\mathrm{op}}_{(\alpha,\beta)}(E_{1\sim n},A)=\mathrm{ACP}^{\mathrm{op}}_{(\alpha,\beta)}(E_{1\sim n},A),$$

$$\overline{\mathrm{apr}}^{\mathrm{op}}_{(\alpha,\beta)}(E_{1\sim n},A)=\left(\mathrm{REJ}^{\mathrm{op}}_{(\alpha,\beta)}(E_{1\sim n},A)\right)^c$$

分别称为 A 关于乐观 n 粒度三支决策的下近似和上近似.

定理 4.3.3　设 $(U,\mathrm{Map}(V,P_C),P_D,\{E_1,E_2,\cdots,E_n\})$ 是一个 n 粒度的三支决策空间，$A\in\mathrm{Map}(V,P_C)$，$\alpha,\beta\in P_D$ 并且 $0\leqslant_{P_D}\beta<_{P_D}\alpha\leqslant_{P_D}1$，则下列结论成立.

(1) $\underline{\mathrm{apr}}^{\mathrm{op}}_{(\alpha,\beta)}(E_{1\sim n},A)=\bigcup_{i=1}^{n}\underline{\mathrm{apr}}_{(\alpha,\beta)}(E_i,A)$;

(2) $\overline{\mathrm{apr}}^{\mathrm{op}}_{(\alpha,\beta)}(E_{1\sim n},A)=\bigcup_{i=1}^{n}\overline{\mathrm{apr}}_{(\alpha,\beta)}(E_i,A)$;

(3) $\underline{\text{apr}}^{\text{op}}_{(\alpha,\beta)}(E_{1\sim n},A)\subseteq\overline{\text{apr}}^{\text{op}}_{(\alpha,\beta)}(E_{1\sim n},A)$;

(4) $\underline{\text{apr}}^{\text{op}}_{(\alpha,\beta)}(E_{1\sim n},V)=U$, $\underline{\text{apr}}^{\text{op}}_{(\alpha,\beta)}(E_{1\sim n},\varnothing)=\varnothing$,

$\overline{\text{apr}}^{\text{op}}_{(\alpha,\beta)}(E_{1\sim n},V)=U$, $\overline{\text{apr}}^{\text{op}}_{(\alpha,\beta)}(E_{1\sim n},\varnothing)=\varnothing$;

(5) $A\subseteq_{P_C}B\Rightarrow\underline{\text{apr}}^{\text{op}}_{(\alpha,\beta)}(E_{1\sim n},A)\subseteq\underline{\text{apr}}^{\text{op}}_{(\alpha,\beta)}(E_{1\sim n},B)$,

$\overline{\text{apr}}^{\text{op}}_{(\alpha,\beta)}(E_{1\sim n},A)\subseteq\overline{\text{apr}}^{\text{op}}_{(\alpha,\beta)}(E_{1\sim n},B)$.

定理 4.3.4 设$(U,\text{Map}(V,P_C),P_D,\{E_1,E_2,\cdots,E_n\})$是一个 n 粒度三支决策空间, $A\in\text{Map}(V,P_C)$. 如果$0\leqslant_{P_D}\beta\leqslant_{P_D}\beta'<_{P_D}\alpha'\leqslant_{P_D}\alpha\leqslant_{P_D}1$，则

$$\overline{\text{apr}}^{\text{op}}_{(\alpha,\beta)}(E_{1\sim n},A)\supseteq\overline{\text{apr}}^{\text{op}}_{(\alpha',\beta')}(E_{1\sim n},A).$$

4.3.3 基于偏序集的悲观多粒度三支决策

我们可以考虑基于偏序集的多粒度三支决策空间上三支决策的另一类型 (Hu, 2016).

定义 4.3.5 设$(U,\text{Map}(V,P_C),P_D,\{E_1,E_2,\cdots,E_n\})$是一个 n 粒度三支决策空间, $A\in\text{Map}(V,P_C)$，$\alpha,\beta\in P_D$ 并且$0\leqslant_{P_D}\beta<_{P_D}\alpha\leqslant_{P_D}1$，则悲观 n 粒度三支决策定义为

(1) 接受域: $\text{ACP}^{\text{pe}}_{(\alpha,\beta)}(E_{1\sim n},A)=\bigcap\limits_{i=1}^{n}\text{ACP}_{(\alpha,\beta)}(E_i,A)=\bigcap\limits_{i=1}^{n}\left\{x\in U\mid E_i(A)(x)\geqslant_{P_D}\alpha\right\}$;

(2) 拒绝域: $\text{REJ}^{\text{pe}}_{(\alpha,\beta)}(E_{1\sim n},A)=\bigcup\limits_{i=1}^{n}\text{REJ}_{(\alpha,\beta)}(E_i,A)=\bigcup\limits_{i=1}^{n}\left\{x\in U\mid E_i(A)(x)\leqslant_{P_D}\beta\right\}$;

(3) 不确定域: $\text{UNC}^{\text{pe}}_{(\alpha,\beta)}(E_{1\sim n},A)=\left(\text{ACP}^{\text{pe}}_{(\alpha,\beta)}(E_{1\sim n},A)\cup\text{REJ}^{\text{pe}}_{(\alpha,\beta)}(E_{1\sim n},A)\right)^c$.

如果 P_D 是线性序，则 $\text{REJ}^{\text{pe}}_{(\alpha,\beta)}(E_{1\sim n},A)=\left\{x\in U\,\middle|\,\bigwedge\limits_{i=1}^{n}E_i(A)(x)\leqslant_{P_D}\beta\right\}$并且

$$\text{UNC}^{\text{pe}}_{(\alpha,\beta)}(E_{1\sim n},A)=\left\{x\in U\,\middle|\,\beta<_{P_D}\bigwedge_{i=1}^{n}E_i(A)(x)<_{P_D}\alpha\right\}.$$

类似地, 我们可以讨论悲观多粒度三支决策的下近似和上近似.

定义 4.3.6 如果 $A\in\text{Map}(V,P_C)$，则

$$\underline{\text{apr}}^{\text{pe}}_{(\alpha,\beta)}(E_{1\sim n},A)=\text{ACP}^{\text{pe}}_{(\alpha,\beta)}(E_{1\sim n},A),$$

$$\overline{\text{apr}}^{\text{pe}}_{(\alpha,\beta)}(E_{1\sim n},A)=\left(\text{REJ}^{\text{pe}}_{(\alpha,\beta)}(E_{1\sim n},A)\right)^c$$

分别称为 A 关于悲观 n 粒度三支决策的下近似和上近似.

定理 4.3.5 设$(U,\text{Map}(V,P_C),P_D,\{E_1,E_2,\cdots,E_n\})$是一个 n 粒度的三支决策空间, $A\in\text{Map}(V,P_C)$，$\alpha,\beta\in P_D$ 并且$0\leqslant_{P_D}\beta<_{P_D}\alpha\leqslant_{P_D}1$，则

(1) $\underline{\mathrm{apr}}^{\mathrm{pe}}_{(\alpha,\beta)}(E_{1\sim n},A)=\bigcap_{i=1}^{n}\underline{\mathrm{apr}}_{(\alpha,\beta)}(E_i,A)$;

(2) $\overline{\mathrm{apr}}^{\mathrm{pe}}_{(\alpha,\beta)}(E_{1\sim n},A)=\bigcap_{i=1}^{n}\overline{\mathrm{apr}}_{(\alpha,\beta)}(E_i,A)$;

(3) $\underline{\mathrm{apr}}^{\mathrm{pe}}_{(\alpha,\beta)}(E_{1\sim n},A)\subseteq\overline{\mathrm{apr}}^{\mathrm{pe}}_{(\alpha,\beta)}(E_{1\sim n},B)$;

(4) $\underline{\mathrm{apr}}^{\mathrm{pe}}_{(\alpha,\beta)}(E_{1\sim n},V)=U$, $\overline{\mathrm{apr}}^{\mathrm{pe}}_{(\alpha,\beta)}(E_{1\sim n},\varnothing)=\varnothing$, $\underline{\mathrm{apr}}^{\mathrm{pe}}_{(\alpha,\beta)}(E_{1\sim n},\varnothing)=\varnothing$, $\overline{\mathrm{apr}}^{\mathrm{pe}}_{(\alpha,\beta)}(E_{1\sim n},V)=U$;

(5) $A\subseteq_{P_C}B\Rightarrow\underline{\mathrm{apr}}^{\mathrm{pe}}_{(\alpha,\beta)}(E_{1\sim n},A)\subseteq\underline{\mathrm{apr}}^{\mathrm{pe}}_{(\alpha,\beta)}(E_{1\sim n},B)$,
$\overline{\mathrm{apr}}^{\mathrm{pe}}_{(\alpha,\beta)}(E_{1\sim n},A)\subseteq\overline{\mathrm{apr}}^{\mathrm{pe}}_{(\alpha,\beta)}(E_{1\sim n},B)$.

定理 4.3.6　设 $(U,\mathrm{Map}(V,P_C),P_D,\{E_1,E_2,\cdots,E_n\})$ 是一个 n 粒度三支决策空间, $A\in\mathrm{Map}(V,P_C)$, $0\leqslant_{P_D}\beta\leqslant_{P_D}\beta'<_{P_D}\alpha'\leqslant_{P_D}\alpha\leqslant_{P_D}1$, 则

$$\underline{\mathrm{apr}}^{\mathrm{pe}}_{(\alpha,\beta)}(E_{1\sim n},A)\subseteq\underline{\mathrm{apr}}^{\mathrm{pe}}_{(\alpha',\beta')}(E_{1\sim n},A),$$
$$\overline{\mathrm{apr}}^{\mathrm{pe}}_{(\alpha,\beta)}(E_{1\sim n},A)\supseteq\overline{\mathrm{apr}}^{\mathrm{pe}}_{(\alpha',\beta')}(E_{1\sim n},B).$$

定理 4.3.7　设 $(U,\mathrm{Map}(V,P_C),P_D,\{E_1,E_2,\cdots,E_n\})$ 是一个 n 粒度三支决策空间, $A\in\mathrm{Map}(V,P_C)$, $\alpha,\beta\in P_D$, $0\leqslant_{P_D}\beta<_{P_D}\alpha\leqslant_{P_D}1$, 则下列结论成立:

(1) $\mathrm{ACP}^{\mathrm{op}}_{(\alpha,\beta)}(E_{1\sim n},N_{P_C}(A))=\mathrm{REJ}^{\mathrm{pe}}_{(N_{P_D}(\beta),N_{P_D}(\alpha))}(E_{1\sim n},A)$;

(2) $\mathrm{REJ}^{\mathrm{op}}_{(\alpha,\beta)}(E_{1\sim n},N_{P_C}(A))=\mathrm{ACP}^{\mathrm{pe}}_{(N_{P_D}(\beta),N_{P_D}(\alpha))}(E_{1\sim n},A)$;

(3) $\mathrm{UNC}^{\mathrm{op}}_{(\alpha,\beta)}(E_{1\sim n},N_{P_C}(A))=\mathrm{UNC}^{\mathrm{pe}}_{(N_{P_D}(\beta),N_{P_D}(\alpha))}(E_{1\sim n},A)$.

定理 4.3.8　设 $(U,\mathrm{Map}(V,P_C),P_D,\{E_1,E_2,\cdots,E_n\})$ 是一个 n 粒度三支决策空间, $A\in\mathrm{Map}(V,P_C)$, $\alpha,\beta\in P_D$, $0\leqslant_{P_D}\beta<_{P_D}\alpha\leqslant_{P_D}1$, 则下列结论成立:

(1) $\underline{\mathrm{apr}}^{\mathrm{op}}_{(\alpha,\beta)}(E_{1\sim n},N_{P_C}(A))=\left(\overline{\mathrm{apr}}^{\mathrm{pe}}_{(N_{P_D}(\beta),N_{P_D}(\alpha))}(E_{1\sim n},A)\right)^c$;

(2) $\overline{\mathrm{apr}}^{\mathrm{op}}_{(\alpha,\beta)}(E_{1\sim n},N_{P_C}(A))=\left(\underline{\mathrm{apr}}^{\mathrm{pe}}_{(N_{P_D}(\beta),N_{P_D}(\alpha))}(E_{1\sim n},A)\right)^c$.

4.4　基于犹豫 Fuzzy 集的三支决策

在这一节我们讨论由犹豫 Fuzzy 集构成的一类特殊偏序集以及基于犹豫 Fuzzy 集的三支决策.

4.4.1 犹豫 Fuzzy 集和犹豫 Fuzzy 关系

1.5.5 节讨论了犹豫 Fuzzy 集和犹豫 Fuzzy 关系. 犹豫 Fuzzy 集的真值在 $2^{[0,1]}-\{\varnothing\}$ 上取值. 下面讨论 $2^{[0,1]}-\{\varnothing\}$ 上一些要用到的运算性质. 例 1.1.3 给出了文献 (Hu, 2016, 2017a) 关于 $2^{[0,1]}-\{\varnothing\}$ 上的下列运算.

定义 4.4.1 (Hu, 2016, 2017a) $\forall A,B\in 2^{[0,1]}-\{\varnothing\}$,

$$A\sqcap B=\{x\wedge y\mid x\in A,y\in B\},$$

$$A\sqcup B=\{x\vee y\mid x\in A,y\in B\},$$

$$N(A)=\{1-x\mid x\in A\}.$$

当 $A=\{a\}$ 和 $B=\{b\}$ 时, 我们可以得到 $A\sqcap B=\{a\wedge b\}$, $A\sqcup B=\{a\vee b\}$ 并且 $N(A)=\{1-a\}$. 这说明 $2^{[0,1]}-\{\varnothing\}$ 上的运算$\sqcap$、$\sqcup$、N 分别是$\wedge$、$\vee$、c 在[0, 1]上的推广. 当 $A=[a^-,a^+]$ 和 $B=[b^-,b^+]$ 时, 我们有 $A\sqcap B=[a^-\wedge b^-,a^+\wedge b^+]$、$A\sqcup B=[a^-\vee b^-,a^+\vee b^+]$ 和 $N(A)=[1-a^+,1-a^-]$. 这说明 $2^{[0,1]}-\{\varnothing\}$ 上的运算$\sqcap$、$\sqcup$、N 分别是$\wedge$、$\vee$、c 在 $I^{(2)}$ 上的推广.

运算$\sqcap$和$\sqcup$是通过经典扩张原理来定义. Torra (2010) 给出了[0, 1]上两个非空子集的并和交的定义分别是 $\{x\in A\cup B\mid x\leqslant\min\{\sup A,\sup B\}\}$ 和 $\{x\in A\cup B\mid x\geqslant\max\{\inf A,\inf B\}\}$. 但是文献 (Hu, 2017b) 指出了这个定义是不合理的, 例如, 对于 $A=[0,0.5]$ 和 $B=[0,0.25)$, 则 $\{x\wedge y\mid x\in[0,0.5],y\in[0,0.25)\}=[0,0.25)$. 然而, 由于 $\sup A=0.5$ 和 $\sup B=0.25$, $\{x\in A\cup B\mid x\leqslant\min\{\sup A,\sup B\}\}=\{x\in[0,0.5]\mid x\leqslant 0.25\}=[0,0.25]$. 如果 A 和 B 是[0, 1]上的闭区间或有限子集, 定义 4.4.1 (Hu, 2017a) 与 Torra 的定义是一致的 (Torra, 2010).

定理 4.4.1 (Hu, 2016, 2017a) 运算$\sqcap$、$\sqcup$和 N 具有下列性质, $\forall A,B,C,D\in 2^{[0,1]}-\{\varnothing\}$.

(1) 如果 $A\subseteq B,C\subseteq D$, 则 $A\sqcap C\subseteq B\sqcap D$, $A\sqcup C\subseteq B\sqcup D$;

(2) $A\sqcap A=A$, $A\sqcup A=A$;

(3) $A\sqcap B=B\sqcap A,A\sqcup B=B\sqcup A$;

(4) $A\sqcap(B\sqcap C)=(A\sqcap B)\sqcap C$, $A\sqcup(B\sqcup C)=(A\sqcup B)\sqcup C$;

(5) $A\subseteq A\sqcap(A\sqcup B)=A\sqcup(A\sqcap B)$;

(6) $N(N(A))=A$;

(7) $N(A\sqcap B)=N(A)\sqcup N(B),N(A\sqcup B)=N(A)\sqcap N(B)$.

证明 只证明 (5) 和 (7), 其他由定义 4.4.1 直接得到.

(5) 显然 $A \subseteq A \sqcap (A \sqcup B)$．如果 $x \in A \sqcap (A \sqcup B)$，则存在 $x_1, x_2 \in A$ 和 $y \in B$，使得 $x = x_1 \wedge (x_2 \vee y)$．并且 $x = x_1 \wedge (x_2 \vee y) = (x_1 \wedge x_2) \vee (x_1 \wedge y) \in A \sqcup (A \sqcap B)$．所以 $A \sqcap (A \sqcup B) \subseteq A \sqcup (A \sqcap B)$．类似可验证 $A \sqcup (A \sqcap B) \subseteq A \sqcap (A \sqcup B)$．因此 $A \subseteq A \sqcap (A \sqcup B) = A \sqcup (A \sqcap B)$．

(7) 设 $x \in N(A \sqcap B)$，则存在一个 $y \in A \sqcap B$，使得 $x = 1 - y$．于是，存在 $y_1 \in A$ 和 $y_2 \in B$，使得 $y = y_1 \wedge y_2$．这时 $x = 1 - y_1 \wedge y_2 = (1 - y_1) \vee (1 - y_2) \in N(A) \sqcup N(B)$．反过来，如果 $x \in N(A) \sqcup N(B)$，则存在 $y_1 \in A$ 和 $y_2 \in B$，使得 $x = (1 - y_1) \vee (1 - y_2) = 1 - y_1 \wedge y_2 \in N(A \sqcap B)$．因此 $N(A \sqcap B) = N(A) \sqcup N(B)$．第二等式类似可证. □

定理 4.4.1(5) 中的等式 $A = A \sqcap (A \sqcup B)$ 不一定成立. 例如，对于 $A = \{0.4, 0.6\}$ 和 $B = \{0.4, 0.5, 0.6\}$，$A \sqcap (A \sqcup B) = A \sqcup (A \sqcap B) = B \neq A$．

例 1.1.3 给出了文献 (Hu, 2016, 2017a) 关于 $2^{[0,1]} - \{\varnothing\}$ 上的序关系.

定义 4.4.2 (Hu, 2016, 2017a)　$\forall A, B \in 2^{[0,1]} - \{\varnothing\}$，

(1) $A \sqsubseteq B$ 当且仅当 $A \sqcap B = A$；

(2) $A \Subset B$ 当且仅当 $A \sqcup B = B$；

(3) $A \unlhd B$ 当且仅当 $A \sqsubseteq B$ 并且 $A \Subset B$．

由定义 4.4.2 和定理 4.4.1 我们可以得到 $(2^{[0,1]} - \{\varnothing\}, \sqsubseteq)$ 和 $(2^{[0,1]} - \{\varnothing\}, \Subset)$ 是偏序集. $(2^{[0,1]} - \{\varnothing\}, \unlhd)$ 是一个具有对合否算子 N 和最小元 $\{0\}$ 和最大元 $\{1\}$ 的偏序集.

值得注意的是，$\sqsubseteq$ 和 $\Subset$ 是 $2^{[0,1]} - \{\varnothing\}$ 上的两个不同关系. 比如，对于 $A = \{0.4, 0.6\}$ 和 $B = \{0.4, 0.5, 0.6\}$，由 $A \sqcap B = B$ 知 $B \sqsubseteq A$ 并且由 $A \sqcup B = B$ 知 $A \Subset B$．

定理 4.4.2 (Hu, 2016)　设 $A, B \in 2^{[0,1]} - \{\varnothing\}$，则下列陈述成立.

(1) 设 $A \sqsubseteq B$，则 $\forall x \in A$，存在一个 $y \in B$，使得 $x \leqslant y$ 并且 $\sup A \leqslant \sup B$；

(2) 设 $A \Subset B$，则 $\forall y \in B$，存在一个 $x \in A$，使得 $x \leqslant y$ 并且 $\inf A \leqslant \inf B$．

证明　(1) 设 $A \sqsubseteq B$，则 $A \sqcap B = A$．于是 $\forall x \in A$，存在 $x' \in A$，$y \in B$，使得 $x = x' \wedge y \leqslant y$．如果 $\sup A > \sup B$，则存在一个 $x \in A$，使得 $x > \sup B$．于是，对这个 x，存在一个 $y \in B$，使得 $x \leqslant y$．这从 $y > \sup B$ 得到矛盾. 因此，$\sup A \leqslant \sup B$．

(2) 设 $A \Subset B$，则 $A \sqcup B = B$．于是 $\forall y \in B$，存在 $x \in A$ 和 $y' \in B$，使得 $y = x \vee y' \geqslant x$．如果 $\inf A > \inf B$，则存在 $y \in B$，使得 $y < \inf A$．对于这个 y，存在 $x \in A$，使得 $x \leqslant y$．于是从 $x < \inf A$ 产生了矛盾. 因此 $\inf A \leqslant \inf B$． □

定理 4.4.3 (Hu, 2016)　设 $A, B \in 2^{[0,1]} - \{\varnothing\}$，则下列陈述成立.

(1) 如果 $A \sqsubseteq B$，$\sup A \in A$，则 $\sup A \leqslant \inf B$ 或 $[\inf B, \sup A] \bigcap B \subseteq A$；

(2) 如果 $A \Subset B$，$\inf B \in B$，则 $\sup A \leqslant \inf B$ 或 $[\inf B, \sup A] \cap A \subseteq B$；

(3) 如果 $A \trianglelefteq B$，$\sup A \in A$，$\inf B \in B$，则

$$\sup A \leqslant \inf B \quad 或 \quad [\inf B, \sup A] \cap A = [\inf B, \sup A] \cap B.$$

证明 (1) 设 $A \sqsubseteq B$，$\sup A \in A$. 如果 $\inf B < \sup A$，并且 $x \in [\inf B, \sup A] \cap B$，则 $x = \sup A \wedge x \in A \sqcap B = A$.

(2) 设 $A \Subset B$，$\inf B \in B$. 如果 $\inf B < \sup A$，并且 $x \in [\inf B, \sup A] \cap A$，则 $x = x \vee \inf B \in A \sqcup B = B$.

(3) 由 (1) 和 (2) 直接得到. □

在定理 4.4.3, 三个结论用了词"或", 而不是"且". 再考虑前面的例子, $A = \{0.4, 0.6\}$ 和 $B = \{0.4, 0.5, 0.6\}$. 由于 $B \sqsubseteq A$ 并且 $\sup B = 0.6 \in B$，

$$[\inf A, \sup B] \cap A = [0.4, 0.6] \cap \{0.4, 0.6\} = \{0.4, 0.6\} \subseteq B.$$

并由于 $A \Subset B$ 并且 $\inf B = 0.4 \in B$，$[\inf B, \sup A] \cap A = [0.4, 0.6] \cap \{0.4, 0.6\} = \{0.4, 0.6\} \subseteq B$.

推论 4.4.1 (Hu, 2016) 如果 A 和 B 是 [0,1] 上的两个有限子集, 并且 $A \trianglelefteq B$，则

$$\frac{1}{|A|}\sum_{\gamma \in A}\gamma \leqslant \frac{1}{|B|}\sum_{\gamma \in B}\gamma.$$

证明 设 A 和 B 是 [0,1] 上的两个有限子集, 并且 $A \trianglelefteq B$. 如果 $\sup A \leqslant \inf B$，则结论显然成立. 否则, 由定理 4.4.3 得到 $[\inf B, \sup A] \cap A = [\inf B, \sup A] \cap B$. 于是

$$\begin{aligned}\frac{1}{|A|}\sum_{\gamma \in A}\gamma &\leqslant \frac{1}{|[\inf B, \sup A] \cap A|}\sum_{\gamma \in [\inf B, \sup A] \cap A}\gamma \\ &= \frac{1}{|[\inf B, \sup A] \cap B|}\sum_{\gamma \in [\inf B, \sup A] \cap B}\gamma \leqslant \frac{1}{|B|}\sum_{\gamma \in B}\gamma.\end{aligned}$$ □

如果 $H \in \mathrm{Map}(U, 2^{[0,1]} - \{\varnothing\})$，则 H 是 U 的一个**犹豫 Fuzzy 集** (hesitant fuzzy set) (Torra, 2010; Hu, 2017a). 如果 $\forall x \in U$，$H(x)$ 是[0, 1]上的有限子集, 则 H 称为 U 的一个有限 Fuzzy 集. $\mathrm{Finite}(2^{[0,1]} - \{\varnothing\})$ 是[0, 1]上所有非空有限子集.

设 $H, G \in \mathrm{Map}(U, 2^{[0,1]} - \{\varnothing\})$，我们定义

$$(H \sqcap G)(x) = H(x) \sqcap G(x),$$
$$(H \sqcup G)(x) = H(x) \sqcup G(x),$$
$$N(H)(x) = N(H(x)),$$
$$H \trianglelefteq G，如果 H(x) \sqsubseteq G(x)，H(x) \Subset G(x)，\forall x \in U.$$

则 $(\mathrm{Map}(U, 2^{[0,1]} - \{\varnothing\}), \trianglelefteq)$ 是一个具有对合否算子 N 的偏序集, 其中 $\{0\}_U$ ($\{0\}_U(x) = \{0\}, \forall x \in U$) 和 $\{1\}_U$ ($\{1\}_U(x) = \{1\}, \forall x \in U$) 分别是 $\mathrm{Map}(U, 2^{[0,1]} - \{\varnothing\})$ 的最小元和最大元. [0, 1]上的所有非空有限子集记为 $\mathrm{Finite}(2^{[0,1]} - \{\varnothing\})$. 很显然

$(\mathrm{Map}(U,\mathrm{Finite}(2^{[0,1]}-\{\varnothing\})),\trianglelefteq)$ 是 $(\mathrm{Map}(U,2^{[0,1]}-\{\varnothing\}),\trianglelefteq)$ 的偏序子集，并且最小元为 $\{0\}_U$，最大元为 $\{1\}_U$.

定义 4.4.3 (Hu, 2016)　如果 $R\in\mathrm{Map}(U\times V,2^{[0,1]}-\{\varnothing\})$，即 R 是 $U\times V$ 的犹豫 Fuzzy 集, 则 R 称为从 U 到 V 的一个**犹豫 Fuzzy 关系** (hesitant fuzzy relation). 对于 $x\in U$，我们定义 V 上的一个犹豫 Fuzzy 集 $R_x(y)=R(x,y)$，$y\in V$. 如果 $U=V$, 则 R 称为是 U 的犹豫 Fuzzy 关系.

4.4.2　基于犹豫 Fuzzy 集的三支决策

设 H 是 U 的一个犹豫Fuzzy集, 并取 $E(H)(x)=H(x)$，则 $(U,\mathrm{Map}(U,2^{[0,1]}-\varnothing),2^{[0,1]}-\{\varnothing\},E)$ 是一个三支决策空间. 如果 $\alpha,\beta\in 2^{[0,1]}-\{\varnothing\}$，并且 $\{0\}\trianglelefteq\beta\triangleleft\alpha\trianglelefteq\{1\}$，则三支决策如下:

(1) 接受域: $\mathrm{ACP}_{(\alpha,\beta)}(E,H)=\{x\in U\mid E(H)(x)\trianglerighteq\alpha\}$；

(2) 拒绝域: $\mathrm{REJ}_{(\alpha,\beta)}(E,H)=\{x\in U\mid E(H)(x)\trianglelefteq\beta\}$；

(3) 不确定域: $\mathrm{UNC}_{(\alpha,\beta)}(E,H)=(\{x\in U\mid E(H)(x)\trianglerighteq\alpha\}\cup\{x\in U\mid E(H)(x)\trianglelefteq\beta\})^c$.

例 4.4.1　设 $U=\{a,b,c,d,e\}$，

$$H=\frac{\{0.6,0.7\}}{a}+\frac{\{0.7\}}{b}+\frac{\{0.75,0.85\}}{c}+\frac{[0.8,0.9]}{d}+\frac{\{1\}}{e}$$

是 U 的一个犹豫 Fuzzy 集, $\beta=\{0.7,0.8\}$，$\alpha=[0.8,0.9]$ 并且取 $E(H)(x)=H(x)$. 则

(1) 接受域: $\mathrm{ACP}_{(\alpha,\beta)}(E,H)=\{d,e\}$；

(2) 拒绝域: $\mathrm{REJ}_{(\alpha,\beta)}(E,H)=\{a,b\}$；

(3) 不确定域: $\mathrm{UNC}_{(\alpha,\beta)}(E,H)=\{c\}$.

定理 4.4.4 (Hu, 2016)　设 H 是 U 的一个有限犹豫 Fuzzy 集, 并且

$$E(H)(x)=\frac{1}{|H(x)|}\sum_{\gamma\in H(x)}\gamma,\tag{4.4.1}$$

则 $E(H)(x)$ 是 U 关于 $H\in\mathrm{Map}\big(U,\mathrm{Finite}(2^{[0,1]}-\{\varnothing\})\big)$ 的一个决策评价函数.

证明　下面我们核实定义 4.2.2 中的三个公理.

(1) 最小元公理.

$$\forall x\in U,\quad E(\{0\}_U)(x)=\frac{1}{|\{0\}_U(x)|}\sum_{\gamma\in\{0\}_U(x)}\gamma=0,\quad 即\quad E(\{0\}_U)=0_U；$$

(2) 单调性公理.

设 H_1 和 H_2 是 U 的两个有限犹豫 Fuzzy 集, 并且 $H_1\trianglelefteq H_2$，则 $\forall x\in U$，$H_1(x)\sqsubseteq H_2(x)$，并且 $H_1(x)\Subset H_2(x)$. 于是由推论 4.4.1 得到, $\forall x\in U$，

$$\begin{aligned}E(H_1)(x) &= \frac{1}{|H_1(x)|}\sum_{\gamma\in H_1(x)}\gamma \\ &\leqslant \frac{1}{|H_2(x)|}\sum_{\gamma\in H_2(x)}\gamma \\ &= E(H_2)(x),\end{aligned}$$

即 $E(H_1)\trianglelefteq E(H_2)$.

(3) 自对偶性公理.

$$\begin{aligned}E(N(H))(x) &= \frac{1}{|N(H)(x)|}\sum_{\gamma\in N(H)(x)}\gamma \\ &= \frac{1}{|H(x)|}\sum_{\gamma\in H(x)}(1-\gamma) \\ &= \frac{1}{|H(x)|}\left(|H(x)|-\sum_{\gamma\in H(x)}\gamma\right) \\ &= 1-\frac{1}{|H(x)|}\sum_{\gamma\in H(x)}\gamma = 1-E(H)(x),\end{aligned}$$

即 $E(N(H)) = N(E(H))$. □

注 4.4.1 (Hu, 2016) 如果一个有限犹豫 Fuzzy 集 H 退化成一个 Fuzzy 集，则

$$E(H)(x) = \frac{1}{|H(x)|}\sum_{\gamma\in H(x)}\gamma = H(x).$$

设 H 是 U 的一个有限犹豫 Fuzzy 集并且

$$E(II)(x) = \frac{1}{|H(x)|}\sum_{\gamma\in H(x)}\gamma$$

则 $(U, \mathrm{Map}(U, \mathrm{Finite}(2^{[0,1]}-\{\varnothing\})), [0,1], E)$ 是一个三支决策空间. 如果 $0\leqslant\beta<\alpha\leqslant 1$，则三支决策如下:

(1) 接受域: $\mathrm{ACP}_{(\alpha,\beta)}(E,H) = \{x\in U \mid E(H)(x)\geqslant\alpha\}$;

(2) 拒绝域: $\mathrm{REJ}_{(\alpha,\beta)}(E,H) = \{x\in U \mid E(H)(x)\leqslant\beta\}$;

(3) 不确定域: $\mathrm{UNC}_{(\alpha,\beta)}(E,H) = \{x\in U \mid \beta < E(H)(x) < \alpha\}$.

例 4.4.2 设 $U = \{a,b,c,d,e\}$，并且

$$H = \frac{\{0.64, 0.66\}}{a} + \frac{\{0.7\}}{b} + \frac{\{0.78, 0.82\}}{c} + \frac{\{0.85, 0.86, 0.87\}}{d} + \frac{\{1\}}{e}$$

是 U 的一个有限犹豫 Fuzzy 集. 如果我们考虑

$$E(H)(x) = \frac{1}{|H(x)|}\sum_{\gamma\in H(x)}\gamma,$$

则

$$E(H)=\frac{0.65}{a}+\frac{0.7}{b}+\frac{0.8}{c}+\frac{0.86}{d}+\frac{1}{e}.$$

如果我们考虑三组不同参数α,β，则H的三支决策列入表 4.4.1.

表 4.4.1　对于不同参数α,β，犹豫 Fuzzy 集 H 的三支决策

	$\alpha=1,\beta=0$	$\alpha=0.75,\beta=0.65$	$\alpha=0.8,\beta=0.7$
$\mathrm{ACP}_{(\alpha,\beta)}(E,H)$	$\{e\}$	$\{c,d,e\}$	$\{c,d,e\}$
$\mathrm{REJ}_{(\alpha,\beta)}(E,H)$	$\varnothing$	$\{a\}$	$\{a,b\}$
$\mathrm{UNC}_{(\alpha,\beta)}(E,H)$	$\{a,b,c,d\}$	$\{b\}$	$\varnothing$

定理 4.4.5 (Hu, 2016)　设H是U的一个犹豫 Fuzzy 集，并且

$$E(H)(x)=\frac{\inf H(x)+\sup H(x)}{2}, \tag{4.4.2}$$

则$E(H)(x)$是U的关于$H\in\mathrm{Map}\left(U,2^{[0,1]}-\{\varnothing\}\right)$的一个决策评价函数.

证明　下面验证定义 4.2.2 的三个公理.

(1) 最小元公理.

$$\forall x\in U,\quad E(\{0\}_U)(x)=\frac{\inf\{0\}_U(x)+\sup\{0\}_U(x)}{2}=0,\quad 即\quad E(\{0\}_U)=0_U.$$

(2) 单调性公理.

设H_1和H_2是U的两个犹豫 Fuzzy 集，并且$H_1\trianglelefteq H_2$，则$\forall x\in U$，$H_1(x)\sqsubseteq H_2(x)$，$H_1(x)\Subset H_2(x)$. 于是，$\forall x\in U$，由定理 4.4.2 得到

$$E(H_1)(x)=\frac{\inf H_1(x)+\sup H_1(x)}{2}\leqslant\frac{\inf H_2(x)+\sup H_2(x)}{2}=E(H_2)(x),$$

即$E(H_1)\trianglelefteq E(H_2)$.

(3) 自对偶性公理.

$$\begin{aligned}E(N(H))(x)&=\frac{\inf N(H)(x)+\sup N(H)(x)}{2}\\&=\frac{1-\sup H(x)+1-\inf H(x)}{2}\\&=1-\frac{\inf H(x)+\sup H(x)}{2}\\&=1-E(H)(x),\quad\forall x\in U,\end{aligned}$$

即$E(N(H))=N(E(H))$. □

注 4.4.2 (Hu, 2016)　(1) 如果一个犹豫 Fuzzy 集 H 退化成 Fuzzy 集，则

$E(H)(x)=H(x)$.

(2) 如果我们考虑 $E(H)(x)=\alpha\inf H(x)+\beta\sup H(x)$, 其中 $\alpha+\beta=1, \alpha, \beta\in[0,1]$, 则 $E(H)(x)$ 是 U 的一个决策评价函数当且仅当 $\alpha=\beta=0.5$. 事实上, $\forall H\in \mathrm{Map}(U, 2^{[0,1]}-\{\varnothing\})$, $\forall x\in U$,

$$\begin{aligned}E(N(H))(x)&=\alpha\inf N(H)(x)+\beta\sup N(H)(x)\\&=\alpha-\alpha\sup H(x)+\beta-\beta\inf H(x)\\&=1-\big(\beta\inf H(x)+\alpha\sup H(x)\big).\end{aligned}$$

$E(H)$ 满足自对偶性公理 $\Leftrightarrow E(N(H))=N(E(H))$, $\forall H\in \mathrm{Map}(U, 2^{[0,1]}-\{\varnothing\})$

$\Leftrightarrow 1-\big(\beta\inf H(x)+\alpha\sup H(x)\big)=1-\big(\alpha\inf H(x)+\beta\sup H(x)\big)$,

$\forall H\in \mathrm{Map}(U, 2^{[0,1]}-\{\varnothing\})$, $\forall x\in U$

$\Leftrightarrow (\alpha-\beta)\inf H(x)+(\alpha-\beta)\sup H(x)=0$, $\forall H\in \mathrm{Map}(U, 2^{[0,1]}-\{\varnothing\})$, $\forall x\in U$

$\Leftrightarrow \alpha=\beta=0.5$.

设 H 是 U 的一个犹豫 Fuzzy 集, $E(H)(x)=\big(\inf H(x)+\sup H(x)\big)/2$, 则 $(U, \mathrm{Map}(U, 2^{[0,1]}-\{\varnothing\}), [0,1], E)$ 是一个三支决策空间. 如果 $0\leqslant\beta<\alpha\leqslant 1$, 则三支决策如下:

(1) 接受域: $\mathrm{ACP}_{(\alpha,\beta)}(E,H)=\{x\in U\mid E(H)(x)\geqslant\alpha\}$;

(2) 拒绝域: $\mathrm{REJ}_{(\alpha,\beta)}(E,H)=\{x\in U\mid E(H)(x)\leqslant\beta\}$;

(3) 不确定域: $\mathrm{UNC}_{(\alpha,\beta)}(E,H)=\{x\in U\mid \beta<E(H)(x)<\alpha\}$.

例 4.4.3 再考虑例 4.4.1. 如果用 $E(H)(x)=\big(\inf H(x)+\sup H(x)\big)/2$, 则

$$E(H)=\frac{0.65}{a}+\frac{0.7}{b}+\frac{0.8}{c}+\frac{0.86}{d}+\frac{1}{e}.$$

如果我们考虑三组不同参数 α,β, 则 H 的三支决策列入表 4.4.2.

表 4.4.2 对于不同参数 α,β, 犹豫 Fuzzy 集 H 的三支决策

	$\alpha=1,\beta=0$	$\alpha=0.7,\beta=0.6$	$\alpha=0.85,\beta=0.75$
$\mathrm{ACP}_{(\alpha,\beta)}(E,H)$	$\{e\}$	$\{b,c,d,e\}$	$\{d,e\}$
$\mathrm{REJ}_{(\alpha,\beta)}(E,H)$	$\varnothing$	$\varnothing$	$\{a,b\}$
$\mathrm{UNC}_{(\alpha,\beta)}(E,H)$	$\{a,b,c,d\}$	$\{a\}$	$\{c\}$

4.4.3 基于犹豫 Fuzzy 关系的三支决策

因为从 U 到 V 的犹豫 Fuzzy 关系是 $U\times V$ 的犹豫 Fuzzy 集, 上面基于犹豫 Fuzzy 集的三支决策可以应用到犹豫 Fuzzy 关系上. 设 R 是一个从 U 到 V 的犹豫

Fuzzy 关系并且 $E(R)(x,y)=R(x,y)$，则 $(U\times V, \mathrm{Map}(U\times V, 2^{[0,1]}-\{\varnothing\}), 2^{[0,1]}-\{\varnothing\}, E)$ 是一个三支决策空间. 如果 $\{0\}\unlhd\beta\lhd\alpha\unlhd\{1\}$，则三支决策如下:

(1) 接受域: $\mathrm{ACP}_{(\alpha,\beta)}(E,R)=\{(x,y)\in U\times V\mid E(R)(x,y)\unrhd\alpha\}$;

(2) 拒绝域: $\mathrm{REJ}_{(\alpha,\beta)}(E,R)=\{(x,y)\in U\times V\mid E(R)(x,y)\unlhd\beta\}$;

(3) 不确定域: $\mathrm{UNC}_{(\alpha,\beta)}(E,R)=\left(\mathrm{ACP}_{(\alpha,\beta)}(E,R)\cup\mathrm{REJ}_{(\alpha,\beta)}(E,R)\right)^c$.

例 4.4.4　设 $U=\{x_1,x_2,x_3,x_4,x_5\}$，并且

$$R=\begin{bmatrix}\{1\} & \{0.6,0.7,0.8\} & \{0.5,0.6\} & \{0.4,0.5\} & \{0.7,0.8,0.9\}\\ \{0.6,0.7,0.8\} & \{1\} & \{0.5,0.6\} & \{0.4,0.5\} & \{0.8,0.85,0.9\}\\ \{0.5,0.6\} & \{0.5,0.6\} & \{1\} & \{0.4,0.5\} & \{0.9\}\\ \{0.4,0.5\} & \{0.4,0.5\} & \{0.4,0.5\} & \{1\} & \{0.4,0.5\}\\ \{0.7,0.8,0.9\} & \{0.8,0.85,0.9\} & \{0.9\} & \{0.4,0.5\} & \{1\}\end{bmatrix}$$

是 U 的一个犹豫 Fuzzy 关系. 取 $\alpha=\{0.85,0.9\}$ 和 $\beta=\{0.65,0.7\}$. 为了方便, R 中的元素 $\alpha=\{0.85,0.9\}$，$\beta=\{0.65,0.7\}$ 的序关系 Hasse 图如图 4.4.1 所示.

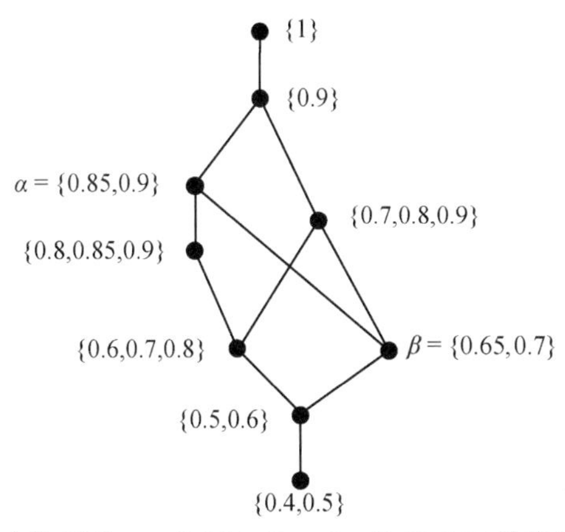

图 4.4.1　R 中的元素 $\alpha=\{0.85,0.9\}$，$\beta=\{0.65,0.7\}$ 的序关系 Hasse 图

三支决策由下面的 Boolean 矩阵表示.

(1) 接受域: $\mathrm{ACP}_{(\{0.85,0.9\},\{0.65,0.7\})}(E,R)=\{(x,y)\in U\times U\mid R(x,y)\unrhd\{0.85,0.9\}\}$

$$=\begin{bmatrix}1&0&0&0&0\\0&1&0&0&0\\0&0&1&0&1\\0&0&0&1&0\\0&0&1&0&1\end{bmatrix}.$$

(2) 拒绝域: $\mathrm{REJ}_{(\{0.85,0.9\},\{0.65,0.7\})}(E,R)=\{(x,y)\in U\times U\mid R(x,y)\unlhd\{0.65,0.7\}\}$

$$=\begin{bmatrix}0&0&1&1&0\\0&0&1&1&0\\1&1&0&1&0\\1&1&1&0&1\\0&0&0&1&0\end{bmatrix}.$$

(3) 不确定域:

$$\mathrm{UNC}_{(\{0.85,\,0.9\},\,\{0.65,\,0.7\})}(E,R)=\begin{bmatrix}0&1&0&0&1\\1&0&0&0&1\\0&0&0&0&0\\0&0&0&0&0\\1&1&0&0&0\end{bmatrix},$$

这时,

$$\{(x,y)\in U\times U\mid\{0.65,0.7\}\lhd R(x,y)\lhd\{0.85,0.9\}\}$$

$$=\begin{bmatrix}0&0&0&0&0\\0&0&0&0&1\\0&0&0&0&0\\0&0&0&0&0\\0&1&0&0&0\end{bmatrix}\neq\mathrm{UNC}_{(\{0.85,\,0.9\},\,\{0.65,\,0.7\})}(E,R).$$

4.4.4 基于犹豫 Fuzzy 决策粗糙集的三支决策

设 H 是 V 的一个犹豫 Fuzzy 集. 先引入下列符号:

$$|H|^{(\lambda)}=\sum_{x\in V}\big((1-\lambda)\inf H(x)+\lambda\sup H(x)\big),\quad \lambda\in[0,1].$$

特别, $|H|^{(0)}=\sum_{x\in V}\inf\big(H(x)\big)$, $|H|^{(1)}=\sum_{x\in V}\sup\big(H(x)\big)$.

定理 4.4.6 (Hu, 2016) 设 H 是 V 的一个犹豫 Fuzzy 集, R 是从 U 到 V 的一个犹豫 Fuzzy 关系, 并且 $|R_x|^{(0)}=\sum_{y\in V}\inf R(x,y)\neq 0$, $\forall x\in U$, 则

$$E^{(\lambda)}(H)(x)=\frac{\sum_{y\in V}\frac{\inf H(y)+\sup H(y)}{2}\big((1-\lambda)\inf R(x,y)+\lambda\sup R(x,y)\big)}{|R_x|^{(\lambda)}},\quad \lambda\in[0,1] \tag{4.4.3}$$

是 U 的关于 $H\in\mathrm{Map}\big(V,2^{[0,1]}-\{\varnothing\}\big)$ 的决策评价函数.

证明 对于 $E^{(\lambda)}$, 定义 4.2.1 的三个公理核实如下.

$$\forall R \in \mathrm{Map}(U \times V, 2^{[0,1]} - \{\varnothing\}),\ |R_x|^{(0)} = \sum_{y \in V} \inf R(x,y) \neq 0,\ \forall \lambda \in [0,1].$$

(1) 最小元公理.

$\forall x \in U$,

$$E^{(\lambda)}(\{0\}_V)(x) = \frac{\sum_{y \in V} \frac{\inf\{0\}_V(y) + \sup\{0\}_V(y)}{2}\big((1-\lambda)\inf R(x,y) + \lambda \sup R(x,y)\big)}{|R_x|^{(\lambda)}} = 0,$$

即 $E(\{0\}_V) = 0_U$.

(2) 单调性公理.

如果 $H_1, H_2 \in \mathrm{Map}(V, 2^{[0,1]} - \{\varnothing\})$，$H_1 \trianglelefteq H_2$，则由定理 4.4.2 得到 $E^{(\lambda)}(H_1)(x) \leqslant E^{(\lambda)}(H_2)(x)$，即 $E^{(\lambda)}(H_1) \subseteq E^{(\lambda)}(H_2)$.

(3) 自对偶性公理.

$\forall H \in (V, 2^{[0,1]} - \{\varnothing\})$，$\forall x \in U$,

$$\begin{aligned}
E^{(\lambda)}(N(H))(x) &= \frac{\sum_{y \in V} \frac{\inf N(H)(y) + \sup N(H)(y)}{2}\big((1-\lambda)\inf R(x,y) + \lambda \sup R(x,y)\big)}{|R_x|^{(\lambda)}} \\
&= \frac{\sum_{y \in V} \left(1 - \frac{\inf H(y) + \sup H(y)}{2}\right)\big((1-\lambda)\inf R(x,y) + \lambda \sup R(x,y)\big)}{|R_x|^{(\lambda)}} \\
&= 1 - \frac{\sum_{y \in V} \frac{\inf H(y) + \sup H(y)}{2}\big((1-\lambda)\inf R(x,y) + \lambda \sup R(x,y)\big)}{|R_x|^{(\lambda)}} \\
&= 1 - E^{(\lambda)}(H)(x),
\end{aligned}$$

即 $E^{(\lambda)}(N(H)) = N(E^{(\lambda)}(H))$. □

例 4.4.5　设 $U = V = \{x_1, x_2, x_3, x_4, x_5\}$,

$$H = \frac{\{0.64, 0.66\}}{x_1} + \frac{\{0.7\}}{x_2} + \frac{\{0.77, 0.81, 0.82, 0.83\}}{x_3} + \frac{(0.85, 0.87]}{x_4} + \frac{\{1\}}{x_5}$$

是一个犹豫 Fuzzy 集，并且

$$R = \begin{bmatrix}
\{1\} & \{0.6, 0.7, 0.8\} & (0.5, 0.6] & [0.4, 0.5] & \{0.7, 0.8, 0.9\} \\
\{0.6, 0.7, 0.8\} & \{1\} & (0.5, 0.6] & [0.4, 0.5] & \{0.8, 0.85, 0.9\} \\
(0.5, 0.6] & (0.5, 0.6] & \{1\} & [0.4, 0.5] & \{0.9\} \\
[0.4, 0.5] & [0.4, 0.5] & [0.4, 0.5] & \{1\} & [0.4, 0.5] \\
\{0.7, 0.8, 0.9\} & \{0.8, 0.85, 0.9\} & \{0.9\} & [0.4, 0.5] & \{1\}
\end{bmatrix}$$

是 U 上的犹豫 Fuzzy 关系. 则我们有

$$(1-\lambda)\inf R+\lambda\sup R=\begin{bmatrix} 1 & 0.6+0.2\lambda & 0.5+0.1\lambda & 0.4+0.1\lambda & 0.7+0.2\lambda \\ 0.6+0.2\lambda & 1 & 0.5+0.1\lambda & 0.4+0.1\lambda & 0.8+0.1\lambda \\ 0.5+0.1\lambda & 0.5+0.1\lambda & 1 & 0.4+0.1\lambda & 0.9 \\ 0.4+0.1\lambda & 0.4+0.1\lambda & 0.4+0.1\lambda & 1 & 0.4+0.1\lambda \\ 0.7+0.2\lambda & 0.8+0.1\lambda & 0.9 & 0.4+0.1\lambda & 1 \end{bmatrix},$$

$$\left|R_{x_1}\right|^{(\lambda)}=3.2+0.6\lambda,\quad \left|R_{x_2}\right|^{(\lambda)}=3.3+0.5\lambda,\quad \left|R_{x_3}\right|^{(\lambda)}=3.3+0.3\lambda,$$

$$\left|R_{x_4}\right|^{(\lambda)}=2.6+0.4\lambda,\quad \left|R_{x_5}\right|^{(\lambda)}=3.8+0.4\lambda.$$

通过用定理 4.4.6 的 $E^{(\lambda)}(H)(x)$ 计算得到

$$E^{(\lambda)}(H)=\frac{\dfrac{2.514+0.506\lambda}{3.2+0.6\lambda}}{x_1}+\frac{\dfrac{2.634+0.396\lambda}{3.3+0.5\lambda}}{x_2}+\frac{\dfrac{2.719+0.221\lambda}{3.3+0.3\lambda}}{x_3}+\frac{\dfrac{2.12+0.315\lambda}{2.6+0.4\lambda}}{x_4}+\frac{\dfrac{3.079+0.286\lambda}{3.8+0.4\lambda}}{x_5},$$

分别考虑 $\lambda=0.6$ 和 $\lambda=0.8$, 则

$$E^{(0.6)}(H)=\frac{0.791}{x_1}+\frac{0.798}{x_2}+\frac{0.819}{x_3}+\frac{0.813}{x_4}+\frac{0.805}{x_5},$$

$$E^{(0.8)}(H)=\frac{0.793}{x_1}+\frac{0.798}{x_2}+\frac{0.818}{x_3}+\frac{0.812}{x_4}+\frac{0.803}{x_5}.$$

定理 4.4.7 (Hu, 2016) 设 H 是 V 的一个有限犹豫 Fuzzy 集, R 是从 U 到 V 的一个犹豫 Fuzzy 关系, 并且 $|R_x|^{(0)}=\sum_{y\in V}\inf R(x,y)\neq 0$, $\forall x\in U$. 则

$$F^{(\lambda)}(H)(x)=\frac{\sum_{y\in V}\left(\dfrac{1}{|H(y)|}\sum_{\gamma\in H(y)}\gamma\right)\big((1-\lambda)\inf R(x,y)+\lambda\sup R(x,y)\big)}{\left|R_x\right|^{(\lambda)}},\quad \lambda\in[0,1] \tag{4.4.4}$$

是 U 的关于 $H\in\mathrm{Map}\left(V,2^{[0,1]}-\{\varnothing\}\right)$ 的决策评价函数.

证明 对于 $F^{(\lambda)}$, 定义 4.2.1 的三个公理核实如下.

$\forall R\in\mathrm{Map}(U\times V,2^{[0,1]}-\{\varnothing\})$, $|R_x|^{(0)}=\sum_{y\in V}\inf R(x,y)\neq 0$, $\forall\lambda\in[0,1]$.

(1) 最小元公理.

$\forall x\in U$,

$$F^{(\lambda)}(\{0\}_V)(x)=\frac{\sum\limits_{y\in V}\left(\frac{1}{|\{0\}_V(y)|}\sum\limits_{\gamma\in\{0\}_V(y)}\gamma\right)\left((1-\lambda)\inf R(x,y)+\lambda\sup R(x,y)\right)}{|R_x|^{(\lambda)}}=0,$$

即 $F^{(\lambda)}(\{0\}_V)=0_U$.

(2) 单调性公理.

如果 $H_1,H_2\in\mathrm{Map}(V,\mathrm{Finite}(2^{[0,1]}-\{\varnothing\}))$，$H_1\trianglelefteq H_2$，由推论 4.4.1 得到 $F^{(\lambda)}(H_1)(x)\leqslant F^{(\lambda)}(H_2)(x)$，即 $F^{(\lambda)}(H_1)\subseteq F^{(\lambda)}(H_2)$.

(3) 自对偶性公理.

$\forall H\in\mathrm{Map}(V,\mathrm{Finite}(2^{[0,1]}-\{\varnothing\}))$，$\forall x\in U$，

$$\begin{aligned}F^{(\lambda)}(N(H))(x)&=\frac{\sum\limits_{y\in V}\left(\frac{1}{|N(H)(y)|}\sum\limits_{\gamma\in N(H)(y)}\gamma\right)\left((1-\lambda)\inf R(x,y)+\lambda\sup R(x,y)\right)}{|R_x|^{(\lambda)}}\\&=\frac{\sum\limits_{y\in V}\left(\frac{1}{|H(y)|}\sum\limits_{\gamma\in H(y)}(1-\gamma)\right)\left((1-\lambda)\inf R(x,y)+\lambda\sup R(x,y)\right)}{|R_x|^{(\lambda)}}\\&=\frac{\sum\limits_{y\in V}\left(1-\frac{1}{|H(y)|}\sum\limits_{\gamma\in H(y)}\gamma\right)\left((1-\lambda)\inf R(x,y)+\lambda\sup R(x,y)\right)}{|R_x|^{(\lambda)}}\\&=1-\frac{\sum\limits_{y\in V}\left(\frac{1}{|H(y)|}\sum\limits_{\gamma\in H(y)}\gamma\right)\left((1-\lambda)\inf R(x,y)+\lambda\sup R(x,y)\right)}{|R_x|^{(\lambda)}}\\&=1-F^{(\lambda)}(H)(x),\end{aligned}$$

即 $F^{(\lambda)}\left(N(H)\right)=N\left(F^{(\lambda)}(H)\right)$. □

例 4.4.6 设 $U=V=\{x_1,x_2,x_3,x_4,x_5\}$，

$$H=\frac{\{0.64,0.66\}}{x_1}+\frac{\{0.7\}}{x_2}+\frac{\{0.77,0.81,0.82,0.83\}}{x_3}+\frac{\{0.85,0.86,0.87\}}{x_4}+\frac{\{1\}}{x_5}$$

是 U 的一个犹豫 Fuzzy 集, U 上的犹豫 Fuzzy 关系与例 4.4.5 相同. 用定理 4.4.7 的 $F^{(\lambda)}(H)(x)$ 计算得到

$$F^{(\lambda)}(H)=\frac{\frac{2.51775+0.50675\lambda}{3.2+0.6\lambda}}{x_1}+\frac{\frac{2.63775+0.39675\lambda}{3.3+0.5\lambda}}{x_2}+\frac{\frac{2.7265+0.221\lambda}{3.3+0.3\lambda}}{x_3}$$

$$+\frac{\frac{2.123+0.31575\lambda}{2.6+0.4\lambda}}{x_4}+\frac{\frac{3.08575+0.286\lambda}{3.8+0.4\lambda}}{x_5}.$$

考虑 $\lambda=0.6$ 和 $\lambda=0.8$，则

$$F^{(0.6)}(H)=\frac{0.793}{x_1}+\frac{0.7988}{x_2}+\frac{0.8216}{x_3}+\frac{0.8142}{x_4}+\frac{0.8063}{x_5},$$

$$F^{(0.8)}(H)=\frac{0.7943}{x_1}+\frac{0.7987}{x_2}+\frac{0.8201}{x_3}+\frac{0.8424}{x_4}+\frac{0.8045}{x_5}.$$

定理 4.4.8 (Hu, 2016) 设 H 是有限论域 V 的一个有限犹豫 Fuzzy 集, R 是从 U 到 V 的一个有限犹豫 Fuzzy 关系，并且 $R(x,y)\neq\varnothing$，$\forall x\in U$，则

$$G(H)(x)=\frac{\sum_{y\in V}\left(\frac{1}{|H(y)|}\sum_{\gamma\in H(y)}\gamma\right)\left(\frac{1}{|R(x,y)|}\sum_{\tau\in R(x,y)}\tau\right)}{\sum_{y\in V}\left(\frac{1}{|R(x,y)|}\sum_{\tau\in R(x,y)}\tau\right)} \tag{4.4.5}$$

是 U 的关于 $H\in\operatorname{Map}\left(V,\operatorname{Finite}(2^{[0,1]}-\{\varnothing\})\right)$ 的决策评价函数.

证明 对于 G，定义 4.2.2 的三个公理核实如下.

$$\forall R\in\operatorname{Map}(U\times V,\operatorname{Finite}(2^{[0,1]}-\{\varnothing\})),\quad R(x,y)\neq\varnothing .$$

(1) 最小元公理.

$\forall x\in U$，

$$G(\{0\}_V)(x)=\frac{\sum_{y\in V}\left(\frac{1}{|\{0\}_V(y)|}\sum_{\gamma\in\{0\}_V(y)}\gamma\right)\left(\frac{1}{|R(x,y)|}\sum_{\tau\in R(x,y)}\tau\right)}{\sum_{y\in V}\left(\frac{1}{|R(x,y)|}\sum_{\tau\in R(x,y)}\tau\right)}=0,$$

即 $G(\{0\}_V)=0_U$.

(2) 单调性公理.

如果 $H_1,H_2\in\operatorname{Map}(V,\operatorname{Finite}(2^{[0,1]}-\{\varnothing\}))$，$H_1\trianglelefteq H_2$，由推论 4.4.1 得到 $G(H_1)(x)\leqslant G(H_2)(x)$，即 $G(H_1)\subseteq G(H_2)$.

(3) 自对偶性公理.

$\forall H\in\operatorname{Map}(V,\operatorname{Finite}(2^{[0,1]}-\{\varnothing\}))$，$\forall x\in U$，

$$G(N(H))(x)=\frac{\sum_{y\in V}\left(\frac{1}{|N(H)(y)|}\sum_{\gamma\in N(H)(y)}\gamma\right)\left(\frac{1}{|R(x,y)|}\sum_{\tau\in R(x,y)}\tau\right)}{\sum_{y\in V}\left(\frac{1}{|R(x,y)|}\sum_{\tau\in R(x,y)}\tau\right)}$$

$$=\frac{\sum_{y\in V}\left(\frac{1}{|H(y)|}\sum_{\gamma\in H(y)}(1-\gamma)\right)\left(\frac{1}{|R(x,y)|}\sum_{\tau\in R(x,y)}\tau\right)}{\sum_{y\in V}\left(\frac{1}{|R(x,y)|}\sum_{\tau\in R(x,y)}\tau\right)}$$

$$=\frac{\sum_{y\in V}\left(1-\frac{1}{|H(y)|}\sum_{\gamma\in H(y)}\gamma\right)\left(\frac{1}{|R(x,y)|}\sum_{\tau\in R(x,y)}\tau\right)}{\sum_{y\in V}\left(\frac{1}{|R(x,y)|}\sum_{\tau\in R(x,y)}\tau\right)}$$

$$=\frac{\sum_{y\in V}\left(\left(\frac{1}{|R(x,y)|}\sum_{\tau\in R(x,y)}\tau\right)-\left(\frac{1}{|H(y)|}\sum_{\gamma\in H(y)}\gamma\right)\left(\frac{1}{|R(x,y)|}\sum_{\tau\in R(x,y)}\tau\right)\right)}{\sum_{y\in V}\left(\frac{1}{|R(x,y)|}\sum_{\tau\in R(x,y)}\tau\right)}$$

$$=1-\frac{\sum_{y\in V}\left(\frac{1}{|H(y)|}\sum_{\gamma\in H(y)}\gamma\right)\left(\frac{1}{|R(x,y)|}\sum_{\tau\in R(x,y)}\tau\right)}{\sum_{y\in V}\left(\frac{1}{|R(x,y)|}\sum_{\tau\in R(x,y)}\tau\right)}$$

$$=1-G(H)(x),$$

即 $G(N(H))=N(G(H))$． □

注 4.4.3 (Hu, 2016)　(1) 如果定理 4.4.6 的 $E^{(\lambda)}(H)(x)$，定理 4.4.7 的 $F^{(\lambda)}(H)(x)$，定理 4.4.8 的 $G(H)(x)$ 分别变为

$$E^{(\lambda)}(H)(x)=\frac{\sum_{y\in V}\frac{\inf H(y)+\sup H(y)}{2}\wedge\left((1-\lambda)\inf R(x,y)+\lambda\sup R(x,y)\right)}{\left|R_x\right|^{(\lambda)}},$$

$$F^{(\lambda)}(H)(x)=\frac{\sum_{y\in V}\left(\frac{1}{|H(y)|}\sum_{\gamma\in H(y)}\gamma\right)\wedge\left((1-\lambda)\inf R(x,y)+\lambda\sup R(x,y)\right)}{\left|R_x\right|^{(\lambda)}},$$

$$G(H)(x)=\frac{\sum_{y\in V}\left(\frac{1}{|H(y)|}\sum_{\gamma\in H(y)}\gamma\right)\wedge\left(\frac{1}{|R(x,y)|}\sum_{\tau\in R(x,y)}\tau\right)}{\sum_{y\in V}\left(\frac{1}{|R(x,y)|}\sum_{\tau\in R(x,y)}\tau\right)},$$

则我们只能获得

$$E^{(\lambda)}(N(H))(x)\geqslant E^{(\lambda)}(H)(x),$$

$$F^{(\lambda)}(N(H))(x) \geqslant F^{(\lambda)}(H)(x),$$
$$G(N(H))(x) \geqslant G(H)(x).$$

这只需要注意 $(1-a)\wedge b \geqslant b - a\wedge b$，$\forall a,b\in[0,1]$.

(2) 如果犹豫 Fuzzy 集 H 和犹豫 Fuzzy 关系 R 分别退化成 Fuzzy 集和 Fuzzy 关系，则

$$E^{(\lambda)}(H)(x) = F^{(\lambda)}(H)(x) = G(H)(x) = \frac{|H\cdot R_x|}{|R_x|}.$$

在文献 (Hu, 2014) 中，当 $L_C = L_D = [0,1]$ 并且 $E(A)(x) = \dfrac{|A\cap R_x|}{|R_x|}$ 时，可以得到公理 (E3) 不一定成立. 事实上，这告诉我们：当 A 是有限论域 U 上的一个 Fuzzy 集，并且 R 是 U 上的一个 Fuzzy 关系时，我们在概率粗糙集 (决策理论粗糙集) 中可以用 $\dfrac{|A\cdot R_x|}{|R_x|}$ 来作为概率测度，即

$$\frac{\sum_{y\in U} A(y)R(x,y)}{\sum_{y\in U} R(x,y)}.$$

这弥补了下面公式的不足

$$\frac{\sum_{y\in U} A(y)\wedge R(x,y)}{\sum_{y\in U} R(x,y)}.$$

该公式要求附加条件：A 是 U 的经典子集或 R 是 U 上的等价关系. 当然，如果 R 是 U 上的等价关系，并且 $A\subseteq U$，则 $\dfrac{|A\cdot R_x|}{|R_x|}$ 是等价于 $\dfrac{|A\cap[x]_R|}{|[x]_R|}$.

(3) 特别地，在定理 4.4.6 和定理 4.4.7 中，

$$E^{(0)}(H)(x) = \frac{\sum_{y\in V} \dfrac{\inf H(y) + \sup H(y)}{2} \inf R(x,y)}{|R_x|^{(0)}},$$

$$E^{(1)}(H)(x) = \frac{\sum_{y\in V} \dfrac{\inf H(y) + \sup H(y)}{2} \sup R(x,y)}{|R_x|^{(1)}},$$

$$F^{(0)}(H)(x) = \frac{\sum_{y\in V} \left(\dfrac{1}{|H(y)|} \sum_{\gamma\in H(y)} \gamma \right) \inf R(x,y)}{|R_x|^{(0)}},$$

$$F^{(1)}(H)(x)=\frac{\sum_{y\in V}\left(\frac{1}{|H(y)|}\sum_{\gamma\in H(y)}\gamma\right)\sup R(x,y)}{\left|R_x\right|^{(1)}}.$$

给定 $\lambda\in[0,1]$，则 $(U,\mathrm{Map}(V,2^{[0,1]}-\{\varnothing\}),[0,1],E^{(\lambda)})$ 是一个三支决策空间. 如果 $\alpha,\beta\in[0,1]$，$0\leqslant\beta<\alpha\leqslant 1$，则三支决策如下:

(1) 接受域: $\mathrm{ACP}_{(\alpha,\beta)}(E^{(\lambda)},H)=\{x\in U\mid E^{(\lambda)}(H)(x)\geqslant\alpha\}$;

(2) 拒绝域: $\mathrm{REJ}_{(\alpha,\beta)}(E^{(\lambda)},H)=\{x\in U\mid E^{(\lambda)}(H)(x)\leqslant\beta\}$;

(3) 不确定域: $\mathrm{UNC}_{(\alpha,\beta)}(E^{(\lambda)},H)=\{x\in U\mid \beta<E^{(\lambda)}(H)(x)<\alpha\}$.

类似地, 对于给定的 $\lambda\in[0,1]$,

$$(U,\mathrm{Map}(V,2^{[0,1]}-\varnothing),[0,1],F^{(\lambda)}),$$

$$(U,\mathrm{Map}(V,2^{[0,1]}-\varnothing),[0,1],G)$$

都是三支决策空间, 并且它们的三支决策可以类似给出.

例 4.4.7　设 $U=V=\{x_1,x_2,x_3,x_4,x_5\}$，犹豫 Fuzzy 集 H 相同于例 4.4.6, 并且犹豫 Fuzzy 关系为

$$R=\begin{bmatrix}\{1\} & \{0.6,0.7,0.8\} & \{0.5,0.6\} & \{0.4,0.5\} & \{0.7,0.8,0.9\}\\ \{0.6,0.7,0.8\} & \{1\} & \{0.5,0.6\} & \{0.4,0.5\} & \{0.8,0.85,0.9\}\\ \{0.5,0.6\} & \{0.5,0.6\} & \{1\} & \{0.4,0.5\} & \{0.9\}\\ \{0.4,0.5\} & \{0.4,0.5\} & \{0.4,0.5\} & \{1\} & \{0.4,0.5\}\\ \{0.7,0.8,0.9\} & \{0.8,0.85,0.9\} & \{0.9\} & \{0.4,0.5\} & \{1\}\end{bmatrix},$$

则由 $H^{(m)}(x)=\left(\inf H(x)+\sup H(x)\right)/2$ 得到

$$H^{(m)}=\frac{0.65}{x_1}+\frac{0.7}{x_2}+\frac{0.80}{x_3}+\frac{0.86}{x_4}+\frac{1}{x_5},$$

$$R^{(m)}=\begin{bmatrix}1 & 0.7 & 0.55 & 0.45 & 0.8\\ 0.7 & 1 & 0.55 & 0.45 & 0.85\\ 0.55 & 0.55 & 1 & 0.45 & 0.9\\ 0.45 & 0.45 & 0.45 & 1 & 0.45\\ 0.8 & 0.85 & 0.9 & 0.45 & 1\end{bmatrix}.$$

通过用定理 4.4.8 中的 $G(H)(x)$ 计算得到

$$G(H)=\frac{0.79175}{x_1}+\frac{0.7989}{x_2}+\frac{0.8223}{x_3}+\frac{0.8146}{x_4}+\frac{0.8072}{x_5}.$$

同时, 由定理 4.4.6 中的 $E^{(\lambda)}(H)(x)$ 和定理 4.4.7 中的 $F^{(\lambda)}(H)(x)$ 分别得到

$$E^{(0.8)}(H)=\frac{0.793}{x_1}+\frac{0.798}{x_2}+\frac{0.818}{x_3}+\frac{0.812}{x_4}+\frac{0.803}{x_5},$$

$$F^{(0.8)}(H)=\frac{0.7943}{x_1}+\frac{0.7987}{x_2}+\frac{0.8201}{x_3}+\frac{0.8424}{x_4}+\frac{0.8045}{x_5}.$$

在多粒度三支决策空间 $(U,\mathrm{Map}(U,2^{[0,1]}-\{\varnothing\}),[0,1],\{E^{(0.8)},F^{(0.8)},G\})$ 中，如果我们考虑两组不同的参数 α,β，则 H 的乐观和悲观多粒度三支决策、下和上近似分别列入表 4.4.3 和表 4.4.4.

表 4.4.3 对不同参数 α,β，犹豫 Fuzzy 集 H 的乐观 3 粒度三支决策、下近似和上近似

	$\alpha=0.805,\beta=0.795$	$\alpha=0.82,\beta=0.80$
$\mathrm{ACP}^{\mathrm{op}}_{(\alpha,\beta)}(\{E^{(0.8)},F^{(0.8)},G\},H)$	$\{x_3,x_4,x_5\}$	$\{x_3,x_4\}$
$\mathrm{REJ}^{\mathrm{op}}_{(\alpha,\beta)}(\{E^{(0.8)},F^{(0.8)},G\},H)$	$\{x_1\}$	$\{x_1,x_2\}$
$\mathrm{UNC}^{\mathrm{op}}_{(\alpha,\beta)}(\{E^{(0.8)},F^{(0.8)},G\},H)$	$\{x_2\}$	$\{x_5\}$
$\underline{\mathrm{apr}}^{\mathrm{op}}_{(\alpha,\beta)}(\{E^{(0.8)},F^{(0.8)},G\},H)$	$\{x_3,x_4,x_5\}$	$\{x_3,x_4\}$
$\overline{\mathrm{apr}}^{\mathrm{op}}_{(\alpha,\beta)}(\{E^{(0.8)},F^{(0.8)},G\},H)$	$\{x_2,x_3,x_4,x_5\}$	$\{x_3,x_4,x_5\}$

表 4.4.4 对不同参数 α,β，犹豫 Fuzzy 集 H 的悲观 3 粒度三支决策、下近似和上近似

	$\alpha=0.805,\beta=0.795$	$\alpha=0.82,\beta=0.80$
$\mathrm{ACP}^{\mathrm{pe}}_{(\alpha,\beta)}(\{E^{(0.8)},F^{(0.8)},G\},H)$	$\{x_3,x_4\}$	$\varnothing$
$\mathrm{REJ}^{\mathrm{pe}}_{(\alpha,\beta)}(\{E^{(0.8)},F^{(0.8)},G\},H)$	$\{x_1\}$	$\{x_1,x_2\}$
$\mathrm{UNC}^{\mathrm{pe}}_{(\alpha,\beta)}(\{E^{(0.8)},F^{(0.8)},G\},H)$	$\{x_2,x_5\}$	$\{x_3,x_4,x_5\}$
$\underline{\mathrm{apr}}^{\mathrm{pe}}_{(\alpha,\beta)}(\{E^{(0.8)},F^{(0.8)},G\},H)$	$\{x_3,x_4\}$	$\varnothing$
$\overline{\mathrm{apr}}^{\mathrm{pe}}_{(\alpha,\beta)}(\{E^{(0.8)},F^{(0.8)},G\},H)$	$\{x_2,x_3,x_4,x_5\}$	$\{x_3,x_4,x_5\}$

这一节对犹豫 Fuzzy 集提供了五个决策评价函数，其相应的 P_C 和 P_D 列入表 4.4.5.

表 4.4.5 式(4.4.1)—(4.4.5) 中决策评价函数 $E:\mathrm{Map}(U,P_C)\to\mathrm{Map}(U,P_D)$ 对应的 P_C 和 P_D

公式	P_C	P_D
(4.4.1)	$\mathrm{Finite}(2^{[0,1]}-\{\varnothing\})$	[0, 1]
(4.4.2)	$(2^{[0,1]}-\{\varnothing\})$	[0, 1]

续表

公式	P_C	P_D
(4.4.3)	$2^{[0,1]}-\{\varnothing\}$	[0, 1]
(4.4.4)	Finite($2^{[0,1]}-\{\varnothing\}$)	[0, 1]
(4.4.5)	Finite($2^{[0,1]}-\{\varnothing\}$)	[0, 1]

4.5 基于区间值犹豫 Fuzzy 集的三支决策

现在, 犹豫 Fuzzy 集已扩展到区间值犹豫 Fuzzy 集 (Chen et al., 2013). 本节讨论另一个特殊的偏序集合, 它由区间犹豫 Fuzzy 集构成, 并讨论基于区间犹豫 Fuzzy 集的三支决策.

4.5.1 区间值犹豫 Fuzzy 集和区间值犹豫 Fuzzy 关系

在 $2^{I^{(2)}}-\{\varnothing\}$ 上给出了如下运算定义.

定义 4.5.1 设 $P=2^{I^{(2)}}-\{\varnothing\}$. 在 P 上定义下列运算, $\forall \mathcal{A},\mathcal{B}\in 2^{I^{(2)}}-\{\varnothing\}$,

$$\mathcal{A}\sqcap_t\mathcal{B}=\left\{A\sqcap B\mid A\in\mathcal{A},B\in\mathcal{B}\right\},$$

$$\mathcal{A}\sqcup_t\mathcal{B}=\left\{A\sqcup B\mid A\in\mathcal{A},B\in\mathcal{B}\right\},$$

$$N_t(\mathcal{A})=\left\{N_{I^{(2)}}(A)\mid A\in\mathcal{A}\right\}.$$

对于 $\mathcal{A}\in 2^{I^{(2)}}-\{\varnothing\}$, 记 $\mathcal{A}$ 为 $[\mathcal{A}^-,\mathcal{A}^+]$, 其中

$$\mathcal{A}^-=\{A^-\mid A\in\mathcal{A}\}\in 2^{[0,1]}-\{\varnothing\},$$

$$\mathcal{A}^+=\{A^+\mid A\in\mathcal{A}\}\in 2^{[0,1]}-\{\varnothing\}.$$

显然,

$$\mathcal{A}\sqcap_t\mathcal{B}=\left\{[a^-\wedge b^-,a^+\wedge b^+]\mid[a^-,a^+]\in\mathcal{A},[b^-,b^+]\in\mathcal{B}\right\}=[\mathcal{A}^-\sqcap\mathcal{B}^-,\mathcal{A}^+\sqcap\mathcal{B}^+],$$

$$\mathcal{A}\sqcup_t\mathcal{B}=\left\{[a^-\vee b^-,a^+\vee b^+]\mid[a^-,a^+]\in\mathcal{A},[b^-,b^+]\in\mathcal{B}\right\}=[\mathcal{A}^-\sqcup\mathcal{B}^-,\mathcal{A}^+\sqcup\mathcal{B}^+],$$

$$N_t(\mathcal{A})=\left\{[1-a^+,1-a^-]\mid[a^-,a^+]\in\mathcal{A}\right\}=[N(\mathcal{A}^+),N(\mathcal{A}^-)].$$

定理 4.5.1 运算 $\sqcap_t$, $\sqcup_t$, N_t 具有下列性质: $\forall \mathcal{A},\mathcal{B},\mathcal{C},\mathcal{D}\in 2^{I^{(2)}}-\{\varnothing\}$.

(1) 如果 $\mathcal{A}\subseteq\mathcal{B},\mathcal{C}\subseteq\mathcal{D}$, 则 $\mathcal{A}\sqcap_t\mathcal{C}\subseteq\mathcal{B}\sqcap_t\mathcal{D}$, $\mathcal{A}\sqcup_t\mathcal{C}\subseteq\mathcal{B}\sqcup_t\mathcal{D}$;

(2) $\mathcal{A}\sqcap_t\mathcal{B}=\mathcal{B}\sqcap_t\mathcal{A},\mathcal{A}\sqcup_t\mathcal{B}=\mathcal{B}\sqcup_t\mathcal{A}$;

(3) $\mathcal{A}\sqcap_t(\mathcal{B}\sqcap_t\mathcal{C})=(\mathcal{A}\sqcap_t\mathcal{B})\sqcap_t\mathcal{C}$, $\mathcal{A}\sqcup_t(\mathcal{B}\sqcup_t\mathcal{C})=(\mathcal{A}\sqcup_t\mathcal{B})\sqcup_t\mathcal{C}$;

(4) $\mathcal{A}\subseteq\mathcal{A}\sqcap_t(\mathcal{A}\sqcup_t\mathcal{B})=\mathcal{A}\sqcup_t(\mathcal{A}\sqcap_t\mathcal{B})$;

(5) $N_t(N_t(\mathcal{A}))=\mathcal{A}$;

(6) $N_t(\mathcal{A}\sqcap_t\mathcal{B})=N_t(\mathcal{A})\sqcup_t N_t(\mathcal{B}),N_t(\mathcal{A}\sqcup_t\mathcal{B})=N_t(\mathcal{A})\sqcap_t N_t(\mathcal{B})$.

证明 由定义 4.5.1 直接得到. □

$\mathcal{A}\sqcap_t\mathcal{A}=\mathcal{A}$ 和 $\mathcal{A}\sqcup_t\mathcal{A}=\mathcal{A}$ 不一定成立. 例如, $\mathcal{A}=\{[0.1,0.4],[0.2,0.3]\}$, $\mathcal{A}\sqcap_t\mathcal{A}=\{[0.1,0.4],[0.1,0.3],[0.2,0.3]\}$, 并且 $\mathcal{A}\sqcup_t\mathcal{A}=\{[0.1,0.4],[0.2,0.4],[0.2,0.3]\}$. 对于 $\mathcal{A},\mathcal{B}\in 2^{I^{(2)}}-\{\varnothing\}$, 如果我们定义 "$\mathcal{A}\sqsubseteq_t\mathcal{B}$, 如果 $\mathcal{A}\sqcap_t\mathcal{B}=\mathcal{A}$" "$\mathcal{A}\Subset_t\mathcal{B}$, 如果 $\mathcal{A}\sqcup_t\mathcal{B}=\mathcal{B}$" "$\mathcal{A}\trianglelefteq_t\mathcal{B}$, 如果 $\mathcal{A}\sqsubseteq_t\mathcal{B}$, $\mathcal{A}\Subset_t\mathcal{B}$", 则 $\sqsubseteq_t$、$\Subset_t$、$\trianglelefteq_t$ 不构成偏序集.

下面通过 $I^{(2)}$ 的一个线性序引出 $2^{I^{(2)}}-\{\varnothing\}$ 的偏序关系.

定义 4.5.2 设 $(I^{(2)},\preceq)$ 是一个线性序, $\wedge_{\preceq}$ 和 $\vee_{\preceq}$ 分别是 $\preceq$ 导出的运算, 即

$$[a^-,a^+]\wedge_{\preceq}[b^-,b^+]=\begin{cases}[a^-,a^+], & [a^-,a^+]\preceq[b^-,b^+],\\ [b^-,b^+], & [a^-,a^+]\succ[b^-,b^+],\end{cases}$$

$$[a^-,a^+]\vee_{\preceq}[b^-,b^+]=\begin{cases}[a^-,a^+], & [a^-,a^+]\succeq[b^-,b^+],\\ [b^-,b^+], & [a^-,a^+]\prec[b^-,b^+],\end{cases}$$

其中, $[a^-,a^+]\prec[b^-,b^+]$ 表示 $[a^-,a^+]\preceq[b^-,b^+]$, 但是 $[a^-,a^+]\neq[b^-,b^+]$, $[a^-,a^+]\succ[b^-,b^+]$ 表示 $[b^-,b^+]\preceq[a^-,a^+]$.

在 $2^{I^{(2)}}-\{\varnothing\}$ 上定义下列运算, $\forall\mathcal{A},\mathcal{B}\in 2^{I^{(2)}}-\{\varnothing\}$,

$$\mathcal{A}\sqcap_{\mathrm{Hu}}\mathcal{B}=\left\{A\wedge_{\preceq}B\mid A\in\mathcal{A},B\in\mathcal{B}\right\},$$

$$\mathcal{A}\sqcup_{\mathrm{Hu}}\mathcal{B}=\left\{A\vee_{\preceq}B\mid A\in\mathcal{A},B\in\mathcal{B}\right\},$$

$$N_{\mathrm{Hu}}(\mathcal{A})=\left\{N_{I^{(2)}}(A)\mid A\in\mathcal{A}\right\}.$$

例 4.5.1 (Hu, Wang, 2006) 设 $[a^-,a^+],[b^-,b^+]\in I^{(2)}$. 定义 $[a^-,a^+]\preceq_{\mathrm{Hu}}[b^-,b^+]$, 如果

$$\frac{a^-+a^+}{2}<\frac{b^-+b^+}{2}\text{或者当}\frac{a^-+a^+}{2}=\frac{b^-+b^+}{2}\text{时有}b^+-b^-\leqslant a^+-a^-,$$

则 $\preceq_{\mathrm{Hu}}$ 是 $I^{(2)}$ 上的一个线性序. 并且 $[0,0]$, $[1,1]$ 分别是 $(I^{(2)},\preceq_{\mathrm{Hu}})$ 的最小元和最大元.

例 4.5.2 设 $\mathcal{A}=\left\{[0.1,0.4],[0.3,0.5]\right\}$, $\mathcal{B}=\left\{[0.2,0.3],[0.4,0.4]\right\}$, 并用序 $\preceq_{\mathrm{Hu}}$, 则

$$\mathcal{A}\sqcap_{\mathrm{Hu}}\mathcal{B}=\{[0.1,0.4],[0.2,0.3],[0.3,0.5]\},$$

$$\mathcal{A}\sqcup_{\mathrm{Hu}}\mathcal{B}=\{[0.2,0.3],\overline{0.4},[0.3,0.5]\}.$$

当 $\mathcal{A}=\{[a,a]\mid a\in A\subseteq[0,1]\}$, $\mathcal{B}=\{[b,b]\mid b\in B\subseteq[0,1]\}$ 时, 则

$$\mathcal{A}\sqcap_{\mathrm{Hu}}\mathcal{B}=\left\{[a\wedge b,a\wedge b]\mid a\in A,b\in B\right\},$$

$$\mathcal{A}\sqcup_{\mathrm{Hu}}\mathcal{B}=\left\{[a\vee b,a\vee b]\mid a\in A,b\in B\right\},$$

$$N_{\mathrm{Hu}}(\mathcal{A})=\left\{[1-a,1-a]\mid a\in A\right\}.$$

当 $\mathcal{A}=\{\{a\}\}$，$\mathcal{B}=\{\{b\}\}$ 时，则

$$\mathcal{A}\sqcap_{\mathrm{Hu}}\mathcal{B}=\{\{a\wedge b\}\},$$
$$\mathcal{A}\sqcup_{\mathrm{Hu}}\mathcal{B}=\{\{a\vee b\}\},$$
$$N_{\mathrm{Hu}}(\mathcal{A})=\{\{1-a\}\}.$$

这说明 $2^{I^{(2)}}-\{\varnothing\}$ 上的运算 $\sqcap_{\mathrm{Hu}}$，$\sqcup_{\mathrm{Hu}}$，N_{Hu} 分别是 $2^{[0,1]}-\{\varnothing\}$ 上的运算 $\sqcap$，$\sqcup$，N 的扩张. $2^{[0,1]}-\{\varnothing\}$ 上的运算 $\sqcap$，$\sqcup$，N 分别是 $[0, 1]$ 上的运算 $\wedge$，$\vee$，c 的扩张.

下面的定理是定义 4.5.2 的直接结果.

定理 4.5.2 (Hu, 2016)　运算 $\sqcap_{\mathrm{Hu}}$，$\sqcup_{\mathrm{Hu}}$，N_{Hu} 具有下列性质：$\forall\mathcal{A},\mathcal{B},\mathcal{C},\mathcal{D}\in 2^{I^{(2)}}-\{\varnothing\}$.

(1) 如果 $\mathcal{A}\subseteq\mathcal{B},\mathcal{C}\subseteq\mathcal{D}$，则 $\mathcal{A}\sqcap_{\mathrm{Hu}}\mathcal{C}\subseteq\mathcal{B}\sqcap_{\mathrm{Hu}}\mathcal{D}$，$\mathcal{A}\sqcup_{\mathrm{Hu}}\mathcal{C}\subseteq\mathcal{B}\sqcup_{\mathrm{Hu}}\mathcal{D}$；

(2) $\mathcal{A}\sqcap_{\mathrm{Hu}}\mathcal{A}=\mathcal{A}$，$\mathcal{A}\sqcup_{\mathrm{Hu}}\mathcal{A}=\mathcal{A}$；

(3) $\mathcal{A}\sqcap_{\mathrm{Hu}}\mathcal{B}=\mathcal{B}\sqcap_{\mathrm{Hu}}\mathcal{A},\mathcal{A}\sqcup_{\mathrm{Hu}}\mathcal{B}=\mathcal{B}\sqcup_{\mathrm{Hu}}\mathcal{A}$；

(4) $\mathcal{A}\sqcap_{\mathrm{Hu}}(\mathcal{B}\sqcap_{\mathrm{Hu}}\mathcal{C})=(\mathcal{A}\sqcap_{\mathrm{Hu}}\mathcal{B})\sqcap_{\mathrm{Hu}}\mathcal{C}$，$\mathcal{A}\sqcup_{\mathrm{Hu}}(\mathcal{B}\sqcup_{\mathrm{Hu}}\mathcal{C})=(\mathcal{A}\sqcup_{\mathrm{Hu}}\mathcal{B})\sqcup_{\mathrm{Hu}}\mathcal{C}$；

(5) $\mathcal{A}\subseteq\mathcal{A}\sqcap_{\mathrm{Hu}}(\mathcal{A}\sqcup_{\mathrm{Hu}}\mathcal{B})=\mathcal{A}\sqcup_{\mathrm{Hu}}(\mathcal{A}\sqcap_{\mathrm{Hu}}\mathcal{B})$；

(6) $N_{\mathrm{Hu}}(N_{\mathrm{Hu}}(\mathcal{A}))=\mathcal{A}$；

(7) $N_{\mathrm{Hu}}(\mathcal{A}\sqcap_{\mathrm{Hu}}\mathcal{B})=N_{\mathrm{Hu}}(\mathcal{A})\sqcup_{\mathrm{Hu}}N_{\mathrm{Hu}}(\mathcal{B}),N_{\mathrm{Hu}}(\mathcal{A}\sqcup_{\mathrm{Hu}}\mathcal{B})=N_{\mathrm{Hu}}(\mathcal{A})\sqcap_{\mathrm{Hu}}N_{\mathrm{Hu}}(\mathcal{B})$.

证明　只证 (7) 的第 1 式.

设 $[c^-,c^+]\in N_{\mathrm{Hu}}(\mathcal{A}\sqcap_{\mathrm{Hu}}\mathcal{B})$，则存在 $[a^-,a^+]\in\mathcal{A},[b^-,b^+]\in\mathcal{B}$，使得

$$[c^-,c^+]\in N_{\mathrm{Hu}}([a^-,a^+]\wedge_{\preceq}[b^-,b^+]).$$

不妨设 $[a^-,a^+]\preceq[b^-,b^+]$，这时 $N_{\mathrm{Hu}}([b^-,b^+])\preceq N_{\mathrm{Hu}}([a^-,a^+])$，则

$$\begin{aligned}[c^-,c^+]&\in N_{\mathrm{Hu}}([a^-,a^+])\\&=N_{\mathrm{Hu}}([a^-,a^+])\vee_{\preceq}N_{\mathrm{Hu}}([b^-,b^+]),\end{aligned}$$

即 $[c^-,c^+]\in N_{\mathrm{Hu}}(\mathcal{A})\sqcup_{\mathrm{Hu}}N_{\mathrm{Hu}}(\mathcal{B})$. 亦即 $N_{\mathrm{Hu}}(\mathcal{A}\sqcap_{\mathrm{Hu}}\mathcal{B})\subseteq N_{\mathrm{Hu}}(\mathcal{A})\sqcup_{\mathrm{Hu}}N_{\mathrm{Hu}}(\mathcal{B})$. 用同样的方法可以证明 $N_{\mathrm{Hu}}(\mathcal{A})\sqcup_{\mathrm{Hu}}N_{\mathrm{Hu}}(\mathcal{B})\subseteq N_{\mathrm{Hu}}(\mathcal{A}\sqcap_{\mathrm{Hu}}\mathcal{B})$. □

定义 4.5.3 (Hu, 2016)　设 $\mathcal{A},\mathcal{B}\in 2^{I^{(2)}}-\{\varnothing\}$，则

(1) $\mathcal{A}\sqsubseteq_{\mathrm{Hu}}\mathcal{B}$ 当且仅当 $\mathcal{A}\sqcap_{\mathrm{Hu}}\mathcal{B}=\mathcal{A}$；

(2) $\mathcal{A}\Subset_{\mathrm{Hu}}\mathcal{B}$ 当且仅当 $\mathcal{A}\sqcup_{\mathrm{Hu}}\mathcal{B}=\mathcal{B}$；

(3) $\mathcal{A}\trianglelefteq_{\mathrm{Hu}}\mathcal{B}$ 当且仅当 $\mathcal{A}\sqsubseteq_{\mathrm{Hu}}\mathcal{B}$，$\mathcal{A}\Subset_{\mathrm{Hu}}\mathcal{B}$.

定理 4.5.3 (Hu, 2016)　设 $\mathcal{A},\mathcal{B}\in 2^{I^{(2)}}-\{\varnothing\}$，则

(1) $\mathcal{A}\sqsubseteq_{\mathrm{Hu}}\mathcal{B}$ 当且仅当 $N_{\mathrm{Hu}}(\mathcal{B})\Subset_{\mathrm{Hu}}N_{\mathrm{Hu}}(\mathcal{A})$；

(2) $\mathcal{A}\Subset_{\mathrm{Hu}}\mathcal{B}$ 当且仅当 $N_{\mathrm{Hu}}(\mathcal{B})\sqsubseteq_{\mathrm{Hu}}N_{\mathrm{Hu}}(\mathcal{A})$；

(3) $\mathcal{A} \trianglelefteq_{\text{Hu}} \mathcal{B}$ 当且仅当 $N_{\text{Hu}}(\mathcal{B}) \trianglelefteq_{\text{Hu}} N_{\text{Hu}}(\mathcal{A})$.

证明 $\mathcal{A} \sqsubseteq_{\text{Hu}} \mathcal{B} \Leftrightarrow \mathcal{A} \sqcap_{\text{Hu}} B = \mathcal{A}$

$$\Leftrightarrow N_{\text{Hu}}(\mathcal{A} \sqcap_{\text{Hu}} \mathcal{B}) = N_{\text{Hu}}(\mathcal{A})$$

$$\Leftrightarrow N_{\text{Hu}}(\mathcal{A}) \sqcup_{\text{Hu}} N_{\text{Hu}}(\mathcal{B}) = N_{\text{Hu}}(\mathcal{A})$$

$$\Leftrightarrow N_{\text{Hu}}(\mathcal{B}) \Subset_{\text{Hu}} N_{\text{Hu}}(\mathcal{A}).$$

其他类似可证. □

定理 4.5.4 (Hu, 2016) 设 $(I^{(2)},\preceq)$ 是一个线性序集, 则

(1) $(2^{I^{(2)}} - \{\varnothing\}, \sqsubseteq_{\text{Hu}})$ 和 $(2^{I^{(2)}} - \varnothing, \Subset_{\text{Hu}})$ 是偏序集;

(2) $(2^{I^{(2)}} - \{\varnothing\}, \trianglelefteq_{\text{Hu}})$ 是一个具有对合否算子 N_{Hu} 的偏序集;

(3) 如果 $(I^{(2)},\preceq)$ 有最小元 $0_{\preceq}$ (最大元 $1_{\preceq}$), 则 $\{0_{\preceq}\}$ ($\{1_{\preceq}\}$) 是 $(2^{I^{(2)}} - \{\varnothing\}, \trianglelefteq_{\text{Hu}})$ 的最小元 (最大元).

证明 由定义 4.5.3 和定理 4.5.2 易知 $\sqsubseteq_{\text{Hu}}$, $\Subset_{\text{Hu}}$ 和 $\trianglelefteq_{\text{Hu}}$ 都是 $2^{I^{(2)}} - \{\varnothing\}$ 上的偏序. 由定理 4.5.2 (6) 知 N_{Hu} 是对合的. 由定理 4.5.3 知 N_{Hu} 为否算子, 即由 $\mathcal{A} \trianglelefteq_{\text{Hu}} \mathcal{B}$ 可推出 $\mathcal{A} \trianglelefteq_{\text{Hu}} \mathcal{B}$. 如果 $0_{\preceq}$ 是 $(I^{(2)},\preceq)$ 的最小元, 则 $\forall \mathcal{A} \in 2^{I^{(2)}} - \{\varnothing\}$,

$$\{0_{\preceq}\} \sqcap_{\text{Hu}} \mathcal{A} = \{0_{\preceq} \wedge_{\preceq} [a^-,a^+] \mid [a^-,a^+] \in \mathcal{A}\} = \{0_{\preceq}\},$$

$$\{0_{\preceq}\} \sqcup_{\text{Hu}} \mathcal{A} = \{0_{\preceq} \vee_{\preceq} [a^-,a^+] \mid [a^-,a^+] \in \mathcal{A}\} = \mathcal{A},$$

即 $\{0_{\preceq}\} \sqsubseteq_{\text{Hu}} \mathcal{A}$, 并且 $\{0_{\preceq}\} \Subset_{\text{Hu}} \mathcal{A}$, 亦即 $\{0_{\preceq}\} \trianglelefteq_{\text{Hu}} \mathcal{A}$.

同理, 如果 $1_{\preceq}$ 是 $(I^{(2)},\preceq)$ 的最大元, 则 $\mathcal{A} \trianglelefteq_{\text{Hu}} \{1_{\preceq}\}$. □

定理 4.5.5 (Hu, 2016) 设 $\mathcal{A},\mathcal{B} \in 2^{I^{(2)}} - \{\varnothing\}$.

(1) 如果 $\mathcal{A} \sqsubseteq_{\text{Hu}} \mathcal{B}$, 则 $\forall A \in \mathcal{A}$, 存在 $B \in \mathcal{B}$, 使得 $A \preceq B$, $\sup\mathcal{A} \preceq \sup\mathcal{B}$.

(2) 如果 $\mathcal{A} \Subset_{\text{Hu}} B$, 则 $\forall B \in \mathcal{B}$, 存在 $A \in \mathcal{A}$, 使得 $A \preceq B$, 并且 $\inf\mathcal{A} \preceq \inf\mathcal{B}$.

证明 (1) 设 $\mathcal{A} \sqsubseteq_{\text{Hu}} \mathcal{B}$, 则 $\mathcal{A} \sqcap_{\text{Hu}} \mathcal{B} = \mathcal{A}$. 于是 $\forall A \in \mathcal{A}$, 存在 $A' \in \mathcal{A}$ 和 $B \in \mathcal{B}$ 使得 $A = A' \wedge_{\preceq} B \preceq B$. 如果 $\sup\mathcal{A} > \sup\mathcal{B}$, 则存在 $A \in \mathcal{A}$ 使得 $A \succ \sup\mathcal{B}$. 于是对于这个 A, 存在 $B \in \mathcal{B}$, 使得 $A \preceq B$. 这样得到矛盾的结论 $B > \sup\mathcal{B}$. 因此, $\sup\mathcal{A} \preceq \sup\mathcal{B}$.

(2) 设 $\mathcal{A} \Subset_{\text{Hu}} B$, 则 $\mathcal{A} \sqcup_{\text{Hu}} \mathcal{B} = \mathcal{B}$. 于是 $\forall B \in \mathcal{B}$, 存在 $A \in \mathcal{A}$ 和 $B' \in \mathcal{B}$ 使得 $B = A \vee_{\preceq} B' \succeq A$. 如果 $\inf\mathcal{A} > \inf\mathcal{B}$, 则存在 $B \in \mathcal{B}$ 使得 $B \prec \inf\mathcal{A}$. 对于这个 B, 存在 $A \in \mathcal{A}$ 使得 $A \preceq B$. 于是 $A < \inf\mathcal{A}$. 这是一个矛盾. 因此, $\inf\mathcal{A} \preceq \inf\mathcal{B}$. □

定理 4.5.6 (Hu, 2016) 设 $\mathcal{A},\mathcal{B} \in 2^{I^{(2)}} - \{\varnothing\}$, 则下列陈述成立.

(1) 如果 $\mathcal{A} \sqsubseteq_{\text{Hu}} \mathcal{B}$, $\sup\mathcal{A} \in \mathcal{A}$, 则 $\sup\mathcal{A} \preceq \inf\mathcal{B}$ 或 $\{C \in I^{(2)} \mid \inf\mathcal{B} \preceq C \preceq \sup\mathcal{A}\} \cap \mathcal{B} \subseteq \mathcal{A}$;

(2) 如果 $\mathcal{A} \Subset_{\text{Hu}} B$，$\inf\mathcal{B}\in\mathcal{B}$，则 $\sup\mathcal{A}\preceq\inf\mathcal{B}$ 或 $\{C\in I^{(2)}\mid\inf\mathcal{B}\preceq C\preceq\sup\mathcal{A}\}\cap\mathcal{A}\subseteq\mathcal{B}$；

(3) 如果 $\mathcal{A}\trianglelefteq_{\text{Hu}}\mathcal{B}$，$\sup\mathcal{A}\in\mathcal{A}$，$\inf\mathcal{B}\in\mathcal{B}$，则 $\sup\mathcal{A}\preceq\inf\mathcal{B}$ 或 $\{C\in I^{(2)}\mid\inf\mathcal{B}\preceq C\preceq\sup\mathcal{A}\}\cap\mathcal{A}=\{C\in I^{(2)}\mid\inf\mathcal{B}\preceq C\preceq\sup\mathcal{A}\}\cap\mathcal{B}$.

证明　(1) 设 $\mathcal{A}\sqsubseteq\mathcal{B}$，$\sup\mathcal{A}\in\mathcal{A}$. 如果 $\inf\mathcal{B}\prec\sup\mathcal{A}$，并且 $C\in\{C\in I^{(2)}\mid\inf\mathcal{B}\preceq C\preceq\sup\mathcal{A}\}\cap\mathcal{B}$，则 $C=\sup\mathcal{A}\wedge_{\preceq}C\in\mathcal{A}\sqcap_{\text{Hu}}\mathcal{B}=\mathcal{A}$.

(2) 设 $\mathcal{A}\Subset B$，$\inf\mathcal{B}\in\mathcal{B}$. 如果 $\inf\mathcal{B}\prec\sup\mathcal{A}$，并且 $C\in\{C\in I^{(2)}\mid\inf\mathcal{B}\preceq C\preceq\sup\mathcal{A}\}\cap\mathcal{A}$，则 $C=C\vee_{\preceq}\inf\mathcal{B}\in\mathcal{A}\sqcup_{\text{Hu}}\mathcal{B}=\mathcal{B}$.

(3) 由 (1) 和 (2) 直接得到. □

推论 4.5.1 (Hu, 2016)　如果 $\mathcal{A}$ 和 $\mathcal{B}$ 是 $2^{I^{(2)}}-\{\varnothing\}$ 的两个有限子集，并且 $\mathcal{A}\trianglelefteq_{\text{Hu}}\mathcal{B}$，则

$$\left[\frac{1}{|\mathcal{A}|}\sum_{A\in\mathcal{A}}A^-,\frac{1}{|\mathcal{A}|}\sum_{A\in\mathcal{A}}A^+\right]\preceq\left[\frac{1}{|\mathcal{B}|}\sum_{B\in\mathcal{B}}B^-,\frac{1}{|\mathcal{B}|}\sum_{B\in\mathcal{B}}B^+\right].$$

证明　设 $\mathcal{A}$ 和 $\mathcal{B}$ 是 $2^{I^{(2)}}-\{\varnothing\}$ 的两个有限子集，并且 $\mathcal{A}\trianglelefteq_{\text{Hu}}\mathcal{B}$. 如果 $\sup\mathcal{A}\preceq\inf\mathcal{B}$，则结论显然成立. 否则，由定理 4.5.6 得到

$$\{C\in I^{(2)}\mid\inf\mathcal{B}\preceq C\preceq\sup\mathcal{A}\}\cap\mathcal{A}=\{C\in I^{(2)}\mid\inf\mathcal{B}\preceq C\preceq\sup\mathcal{A}\}\cap\mathcal{B}.$$

于是

$$\begin{aligned}
&\left[\frac{1}{|\mathcal{A}|}\sum_{A\in\mathcal{A}}A^-,\frac{1}{|\mathcal{A}|}\sum_{A\in\mathcal{A}}A^+\right]\\
&\preceq\frac{1}{|\{C\in I^{(2)}\mid\inf\mathcal{B}\preceq C\preceq\sup\mathcal{A}\}\cap\mathcal{A}|}\\
&\quad\left[\sum_{A\in\{C\in I^{(2)}\mid\inf\mathcal{B}\preceq C\preceq\sup\mathcal{A}\}\cap\mathcal{A}}A^-,\sum_{A\in\{C\in I^{(2)}\mid\inf\mathcal{B}\preceq C\preceq\sup\mathcal{A}\}\cap\mathcal{A}}A^+\right]\\
&=\frac{1}{|\{C\in I^{(2)}\mid\inf\mathcal{B}\preceq C\preceq\sup\mathcal{A}\}\cap\mathrm{B}|}\\
&\quad\left[\sum_{B\in\{C\in I^{(2)}\mid\inf\mathcal{B}\preceq C\preceq\sup\mathcal{A}\}\cap\mathcal{B}}B^-,\sum_{B\in\{C\in I^{(2)}\mid\inf\mathcal{B}\preceq C\preceq\sup\mathcal{A}\}\cap\mathcal{B}}B^+\right]\\
&\preceq\left[\frac{1}{|\mathcal{B}|}\sum_{B\in\mathcal{B}}B^-,\frac{1}{|\mathcal{B}|}\sum_{B\in\mathcal{B}}B^+\right].
\end{aligned}$$

□

推论 4.5.2 (Hu, 2016)　如果 $\mathcal{A}$ 和 $\mathcal{B}$ 是 $2^{I^{(2)}}-\{\varnothing\}$ 的两个有限子集，并且 $\mathcal{A}\trianglelefteq_{\text{Hu}}\mathcal{B}$，则

$$\frac{1}{|\mathcal{A}|}\sum_{A\in\mathcal{A}}\frac{A^-+A^+}{2}\leqslant\frac{1}{|\mathcal{B}|}\sum_{B\in\mathcal{B}}\frac{B^-+B^+}{2}.$$

如果 $\mathcal{H}\in \mathrm{Map}(U,2^{I^{(2)}}-\{\varnothing\})$，则 $\mathcal{H}$ 是 U 的区间值犹豫 Fuzzy 集 (Chen et al., 2013a; Farhadinia, 2013a). 如果 $\forall x\in U$，$\mathcal{H}(x)$ 是 $I^{(2)}$ 的有限子集, 则 $\mathcal{H}$ 称为 U 的一个有限区间值犹豫 Fuzzy 集. $\mathrm{Finite}(2^{I^{(2)}}-\{\varnothing\})$ 是 $I^{(2)}$ 的所有非空有限子集族.

设 $\mathcal{H},\mathcal{G}\in \mathrm{Map}(U,2^{I^{(2)}}-\{\varnothing\})$，定义 $\forall x\in U$

$$(\mathcal{H}\sqcap_{\mathrm{Hu}}\mathcal{G})(x)=\mathcal{H}(x)\sqcap_{\mathrm{Hu}}\mathcal{G}(x),$$
$$(\mathcal{H}\sqcup_{\mathrm{Hu}}\mathcal{G})(x)=\mathcal{H}(x)\sqcup_{\mathrm{Hu}}\mathcal{G}(x),$$
$$N(\mathcal{H})(x)=N(\mathcal{H}(x)),$$

$\mathcal{H}\trianglelefteq_{\mathrm{Hu}}\mathcal{G}$，如果 $\mathcal{H}(x)\sqsubseteq_{\mathrm{Hu}}\mathcal{G}(x)$，$\mathcal{H}(x)\Subset_{\mathrm{Hu}}\mathcal{G}(x)$，$\forall x\in U$. 则 $(\mathrm{Map}(U,2^{I^{(2)}}-\{\varnothing\}),\trianglelefteq_{\mathrm{Hu}})$ 是具有对合否算子 N 的有界偏序集, 并且 $\{[0,0]\}_U$ （$\{[0,0]\}_U(x)=\{[0,0]\}$，$\forall x\in U$）和 $\{[1,1]\}_U$ （$\{[1,1]\}_U(x)=\{[1,1]\},\forall x\in U$）分别是 $\mathrm{Map}(U,2^{I^{(2)}}-\{\varnothing\})$ 的最小元和最大元.

定义 4.5.4 如果 $\mathcal{R}\in \mathrm{Map}(U\times V,2^{I^{(2)}}-\{\varnothing\})$，即 $\mathcal{R}$ 是 $U\times V$ 的一个区间值犹豫 Fuzzy 集, 则 $\mathcal{R}$ 称为从 U 到 V 的区间值犹豫 Fuzzy 关系. 如果 $U=V$, 则 $\mathcal{R}$ 称为 U 上的一个区间值犹豫 Fuzzy 关系. 对于 $x\in U$，我们定义 U 上的一个区间值犹豫 Fuzzy 集如下：$\mathcal{R}_x(y)=\mathcal{R}(x,y)$，$y\in U$.

4.5.2 基于区间值犹豫集的三支决策

设 $\mathcal{R}$ 是 U 的一个区间值犹豫 Fuzzy 集. 如果取 $E(\mathcal{H})(x)=\mathcal{H}(x)$，则 $(U,\mathrm{Map}(U,2^{I^{(2)}}-\{\varnothing\}),2^{I^{(2)}}-\{\varnothing\},E)$ 是一个三支决策空间. 如果 $\alpha,\beta\in 2^{I^{(2)}}-\{\varnothing\}$ 和 $\{[0,0]\}\trianglelefteq_{\mathrm{Hu}}\beta\vartriangleleft_{\mathrm{Hu}}\alpha\trianglelefteq_{\mathrm{Hu}}\{[1,1]\}$，则三支决策如下:

(1) 接受域: $\mathrm{ACP}_{(\alpha,\beta)}(E,\mathcal{H})=\{x\in U\mid E(\mathcal{H})(x)\trianglerighteq_{\mathrm{Hu}}\alpha\}$;

(2) 拒绝域: $\mathrm{REJ}_{(\alpha,\beta)}(E,\mathcal{H})=\{x\in U\mid E(\mathcal{H})(x)\trianglelefteq_{\mathrm{Hu}}\beta\}$;

(3) 不确定域: $\mathrm{UNC}_{(\alpha,\beta)}(E,\mathcal{H})=\left(\mathrm{ACP}_{(\alpha,\beta)}(E,\mathcal{H})\cup\mathrm{REJ}_{(\alpha,\beta)}(E,\mathcal{H})\right)^c$.

例 4.5.3 设 $U=\{a,b,c,d,e\}$，则

$$\mathcal{H}=\frac{\{[0.64,0.66],[0.65,0.65]\}}{a}+\frac{\{[0.7,0.7]\}}{b}+\frac{\{[0.78,0.80],[0.79,0.81],[0.79,0.83]\}}{c}+\frac{\{[0.85,0.86],[0.85,0.87]\}}{d}+\frac{\{[1,1]\}}{e}$$

是 U 的一个有限区间值犹豫 Fuzzy 集，$\beta=\{[0.65,0.75],[0.7,0.85]\}$，$\alpha=$

$\{[0.8,0.85]\}$，$E(\mathcal{H})(x)=\mathcal{H}(x)$. 如果我们考虑 $I^{(2)}$ 的线性序 $\preceq_{\text{Hu}}$，则

(1) 接受域: $\text{ACP}_{(\alpha,\beta)}(E,\mathcal{H})=\{d,e\}$;

(2) 拒绝域: $\text{REJ}_{(\alpha,\beta)}(E,\mathcal{H})=\{a\}$;

(3) 不确定域: $\text{UNC}_{(\alpha,\beta)}(E,\mathcal{H})=\{b,c\}$.

定理 4.5.7 (Hu, 2016)　设 $\mathcal{H}$ 是 U 的一个有限区间值犹豫 Fuzzy 集, 并且

$$E(\mathcal{H})(x)=\frac{1}{|\mathcal{H}(x)|}\sum_{H\in\mathcal{H}(x)}\frac{H^-+H^+}{2},\tag{4.5.1}$$

则 $E(\mathcal{H})(x)$ 是 U 的关于 $\mathcal{H}\in\text{Map}\left(U,\text{Finite}(2^{I^{(2)}}-\{\varnothing\})\right)$ 的决策评价函数.

证明　下面核实 E 满足定义 4.2.1 的三个公理.

(1) 最小元公理.

$\forall x\in U$,

$$E(\{[0,0]\}_U)(x)=\frac{1}{|\{[0,0]\}_U(x)|}\sum_{H\in\{[0,0]\}_U(x)}\frac{H^-+H^+}{2}=0,$$

即 $E(\{[0,0]\}_U)=0_U$.

(2) 单调性公理.

设 $\mathcal{H}_1$ 和 $\mathcal{H}_2$ 是 U 的两个有限区间犹豫 Fuzzy 集, 并且 $\mathcal{H}_1\trianglelefteq_{\text{Hu}}\mathcal{H}_2$，则 $\forall x\in U$, $\mathcal{H}_1(x)\sqsubseteq_{\text{Hu}}\mathcal{H}_2(x)$，$\mathcal{H}_1(x)\Subset_{\text{Hu}}\mathcal{H}_2(x)$. 于是由推论 4.5.2 得到, $\forall x\in U$,

$$E(\mathcal{H}_1)(x)=\frac{1}{|\mathcal{H}_1(x)|}\sum_{H\in\mathcal{H}_1(x)}\frac{H^-+H^+}{2}\leqslant\frac{1}{|\mathcal{H}_2(x)|}\sum_{H\in\mathcal{H}_2(x)}\frac{H^-+H^+}{2}=E(\mathcal{H}_2)(x),$$

即 $E(\mathcal{H}_1)\subseteq E(\mathcal{H}_2)$.

(3) 自对偶性公理.

$$\begin{aligned}E(N(\mathcal{H}))(x)&=\frac{1}{|N(\mathcal{H})(x)|}\sum_{H\in N(\mathcal{H})(x)}\frac{H^-+H^+}{2}\\&=\frac{1}{|\mathcal{H}(x)|}\sum_{H\in\mathcal{H}(x)}\frac{1-H^++1-H^-}{2}\\&=\frac{1}{|\mathcal{H}(x)|}\left(|\mathcal{H}(x)|-\sum_{H\in\mathcal{H}(x)}\frac{H^-+H^+}{2}\right)\\&=1-\frac{1}{|\mathcal{H}(x)|}\sum_{H\in\mathcal{H}(x)}\frac{H^-+H^+}{2}=1-E(\mathcal{H})(x),\end{aligned}$$

即 $E\left(N(\mathcal{H})\right)=N\left(E(\mathcal{H})\right)$.　□

注 4.5.1 (Hu, 2016)　如果一个区间值有限犹豫 Fuzzy 集 $\mathcal{H}$ 退化为有限犹豫 Fuzzy 集, 则

$$E(\mathcal{H})(x)=\frac{1}{|\mathcal{H}(x)|}\sum_{\overline{\gamma}\in\mathcal{H}(x)}\gamma .$$

设 $\mathcal{H}$ 是 U 的一个有限区间值犹豫 Fuzzy 集，并且

$$E(\mathcal{H})(x)=\frac{1}{|\mathcal{H}(x)|}\sum_{H\in\mathcal{H}(x)}\frac{H^{-}+H^{+}}{2} .$$

则 $(U,\mathrm{Map}(U,\mathrm{Finite}(2^{I^{(2)}}-\{\varnothing\})),[0,1],E)$ 是一个三支决策空间．如果 $0\leqslant\beta<\alpha\leqslant 1$，则三支决策如下：

(1) 接受域：$\mathrm{ACP}_{(\alpha,\beta)}(E,\mathcal{H})=\{x\in U\mid E(\mathcal{H})(x)\geqslant\alpha\}$；

(2) 拒绝域：$\mathrm{REJ}_{(\alpha,\beta)}(E,\mathcal{H})=\{x\in U\mid E(\mathcal{H})(x)\leqslant\beta\}$；

(3) 不确定域：$\mathrm{UNC}_{(\alpha,\beta)}(E,\mathcal{H})=\left\{x\in U\mid \beta<E(\mathcal{H})(x)<\alpha\right\}$.

例 4.5.4 再考虑例 4.5.3，如果取

$$E(\mathcal{H})(x)=\frac{1}{|\mathcal{H}(x)|}\sum_{H\in\mathcal{H}(x)}\frac{H^{-}+H^{+}}{2},$$

则

$$E(\mathcal{H})(x)=\frac{0.65}{a}+\frac{0.7}{b}+\frac{0.8}{c}+\frac{0.8575}{d}+\frac{1}{e}.$$

定理 4.5.8 (Hu, 2016) 设 $\mathcal{H}$ 是 U 的一个有限区间值犹豫 Fuzzy 集，并且

$$E(\mathcal{H})(x)=\left[\frac{1}{|\mathcal{H}(x)|}\sum_{H\in\mathcal{H}(x)}H^{-},\frac{1}{|\mathcal{H}(x)|}\sum_{H\in\mathcal{H}(x)}H^{+}\right],\tag{4.5.2}$$

则 $E(\mathcal{H})(x)$ 是 U 的关于 $\mathcal{H}\in\mathrm{Map}\left(U,\mathrm{Finite}(2^{I^{(2)}}-\{\varnothing\})\right)$ 的决策评价函数.

证明 下面核实 E 满足定义 4.2.1 的三个公理.

(1) 最小元公理.

$$\forall x\in U,\quad E(\{[0,0]\}_U)(x)=\left[\frac{1}{|\{[0,0]\}_U(x)|}\sum_{H\in\{[0,0]\}_U(x)}H^{-},\frac{1}{|\{[0,0]\}_U(x)|}\sum_{H\in\{[0,0]\}_U(x)}H^{+}\right]=[0,0],$$

即 $E(\{[0,0]\}_U)=[0,0]$.

(2) 单调性公理.

设 $\mathcal{H}_1$ 和 $\mathcal{H}_2$ 是 U 的两个有限区间值犹豫 Fuzzy 集，并且 $\mathcal{H}_1\trianglelefteq_{\mathrm{Hu}}\mathcal{H}_2$，则 $\forall x\in U$，$\mathcal{H}_1(x)\sqsubseteq_{\mathrm{Hu}}\mathcal{H}_2(x)$，$\mathcal{H}_1(x)\Subset_{\mathrm{Hu}}\mathcal{H}_2(x)$．于是由推论 4.5.1 得到，$\forall x\in U$，

$$\begin{aligned}E(\mathcal{H}_1)(x)&=\left[\frac{1}{|\mathcal{H}_1(x)|}\sum_{H\in\mathcal{H}_1(x)}H^{-},\frac{1}{|\mathcal{H}_1(x)|}\sum_{H\in\mathcal{H}_1(x)}H^{+}\right]\\&\preceq\left[\frac{1}{|\mathcal{H}_2(x)|}\sum_{H\in\mathcal{H}_2(x)}H^{-},\frac{1}{|\mathcal{H}_2(x)|}\sum_{H\in\mathcal{H}_2(x)}H^{+}\right]\end{aligned}$$

$$=E(\mathcal{H}_2)(x),$$

即 $E(\mathcal{H}_1) \trianglelefteq_{\mathrm{Hu}} E(\mathcal{H}_2)$.

(3) 自对偶性公理.

$$\begin{aligned}
E(N(\mathcal{H}))(x) &= \left[\frac{1}{|N(\mathcal{H})(x)|}\sum_{H\in N(\mathcal{H})(x)} H^-, \frac{1}{|N(\mathcal{H})(x)|}\sum_{H\in N(\mathcal{H})(x)} H^+\right] \\
&= \left[\frac{1}{|\mathcal{H}(x)|}\sum_{H\in\mathcal{H}(x)} (1-H^+), \frac{1}{|\mathcal{H}(x)|}\sum_{H\in\mathcal{H}(x)} (1-H^-)\right] \\
&= \left[\frac{1}{|\mathcal{H}(x)|}\left(|\mathcal{H}(x)| - \sum_{H\in\mathcal{H}(x)} H^+\right), \frac{1}{|\mathcal{H}(x)|}\left(|\mathcal{H}(x)| - \sum_{H\in\mathcal{H}(x)} H^-\right)\right] \\
&= \left[1-\frac{1}{|\mathcal{H}(x)|}\sum_{H\in\mathcal{H}(x)} H^+, 1-\frac{1}{|\mathcal{H}(x)|}\sum_{H\in\mathcal{H}(x)} H^-\right] \\
&= \left[\frac{1}{|\mathcal{H}(x)|}\sum_{H\in\mathcal{H}(x)} H^-, \frac{1}{|\mathcal{H}(x)|}\sum_{H\in\mathcal{H}(x)} H^+\right]^c \\
&= N(E(\mathcal{H}))(x),
\end{aligned}$$

即 $E(N(\mathcal{H})) = N(E(\mathcal{H}))$. □

设 $\mathcal{H}$ 是 U 的区间值有限犹豫 Fuzzy 集, 并且

$$E(\mathcal{H})(x) = \left[\frac{1}{|\mathcal{H}(x)|}\sum_{H\in\mathcal{H}(x)} H^-, \frac{1}{|\mathcal{H}(x)|}\sum_{H\in\mathcal{H}(x)} H^+\right].$$

则 $(U, \mathrm{Map}(U, \mathrm{Finite}(2^{I^{(2)}} - \{\varnothing\})), I^{(2)}, E)$ 是三支决策空间. 如果 $[0,0] \preceq [\beta^-, \beta^+] \prec [\alpha^-, \alpha^+] \preceq [1,1]$, 则三支决策如下:

(1) 接受域: $\mathrm{ACP}_{([\alpha^-,\alpha^+],[\beta^-,\beta^+])}(E,\mathcal{H}) = \{x\in U \mid E(\mathcal{H})(x) \succeq [\alpha^-,\alpha^+]\}$;

(2) 拒绝域: $\mathrm{REJ}_{([\alpha^-,\alpha^+],[\beta^-,\beta^+])}(E,\mathcal{H}) = \{x\in U \mid E(\mathcal{H})(x) \preceq [\beta^-,\beta^+]\}$;

(3) 不确定域:

$$\mathrm{UNC}_{([\alpha^-,\alpha^+],[\beta^-,\beta^+])}(E,\mathcal{H}) = \left(\mathrm{ACP}_{([\alpha^-,\alpha^+],[\beta^-,\beta^+])}(E,\mathcal{H}) \cup \mathrm{REJ}_{([\alpha^-,\alpha^+],[\beta^-,\beta^+])}(E,\mathcal{H})\right)^c.$$

例 4.5.5　再考虑例 4.5.3, 如果取

$$E(\mathcal{H})(x) = \left[\frac{1}{|\mathcal{H}(x)|}\sum_{H\in\mathcal{H}(x)} H^-, \frac{1}{|\mathcal{H}(x)|}\sum_{H\in\mathcal{H}(x)} H^+\right],$$

则

$$E(\mathcal{H})(x) = \frac{[0.645,0.655]}{a} + \frac{[0.7,0.7]}{b} + \frac{[0.787,0.813]}{c} + \frac{[0.85,0.865]}{d} + \frac{[1,1]}{e}.$$

类似地, 我们可以得到下面定理.

定理 4.5.9 设$\mathcal{H}$是U的一个区间值犹豫 Fuzzy 集, 并且

$$E_m(\mathcal{H})(x)=\left(\inf\frac{\mathcal{H}^-(x)+\mathcal{H}^+(x)}{2}+\sup\frac{\mathcal{H}^-(x)+\mathcal{H}^+(x)}{2}\right)\Big/2, \tag{4.5.3}$$

$$E_I(\mathcal{H})(x)=\left[\frac{\inf\mathcal{H}^-(x)+\sup\mathcal{H}^-(x)}{2},\frac{\mathrm{i}\inf\mathcal{H}^+(x)+\sup\mathcal{H}^+(x)}{2}\right], \tag{4.5.4}$$

则$E_m(\mathcal{H})(x)$和$E_I(\mathcal{H})(x)$是U的关于$\mathcal{H}\in\mathrm{Map}\left(U,2^{I^{(2)}}-\{\varnothing\}\right)$的决策评价函数.

设$\mathcal{H}$是U的一个区间值犹豫, 则$(U,\mathrm{Map}(U,2^{[0,1]}-\{\varnothing\}),[0,1],E_m)$和$(U,\mathrm{Map}(U,2^{[0,1]}-\{\varnothing\}),I^{(2)},E_I)$都是三支决策空间. 类似地, 相应的三支决策同样可以给出.

例 4.5.6 再考虑例 4.5.3, 则

$$E_m(\mathcal{H})(x)=\frac{0.65}{a}+\frac{0.7}{b}+\frac{0.8}{c}+\frac{0.8575}{d}+\frac{1}{e},$$

$$E_I(\mathcal{H})(x)=\frac{[0.645,0.655]}{a}+\frac{[0.7,0.7]}{b}+\frac{[0.785,0.815]}{c}+\frac{[0.85,0.865]}{d}+\frac{[1,1]}{e}.$$

如果我们在$(U,\mathrm{Map}(U,2^{[0,1]}-\{\varnothing\}),I^{(2)},E_I)$中考虑三组不同的参数$\alpha,\beta$, 并且再考虑$I^{(2)}$的线性序$\preceq_{Hu}$, 则$\mathcal{H}$的三支决策列入表 4.5.1.

表 4.5.1 对不同的α,β, 区间值犹豫 Fuzzy 集$\mathcal{H}$的三支决策

	$\alpha=\overline{1},\beta=\overline{0}$	$\alpha=[0.7,0.8],\beta=[0.65,0.66]$	$\alpha=0.85,\beta=0.75$
$\mathrm{ACP}_{(\alpha,\beta)}(E_I,\mathcal{H})$	$\{e\}$	$\{c,d,e\}$	$\{d,e\}$
$\mathrm{REJ}_{(\alpha,\beta)}(E_I,\mathcal{H})$	$\varnothing$	$\{a,b\}$	$\{a,b\}$
$\mathrm{UNC}_{(\alpha,\beta)}(E_I,\mathcal{H})$	$\{a,b,c,d\}$	$\varnothing$	$\{c\}$

因为U到V的区间值犹豫 Fuzzy 关系是$U\times V$的区间值犹豫 Fuzzy 集, 所以我们能类似建立三支决策空间$(U\times V,\mathrm{Map}(U\times V,2^{[0,1]}-\{\varnothing\}),2^{[0,1]}-\{\varnothing\},E)$.

4.5.3 基于区间值犹豫 Fuzzy 决策粗糙集的三支决策

基于犹豫 Fuzzy 决策粗糙集的三支决策可以推广到基于区间犹豫 Fuzzy 决策粗糙集的三支决策.

定理 4.5.10 (Hu, 2016) 设$\mathcal{H}$是有限论域V的一个区间值犹豫 Fuzzy 集, $\mathcal{R}$是U到V的一个区间值犹豫 Fuzzy 关系, 并且$|\mathcal{R}_x^-|^{(0)}=\sum_{y\in V}\inf\mathcal{R}^-(x,y)\neq 0$, $\forall x\in U$,

则 $\forall x \in U$,

$$E^{(\lambda)}(\mathcal{H})(x) = [E^{(\lambda)}(\mathcal{H}^-), E^{(\lambda)}(\mathcal{H}^+)],\quad \lambda \in [0,1] \tag{4.5.5}$$

是 U 的关于 $\mathcal{H} \in \mathrm{Map}\left(V, 2^{I^{(2)}} - \{\varnothing\}\right)$ 的决策评价函数，其中

$$E^{(\lambda)}(\mathcal{H}^-)(x) = \frac{\sum_{y\in V} \frac{\inf \mathcal{H}^-(y) + \sup \mathcal{H}^-(y)}{2}\left((1-\lambda)\inf \mathcal{R}^-(x,y) + \lambda \sup \mathcal{R}^-(x,y)\right)}{\left|\mathcal{R}_x^-\right|^{(\lambda)}},$$

$$E^{(\lambda)}(\mathcal{H}^+)(x) = \frac{\sum_{y\in V} \frac{\inf \mathcal{H}^+(y) + \sup \mathcal{H}^+(y)}{2}\left((1-\lambda)\inf \mathcal{R}^+(x,y) + \lambda \sup \mathcal{R}^+(x,y)\right)}{\left|\mathcal{R}_x^+\right|^{(\lambda)}}.$$

定理 4.5.11 (Hu, 2016)　设 $\mathcal{H}$ 是有限论域的一个有限区间值犹豫 Fuzzy 集，$\mathcal{R}$ 是 U 到 V 的一个区间值犹豫 Fuzzy 关系，并且 $|\mathcal{R}_x^-|^{(0)} = \sum_{y\in V} \inf \mathcal{R}^-(x,y) \neq 0$，$\forall x \in U$，则 $\forall x \in U$，

$$F^{(\lambda)}(\mathcal{H})(x) = [F^{(\lambda)}(\mathcal{H}^-), F^{(\lambda)}(\mathcal{H}^+)],\quad \lambda \in [0,1] \tag{4.5.6}$$

是 U 的关于 $\mathcal{H} \in \mathrm{Map}\left(V, \mathrm{Finite}(2^{I^{(2)}} - \varnothing)\right)$ 的决策评价函数，其中

$$F^{(\lambda)}(\mathcal{H}^-)(x) = \frac{\sum_{y\in V}\left(\frac{1}{|\mathcal{H}^-(x)|}\sum_{\gamma\in\mathcal{H}^-(x)} \gamma\right)\left((1-\lambda)\inf \mathcal{R}^-(x,y) + \lambda \sup \mathcal{R}^-(x,y)\right)}{\left|\mathcal{R}_x^-\right|^{(\lambda)}},$$

$$F^{(\lambda)}(\mathcal{H}^+)(x) = \frac{\sum_{y\in V}\left(\frac{1}{|\mathcal{H}^+(x)|}\sum_{\gamma\in H^+(x)} \gamma\right)\left((1-\lambda)\inf \mathcal{R}^+(x,y) + \lambda \sup \mathcal{R}^+(x,y)\right)}{\left|\mathcal{R}_x^+\right|^{(\lambda)}}$$

是 U 的分别关于 $\mathcal{H}^- \in \mathrm{Map}\left(V, \mathrm{Finite}(2^{[0,1]} - \varnothing)\right)$ 和 $\mathcal{H}^+ \in \mathrm{Map}\left(V, \mathrm{Finite}(2^{[0,1]} - \varnothing)\right)$ 的决策评价函数.

定理 4.5.12 (Hu, 2016)　设 $\mathcal{H}$ 是有限论域 V 的一个有限区间值犹豫 Fuzzy 集，$\mathcal{R}$ 是 U 到 V 的一个有限区间值犹豫 Fuzzy 关系，并且 $\forall x \in U$，$\exists y \in V$，使得 $\mathcal{R}(x,y) \neq \{[0,0]\}$，则 $\forall x \in U$，

$$G(\mathcal{H})(x) = \left[G(\mathcal{H}^-)(x), G(\mathcal{H}^+)(x)\right],\quad \lambda \in [0,1] \tag{4.5.7}$$

是 U 的关于 $\mathcal{H} \in \mathrm{Map}\left(V, \mathrm{Finite}(2^{I^{(2)}} - \varnothing)\right)$ 的决策评价函数，其中

$$G(\mathcal{H}^-)(x)=\frac{\sum_{y\in V}\left(\frac{1}{|\mathcal{H}^-(x)|}\sum_{\gamma\in\mathcal{H}^-(x)}\gamma\right)\left(\frac{1}{|\mathcal{R}^-(x,y)|}\sum_{\tau\in\mathcal{R}^-(x,y)}\tau\right)}{\sum_{y\in V}\left(\frac{1}{|\mathcal{R}^-(x,y)|}\sum_{\gamma\in\mathcal{R}^-(x,y)}\gamma\right)},$$

$$G(\mathcal{H}^+)(x)=\frac{\sum_{y\in V}\left(\frac{1}{|\mathcal{H}^+(x)|}\sum_{\gamma\in\mathcal{H}^+(x)}\gamma\right)\left(\frac{1}{|\mathcal{R}^+(x,y)|}\sum_{\tau\in\mathcal{R}^+(x,y)}\tau\right)}{\sum_{y\in V}\left(\frac{1}{|\mathcal{R}^+(x,y)|}\sum_{\gamma\in\mathcal{R}^+(x,y)}\gamma\right)}.$$

给定 $\lambda\in[0,1]$，则 $(U,\mathrm{Map}(V,2^{I^{(2)}}-\{\varnothing\}),I^{(2)},E^{(\lambda)})$ 和 $(U,\mathrm{Map}(V,2^{I^{(2)}}-\{\varnothing\}),I^{(2)},F^{(\lambda)})$ 都是三支决策空间. $(U,\mathrm{Map}(V,2^{I^{(2)}}-\{\varnothing\}),I^{(2)},G)$ 也是一个三支决策空间.

本节提供了七个对应区间值犹豫 Fuzzy 集的决策评价函数. 对应的 P_C 和 P_D 列入表 4.5.2.

表 4.5.2 公式 (4.5.1) — (4.5.7) 中的决策评价函数 $E:\mathrm{Map}(U,P_C)\to\mathrm{Map}(U,P_D)$ 对应的 P_C 和 P_D

公式	P_C	P_D
(4.5.1)	$\mathrm{Finite}(2^{I^{(2)}}-\{\varnothing\})$	[0, 1]
(4.5.2)	$\mathrm{Finite}(2^{I^{(2)}}-\{\varnothing\})$	$I^{(2)}$
(4.5.3)	$2^{I^{(2)}}-\{\varnothing\}$	[0, 1]
(4.5.4)	$2^{I^{(2)}}-\{\varnothing\}$	$I^{(2)}$
(4.5.5)	$2^{I^{(2)}}-\{\varnothing\}$	$I^{(2)}$
(4.5.6)	$\mathrm{Finite}(2^{I^{(2)}}-\{\varnothing\})$	$I^{(2)}$
(4.5.7)	$\mathrm{Finite}(2^{I^{(2)}}-\{\varnothing\})$	$I^{(2)}$

4.6 本章小结

本章建立了基于偏序集的三支决策空间和三支决策，作为偏序集合的一个特例，$2^{[0,1]}-\{\varnothing\}$，我们系统地介绍了基于犹豫 Fuzzy 集的三支决策空间和三支决策. 本章的主要结论和正在进行的工作如下:

(1) 三支决策空间中决策结论 (决策域) 的度量推广到偏序集合，以便三支决策理论的应用可以更广泛地应用. 犹豫 Fuzzy 集合族和区间值犹豫 Fuzzy 集族是偏序集合，分别在 4.4 节和 4.5 节中讨论.

(2) 当 A 是一个 Fuzzy 集，R 是有限论域 U 的一个 Fuzzy 关系时，在概率粗糙集（决策理论粗糙集）中，我们可以用

$$\frac{\sum_{y\in U} A(y)R(x,y)}{\sum_{y\in U} R(x,y)}$$

作为一个概率测度. 这弥补了下面公式的不足:

$$\frac{\sum_{y\in U} A(y)\wedge R(x,y)}{\sum_{y\in U} R(x,y)},$$

该公式需要附加条件，即 A 是 U 的经典集或 R 是 U 上的等价关系. 另一方面，这丰富了概率粗糙集或决策理论粗糙集中的概率度量. 当 A 是 Fuzzy 集和 R 是 Fuzzy 关系时，我们可以通过新公式扩展概率粗糙集或决策理论粗糙集.

(3) 如文献 (Hu, 2014)，在偏序集合上，我们还可以给出动态的三支决策和具有一对决策评价函数的三支决策.

(4) 一个犹豫 Fuzzy 集，实际上是一个特殊的 2 型 Fuzzy 集. 因此，我们可以继续考虑基于 2 型 Fuzzy 集 (Hu, Kwong, 2014) 的三支决策空间和三支决策，甚至推广到区间值 2 型 Fuzzy 集 (Hu, Wang, 2014) 和 Fuzzy 值 Fuzzy 集 (Wang, Hu, 2015a, 2015b).

(5) 实际上，我们可以考虑 U 的犹豫 2 型 Fuzzy 集 H，其中 $H\in \mathrm{Map}(U, \mathrm{Map}([0,1], 2^{[0,1]}-\varnothing))$，其真值是[0, 1]上的犹豫 Fuzzy 集. 我们可以类似考虑 U 的区间值犹豫 Fuzzy 集，其中 $H\in \mathrm{Map}(U, \mathrm{Map}([0,1], 2^{I^{(2)}}-\{\varnothing\}))$，其真值是[0, 1]上的区间值犹豫 Fuzzy 集.

第 5 章　三支决策空间的聚合

基于姚一豫提出的三支决策理论，胡宝清在 Fuzzy 格 (第 3 章) 和偏序集 (第 4 章) 上建立了三支决策空间. 同时，还建立了多粒度三支决策空间及其相应的三支决策空间. 如何选择一种方法从多粒度三支决策空间向单个三支决策空间的转化？这是多粒度三支决策空间的主要问题之一. 针对多粒度三支决策空间的变换问题，通过一个公理化的自对偶聚合函数，给出了一种从多粒度三支决策空间到单个三支决策空间的聚合方法. 在偏序集[0, 1]上的这些聚合方法包含加权平均三支决策、最大–最小平均三支决策和中位数三支决策等. 这些方法推广到两组多粒度三支决策空间上的三支决策. 最后，我们通过一个实际示例说明了多粒度三支决策空间的聚合方法.

5.1　引言

自从 Yao 提出三支决策 (3WD) 后，基于决策理论粗糙集的三支决策不仅推广到各种 Fuzzy 集，而且被推广到更多的模式，如 Qian 和 Zhang 等将多粒度引入决策理论粗糙集 (Qian et al., 2014)；为了减少边界区域，Chen 和 Zhang 等基于粒度的多视图提出了多粒度三支决策 (Chen et al., 2016)；Sang 和 Liang 等考虑动态粒化下的决策理论粗糙集 (Sang et al., 2016) 等.

胡宝清除了建立三支决策空间理论外，同时，基于多粒度粗糙集 (Qian et al., 2010, 2014; Sang et al., 2016; Qian, Liang, 2006)，进一步讨论了多粒度三支决策空间 (Hu, 2014). 作为经典单粒化粗糙集理论的结果，多粒度粗糙集被提出 (multi-granulation rough set model, MGRS) (Qian, Liang, 2006; Qian et al., 2010)，这是一种通过融合多粒度结构的信息融合策略. 下面是现存的多粒度融合策略.

(1) 悲观策略 (Qian et al., 2014).

(2) 乐观策略 (Qian et al., 2010, 2014; Qian, Liang, 2006).

(3) 动态策略 (Sang, Liang, 2016).

本章考虑两个问题. 一个问题是这些现有的策略是否合理？另一个问题是还有其他合理的策略吗？本章通过考虑多粒度三支决策空间到单粒度三支决策空

间的聚合方法回答这些问题, 并称该策略为聚合策略.

从文献 (Hu, 2014) 的注 3.1 我们可以看到如果 $E_1, E_2, \cdots, E_n$ 是 n 个决策评价函数, 则 $\bigwedge_{i=1}^{n} E_i(A)(x)$ 和 $\bigvee_{i=1}^{n} E_i(A)(x)$ 不一定是决策评价函数, 这是因为它们不满足第三个公理: 自对偶性公理. 存在从 n 个决策评价函数 $E_1, E_2, \cdots, E_n$ 构造一个决策评价函数方法吗? 虽然 $\bigwedge_{i=1}^{n} E_i(A)(x)$ 和 $\bigvee_{i=1}^{n} E_i(A)(x)$ 不是决策评价函数, 但是 $\frac{1}{2}\left(\bigwedge_{i=1}^{n} E_i(A)(x) + \bigvee_{i=1}^{n} E_i(A)(x)\right)$ 是[0, 1]上的决策评价函数. 并且 $\frac{1}{n}\sum_{i=1}^{n} E_i(A)(x)$ 也是[0, 1] 上的决策评价函数. 这些函数存在一些共性, 即保最小、保最大 (边界条件)、保序 (单调性) 和保补 (自对偶性). 这是我们考虑自对偶聚合函数公理化定义的动机之一. 因为一般聚合函数 (Grabisch et al., 2009) 满足边界条件和单调性, 本章把满足自对偶性的聚合函数称为自对偶聚合函数.

然后, 通过这些自对偶聚合函数, 我们可以建立从多粒度三支决策空间到单个三支决策空间的转换方法. 这些偏序集合[0, 1]中的变换方法包括加权平均三支决策、最大-最小平均值三支决策和中位数三支决策等. 这些方法推广到双决策评价函数.

我们的方法补偿了多粒度粗糙集的缺陷, 该粗糙集仅考虑两个极端模型, 乐观粗糙集 (Qian et al., 2010) 和悲观粗糙集 (Qian et al., 2014). 本章提出了更多多粒度粗糙集的聚合策略. 在多粒度粗糙集的聚合、多粒度三支决策的理论等方面都有可能的应用.

本章 5.2 节, 首先介绍自对偶聚合函数的公理化定义, 然后给出基于公理化自对偶聚合函数从多粒度三支决策空间到单个三支决策空间的变换方法. 它还给出了一个例子来说明这些新颖的方法. 在 5.3 节中, 这些聚合方法被推广到两组多粒度三支决策空间的三支决策, 并举了一个关于学生表现评估的实际例子, 以说明聚合方法在两组多粒度三支决策空间上的思路. 最后, 5.4 节对本章进行了小结.

5.2　多粒度三支决策空间的聚合

在文献 (Hu, 2014), 作者讨论了多粒度三支决策空间上的乐观/悲观三支决策的一些属性, 以及多粒度三支决策空间上的乐观/悲观三支决策的下/上近似的一些属性.

在本节中，我们通过自对偶聚合函数给出了一个从多粒度三支决策空间到单个三支决策空间的变换方法，在[0,1]中的特殊情况包含加权平均值、最大–最小平均值和中位数平均值等.

5.2.1 自对偶聚合函数

从多粒度三支决策到单粒度三支决策的转化方法依赖自对偶聚合函数，例如

$$\frac{1}{2}\left(\bigwedge_{i=1}^{n} x_i + \bigvee_{i=1}^{n} x_i\right),\ \ \frac{1}{n}\sum_{i=1}^{n} x_i.$$

在这些函数中，它们有一些共性，例如，单调性和保补性. 本节通过公理化定义给出这些自对偶聚合函数. 下面给出自对偶聚合函数的公理化定义.

定义 5.2.1 (Hu et al., 2016) 设 $(P,\leqslant_P,N_P,0_P,1_P)$ 是一个有界偏序集. 映射 $f:P^n\to P$ 称为一个 n 元**自对偶聚合函数** (auto dual aggregation function)，如果它满足下列条件:

(AF1) 边界条件 (保最小最大性):

$$f(0,0,\cdots,0)=0,\ \ f(1,1,\cdots,1)=1;$$

(AF2) 单调性 (保序性):

f 是 P 上每个变量的单调递增函数，即如果 $x_i^{(1)}\leqslant_P x_i^{(2)}$ $(i=1,2,\cdots,n)$，则

$$f(x_1,\cdots,x_{i-1},x_i^{(1)},x_{i+1},\cdots,x_n)\leqslant_P f(x_1,\cdots,x_{i-1},x_i^{(2)},x_{i+1},\cdots,x_n),\quad \forall x_i,x_i^{(1)},x_i^{(2)}\in P;$$

(AF3) 自对偶性 (保补性):

$$f\left(N_P(x_1),N_P(x_2),\cdots,N_P(x_n)\right)=N_P\left(f(x_1,x_2,\cdots,x_n)\right),\quad \forall x_i\in P.$$

P 上所有 n 元自对偶聚合函数用 $\mathrm{AF}_n(P)$ 表示.

满足 (AF1) 和 (AF2) 的映射称为 n 元聚合函数，关于聚合函数的详细信息在文献 (Grabisch et al., 2009) 中可以找到.

下面是[0,1]上的一些自对偶聚合函数.

例 5.2.1 (Hu et al., 2016) 取 $P=[0,1]$，$N_P(x)=1-x$. 下列函数是[0, 1]上 n 元自对偶聚合函数.

(1) $f^{\mathrm{wa}}(x_1,x_2,\cdots,x_n)=\sum_{i=1}^{n}a_i x_i$，$x_1,x_2,\cdots,x_n\in[0,1]$，其中 $a_1,a_2,\cdots,a_n\in[0,1]$，$\sum_{i=1}^{n}a_i=1$. f^{wa} 称为加权平均自对偶聚合函数.

特别地，$\dfrac{x_1+x_2+\cdots+x_n}{n}$，记为 $f^{\mathrm{aa}}(x_1,x_2,\cdots,x_n)$，称为绝对平均自对偶聚合

函数. $\frac{x_1+x_2}{2^{n-1}}+\frac{x_3}{2^{n-2}}+\cdots+\frac{x_n}{2}$, 记为 $f^{\mathrm{sa}}(x_1,x_2,\cdots,x_n)$, 称为逐步平均自对偶聚合函数.

(2) $f^{\mathrm{ma}}(x_1,x_2,\cdots,x_n)=\frac{\max_i\{a_i\mathrm{T}x_i\}+\min_i\{(1-a_i)\perp x_i\}}{2}$, $x_1,x_2,\cdots,x_n\in[0,1]$, 其中 $a_1,a_2,\cdots,a_n\in[0,1]$, $\max_i a_i=1$, T 和 ⊥ 分别是[0, 1]上的 t-模和 t-余模并且关于 $N_P(x)=1-x$ 是对偶的. f^{ma} 称为最大−最小平均自对偶聚合函数.

下面我们核实函数 f^{ma} 满足自对偶性公理.

$$
\begin{aligned}
f^{\mathrm{ma}}(1-x_1,1-x_2,\cdots,1-x_n)&=\frac{\max_i\{a_i\mathrm{T}(1-x_i)\}+\min_i\{(1-a_i)\perp(1-x_i)\}}{2}\\
&=\frac{\max_i\{1-((1-a_i)\perp x_i)\}+\min_i\{1-a_i\mathrm{T}x_i\}}{2}\\
&=\frac{1-\min_i\{(1-a_i)\perp x_i\}+1-\max_i\{a_i\mathrm{T}x_i\}}{2}\\
&=1-\frac{\max_i\{a_i\mathrm{T}x_i\}+\min_i\{(1-a_i)\perp x_i\}}{2}\\
&=1-f^{\mathrm{ma}}(x_1,x_2,\cdots,x_n).
\end{aligned}
$$

特别地, 取 $a_i=1$, $i=1,2,\cdots,n$, 则

$$
f^{\mathrm{ma}}(x_1,x_2,\cdots,x_n)=\frac{\max_i\{x_i\}+\min_i\{x_i\}}{2}.
$$

(3)
$$
f^{\mathrm{me}}(x_1,x_2,\cdots,x_n)=\mathrm{Med}\{x_i\}
=\begin{cases}x'_{[\frac{n}{2}]+1}, & n\text{ 是奇数},\\ \dfrac{x'_{\frac{n}{2}}+x'_{\frac{n}{2}+1}}{2}, & n\text{ 是偶数},\end{cases}\quad x_1,x_2,\cdots,x_n\in[0,1],
$$

其中 $\{x'_i\}$ 是 $\{x_i\}$ 从小到大或从大到小的排序. f^{me} 称为中位自对偶聚合函数.

如果我们在例 5.2.1 (1) 中考虑 $\mathrm{AF}_2([0,1])$, 则 $f^{\mathrm{aa}}(x_1,x_2)=f^{\mathrm{sa}}(x_1,x_2)=\frac{x_1+x_2}{2}$.

在实际应用中, 当考虑不同数据具有不同重要性时, $f^{\mathrm{wa}}(x_1,x_2,\cdots,x_n)$ 被应用; 当所有数据具有相同重要性时, 等权函数 $f^{\mathrm{aa}}(x_1,x_2,\cdots,x_n)$ 被应用; 当考虑最近的数据比老数据更重要时, $f^{\mathrm{sa}}(x_1,x_2,\cdots,x_n)$ 被应用; $f^{\mathrm{ma}}(x_1,x_2,\cdots,x_n)$ 被应用于某个数据 x_i 被认为特别重要; $f^{\mathrm{me}}(x_1,x_2,\cdots,x_n)$ 被应用于考虑数据中位数.

很容易验证例 5.2.1 的函数还满足下列性质:

(AF4) 如果 $f(x_1,x_2\cdots,x_n)\leqslant_P f(y_1,y_2,\cdots,y_n)$, 则存在 i 使得 $x_i\leqslant_P y_i$.

下面给出自对偶聚合函数的性质和构造.

定理 5.2.1 设$(L,\leqslant_L,N_L,0_L,1_L)$是一个 Fuzzy 格并且$f\in \mathrm{AF}_n(L)$还满足

正则性 $f(x,x,\cdots,x)=x$，$\forall x\in L$，

则 $\bigwedge_{i=1}^{n} x_i \leqslant_L f(x_1,x_2,\cdots,x_n)\leqslant_L \bigvee_{i=1}^{n} x_i$.

证明 对于$x_1,x_2,\cdots,x_n\in L$，由$\bigwedge_{i=1}^{n} x_i \leqslant_L x_i \leqslant_L \bigvee_{i=1}^{n} x_i$和$f$的单调性，我们有

$$f\left(\bigwedge_{i=1}^{n} x_i,\bigwedge_{i=1}^{n} x_i,\cdots,\bigwedge_{i=1}^{n} x_i\right)\leqslant_L f(x_1,x_2,\cdots,x_n)\leqslant_L f\left(\bigvee_{i=1}^{n} x_i,\bigvee_{i=1}^{n} x_i,\cdots,\bigvee_{i=1}^{n} x_i\right).$$

由正则性得到$\bigwedge_{i=1}^{n} x_i \leqslant_L f(x_1,x_2,\cdots,x_n)\leqslant_L \bigvee_{i=1}^{n} x_i$. □

例 5.2.1 的自对偶聚合函数都满足正则性.

下面的定理是直接的，证明省略.

定理 5.2.2 (Hu et al., 2016) 设$f^0\in \mathrm{AF}_2(P)$，

$$f(x_1,x_2,\cdots,x_n)=f^0(f^0(\cdots f^0(f^0(x_1,x_2),x_3)\cdots),x_n),$$

则$f\in \mathrm{AF}_n(P)$. 如果f^0满足正则性，则f也满足正则性.

值得注意的是，在例 5.2.1 (1) 中，逐步平均自对偶聚合函数

$$f^{\mathrm{sa}}(x_1,x_2,\cdots,x_n)=\frac{x_1+x_2}{2^{n-1}}+\frac{x_3}{2^{n-2}}+\cdots+\frac{x_n}{2},$$

也可以通过定理 5.2.2 的$f^0(x_1,x_2)=\dfrac{x_1+x_2}{2}$获得.

定理 5.2.3 (Hu et al., 2016) 设$f^0\in \mathrm{AF}_m(P)$，$f^{(k)}\in \mathrm{AF}_n(P)$ $(k=1,2,\cdots,m)$并且$\forall x_i\in P$，$i\in\{1,2,\cdots,n\}$，

$$f(x_1,x_2,\cdots,x_n)=f^0(f^{(1)}(x_1,x_2,\cdots,x_n),f^{(2)}(x_1,x_2,\cdots,x_n),\cdots,f^{(m)}(x_1,x_2,\cdots,x_n)),$$

则$f\in \mathrm{AF}_n(P)$. 如果f^0和$f^{(k)}$满足正则性，则f也满足正则性.

如果我们考虑

$$f^{(1)}(x_1,x_2,x_3)=f^{\mathrm{aa}}(x_1,x_2,x_3)=(x_1+x_2+x_3)/3,$$

$$f^{(2)}(x_1,x_2,x_3)=f^{\mathrm{sa}}(x_1,x_2,x_3)=(x_1+x_2)/4+x_3/2,$$

$$f^{(0)}(x_1,x_2)=f^{\mathrm{aa}}(x_1,x_2)=(x_1+x_2)/2,$$

由定理 5.2.3 得到

$$f(x_1,x_2,x_3)=f^0(f^{(1)}(x_1,x_2,x_3),f^{(2)}(x_1,x_2,x_3))=\frac{7}{24}(x_1+x_2)+\frac{5}{12}x_3$$

是[0,1]上的三元自对偶聚合函数.

从定理 5.2.3 和例 5.2.1 很容易导出下列结论.

设$f^{(k)}\in \mathrm{AF}_n([0,1])$ $(k=1,2,\cdots,m)$，则下列函数是[0, 1]上的n元自对偶聚合函数.

(1) $f(x_1,x_2,\cdots,x_n)=\sum_{k=1}^{m}a_k f^{(k)}(x_1,x_2,\cdots,x_n)$, $x_1,x_2,\cdots,x_n\in[0,1]$, 其中 $a_1,a_2,\cdots,a_n\in[0,1]$, $\sum_{i=1}^{n}a_i=1$.

(2) $f(x_1,x_2,\cdots,x_n)=\dfrac{\max\limits_k\{a_k\mathsf{T}f^{(k)}(x_1,x_2,\cdots,x_n)\}+\min\limits_k\{(1-a_k)\perp f^{(k)}(x_1,x_2,\cdots,x_n)\}}{2}$, $x_1,x_2,\cdots,x_n\in[0,1]$, 其中 $a_1,a_2,\cdots,a_n\in[0,1]$, $\max\limits_i a_i=1$, T 和 $\perp$ 是分别[0,1]上的 t-模和 t-余模并且关于 $N_P(x)=1-x$ 对偶.

下面讨论在不同偏序集下的自对偶聚合函数的关系.

定理 5.2.4 (Hu et al., 2016)　设 $f\in\mathrm{AF}_n([0,1])$ 并且

$$g(x_1,x_2,\cdots,x_n)=\left[f(x_1^-,x_2^-,\cdots,x_n^-),f(x_1^+,x_2^+,\cdots,x_n^+)\right],\quad x_i=\left[x_i^-,x_i^+\right]\in I^{(2)}.$$

则 $g\in\mathrm{AF}_n(I^{(2)})$. 如果 f 满足正则性, 则 g 也满足正则性.

证明　显然 $g(x_1,x_2,\cdots,x_n)$ 满足边界条件和单调性. 下面只验证自对偶性. $\forall x_i=\left[x_i^-,x_i^+\right]\in I^{(2)}$,

$$\begin{aligned}
g\left(1_{I^{(2)}}-x_1,1_{I^{(2)}}-x_2,\cdots,1_{I^{(2)}}-x_n\right)&=g\left([1-x_1^+,1-x_1^-],[1-x_2^+,1-x_2^-],\cdots,[1-x_n^+,1-x_n^-]\right)\\
&=\left[f\left(1-x_1^+,1-x_2^+,\cdots,1-x_n^+\right),f\left(1-x_1^-,1-x_2^-,\cdots,1-x_n^-\right)\right]\\
&=\left[1-f\left(x_1^+,x_2^+,\cdots,x_n^+\right),1-f\left(x_1^-,x_2^-,\cdots,x_n^-\right)\right]\\
&=1_{I^{(2)}}-\left[f\left(x_1^-,x_2^-,\cdots,x_n^-\right),f\left(x_1^+,x_2^+,\cdots,x_n^+\right)\right]\\
&=1_{I^{(2)}}-g\left(x_1,x_2\cdots,x_n\right).
\end{aligned}$$

很容易验证, 如果 f 满足正则性, 则 g 也满足正则性. □

定理 5.2.4 告诉我们 $I^{(2)}$ 上的自对偶聚合函数能通过[0,1]上的自对偶聚合函数来构造.

定理 5.2.5 (Hu et al., 2016)　设

$$f\left([x_1^-,x_1^+],[x_2^-,x_2^+],\cdots,[x_n^-,x_n^+]\right)=\left[\min\{x_1^-,x_2^-,\cdots,x_n^-\},\max\{x_1^+,x_2^+,\cdots,x_n^+\}\right],$$
$$\left[x_i^-,x_i^+\right]\in I^{(2)},$$

则 $f\in\mathrm{AF}_n(I^{(2)})$, 并且 f 满足正则性.

证明　显然 f 满足边界条件、单调性和正则性. 下面只验证自对偶性. $\forall\left[x_i^-,x_i^+\right]\in I^{(2)}$,

$$\begin{aligned}
&f^{(2)}\left(1_{I^{(2)}}-[x_1^-,x_1^+],1_{I^{(2)}}-[x_2^-,x_2^+],\cdots,1_{I^{(2)}}-[x_n^-,x_n^+]\right)\\
&=f\left([1-x_1^+,1-x_1^-],[1-x_2^+,1-x_2^-],\cdots,[1-x_n^+,1-x_n^-]\right)
\end{aligned}$$

$$=\left[\min\left\{1-x_1^+,1-x_2^+,\cdots,1-x_n^+\right\},\max\left\{1-x_1^-,1-x_2^-,\cdots,1-x_n^-\right\}\right]$$
$$=\left[1-\max\left\{x_1^+,x_2^+,\cdots,x_n^+\right\},1-\min\left\{x_1^-,x_2^-,\cdots,x_n^-\right\}\right]$$
$$=\overline{1}-\left[\min\left\{x_1^-,x_2^-,\cdots,x_n^-\right\},\max\left\{x_1^+,x_2^+,\cdots,x_n^+\right\}\right]$$
$$=\overline{1}-f\left([x_1^-,x_1^+],[x_2^-,x_2^+],\cdots,[x_n^-,x_n^+]\right).$$ □

定理 5.2.5 告诉我们 $I^{(2)}$ 上的自对偶聚合函数能通过 [0, 1] 上的非对偶聚合函数来构造.

另一方面, 下面的定理告诉我们, [0, 1]的自对偶聚合函数可以通过 $I^{(2)}$ 上的对偶聚合函数构造.

定理 5.2.6 (Hu et al., 2016) 设 $f\in \mathrm{AF}_n(I^{(2)})$ 并且

$$g(x_1,x_2,\cdots,x_n)=\frac{1}{2}\Big(\big(f([x_1,x_1],[x_2,x_2],\cdots,[x_n,x_n])\big)^-+\big(f([x_1,x_1],[x_2,x_2],\cdots,[x_n,x_n])\big)^+\Big),$$
$$x_i\in[0,1].$$

则 $g\in \mathrm{AF}_n([0,1])$. 如果 f 满足正则性, 则 g 也满足正则性.

证明 很显然 g 满足边界条件和单调性. 下面只证明自对偶性. $\forall x_i\in[0,1]$,

$$\begin{aligned}
&g(1-x_1,1-x_2,\cdots,1-x_n)\\
=&\frac{1}{2}\Big(\big(f([1-x_1,1-x_1],[1-x_2,1-x_2],\cdots,[1-x_n,1-x_n])\big)^-\\
&+\big(f([1-x_1,1-x_1],[1-x_2,1-x_2],\cdots,[1-x_n,1-x_n])\big)^+\Big)\\
=&\frac{1}{2}\Big(\big(f(1_{I^{(2)}}-[x_1,x_1],1_{I^{(2)}}-[x_2,x_2],\cdots,1_{I^{(2)}}-[x_n,x_n])\big)^-\\
&+f(1_{I^{(2)}}-[x_1,x_1],1_{I^{(2)}}-[x_2,x_2],\cdots,1_{I^{(2)}}-[x_n,x_n])^+\Big)\\
=&\frac{1}{2}\Big(\big(1_{I^{(2)}}-f([x_1,x_1],[x_2,x_2],\cdots,[x_n,x_n])\big)^-+\big(1_{I^{(2)}}-f([x_1,x_1],[x_2,x_2],\cdots,[x_n,x_n])\big)^+\Big)\\
=&\frac{1}{2}\Big(1-\big(f([x_1,x_1],[x_2,x_2],\cdots,[x_n,x_n])\big)^++1-\big(f([x_1,x_1],[x_2,x_2],\cdots,[x_n,x_n])\big)^-\Big)\\
=&1-\frac{1}{2}\Big(\big(f([x_1,x_1],[x_2,x_2],\cdots,[x_n,x_n])\big)^-+\big(f([x_1,x_1],[x_2,x_2],\cdots,[x_n,x_n])\big)^+\Big)\\
=&1-g(x_1,x_2,\cdots,x_n).
\end{aligned}$$

很容易验证, 如果 f 满足正则性, 则 g 也满足正则性. □

定理 5.2.7 设 $f\in \mathrm{AF}_n([0,1])$ 并且

$$g\big((x_1,y_1),(x_2,y_2),\cdots,(x_n,y_n)\big)=\big(f(x_1,x_2,\cdots,x_n),f(y_1,y_2,\cdots,y_n)\big),\quad (x_i,y_i)\in I^2.$$

则 $g\in \mathrm{AF}_n(I^2)$. 如果 f 满足正则性, 则 g 也满足正则性.

证明 很显然 f 满足边界条件和单调性. 下面只证明自对偶性. $\forall(x_i,y_i)\in I^2$,

$$\begin{aligned}
&g\left(N_{I^2}(x_1,y_1),N_{I^2}(x_2,y_2),\cdots,N_{I^2}(x_n,y_n)\right)\\
&=g\left((y_1,x_1),(y_2,x_2),\cdots,(y_n,x_n)\right)\\
&=\left(f(y_1,y_2,\cdots,y_n),f(x_1,x_2,\cdots,x_n)\right)\\
&=N_{I^2}\left(f(x_1,x_2,\cdots,x_n),f(y_1,y_2,\cdots,y_n)\right)\\
&=N_{I^2}\left(g((x_1,y_1),(x_2,y_2)\cdots,(x_n,y_n))\right).
\end{aligned}$$

很容易验证, 如果 f 满足正则性, 则 g 也满足正则性. □

定理 5.2.8 设 $f\in \mathrm{AF}_n([0,1])$ 并且

$$g(A_1,A_2,\cdots,A_n)=\left[f(\inf A_1,\inf A_2,\cdots,\inf A_n),f(\sup A_1,\sup A_2,\cdots,\sup A_n)\right],$$
$$A_i\in 2^{[0,1]}-\{\varnothing\}.$$

则 $g\in \mathrm{AF}_n(2^{[0,1]}-\{\varnothing\})$.

证明 首先要注意 $I^{(2)}\subseteq 2^{[0,1]}-\{\varnothing\}$.

(1) $$\begin{aligned}g(\{0\},\{0\},\cdots,\{0\})&=\left[f(\inf\{0\},\inf\{0\},\cdots,\inf\{0\}),f(\sup\{0\},\sup\{0\},\cdots,\sup\{0\})\right]\\&=\left[0,0\right]=\{0\}.\end{aligned}$$

同理, $g(\{1\},\{1\},\cdots,\{1\})=\{1\}$.

(2) 设 $A_i\in 2^{[0,1]}-\{\varnothing\}\ (i=2,3,\cdots,n)$, $B,C\in 2^{[0,1]}-\{\varnothing\}$, 并且 $B\Subset C$, 即 $B\sqcap C=B$, 则

$$\begin{aligned}
g(B,A_2,\cdots,A_n)&=g(B\sqcap C,A_2,\cdots,A_n)\\
&=\left[f(\inf(B\sqcap C),\inf A_2,\cdots,\inf A_n),f(\sup(B\sqcap C),\sup A_2,\cdots,\sup A_n)\right]\\
&=\left[f(\inf(B\sqcap C),\inf A_2,\cdots,\inf A_n),f(\sup(B\sqcap C),\sup A_2,\cdots,\sup A_n)\right]\\
&=\left[f(\inf B\wedge\inf C,\inf A_2,\cdots,\inf A_n),f((\sup B\wedge\sup C)\sup A_2,\cdots,\sup A_n)\right]\\
&\leqslant_{I^{(2)}}\left[f(\inf C,\inf A_2,\cdots,\inf A_n),f((\sup C)\sup A_2,\cdots,\sup A_n)\right]\\
&\quad(f\text{的单调性}).
\end{aligned}$$

在 $I^{(2)}$ 中, $\leqslant_{I^{(2)}}=\Subset$, 于是 g 关于 $\Subset$ 的单调性成立. 同理, 对 $\sqsubseteq$ 类似可证.

(3) $\forall A_i\in 2^{[0,1]}-\{\varnothing\}$,

$$\begin{aligned}
&g(N_{2^{[0,1]}-\{\varnothing\}}(A_1),N_{2^{[0,1]}-\{\varnothing\}}(A_2),\cdots,N_{2^{[0,1]}-\{\varnothing\}}(A_n))\\
&=\Big[f(\inf N_{2^{[0,1]}-\{\varnothing\}}(A_1),\inf N_{2^{[0,1]}-\{\varnothing\}}(A_2),\cdots,\inf N_{2^{[0,1]}-\{\varnothing\}}(A_n)),\\
&\quad f(\sup N_{2^{[0,1]}-\{\varnothing\}}(A_1),\sup N_{2^{[0,1]}-\{\varnothing\}}(A_2),\cdots,\sup N_{2^{[0,1]}-\{\varnothing\}}(A_n))\Big]\\
&=\left[f(1-\sup A_1,1-\sup A_2,\cdots,1-\sup A_n,f(1-\inf A_1,1-\inf A_2,\cdots,1-\inf A_n)\right]\\
&=\left[1-f(\sup A_1,\sup A_2,\cdots,\sup A_n,1-f(\inf A_1,\inf A_2,\cdots,\inf A_n)\right]
\end{aligned}$$

$$=1_{I^{(2)}}-\left[f(\inf A_1,\inf A_2,\cdots,\inf A_n),f(\sup A_1,\sup A_2,\cdots,\sup A_n)\right]$$
$$=N_{I^{(2)}}(g(A_1,A_2,\cdots,A_n)).$$

在 $I^{(2)}$ 中，$N_{I^{(2)}}=N_{2^{[0,1]}-\{\varnothing\}}$，于是自对偶性成立.

很容易验证，如果 f 满足正则性，则 g 也满足正则性. □

定理 5.2.8 告诉我们 $2^{[0,1]}-\{\varnothing\}$ 上的自对偶聚合函数能通过[0, 1]上的自对偶聚合函数来构造.

定理 5.2.9 设 $f(A_1,A_2,\cdots,A_n)=[\min\{\inf A_1,\inf A_2,\cdots,\inf A_n\},\max\{\sup A_1, A_2,\cdots,A_n\}]$，$A\in 2^{[0,1]}-\{\varnothing\}$，则 $g\in \mathrm{AF}_n(2^{[0,1]}-\{\varnothing\})$.

证明 首先要注意 $I^{(2)}\subseteq 2^{[0,1]}-\{\varnothing\}$.

(1) $f(\{0\},\{0\},\cdots,\{0\})=[\min\{\inf\{0\},\inf\{0\},\cdots,\inf\{0\}\},\max\{\sup\{0\},\sup\{0\},\cdots,\sup\{0\}\}]=[0,0]=\{0\}$.

同理，$f(\{1\},\{1\},\cdots,\{1\})=\{1\}$.

(2) 设 $A_i\in 2^{[0,1]}-\{\varnothing\}$ $(i=2,3,\cdots,n)$，$B,C\in 2^{[0,1]}-\{\varnothing\}$，并且 $B\Subset C$，即 $B\sqcap C=B$，则

$$\begin{aligned}f(B,A_2,\cdots,A_n)&=\left[\min\{\inf B,\inf A_2,\cdots,\inf A_n\},\max\{\sup B,\sup A_2,\cdots,\sup A_n\}\right]\\&=[\min\{\inf(B\sqcap C),\inf A_2,\cdots,\inf A_n\},\\&\quad\max\{\sup(B\sqcap C),\sup A_2,\cdots,\sup A_n\}]\\&=[\min\{\inf B\wedge\inf C,\inf A_2,\cdots,\inf A_n\},\\&\quad\max\{\sup B\wedge\sup C,\sup A_2,\cdots,\sup A_n\}]\\&\leqslant_{I^{(2)}}\left[\min\{\inf C,\inf A_2,\cdots,\inf A_n\},\max\{\sup C,\sup A_2,\cdots,\sup A_n\}\right]\\&=f(C,A_2,\cdots,A_n).\end{aligned}$$

在 $I^{(2)}$ 中，$\leqslant_{I^{(2)}}=\Subset$，于是 g 关于 $\Subset$ 的单调性成立. 同理，对 $\sqsubseteq$ 类似可证.

(3) $\forall A_i\in 2^{[0,1]}-\{\varnothing\}$，

$$\begin{aligned}&f(N_{2^{[0,1]}-\{\varnothing\}}(A_1),N_{2^{[0,1]}-\{\varnothing\}}(A_2),\cdots,N_{2^{[0,1]}-\{\varnothing\}}(A_n))\\&=\Big[\min\{\inf N_{2^{[0,1]}-\{\varnothing\}}(A_1),\inf N_{2^{[0,1]}-\{\varnothing\}}(A_2),\cdots,\inf N_{2^{[0,1]}-\{\varnothing\}}(A_n)\},\\&\quad\max\{\sup N_{2^{[0,1]}-\{\varnothing\}}(A_1),\sup N_{2^{[0,1]}-\{\varnothing\}}(A_2),\cdots,\sup N_{2^{[0,1]}-\{\varnothing\}}(A_n)\}\Big]\\&=\left[\min\{1-\sup A_1,1-\sup A_2,\cdots,1-\sup A_n\},\max\{1-\inf A_1,1-\inf A_2,\cdots,1-\inf A_n\}\right]\\&=\left[1-\max\{\sup A_1,\sup A_2,\cdots,\sup A_n\},1-\min\{\inf A_1,\inf A_2,\cdots,\inf A_n\}\right]\\&=1_{I^{(2)}}-\left[\min\{\inf A_1,\inf A_2,\cdots,\inf A_n\},\max\{\sup A_1,\sup A_2,\cdots,\sup A_n\}\right]\\&=N_{I^{(2)}}(f(A_1,A_2,\cdots,A_n)).\end{aligned}$$

□

定理 5.2.9 告诉我们 $2^{[0,1]}-\{\varnothing\}$ 上的自对偶聚合函数能通过[0, 1]上的非自对

偶聚合函数来构造.

5.2.2　聚合三支决策

多决策评价函数的聚合还是决策评价函数. 下面的定理证实了这一点.

定理 5.2.10 (Hu, et al., 2016)　设 $(U,\mathrm{Map}(V,P_C),P_D,\{E_1,E_2,\cdots,E_n\})$ 是一个 n 粒度三支决策空间, $f\in \mathrm{AF}_n(P_D)$ 并且 $E^f(A)(x)=f(E_1(A)(x),E_2(A)(x),\cdots, E_n(A)(x))$, $A\in \mathrm{Map}(V,P_C)$, $x\in U$. 则 $(U,\mathrm{Map}(V,P_C),P_D,E^f)$ 是一个三支决策空间.

证明　容易验证公理 (E1) 和 (E2). 对于 $A\in \mathrm{Map}(V,P_C)$,

$$\begin{aligned}E^f(N_{P_C}(A))(x)&=f\left(E_1(N_{P_C}(A))(x),E_2(N_{P_C}(A))(x),\cdots,E_n(N_{P_C}(A))(x)\right)\\&=f\left(N_{P_D}(E_1(A))(x),N_{P_D}(E_2(A))(x),\cdots,N_{P_D}(E_n(A))(x)\right)\\&=N_{P_D}\left(f\left(E_1(A)(x),E_2(A)(x),\cdots,E_n(A)(x)\right)\right)\\&=N_{P_D}\left(E^f(A)\right)(x),\end{aligned}$$

即 $E^f(N_{P_C}(A))=N_{P_D}\left(E^f(A)\right)$. □

在 $P_D=[0,1]$, 如果 $f=f^{\mathrm{wa}},f^{\mathrm{sa}},f^{\mathrm{ma}},f^{\mathrm{me}}$, 则 E^f 分别被记为 E^{wa}, E^{sa}, E^{ma} 和 E^{me}, 即对 $A\in \mathrm{Map}(V,P_C)$ 和 $x\in[0,1]$,

$$E^{\mathrm{wa}}(A)(x)=\sum_{i=1}^{n}a_iE_i(A)(x),\quad 其中\ a_1,a_2,\cdots,a_n\in[0,1]\ 和\ \sum_{i=1}^{n}a_i=1,$$

$$E^{\mathrm{sa}}(A)(x)=\frac{E_1(A)(x)+E_2(A)(x)}{2^{n-1}}+\frac{E_3(A)(x)}{2^{n-2}}+\cdots+\frac{E_n(A)(x)}{2},$$

$$E^{\mathrm{ma}}(A)(x)=\frac{\max\limits_i\left(a_i\mathrm{T}E_i(A)(x)\right)+\min\limits_i\left((1-a_i)\perp E_i(A)(x)\right)}{2},\quad \max_i a_i=1,$$

$$E^{\mathrm{me}}(A)(x)=\mathrm{Median}\left\{E_i(A)(x)\right\}.$$

E^{wa}, E^{sa}, E^{ma} 和 E^{me} 分别称为加权平均、逐步平均、最大−最小平均和中位决策评价函数.

通过多粒度三支决策空间的聚合, 可以得到聚合三支决策以及其下近似和上近似.

设 $(U,\mathrm{Map}(V,P_C),P_D,\{E_1,E_2,\cdots,E_n\})$ 是一个 n 粒度三支决策空间, $f\in \mathrm{AF}_n(P_D)$, $A\in \mathrm{Map}(V,P_C)$, $0\leqslant_{P_D}\beta<_{P_D}\alpha\leqslant_{P_D}1$, 则 n 粒度三支决策空间的聚合三支决策为

(1) 接受域:

$$\mathrm{ACP}^f_{(\alpha,\beta)}(E_{1\sim n},A)=\mathrm{ACP}_{(\alpha,\beta)}(E^f,A)=\left\{x\in U\mid E^f(A)(x)\geqslant_{P_D}\alpha\right\};$$

(2) 拒绝域:

$$\mathrm{REJ}^{f}_{(\alpha,\beta)}(E_{1\sim n},A)=\mathrm{REJ}_{(\alpha,\beta)}(E^{f},A)=\left\{x\in U\mid E^{f}(A)(x)\leqslant_{P_D}\beta\right\};$$

(3) 不确定域:

$$\mathrm{UNC}^{f}_{(\alpha,\beta)}(E_{1\sim n},A)=U-\mathrm{ACP}^{f}_{(\alpha,\beta)}(E_{1\sim n},A)\cup\mathrm{REJ}^{f}_{(\alpha,\beta)}(E_{1\sim n},A).$$

如果 P_D 是线性序, 则 $\mathrm{UNC}^{f}_{(\alpha,\beta)}(E_{1\sim n},A)=\left\{x\in U\mid \beta<_{P_D}E^{f}(A)(x)<_{P_D}\alpha\right\}$.

n 粒度三支决策空间上聚合三支决策的下近似和上近似分别是

$$\underline{\mathrm{apr}}^{f}_{(\alpha,\beta)}(E_{1\sim n},A)=\mathrm{ACP}^{f}_{(\alpha,\beta)}(E_{1\sim n},A)=\left\{x\in U\mid E^{f}(A)(x)\geqslant_{P_D}\alpha\right\},$$

$$\overline{\mathrm{apr}}^{f}_{(\alpha,\beta)}(E_{1\sim n},A)=\left(\mathrm{REJ}^{f}_{(\alpha,\beta)}(E_{1\sim n},A)\right)^{c}=\left\{x\in U\mid E^{f}(A)(x)>_{P_D}\beta\right\}.$$

5.2.3 聚合、乐观和悲观三支决策的关系

下面我们讨论聚合三支决策和下近似及上近似的性质、聚合三支决策与乐观三支决策和悲观三支决策的关系.

定理 5.2.11 (Hu et al., 2016) 设 $(U,\mathrm{Map}(V,P_C),P_D,\{E_1,E_2,\cdots,E_n\})$ 是一个 n 粒度三支决策空间, $f\in\mathrm{AF}_n(P_D)$ 并且满足正则性和 (AF4), $A\in\mathrm{Map}(V,P_C)$ 并且 $0\leqslant_{P_D}\beta<_{P_D}\alpha\leqslant_{P_D}1$. 下面结论成立.

(1) $\mathrm{ACP}^{\mathrm{pe}}_{(\alpha,\beta)}(E_{1\sim n},A)\subseteq\mathrm{ACP}^{f}_{(\alpha,\beta)}(E_{1\sim n},A)\subseteq\mathrm{ACP}^{\mathrm{op}}_{(\alpha,\beta)}(E_{1\sim n},A)$;

(2) $\mathrm{REJ}^{\mathrm{op}}_{(\alpha,\beta)}(E_{1\sim n},A)\subseteq\mathrm{REJ}^{f}_{(\alpha,\beta)}(E_{1\sim n},A)\subseteq\mathrm{REJ}^{\mathrm{pe}}_{(\alpha,\beta)}(E_{1\sim n},A)$.

证明 设 $x\in\mathrm{ACP}^{\mathrm{pe}}_{(\alpha,\beta)}(E_{1\sim n},A)=\bigcap_{i=1}^{n}\mathrm{ACP}_{(\alpha,\beta)}(E_i,A)$. 则 $\forall i$, $x\in\mathrm{ACP}_{(\alpha,\beta)}(E_i,A)$, 即 $E_i(A)(x)\geqslant_{P_D}\alpha$. 所以

$$\begin{aligned}E^{f}(A)(x)&=f(E_1(A)(x),E_2(A)(x),\cdots,E_n(A)(x))\\&\geqslant_{P_D}f(\alpha,\alpha,\cdots,\alpha)=\alpha,\end{aligned}$$

即 $x\in\mathrm{ACP}^{f}_{(\alpha,\beta)}(E_{1\sim n},A)$. 如果 $x\in\mathrm{ACP}^{f}_{(\alpha,\beta)}(E_{1\sim n},A)$, 则

$$E^{f}(A)(x)=f(E_1(A)(x),E_2(A)(x),\cdots,E_n(A)(x))\geqslant_{P_D}\alpha.$$

因 f 满足 (AF4), 所以存在 i 使得 $E_i(A)(x)\geqslant\alpha$, 即

$$x\in\bigcup_{i=1}^{n}\underline{\mathrm{apr}}_{(\alpha,\beta)}(E_i,A)=\mathrm{ACP}^{\mathrm{op}}_{(\alpha,\beta)}(E_{1\sim n},A).$$

第二个包含关系类似可证. □

定理 5.2.12 (Hu et al., 2016) 设 $(U,\mathrm{Map}(V,P_C),P_D,\{E_1,E_2,\cdots,E_n\})$ 是一个 n 粒度三支决策空间, $f\in\mathrm{AF}_n(P_D)$ 并且满足正则性和 (AF4), $A,B\in\mathrm{Map}(V,P_C)$ 和

$0 \leqslant_{P_D} \beta <_{P_D} \alpha \leqslant_{P_D} 1$. 则

$$\underline{\mathrm{apr}}^{\mathrm{pe}}_{(\alpha,\beta)}(E_{1\sim n},A)=\bigcap_{i=1}^{n}\underline{\mathrm{apr}}_{(\alpha,\beta)}(E_i,A)\subseteq\underline{\mathrm{apr}}^{f}_{(\alpha,\beta)}(E_{1\sim n},A)\subseteq\bigcup_{i=1}^{n}\underline{\mathrm{apr}}_{(\alpha,\beta)}(E_i,A)$$
$$=\underline{\mathrm{apr}}^{\mathrm{op}}_{(\alpha,\beta)}(E_{1\sim n},A),$$
$$\overline{\mathrm{apr}}^{\mathrm{pe}}_{(\alpha,\beta)}(E_{1\sim n},A)=\bigcap_{i=1}^{n}\overline{\mathrm{apr}}_{(\alpha,\beta)}(E_i,A)\subseteq\overline{\mathrm{apr}}^{f}_{(\alpha,\beta)}(E_{1\sim n},A)\subseteq\bigcup_{i=1}^{n}\overline{\mathrm{apr}}_{(\alpha,\beta)}(E_i,A)$$
$$=\overline{\mathrm{apr}}^{\mathrm{op}}_{(\alpha,\beta)}(E_{1\sim n},A).$$

证明　从聚合三支决策下近似和上近似的定义与定理 5.2.11 直接得到. □

定理 5.2.13 (Hu et al., 2016)　设 $(U,\mathrm{Map}(V,P_C),P_D,\{E_1,E_2,\cdots,E_n\})$ 是一个 n 粒度三支决策空间, $f\in \mathrm{AF}_n(P_D)$, $A\in \mathrm{Map}(V,P_C)$. 如果 $0\leqslant_{P_D}\beta\leqslant_{P_D}\beta'<_{P_D}\alpha'\leqslant_{P_D}\alpha\leqslant_{P_D}1$, 则

$$\underline{\mathrm{apr}}^{f}_{(\alpha,\beta)}(E_{1\sim n},A)\subseteq\underline{\mathrm{apr}}^{f}_{(\alpha',\beta')}(E_{1\sim n},A),$$
$$\overline{\mathrm{apr}}^{f}_{(\alpha,\beta)}(E_{1\sim n},A)\supseteq\overline{\mathrm{apr}}^{f}_{(\alpha',\beta')}(E_{1\sim n},A).$$

证明　从聚合三支决策下近似和上近似的定义直接得到. □

5.2.4　说明性例子

下面我们用例子说明三支决策空间聚合的某些概念.

例 5.2.2　设 $U=\{x_1,x_2,\cdots,x_8\}$, $P_C=I^{(2)}$, $P_D=[0,1]$, 并且 U 的一个区间值 Fuzzy 集为

$$A=\frac{[1,1]}{x_1}+\frac{[1,1]}{x_2}+\frac{[1,1]}{x_3}+\frac{[0.5,0.6]}{x_4}+\frac{[0.4,0.6]}{x_5}+\frac{[0.6,0.8]}{x_6}+\frac{[0.8,1]}{x_7}+\frac{[0.2,0.4]}{x_8},$$

$U/R=\{\{x_1,x_8\},\{x_2\},\{x_3\},\{x_4,x_5\},\{x_6\},\{x_7\}\}$ 是 U 的基于等价关系 R 的分类.

由 $E_1(A)(x)=\dfrac{|A^-\cap[x]_R|}{|[x]_R|}$, $E_2(A)(x)=\dfrac{|A^+\cap[x]_R|}{|[x]_R|}$, $E_3(A)(x)=A^-(x)$ 和 $E_4(A)(x)=A^+(x)$ 得到

$$E_1(A)=\frac{0.6}{x_1}+\frac{1}{x_2}+\frac{1}{x_3}+\frac{0.45}{x_4}+\frac{0.45}{x_5}+\frac{0.6}{x_6}+\frac{0.8}{x_7}+\frac{0.6}{x_8},$$
$$E_2(A)=\frac{0.7}{x_1}+\frac{1}{x_2}+\frac{1}{x_3}+\frac{0.6}{x_4}+\frac{0.6}{x_5}+\frac{0.8}{x_6}+\frac{1}{x_7}+\frac{0.7}{x_8},$$
$$E_3(A)=\frac{1}{x_1}+\frac{1}{x_2}+\frac{1}{x_3}+\frac{0.5}{x_4}+\frac{0.4}{x_5}+\frac{0.6}{x_6}+\frac{0.8}{x_7}+\frac{0.2}{x_8},$$

$$E_4(A)=\frac{1}{x_1}+\frac{1}{x_2}+\frac{1}{x_3}+\frac{0.6}{x_4}+\frac{0.6}{x_5}+\frac{0.8}{x_6}+\frac{1}{x_7}+\frac{0.4}{x_8}.$$

则

$$E^{\mathrm{wa}}(A)=\frac{0.825}{x_1}+\frac{1}{x_2}+\frac{1}{x_3}+\frac{0.5375}{x_4}+\frac{0.5125}{x_5}+\frac{0.7}{x_6}+\frac{0.9}{x_7}+\frac{0.475}{x_8},$$

其中权重为 $(a_1,a_2,a_3,a_4)=(0.25,0.25,0.25,0.25)$,

$$E^{\mathrm{sa}}(A)=\frac{0.9125}{x_1}+\frac{1}{x_2}+\frac{1}{x_3}+\frac{0.55625}{x_4}+\frac{0.53125}{x_5}+\frac{0.725}{x_6}+\frac{0.925}{x_7}+\frac{0.4125}{x_8},$$

$$E^{\mathrm{ma}}(A)=\frac{0.8}{x_1}+\frac{1}{x_2}+\frac{1}{x_3}+\frac{0.525}{x_4}+\frac{0.5}{x_5}+\frac{0.7}{x_6}+\frac{0.9}{x_7}+\frac{0.45}{x_8}\quad(\text{取 } a_1=a_2=a_3=a_4=1),$$

$$E^{\mathrm{me}}(A)=\frac{0.85}{x_1}+\frac{1}{x_2}+\frac{1}{x_3}+\frac{0.55}{x_4}+\frac{0.525}{x_5}+\frac{0.7}{x_6}+\frac{0.9}{x_7}+\frac{0.5}{x_8}.$$

考虑 $\beta=0.6$ 和 $\alpha=0.9$, 则三支决策空间上的加权平均三支决策为

接受域: $\mathrm{ACP}^{\mathrm{wa}}_{(0.9,\,0.6)}(E_{1\sim4},A)=\{x\in U\mid E^{\mathrm{wa}}(A)(x)\geqslant0.9\}=\{x_2,x_3,x_7\}$;

拒绝域: $\mathrm{REJ}^{\mathrm{wa}}_{(0.9,\,0.6)}(E_{1\sim4},A)=\{x\in U\mid E^{\mathrm{wa}}(A)(x)\leqslant0.6\}=\{x_4,x_5,x_8\}$;

不确定域: $\mathrm{UNC}^{\mathrm{wa}}_{(0.9,\,0.6)}(E_{1\sim4},A)=\left(\mathrm{ACP}^{\mathrm{wa}}_{(0.9,\,0.6)}(E_{1\sim4},A)\cup\mathrm{REJ}^{\mathrm{wa}}_{(0.9,\,0.6)}(E_{1\sim4},A)\right)^c$

$=\left\{x\in U\mid 0.6<E^{\mathrm{wa}}(A)(x)<0.9\right\}=\{x_1,x_6\}$.

A 的下近似和上近似分别为

$$\underline{\mathrm{apr}}^{\mathrm{wa}}_{(0.9,\,0.6)}(E_{1\sim4},A)=\mathrm{ACP}^{\mathrm{wa}}_{(0.9,\,0.6)}(E_{1\sim4},A)=\{x_2,x_3,x_7\},$$

$$\overline{\mathrm{apr}}^{\mathrm{wa}}_{(0.9,\,0.6)}(E_{1\sim4},A)=\left(\mathrm{REJ}^{\mathrm{wa}}_{(0.9,\,0.6)}(E_{1\sim4},A)\right)^c=\{x_1,x_2,x_3,x_6,x_7\}.$$

在下面的 4 个三支决策空间中, 如果我们考虑三组不同参数 α,β 下 A 的聚合三支决策、下近似和上近似在表 5.2.1 列出.

表 5.2.1 三组不同参数 α,β 下 A 的聚合三支决策、下近似和上近似

	$\alpha=0.9,\beta=0.6$	$\alpha=0.8,\beta=0.7$	$\alpha=0.7,\beta=0.55$
$\mathrm{ACP}^{\mathrm{wa}}_{(\alpha,\beta)}(E_{1\sim4},A)$	$\{x_2,x_3,x_7\}$	$\{x_1,x_2,x_3,x_7\}$	$\{x_1,x_2,x_3,x_6,x_7\}$
$\mathrm{ACP}^{\mathrm{sa}}_{(\alpha,\beta)}(E_{1\sim4},A)$	$\{x_1,x_2,x_3,x_7\}$	$\{x_1,x_2,x_3,x_7\}$	$\{x_1,x_2,x_3,x_6,x_7\}$
$\mathrm{ACP}^{\mathrm{ma}}_{(\alpha,\beta)}(E_{1\sim4},A)$	$\{x_2,x_3,x_7\}$	$\{x_1,x_2,x_3,x_7\}$	$\{x_1,x_2,x_3,x_6,x_7\}$
$\mathrm{ACP}^{\mathrm{me}}_{(\alpha,\beta)}(E_{1\sim4},A)$	$\{x_2,x_3,x_7\}$	$\{x_1,x_2,x_3,x_7\}$	$\{x_1,x_2,x_3,x_6,x_7\}$
$\mathrm{REJ}^{\mathrm{wa}}_{(\alpha,\beta)}(E_{1\sim4},A)$	$\{x_4,x_5,x_8\}$	$\{x_4,x_5,x_6,x_8\}$	$\{x_4,x_5,x_8\}$
$\mathrm{REJ}^{\mathrm{sa}}_{(\alpha,\beta)}(E_{1\sim4},A)$	$\{x_4,x_5,x_8\}$	$\{x_4,x_5,x_8\}$	$\{x_5,x_8\}$

续表

	$\alpha=0.9,\beta=0.6$	$\alpha=0.8,\beta=0.7$	$\alpha=0.7,\beta=0.55$
$\mathrm{REJ}^{\mathrm{ma}}_{(\alpha,\beta)}(E_{1\sim4},A)$	$\{x_4,x_5,x_8\}$	$\{x_4,x_5,x_6,x_8\}$	$\{x_4,x_5,x_8\}$
$\mathrm{REJ}^{\mathrm{me}}_{(\alpha,\beta)}(E_{1\sim4},A)$	$\{x_4,x_5,x_8\}$	$\{x_4,x_5,x_6,x_8\}$	$\{x_4,x_5,x_8\}$
$\mathrm{UNC}^{\mathrm{wa}}_{(\alpha,\beta)}(E_{1\sim4},A)$	$\{x_1,x_6\}$	$\varnothing$	$\varnothing$
$\mathrm{UNC}^{\mathrm{sa}}_{(\alpha,\beta)}(E_{1\sim4},A)$	$\{x_6\}$	$\{x_6\}$	$\{x_4\}$
$\mathrm{UNC}^{\mathrm{ma}}_{(\alpha,\beta)}(E_{1\sim4},A)$	$\{x_1,x_6\}$	$\varnothing$	$\varnothing$
$\mathrm{UNC}^{\mathrm{me}}_{(\alpha,\beta)}(E_{1\sim4},A)$	$\{x_6\}$	$\{x_6\}$	$\varnothing$
$\underline{\mathrm{apr}}^{\mathrm{wa}}_{(\alpha,\beta)}(E_{1\sim4},A)$	$\{x_2,x_3,x_7\}$	$\{x_1,x_2,x_3,x_7\}$	$\{x_1,x_2,x_3,x_6,x_7\}$
$\underline{\mathrm{apr}}^{\mathrm{sa}}_{(\alpha,\beta)}(E_{1\sim4},A)$	$\{x_1,x_2,x_3,x_7\}$	$\{x_1,x_2,x_3,x_7\}$	$\{x_1,x_2,x_3,x_6,x_7\}$
$\underline{\mathrm{apr}}^{\mathrm{ma}}_{(\alpha,\beta)}(E_{1\sim4},A)$	$\{x_2,x_3,x_7\}$	$\{x_1,x_2,x_3,x_7\}$	$\{x_1,x_2,x_3,x_6,x_7\}$
$\underline{\mathrm{apr}}^{\mathrm{me}}_{(\alpha,\beta)}(E_{1\sim4},A)$	$\{x_2,x_3,x_7\}$	$\{x_1,x_2,x_3,x_7\}$	$\{x_1,x_2,x_3,x_6,x_7\}$
$\overline{\mathrm{apr}}^{\mathrm{wa}}_{(\alpha,\beta)}(E_{1\sim4},A)$	$\{x_1,x_2,x_3,x_6,x_7\}$	$\{x_1,x_2,x_3,x_7\}$	$\{x_1,x_2,x_3,x_6,x_7\}$
$\overline{\mathrm{apr}}^{\mathrm{sa}}_{(\alpha,\beta)}(E_{1\sim4},A)$	$\{x_1,x_2,x_3,x_6,x_7\}$	$\{x_1,x_2,x_3,x_6,x_7\}$	$\{x_1,x_2,x_3,x_4,x_6,x_7\}$
$\overline{\mathrm{apr}}^{\mathrm{ma}}_{(\alpha,\beta)}(E_{1\sim4},A)$	$\{x_1,x_2,x_3,x_6,x_7\}$	$\{x_1,x_2,x_3,x_7\}$	$\{x_1,x_2,x_3,x_6,x_7\}$
$\overline{\mathrm{apr}}^{\mathrm{me}}_{(\alpha,\beta)}(E_{1\sim4},A)$	$\{x_1,x_2,x_3,x_6,x_7\}$	$\{x_1,x_2,x_3,x_7\}$	$\{x_1,x_2,x_3,x_6,x_7\}$

从表 5.2.1, 我们可以看到:

(1) 对所有不同参数和聚合函数, 接受域包含决策对象 x_2,x_3 和 x_7.

(2) 对几乎所有不同参数和聚合函数, 拒绝域包含决策对象 x_4,x_5 和 x_8.

(3) 对所有不同参数和聚合函数, 决策对象 x_6 大多数出现在不确定域.

5.3 双决策评价函数下的多粒度三支决策空间的聚合

基于决策评价函数的数目, Yao 给出了三支决策的两种模式: 单决策评价函数和双决策评价函数 (Yao, 2010). Hu 通过两个三支决策空间讨论了带双决策评价函数的三支决策 (Hu, 2014). 下面我们讨论两组三支决策空间上的三支决策的聚合.

定义 5.3.1 (Hu et al., 2016) 设 $(U,\mathrm{Map}(V,P_C),P_D,\{E_1,E_2,\cdots,E_m\})$ 和 $(U,\mathrm{Map}(V,P_C),P_D,\{F_1,F_2,\cdots,F_n\})$ 是两组三支决策空间，$f\in \mathrm{AF}_m(P_D)$，$g\in \mathrm{AF}_n(P_D)$，$A,B\in \mathrm{Map}(V,P_C)$ 并且 $\alpha,\beta\in P_D$. 则两组三支决策空间上的三支决策定义如下:

(1) 接受域:

$$\begin{aligned}\mathrm{ACP}_{(\alpha,\beta)}^{f,g}((E_{1\sim m},F_{1\sim n}),(A,B))&=\left\{x\in U\mid E^f(A)(x)\geqslant_{P_D}\alpha\right\}\cap\left\{x\in U\mid F^g(B)(x)<_{P_D}\beta\right\}\\&=\mathrm{ACP}_{(\alpha,\beta)}(E^f,A)\cap\mathrm{REJ}_{(\alpha,\beta)}(F^g,B);\end{aligned}$$

(2) 拒绝域:

$$\begin{aligned}\mathrm{REJ}_{(\alpha,\beta)}^{f,g}((E_{1\sim m},F_{1\sim n}),(A,B))&=\left\{x\in U\mid E^f(A)(x)<_{P_D}\alpha\right\}\cap\left\{x\in U\mid F^g(B)(x)\geqslant_{P_D}\beta\right\}\\&=\mathrm{REJ}_{(\alpha,\beta)}(E^f,A)\cap\mathrm{ACP}_{(\alpha,\beta)}(F^g,B);\end{aligned}$$

(3) 不确定域:

$$\begin{aligned}\mathrm{UNC}_{(\alpha,\beta)}^{f,g}((E_{1\sim m},F_{1\sim n}),(A,B))=(&\mathrm{ACP}_{(\alpha,\beta)}^{f,g}((E_{1\sim m},F_{1\sim n}),(A,B))\\&\cup\mathrm{REJ}_{(\alpha,\beta)}^{f,g}((E_{1\sim m},F_{1\sim n}),(A,B)))^c.\end{aligned}$$

定义 5.3.2 (Hu et al., 2016) 设 $(U,\mathrm{Map}(V,P_C),P_D,\{E_1,E_2,\cdots,E_m\})$ 和 $(U,\mathrm{Map}(V,P_C),P_D,\{F_1,F_2,\cdots,F_n\})$ 是两组三支决策空间，$f\in \mathrm{AF}_m(P_D)$，$g\in \mathrm{AF}_n(P_D)$，$A,B\in \mathrm{Map}(V,P_C)$ 和 $\alpha,\beta\in P_D$. 则

$$\underline{\mathrm{apr}}_{(\alpha,\beta)}^{f,g}((E_{1\sim m},F_{1\sim n}),(A,B))=\mathrm{ACP}_{(\alpha,\beta)}^{f,g}((E_{1\sim m},F_{1\sim n}),(A,B)),$$

$$\begin{aligned}\overline{\mathrm{apr}}_{(\alpha,\beta)}^{f,g}((E_{1\sim m},F_{1\sim n}),(A,B))&=\left(\mathrm{REJ}_{(\alpha,\beta)}^{f,g}((E_{1\sim m},F_{1\sim n}),(A,B))\right)^c\\&=\left\{x\in U\mid E^{f,g}(A)(x)\geqslant_{P_D}\alpha\right\}\cup\left\{x\in U\mid F^{f,g}(B)(x)<_{P_D}\beta\right\}\end{aligned}$$

分别称为 (A,B) 在两组三支决策空间上关于三支决策的下近似和上近似.

定理 5.3.1 (Hu et al., 2016) 设 $(U,\mathrm{Map}(V,P_C),P_D,\{E_1,E_2,\cdots,E_m\})$ 和 $(U,\mathrm{Map}(V,P_C),P_D,\{F_1,F_2,\cdots,F_n\})$ 是两组三支决策空间，$f\in \mathrm{AF}_m(P_D)$，$g\in \mathrm{AF}_n(P_D)$，$A,B\in \mathrm{Map}(V,P_C)$ 并且 $\alpha,\beta\in P_D$. 则下列结果成立.

(1) $\underline{\mathrm{apr}}_{(\alpha,\beta)}^{f,g}((E_{1\sim m},F_{1\sim n}),(A,B))\subseteq\overline{\mathrm{apr}}_{(\alpha,\beta)}^{f,g}((E_{1\sim m},F_{1\sim n}),(A,B))$;

(2) $\underline{\mathrm{apr}}_{(\alpha,\beta)}^{f,g}((E_{1\sim m},F_{1\sim n}),(U,\varnothing))=U$，$\overline{\mathrm{apr}}_{(\alpha,\beta)}^{f,g}((E_{1\sim m},F_{1\sim n}),(\varnothing,U))=\varnothing$;

(3) $\left(\underline{\mathrm{apr}}_{(\alpha,\beta)}^{f,g}((E_{1\sim m},F_{1\sim n}),(A,B))\right)^c=\overline{\mathrm{apr}}_{(\beta,\alpha)}^{g,f}((F_{1\sim n},E_{1\sim m}),(B,A))$;

(4) 如果 $A\subseteq C,B\supseteq D$，则

$$\underline{\mathrm{apr}}_{(\alpha,\beta)}^{f,g}((E_{1\sim m},F_{1\sim n}),(A,B))\subseteq\underline{\mathrm{apr}}_{(\alpha,\beta)}^{f,g}((E_{1\sim m},F_{1\sim n}),(C,D)),$$

$$\overline{\mathrm{apr}}_{(\alpha,\beta)}^{f,g}((E_{1\sim m},F_{1\sim n}),(A,B))\subseteq\overline{\mathrm{apr}}_{(\alpha,\beta)}^{f,g}((E_{1\sim m},F_{1\sim n}),(C,D)).$$

证明　(2) 和 (4) 由定义 5.3.1 和定义 5.3.2 直接得到. (1)和(3)的证明如下.

(1) $$\begin{aligned}\overline{\mathrm{apr}}_{(\alpha,\beta)}^{f,g}((E_{1\sim m},F_{1\sim n}),(A,B)) &= \left(\mathrm{REJ}_{(\alpha,\beta)}^{f,g}((E_{1\sim m},F_{1\sim n}),(A,B))\right)^c \\ &= (\{x\in U \mid E^f(A)(x) <_{P_D} \alpha\} \\ &\quad \bigcap \{x\in U \mid F^g(B)(x) \geqslant_{P_D} \beta\})^c \\ &= \left(\{x\in U \mid E^f(A)(x) <_{P_D} \alpha\}\right)^c \\ &\quad \bigcup \left(\{x\in U \mid F^g(B)(x) \geqslant_{P_D} \beta\}\right)^c \\ &\supseteq \left\{x\in U \mid E^f(A)(x) \geqslant_{P_D} \alpha\right\} \\ &\quad \bigcap \left\{x\in U \mid F^g(B)(x) <_{P_D} \beta\right\} \\ &= \underline{\mathrm{apr}}_{(\alpha,\beta)}^{f,g}((E_{1\sim m},F_{1\sim n}),(A,B)).\end{aligned}$$

(2) $$\begin{aligned}\left(\underline{\mathrm{apr}}_{(\alpha,\beta)}^{f,g}((E_{1\sim m},F_{1\sim n}),(A,B))\right)^c &= \left(\left\{x\in U \mid E^f(A)(x) \geqslant_{P_D} \alpha\right\}\right. \\ &\quad \left.\bigcap \left\{x\in U \mid F^g(B)(x) <_{P_D} \beta\right\}\right)^c \\ &= \left(\mathrm{REJ}_{(\beta,\alpha)}^{(g,f)}((F_{1\sim n},E_{1\sim m}),(B,A))\right)^c \\ &= \overline{\mathrm{apr}}_{(\beta,\alpha)}^{g,f}((F_{1\sim n},E_{1\sim m}),(B,A)).\end{aligned}$$ □

接下来, 我们通过下面的一个例子去说明带双决策评价函数的三支决策聚合的某些概念.

例 5.3.1　设 $U=\{x_1,x_2,\cdots,x_8\}$ 是包含 8 位学生的论域并且学生们的某课程考试成绩的分类为 $U/R=\{\{x_1,x_2,x_3,x_7\},\{x_4,x_5,x_8\},\{x_6\}\}$，其中学生 x_1, x_2, x_3 和 x_7 获得成绩 A, x_4, x_5 和 x_8 获得成绩 B 并且 x_6 获得成绩 C. 该课程的考试成绩为

$$S_p=\frac{1}{x_1}+\frac{0.7}{x_2}+\frac{0.9}{x_3}+\frac{0.6}{x_4}+\frac{0.6}{x_5}+\frac{0.8}{x_6}+\frac{1}{x_7}+\frac{0.3}{x_8},$$

并且学生们该课程的缺课率是

$$S_a=\frac{0.1}{x_1}+\frac{0.3}{x_2}+\frac{0.2}{x_3}+\frac{0.5}{x_4}+\frac{0.6}{x_5}+\frac{0.1}{x_6}+\frac{0.2}{x_7}+\frac{0.4}{x_8}.$$

下面我们通过考虑决策评价函数

$$E_1(S_p)(x)=\frac{|S_p\bigcap[x]_R|}{|[x]_R|},$$

$$E_2(S_p)(x)=S_p(x),$$

$$F_1(S_a)(x)=\frac{|S_a\bigcap[x]_R|}{|[x]_R|},$$

并且 $F_2(S_a)(x)=S_a(x)$ 给出对学生的评价. 通过计算我们有

$$E_1(S_p)=\frac{0.9}{x_1}+\frac{0.9}{x_2}+\frac{0.9}{x_3}+\frac{0.5}{x_4}+\frac{0.5}{x_5}+\frac{0.8}{x_6}+\frac{0.9}{x_7}+\frac{0.5}{x_8},$$

$$E_2(S_p)=\frac{1}{x_1}+\frac{0.7}{x_2}+\frac{0.9}{x_3}+\frac{0.6}{x_4}+\frac{0.6}{x_5}+\frac{0.8}{x_6}+\frac{1}{x_7}+\frac{0.3}{x_8},$$

$$F_1(S_a)=\frac{0.2}{x_1}+\frac{0.2}{x_2}+\frac{0.2}{x_3}+\frac{0.5}{x_4}+\frac{0.5}{x_5}+\frac{0.1}{x_6}+\frac{0.2}{x_7}+\frac{0.25}{x_8},$$

$$F_2(S_a)=\frac{0.1}{x_1}+\frac{0.3}{x_2}+\frac{0.2}{x_3}+\frac{0.5}{x_4}+\frac{0.6}{x_5}+\frac{0.1}{x_6}+\frac{0.2}{x_7}+\frac{0.4}{x_8}.$$

考虑 E_1 和 E_2 (F_1 和 F_2) 是同等重要, 我们选择 2 元自对偶聚合函数 $f(x,y)=\frac{x+y}{2}$ 和

$$g(x,y)=\frac{(0.5\wedge x)\vee y+(0.5\vee x)\wedge y}{2}.$$

则

$$E^f(S_p)=\frac{0.95}{x_1}+\frac{0.8}{x_2}+\frac{0.9}{x_3}+\frac{0.55}{x_4}+\frac{0.55}{x_5}+\frac{0.8}{x_6}+\frac{0.95}{x_7}+\frac{0.4}{x_8},$$

$$F^g(S_a)=\frac{0.15}{x_1}+\frac{0.3}{x_2}+\frac{0.2}{x_3}+\frac{0.5}{x_4}+\frac{0.55}{x_5}+\frac{0.1}{x_6}+\frac{0.2}{x_7}+\frac{0.4}{x_8}.$$

考虑 $\alpha=0.6$ 和 $\beta=0.3$, 则多粒度三支决策空间上的三支决策如下:

接受域:

$$\begin{aligned}\mathrm{ACP}^{f,g}_{(0.6,0.2)}((E_{1,2},F_{1,2}),(S_p,S_a))&=\{x\in U\mid E^f(S_p)(x)\geqslant 0.6\}\cap\{x\in U\mid F^g(S_a)(x)<0.3\}\\&=\{x_1,x_3,x_6,x_7\};\end{aligned}$$

拒绝域:

$$\begin{aligned}\mathrm{REJ}^{f,g}_{(0.6,0.2)}((E_{1,2},F_{1,2}),(S_p,S_a))&=\{x\in U\mid E^f(S_p)(x)<0.6\}\cap\{x\in U\mid F^g(S_a)(x)\geqslant 0.3\}\\&=\{x_4,x_5,x_8\};\end{aligned}$$

不确定域:

$$\begin{aligned}&\mathrm{UNC}^{f,g}_{(0.6,0.2)}((E_{1,2},F_{1,2}),(S_p,S_a))\\&=\left(\mathrm{ACP}^{f,g}_{(0.6,0.2)}((E_{1,2},F_{1,2}),(S_p,S_a))\cup\mathrm{REJ}^{f,g}_{(0.6,0.2)}((E_{1,2},F_{1,2}),(S_p,S_a))\right)^c\\&=\{x_2\}.\end{aligned}$$

这三个域告诉我们, 学生 x_1,x_3,x_6 和 x_7 通过了这门课程; 学生 x_4,x_5 和 x_8 没有通过这门课程; 学生 x_2 不能确定是否通过并且对这门课程需要进一步的考核.

(S_p,S_a) 关于两组三支决策空间上三支决策的下近似和上近似如下:

$$\underline{\mathrm{apr}}^{f,g}_{(0.6,0.2)}((E_{1,2},F_{1,2}),(S_p,S_a))=\mathrm{ACP}^{f,g}_{(0.6,0.2)}((E_{1,2},F_{1,2}),(S_p,S_a))=\{x_1,x_3,x_6,x_7\},$$

$\overline{\text{apr}}^{f,g}_{(0.6,\,0.2)}((E_{1,2},F_{1,2}),(S_p,S_a))=\left(\text{REJ}^{f,g}_{(0.6,\,0.2)}((E_{1,2},F_{1,2}),(S_p,S_a))\right)^c=\{x_1,x_2,x_3,x_6,x_7\}$.
(S_p,S_a) 的下近似包含了确定通过考试的学生. 在 (S_p,S_a) 的上近似的学生也许可以通过考试.

5.4　本章小结

本章介绍了从多粒度三支决策空间到单三支决策空间的几个转换方法. 可以通过单三支决策给出聚合三支决策. 本章的主要结论和今后的工作如下.

(1) 现有工作只考虑了多粒度三支决策空间中的两种方法, 即乐观法和悲观法. 本章提出了从多粒度三支决策空间到单三支决策空间的几种变换方法.

(2) 所提出的转换方法是基于自对偶聚合函数公理.

(3) 本章给出了一些构造自对偶聚合函数的方法. 本章特别在[0,1]上举例说明了加权平均法、最大−最小平均法、中位数法等自对偶聚合函数.

(4) 这些方法被推广到两组三支决策空间上的三支决策.

(5) 我们可以通过姚一豫对粗糙集理论两面的观点来考虑单粒度三支决策和多粒度三支决策 (Yao, 2015a). 如果是这样, 那么本章中提出的转换方法更有意义.

(6) 我们可以考虑聚合三支决策空间理论的潜在应用, 例如数据挖掘 (Chen et al., 2016)、预测 (Li, Huang, 2016)、属性约简 (Li, Wang, 2016)、模式识别 (Li et al., 2016)、社交网络 (Peters, Ramanna, 2016)、粒计算 (Sang et al., 2016; Savchenko, 2016)、聚类 (Yu et al., 2016) 等.

第 6 章　三支决策空间的各类决策参数方案

为了探索姚一豫提出的三支决策统一理论，胡宝清通过公理化方法引入了三支决策空间，建立了相应的三支决策，并在三支决策的定义中提出了两个关于决策参数变化的开放性问题. 为了回答这两个问题，本章首先讨论了假设中的参数变化从 $0 \leqslant \beta < \alpha \leqslant 1$ 到 $0 \leqslant \beta \leqslant \alpha \leqslant 1$，以及拒绝区域中的不等式 $E(A)(x) \leqslant \beta$ 被替换为 $E(A)(x) < \beta$. 在此背景下，本章介绍了三支决策空间中的新型三支决策，并讨论了三支决策的性质、三支决策诱导的下近似和上近似、多粒度三支决策空间上的聚合三支决策以及三支决策空间上的动态三支决策. 然后，本章讨论了使用不等式 $\beta < E(A)(x) < \alpha$ 定义不确定区域时关于拒绝决策区域的另一个问题，并举例说明了基于三支决策空间的三支决策之间的相似性和差异性.

6.1　引言

在大量现有文献中，两个决策参数通常被认为是不相同的，我们在考虑接受域时使用更一般的不等式 $E(A)(x) \geqslant \alpha$，在考虑拒绝域时使用 $E(A)(x) \leqslant \beta$. 另外，关于两个决策参数还有其他讨论.

(1) Wei 和 Zhang (2004) 建议用 $0 < \beta \leqslant \alpha < 1$，其中接受域用不等式 $E(A)(x) > \alpha$，拒绝域用不等式 $E(A)(x) < \beta$.

(2) Yao 和 Wong (1992) 假设两个决策参数相等并且非零，其中在接受域用不等式 $E(A)(x) > \alpha$，在拒绝域用不等式 $E(A)(x) < \alpha$.

下面在偏序集上讨论了文献 (Hu, 2014) 中的两个问题:

(1) 在三支决策空间中 $0 \leqslant \beta < \alpha \leqslant 1$ 变为 $0 \leqslant \beta \leqslant \alpha \leqslant 1$ 并且在拒绝域中不等式 $E(A)(x) \leqslant \beta$ 用 $E(A)(x) < \beta$ 来代替.

(2) 在三支决策空间中不确定域用不等式 $\beta < E(A)(x) < \alpha$ 定义.

本章介绍文献 (Hu et al., 2017) 的部分成果，包含 6.2 节的三支决策空间上关

于参数 $0 \leqslant \beta \leqslant \alpha \leqslant 1$ 的三支决策、多粒度三支决策空间上的乐观和悲观三支决策、多粒度三支决策空间上的聚合三支决策和动态三支决策. 6.3 节介绍了三支决策空间上含拒绝决策域的三支决策、多粒度三支决策空间上的乐观和悲观三支决策、多粒度三支决策空间上的聚合三支决策和动态三支决策. 6.4 节对本章进行了小结.

6.2　三支决策空间上 $0 \leqslant \beta \leqslant \alpha \leqslant 1$ 的三支决策

下面讨论第一个问题, 当条件 $0 \leqslant \beta < \alpha \leqslant 1$ 变为 $0 \leqslant \beta \leqslant \alpha \leqslant 1$ 并且在拒绝域中不等式 $E(A)(x) \leqslant \beta$ 用 $E(A)(x) < \beta$ 来代替时, 定义中的三支决策如何变化 (Hu et al., 2017).

6.2.1　三支决策

定义 6.2.1　设 $(U, \mathrm{Map}(V, P_C), P_D, E)$ 是一个三支决策空间, $A \in \mathrm{Map}(V, P_C)$, $\alpha, \beta \in P_D$ 并且 $0 \leqslant_{P_D} \beta \leqslant_{P_D} \alpha \leqslant_{P_D} 1$, 则三支决策定义为

(1) 接受域: $\mathrm{ACP1}_{(\alpha,\beta)}(E, A) = \{x \in U \mid E(A)(x) \geqslant_{P_D} \alpha\}$;

(2) 拒绝域: $\mathrm{REJ1}_{(\alpha,\beta)}(E, A) = \{x \in U \mid E(A)(x) <_{P_D} \beta\}$;

(3) 不确定域: $\mathrm{UNC1}_{(\alpha,\beta)}(E, A) = \left(\mathrm{ACP1}_{(\alpha,\beta)}(E, A) \cup \mathrm{REJ1}_{(\alpha,\beta)}(E, A)\right)^c$.

注 6.2.1　(1) 如果 P_D 是一个线性序, 则 $\mathrm{UNC1}_{(\alpha,\beta)}(E, A) = \{x \in U \mid \beta \leqslant_{P_D} E(A)(x) <_{P_D} \alpha\}$.

(2) 如果 P_D 是一个线性序, $\alpha, \beta \in P_D$ 并且 $\alpha = \beta$, 则 $\mathrm{UNC1}_{(\alpha,\beta)}(E, A) = \varnothing$.

(3) 如果 $0 \leqslant_{P_D} \beta <_{P_D} \alpha \leqslant_{P_D} 1$, 则 $\mathrm{REJ}_{(\alpha,\beta)}(E, A) = \mathrm{REJ1}_{(\alpha,\beta)}(E, A) \cup \{x \in U \mid E(A)(x) = \beta\}$.

值得注意的是, 定义 4.3.1 中的条件 $0 \leqslant_{P_D} \beta <_{P_D} \alpha \leqslant_{P_D} 1$ 被定义 6.2.1 的条件 $0 \leqslant_{P_D} \beta \leqslant_{P_D} \alpha \leqslant_{P_D} 1$ 代替并且定义 4.3.1 的拒绝域中的不等式 $E(A)(x) \leqslant_{P_D} \beta$ 被 $E(A)(x) <_{P_D} \beta$ 代替. 为了区别, 接受域、拒绝域和不确定域分别记为 “ACP1”, “REJ1” 和 “UNC1”. 该定义存在下列好处.

(1) 二支决策是三支决策当 $\alpha = \beta$ 并且 P_D 是线性序时的特例. 在这种情况下, 接受域是 $\{x \in U \mid E(A)(x) \geqslant_{P_D} \alpha\}$, 拒绝域是 $\{x \in U \mid E(A)(x) <_{P_D} \alpha\}$, 并且拒绝域为空.

(2) 用“$\geqslant$”表示接受,“<”表示拒绝, 这与实际应用和语义是一致的. 一般来说,“$\geqslant$”表示“符合条件”, 否则“<”表示“不符合条件”.

(3) 根据决策评价函数的数量, Yao 给出了两种三支决策模式, 即单决策评价函数和双决策评价函数 (Yao, 2012). 这可以将双决策评价函数与单决策评价函数统一. 上述三支决策是基于单决策评价函数, 下面考虑双决策评价函数的三支决策. 考虑两个三支决策空间 $(U,\mathrm{Map}(V,P_C),P_D,E_a)$ 和 $(U,\mathrm{Map}(V,P_C),P_D,E_b)$, $A,B\in \mathrm{Map}(V,P_C)$ 并且 $\alpha,\beta\in P_D$, 则基于双决策评价函数的三支决策被看成基于单决策评价函数的某些运算. 基于双决策评价函数的三支决策可以看成基于单决策评价函数的三支决策的运算.

接受域:

$$\begin{aligned}\mathrm{ACP}_{(\alpha,\beta)}((E_a,E_b),(A,B))&=\left\{x\in U\mid E_a(A)(x)\geqslant_{P_D}\alpha\right\}\cap\left\{x\in U\mid E_b(B)(x)<_{P_D}\beta\right\}\\&=\mathrm{ACP}_{(\alpha,\beta)}(E_a,A)\cap\mathrm{REJ}_{(\alpha,\beta)}(E_b,B);\end{aligned}$$

拒绝域:

$$\begin{aligned}\mathrm{REJ}_{(\alpha,\beta)}((E_a,E_b),(A,B))&=\left\{x\in U\mid E_a(A)(x)<_{P_D}\alpha\right\}\cap\left\{x\in U\mid E_b(B)(x)\geqslant_{P_D}\beta\right\}\\&=\mathrm{REJ}_{\alpha}(E_{(\alpha,\beta)},A)\cap\mathrm{ACP}_{(\alpha,\beta)}(E_b,B);\end{aligned}$$

不确定域:

$$\mathrm{UNC}_{(\alpha,\beta)}((E_a,E_b),(A,B))=\left(\mathrm{ACP}_{(\alpha,\beta)}(E_a,E_b,A,B)\cup\mathrm{REJ}_{(\alpha,\beta)}(E_a,E_b,A,B)\right)^c.$$

即在定义 6.2.1 中, 基于双决策评价函数 E_a 和 E_b 的接受域 $\mathrm{ACP}_{(\alpha,\beta)}((E_a,E_b),(A,B))$ 是对 E_a 的接受域 $\mathrm{ACP}_{(\alpha,\beta)}(E_a,A)$ 和对 E_b 的拒绝域 $\mathrm{REJ}_{(\alpha,\beta)}(E_b,B)$ 的交集. 基于双决策评价函数 E_a 和 E_b 的拒绝域 $\mathrm{REJ}_{(\alpha,\beta)}((E_a,E_b),(A,B))$ 是对 E_a 的拒绝域 $\mathrm{REJ}_{(\alpha,\beta)}(E_a,A)$ 和对 E_b 的接受域 $\mathrm{ACP}_{(\alpha,\beta)}(E_b,B)$ 的交集. 所以这就用单决策评价函数统一了双决策评价函数, 并且基于双决策评价函数的三支决策被归类为基于单决策评价函数的三支决策的一些运算.

(4) 然而, 该定义应用到概率粗糙集, 这与流行的三支决策、下近似和上近似等存在差异. 在拒绝域中, 我们很清楚地看到

$$\lim_{\beta\to0+}\mathrm{REJ1}_{(\alpha,\beta)}(E,A)=\lim_{\beta\to0+}\{x\in U\mid E(A)(x)<\beta\}=\{x\in U\mid E(A)(x)=0\}.$$

在此 Pawlak 粗糙集可看成 $\beta\to0^+$ 和 $\alpha=1$ 的概率粗糙集.

在本节, 我们总设 $(U,\mathrm{Map}(V,P_C),P_D,E)$ 是一个三支决策空间, $\alpha,\beta\in P_D$ 和 $0\leqslant_{P_D}\beta\leqslant_{P_D}\alpha\leqslant_{P_D}1$.

定理 6.2.1 设 $A,B\in\mathrm{Map}(V,P_C)$, 则下列结论成立.

(1) $\mathrm{REJ1}_{(\alpha,\beta)}(E,A)=\mathrm{ACP1}_{(N_{P_D}(\beta),N_{P_D}(\alpha))}(E,N_{P_C}(A))\setminus\{x\in U\mid E(A)(x)=\beta\}$,

$\mathrm{ACP1}_{(\alpha,\beta)}(E,A)=\mathrm{REJ1}_{(N_{P_D}(\beta),N_{P_D}(\alpha))}(E,N_{P_C}(A))\bigcup\{x\in U\mid E(A)(x)=\alpha\}$;

(2) $\mathrm{ACP1}_{(\alpha,\beta)}(E,A)\bigcup\mathrm{UNC1}_{(\alpha,\beta)}(E,A)=\mathrm{ACP1}_{(\alpha,\beta)}(E,A)\bigcup(\mathrm{REJ1}_{(\alpha,\beta)}(E,A))^c$.

证明　只证 (1) 的第一个式子. 其他类似可证.

$$\begin{aligned}\mathrm{REJ1}_{(\alpha,\beta)}(E,A)&=\{x\in U\mid E(A)(x)<_{P_D}\beta\}\\&=\{x\in U\mid E(A)(x)\leqslant_{P_D}\beta\}\setminus\{x\in U\mid E(A)(x)=\beta\}\\&=\{x\in U\mid E(N_{P_c}(A),x)\geqslant_{P_D}N(\beta)\}\setminus\{x\in U\mid E(A)(x)=\beta\}\\&=\mathrm{ACP1}_{(N_{P_D}(\beta),N_{P_D}(\alpha))}(E,N_{P_C}(A))\setminus\{x\in U\mid E(A)(x)=\beta\}.\end{aligned}$$

□

如果我们考虑一个格 P_C 并且 $A,B\in\mathrm{Map}(V,P_C)$，则下列结论成立.

(1) $\mathrm{ACP1}_{(\alpha,\beta)}(E,A\bigcup_{P_C}B)\supseteq\mathrm{ACP1}_{(\alpha,\beta)}(E,A)\bigcup\mathrm{ACP1}_{(\alpha,\beta)}(E,B)$;

(2) $\mathrm{ACP1}_{(\alpha,\beta)}(E,A\bigcap_{P_C}B)\subseteq\mathrm{ACP1}_{(\alpha,\beta)}(E,A)\bigcap\mathrm{ACP1}_{(\alpha,\beta)}(E,B)$;

(3) $\mathrm{REJ1}_{(\alpha,\beta)}(E,A\bigcup_{P_C}B)\subseteq\mathrm{REJ1}_{(\alpha,\beta)}(E,A)\bigcap\mathrm{REJ1}_{(\alpha,\beta)}(E,B)$;

(4) $\mathrm{REJ1}_{(\alpha,\beta)}(E,A\bigcap_{P_C}B)\supseteq\mathrm{REJ1}_{(\alpha,\beta)}(E,A)\bigcup\mathrm{REJ1}_{(\alpha,\beta)}(E,B)$.

我们可以用定义 6.2.1 中的三支决策类似定义下近似和上近似.

定义 6.2.2　如果 $A\in\mathrm{Map}(V,P_C)$，则

$$\underline{\mathrm{apr1}}_{(\alpha,\beta)}(E,A)=\mathrm{ACP1}_{(\alpha,\beta)}(E,A),$$

$$\overline{\mathrm{apr1}}_{(\alpha,\beta)}(E,A)=\left(\mathrm{REJ1}_{(\alpha,\beta)}(E,A)\right)^c$$

分别称为 A 的下近似和上近似.

注 6.2.2　(1) 如果 P_D 是线性序，则

$$\overline{\mathrm{apr1}}_{(\alpha,\beta)}(E,A)=\mathrm{ACP1}_{(\alpha,\beta)}(E,A)\bigcup\mathrm{UNC1}_{(\alpha,\beta)}(E,A).$$

(2) 如果 P_D 是线性序，则

$$\underline{\mathrm{apr1}}_{(\alpha,\beta)}(E,A)=\{x\in U\mid E(A)(x)\geqslant_{P_D}\alpha\},$$

$$\overline{\mathrm{apr1}}_{(\alpha,\beta)}(E,A)=\{x\in U\mid E(A)(x)\geqslant_{P_D}\beta\}.$$

这是不同于 Wei 和 Zhang (2004) 在概率粗糙集近似中对 $0<\beta\leqslant\alpha<1$ 的建议.

$$\underline{\mathrm{apr}}_{(\alpha,\beta)}=\{x\in U\mid P(A\mid[x])>\alpha\},$$

$$\overline{\mathrm{apr}}_{(\alpha,\beta)}=\{x\in U\mid P(A\mid[x])\geqslant\beta\}.$$

(3) 如果 P_D 是一个线性序并且 $\alpha=\beta$，则

$$\underline{\mathrm{apr1}}_{(\alpha,\beta)}(E,A)=\overline{\mathrm{apr1}}_{(\alpha,\beta)}(E,A)=\{x\in U\mid E(A)(x)\geqslant_{P_D}\alpha\}.$$

这不同于在概率粗糙集近似中, Yao 和 Wong (1992) 在 $\alpha=\beta\neq0$ 情形下的定义

$$\underline{\text{apr}}_{\alpha}=\{x\in U\mid P(A\mid[x])>\alpha\},$$
$$\overline{\text{apr}}_{\alpha}=\{x\in U\mid P(A\mid[x])\geqslant\alpha\}.$$

Yao 和 Wong 的上述定义是 0.5 概率近似的一个扩张. 下面讨论定义 6.2.2 的相关结论.

定理 6.2.2 设 $A,B\in \text{Map}(V,P_C)$，则下列结论成立.

(1) $\underline{\text{apr1}}_{(\alpha,\beta)}(E,A)\subseteq\overline{\text{apr1}}_{(\alpha,\beta)}(E,A)$.

特别地，$\overline{\text{apr1}}_{(\alpha,\alpha)}(E,A)=\underline{\text{apr1}}_{(\alpha,\alpha)}(E,A)\cup\{x\in U\mid E(A)(x)$ 与 α 关于 $\leqslant_{P_D}$ 没有序关系$\}$.

(2) $\underline{\text{apr1}}_{(\alpha,\beta)}(E,V)=U$，$\underline{\text{apr1}}_{(\alpha,\beta)}(E,\varnothing)=\begin{cases}U, & \alpha=0,\\ \varnothing, & \alpha>0,\end{cases}$

$\overline{\text{apr1}}_{(\alpha,\beta)}(E,V)=U$，$\overline{\text{apr1}}_{(\alpha,\beta)}(E,\varnothing)=\begin{cases}U, & \beta=0,\\ \varnothing, & \text{其他}.\end{cases}$

(3) $A\subseteq_{P_C}B\Rightarrow\underline{\text{apr1}}_{(\alpha,\beta)}(E,A)\subseteq\underline{\text{apr1}}_{(\alpha,\beta)}(E,B)$,

$\overline{\text{apr1}}_{(\alpha,\beta)}(E,A)\subseteq\overline{\text{apr1}}_{(\alpha,\beta)}(E,B)$.

(4) $\underline{\text{apr1}}_{(\alpha,\beta)}(E,N_{P_C}(A))=\left(\overline{\text{apr1}}_{(N_{P_D}(\beta),N_{P_D}(\alpha))}(E,A)\right)^c\cup\{x\in U\mid E(A)(x)=N_{P_D}(\alpha)\}$,

$\overline{\text{apr1}}_{(\alpha,\beta)}(E,N_{P_C}(A))=\left(\underline{\text{apr1}}_{(N_{P_D}(\beta),N_{P_D}(\alpha))}(E,A)\right)^c\cup\{x\in U\mid E(A)(x)=N_{P_D}(\beta)\}$.

证明 (1) $\underline{\text{apr1}}_{(\alpha,\beta)}(E,A)=\{x\in U\mid E(A)(x)\geqslant_{P_D}\alpha\}\subseteq\{x\in U\mid E(A)(x)\geqslant_{P_D}\beta\}$

$$\subseteq\left(\{x\subset U\mid E(A)(x)<_{P_D}\beta\}\right)^c=\overline{\text{apr1}}_{(\alpha,\beta)}(E,A).$$

$$\begin{aligned}\overline{\text{apr1}}_{(\alpha,\alpha)}(E,A)&=\left(\{x\in U\mid E(A)(x)<_{P_D}\alpha\}\right)^c\\&=\{x\in U\mid E(A)(x)\geqslant_{P_D}\alpha\}\cup\{x\in U\mid E(A)(x)\text{ 与 }\alpha\text{ 关于 }\leqslant_{P_D}\text{ 无序}\}\\&=\underline{\text{apr1}}_{(\alpha,\alpha)}(E,A)\cup\{x\in U\mid E(A)(x)\text{ 与 }\alpha\text{ 关于 }\leqslant_{P_D}\text{ 无序}\}.\end{aligned}$$

(2) $\underline{\text{apr1}}_{(\alpha,\beta)}(E,\varnothing)=\{x\in U\mid E(\varnothing)(x)\geqslant_{P_D}\alpha\}=\begin{cases}U, & \alpha=0,\\ \varnothing, & \alpha>0.\end{cases}$

其他的类似可证.

(3) 由定义 6.2.1 直接得到.

(4)
$$\begin{aligned}\underline{\text{apr1}}_{(\alpha,\beta)}(E,N_{P_C}(A))&=ACP1_{(\alpha,\beta)}(E,N_{P_C}(A))\\&=\{x\in U\mid E(N_{P_C}(A))(x)\geqslant_{P_D}\alpha\}\\&=\{x\in U\mid E(A)(x)\leqslant_{P_D}N_{P_D}(\alpha)\}\\&=\{x\in U\mid E(A)(x)<_{P_D}N_{P_D}(\alpha)\}\cup\{x\in U\mid E(A)(x)=N_{P_D}(\alpha)\}\end{aligned}$$

$$=\left(\overline{\text{apr1}}_{(N_{P_D}(\beta),\,N_{P_D}(\alpha))}(E,A)\right)^c$$
$$\bigcup\{x\in U\mid E(A)(x)=N_{P_D}(\alpha)\}.$$ □

如果我们考虑一个格 P_C，并且 $A,B\in \text{Map}(V,P_C)$，则下列结论成立.

(1) $\underline{\text{apr1}}_{(\alpha,\beta)}(E,A\bigcap_{P_C}B)\subseteq \underline{\text{apr1}}_{(\alpha,\beta)}(E,A)\bigcap \underline{\text{apr1}}_{(\alpha,\beta)}(E,B)$;

(2) $\overline{\text{apr1}}_{(\alpha,\beta)}(E,A\bigcap_{P_C}B)\subseteq \overline{\text{apr1}}_{(\alpha,\beta)}(E,A)\bigcap \overline{\text{apr1}}_{(\alpha,\beta)}(E,B)$;

(3) $\underline{\text{apr1}}_{(\alpha,\beta)}(E,A\bigcup_{P_C}B)\supseteq \underline{\text{apr1}}_{(\alpha,\beta)}(E,A)\bigcup \underline{\text{apr1}}_{(\alpha,\beta)}(E,B)$;

(4) $\overline{\text{apr1}}_{(\alpha,\beta)}(E,A\bigcup_{P_C}B)\supseteq \overline{\text{apr1}}_{(\alpha,\beta)}(E,A)\bigcup \overline{\text{apr1}}_{(\alpha,\beta)}(E,B)$.

可以证明下列定理.

定理 6.2.3　设 $A\in \text{Map}(V,P_C)$，则下列命题成立.

(1) 如果 $0\leqslant_{P_D}\beta\leqslant_{P_D}\beta'\leqslant_{P_D}\alpha'\leqslant_{P_D}\alpha\leqslant_{P_D}1$，则

$$\underline{\text{apr1}}_{(\alpha,\beta)}(E,A)\subseteq \underline{\text{apr1}}_{(\alpha',\beta')}(E,A),\quad \overline{\text{apr1}}_{(\alpha,\beta)}(E,A)\supseteq \overline{\text{apr1}}_{(\alpha',\beta')}(E,A);$$

(2) 如果 $\alpha,\beta\in P_D$，P_D 是 Fuzzy 格，则 $\forall t\in P_D, 0\leqslant_{P_D}t\leqslant_{P_D}\alpha\wedge_{P_D}\beta$，

$$\underline{\text{apr1}}_{(\alpha\vee_{P_D}\beta,\,t)}(E,A)=\underline{\text{apr1}}_{(\alpha,t)}(E,A)\bigcap \underline{\text{apr1}}_{(\beta,t)}(E,A);$$

(3) 如果 P_D 是一个格并且 $\alpha,\beta\in P_D$，则 $\forall t\in P_D,\alpha\vee_{P_D}\beta\leqslant_{P_D}t\leqslant_{P_D}1$，

$$\overline{\text{apr1}}_{(t,\,\alpha\wedge\beta)}(E,A)\supseteq \overline{\text{apr1}}_{(t,\alpha)}(E,A)\bigcup \overline{\text{apr1}}_{(t,\beta)}(E,A).$$

当 P_D 是线性序时，等号成立.

证明　(1) 由定义 6.2.2 得到.

(2) 如果 $\alpha,\beta\in P_D$，则 $\forall t\in P_D, 0\leqslant_{P_D}t\leqslant_{P_D}\alpha\wedge_{P_D}\beta$，

$$\begin{aligned}\underline{\text{apr1}}_{(\alpha\vee_{P_D}\beta,\,t)}(E,A)&=\{x\in U\mid E(A)(x)\geqslant_{P_D}\alpha\vee_{P_D}\beta\}\\&=\{x\in U\mid E(A)(x)\geqslant_{P_D}\alpha\}\bigcap\{x\in U\mid E(A)(x)\geqslant_{P_D}\beta\}\\&=\underline{\text{apr1}}_{(\alpha,t)}(E,A)\bigcap \underline{\text{apr1}}_{(\beta,t)}(E,A).\end{aligned}$$

(3) 如果 $\alpha,\beta\in P_D$，则 $\forall t\in P_D,\alpha\vee_{P_D}\beta\leqslant_{P_D}t\leqslant_{P_D}1$，

$$\begin{aligned}\overline{\text{apr}}_{(t,\,\alpha\wedge_{P_D}\beta)}(E,A)&=\left(\text{REJ}_{(t,\,\alpha\wedge_{P_D}\beta)}(E,A)\right)^c\\&=\left(x\in U\mid E(A)(x)<_{P_D}\alpha\wedge_{P_D}\beta\right)^c\\&\supseteq\left(\{x\in U\mid E(A)(x)<_{P_D}\alpha\}\bigcap\{x\in U\mid E(A)(x)<_{P_D}\beta\}\right)^c\\&=\overline{\text{apr}}_{(t,\alpha)}(E,A)\bigcup\overline{\text{apr}}_{(t,\beta)}(E,A).\end{aligned}$$

如果 P_D 是线性的，那么等式成立. □

6.2.2 多粒度三支决策空间上的乐观三支决策

6.2.1 节的结论能推广到多粒度三支决策空间.

定义 6.2.3 设 $(U,\mathrm{Map}(V,P_C),P_D,\{E_1,E_2,\cdots,E_n\})$ 是一个 n 粒度三支决策空间, $A\in\mathrm{Map}(V,P_C)$, $\alpha,\beta\in P_D$ 并且 $0\leqslant_{P_D}\beta\leqslant_{P_D}\alpha\leqslant_{P_D}1$. 则 n 粒度三支决策空间上的乐观三支决策定义如下:

(1) 接受域: $\mathrm{ACP1}^{\mathrm{op}}_{(\alpha,\beta)}(E_{1\sim n},A)=\mathrm{ACP}^{\mathrm{op}}_{(\alpha,\beta)}(E_{1\sim n},A)$;

(2) 拒绝域: $\mathrm{REJ1}^{\mathrm{op}}_{(\alpha,\beta)}(E_{1\sim n},A)=\bigcap\limits_{i=1}^{n}\mathrm{REJ1}_{(\alpha,\beta)}(E_i,A)=\bigcap\limits_{i=1}^{n}\{x\in U\mid E_i(A)(x)<_{P_D}\beta\}$;

(3) 不确定域: $\mathrm{UNC1}^{\mathrm{op}}_{(\alpha,\beta)}(E_{1\sim n},A)=\left(\mathrm{ACP1}^{\mathrm{op}}_{(\alpha,\beta)}(E_{1\sim n},A)\cup\mathrm{REJ1}^{\mathrm{op}}_{(\alpha,\beta)}(E_{1\sim n},A)\right)^c$.

注 6.2.3 (1) 如果 P_D 是线性序, 则

$$\mathrm{ACP1}^{\mathrm{op}}_{(\alpha,\beta)}(E_{1\sim n},A)=\left\{x\in U\mid\bigvee_{i=1}^{n}E_i(A)(x)\geqslant_{P_D}\alpha\right\},$$

$$\mathrm{REJ1}^{\mathrm{op}}_{(\alpha,\beta)}(E_{1\sim n},A)=\left\{x\in U\mid\bigvee_{i=1}^{n}E_i(A)(x)<_{P_D}\beta\right\},$$

$$\mathrm{UNC1}^{\mathrm{op}}_{(\alpha,\beta)}(E_{1\sim n},A)=\left\{x\in U\mid\beta\leqslant_{P_D}\bigvee_{i=1}^{n}E_i(A)(x)<_{P_D}\alpha\right\}.$$

(2) 如果 $0\leqslant_{P_D}\beta<_{P_D}\alpha\leqslant_{P_D}1$, 则

$$\mathrm{REJ}^{\mathrm{op}}_{(\alpha,\beta)}(E_{1\sim n},A)=\left(\bigcap_{i=1}^{n}\mathrm{REJ1}_{(\alpha,\beta)}(E_i,A)\right)\cup\left(\bigcap_{i=1}^{n}\{x\in U\mid E_i(A)(x)=\beta\}\right).$$

同样地, 我们可以讨论多粒度三支决策空间上乐观三支决策的下近似和上近似.

定义 6.2.4 如果 $A\in\mathrm{Map}(V,P_C)$, 则

$$\underline{\mathrm{apr1}}^{\mathrm{op}}_{(\alpha,\beta)}(E_{1\sim n},A)=\mathrm{ACP1}^{\mathrm{op}}_{(\alpha,\beta)}(E_{1\sim n},A),$$

$$\overline{\mathrm{apr1}}^{\mathrm{op}}_{(\alpha,\beta)}(E_{1\sim n},A)=\left(\mathrm{REJ1}^{\mathrm{op}}_{(\alpha,\beta)}(E_{1\sim n},A)\right)^c$$

分别被称为 A 关于 n 粒度三支决策空间上乐观三支决策的下近似和上近似.

很显然, 如果 P_D 是线性序, 则

$$\underline{\mathrm{apr1}}^{\mathrm{op}}_{(\alpha,\beta)}(E_{1\sim n},A)=\left\{x\in U\mid\bigvee_{i=1}^{n}E_i(A)(x)\geqslant_{P_D}\alpha\right\},$$

$$\overline{\mathrm{apr1}}^{\mathrm{op}}_{(\alpha,\beta)}(E_{1\sim n},A)=\left\{x\in U\mid\bigvee_{i=1}^{n}E_i(A)(x)\geqslant_{P_D}\beta\right\}.$$

设 $(U,\mathrm{Map}(V,P_C),P_D,\{E_1,E_2,\cdots,E_n\})$ 是一个 n 粒度三支决策空间, $A\in\mathrm{Map}(V,P_C)$, $\alpha,\beta\in P_D$ 并且 $0\leqslant_{P_D}\beta_{P_D}\leqslant_{P_D}\alpha_{P_D}\leqslant_{P_D}1$. 我们能获得文献 (Hu, 2016) 中定理 3.3 和定理 3.4 的类似结果.

我们能证明下列定理.

定理 6.2.4　设 $(U,\mathrm{Map}(V,P_C),P_D,\{E_1,E_2,\cdots,E_n\})$ 是一个 n 粒度三支决策空间, $A\in\mathrm{Map}(V,P_C)$. 则下列结论成立.

(1) 如果 $0\leqslant_{P_D}\beta\leqslant_{P_D}\beta'\leqslant_{P_D}\alpha'\leqslant_{P_D}\alpha\leqslant_{P_D}1$, 则

$$\underline{\mathrm{apr1}}^{\mathrm{op}}_{(\alpha,\beta)}(E_{1\sim n},A)\subseteq\underline{\mathrm{apr1}}^{\mathrm{op}}_{(\alpha',\beta')}(E_{1\sim n},A),$$

$$\overline{\mathrm{apr1}}^{\mathrm{op}}_{(\alpha,\beta)}(E_{1\sim n},A)\supseteq\overline{\mathrm{apr1}}^{\mathrm{op}}_{(\alpha',\beta')}(E_{1\sim n},A).$$

(2) 如果 P_D 是一个格并且 $\alpha,\beta\in P_D$, 则 $\forall t\in P_D,0\leqslant_{P_D}t\leqslant_{P_D}\alpha\wedge_{P_D}\beta$,

$$\underline{\mathrm{apr1}}^{\mathrm{op}}_{(\alpha\vee\beta,t)}(E_{1\sim n},A)\subseteq\underline{\mathrm{apr1}}^{\mathrm{op}}_{(\alpha,t)}(E_{1\sim n},A)\cap\underline{\mathrm{apr1}}^{\mathrm{op}}_{(\beta,t)}(E_{1\sim n},A).$$

如果 P_D 是一个格并且 $\alpha,\beta\in P_D$, 则 $\forall t\in P_D,\alpha\vee_{P_D}\beta\leqslant_{P_D}t\leqslant_{P_D}1$,

$$\overline{\mathrm{apr1}}^{\mathrm{op}}_{(t,\alpha\wedge\beta)}(E_{1\sim n},A)\supseteq\overline{\mathrm{apr1}}^{\mathrm{op}}_{(t,\alpha)}(E_{1\sim n},A)\cup\overline{\mathrm{apr1}}^{\mathrm{op}}_{(t,\beta)}(E_{1\sim n},A).$$

证明　(1) 由定义 6.2.4 直接得到.

(2) 如果 P_D 是一个格并且 $\alpha,\beta\in P_D$, 则 $\forall t\in P_D,0\leqslant_{P_D}t\leqslant_{P_D}\alpha\wedge_{P_D}\beta$,

$$\begin{aligned}\underline{\mathrm{apr1}}^{\mathrm{op}}_{(\alpha\vee_{P_D}\beta,t)}(E_{1\sim n},A)&=\bigcup_{i=1}^{n}\underline{\mathrm{apr1}}_{(\alpha\vee_{P_D}\beta,t)}(E_i,A)\\&=\bigcup_{i=1}^{n}\left(\underline{\mathrm{apr1}}_{(\alpha,t)}(E_i,A)\cap\underline{\mathrm{apr1}}_{(\beta,t)}(E_i,A)\right)\\&\subseteq\left(\bigcup_{i=1}^{n}\underline{\mathrm{apr1}}_{(\alpha,t)}(E_i,A)\right)\cap\left(\bigcup_{i=1}^{n}\underline{\mathrm{apr1}}_{(\beta,t)}(E_i,A)\right)\\&=\underline{\mathrm{apr1}}^{\mathrm{op}}_{(\alpha,t)}(E_{1\sim n},A)\cap\underline{\mathrm{apr1}}^{\mathrm{op}}_{(\beta,t)}(E_{1\sim n},A).\end{aligned}$$

如果 P_D 是一个格并且 $\alpha,\beta\in P_D$, 则 $\forall t\in P_D,\alpha\vee_{P_D}\beta\leqslant_{P_D}t\leqslant_{P_D}1$,

$$\begin{aligned}\overline{\mathrm{apr1}}^{\mathrm{op}}_{(t,\alpha\wedge_{P_D}\beta)}(E_{1\sim n},A)&=\bigcup_{i=1}^{n}\overline{\mathrm{apr1}}_{(t,\alpha\wedge_{P_D}\beta)}(E_i,A)\\&\supseteq\bigcup_{i=1}^{n}\left(\overline{\mathrm{apr1}}_{(t,\alpha)}(E_i,A)\cup\overline{\mathrm{apr1}}_{(t,\beta)}(E_i,A)\right)\\&=\left(\bigcup_{i=1}^{n}\overline{\mathrm{apr1}}_{(t,\alpha)}(E_i,A)\right)\cup\left(\bigcup_{i=1}^{n}\overline{\mathrm{apr1}}_{(t,\beta)}(E_i,A)\right)\\&=\overline{\mathrm{apr1}}^{\mathrm{op}}_{(t,\alpha)}(E_{1\sim n},A)\cup\overline{\mathrm{apr1}}^{\mathrm{op}}_{(t,\beta)}(E_{1\sim n},A).\end{aligned}$$

□

6.2.3　多粒度三支决策空间上的悲观三支决策

我们能考虑多粒度三支决策空间上的另一类三支决策.

定义 6.2.5　设 $(U,\mathrm{Map}(V,P_C),P_D,\{E_1,E_2,\cdots,E_n\})$ 是一个 n 粒度三支决策空间, $A\in\mathrm{Map}(V,P_C)$, $\alpha,\beta\in P_D$ 和 $0\leqslant_{P_D}\beta\leqslant_{P_D}\alpha\leqslant_{P_D}1$, 则 n 粒度三支决策空间上的悲

观三支决策被定义为

(1) 接受域: $\mathrm{ACP1}^{\mathrm{pe}}_{(\alpha,\beta)}(E_{1\sim n},A)=\mathrm{ACP}^{\mathrm{pe}}_{(\alpha,\beta)}(E_{1\sim n},A)$;

(2) 拒绝域: $\mathrm{REJ1}^{\mathrm{pe}}_{(\alpha,\beta)}(E_{1\sim n},A)=\bigcup_{i=1}^{n}\mathrm{REJ1}_{(\alpha,\beta)}(E_i,A)=\bigcup_{i=1}^{n}\left\{x\in U\mid E_i(A)(x)<_{P_D}\beta\right\}$;

(3) 不确定域: $\mathrm{UNC1}^{\mathrm{pe}}_{(\alpha,\beta)}(E_{1\sim n},A)=\left(\mathrm{ACP1}^{\mathrm{pe}}_{(\alpha,\beta)}(E_{1\sim n},A)\cup\mathrm{REJ1}^{\mathrm{pe}}_{(\alpha,\beta)}(E_{1\sim n},A)\right)^c$.

注 6.2.4 (1) $\mathrm{ACP1}^{\mathrm{pe}}_{(\alpha,\beta)}(E_{1\sim n},A)=\left\{x\in U\mid \bigwedge_{i=1}^{n}E_i(A)(x)\geqslant_{P_D}\alpha\right\}$;

(2) 如果 P_D 是线性序, 则

$$\mathrm{REJ1}^{\mathrm{pe}}_{(\alpha,\beta)}(E_{1\sim n},A)=\left\{x\in U\mid \bigwedge_{i=1}^{n}E_i(A)(x)<_{P_D}\beta\right\},$$

$$\mathrm{UNC1}^{\mathrm{pe}}_{(\alpha,\beta)}(E_{1\sim n},A)=\left\{x\in U\mid \beta\leqslant_{P_D}\bigwedge_{i=1}^{n}E_i(A)(x)<_{P_D}\alpha\right\};$$

(3) 如果 $0\leqslant_{P_D}\beta<_{P_D}\alpha\leqslant_{P_D}1$, 则

$$\mathrm{REJ}^{\mathrm{pe}}_{(\alpha,\beta)}(E_{1\sim n},A)=\left(\bigcup_{i=1}^{n}\mathrm{REJ1}_{(\alpha,\beta)}(E_i,A)\right)\cup\left(\bigcup_{i=1}^{n}\{x\in U\mid E_i(A)(x)=\beta\}\right).$$

同样地, 我们能讨论多粒度三支决策空间上的悲观三支决策的下近似和上近似.

定义 6.2.6 如果 $A\in\mathrm{Map}(V,P_C)$, 则

$$\underline{\mathrm{apr1}}^{\mathrm{pe}}_{(\alpha,\beta)}(E_{1\sim n},A)=\mathrm{ACP1}^{\mathrm{pe}}_{(\alpha,\beta)}(E_{1\sim n},A),$$

$$\overline{\mathrm{apr1}}^{\mathrm{pe}}_{(\alpha,\beta)}(E_{1\sim n},A)=\left(\mathrm{REJ1}^{\mathrm{pe}}_{(\alpha,\beta)}(E_{1\sim n},A)\right)^c$$

分别称为 A 的关于 n 粒度三支决策空间上悲观三支决策的下近似和上近似.

很显然如果 P_D 是线性序, 则

$$\overline{\mathrm{apr1}}^{\mathrm{pe}}_{(\alpha,\beta)}(E_{1\sim n},A)=\left\{x\in U\mid \bigwedge_{i=1}^{n}E_i(A)(x)\geqslant_{P_D}\beta\right\}.$$

设 $(U,\mathrm{Map}(V,P_C),P_D,\{E_1,E_2,\cdots,E_n\})$ 是一个 n 粒度三支决策空间, $A\in\mathrm{Map}(V,P_C)$, $\alpha,\beta\in P_D$ 和 $0\leqslant_{P_D}\beta\leqslant_{P_D}\alpha\leqslant_{P_D}1$. 我们能获得类似 (Hu, 2016) 的定理 3.5—定理 3.8 的结论.

我们能类似证明定理 6.2.4 的方法证明下列定理.

定理 6.2.5 设 $(U,\mathrm{Map}(V,P_C),P_D,\{E_1,E_2,\cdots,E_n\})$ 是一个 n 粒度三支决策空间并且 $A\in\mathrm{Map}(V,P_C)$. 则我们有下列结论.

(1) 如果 $0\leqslant_{P_D}\beta\leqslant_{P_D}\beta'\leqslant_{P_D}\alpha'\leqslant_{P_D}\alpha\leqslant_{P_D}1$, 则

$$\underline{\mathrm{apr1}}^{\mathrm{pe}}_{(\alpha,\beta)}(E_{1\sim n},A)\subseteq\underline{\mathrm{apr1}}^{\mathrm{pe}}_{(\alpha',\beta')}(E_{1\sim n},A),$$

$$\overline{\mathrm{apr1}}^{\mathrm{pe}}_{(\alpha,\beta)}(E_{1\sim n},A)\supseteq\overline{\mathrm{apr1}}^{\mathrm{pe}}_{(\alpha',\beta')}(E_{1\sim n},B).$$

(2) 如果 P_D 是一个格并且 $\alpha,\beta\in P_D$，则 $\forall t\in P_D, 0\leqslant_{P_D} t\leqslant_{P_D} \alpha\wedge_{P_D}\beta$，

$$\underline{\mathrm{apr1}}^{\mathrm{pe}}_{(\alpha\vee_{P_D}\beta,t)}(E_{1\sim n},A)=\underline{\mathrm{apr1}}^{\mathrm{pe}}_{(\alpha,t)}(E_{1\sim n},A)\bigcap\underline{\mathrm{apr1}}^{\mathrm{pe}}_{(\beta,t)}(E_{1\sim n},A).$$

如果 P_D 是一个格并且 $\alpha,\beta\in P_D$，则 $\forall t\in P_D,\alpha\vee_{P_D}\beta\leqslant_{P_D} t\leqslant_{P_D} 1$，

$$\overline{\mathrm{apr1}}^{\mathrm{pe}}_{(t,\alpha\wedge_{P_D}\beta)}(E_{1\sim n},A)\supseteq\overline{\mathrm{apr1}}^{\mathrm{pe}}_{(t,\alpha)}(E_{1\sim n},A)\bigcup\overline{\mathrm{apr1}}^{\mathrm{pe}}_{(t,\beta)}(E_{1\sim n},A).$$

下列定理显示 n 粒度三支决策空间上的乐观三支决策和悲观三支决策的关系.

定理 6.2.6 设 $(U,\mathrm{Map}(V,P_C),P_D,\{E_1,E_2,\cdots,E_n\})$ 是一个 n 粒度三支决策空间，$A\in\mathrm{Map}(V,P_C)$，$\alpha,\beta\in P_D$ 和 $0\leqslant_{P_D}\beta\leqslant_{P_D}\alpha\leqslant_{P_D}1$. 下列结论成立.

(1) $\underline{\mathrm{apr1}}^{\mathrm{op}}_{(\alpha,\beta)}(E_{1\sim n},N_{P_C}(A))$

$$=\left(\overline{\mathrm{apr1}}^{\mathrm{pe}}_{(N_{P_D}(\beta),N_{P_D}(\alpha))}(E_{1\sim n},A)\right)^c\bigcup\left(\bigcup_{i=1}^{n}\left\{x\in U\mid E_i(A)(x)=N_{P_D}(\alpha)\right\}\right);$$

(2) $\overline{\mathrm{apr1}}^{\mathrm{op}}_{(\alpha,\beta)}(E_{1\sim n},N_{P_C}(A))$

$$=\left(\underline{\mathrm{apr1}}^{\mathrm{pe}}_{(N_{P_D}(\beta),N_{P_D}(\alpha))}(E_{1\sim n},A)\right)^c\bigcup\left(\bigcup_{i=1}^{n}\{x\in U\mid E_i(A)(x)=N_{P_D}(\beta)\}\right).$$

证明 只证 (1).

$$\underline{\mathrm{apr1}}^{\mathrm{op}}_{(\alpha,\beta)}(E_{1\sim n},N_{P_C}(A))=\bigcup_{i=1}^{n}\underline{\mathrm{apr1}}_{(\alpha,\beta)}(E_i,N_{P_C}(A))$$

$$=\bigcup_{i=1}^{n}\left(\overline{\mathrm{apr1}}_{(N_{P_D}(\beta),N_{P_D}(\alpha))}(E_i,A)\right)^c\bigcup\left\{x\in U\mid E_i(A)(x)=N_{P_D}(\alpha)\right\}$$

$$=\left(\bigcap_{i=1}^{n}\overline{\mathrm{apr1}}_{(N_{P_D}(\beta),N_{P_D}(\alpha))}(E_i,A)\right)^c\bigcup\left(\bigcup_{i=1}^{n}\left\{x\in U\mid E_i(A)(x)=N_{P_D}(\alpha)\right\}\right)$$

$$=\left(\overline{\mathrm{apr1}}^{\mathrm{pe}}_{(N_{P_D}(\beta),N_{P_D}(\alpha))}(E_{1\sim n},A)\right)^c\bigcup\left(\bigcup_{i=1}^{n}\left\{x\in U\mid E_i(A)(x)=N_{P_D}(\alpha)\right\}\right).$$

□

6.2.4 多粒度三支决策空间上的聚合三支决策

多粒度三支决策空间上的乐观三支决策和悲观三支决策只是多粒度三支决策空间上的两种极端情形. 下面我们考虑更一般的聚合情形.

设 $(U,\mathrm{Map}(V,P_C),P_D,\{E_1,E_2,\cdots,E_n\})$ 是一个 n 粒度三支决策空间，$f\in\mathrm{AF}_n(P_D)$ 并且 $E^f(A)(x)=f\left(E_1(A)(x),E_2(A)(x),\cdots,E_n(A)(x)\right)$, $A\in\mathrm{Map}(V,P_C)$, $x\in U$. 则 $(U,\mathrm{Map}(V,P_C),P_D,E^f)$ 是三支决策空间并且对于 $\alpha,\beta\in P_D$ 和 $0\leqslant_{P_D}\beta\leqslant_{P_D}\alpha\leqslant_{P_D}1$, n 粒度三支决策空间上的聚合三支决策定义如下:

(1) 接受域: $\mathrm{ACP1}^f_{(\alpha,\beta)}(E_{1\sim n},A)=\mathrm{ACP}_{(\alpha,\beta)}(E^f,A)$;

(2) 拒绝域: $\mathrm{REJ1}_{(\alpha,\beta)}^{f}(E_{1\sim n},A)=\mathrm{REJ1}_{(\alpha,\beta)}(E^{f},A)=\left\{x\in U\mid E^{f}(A)(x)<_{P_D}\beta\right\}$;

(3) 不确定域: $\mathrm{UNC1}_{(\alpha,\beta)}^{f}(E_{1\sim n},A)=\left(\mathrm{ACP1}_{(\alpha,\beta)}^{f}(E_{1\sim n},A)\cup\mathrm{REJ1}_{(\alpha,\beta)}^{f}(E_{1\sim n},A)\right)^{c}$.

如果 P_D 是线性序, 则 $\mathrm{UNC1}_{(\alpha,\beta)}^{f}(E_{1\sim n},A)=\left\{x\in U\mid \beta\leqslant_{P_D}E^{f}(A)(x)<_{P_D}\alpha\right\}$.

n 粒度三支决策空间上聚合三支决策的下近似和上近似分别是

$$\underline{\mathrm{apr}}_{(\alpha,\beta)}^{f}(E_{1\sim n},A)=\underline{\mathrm{apr}}_{(\alpha,\beta)}(E^{f},A),$$

$$\overline{\mathrm{apr}}_{(\alpha,\beta)}^{f}(E_{1\sim n},A)=\overline{\mathrm{apr}}_{(\alpha,\beta)}(E^{f},A).$$

下面我们讨论聚合三支决策、下近似和上近似的性质以及聚合三支决策、乐观三支决策和悲观三支决策的关系.

定理 6.2.7 设 $(U,\mathrm{Map}(V,P_C),P_D,\{E_1,E_2,\cdots,E_n\})$ 是一个 n 粒度三支决策空间, $f\in\mathrm{AF}_n(P_D)$ 满足 (AF4), $A\in\mathrm{Map}(V,P_C)$ 并且 $0\leqslant_{P_D}\beta<_{P_D}\alpha\leqslant_{P_D}1$. 则下列陈述成立.

(1) $\mathrm{ACP1}_{(\alpha,\beta)}^{\mathrm{pe}}(E_{1\sim n},A)\subseteq\mathrm{ACP1}_{(\alpha,\beta)}^{f}(E_{1\sim n},A)\subseteq\mathrm{ACP1}_{(\alpha,\beta)}^{\mathrm{op}}(E_{1\sim n},A)$;

(2) $\mathrm{REJ1}_{(\alpha,\beta)}^{\mathrm{op}}(E_{1\sim n},A)\subseteq\mathrm{REJ1}_{(\alpha,\beta)}^{f}(E_{1\sim n},A)\subseteq\mathrm{REJ1}_{(\alpha,\beta)}^{\mathrm{pe}}(E_{1\sim n},A)$.

证明 设 $x\in\mathrm{ACP1}_{(\alpha,\beta)}^{\mathrm{pe}}(E_{1\sim n},A)=\bigcap_{i=1}^{n}\mathrm{ACP1}_{(\alpha,\beta)}(E_i,A)$. 则 $\forall i$, $x\in\mathrm{ACP1}_{(\alpha,\beta)}(E_i,A)$, 即 $E_i(A)(x)\geqslant_{P_D}\alpha$. 于是

$$\begin{aligned}E^{f}(A)(x)&=f(E_1(A)(x),E_2(A)(x),\cdots,E_n(A)(x))\\&\geqslant_{P_D}f(\alpha,\alpha,\cdots,\alpha)=\alpha,\end{aligned}$$

即 $x\in\mathrm{ACP1}_{(\alpha,\beta)}^{f}(E_{1\sim n},A)$. 如果 $x\in\mathrm{ACP1}_{(\alpha,\beta)}^{f}(E_{1\sim n},A)$, 则

$$E^{f}(A)(x)=f(E_1(A)(x),E_2(A)(x),\cdots,E_n(A)(x))\geqslant_{P_D}\alpha.$$

因为 f 满足条件 (AF4), 所以存在 i 使得 $E_i(A)(x)\geqslant_{P_D}\alpha$, 即

$$x\in\bigcup_{i=1}^{n}\underline{\mathrm{apr1}}_{(\alpha,\beta)}(E_i,A)=\mathrm{ACP1}_{(\alpha,\beta)}^{\mathrm{op}}(E_{1\sim n},A).$$

第二个包含关系类似证明. □

定理 6.2.8 设 $(U,\mathrm{Map}(V,P_C),P_D,\{E_1,E_2,\cdots,E_n\})$ 是一个 n 粒度三支决策空间, $f\in\mathrm{AF}_n(P_D)$, $A,B\in\mathrm{Map}(V,P_C)$ 并且 $0\leqslant_{P_D}\beta<_{P_D}\alpha\leqslant_{P_D}1$. 则

$$\begin{aligned}\underline{\mathrm{apr1}}_{(\alpha,\beta)}^{\mathrm{pe}}(E_{1\sim n},A)&=\bigcap_{i=1}^{n}\underline{\mathrm{apr1}}_{(\alpha,\beta)}(E_i,A)\subseteq\underline{\mathrm{apr1}}_{(\alpha,\beta)}^{f}(E_{1\sim n},A)\subseteq\bigcup_{i=1}^{n}\underline{\mathrm{apr1}}_{(\alpha,\beta)}(E_i,A)\\&=\underline{\mathrm{apr1}}_{(\alpha,\beta)}^{\mathrm{op}}(E_{1\sim n},A),\end{aligned}$$

$$\overline{\mathrm{apr1}}^{\mathrm{pe}}_{(\alpha,\beta)}(E_{1\sim n},A)=\bigcap_{i=1}^{n}\overline{\mathrm{apr1}}_{(\alpha,\beta)}(E_i,A)\subseteq\overline{\mathrm{apr1}}^{f}_{(\alpha,\beta)}(E_{1\sim n},A)\subseteq\bigcup_{i=1}^{n}\overline{\mathrm{apr1}}_{(\alpha,\beta)}(E_i,A)$$
$$=\overline{\mathrm{apr1}}^{\mathrm{op}}_{(\alpha,\beta)}(E_{1\sim n},A).$$

证明　由聚合三支决策的下近似和上近似的定义和定理 6.2.7 直接得到. □

定理 6.2.9　设 $(U,\mathrm{Map}(V,P_C),P_D,\{E_1,E_2,\cdots,E_n\})$ 是一个 n 粒度三支决策空间, $f\in AF_n(P_D)$, $A\in\mathrm{Map}(V,P_C)$. 如果 $0\leqslant_{P_D}\beta\leqslant_{P_D}\beta'<_{P_D}\alpha'\leqslant_{P_D}\alpha\leqslant_{P_D}1$, 则

$$\underline{\mathrm{apr1}}^{f}_{(\alpha,\beta)}(E_{1\sim n},A)\subseteq\underline{\mathrm{apr1}}^{f}_{(\alpha',\beta')}(E_{1\sim n},A),$$
$$\overline{\mathrm{apr1}}^{f}_{(\alpha,\beta)}(E_{1\sim n},A)\supseteq\overline{\mathrm{apr1}}^{f}_{(\alpha',\beta')}(E_{1\sim n},A).$$

证明　由聚合三支决策的下近似和上近似的定义直接得到. □

6.2.5　动态三支决策

下面考虑多粒度三支决策构成的动态三支决策.

定义 6.2.7　设 $(U,\mathrm{Map}(V,P_C),P_D,\{E_1,E_2,\cdots,E_n\})$ 是一个 n 粒度三支决策空间, $A_i\in\mathrm{Map}(V,P_C)$, $\alpha_i,\beta_i\in P_D$ 并且 $0\leqslant_{P_D}\beta_i\leqslant_{P_D}\alpha_i\leqslant_{P_D}1$ ($i=1,2,\cdots,n$). 则动态三支决策的定义如下:

(决策 1) 接受域 1: $\mathrm{ACP1}^{(1)}_{(\alpha_1,\beta_1)}(E_1,A_1)=\{x\in U\mid E_1(A_1)(x)\geq_{P_D}\alpha_1\}$;

拒绝域 1: $\mathrm{REJ1}^{(1)}_{(\alpha_1,\beta_1)}(E_1,A_1)=\{x\in U\mid E_1(A_1)(x)<_{P_D}\beta_1\}$;

不确定域 1: $\mathrm{UNC1}^{(1)}_{(\alpha_1,\beta_1)}(E_1,A_1)=\left(\mathrm{ACP1}^{(1)}_{(\alpha_1,\beta_1)}(E_1,A_1)\cup\mathrm{REJ1}^{(1)}_{(\alpha_1,\beta_1)}(E_1,A_1)\right)^c$.

(决策 2) 如果 $\mathrm{UNC1}^{(1)}_{(\alpha_1,\beta_1)}(E_1,A_1)\neq\varnothing$, 则

接受域 2:

$\mathrm{ACP1}^{(2)}_{(\alpha_2,\beta_2)}(E_2,A_2)=\mathrm{ACP1}^{(1)}_{(\alpha_1,\beta_1)}(E_1,A_1)\cup\{x\in\mathrm{UNC1}^{(1)}_{(\alpha_1,\beta_1)}(E_1,A_1)\mid E_2(A_2)(x)\geqslant_{P_D}\alpha_2\}$;

拒绝域 2:

$\mathrm{REJ1}^{(2)}_{(\alpha_2,\beta_2)}(E_2,A_2)=\mathrm{REJ1}^{(1)}_{(\alpha_1,\beta_1)}(E_1,A_1)\cup\{x\in\mathrm{UNC1}^{(1)}_{(\alpha_1,\beta_1)}(E_1,A_1)\mid E_2(A_2)(x)<_{P_D}\beta_2\}$;

不确定域 2: $\mathrm{UNC1}^{(2)}_{(\alpha_2,\beta_2)}(E_2,A_2)=\left(\mathrm{ACP1}^{(2)}_{(\alpha_2,\beta_2)}(E_2,A_2)\cup\mathrm{REJ1}^{(2)}_{(\alpha_2,\beta_2)}(E_2,A_2)\right)^c$,

……

(决策 n) 如果 $\mathrm{UNC1}^{(n-1)}_{(\alpha_{n-1},\beta_{n-1})}(E_{n-1},A_{n-1})\neq\varnothing$, 则

接 受 域 n: $\mathrm{ACP}^{(n)}_{(\alpha_n,\beta_n)}(E_n,A_n)=\mathrm{ACP1}^{(n-1)}_{(\alpha_{n-1},\beta_{n-1})}(E_{n-1},A_{n-1})\cup\{x\in\mathrm{UNC1}^{(n-1)}_{(\alpha_{n-1},\beta_{n-1})}(E_{n-1},A_{n-1})\mid E_n(A_n)(x)\geqslant_{P_D}\alpha_n\}$;

拒 绝 域 n: $\mathrm{REJ}^{(n)}_{(\alpha_n,\beta_n)}(E_n,A_n)=\mathrm{REJ1}^{(n-1)}_{(\alpha_{n-1},\beta_{n-1})}(E_{n-1},A_{n-1})\cup\{x\in\mathrm{UNC1}^{(n-1)}_{(\alpha_{n-1},\beta_{n-1})}$

$(E_{n-1}, A_{n-1}) \mid E_n(A_n)(x) <_{P_D} \beta_n\}$;

不确定域 n: $\mathrm{UNC1}^{(n)}_{(\alpha_n,\beta_n)}(E_n, A_n) = \left(\mathrm{ACP1}^{(n)}_{(\alpha_n,\beta_n)}(E_n, A_n) \cup \mathrm{REJ1}^{(n)}_{(\alpha_n,\beta_n)}(E_n, A_n)\right)^c$.

6.3 三支决策空间上含拒绝决策域的三支决策

第二个问题: 如果在定义 4.3.1 中, 不确定域由不等式 $\beta < E(A)(x) < \alpha$ 代替三支决策如何变化 (Hu et al., 2017).

6.3.1 三支决策

定义 6.3.1 设 $(U, \mathrm{Map}(V, P_C), P_D, E)$ 是一个三支决策空间, $A \in \mathrm{Map}(V, P_C)$, $\alpha, \beta \in P_D$ 并且 $0 \leqslant_{P_D} \beta <_{P_D} \alpha \leqslant_{P_D} 1$, 则三支决策定义为

(1) 接受域: $\mathrm{ACP2}_{(\alpha,\beta)}(E, A) = \{x \in U \mid E(A)(x) \geqslant_{P_D} \alpha\}$;

(2) 拒绝域: $\mathrm{REJ2}_{(\alpha,\beta)}(E, A) = \{x \in U \mid E(A)(x) \leqslant_{P_D} \beta\}$;

(3) 不确定域: $\mathrm{UNC2}_{(\alpha,\beta)}(E, A) = \left\{x \in U \mid \beta <_{P_D} E(A)(x) <_{P_D} \alpha\right\}$.

如果 P_D 不是一个线性序, 则 $\mathrm{ACP2}_{(\alpha,\beta)}(E, A) \cup \mathrm{REJ2}_{(\alpha,\beta)}(E, A) \cup \mathrm{UNC2}_{(\alpha,\beta)}(E, A)$ 不一定等于 U. 这时 $U - (\mathrm{ACP2}_{(\alpha,\beta)}(E, A) \cup \mathrm{REJ2}_{(\alpha,\beta)}(E, A) \cup \mathrm{UNC2}_{(\alpha,\beta)}(E, A))$ 称为一个拒绝决策域, 记为 $\mathrm{REF}_{(\alpha,\beta)}(E, A)$.

由定义 4.3.1 直接得到: 设 $(U, \mathrm{Map}(V, P_C), P_D, E)$ 是一个三支决策空间, $A \in \mathrm{Map}(V, P_C)$, $\alpha, \beta \in P_D$ 并且 $0 \leqslant_{P_D} \beta <_{P_D} \alpha \leqslant_{P_D} 1$, 则

(1) $\mathrm{REF}_{(\alpha,\beta)}(E, A) = \varnothing$ 当且仅当 $\{E(A)(x), \alpha, \beta\}$ 是 P_D 的一个线性序子集;

(2) $\mathrm{REF}_{(\alpha,\beta)}(E, \varnothing) = \mathrm{REF}_{(\alpha,\beta)}(E, V) = \varnothing$;

(3) 如果 L_D 是线性序, 则 $\mathrm{REF}_{(\alpha,\beta)}(E, A) = \varnothing$.

也同样考虑在这种情况下多粒度三支决策空间的乐观和悲观多粒度三支决策、动态三支决策.

为了区别于定义 4.3.1 和定义 6.2.1, 接受域、拒绝域和不确定域分别记为 ACP2, REJ2 和 UNC2.

如果 P_D 不是线性序, 则 $\mathrm{ACP2}_{(\alpha,\beta)}(E, A) \cup \mathrm{REJ2}_{(\alpha,\beta)}(E, A) \cup \mathrm{UNC2}_{(\alpha,\beta)}(E, A)$ 不一定等于 U. 此时 $U - \left(\mathrm{ACP2}_{(\alpha,\beta)}(E, A) \cup \mathrm{REJ2}_{(\alpha,\beta)}(E, A) \cup \mathrm{UNC2}_{(\alpha,\beta)}(E, A)\right)$ 被看作拒绝决策域, 记为 $\mathrm{REF}_{(\alpha,\beta)}(E, A)$. 存在大量的非线性序集, 例如, $I^2 = [0,1] \times [0,1]$, I_s^2 (直觉 Fuzzy 集的真值集, (Hu, 2014) 中的例 2.1 (4)), $I^{(2)}$ (区间值 Fuzzy 集的真值集, (Hu, 2014) 中的例 2.1(5)), $I(2^U)$ (区间集, (Hu, 2016) 中

的例 2.1(6)), $2^{[0,1]}-\{\varnothing\}$ (犹豫 Fuzzy 集的真值集, (Hu, 2016) 中的定理 4.2), $2^{I^{(2)}}-\{\varnothing\}$ (区间犹豫 Fuzzy 集的真值集, (Hu, 2016) 中的定理 5.4).

不确定域也许被看成延迟决定的对象. 拒绝决策域的存在是由于数据的噪声或方法不适用该数据. 与模糊模式识别一样, 如果识别的对象未达到预定义的阈值, 则拒绝做出决定或无法通过该方法进行识别.

定义 6.3.1 与定义 4.3.1 中的接受域和拒绝域是相同的. 因此关于 $\mathrm{ACP}\,2_{(\alpha,\beta)}(E,A)$ 和 $\mathrm{REJ}\,2_{(\alpha,\beta)}(E,A)$ 我们能获得类似 (Hu, 2016) 的结论. 我们也可以定义

$$\underline{\mathrm{apr2}}_{(\alpha,\beta)}(E,A)=\mathrm{ACP}\,2_{(\alpha,\beta)}(E,A),$$

$$\overline{\mathrm{apr2}}_{(\alpha,\beta)}(E,A)=\left(\mathrm{REJ}\,2_{(\alpha,\beta)}(E,A)\right)^{c}.$$

并且能获得 (Hu, 2014) 的类似结果.

下面的例子说明不同类型三支决策的异同. 在下面的讨论中, Fuzzy 集 $A\in\mathrm{Map}(U,[0,1])$ 和 Fuzzy 关系 $R\in\mathrm{Map}(U\times U,[0,1])$, 我们定义 $\left(A\cdot[x]_R\right)(y)=A(y)R(x,y)$.

例 6.3.1　设 $P_C=P_D=I^{(2)}$, $U=\{x_1,x_2,x_3,x_4,x_5\}$,

$$A=\frac{[0.4,0.7]}{x_1}+\frac{[0.3,0.4]}{x_2}+\frac{[0.1,0.4]}{x_3}+\frac{[0.8,0.9]}{x_4}+\frac{[0.6,0.8]}{x_5}=[A^-,A^+]\in\mathrm{Map}(U,I^{(2)}),$$

并且

$$R=\begin{bmatrix}1 & 0.8 & 0.6 & 0.4 & 0.6\\ 0.8 & 1 & 0.6 & 0.4 & 0.6\\ 0.6 & 0.6 & 1 & 0.4 & 0.9\\ 0.4 & 0.4 & 0.4 & 1 & 0.4\\ 0.6 & 0.6 & 0.9 & 0.4 & 1\end{bmatrix}$$

是 U 的一个 Fuzzy 关系. 则

$$E(A)(x)=\left[\frac{|A^-\cdot[x]_R|}{|[x]_R|},\frac{|A^+\cdot[x]_R|}{|[x]_R|}\right]$$

是 U 的一个决策评价函数.

通过计算我们获得 $E(A)(x_1)=[0.406,0.618]$, $E(A)(x_2)=[0.4,0.6]$, $E(A)(x_3)=[0.394,0.611]$, $E(A)(x_4)=[0.523,0.7]$ 并且 $E(A)(x_5)=[0.409,0.623]$.

考虑 $\alpha=[0.5,0.7]$ 和 $\beta=[0.4,0.6]$, 基于三支决策空间的三种三支决策显示在表 6.3.1 中.

表 6.3.1 基于三支决策空间的三种三支决策

接受域			拒绝域			不确定域		
ACP	ACP1	ACP2	REJ	REJ1	REJ2	UNC	UNC1	UNC2
$\{x_4\}$	$\{x_4\}$	$\{x_4\}$	$\{x_2\}$	$\varnothing$	$\{x_2\}$	$\{x_1,x_3,x_5\}$	$\{x_1,x_2,x_3,x_5\}$	$\{x_1,x_5\}$

由表 6.3.1 而知

$$\mathrm{ACP}_{(\alpha,\beta)}(E,A)\cup\mathrm{REJ}_{(\alpha,\beta)}(E,A)\cup\mathrm{UNC}_{(\alpha,\beta)}(E,A)=U,$$

$$\mathrm{ACP1}_{(\alpha,\beta)}(E,A)\cup\mathrm{REJ1}_{(\alpha,\beta)}(E,A)\cup\mathrm{UNC1}_{(\alpha,\beta)}(E,A)=U,$$

但是

$$\mathrm{ACP2}_{(\alpha,\beta)}(E,A)\cup\mathrm{REJ2}_{(\alpha,\beta)}(E,A)\cup\mathrm{UNC2}_{(\alpha,\beta)}(E,A)=\{x_1,x_2,x_4,x_5\},$$

$$\mathrm{REF}_{(\alpha,\beta)}(E,A)=\{x_3\}.$$

在第一种新类型 (定义 6.2.1) 中, 拒绝域是空的, 即 REJ1=$\varnothing$. 然而在定义 4.3.1 中, $E(A)(x_2)=[0.4,0.6]$ 按标准 $\beta=[0.4,0.6]$ 被拒绝是不合理的, 即 REJ=$\{x_2\}$. 并且 x_2 因不满足标准 $\alpha=[0.5,0.7]$ 而被加到不确定域.

在第二种新类型中, x_4 被接受, x_2 被拒绝, x_1 和 x_5 不确定, 并且 x_3 被拒绝做出决定. 根据定义 6.3.1, 对于标准 $\alpha=[0.5,0.7]$ 和 $\beta=[0.4,0.6]$, x_3 被加入拒绝决策域是合理的, 这是因为 $E(A)(x_3)=[0.394,0.611]$ 区间太宽.

当 $\{E(A)(x),\alpha,\beta\}$ 是 P_D 的线性序子集时, 不等式 $E(A)(x)\geqslant_{P_D}\alpha$, $E(A)(x)\leqslant_{P_D}\beta$ 和 $\beta<_{P_D}E(A)(x)<_{P_D}\alpha$ 有一个成立. 因此, 我们得到拒绝决策域上的下列性质.

定理 6.3.1 设 $(U,\mathrm{Map}(V,P_C),P_D,\{E_1,E_2,\cdots,E_n\})$ 是一个 n 粒度三支决策空间, $A\in\mathrm{Map}(V,P_C)$, $\alpha,\beta\in P_D$ 并且 $0\leqslant_{P_D}\beta<_{P_D}\alpha\leqslant_{P_D}1$. 则 $\mathrm{REF}_{(\alpha,\beta)}(E,A)=\varnothing$ 当且仅当对任意 $x\in U$, $\{E(A)(x),\alpha,\beta\}$ 是 P_D 的线性序子集.

推论 6.3.1 设 $(U,\mathrm{Map}(V,P_C),P_D,E)$ 是一个三支决策空间, $A\in\mathrm{Map}(V,P_C)$, $\alpha,\beta\in P_D$ 并且 $0\leqslant_{P_D}\beta<_{P_D}\alpha\leqslant_{P_D}1$. 下列结论成立.

(1) $\mathrm{REF}_{(\alpha,\beta)}(E,\varnothing)=\mathrm{REF}_{(\alpha,\beta)}(E,V)=\varnothing$;

(2) 如果 P_D 是线性的, 则 $\mathrm{REF}_{(\alpha,\beta)}(E,A)=\varnothing$.

6.3.2 多粒度三支决策空间上的乐观三支决策

6.3.1 节中的上述结论可以扩展到多粒度三支决策空间.

定义 6.3.2 设 $(U,\mathrm{Map}(V,P_C),P_D,\{E_1,E_2,\cdots,E_n\})$ 是一个 n 粒度三支决策空间, $A\in\mathrm{Map}(V,P_C)$, $\alpha,\beta\in P_D$ 并且 $0\leqslant_{P_D}\beta<_{P_D}\alpha\leqslant_{P_D}1$, 则 n 粒度三支决策空间上的

乐观三支决策定义如下:

(1) 接受域: $\mathrm{ACP}\,2^{\mathrm{op}}_{(\alpha,\beta)}(E_{1\sim n},A)=\mathrm{ACP}^{\mathrm{op}}_{(\alpha,\beta)}(E_{1\sim n},A)$;

(2) 拒绝域: $\mathrm{REJ}\,2^{\mathrm{op}}_{(\alpha,\beta)}(E_{1\sim n},A)=\bigcap\limits_{i=1}^{n}\mathrm{REJ}\,2_{(\alpha,\beta)}(E_i,A)=\bigcap\limits_{i=1}^{n}\left\{x\in U\mid E_i(A)(x)\leqslant_{P_D}\beta\right\}$;

(3) 不确定域:

$$\mathrm{UNC}\,2^{\mathrm{op}}_{(\alpha,\beta)}(E_{1\sim n},A)=\left(\bigcup_{i=1}^{n}\left\{x\in U\mid E_i(A)(x)>_{P_D}\beta\right\}\right)\cap\left(\bigcap_{i=1}^{n}\left\{x\in U\mid E_i(A)(x)<_{P_D}\alpha\right\}\right).$$

注 6.3.1 如果 P_D 是线性序, 则

$$\mathrm{ACP}\,2^{\mathrm{op}}_{(\alpha,\beta)}(E_{1\sim n},A)=\left\{x\in U\mid \bigvee_{i=1}^{n}E_i(A)(x)\geqslant_{P_D}\alpha\right\},$$

$$\mathrm{REJ}\,2^{\mathrm{op}}_{(\alpha,\beta)}(E_{1\sim n},A)=\left\{x\in U\mid \bigvee_{i=1}^{n}E_i(A)(x)\leqslant_{P_D}\beta\right\},$$

$$\mathrm{UNC}\,2^{\mathrm{op}}_{(\alpha,\beta)}(E_{1\sim n},A)=\left\{x\in U\mid \beta<_{P_D}\bigvee_{i=1}^{n}E_i(A)(x)<_{P_D}\alpha\right\}.$$

$U-\left(\mathrm{ACP}\,2^{\mathrm{op}}_{(\alpha,\beta)}(E_{1\sim n},A)\cup\mathrm{REJ}\,2^{\mathrm{op}}_{(\alpha,\beta)}(E_{1\sim n},A)\cup\mathrm{UNC}\,2^{\mathrm{op}}_{(\alpha,\beta)}(E_{1\sim n},A)\right)$ 被称为拒绝决策域, 记为 $\mathrm{REF}^{\mathrm{op}}_{(\alpha,\beta)}(E_{1\sim n},A)$.

6.3.3 多粒度三支决策空间上的悲观三支决策

我们考虑多粒度三支决策空间上的另一类三支决策.

定义 6.3.3 设 $(U,\mathrm{Map}(V,P_C),P_D,\{E_1,E_2,\cdots,E_n\})$ 是一个 n 粒度三支决策空间, $A\in\mathrm{Map}(V,P_C)$, $\alpha,\beta\in P_D$ 并且 $0\leqslant_{P_D}\beta<_{P_D}\alpha\leqslant_{P_D}1$, 则 n 粒度三支决策空间上的悲观三支决策定义为

(1) 接受域: $\mathrm{ACP}\,2^{\mathrm{pe}}_{(\alpha,\beta)}(E_{1\sim n},A)=\mathrm{ACP}^{\mathrm{pe}}_{(\alpha,\beta)}(E_{1\sim n},A)$;

(2) 拒绝域: $\mathrm{REJ}\,2^{\mathrm{pe}}_{(\alpha,\beta)}(E_{1\sim n},A)=\bigcup\limits_{i=1}^{n}\mathrm{REJ}\,2_{(\alpha,\beta)}(E_i,A)=\bigcup\limits_{i=1}^{n}\left\{x\in U\mid E_i(A)(x)\leqslant_{P_D}\beta\right\}$;

(3) 不确定域:

$$\mathrm{UNC}\,2^{\mathrm{pe}}_{(\alpha,\beta)}(E_{1\sim n},A)=\left(\bigcap_{i=1}^{n}\left\{x\in U\mid E_i(A)(x)>_{P_D}\beta\right\}\right)\cap\left(\bigcup_{i=1}^{n}\left\{x\in U\mid E_i(A)(x)<_{P_D}\alpha\right\}\right).$$

注 6.3.2 (1) $\mathrm{ACP}\,2^{\mathrm{pe}}_{(\alpha,\beta)}(E_{1\sim n},A)=\left\{x\in U\mid \bigwedge\limits_{i=1}^{n}E_i(A)(x)\geqslant_{P_D}\alpha\right\}$.

(2) 如果 P_D 是线性序, 则

$$\mathrm{REJ}\,2^{\mathrm{pe}}_{(\alpha,\beta)}(E_{1\sim n},A)=\left\{x\in U\mid \bigwedge_{i=1}^{n}E_i(A)(x)\leqslant_{P_D}\beta\right\}.$$

$U-\left(\mathrm{ACP}\,2^{\mathrm{pe}}_{(\alpha,\beta)}(E_{1\sim n},A)\cup \mathrm{REJ}\,2^{\mathrm{pe}}_{(\alpha,\beta)}(E_{1\sim n},A)\cup \mathrm{UNC}\,2^{\mathrm{pe}}_{(\alpha,\beta)}(E_{1\sim n},A)\right)$ 被称为拒绝决策域，记为 $\mathrm{REF}^{\mathrm{pe}}_{(\alpha,\beta)}(E_{1\sim n},A)$.

接下来，我们用一个例子说明多粒度三支决策空间上乐观和悲观三支决策的某些概念.

例 6.3.2 设 $P_C=P_D=I^{(2)}$，$U=\{x_1,x_2,x_3,x_4,x_5\}$，

$$A=\frac{[0.4,0.7]}{x_1}+\frac{[0.2,0.3]}{x_2}+\frac{[0.1,0.38]}{x_3}+\frac{[0.8,0.9]}{x_4}+\frac{[0.6,0.8]}{x_5}=[A^-,A^+]\in \mathrm{Map}(U,I^{(2)}),$$

并且

$$R=\begin{bmatrix}1 & 0.8 & 0.6 & 0.4 & 0.6\\ 0.8 & 1 & 0.6 & 0.4 & 0.6\\ 0.6 & 0.6 & 1 & 0.4 & 0.9\\ 0.4 & 0.4 & 0.4 & 1 & 0.4\\ 0.6 & 0.6 & 0.9 & 0.4 & 1\end{bmatrix}$$

是 U 上的一个 Fuzzy 等价关系. $E_1(A)=A$ 和

$$E_2(A)(x)=\left[\frac{|A^-\cap[x]_R|}{|[x]_R|},\frac{|A^+\cap[x]_R|}{|[x]_R|}\right]$$

都是 U 的决策评价函数.

通过计算我们获得

$$E_2(A)=\frac{[0.5,0.7]}{x_1}+\frac{[0.5,0.7]}{x_2}+\frac{[0.486,0.709]}{x_3}+\frac{[0.731,0.915]}{x_4}+\frac{[0.486,0.709]}{x_5}.$$

在两个三支决策空间 $(U,\mathrm{Map}(U,\{0,1\}),[0,1],E_1)$ 和 $(U,\mathrm{Map}(U,\{0,1\}),[0,1],E_2)$ 中，如果我们考虑三组不同的参数 α,β，则 A 在两个三支决策空间上的乐观和悲观三支决策的接受域、拒绝域、不确定域和拒绝决策域在表 6.3.2 中列出.

表 6.3.2 对不同参数 α,β，区间值 Fuzzy 集 A 在 2 粒度三支决策空间上的乐观和悲观三支决策的接受域、拒绝域、不确定域和拒绝决策域

	$\alpha=[0.6,0.8]$ $\beta=[0.5,0.7]$	$\alpha=[0.6,0.7]$ $\beta=[0.5,0.6]$	$\alpha=[0.8,0.9]$ $\beta=[0.6,0.8]$
$\mathrm{ACP}^{\mathrm{op}}_{(\alpha,\beta)}(E_{1\sim 2},A)$	$\{x_4,x_5\}$	$\{x_4,x_5\}$	$\{x_4\}$
$\mathrm{REJ}^{\mathrm{op}}_{(\alpha,\beta)}(E_{1\sim 2},A)$	$\{x_1,x_2\}$	$\varnothing$	$\{x_1,x_2,x_3,x_5\}$
$\mathrm{UNC}^{\mathrm{op}}_{(\alpha,\beta)}(E_{1\sim 2},A)$	$\{x_3\}$	$\{x_1,x_2,x_3\}$	$\varnothing$
$\mathrm{ACP}^{\mathrm{pe}}_{(\alpha,\beta)}(E_{1\sim 2},A)$	$\{x_4\}$	$\{x_4\}$	$\varnothing$

续表

	$\alpha=[0.6,0.8]$ $\beta=[0.5,0.7]$	$\alpha=[0.6,0.7]$ $\beta=[0.5,0.6]$	$\alpha=[0.8,0.9]$ $\beta=[0.6,0.8]$
$\mathrm{REJ}^{\mathrm{pe}}_{(\alpha,\beta)}(E_{1\sim2},A)$	$\{x_1,x_2,x_3\}$	$\{x_1,x_2,x_3\}$	$\{x_1,x_2,x_3,x_5\}$
$\mathrm{UNC}^{\mathrm{pe}}_{(\alpha,\beta)}(E_{1\sim2},A)$	$\{x_5\}$	$\{x_5\}$	$\{x_4\}$
$\mathrm{ACP\,1}^{\mathrm{op}}_{(\alpha,\beta)}(E_{1\sim2},A)$	$\{x_4,x_5\}$	$\{x_4,x_5\}$	$\{x_4\}$
$\mathrm{REJ\,1}^{\mathrm{op}}_{(\alpha,\beta)}(E_{1\sim2},A)$	$\varnothing$	$\varnothing$	$\{x_1,x_2,x_3\}$
$\mathrm{UNC\,1}^{\mathrm{op}}_{(\alpha,\beta)}(E_{1\sim2},A)$	$\{x_1,x_2,x_3\}$	$\{x_1,x_2,x_3\}$	$\{x_5\}$
$\mathrm{ACP\,1}^{\mathrm{pe}}_{(\alpha,\beta)}(E_{1\sim2},A)$	$\{x_4\}$	$\{x_4\}$	$\varnothing$
$\mathrm{REJ\,1}^{\mathrm{pe}}_{(\alpha,\beta)}(E_{1\sim2},A)$	$\{x_1,x_2,x_3\}$	$\{x_1,x_2,x_3\}$	$\{x_1,x_2,x_3,x_5\}$
$\mathrm{UNC\,1}^{\mathrm{pe}}_{(\alpha,\beta)}(E_{1\sim2},A)$	$\{x_5\}$	$\{x_5\}$	$\{x_4\}$
$\mathrm{ACP\,2}^{\mathrm{op}}_{(\alpha,\beta)}(E_{1\sim2},A)$	$\{x_4,x_5\}$	$\{x_4,x_5\}$	$\{x_4\}$
$\mathrm{REJ\,2}^{\mathrm{op}}_{(\alpha,\beta)}(E_{1\sim2},A)$	$\{x_1,x_2\}$	$\varnothing$	$\{x_1,x_2,x_3,x_5\}$
$\mathrm{UNC\,2}^{\mathrm{op}}_{(\alpha,\beta)}(E_{1\sim2},A)$	$\varnothing$	$\{x_1,x_2\}$	$\varnothing$
$\mathrm{REF}^{\mathrm{op}}_{(\alpha,\beta)}(E_{1\sim2},A)$	$\{x_3\}$	$\{x_3\}$	$\varnothing$
$\mathrm{ACP\,2}^{\mathrm{pe}}_{(\alpha,\beta)}(E_{1\sim2},A)$	$\{x_4\}$	$\{x_4\}$	$\varnothing$
$\mathrm{REJ\,2}^{\mathrm{pe}}_{(\alpha,\beta)}(E_{1\sim2},A)$	$\{x_1,x_2,x_3\}$	$\{x_1,x_2,x_3\}$	$\{x_1,x_2,x_3,x_5\}$
$\mathrm{UNC\,2}^{\mathrm{pe}}_{(\alpha,\beta)}(E_{1\sim2},A)$	$\varnothing$	$\varnothing$	$\varnothing$
$\mathrm{REF}^{\mathrm{pe}}_{(\alpha,\beta)}(E_{1\sim2},A)$	$\{x_5\}$	$\{x_5\}$	$\{x_4\}$

由表 6.3.2 知，对三组不同的参数 α,β：

$$\mathrm{ACP\,1}^{\mathrm{op}}_{(\alpha,\beta)}(E_{1\sim2},A)\cup\mathrm{REJ\,1}^{\mathrm{op}}_{(\alpha,\beta)}(E_{1\sim2},A)\cup\mathrm{UNC\,1}^{\mathrm{op}}_{(\alpha,\beta)}(E_{1\sim2},A)=U,$$

$$\mathrm{ACP\,1}^{\mathrm{pe}}_{(\alpha,\beta)}(E_{1\sim2},A)\cup\mathrm{REJ\,1}^{\mathrm{pe}}_{(\alpha,\beta)}(E_{1\sim2},A)\cup\mathrm{UNC\,1}^{\mathrm{pe}}_{(\alpha,\beta)}(E_{1\sim2},A)=U.$$

但是

$$\mathrm{ACP\,2}^{\mathrm{op}}_{(\alpha,\beta)}(E_{1\sim2},A)\cup\mathrm{REJ\,2}^{\mathrm{op}}_{(\alpha,\beta)}(E_{1\sim2},A)\cup\mathrm{UNC\,2}^{\mathrm{op}}_{(\alpha,\beta)}(E_{1\sim2},A)=\{x_1,x_2,x_4,x_5\}\neq U,$$

$$\mathrm{REF}^{\mathrm{op}}_{(\alpha,\beta)}(E_{1\sim2},A)=\{x_3\},$$

对 $(\alpha,\beta)=([0.6,0.8],[0.5,0.7])$ 或 $(\alpha,\beta)=([0.6,0.7],[0.5,0.6])$.

$$\mathrm{ACP\,2}^{\mathrm{pe}}_{(\alpha,\beta)}(E_{1\sim2},A)\cup\mathrm{REJ\,2}^{\mathrm{pe}}_{(\alpha,\beta)}(E_{1\sim2},A)\cup\mathrm{UNC\,2}^{\mathrm{pe}}_{(\alpha,\beta)}(E_{1\sim2},A)=\{x_1,x_2,x_3,x_4\}\neq U,$$

$$\mathrm{REF}^{\mathrm{pe}}_{(\alpha,\beta)}(E_{1\sim 2},A)=\{x_5\}.$$

对于 $(\alpha,\beta)=([0.8,0.9],[0.6,0.8])$，我们有 $\mathrm{REF}^{\mathrm{op}}_{([0.8,0.9],[0.6,0.8])}(E_{1\sim 2},A)=\varnothing$，$\mathrm{REF}^{\mathrm{pe}}_{([0.8,0.9],[0.6,0.8])}(E_{1\sim 2},A)=\{x_4\}$. 在乐观情形，$x_4$ 接受. 然而在悲观情形下，x_4 拒绝做出决定. 虽然 $E_1(A)(x_4)=[0.8,0.9]$ 和 $E_2(A)(x_4)=[0.731,0.915]$，在悲观情形 x_4 仍然拒绝做出决定，其主要原因是 $\alpha=[0.8,0.9]$ 和 $E_2(A)(x_4)=[0.731,0.915]$ 按区间序 $\leqslant_{I^{(2)}}$ 不能比较.

在第一种新类型 (定义 6.2.3)，多粒度三支决策空间上的乐观三支决策的拒绝域是空的，即 $\mathrm{REJ1}^{\mathrm{op}}_{([0.6,0.8],[0.5,0.7])}(E_{1\sim 2},A)=\varnothing$. 然而由定义 6.3.2，$\mathrm{REJ2}^{\mathrm{op}}_{([0.6,0.8],[0.5,0.7])}(E_{1\sim 2},A)=\{x_1,x_2\}$. 这主要是因为 $E_1(A)(x_2)=E_2(A)(x_2)=[0.5,0.7]$ 并且对于 REJ1 和 REJ2 关于标准 $\beta=[0.5,0.7]$ 的不同条件.

另一方法，由定义 6.2.5 和定义 6.3.3，

$$\mathrm{REJ1}^{\mathrm{pe}}_{([0.6,0.8],[0.5,0.7])}(E_{1\sim 2},A)=\mathrm{REJ2}^{\mathrm{pe}}_{([0.6,0.8],[0.5,0.7])}(E_{1\sim 2},A)=\{x_1,x_1,x_3\}.$$

因为 $E_1(A)(x_3)=[0.1,0.38]$ 和 $E_2(A)(x_3)=[0.486,0.709]$，$x_3$ 按悲观观点被拒绝，但 x_3 按乐观观点没有被拒绝，这里 x_3 按照定义 6.2.5 (UNC1) 和定义 6.3.3 (REF) 分别在不确定域和拒绝决策域.

6.3.4 多粒度三支决策空间上的聚合三支决策

设 $(U,\mathrm{Map}(V,P_C),P_D,\{E_1,E_2,\cdots,E_n\})$ 是一个 n 粒度三支决策空间，$f\in \mathrm{AF}_n(P_D)$，$A\in \mathrm{Map}(V,P_C)$，$\alpha,\beta\in P_D$ 和 $0\leqslant_{P_D}\beta<_{P_D}\alpha\leqslant_{P_D}1$，则 n 粒度三支决策空间上的聚合三支决策定义如下:

(1) 接受域: $\mathrm{ACP2}^{f}_{(\alpha,\beta)}(E_{1\sim n},A)=\mathrm{ACP}_{(\alpha,\beta)}(E^f,A)$;

(2) 拒绝域: $\mathrm{REJ2}^{f}_{(\alpha,\beta)}(E_{1\sim n},A)=\mathrm{REJ2}_{(\alpha,\beta)}(E^f,A)=\left\{x\in U\mid E^f(A)(x)\leqslant_{P_D}\beta\right\}$;

(3) 不确定域: $\mathrm{UNC2}^{f}_{(\alpha,\beta)}(E_{1\sim n},A)=U-\mathrm{ACP2}^{f}_{(\alpha,\beta)}(E_{1\sim n},A)\cup \mathrm{REJ2}^{f}_{(\alpha,\beta)}(E_{1\sim n},A)$.

如果 P_D 是线性序，则 $\mathrm{UNC2}^{f}_{(\alpha,\beta)}(E_{1\sim n},A)=\left\{x\in U\mid \beta<_{P_D}E^f(A)(x)<_{P_D}\alpha\right\}$.

n 粒度三支决策空间上的聚合三支决策的下近似和上近似分别是

$$\underline{\mathrm{apr2}}^{f}_{(\alpha,\beta)}(E_{1\sim n},A)=\underline{\mathrm{apr2}}_{(\alpha,\beta)}(E^f,A),$$

$$\overline{\mathrm{apr2}}^{f}_{(\alpha,\beta)}(E_{1\sim n},A)=\overline{\mathrm{apr2}}_{(\alpha,\beta)}(E^f,A).$$

下面我们讨论聚合三支决策及其下近似和上近似的性质，以及聚合三支决策、乐观三支决策和悲观三支决策的关系.

定理 6.3.2 设 $(U,\mathrm{Map}(V,P_C),P_D,\{E_1,E_2,\cdots,E_n\})$ 是一个 n 粒度三支决策空间，

$f \in \mathrm{AF}_n(P_D)$ 满足正则性和 (AF4), $A \in \mathrm{Map}(V, P_C)$ 并且 $0 \leqslant_{P_D} \beta <_{P_D} \alpha \leqslant_{P_D} 1$. 则下列陈述成立.

(1) $\mathrm{ACP}\,2^{\mathrm{pe}}_{(\alpha,\beta)}(E_{1\sim n}, A) \subseteq \mathrm{ACP}\,2^{f}_{(\alpha,\beta)}(E_{1\sim n}, A) \subseteq \mathrm{ACP}\,2^{\mathrm{op}}_{(\alpha,\beta)}(E_{1\sim n}, A)$;

(2) $\mathrm{REJ}\,2^{\mathrm{op}}_{(\alpha,\beta)}(E_{1\sim n}, A) \subseteq \mathrm{REJ}\,2^{f}_{(\alpha,\beta)}(E_{1\sim n}, A) \subseteq \mathrm{REJ}\,2^{\mathrm{pe}}_{(\alpha,\beta)}(E_{1\sim n}, A)$.

证明 (1) 注意 $\mathrm{ACP}\,2^{\mathrm{pe}}_{(\alpha,\beta)}(E_{1\sim n}, A) = \mathrm{ACP}^{\mathrm{pe}}_{(\alpha,\beta)}(E_{1\sim n}, A)$, $\mathrm{ACP}\,2^{f}_{(\alpha,\beta)}(E_{1\sim n}, A) = \mathrm{ACP}^{f}_{(\alpha,\beta)}(E_{1\sim n}, A)$ 和 $\mathrm{ACP}\,2^{\mathrm{op}}_{(\alpha,\beta)}(E_{1\sim n}, A) = \mathrm{ACP}^{\mathrm{op}}_{(\alpha,\beta)}(E_{1\sim n}, A)$. 所以由 (Hu et al., 2016) 中的定理 3.7 得到.

(2) 设 $x \in \mathrm{REJ}\,2^{\mathrm{op}}_{(\alpha,\beta)}(E_{1\sim n}, A) = \bigcap_{i=1}^{n} \mathrm{REJ}\,2_{(\alpha,\beta)}(E_i, A)$, 则 $\forall i$, $x \in \mathrm{REJ}\,2_{(\alpha,\beta)}(E_i, A)$, 即 $E_i(A)(x) \leqslant_{P_D} \beta$. 于是

$$\begin{aligned} E^f(A)(x) &= f(E_1(A)(x), E_2(A)(x), \cdots, E_n(A)(x)) \\ &\leqslant_{P_D} f(\beta, \beta, \cdots, \beta) = \beta, \end{aligned}$$

即 $x \in \mathrm{REJ}\,2^{f}_{(\alpha,\beta)}(E_{1\sim n}, A)$. 如果 $x \in \mathrm{REJ}\,2^{f}_{(\alpha,\beta)}(E_{1\sim n}, A)$, 则

$$E^f(A)(x) = f(E_1(A)(x), E_2(A)(x), \cdots, E_n(A)(x)) \leqslant_{P_D} \beta.$$

因为 f 满足条件 (AF4), 所以存在 i 使得 $E_i(A)(x) \leqslant \beta$, 即 $x \in \bigcup_{i=1}^{n} \underline{\mathrm{apr2}}_{(\alpha,\beta)}(E_i, A) = \mathrm{REJ}\,2^{\mathrm{op}}_{(\alpha,\beta)}(E_{1\sim n}, A)$. □

定理 6.3.3 设 $(U, \mathrm{Map}(V, P_C), P_D, \{E_1, E_2, \cdots, E_n\})$ 是一个 n 粒度三支决策空间, $f \in \mathrm{AF}_n(P_D)$ 满足正则性和 (AF4), $A, B \in \mathrm{Map}(V, P_C)$ 并且 $0 \leqslant_{P_D} \beta <_{P_D} \alpha \leqslant_{P_D} 1$. 则

$$\underline{\mathrm{apr2}}^{\mathrm{pe}}_{(\alpha,\beta)}(E_{1\sim n}, A) \subseteq \underline{\mathrm{apr2}}^{f}_{(\alpha,\beta)}(E_{1\sim n}, A) \subseteq \underline{\mathrm{apr2}}^{\mathrm{op}}_{(\alpha,\beta)}(E_{1\sim n}, A);$$

$$\overline{\mathrm{apr2}}^{\mathrm{pe}}_{(\alpha,\beta)}(E_{1\sim n}, A) \subseteq \overline{\mathrm{apr2}}^{f}_{(\alpha,\beta)}(E_{1\sim n}, A) \subseteq \overline{\mathrm{apr2}}^{\mathrm{op}}_{(\alpha,\beta)}(E_{1\sim n}, A).$$

证明 由聚合三支决策的下近似和上近似的定义及定理 6.3.2 直接得到. □

定理 6.3.4 设 $(U, \mathrm{Map}(V, P_C), P_D, \{E_1, E_2, \cdots, E_n\})$ 是一个 n 粒度三支决策空间, $f \in \mathrm{AF}_n(P_D)$, $A \in \mathrm{Map}(V, P_C)$. 如果 $0 \leqslant_{P_D} \beta \leqslant_{P_D} \beta' <_{P_D} \alpha' \leqslant_{P_D} \alpha \leqslant_{P_D} 1$, 则

$$\underline{\mathrm{apr2}}^{f}_{(\alpha,\beta)}(E_{1\sim n}, A) \subseteq \underline{\mathrm{apr2}}^{f}_{(\alpha',\beta')}(E_{1\sim n}, A),$$

$$\overline{\mathrm{apr2}}^{f}_{(\alpha,\beta)}(E_{1\sim n}, A) \supseteq \overline{\mathrm{apr2}}^{f}_{(\alpha',\beta')}(E_{1\sim n}, A).$$

证明 由聚合三支决策的下近似和上近似的定义直接得到. □

下面我们通过例子说明多粒度三支决策空间上的聚合三支决策的某些概念.

例 6.3.3 再次考虑例 6.3.2 中的两个三支决策空间 $(U, \mathrm{Map}(U, \{0,1\}), [0,1], E_1)$ 和 $(U, \mathrm{Map}(U, \{0,1\}), [0,1], E_2)$, 其中

$$E_1(A)=\frac{[0.4,0.7]}{x_1}+\frac{[0.2,0.3]}{x_2}+\frac{[0.1,0.38]}{x_3}+\frac{[0.8,0.9]}{x_4}+\frac{[0.6,0.8]}{x_5},$$

$$E_2(A)=\frac{[0.5,0.7]}{x_1}+\frac{[0.5,0.7]}{x_2}+\frac{[0.486,0.709]}{x_3}+\frac{[0.731,0.915]}{x_4}+\frac{[0.486,0.709]}{x_5}.$$

如果我们考虑二元自对偶聚合函数

$$f([x^-,x^+],[y^-,y^+])=[\min\{x^-,y^-\},\max\{x^+,y^+\}],$$

则

$$E^f(A)=\frac{[0.4,0.7]}{x_1}+\frac{[0.2,0.7]}{x_2}+\frac{[0.1,0.709]}{x_3}+\frac{[0.731,0.915]}{x_4}+\frac{[0.486,0.8]}{x_5}.$$

考虑$\alpha=[0.6,0.8]$和$\beta=[0.4,0.7]$，则A在两个决策空间上的聚合三支决策的接受域、拒绝域、不确定域和拒绝决策域在表 6.3.3 列出.

表 6.3.3 基于三支决策空间的三种聚合三支决策

接受域			拒绝域			不确定域		
ACP	ACP1	ACP2	REJ	REJ1	REJ2	UNC	UNC1	UNC2
$\{x_4\}$	$\{x_4\}$	$\{x_4\}$	$\{x_1,x_2\}$	$\{x_2\}$	$\{x_1,x_2\}$	$\{x_3,x_5\}$	$\{x_1,x_3,x_5\}$	$\{x_5\}$

由表 6.3.3 得到

$$\mathrm{ACP}^f_{(\alpha,\beta)}(E_{1\sim2},A)\cup\mathrm{REJ}^f_{(\alpha,\beta)}(E_{1\sim2},A)\cup\mathrm{UNC}^f_{(\alpha,\beta)}(E_{1\sim2},A)=U;$$

$$\mathrm{ACP1}^f_{(\alpha,\beta)}(E_{1\sim2},A)\cup\mathrm{REJ1}^f_{(\alpha,\beta)}(E_{1\sim2},A)\cup\mathrm{UNC1}^f_{(\alpha,\beta)}(E_{1\sim2},A)=U;$$

$$\mathrm{ACP2}^f_{(\alpha,\beta)}(E_{1\sim2},A)\cup\mathrm{REJ2}^f_{(\alpha,\beta)}(E_{1\sim2},A)\cup\mathrm{UNC2}^f_{(\alpha,\beta)}(E_{1\sim2},A)=\{x_1,x_2,x_4,x_5\};$$

$$\mathrm{REF}^f_{(\alpha,\beta)}(E_{1\sim2},A)=\{x_3\}.$$

在第一种新类型中, 拒绝域是$\mathrm{REJ1}_{([0.6,0.8],[0.4,0.7])}(E^f,A)=\{x_2\}$. 然而用定义 6.3.1, $E^f(A)(x_1)=[0.4,0.7]$按标准$\beta=[0.4,0.7]$被拒绝是不合理的, 即

$$\mathrm{REJ2}_{([0.6,0.8],[0.4,0.7])}(E^f,A)=\{x_1,x_2\}.$$

并且x_1被加到第一种新类型的不确定域, 这是因为x_1不满足标准$\alpha=[0.6,0.8]$.

在第二种新类型中，x_4被接受、x_1和x_2被拒绝、x_5不确定、x_3拒绝做出决策. 按照聚合三支决策的定义，x_3对于标准$\alpha=[0.6,0.8]$和$\beta=[0.4,0.7]$被加到拒绝决策域是合理的, 这是因为$E^f(A)(x_3)=[0.1,0.709]$的区间太宽.

6.3.5 动态三支决策

下面考虑由多粒度三支决策构成的动态三支决策.

定义 6.3.4 设$(U,\mathrm{Map}(V,P_C),P_D,\{E_1,E_2,\cdots,E_n\})$是一个$n$粒度三支决策空间,

$A_i \in \mathrm{Map}(V, P_C)$，$\alpha_i, \beta_i \in P_D$ 并且 $0 \leqslant_{P_D} \beta_i <_{P_D} \alpha_i \leqslant_{P_D} 1$ ($i = 1, 2, \cdots, n$). 则动态三支决策严格定义如下:

(决策 1)

接受域 1: $\mathrm{ACP}\,2^{(1)}_{(\alpha_1, \beta_1)}(E_1, A_1) = \{x \in U \mid E_1(A_1)(x) \geqslant_{P_D} \alpha_1\}$;

拒绝域 1: $\mathrm{REJ}\,2^{(1)}_{(\alpha_1, \beta_1)}(E_1, A_1) = \{x \in U \mid E_1(A_1)(x) \leqslant_{P_D} \beta_1\}$;

不确定域 1: $\mathrm{UNC}\,2^{(1)}_{(\alpha_1, \beta_1)}(E_1, A_1) = \{x \in U \mid \beta_1 <_{P_D} E_1(A_1)(x) <_{P_D} \alpha_1\}$;

拒绝决策域 1:

$$\mathrm{REF}^{(1)}_{(\alpha_1, \beta_1)}(E_1, A_1) = U - \left(\mathrm{ACP}\,2^{(1)}_{(\alpha_1, \beta_1)}(E_1, A_1) \cup REJ\,2^{(1)}_{(\alpha_1, \beta_1)}(E_1, A_1) \cup \mathrm{UNC}\,2^{(1)}_{(\alpha_1, \beta_1)}(E_1, A_1)\right).$$

如果 $\mathrm{UNC}\,2^{(1)}_{(\alpha_1, \beta_1)}(E_1, A_1) = \varnothing$，则三支决策结束，否则继续下一步.

(决策 2)

接受域 2:

$$\mathrm{ACP}\,2^{(2)}_{(\alpha_2, \beta_2)}(E_2, A_2) = \mathrm{ACP}\,2^{(1)}_{(\alpha_1, \beta_1)}(E_1, A_1) \cup \left\{x \in \mathrm{UNC}\,2^{(1)}_{(\alpha_1, \beta_1)}(E_1, A_1) \mid E_2(A_2)(x) \geqslant_{P_D} \alpha_2\right\};$$

拒绝域 2:

$$\mathrm{REJ}\,2^{(2)}_{(\alpha_2, \beta_2)}(E_2, A_2) = \mathrm{REJ}\,2^{(1)}_{(\alpha_1, \beta_1)}(E_1, A_1) \cup \left\{x \in \mathrm{UNC}\,2^{(1)}_{(\alpha_1, \beta_1)}(E_1, A_1) \mid E_2(A_2)(x) \leqslant_{P_D} \beta_2\right\};$$

不确定域 2:

$$\mathrm{UNC}\,2^{(2)}_{(\alpha_2, \beta_2)}(E_2, A_2) = \left\{x \in \mathrm{UNC}\,2^{(1)}_{(\alpha_1, \beta_1)}(E_1, A_1) \mid \beta_2 <_{P_D} E_2(A_2)(x) <_{P_D} \alpha_2\right\};$$

拒绝决策域 2:

$$\mathrm{REF}^{(2)}_{(\alpha_2, \beta_2)}(E_2, A_2) = U - \left(\mathrm{ACP}\,2^{(2)}_{(\alpha_2, \beta_2)}(E_2, A_2) \cup \mathrm{REJ}\,2^{(2)}_{(\alpha_2, \beta_2)}(E_2, A_2) \cup \mathrm{UNC}\,2^{(2)}_{(\alpha_2, \beta_2)}(E_2, A_2)\right).$$

……

如果 $\mathrm{UNC}\,2^{(n-1)}_{(\alpha_{n-1}, \beta_{n-1})}(E_{n-1}, A_{n-1}) = \varnothing$，则三支决策结束，否则继续下一步.

(决策 n)

接受域 n:

$$\begin{gathered}\mathrm{ACP}\,2^{(n)}_{(\alpha_n, \beta_n)}(E_n, A_n) = \mathrm{ACP}\,2^{(n-1)}_{(\alpha_{n-1}, \beta_{n-1})}(E_{n-1}, A_{n-1}) \cup \\ \left\{x \in \mathrm{UNC}\,2^{(n-1)}_{(\alpha_{n-1}, \beta_{n-1})}(E_{n-1}, A_{n-1}) \mid E_n(A_n)(x) \geqslant_{P_D} \alpha_n\right\};\end{gathered}$$

拒绝域 n:

$$\begin{gathered}\mathrm{REJ}\,2^{(n)}_{(\alpha_n, \beta_n)}(E_n, A_n) = \mathrm{REJ}\,2^{(n-1)}_{(\alpha_{n-1}, \beta_{n-1})}(E_{n-1}, A_{n-1}) \cup \\ \left\{x \in \mathrm{UNC}\,2^{(n-1)}_{(\alpha_{n-1}, \beta_{n-1})}(E_{n-1}, A_{n-1}) \mid E_n(A_n)(x) \leqslant_{P_D} \beta_n\right\};\end{gathered}$$

不确定域 n:

$$\mathrm{UNC}\,2^{(n)}_{(\alpha_n, \beta_n)}(E_n, A_n) = \left\{x \in \mathrm{UNC}\,2^{(n-1)}_{(\alpha_{n-1}, \beta_{n-1})}(E_{n-1}, A_{n-1}) \mid \beta_n <_{P_D} E_n(A_n)(x) <_{P_D} \alpha_n\right\};$$

拒绝决策域 n:

$$\mathrm{REF}_{(\alpha_n,\beta_n)}^{(n)}(E_n,A_n)=U-\left(\mathrm{ACP}\,2_{(\alpha_n,\beta_n)}^{(n)}(E_n,A_n)\cup \mathrm{REJ}\,2_{(\alpha_n,\beta_n)}^{(n)}(E_n,A_n)\cup \mathrm{UNC}\,2_{(\alpha_n,\beta_n)}^{(n)}(E_n,A_n)\right).$$

动态三支决策如图 6.3.1 所示.

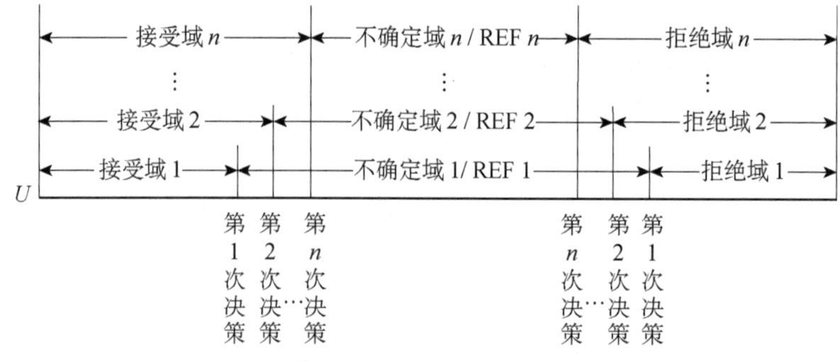

图 6.3.1 动态三支决策

下面用例子说明多粒度三支决策空间上动态三支决策的某些概念.

例 6.3.4 再次考虑例 6.3.2 中的两个三支决策空间 $(U, \mathrm{Map}(U,\{0,1\}), [0,1], E_1)$ 和 $(U, \mathrm{Map}(U,\{0,1\}), [0,1], E_2)$，其中

$$E_1(A)=\frac{[0.4,0.7]}{x_1}+\frac{[0.2,0.3]}{x_2}+\frac{[0.1,0.38]}{x_3}+\frac{[0.8,0.9]}{x_4}+\frac{[0.6,0.8]}{x_5},$$

$$E_2(A)=\frac{[0.5,0.7]}{x_1}+\frac{[0.5,0.7]}{x_2}+\frac{[0.486,0.709]}{x_3}+\frac{[0.731,0.915]}{x_4}+\frac{[0.486,0.709]}{x_5}.$$

考虑 $\alpha_1=[0.7,0.8]$ 和 $\beta_1=[0.5,0.6]$，$\alpha_2=[0.5,0.7]$ 和 $\beta_2=[0.4,0.5]$，则 A 在两个三支决策空间上的动态三支决策的接受域、拒绝域、不确定域和拒绝决策域在表 6.3.4 中列出.

表 6.3.4 基于三支决策空间的三类动态三支决策

	决策 1	决策 2
接受域	$\mathrm{ACP}\,2_{(\alpha_1,\beta_1)}^{(1)}(E_1,A)=\{x_4\}$	$\mathrm{ACP}\,2_{(\alpha_2,\beta_2)}^{(2)}(E_2,A)=\{x_1,x_4\}$
拒绝域	$\mathrm{REJ}\,2_{(\alpha_1,\beta_1)}^{(1)}(E_1,A)=\{x_2,x_3\}$	$\mathrm{REJ}\,2_{(\alpha_2,\beta_2)}^{(2)}(E_2,A)=\{x_2,x_3\}$
不确定域	$\mathrm{UNC}\,2_{(\alpha_1,\beta_1)}^{(1)}(E_1,A)=\{x_5\}$	$\mathrm{UNC}\,2_{(\alpha_2,\beta_2)}^{(2)}(E_2,A)=\varnothing$
拒绝决策域	$\mathrm{REF}_{(\alpha_1,\beta_1)}^{(1)}(E_1,A)=\{x_1\}$	$\mathrm{REF}_{(\alpha_2,\beta_2)}^{(2)}(E_2,A)=\{x_5\}$

从表 6.3.4 可以看到

$$\mathrm{ACP}\,2_{(\alpha_1,\beta_1)}^{(1)}(E_1,A)\cup \mathrm{REJ}\,2_{(\alpha_1,\beta_1)}^{(1)}(E_1,A)\cup \mathrm{UNC}\,2_{(\alpha_1,\beta_1)}^{(1)}(E_1,A)\neq U;$$

$$\mathrm{ACP}\,2^{(2)}_{(\alpha_1,\beta_1)}(E_2,A)\cup\mathrm{REJ}\,2^{(2)}_{(\alpha_1,\beta_1)}(E_2,A)\cup\mathrm{UNC}\,2^{(2)}_{(\alpha_1,\beta_1)}(E_2,A)\neq U;$$

$$\mathrm{REF}^{(1)}_{(\alpha_1,\beta_1)}(E_1,A)=\{x_1\},\ \mathrm{REF}^{(2)}_{(\alpha_2,\beta_2)}(E_2,A)=\{x_5\}.$$

结果显示按照平均函数 $E_1(A)$ 以及标准 $\alpha_1=[0.7,0.8]$ 和 $\beta_1=[0.5,0.6]$ 的第一决策, x_5 不确定, x_1 拒绝决策, 但是按照平均函数 $E_2(A)$ 以及标准 $\alpha_2=[0.5,0.7]$ 和 $\beta_2=[0.4,0.5]$ 的第二决策, x_1 被接受, x_5 拒绝决策. 评价结果告诉我们 x_5 必须通过新决策评价函数或其他标准做出新决策.

6.4 本章小结

本章通过回答 (Hu, 2014) 中的两个问题讨论了三支决策空间上的两种新的三支决策. 第一种类型与假设中的参数变化有关, 第二种类型涉及拒绝决策域. 为清楚起见, 我们在表 6.4.1 中总结了三种类型下参数假设、接受域、拒绝域和不确定域的主要结论.

表 6.4.1 三种类型下参数假设、接受域、拒绝域和不确定域

	第一种类型	第二种类型	现有三支决策类型
参数假设	$0\leqslant\beta\leqslant\alpha\leqslant1$	$0\leqslant\beta<\alpha\leqslant1$	$0\leqslant\beta<\alpha\leqslant1$
接受域	$\{x\in U\mid E(A)\geqslant\alpha\}$	$\{x\in U\mid E(A)\geqslant\alpha\}$	$\{x\in U\mid E(A)\geqslant\alpha\}$
拒绝域	$\{x\in U\mid E(A)<\beta\}$	$\{x\in U\mid E(A)\leqslant\beta\}$	$\{x\in U\mid E(A)\leqslant\beta\}$
不确定域	$(\{x\in U\mid E(A)\geqslant\alpha\}\cup\{x\in U\mid E(A)<\beta\})^c$	$\{x\in U\mid\beta<E(A)<\alpha\}$	$(\{x\in U\mid E(A)\geqslant\alpha\}\cup\{x\in U\mid E(A)<\beta\})^c$

从表 6.4.1 我们能看到下列结论.

(1) 两个新类型和现有类型的接受域是相同的;

(2) 如果我们考虑线性序第二种类型与现有类型是相同的. 只有当我们考虑非线性序时, 第二种类型和现有类型的不确定域是不同的.

新的第一种类型存在下列优点:

(1) 当两个决策参数相等并且决策度量的序是线性时, 二支决策可以看成三支决策的特殊情形.

(2) 用“大于或等于”表示接受和用“小于”表示拒绝更符合实际应用和语义.

(3) 通过基于双决策评价函数的三支决策被归类为基于单决策评价函数的三

支决策的一些运算来统一了单决策评价函数和双决策评价函数.

新的第二种类型存在下列优点:

在模式识别和决策中存在拒绝决策域. 本章在三支决策中引入拒绝决策域. 这种类型被应用于模式识别、决策和聚类分析等.

第 7 章　半三支决策空间的三支决策

三支决策空间中的决策评价函数必须满足三个公理, 即最小元公理、单调性公理和自对偶性公理. 保持决策评价函数的自对偶性公理对于仅基于条件概率和损失函数简化决策规则的三支决策至关重要. 但是, 一些方便的函数不能满足自对偶性公理. 本章介绍了半决策评价函数的概念, 不一定满足自对偶性公理, 而是最小元公理和单调性公理, 并提出了从半决策评价函数到决策评价函数的一些转换方法. 本章通过大量实例验证了半决策评价函数的存在及其变换方法的意义. 本章主要内容来自文献 (Hu, 2017b), 包括在偏序集合上, 引入了半决策评价函数的概念, 并建立了半三支决策空间. 考虑到这一点, 我们提出了一种从半决策评价函数到决策评价函数的转换方法. 作为基于偏序集的半三支决策空间的特殊情况, 讨论了基于 Fuzzy 集、区间值 Fuzzy 集、直觉 Fuzzy 集、犹豫 Fuzzy 集和 2 型 Fuzzy 集的三支决策. 讨论了多粒度半三支决策空间. 给出了一个说明性的例子, 以说明新概念和转换方法的重要性. 最后, 小结了本章.

7.1　引言

在三支决策的表述中, Yao 在引入三支决策的同时提出了三种细化/解释 (Yao, 2015b). 第一个基于粗糙集合, 第二个基于对象评价, 第三个基于三分法和行动框架 (trisecting and acting framework), 其相应的函数分别是 $P(A|[x])$, $v(x)$ 和 $\tau(x)$. 三支决策空间的概念是对 Yao 三种解释的总结和抽象. 如果我们在三支决策空间中将决策评价函数 $E(A)(x)$ 视为 $P(A|[x])$, 那么它是一个基于粗糙集的 3WD. 如果 Yao 的决策评价函数 $v(x)$ 是 $E(A)(x)$, 那么它是基于对象评价的 3WD. 如果 Yao 的三个值函数 $\tau(x)$ 取为 $E(A)(x)$, 那么它是一个基于三分法和作用框架的 3WD. 图 7.1.1 显示了 Hu 的三支决策空间和 Yao 的三支决策三个解释的关系.

在三支决策空间里, 构建一个满足三个公理: 最小元公理、单调性公理和自对偶性公理 (Hu, 2014, 2016) 的决策评价函数非常重要. 正如 (Hu, 2014, 2016) 所提到的, 这三个公理的背景来自概率粗糙集和决策理论粗糙集中大量决策评价函

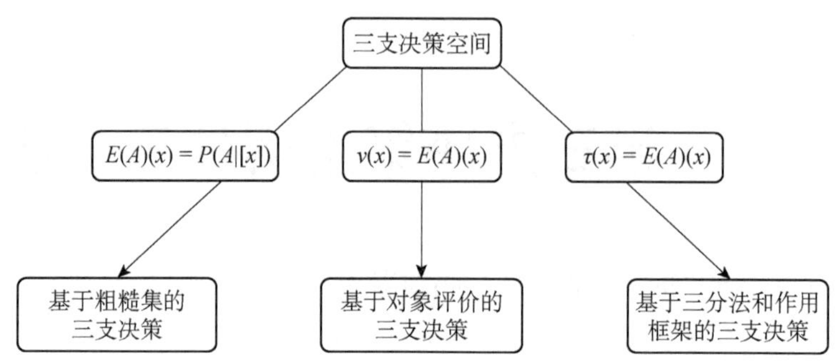

图 7.1.1 Hu 的三支决策空间和 Yao 的三支决策三个解释的关系

数的共同性质，例如对于有限论域上的子集 A 和等价关系 R 的 $\dfrac{|A\cap[x]_R|}{|[x]_R|}$. 许多函数满足最小元公理和单调性公理，这是最基本的条件. 自对偶性公理很重要，对于三支决策至关重要，以下文献中对此进行了强调.

(1) 在文献 (Liang, Liu, 2014), “因为 $P(C\,|\,[x])+P(\neg C\,|\,[x])=1$，我们仅根据概率 $P(C\,|\,[x])$ 和损失来简化规则”.

(2) 在文献 (Liang, Liu, 2015b), “$P(C\,|\,[x])$ 是属于 C 的对象 x 的条件概率，给定该对象由其等价类 $[x]$ 描述. 类似地，$P(\neg C\,|\,[x])$ 是属于 $\neg C$ 的对象 x 的条件概率，即 $P(C\,|\,[x])+P(\neg C\,|\,[x])=1$”.

(3) 在文献 (Liang et al., 2013, 2015, 2016; Yao, 2010), “因为 $P(C\,|\,[x])+P(\neg C\,|\,[x])=1$，我们仅根据概率 $P(C\,|\,[x])$ 和损失来简化规则”.

(4) 在文献 (Liu et al., 2016), “由于 $P(X\,|\,[x])+P(\neg X\,|\,[x])=1$，我们发现规则仅依赖于条件概率 $P(X\,|\,[x])$ 和损失函数”.

(5) 在文献 (Yao, 2011), “通过遵循二支模型的相同过程，我们可以根据假设将对象分配到边界区域的风险介于正确分类和错误分类之间和关系 $P(C\,|\,[x])+P(C^c\,|\,[x])=1$ 简化这些规则中的条件”.

(6) 在文献 (Zhao, Hu, 2015, 2016)，作者证明了 $P(A\,|\,B)+P(A^c\,|\,B)=1$ (命题 2.5, (Zhao, Hu, 2015); Remark 2.5, (Zhao, Hu, 2016)).

以上文献只是利用自对偶性公理的证据一部分，都表明了自对偶性公理的重要性. 但是，有一些有用的函数不满足自对偶性公理. 例如，在文献 (Zhao, Hu, 2015, 2016; Xiao et al., 2016) 中，一些决策评价函数必须满足特殊条件，否则它们不满足自对偶性公理. 示例如下所示.

(1) 在文献 (Hu, 2014) 中的例 2.3(1)—(4)，如果 A 是有些论域 U 上的一个 Fuzzy 集或 R 是一个 Fuzzy 等价关系，则

$$E(A)(x)=\frac{\sum_{y\in U}A(y)\wedge R(x,y)}{\sum_{y\in U}R(x,y)}$$

不满足自对偶性公理, 但是满足最小元公理和单调性公理. 而对于经典集 A 和有限论域 U 上的等价关系 R, 此函数等价于 $E(A)(x)=|A\cap[x]_R|/[x]_R$, 它满足 $E(A^c)(x)=|A^c\cap[x]_R|/[x]_R=1-|A\cap[x]_R|/[x]_R$, 即自对偶性公理成立.

(2) 在 (Hu, 2014) 的例 2.3(5)—(7), 如果 A 是一个 Fuzzy 集 (区间值 Fuzzy 集) 或 R 是有限论域 U 的一个区间值 Fuzzy 等价关系, 则所考虑的函数不一定满足自对偶性公理.

(3) 在 (Hu, 2014) 的 4.7.3 节中, 如果 $A=[A^-,A^+]$ 是有限论域 U 的一个区间值 Fuzzy 集并且 $R=[R^-,R^+]$ 是 U 的一个区间值 Fuzzy 等价关系, 则 $\forall\lambda\in[0,1]$, $\forall x\in U$,

$$E(A)(x)=\left[\frac{\left|A^-\cap[x]_{R_\lambda^+}\right|}{[x]_{R_\lambda^+}},\frac{\left|A^+\cap[x]_{R_\lambda^-}\right|}{[x]_{R_\lambda^-}}\right]$$

不一定满足自对偶性公理.

(4) 在 (Hu, 2016) 定理 4.6 中, 对于犹豫 Fuzzy 集 H, $E(H)(x)=(\inf H(x)+\sup H(x))/2$ 是一个决策评价函数, 但 $E(H)(x)=a\inf H(x)+(1-a)\sup H(x)$ ($a\in[0,0.5)\cup(0.5,1]$) 不是.

(5) 在 (Xiao et al., 2016) 的定理 3.5、定理 3.10 和定理 3.11 中, 为了满足自对偶性公理, 对 2 型 Fuzzy 集 A 作者考虑了 $\left(\inf A(x)_{\bar\gamma}+\sup A(x)_{\bar\gamma}\right)/2$ 并且对 2 型 Fuzzy 关系 R 考虑了 $\left(\inf R(x,y)_{\bar\gamma}+\sup R(x,y)_{\bar\gamma}\right)/2$.

是否存在一个方法从仅满足最小元公理和单调性公理的函数构造决策评价函数? 针对这一问题, 7.2 节首先介绍了半决策评价函数的概念, 其只需要满足最小元公理和单调性公理. 7.3 节提出了一种从半决策评价函数到决策评价函数的转换方法, 使通过决策评价函数的三支决策的应用更加广泛. 7.4 节讨论了基于半决策评价函数的 Fuzzy 集、区间值 Fuzzy 集、直觉 Fuzzy 集、犹豫 Fuzzy 集和 2 型 Fuzzy 集的三支决策. 7.5 节考虑了多粒度半三支决策空间上的三支决策. 7.6 节给了一个实例来说明半三支决策空间上讨论的概念. 最后 7.6 节给出了本章的小结.

7.2 半三支决策空间

本章还是假设$(P_C,\leqslant_{P_C} N_{P_C},0_{P_C},1_{P_C})$和$(P_D,\leqslant_{P_D},N_{P_D},0_{P_D},1_{P_D})$是两个具有对合否算子的有界偏序集.

该节引入半三支决策空间的概念.

定义 7.2.1 (Hu, 2017b) 设 U 是一个决策域, V 是一个条件域, 则映射 $E:\mathrm{Map}(V,P_C)\to\mathrm{Map}(U,P_D)$ 称为 U 的一个**半决策评价函数** (semi-decision evaluation function), 如果它满足最小元公理 (E1) 和单调性公理 (E2).

在定义 7.2.1 中, 术语 "半" 是相对于定义 3.2.1. 在定义 3.2.1 中, 决策评价函数必须满足自对偶性公理 (E3), 但在定义 7.2.1 中没有要求. 图 7.2.1 显示了半决策评价函数 (定义 7.2.1) 和决策评价函数 (定义 3.2.1) 的关系.

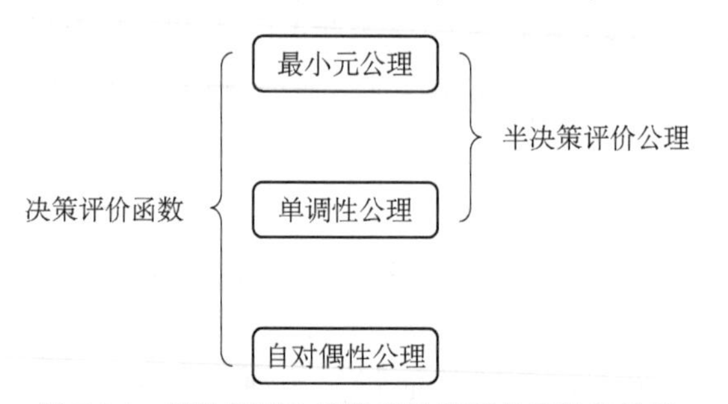

图 7.2.1 半决策评价函数和决策评价函数的关系

下面给出了半决策评价函数的例子 (Hu, 2017b).

例 7.2.1 (1) 设 $P_C=P_D=[0,1]$, U 和 V 是两个有限论域, $A\in\mathrm{Map}(V,[0,1])$, $R\in\mathrm{Map}(U\times V,[0,1])$ 并且 $\sum_{y\in V}R(x,y)\neq 0,\forall x\in U$. 则

$$E(A)(x)=\frac{\sum_{y\in V}A(y)\wedge R(x,y)}{\sum_{y\in V}R(x,y)} \tag{7.2.1}$$

是 U 的一个半决策评价函数. 事实上, 很容易验证公理 (E1) 和 (E2). 但是, $\forall x\in U$,

$$E(A^c)(x)=\frac{\sum_{y\in V}A^c(y)\wedge R(x,y)}{\sum_{y\in V}R(x,y)}$$

$$=\frac{\sum_{y\in V}(1-A(y))\wedge R(x,y)}{\sum_{y\in V}R(x,y)}$$

$$\geqslant 1-\frac{\sum_{y\in V}A(y)\wedge R(x,y)}{\sum_{y\in V}R(x,y)}=1-E(A)(x).$$

最后的不等式用到了 (Hu, 2014) 中的引理 2.3. 考虑 (Hu, 2014) 中例 2.7, $U=V=\{x_1,x_2,x_3,x_4,x_5\}$ 并且

$$R=\begin{bmatrix}1 & 0.8 & 0.6 & 0.4 & 0.6\\ 0.8 & 1 & 0.6 & 0.4 & 0.6\\ 0.6 & 0.6 & 1 & 0.4 & 0.9\\ 0.4 & 0.4 & 0.4 & 1 & 0.4\\ 0.6 & 0.6 & 0.9 & 0.4 & 1\end{bmatrix},$$

则 $E_1(A)(x)=\dfrac{|A\bigcap[x]_R|}{|[x]_R|}$ 不是 U 的一个决策评价函数. 例如, 如果取

$$A=\frac{0.8}{x_1}+\frac{0.2}{x_2}+\frac{0.6}{x_3}+\frac{0.9}{x_4}+\frac{1}{x_5},$$

则

$$E_1(A)=\frac{0.765}{x_1}+\frac{0.765}{x_2}+\frac{0.771}{x_3}+\frac{0.885}{x_4}+\frac{0.8}{x_5},$$

$$E_1(A^c)=\frac{0.441}{x_1}+\frac{0.441}{x_2}+\frac{0.371}{x_3}+\frac{0.423}{x_4}+\frac{0.371}{x_5},$$

但是 $E_1(A^c)(x)\neq 1-E_1(A)(x)$, $\forall x\in U$. 然而

$$E_2(A)(x)=\frac{|A\cdot[x]_R|}{|[x]_R|}$$

是 U 的一个决策评价函数, 其中 $\left(A\cdot[x]_R\right)(y)=A(y)R(x,y)$, $\forall x,y\in U$ ((Hu, 2016) 中的例 2.1(1)). 例如, 对相同的 Fuzzy 集

$$A=\frac{0.8}{x_1}+\frac{0.2}{x_2}+\frac{0.6}{x_3}+\frac{0.9}{x_4}+\frac{1}{x_5},$$

我们有

$$E_2(A)=\frac{0.671}{x_1}+\frac{0.635}{x_2}+\frac{0.703}{x_3}+\frac{0.746}{x_4}+\frac{0.714}{x_5},$$

$$E_2(A^c)=\frac{0.329}{x_1}+\frac{0.365}{x_2}+\frac{0.297}{x_3}+\frac{0.254}{x_4}+\frac{0.286}{x_5},$$

并且$E_2(A^c)(x)=1-E_2(A)(x)$，$\forall x\in U$.

(2) 设$P_C=P_D=I^{(2)}$, U和V是两个有限论域，$A\in \mathrm{Map}(V,I^{(2)})$，$R\in \mathrm{Map}(U\times V,I)$ 并且$\sum_{y\in V}R(x,y)\neq 0,\forall x\in U$. 则

$$E(A)(x)=\left[\frac{\sum_{y\in V}A^-(y)\wedge R(x,y)}{\sum_{y\in V}R(x,y)},\frac{\sum_{y\in V}A^+(y)\wedge R(x,y)}{\sum_{y\in V}R(x,y)}\right] \tag{7.2.2}$$

是U的一个半决策评价函数. 用同样方法我们能核实它不满足公理 (E3).

如果E是U的一个半决策评价函数, 则$(U,\mathrm{Map}(V,P_C),P_D,E)$被称为 (一个基于偏序集的) 半三支决策空间.

设$(U,\mathrm{Map}(V,P_C),P_D,E)$是一个半三支决策空间，$A\in \mathrm{Map}(V,P_C)$，$\alpha,\beta\in P_D$并且$0\leqslant_{P_D}\beta<_{P_D}\alpha\leqslant_{P_D}1$. 则三支决策定义如下:

(1) 接受域: $\mathrm{ACP}_{(\alpha,\beta)}(E,A)=\{x\in U\mid E(A)(x)\geqslant_{P_D}\alpha\}$;

(2) 拒绝域: $\mathrm{REJ}_{(\alpha,\beta)}(E,A)=\{x\in U\mid E(A)(x)\leqslant_{P_D}\beta\}$;

(3) 不确定域: $\mathrm{UNC}_{(\alpha,\beta)}(E,A)=\left(\mathrm{ACP}_{(\alpha,\beta)}(E,A)\cup \mathrm{REJ}_{(\alpha,\beta)}(E,A)\right)^c$.

下列定理容易证明.

定理 7.2.1 (Hu, 2017b)　设$(U,\mathrm{Map}(V,P_C),P_D,E)$是一个半三支决策空间，$A,B\in \mathrm{Map}(V,P_C)$，$\alpha,\beta\in P_D$ 并且$0\leqslant_{P_D}\beta<_{P_D}\alpha\leqslant_{P_D}1$. 则下列结论成立.

(1) $\mathrm{ACP}_{(\alpha,\beta)}\left(E,A\cup_{P_C}B\right)\supseteq \mathrm{ACP}_{(\alpha,\beta)}(E,A)\cup \mathrm{ACP}_{(\alpha,\beta)}(E,B)$;

(2) $\mathrm{ACP}_{(\alpha,\beta)}\left(E,A\cap_{P_C}B\right)\subseteq \mathrm{ACP}_{(\alpha,\beta)}(E,A)\cap \mathrm{ACP}_{(\alpha,\beta)}(E,B)$;

(3) $\mathrm{REJ}_{(\alpha,\beta)}\left(E,A\cup_{P_C}B\right)\subseteq \mathrm{REJ}_{(\alpha,\beta)}(E,A)\cap \mathrm{REJ}_{(\alpha,\beta)}(E,B)$;

(4) $\mathrm{REJ}_{(\alpha,\beta)}\left(E,A\cap_{P_C}B\right)\supseteq \mathrm{REJ}_{(\alpha,\beta)}(E,A)\cup \mathrm{REJ}_{(\alpha,\beta)}(E,B)$.

用同样的方法, 我们能从半三支决策空间上的三支决策定义下近似和上近似.

定义 7.2.2 (Hu, 2017b)　如果$A\in \mathrm{Map}(V,P_C)$，$\alpha,\beta\in P_D$，并且 $0\leqslant_{P_D}\beta<_{P_D}\alpha\leqslant_{P_D}1$，则

$$\underline{\mathrm{apr}}_{(\alpha,\beta)}(E,A)=\mathrm{ACP}_{(\alpha,\beta)}(E,A),$$
$$\overline{\mathrm{apr}}_{(\alpha,\beta)}(E,A)=\left(\mathrm{REJ}_{(\alpha,\beta)}(E,A)\right)^c$$

分别称为A的下近似和上近似.

定理 7.2.2 (Hu, 2017b)　设$(U,\mathrm{Map}(V,P_C),P_D,E)$是一个半三支决策空间，$A,B\in \mathrm{Map}(V,P_C)$，$\alpha,\beta\in P_D$，并且$0_{P_D}\leqslant_{P_D}\beta<_{P_D}\alpha\leqslant_{P_D}1_{P_D}$. 则下列结论成立.

(1) $\underline{\mathrm{apr}}_{(\alpha,\beta)}(E,A)\subseteq\overline{\mathrm{apr}}_{(\alpha,\beta)}(E,A)$;

(2) $A\subseteq_{P_C} B\Rightarrow\underline{\mathrm{apr}}_{(\alpha,\beta)}(E,A)\subseteq\underline{\mathrm{apr}}_{(\alpha,\beta)}(E,B)$, $\overline{\mathrm{apr}}_{(\alpha,\beta)}(E,A)\subseteq\overline{\mathrm{apr}}_{(\alpha,\beta)}(E,B)$;

(3) $\underline{\mathrm{apr}}_{(\alpha,\beta)}(E,(0_{P_C})_V)=\varnothing$, $\overline{\mathrm{apr}}_{(\alpha,\beta)}(E,(0_{P_C})_V)=\varnothing$, 并且如果 $E\left((1_{P_C})_V\right)=(1_{P_D})_U$, 则 $\underline{\mathrm{apr}}_{(\alpha,\beta)}(E,(1_{P_C})_V)=U$, $\overline{\mathrm{apr}}_{(\alpha,\beta)}(E,(1_{P_C})_V)=U$;

(4) 如果 $0\leqslant_{P_D}\beta\leqslant_{P_D}\beta'<_{P_D}\alpha'\leqslant_{P_D}\alpha\leqslant_{P_D}1$, 则

$$\underline{\mathrm{apr}}_{(\alpha,\beta)}(E,A)\subseteq\underline{\mathrm{apr}}_{(\alpha',\beta')}(E,A),\quad \overline{\mathrm{apr}}_{(\alpha,\beta)}(E,A)\supseteq\overline{\mathrm{apr}}_{(\alpha',\beta')}(E,A).$$

证明　只证明 (3).

$$\begin{aligned}\underline{\mathrm{apr}}_{(\alpha,\beta)}(E,(0_{P_C})_V)&=\mathrm{ACP}_{(\alpha,\beta)}(E,(0_{P_C})_V)=\{x\in U\mid E((0_{P_C})_V)(x)\geqslant_{P_D}\alpha\}\\&=\{x\in U\mid(0_{P_D})_U(x)\geqslant_{P_D}\alpha\}=\varnothing\quad(\text{注意 }\alpha>_{P_D}0_{P_D}).\end{aligned}$$

$$\begin{aligned}\overline{\mathrm{apr}}_{(\alpha,\beta)}(E,(0_{P_C})_V)&=\left(\mathrm{REJ}_{(\alpha,\beta)}(E,(0_{P_C})_V)\right)^c=\left(\{x\in U\mid E((0_{P_C})_V)(x)\leqslant_{P_D}\beta\}\right)^c\\&=\left(\{x\in U\mid(0_{P_D})_U(x)\leqslant_{P_D}\beta\}\right)^c=\varnothing\quad(\text{注意 }\beta\geqslant_{P_D}0_{P_D}).\end{aligned}$$

$$\begin{aligned}\underline{\mathrm{apr}}_{(\alpha,\beta)}(E,(1_{P_C})_V)&=\mathrm{ACP}_{(\alpha,\beta)}(E,(1_{P_C})_V)=\{x\in U\mid E((1_{P_C})_V)(x)\geqslant_{P_D}\alpha\}\\&=\{x\in U\mid(1_{P_D})_U(x)\geqslant_{P_D}\alpha\}=U.\end{aligned}$$

$$\begin{aligned}\overline{\mathrm{apr}}_{(\alpha,\beta)}(E,(1_{P_C})_V)&=\left(\mathrm{REJ}_{(\alpha,\beta)}(E,(1_{P_C})_V)\right)^c=\left(\{x\in U\mid E((1_{P_C})_V)(x)\leqslant_{P_D}\beta\}\right)^c\\&=\left(\{x\in U\mid(1_{P_D})_U(x)\leqslant_{P_D}\beta\}\right)^c=U.\end{aligned}$$

□

在半三支决策空间 $(U,\mathrm{Map}(V,P_C),P_D,E)$, 下列结论不一定成立.

$$\underline{\mathrm{apr}}_{(\alpha,\beta)}(E,N_{P_C}(A))=\left(\overline{\mathrm{apr}}_{(N(\beta),N(\alpha))}(E,A)\right)^c,$$

$$\overline{\mathrm{apr}}_{(\alpha,\beta)}(E,N_{P_C}(A))=\left(\underline{\mathrm{apr}}_{(N(\beta),N(\alpha))}(E,A)\right)^c.$$

下面我们讨论半决策评价函数的性质.

在 (Hu, 2016), 我们指出如果 $E:\mathrm{Map}(V,P_C)\to\mathrm{Map}(U,P_D)$ 是 U 的一个决策评价函数, 则

$$E\left((1_{P_C})_V\right)=(1_{P_D})_U.$$

对于一个半决策评价函数 E, 上面条件 (Hu, 2016) 不一定成立. 例如, 如果我们定义 $E(A)=(0_{P_D})_U$, $\forall A\in\mathrm{Map}(V,P_C)$, 则 E 是 U 的一个半决策评价函数, 但不是 U 的一个决策评价函数. 这里 $E\left((1_{P_C})_V\right)=(0_{P_D})_U$.

定理 7.2.3 (Hu, 2017b)　设映射 $E:\mathrm{Map}(V,P_C)\to\mathrm{Map}(U,P_D)$ 是 U 的一个半决策评价函数并且 $E\left((1_{P_C})_V\right)=(1_{P_D})_U$. 则

$$E_1(A)(x) = N_{P_D}\left(E(N_{P_C}(A))(x)\right) \tag{7.2.3}$$

是 U 的一个半决策评价函数.

证明 (1) 最小元公理.

$\forall x \in U$,

$$\begin{aligned} E_1\left((0_{Pc})_V\right)(x) &= N_{P_D}\left(E\left(N_{P_C}\left((0_{Pc})_V\right)\right)(x)\right) \\ &= N_{P_D}\left(E\left((1_{P_C})_V\right)(x)\right) \\ &= N_{P_D}\left((1_{P_D})_U(x)\right) = 0_{P_D}. \end{aligned}$$

(2) 单调性公理.

设 $A,B \in \mathrm{Map}(V,P_C)$, $A \subseteq_{P_C} B$, 则 $N_{P_C}(B) \subseteq_{P_C} N_{P_C}(A)$. 由 E 的单调性公理得到 $E(N_{P_C}(B)) \subseteq_{P_D} E(N_{P_C}(A))$. 因此

$$E_1(A) = N_{P_D}\left(E(N_{P_C}(A))\right) \subseteq_{P_D} N_{P_D}\left(E(N_{P_C}(B))\right) = E_1(B). \qquad \square$$

在定理 7.2.3 中, 考虑 $U=V$, $P_C = P_D = [0,1]$ 和 $N_{P_C}(A) = N_{P_D}(A) = A^c$, 则对 U 的一个半决策评价函数 E, 式 (7.2.3) 是 $E_1(A)(x) = 1 - E(A^c)(x)$. 进一步, 如果 E 是 U 的一个决策评价函数, 则 $E_1(A) = E(A)$.

定理 7.2.4 (Hu, 2017b) 设映射 $E: \mathrm{Map}(V,P_C) \to \mathrm{Map}(U,[0,1])$ 是 U 的一个半决策评价函数并且 $E\left((1_{P_C})_V\right) = 1_U$. 如果 $\alpha, \beta \in [0,1]$ 并且 $\alpha + \beta = 1$, 则

$$E_2(A)(x) = \alpha E(A)(x) + \beta\left(1 - E(N_{P_C}(A))(x)\right) \tag{7.2.4}$$

是 U 的一个半决策评价函数.

证明 (1) 最小元公理.

$$\forall x \in U, \quad E_2\left((0_{P_C})_V\right)(x) = \alpha E\left((0_{P_C})_V\right)(x) + \beta\left(1 - E\left((1_{P_C})_V\right)(x)\right) = 0.$$

(2) 单调性公理.

设 $A,B \in \mathrm{Map}(V,P_C)$ 并且 $A \subseteq_{P_C} B$. 则 $N_{P_C}(B) \subseteq_{P_C} N_{P_C}(A)$, 即 $N_{P_C}(B)(x) \leqslant_{P_C} N_{P_C}(A)(x)$. 又由 E 的单调性得到 $E(A)(x) \leqslant E(B)(x)$ 和 $E(N_{P_C}(B))(x) \leqslant E(N_{P_C}(A))(x)$, $\forall x \in U$. 于是

$$\begin{aligned} E_2(A)(x) &= \alpha E(A)(x) + \beta\left(1 - E(N_{P_C}(A))(x)\right) \\ &\leqslant \alpha E(B)(x) + \beta\left(1 - E(N_{P_C}(B))(x)\right) = E_2(B)(x), \quad \forall x \in U. \end{aligned} \qquad \square$$

在定理 7.2.4, 考虑 $U=V$, $P_C = [0,1]$ 并且 $N_{P_C}(A) = A^c$, 则对于 U 的半决策评价函数 E, 式 (7.2.4) 是 $E_2(A)(x) = \alpha E(A)(x) + \beta\left(1 - E(A^c)(x)\right)$. 进一步, 如果 E 是 U 上一个决策评价函数, 则 $E_2(A) = E(A)$.

7.3　从半决策评价函数到决策评价函数的构造

从式 (7.2.4) 得到

$$E_2(N_{P_C}(A))(x)=\alpha E(N_{P_C}(A))(x)+\beta\big(1-E(A)(x)\big),$$
$$1-E_2(A)(x)=\alpha(1-E(A)(x))+\beta E(N_{P_C}(A))(x).$$

于是, 如果 $E_2(N_{P_C}(A))(x)=1-E_2(A)(x)$, 则 $(\alpha-\beta)(E(N_{P_C}(A))(x)+E(A)(x)-1)=0$. 由此得到 $E_2(N_{P_C}(A))(x)=1-E_2(A)(x)$ 当且仅当 $E(N_{P_C}(A))(x)=1-E(A)(x)$ 或 $\alpha=\beta=0.5$. 即式 (7.2.4) 中的 E_2 满足自对偶性公理当且仅当 E 满足自对偶性公理或 $\alpha=\beta=0.5$. 因此我们获得下面的定理.

定理 7.3.1 (Hu, 2017b)　设映射 $E:\mathrm{Map}(V,P_C)\to\mathrm{Map}(U,[0,1])$ 是 U 的一个半决策评价函数并且 $E\big((1_{P_C})_V\big)=1_U$, 则

$$E^*(A)(x)=\frac{1+E(A)(x)-E\big(N_{P_C}(A)\big)(x)}{2}\tag{7.3.1}$$

是 U 的一个决策评价函数.

由式 (7.3.1) 很容易得到 $E^*(A)=E(A)$ 当且仅当 $E(A)$ 是 U 的一个决策评价函数. 定理 7.3.1 告诉我们如果 $E(A)$ 是 U 的一个半决策评价函数, 但不一定是 U 的决策评价函数, 那么我们能通过式 (7.3.1) 获得 U 的一个决策评价函数.

定理 7.3.2 (Hu, 2017b)　设映射 $E:\mathrm{Map}(V,P_C)\to\mathrm{Map}(U,[0,1])$ 是 U 上一个半决策评价函数, $E\big((1_{P_C})_V\big)=1_U$, 并且 $E_3(A)(x)=1-E(N_{P_C}(A))(x)$. 则 $E^*(A)=E_3^*(A)$, 其中 E^* 和 E_3^* 分别从 E 和 E_3 由式 (7.3.1) 得到.

由定理 7.2.3 和定理 7.3.1 而知定理 7.3.2 的证明是直接的.

例 7.3.1 (Hu, 2017b)　对于 $A\in\mathrm{Map}(V,P_C)$, 我们定义

$$E(A)=\begin{cases}(1_{P_D})_U, & A=(1_{P_C})_V,\\ (0_{P_D})_U, & \text{其他},\end{cases}$$

则 $E(A)$ 是 U 上一个半决策评价函数. 但是, $E(A)$ 不是 U 上一个决策评价函数, 即它不满足自对偶性公理. 事实上,

$$E(N_{P_C}(A))=\begin{cases}(1_{P_D})_U, & A=(0_{P_C})_V,\\ (0_{P_D})_U, & \text{其他},\end{cases}$$

并且

$$N_{P_D}(E(A))=\begin{cases}(0_{P_D})_U, & A=(1_{P_C})_V,\\ (1_{P_D})_U, & \text{其他},\end{cases}$$

即 $E(N_{P_C}(A)) \neq N_{P_D}(E(A))$.

由定理 7.2.3 和式 (7.2.3),

$$E_1(A) = N_{P_D}(E(N_{P_C}(A))) = \begin{cases} (0_{P_D})_U, & A = (0_{P_C})_V, \\ (1_{P_D})_U, & \text{其他} \end{cases}$$

也是 U 的一个半决策评价函数.

如果我们考虑 $P_D = [0,1]$，则由定理 7.3.1 和式 (7.3.1) 得到

$$E^*(A) = E_1^*(A) = \begin{cases} 1_U, & A = (1_{P_C})_V, \\ 0_U, & A = (0_{P_C})_V, \\ (0.5)_U, & \text{其他} \end{cases}$$

是 U 的一个决策评价函数.

从例 7.3.1 很容易知道下列事实.

如果考虑决策论域 U 并定义

$$E(A) = \begin{cases} U, & A = U, \\ \varnothing, & \text{其他} \end{cases}$$

和

$$E^*(A) = \begin{cases} U, & A = U, \\ \varnothing, & A = \varnothing, \\ (0.5)_U, & \text{其他}, \end{cases}$$

$A \in \mathrm{Map}(U,[0,1])$，则决策评价函数 $E^*(A)$ 比半决策评价函数 $E(A)$ 更合理，这与 Pedrycz (1998) 引入的阴影集一致.

例 7.3.2 设 $P_C = P_D = [0,1]$，U 和 V 是两个有限论域，$A \in \mathrm{Map}(V,[0,1])$，$R \in \mathrm{Map}(U \times V,[0,1])$ 并且 $\sum_{y \in V} R(x,y) \neq 0, \forall x \in U$. 则在例 7.2.1 中我们知道

$$E(A)(x) = \frac{\sum_{y \in V} A(y) \wedge R(x,y)}{\sum_{y \in V} R(x,y)}$$

是 U 的关于 $A \in \mathrm{Map}(V,[0,1])$ 的一个半决策评价函数. 于是由定理 7.2.3 和式 (7.2.3) 得到

$$E_1(A)(x) = 1 - \frac{\sum_{y \in V} \left(1 - A(y)\right) \wedge R(x,y)}{\sum_{y \in V} R(x,y)}$$

是 U 的一个半决策评价函数并且 $E_1(1_V)(x) = 1$. 又由定理 7.3.1 和式 (7.3.1) 得到

$$E^*(A)(x)=\frac{1}{2}+\frac{\sum_{y\in V}A(y)\wedge R(x,y)-\sum_{y\in V}\big(1-A(y)\big)\wedge R(x,y)}{2\sum_{y\in V}R(x,y)}$$

是 U 的关于 $A\in \mathrm{Map}(V,[0,1])$ 的一个决策评价函数.

如果考虑例 7.2.1 中 A 和 R, 则

$$E(A)=\frac{0.765}{x_1}+\frac{0.765}{x_2}+\frac{0.771}{x_3}+\frac{0.885}{x_4}+\frac{0.8}{x_5},$$

$$E_1(A)=\frac{0.559}{x_1}+\frac{0.559}{x_2}+\frac{0.629}{x_3}+\frac{0.577}{x_4}+\frac{0.629}{x_5},$$

$$E^*(A)=\frac{0.662}{x_1}+\frac{0.662}{x_2}+\frac{0.700}{x_3}+\frac{0.731}{x_4}+\frac{0.715}{x_5}.$$

由上面的 $E(A)$ 和 $E_1(A)$, 可以得到 $E(A)\supseteq E_1(A)$ 与例 7.2.1 中的不等式一致.

在下面的讨论中, 二元函数 $\mathsf{T}:[0,1]^2\to[0,1]$ 是 $[0,1]$ 上的一个 t-模, $\perp:[0,1]^2\to[0,1]$ 是 $[0,1]$ 的 t-余模 (参见定义 1.3.1), 并且 t-模 T 和 t-余模 $\perp$ 是对偶的 (参见定义 1.3.2).

定理 7.3.3 (Hu, 2017b)　设映射 $E:\mathrm{Map}(V,P_C)\to \mathrm{Map}(U,[0,1])$ 是 U 的一个半决策评价函数并且 $E\big((1_{P_C})_V\big)=1_U$. 则

$$E^*(A)(x)=\frac{\mathsf{T}\Big(E(A)(x),1-E(N_{P_C}(A))(x)\Big)+\perp\Big(E(A)(x),1-E(N_{P_C}(A))(x)\Big)}{2} \tag{7.3.2}$$

是 U 的一个决策评价函数, 其中 T 和 $\perp$ 分别是$[0, 1]$上的对偶的 t-模和 t-余模.

证明　(1) 最小元公理.

$\forall x\in U$,

$E^*\big((0_{P_C})_V\big)(x)$

$$=\frac{\mathsf{T}\Big(E((0_{P_C})_V)(x),1-E(N_{P_C}((0_{P_C})_V))(x)\Big)+\perp\Big(E((0_{P_C})_V)(x),1-E(N_{P_C}((0_{P_C})_V))(x)\Big)}{2}$$

$$=\frac{\mathsf{T}\Big(E((0_{P_C})_V)(x),1-E((1_{P_C})_V)(x)\Big)+\perp\Big(E((0_{P_C})_V)(x),1-E((1_{P_C})_V)(x)\Big)}{2}=0.$$

(2) 单调性公理.

设 $A,B\in \mathrm{Map}(V,P_C)$, $A\subseteq_{P_C} B$. 则 $N_{P_C}(B)\subseteq_{P_C} N_{P_C}(A)$, 即

$$N_{P_C}(B)(x)\leqslant_{P_C} N_{P_C}(A)(x).$$

又由 E 的单调性得到 $E(A)(x)\leqslant E(B)(x)$ 和 $E(N_{P_C}(B))(x)\leqslant E(N_{P_C}(A))(x)$, $\forall x\in U$. 于是由 t-模 T 和 t-余模 $\perp$ 的单调性得到

$$
\begin{aligned}
E^*(A)(x) &= \frac{\top\left(E(A)(x),1-E(N_{P_C}(A))(x)\right)+\bot\left(E(A)(x),1-E(N_{P_C}(A))(x)\right)}{2} \\
&\leqslant \frac{\top\left(E(B)(x),1-E(N_{P_C}(B))(x)\right)+\bot\left(E(B)(x),1-E(N_{P_C}(B))(x)\right)}{2} \\
&= E^*(B)(x), \quad \forall x \in U.
\end{aligned}
$$

(3) 自对偶性公理.

由 t-模 $\top$ 和 t-余模 $\bot$ 得到

$$
\begin{aligned}
E^*(N_{P_C}(A))(x) &= \frac{\top\left(E(N_{P_C}(A))(x),1-E(A)(x)\right)+\bot\left(E(N_{P_C}(A))(x),1-E(A)(x)\right)}{2} \\
&= 1-\frac{1-\top\left(E(N_{P_C}(A))(x),1-E(A)(x)\right)+1-\bot\left(E(N_{P_C}(A))(x),1-E(A)(x)\right)}{2} \\
&= 1-\frac{\bot\left(1-E(N_{P_C}(A))(x),E(A)(x)\right)+\top\left(1-E(N_{P_C}(A))(x),E(A)(x)\right)}{2} \\
&= 1-E^*(A)(x).
\end{aligned}
$$

□

在定理 7.3.3, $E(A)$ 即使是 U 的一个决策评价函数, $E^*(A)=E(A)$ 也不一定成立.

在定理 7.3.3, 如果考虑 $\top=\wedge$ 和 $\bot=\vee$, 则对于 U 上一个半决策评价函数 E, 式 (7.3.2) 变为

$$
\begin{aligned}
E^*(A)(x) &= \frac{E(A)(x)\wedge\left(1-E(N_{P_C}(A))(x)\right)+E(A)(x)\vee\left(1-E(N_{P_C}(A))(x)\right)}{2} \\
&= \frac{E(A)(x)+1-E(N_{P_C}(A))(x)}{2},
\end{aligned}
$$

即式 (7.3.1). 如果考虑 $\top(a,b)=ab$ 和 $\bot(a,b)=a+b-ab$, 则对于 U 上一个半决策评价函数 E, 式 (7.3.2) 变为

$$
\begin{aligned}
E^*(A)(x) &= \frac{1}{2}(E(A)(x)(1-E(N_{P_C}(A))(x))+E(A)(x)+1 \\
&\quad -E(N_{P_C}(A))(x)-E(A)(x)(1-E(N_{P_C}(A))(x))) \\
&= \frac{E(A)(x)+1-E(N_{P_C}(A))(x)}{2},
\end{aligned}
$$

即式 (7.3.1). 如果我们考虑 $\top(a,b)=\max(a+b-1,0)$ 和 $\bot(a,b)=\min(a+b,1)$, 则对于 U 上一个半决策评价函数 E, 式(7.3.2)为

$$E^*(A)(x)=\frac{\max\left(E(A)(x)-E(N_{P_C}(A))(x),0\right)+\min\left(E(A)(x)+1-E(N_{P_C}(A))(x),1\right)}{2}$$
$$=\frac{E(A)(x)+1-E(N_{P_C}(A))(x)}{2},$$

即式 (7.3.1). 如果我们考虑

$$\mathsf{T}(a,b)=\frac{ab}{1+(1-a)(1-b)} \quad 和 \quad \perp(a,b)=\frac{a+b}{1+ab},$$

则对于 U 上一个半决策评价函数 E, 式 (7.3.2) 变为

$$E^*(A)(x)=\frac{1}{2}\left(\frac{E(A)(x)\left(1-E(N_{P_C}(A))(x)\right)}{1+\left(1-E(A)(x)\right)E(N_{P_C}(A))(x)}+\frac{E(A)(x)+1-E(N_{P_C}(A))(x)}{1+E(A)(x)\left(1-E(N_{P_C}(A))(x)\right)}\right).$$

它不同于式 (7.3.1). 并且如果 $E(A)$ 是 U 上一个决策评价函数, 即 $1-E(N_{P_C}(A))=E(A)$, 那么 $E^*(A)\neq E(A)$.

下面我们考虑半决策评价函数 $E:\mathrm{Map}(V,P_C)\to\mathrm{Map}(U,I^{(2)})$ 的转化方法.

定理 7.3.4 (Hu, 2017b)　设 U 是决策域, V 是条件域, 映射 $E:\mathrm{Map}(V,P_C)\to\mathrm{Map}(U,I^{(2)})$ 定义为 $E(A)(x)=\left[\left(E(A)\right)^-(x),\left(E(A)\right)^+(x)\right]$. 则 $E(A)$ 是 U 的一个半决策评价函数当且仅当 $\left(E(A)\right)^-:\mathrm{Map}(V,P_C)\to\mathrm{Map}(U,[0,1])$ 和 $\left(E(A)\right)^+:\mathrm{Map}(V,P_C)\to\mathrm{Map}(U,[0,1])$ 都是 U 的半决策评价函数.

证明　由定义 7.2.1 直接得到. □

定理 7.3.5 (Hu, 2017b)　设 U 是决策域, V 是条件域, 映射 $E:\mathrm{Map}(V,P_C)\to\mathrm{Map}(U,I^{(2)})$ 是 U 的一个半决策评价函数, $E(A)(x)=\left[\left(E(A)\right)^-(x),\left(E(A)\right)^+(x)\right]$ 并且 $E\left((1_{P_C})_V\right)=(1_{I^{(2)}})_U$. 则

$$E^*(A)(x)=\left[\frac{1+\left(E(A)\right)^-(x)-\left(E(N_{P_C}(A))\right)^+(x)}{2},\frac{1+\left(E(A)\right)^+(x)-\left(E(N_{P_C}(A))\right)^-(x)}{2}\right] \tag{7.3.3}$$

是 U 的一个决策评价函数.

证明　(1) 最小元公理.

$\forall x\in U$, $E^*\left((0_{P_C})_V\right)(x)$

$$=\left[\frac{1+\left(E((0_{P_C})_V)\right)^-(x)-\left(E(N_{P_C}((0_{P_C})_V))\right)^+(x)}{2},\frac{1+\left(E((0_{P_C})_V)\right)^+(x)-\left(E(N_{P_C}((0_{P_C})_V))\right)^-(x)}{2}\right]$$

$$=\left[\frac{1+\left(E((0_{P_C})_V)\right)^-(x)-\left(E((1_{P_C})_V)\right)^+(x)}{2},\frac{1+\left(E((0_{P_C})_V)\right)^+(x)-\left(E((1_{P_C})_V)\right)^-(x)}{2}\right]$$

$=0_{I^{(2)}}$.

(2) 单调性公理.

设 $A,B\in \mathrm{Map}(V,P_C)$，$A\subseteq_{P_C} B$. 则 $N_{P_C}(B)\subseteq_{P_C} N_{P_C}(A)$，即，$N_{P_C}(B)(x)\leqslant_{P_C} N_{P_C}(A)(x)$. 又从 E 的单调性得到 $E(A)(x)\leqslant_{I^{(2)}} E(B)(x)$ 和 $E(N_{P_C}(B))(x)\leqslant_{I^{(2)}} E(N_{P_C}(A))(x)$，$\forall x\in U$. 于是 $\forall x\in U$，

$$E^*(A)(x)=\left[\frac{1+\left(E(A)\right)^-(x)-\left(E(N_{P_C}(A))\right)^+(x)}{2},\frac{1+\left(E(A)\right)^+(x)-\left(E(N_{P_C}(A))\right)^-(x)}{2}\right]$$

$$\leqslant_{I^{(2)}}\left[\frac{1+\left(E(B)\right)^-(x)-\left(E(N_{P_C}(B))\right)^+(x)}{2},\frac{1+\left(E(B)\right)^+(x)-\left(E(N_{P_C}(B))\right)^-(x)}{2}\right]$$

$$=E^*(B)(x).$$

(3) 自对偶性公理.

$E^*(N_{P_C}(A))(x)$

$$=\left[\frac{1+\left(E(N_{P_C}(A))\right)^-(x)-\left(E(A)\right)^+(x)}{2},\frac{1+\left(E(N_{P_C}(A))\right)^+(x)-\left(E(A)\right)^-(x)}{2}\right]$$

$$=\left[1-\frac{1+\left(E(A)\right)^+(x)-\left(E(N_{P_C}(A))\right)^-(x)}{2},1-\frac{1+\left(E(A)\right)^-(x)-\left(E(N_{P_C}(A))\right)^+(x)}{2}\right]$$

$$=1_{I^{(2)}}-\left[\frac{1+\left(E(A)\right)^-(x)-\left(E(N_{P_C}(A))\right)^+(x)}{2},\frac{1+\left(E(A)\right)^+(x)-\left(E(N_{P_C}(A))\right)^-(x)}{2}\right]$$

$$=1_{I^{(2)}}-E^*(A)(x)$$

$$=\left(E^*(A)\right)^c(x).$$ □

例 7.3.3 设 $P_C=P_D=I^{(2)}$，U 和 V 是两个有限论域，$A\in \mathrm{Map}(V,I^{(2)})$，$R\in \mathrm{Map}(U\times V,[0,1])$ 并且 $\sum_{y\in V}R(x,y)\neq 0,\forall x\in U$. 那么我们由例 7.2.1 得到

$$E(A)(x)=\left[\frac{\sum_{y\in V}A^-(y)\wedge R(x,y)}{\sum_{y\in V}R(x,y)},\frac{\sum_{y\in V}A^+(y)\wedge R(x,y)}{\sum_{y\in V}R(x,y)}\right]$$

是 U 的一个关于 $A\in \mathrm{Map}(V,I^{(2)})$ 的半决策评价函数，并且 $E(1_{I^{(2)}})(x)=1_{I^{(2)}}$. 于是由定理 7.3.5 得到

$$E^*(A)(x)=\frac{1}{2}\left[1+\frac{\sum_{y\in V}A^-(y)\wedge R(x,y)-\sum_{y\in V}\left(1-A^-(y)\right)\wedge R(x,y)}{\sum_{y\in V}R(x,y)},\right.$$

$$\left.1+\frac{\sum_{y\in V}A^+(y)\wedge R(x,y)-\sum_{y\in V}\left(1-A^+(y)\right)\wedge R(x,y)}{\sum_{y\in V}R(x,y)}\right]$$

是 U 的一个关于 $A\in \mathrm{Map}(V,I^{(2)})$ 的决策评价函数.

下面我们讨论半决策评价函数 $E:\mathrm{Map}(V,P_C)\to \mathrm{Map}(U,I^2)$ 的转化方法.

定理 7.3.6 (Hu, 2017b)　设 U 一个决策域, V 是一个条件域, 映射 $E:\mathrm{Map}(V,P_C)\to \mathrm{Map}(U,I^2)$ 并且 $E(A)(x)=\left(E_\mu(A)(x),E_\nu(A)(x)\right)$. 则 $E(A)$ 是 U 的一个半决策评价函数当且仅当 $E_\mu,(E_\nu)^c:\mathrm{Map}(V,P_C)\to \mathrm{Map}(U,[0,1])$ 是 U 的半决策评价函数. 如果 $E\left((1_{P_C})_V\right)=1_{I^2}=(1,0)$, 则

$$E^*(A)(x)=\left(\frac{E_\mu(A)(x)+E_\nu(N_{P_C}(A))(x)}{2},\frac{E_\nu(A)(x)+E_\mu(N_{P_C}(A))(x)}{2}\right)\quad(7.3.4)$$

是 U 的一个决策评价函数.

证明　假设 $E=(E_\mu,E_\nu):\mathrm{Map}(V,P_C)\to \mathrm{Map}(U,I^2)$ 是 U 的一个半决策评价函数. 由公理 (E1) 得到 $E((0)_{P_C})(x)=\left(E_\mu((0)_{P_C})(x),E_\nu((0)_{P_C})(x)\right)=(0,1)=0_{I^2}$, 即 $E_\mu((0)_{P_C})(x)=0$, $E_\nu((0)_{P_C})(x)=1$. 所以 E_μ 和 $(E_\nu)^c$ 满足公理 (E1).

设 $A,B\in \mathrm{Map}(V,P_C)$, $A\subseteq_{P_C} B$, 则

$$E(A)(x)=\left(E_\mu(A)(x),E_\nu(A)(x)\right)\leqslant_{I^2}\left(E_\mu(B)(x),E_\nu(B)(x)\right)=E(B)(x),$$

于是 $E_\mu(A)(x)\leqslant E_\mu(B)(x)$, $E_\nu(A)(x)\geqslant E_\nu(B)(x)$, 即 E_μ 和 $(E_\nu)^c$ 满足公理 (E2). 因此 E_μ 和 $(E_\nu)^c$ 都是 U 的一个半决策评价函数.

反之, 如果 $E_\mu,(E_\nu)^c:\mathrm{Map}(V,P_C)\to \mathrm{Map}(U,[0,1])$ 是 U 的一个半决策评价函数, 则由 $E_\mu((0)_{P_C})(x)=0$ 和 $(E_\nu)^c((0)_{P_C})(x)=0$ 得到

$$E((0)_{P_C})(x)=\left(E_\mu((0)_{P_C})(x),E_\nu((0)_{P_C})(x)\right)=(0,1)=0_{I^2},$$

即 E 满足公理 (E1).

设 $A,B\in \mathrm{Map}(V,P_C)$, $A\subseteq_{P_C} B$. 那么由 $E_\mu(A)(x)\leqslant E_\mu(B)(x)$ 和 $(E_\nu)^c(A)(x)\leqslant (E_\nu)^c(B)(x)$ 得到

$$E(A)(x)=\left(E_\mu(A)(x),E_\nu(A)(x)\right)\leqslant_{I^2}\left(E_\mu(B)(x),E_\nu(B)(x)\right)=E(B)(x),$$

即 E 满足公理 (E2).

如果 E 是 U 的一个半决策评价函数并且 $E\left((1_{P_C})_V\right)=1_{I^2}=(1,0)$，则 E_μ 和 $\left(E_\nu\right)^c$ 是 U 的一个半决策评价函数并且 $E_\mu\left((1_{P_C})_V\right)=1$，$E_\nu\left((1_{P_C})_V\right)=0$.

(1) $$E^*((0)_{P_C})(x)=\left(\frac{E_\mu((0)_{P_C})(x)+E_\nu(N_{P_C}((0)_{P_C}))(x)}{2},\frac{E_\nu((0)_{P_C})(x)+E_\mu(N_{P_C}((0)_{P_C}))(x)}{2}\right)$$
$$=\left(\frac{E_\mu((0)_{P_C})(x)+E_\nu((1)_{P_C})(x)}{2},\frac{E_\nu((0)_{P_C})(x)+E_\mu((1)_{P_C})(x)}{2}\right)$$
$$=(0,1)=0_{I^2}.$$

(2) 设 $A,B\in \mathrm{Map}(V,P_C)$，$A\subseteq_{P_C} B$，则

$$N_{P_C}(B)\subseteq_{P_C} N_{P_C}(A),$$
$$E_\mu(A)\subseteq E_\mu(B),$$
$$E_\nu(N_{P_C}(A))\subseteq E_\nu(N_{P_C}(B)),$$
$$E_\nu(A)\supseteq E_\nu(B),$$
$$E_\mu(N_{P_C}(A))\supseteq E_\mu(N_{P_C}(B)).$$

因此

$$E^*(A)(x)=\left(\frac{E_\mu(A)(x)+E_\nu(N_{P_C}(A))(x)}{2},\frac{E_\nu(A)(x)+E_\mu(N_{P_C}(A))(x)}{2}\right)$$
$$\leqslant_{I^2}\left(\frac{E_\mu(B)(x)+E_\nu(N_{P_C}(B))(x)}{2},\quad\frac{E_\nu(B)(x)+E_\mu(N_{P_C}(B))(x)}{2}\right)$$
$$=E^*(B)(x).$$

(3) $$E^*(N_{P_C}(A))(x)=\left(\frac{E_\mu(N_{P_C}(A))(x)+E_\nu(A)(x)}{2},\frac{E_\nu(N_{P_C}(A))(x)+E_\mu(A)(x)}{2}\right)$$
$$=\left(1-\frac{E_\mu(A)(x)+E_\nu(N_{P_C}(A))(x)}{2},1-\frac{E_\nu(A)(x)+E_\mu(N_{P_C}(A))(x)}{2}\right)$$
$$=\left(E^*(A)\right)^c(x).$$
□

7.4　基于半三支决策空间的三支决策

这一节讨论基于半三支决策空间上各类决策条件的三支决策, 例如, Fuzzy 集、区间值 Fuzzy 集、直觉 Fuzzy 集、随机集、犹豫 Fuzzy 集和 2 型 Fuzzy 集 (Hu, 2017b).

7.4.1　基于 Fuzzy 集的三支决策

在例 7.3.2 中我们考虑 $P_C = P_D = [0,1]$, U 和 V 是两个有限论域, $A \in \mathrm{Map}(V, [0,1])$, $R \in \mathrm{Map}(U \times V, [0,1])$ 并且 $\sum_{y\in V} R(x,y) \neq 0, \forall x \in U$. 则我们知道

$$E(A)(x) = \frac{\sum_{y\in V} A(y) \wedge R(x,y)}{\sum_{y\in V} R(x,y)} \tag{7.4.1}$$

是 U 的关于 $A \in \mathrm{Map}(V,[0,1])$ 的半决策评价函数. 由定理 7.3.1 和式 (7.3.1) 得到

$$E^*(A)(x) = \frac{1}{2} + \frac{\sum_{y\in V} A(y) \wedge R(x,y) - \sum_{y\in V} \big(1 - A(y)\big) \wedge R(x,y)}{2\sum_{y\in V} R(x,y)} \tag{7.4.2}$$

是 U 的关于 $A \in \mathrm{Map}(V,[0,1])$ 的半决策评价函数.

例 7.4.1　设 $U = \{x_1, x_2, \cdots, x_8\}$ 是由 8 位学生构成的论域, 老师给这些学生的一门课程成绩如下:

x_1, x_2, x_3 获得成绩 A,

x_4, x_5 获得成绩 B,

x_6 获得成绩 C,

x_7 获得成绩 A 或 B, A 的隶属度为 0.5, B 的隶属度为 0.5,

x_8 获得成绩 B 或 C, B 的隶属度为 0.6, C 的隶属度为 0.4.

8 位学生的成绩构成了下列 Fuzzy 关系 R.

$$R = \begin{bmatrix} 1 & 1 & 1 & 0 & 0 & 0 & 0.5 & 0 \\ 1 & 1 & 1 & 0 & 0 & 0 & 0.5 & 0 \\ 1 & 1 & 1 & 0 & 0 & 0 & 0.5 & 0 \\ 0 & 0 & 0 & 1 & 1 & 0 & 0.5 & 0.6 \\ 0 & 0 & 0 & 1 & 1 & 0 & 0.5 & 0.6 \\ 0 & 0 & 0 & 0 & 0 & 1 & 0 & 0.4 \\ 0.5 & 0.5 & 0.5 & 0.5 & 0.5 & 0 & 1 & 0 \\ 0 & 0 & 0 & 0.6 & 0.6 & 0.4 & 0 & 1 \end{bmatrix}.$$

他们在本课程中的演讲分数用下面的 Fuzzy 集表示.

$$S=\frac{1}{x_1}+\frac{0.7}{x_2}+\frac{0.9}{x_3}+\frac{0.6}{x_4}+\frac{0.6}{x_5}+\frac{0.7}{x_6}+\frac{0.7}{x_7}+\frac{0.3}{x_8},$$

由式 (7.4.1) 和式 (7.4.2) 分别得到

$$E(S)=\frac{0.886}{x_1}+\frac{0.886}{x_2}+\frac{0.886}{x_3}+\frac{0.645}{x_4}+\frac{0.645}{x_5}+\frac{0.714}{x_6}+\frac{0.914}{x_7}+\frac{0.731}{x_8}$$

和

$$E^*(S)=\frac{0.843}{x_1}+\frac{0.843}{x_2}+\frac{0.843}{x_3}+\frac{0.548}{x_4}+\frac{0.548}{x_5}+\frac{0.607}{x_6}+\frac{0.743}{x_7}+\frac{0.519}{x_8}.$$

我们从 $E(S)$ 可以看到即使学生 x_7 的考试成绩和演讲成绩不比学生 x_1, x_2 和 x_3 高, 但最后成绩是 0.914, 比学生 x_1, x_2 和 x_3 高. 这显然是不合理的. 其重要原因是式 (7.4.1) 只是一个不满足自对偶性公理的半决策评价函数. 式 (7.4.2) 是满足自对偶性公理的决策评价函数, 所以按 $E^*(S)$ 给出的学生最后成绩是合理的. 如果我们考虑 $\alpha=0.8$ 和 $\beta=0.6$, 则三支决策如下所示:

(1) 接受域: $\mathrm{ACP}_{(0.8,\,0.6)}(E^*,S)=\{x_1,x_2,x_3\}$;

(2) 拒绝域: $\mathrm{REJ}_{(0.8,\,0.6)}(E^*,S)=\{x_4,x_5,x_8\}$;

(3) 不确定域: $\mathrm{UNC}_{(0.8,\,0.6)}(E^*,S)=\{x_6,x_7\}$.

7.4.2 基于区间值 Fuzzy 集的三支决策

设 $P_C=I^{(2)}$, $P_D=[0,1]$, U 和 V 是两个有限论域, $A\in \mathrm{Map}(V,I^{(2)})$, $R\in \mathrm{Map}(U\times V,[0,1])$ 并且 $\sum_{y\in V}R(x,y)\neq 0, \forall x\in U$. 则

$$E(A)(x)=\frac{\sum_{y\in V}A^{(m)}(y)\wedge R(x,y)}{\sum_{y\in V}R(x,y)} \tag{7.4.3}$$

是 U 关于 $A\in \mathrm{Map}(V,[0,1])$ 的半决策评价函数, 其中 $A^{(m)}(y)=\dfrac{A^-(y)+A^+(y)}{2}$, $\forall y\in V$.

对于 $R\in \mathrm{Map}(U\times V,I^{(2)})$, 我们取 $R^{(\mathrm{in})}\in \mathrm{Map}(U\times V,I)$ 满足 $R^-\subseteq R^{(\mathrm{in})}\subseteq R^+$ 并且 $\sum_{y\in V}R^{(\mathrm{in})}(x,y)\neq 0, \forall x\in U$. 则

$$E_1(A)(x)=\frac{\sum_{y\in V}A^{(m)}(y)\wedge R^{(\mathrm{in})}(x,y)}{\sum_{y\in V}R^{(\mathrm{in})}(x,y)} \tag{7.4.4}$$

是 U 的关于 $A\in\mathrm{Map}(V,[0,1])$ 的半决策评价函数. U 的决策评价函数由定理 7.3.1 和式 (7.3.1) 构造如下:

$$E_1^*(A)(x)=\frac{1}{2}+\frac{\sum_{y\in V}A^{(m)}(y)\wedge R^{(\mathrm{in})}(x,y)-\sum_{y\in V}\left(1-A^{(m)}(y)\right)\wedge R^{(\mathrm{in})}(x,y)}{2\sum_{y\in V}R^{(\mathrm{in})}(x,y)}. \tag{7.4.5}$$

设 $P_C=P_D=I^{(2)}$, U 和 V 是两个有限论域, $A\in\mathrm{Map}(V,I^{(2)})$, $R\in\mathrm{Map}(U\times V,I^{(2)})$. 取 $R^-\subseteq R^{(\mathrm{in})}\subseteq R^+$ 并且 $\sum_{y\in V}R^{(\mathrm{in})}(x,y)\neq 0,\forall x\in U$, 则

$$E_2(A)(x)=\left[\frac{\sum_{y\in V}A^-(y)\wedge R^{(\mathrm{in})}(x,y)}{\sum_{y\in V}R^{(\mathrm{in})}(x,y)},\frac{\sum_{y\in V}A^+(y)\wedge R^{(\mathrm{in})}(x,y)}{\sum_{y\in V}R^{(\mathrm{in})}(x,y)}\right] \tag{7.4.6}$$

是 U 关于 $A\in\mathrm{Map}(V,I^{(2)})$ 的半决策评价函数. 由定理 7.3.5 和式 (7.3.3) 构造得到 U 的决策评价函数如下:

$$\begin{aligned}E_2^*(A)(x)=&\left[\frac{1}{2}+\frac{\sum_{y\in V}A^-(y)\wedge R^{(\mathrm{in})}(x,y)-\sum_{y\in V}\left(1-A^-(y)\right)\wedge R^{(\mathrm{in})}(x,y)}{2\sum_{y\in V}R^{(\mathrm{in})}(x,y)},\right.\\&\left.\frac{1}{2}+\frac{\sum_{y\in V}A^+(y)\wedge R^{(\mathrm{in})}(x,y)-\sum_{y\in V}\left(1-A^+(y)\right)\wedge R^{(\mathrm{in})}(x,y)}{2\sum_{y\in V}R^{(\mathrm{in})}(x,y)}\right].\end{aligned} \tag{7.4.7}$$

事实上, 为了核实式 (7.4.7), 我们只需要注意下列公式

$$\left(E_2\right)^-(A)(x)=\frac{\sum_{y\in V}A^-(y)\wedge R^{(\mathrm{in})}(x,y)}{\sum_{y\in V}R^{(\mathrm{in})}(x,y)},$$

$$\left(E_2\right)^+(A)(x)=\frac{\sum_{y\in V}A^+(y)\wedge R^{(\mathrm{in})}(x,y)}{\sum_{y\in V}R^{(\mathrm{in})}(x,y)},$$

$$A^c=\left[(A^+)^c,(A^-)^c\right].$$

例 7.4.2　再考虑例 7.4.1, 即 $U=\{x_1,x_2,\cdots,x_8\}$ 是由 8 位学生构成的论域并且 8 位学生的考试成绩构成下面的 Fuzzy 关系 R.

$$R=\begin{bmatrix}1&1&1&0&0&0&0.5&0\\1&1&1&0&0&0&0.5&0\\1&1&1&0&0&0&0.5&0\\0&0&0&1&1&0&0.5&0.6\\0&0&0&1&1&0&0.5&0.6\\0&0&0&0&0&1&0&0.4\\0.5&0.5&0.5&0.5&0.5&0&1&0\\0&0&0&0.6&0.6&0.4&0&1\end{bmatrix}.$$

我们假设学生的该课程演讲分数用区间值 Fuzzy 集表示，即

$$S=\frac{[0.95,1]}{x_1}+\frac{[0.7,0.75]}{x_2}+\frac{[0.9,0.95]}{x_3}+\frac{[0.6,0.65]}{x_4}+\frac{[0.65,0.7]}{x_5}+\frac{[0.75,0.8]}{x_6}+\frac{[0.75,0.8]}{x_7}+\frac{[0.3,0.4]}{x_8},$$

这个区间值 Fuzzy 集的隶属度对应于 $A, A^-, B^+, \cdots, D$，例如[0.95, 1]对应 A^+, [0.9, 0.95]对应 A, [0.75, 0.8]对应 B，等等.

学生的该课程演讲平均分数是一个 Fuzzy 集，即

$$S^{(m)}=\frac{0.975}{x_1}+\frac{0.725}{x_2}+\frac{0.925}{x_3}+\frac{0.625}{x_4}+\frac{0.675}{x_5}+\frac{0.775}{x_6}+\frac{0.775}{x_7}+\frac{0.35}{x_8}.$$

并且 $(S^c)^{(m)}=\frac{0.025}{x_1}+\frac{0.275}{x_2}+\frac{0.075}{x_3}+\frac{0.375}{x_4}+\frac{0.325}{x_5}+\frac{0.225}{x_6}+\frac{0.225}{x_7}+\frac{0.65}{x_8}.$

由式 (7.4.3) 得到

$$E(S)=\frac{0.893}{x_1}+\frac{0.893}{x_2}+\frac{0.893}{x_3}+\frac{0.694}{x_4}+\frac{0.694}{x_5}+\frac{0.804}{x_6}+\frac{0.936}{x_7}+\frac{0.75}{x_8},$$

$$E(S^c)=\frac{0.171}{x_1}+\frac{0.171}{x_2}+\frac{0.171}{x_3}+\frac{0.492}{x_4}+\frac{0.492}{x_5}+\frac{0.446}{x_6}+\frac{0.371}{x_7}+\frac{0.606}{x_8}.$$

由式 (7.3.1) 得到

$$E^*(S)=\frac{0.861}{x_1}+\frac{0.861}{x_2}+\frac{0.861}{x_3}+\frac{0.601}{x_4}+\frac{0.601}{x_5}+\frac{0.679}{x_6}+\frac{0.783}{x_7}+\frac{0.572}{x_8}.$$

我们从 $E(S)$ 可看到学生 x_7 的最后分数是 0.936 并且比学生 x_1, x_2 和 x_3 要高，即便 x_7 的考试成绩和演讲分数不比学生 x_1, x_2 和 x_3 高. 不合理性来自式 (7.4.4) 只是一个半决策评价函数，不满足自对偶性公理. 而式 (7.3.1) 是一个决策评价函数，满足自对偶性公理. 因此学生最后成绩 $E^*(S)$ 是合理的.

下面给了一个区间值 Fuzzy 关系的例子.

例 7.4.3 设 $U=\{x_1,x_2,x_3,x_4,x_5\}$，

$$R=\begin{bmatrix} [1,1] & [0.6,0.8] & [0.5,0.6] & [0.4,0.5] & [0.7,0.8] \\ [0.6,0.8] & [1,1] & [0.5,0.6] & [0.4,0.5] & [0.7,0.8] \\ [0.5,0.6] & [0.5,0.6] & [1,1] & [0.4,0.5] & [0.9,0.9] \\ [0.4,0.5] & [0.4,0.5] & [0.4,0.5] & [1,1] & [0.4,0.5] \\ [0.7,0.8] & [0.7,0.8] & [0.9,0.9] & [0.4,0.5] & [1,1] \end{bmatrix}$$

是 U 的一个区间值 Fuzzy 关系，并且

$$A=\frac{[1,1]}{x_1}+\frac{[0.6,0.7]}{x_2}+\frac{[0.8,0.9]}{x_3}+\frac{[0.5,0.7]}{x_4}+\frac{[0.3,0.5]}{x_5}$$

是 U 的区间值 Fuzzy 集.

取

$$R^{(\mathrm{in})}=\begin{bmatrix} 1 & 0.7 & 0.55 & 0.45 & 0.75 \\ 0.7 & 1 & 0.55 & 0.45 & 0.75 \\ 0.55 & 0.55 & 1 & 0.45 & 0.9 \\ 0.45 & 0.45 & 0.45 & 1 & 0.45 \\ 0.75 & 0.75 & 0.9 & 0.45 & 1 \end{bmatrix},$$

则由式 (7.4.6) 得到

$$E_2(A)=\frac{[0.841,0.928]}{x_1}+\frac{[0.754,0.841]}{x_2}+\frac{[0.768,0.855]}{x_3}+\frac{[0.768,0.893]}{x_4}+\frac{[0.753,0.857]}{x_5}.$$

由式 (7.4.7) 我们有

$$E_2^*(A)=\frac{[0.667,0.790]}{x_1}+\frac{[0.623,0.746]}{x_2}+\frac{[0.648,0.754]}{x_3}+\frac{[0.607,0.741]}{x_4}+\frac{[0.649,0.773]}{x_5}.$$

7.4.3　基于直觉 Fuzzy 集的三支决策

Liang 和 Liu (2015) 讨论了关于直觉 Fuzzy 集决策粗糙集的损失函数并且导出了相应的三支决策. 是否引入直觉 Fuzzy 集作为评价条件到决策评价函数? 在 (Hu, 2014) 中讨论了该问题. 然而, 在 (Hu, 2014) 中例 2.3(8) 我们需要增加等价关系的条件.

设 $P_C=P_D=I^2$, U 和 V 是两个有限论域, $A=(\mu_A,\nu_A)\in\mathrm{Map}(V,I^2)$ 并且 $R\in\mathrm{Map}(U\times V,[0,1])$ 满足 $\sum_{y\in V}R(x,y)\neq 0,\forall x\in U$. 则

$$E(A)(x)=\left(\frac{\sum_{y\in V}\mu_A(y)\wedge R(x,y)}{\sum_{y\in V}R(x,y)},\ \frac{\sum_{y\in V}\nu_A(y)\wedge R(x,y)}{\sum_{y\in V}R(x,y)}\right) \tag{7.4.8}$$

是 U 的一个半决策评价函数.

如果考虑 $R=(\mu_R,\nu_R)\in\mathrm{Map}(U\times V,I^2)$ 满足 $\sum_{y\in V}\mu_R(x,y)\neq 0$ 和 $\sum_{y\in V}\nu_R(x,y)\neq 0$, $\forall x\in U$. 则

$$E(A)(x)=\left(\frac{\sum_{y\in V}\mu_A(y)\wedge\mu_R(x,y)}{\sum_{y\in V}\mu_R(x,y)},\frac{\sum_{y\in V}\nu_A(y)\wedge\nu_R(x,y)}{\sum_{y\in V}\nu_R(x,y)}\right) \tag{7.4.9}$$

是 U 的一个半决策评价函数. 但不是 U 的一个决策评价函数, 这是因为

$$E(A^c)(x)=E((\nu_A,\mu_A))(x)=\left(\frac{\sum_{y\in V}\nu_A(y)\wedge\mu_R(x,y)}{\sum_{y\in V}\mu_R(x,y)},\frac{\sum_{y\in V}\mu_A(y)\wedge\nu_R(x,y)}{\sum_{y\in V}\nu_R(x,y)}\right)$$

$$\neq\left(\frac{\sum_{y\in V}\nu_A(y)\wedge\nu_R(x,y)}{\sum_{y\in V}\nu_R(x,y)},\frac{\sum_{y\in V}\mu_A(y)\wedge\mu_R(x,y)}{\sum_{y\in V}\mu_R(x,y)}\right)=\left(E(A)\right)^c(x).$$

由定理 7.3.6 和式 (7.3.4) 得到

$$E^*(A)(x)=\left(\frac{\sum_{y\in V}\mu_A(y)\wedge\mu_R(x,y)}{2\sum_{y\in V}\mu_R(x,y)}+\frac{\sum_{y\in V}\mu_A(y)\wedge\nu_R(x,y)}{2\sum_{y\in V}\nu_R(x,y)},\right.$$

$$\left.\frac{\sum_{y\in V}\nu_A(y)\wedge\nu_R(x,y)}{2\sum_{y\in V}\nu_R(x,y)}+\frac{\sum_{y\in V}\nu_A(y)\wedge\mu_R(x,y)}{2\sum_{y\in V}\mu_R(x,y)}\right) \tag{7.4.10}$$

是 U 的一个决策评价函数.

值得注意的是, 如果 $A=\left(\mu_A,\nu_A\right)\in\mathrm{Map}(V,I_s^2)$, 即 A 是 V 的一个直觉 Fuzzy 集, 则式 (7.4.8) 和式 (7.4.9) 中的 $E(A)$ 和式 (7.4.10) 中的 $E^*(A)$ 不是 V 的直觉 Fuzzy 集 (看下面的例 7.4.4).

设 $P_C=P_D=I^2$, U 和 V 是两个有限论域, $A=\left(\mu_A,\nu_A\right)\in\mathrm{Map}(V,I^2)$ 并且 $R\in\mathrm{Map}(U\times V,[0,1])$ 满足 $\sum_{y\in V}R(x,y)\neq 0,\forall x\in U$. 则

$$E(A)(x)=\left(\frac{\sum_{y\in V}\mu_A(y)R(x,y)}{\sum_{y\in V}R(x,y)},\frac{\sum_{y\in V}\nu_A(y)R(x,y)}{\sum_{y\in V}R(x,y)}\right) \tag{7.4.11}$$

是 U 的一个决策评价函数.

如果 $R=(\mu_R,\nu_R)\in \mathrm{Map}(U\times V,I^2)$ 满足 $\sum_{y\in V}\mu_R(x,y)\neq 0$ 和 $\sum_{y\in V}\nu_R(x,y)\neq 0$, $\forall x\in U$, 则

$$E(A)(x)=\left(\frac{\sum_{y\in V}\mu_A(y)\mu_R(x,y)}{\sum_{y\in V}\mu_R(x,y)},\frac{\sum_{y\in V}\nu_A(y)\nu_R(x,y)}{\sum_{y\in V}\nu_R(x,y)}\right) \tag{7.4.12}$$

是 U 的一个半决策评价函数. 但是不是决策评价函数, 这是因为

$$\begin{aligned}E(A^c)(x)=E((\nu_A,\mu_A))(x)&=\left(\frac{\sum_{y\in V}\nu_A(y)\mu_R(x,y)}{\sum_{y\in V}\mu_R(x,y)},\frac{\sum_{y\in V}\mu_A(y)\nu_R(x,y)}{\sum_{y\in V}\nu_R(x,y)}\right)\\&\neq\left(\frac{\sum_{y\in V}\nu_A(y)\nu_R(x,y)}{\sum_{y\in V}\nu_R(x,y)},\frac{\sum_{y\in V}\mu_A(y)\mu_R(x,y)}{\sum_{y\in V}\mu_R(x,y)}\right)=\left(E(A)\right)^c(x).\end{aligned}$$

由定理 7.3.6 和式 (7.3.3) 得到

$$E^*(A)(x)=\left(\frac{\sum_{y\in V}\mu_A(y)\mu_R(x,y)}{2\sum_{y\in V}\mu_R(x,y)}+\frac{\sum_{y\in V}\mu_A(y)\nu_R(x,y)}{2\sum_{y\in V}\nu_R(x,y)},\frac{\sum_{y\in V}\nu_A(y)\nu_R(x,y)}{2\sum_{y\in V}\nu_R(x,y)}+\frac{\sum_{y\in V}\nu_A(y)\mu_R(x,y)}{2\sum_{y\in V}\mu_R(x,y)}\right) \tag{7.4.13}$$

是 U 的一个决策评价函数.

值得注意的是, 如果 $A=\left(\mu_A,\nu_A\right)\in \mathrm{Map}(V,I_s^2)$, 即 A 是 V 的直觉 Fuzzy 集, 则式 (7.4.11) 中 $E(A)$ 和式 (7.4.13) 中的 $E^*(A)$ 也都是 V 的直觉 Fuzzy 集. 但式 (7.4.12) 中的 $E(A)$ 不是 V 的一个直觉 Fuzzy 集. 事实上

$$\begin{aligned}&\frac{\sum_{y\in V}\mu_A(y)\mu_R(x,y)}{\sum_{y\in V}\mu_R(x,y)}+\frac{\sum_{y\in V}\nu_A(y)\nu_R(x,y)}{\sum_{y\in V}\nu_R(x,y)}\\&=\frac{\sum_{y\in V}\mu_A(y)\mu_R(x,y)\sum_{y\in V}\nu_R(x,y)+\sum_{y\in V}\mu_R(x,y)\sum_{y\in V}\nu_A(y)\nu_R(x,y)}{\sum_{y\in V}\mu_R(x,y)\sum_{y\in V}\nu_R(x,y)}\\&=\frac{\sum_{y\in V}\sum_{u\in V}\mu_A(y)\mu_R(x,y)\nu_R(x,u)+\sum_{y\in V}\sum_{u\in V}\mu_R(x,y)\nu_A(u)\nu_R(x,u)}{\sum_{y\in V}\mu_R(x,y)\sum_{y\in V}\nu_R(x,y)}\end{aligned}$$

可能大于 1.

可以通过下面的例子来说明式 (7.4.8)、式 (7.4.11)—式 (7.4.13).

例 7.4.4 再次考虑例 7.4.1, 即 $U=\{x_1,x_2,\cdots,x_8\}$ 是由 8 位学生构成的论域并且 8 位学生的考试成绩构成下面的 Fuzzy 关系 R.

$$R=\begin{bmatrix} 1 & 1 & 1 & 0 & 0 & 0 & 0.5 & 0 \\ 1 & 1 & 1 & 0 & 0 & 0 & 0.5 & 0 \\ 1 & 1 & 1 & 0 & 0 & 0 & 0.5 & 0 \\ 0 & 0 & 0 & 1 & 1 & 0 & 0.5 & 0.6 \\ 0 & 0 & 0 & 1 & 1 & 0 & 0.5 & 0.6 \\ 0 & 0 & 0 & 0 & 0 & 1 & 0 & 0.4 \\ 0.5 & 0.5 & 0.5 & 0.5 & 0.5 & 0 & 1 & 0 \\ 0 & 0 & 0 & 0.6 & 0.6 & 0.4 & 0 & 1 \end{bmatrix}.$$

学生该课程的演讲分数用下面的一个直觉 Fuzzy 集表示

$$S=\frac{(1,0)}{x_1}+\frac{(0.7,0.2)}{x_2}+\frac{(0.9,0.1)}{x_3}+\frac{(0.6,0.3)}{x_4}+\frac{(0.6,0.4)}{x_5}+\frac{(0.7,0.2)}{x_6}+\frac{(0.7,0.1)}{x_7}+\frac{(0.3,0.6)}{x_8},$$

由式 (7.4.8) 得到

$$E(S)=\frac{(0.886,0.114)}{x_1}+\frac{(0.886,0.114)}{x_2}+\frac{(0.886,0.114)}{x_3}+\frac{(0.645,0.452)}{x_4}+\frac{(0.645,0.452)}{x_5}+\frac{(0.714,0.429)}{x_6}+\frac{(0.914,0.314)}{x_7}+\frac{(0.731,0.577)}{x_8}.$$

显然 $E(S)$ 不是一个直觉 Fuzzy 集.

由式 (7.4.11) 得到

$$E(S)=\frac{(0.843,0.1)}{x_1}+\frac{(0.843,0.1)}{x_2}+\frac{(0.843,0.1)}{x_3}+\frac{(0.558,0.358)}{x_4}+\frac{(0.558,0.358)}{x_5}+\frac{(0.586,0.314)}{x_6}+\frac{(0.743,0.171)}{x_7}+\frac{(0.5,0.423)}{x_8}.$$

如果我们考虑下面的一个直觉 Fuzzy 关系 (μ_R,ν_R)

$$\begin{bmatrix} (1,0) & (1,0) & (1,0) & (0,1) & (0,1) & (0,1) & (0.5,0.4) & (0,1) \\ (1,0) & (1,0) & (1,0) & (0,1) & (0,1) & (0,1) & (0.5,0.4) & (0,1) \\ (1,0) & (1,0) & (1,0) & (0,1) & (0,1) & (0,1) & (0.5,0.4) & (0,1) \\ (0,1) & (0,1) & (0,1) & (1,0) & (1,0) & (0,1) & (0.5,0.4) & (0.6,0.3) \\ (0,1) & (0,1) & (0,1) & (1,0) & (1,0) & (0,1) & (0.5,0.4) & (0.6,0.3) \\ (0,1) & (0,1) & (0,1) & (0,1) & (0,1) & (1,0) & (0,1) & (0.4,0.5) \\ (0.5,0.4) & (0.5,0.4) & (0.5,0.4) & (0.5,0.4) & (0.5,0.4) & (0,1) & (1,0) & (0,1) \\ (0,1) & (0,1) & (0,1) & (0.6,0.3) & (0.6,0.3) & (0.4,0.5) & (0,1) & (1,0) \end{bmatrix}.$$

由式 (7.4.12) 和式 (7.4.13) 分别得到

$$E(S)=\frac{(0.843,0.35)}{x_1}+\frac{(0.843,0.35)}{x_2}+\frac{(0.843,0.35)}{x_3}+\frac{(0.558,0.153)}{x_4}+\frac{(0.558,0.153)}{x_5}+\frac{(0.586,0.215)}{x_6}+\frac{(0.743,0.3)}{x_7}+\frac{(0.5,0.139)}{x_8},$$

$$E^*(S)=\frac{(0.703,0.225)}{x_1}+\frac{(0.703,0.225)}{x_2}+\frac{(0.703,0.225)}{x_3}+\frac{(0.669,0.256)}{x_4}+\frac{(0.669,0.256)}{x_5}+\frac{(0.651,0.265)}{x_6}+\frac{(0.687,0.236)}{x_7}+\frac{(0.643,0.281)}{x_8},$$

显然 $E^*(S)$ 是一个直觉 Fuzzy 集, 但 $E(S)$ 不是.

7.4.4　基于随机集的三支决策

取 $L_C=L_D=[0,1]$，$A\in \mathrm{Map}(U,[0,1])$．如果 $X:\Omega\to 2^U$ 是一个随机集并且定义映射 $E:\mathrm{Map}(U,[0,1])\to \mathrm{Map}(\Omega,[0,1])$ 为

$$E(A)(\omega)=\frac{|A\cap X(\omega)|}{|U|},\tag{7.4.14}$$

则 $E(A)(\omega)$ 是 Ω 的一个半决策评价函数. 由定理 7.3.1 和式 (7.3.1), 我们有

$$E^*(A)(\omega)=\frac{|U|+|A\cap X(\omega)|-|A^c\cap X(\omega)|}{2|U|}\tag{7.4.15}$$

是 Ω 的一个决策评价函数.

在 (Hu, 2014) 中, 对随机集 $X:\Omega\to 2^U-\varnothing$，$E(A)(\omega)=\dfrac{|A\cap X(\omega)|}{|X(\omega)|}$ 是 Ω 的一个决策评价函数. 然而, 对于随机集 $X:\Omega\to 2^U$，当 $X(\omega)=\varnothing$ 时，$E(A)(\omega)=\dfrac{|A\cap X(\omega)|}{|X(\omega)|}$ 是无意义的.

例 7.4.5　设 $(\Omega,\mathcal{A},P)$ 是一个概率空间, 其中 $\Omega=\{\omega_1,\omega_2,\omega_3,\omega_4,\omega_5\}$，$\mathcal{A}=2^\Omega$ 并且 $P(\{\omega_i\})=\dfrac{1}{5}$．令 $U=\{1,2,3,4\}$，$\mathcal{B}=2^U$ 并且随机集 $X:\Omega\to 2^{\{1,2,3,4\}}$ 被定义为 $X(\omega_1)=\{1,2,3\}$，$X(\omega_2)=\{1,2\}$，$X(\omega_3)=\{2,3,4\}$，$X(\omega_4)=\{1,3,4\}$ 和 $X(\omega_5)=\varnothing$．

如果我们取一个 Fuzzy 集 $A=\dfrac{1}{1}+\dfrac{0.8}{2}$，则由式 (7.4.14) 得到 $E(A)(\omega_1)=0.45$，$E(A)(\omega_2)=0.45$，$E(A)(\omega_3)=0.2$，$E(A)(\omega_4)=0.25$，并且 $E(A)(\omega_5)=0$．那么由式 (7.4.15) 得到 $E^*(A)(\omega_1)=0.575$，$E^*(A)(\omega_2)=0.7$，$E^*(A)(\omega_3)=0.325$，$E^*(A)(\omega_4)=$

0.375，并且 $E^*(A)(\omega_5)=0.1$．如果我们按 $E(A)(\omega)=\dfrac{|A\cap X(\omega)|}{|X(\omega)|}$ 计算，则由于 $X(\omega)=\varnothing$，$E(A)(\omega_5)$ 是无意义的.

如果我们考虑 $\alpha=0.7$ 和 $\beta=0.5$，则三支决策如下:

(1) 接受域: $\mathrm{ACP}_{(0.7,\,0.5)}(E^*,A)=\{\omega_2\}$；

(2) 拒绝域: $\mathrm{REJ}_{(0.7,\,0.5)}(E^*,A)=\{\omega_3,\omega_4,\omega_5\}$；

(3) 不确定域: $\mathrm{UNC}_{(0.7,\,0.5)}(E^*,A)=\{\omega_1\}$.

7.4.5 基于犹豫 Fuzzy 集的三支决策

在 (Hu, 2016), 作者讨论了基于犹豫Fuzzy集的三支决策. 在本小节中, 我们讨论基于犹豫Fuzzy集和区间值犹豫Fuzzy集的半决策评价函数. 对于U的Fuzzy集 A, 如果我们定义 $H(x)=\{A(x)\}$，$\forall x\in U$，则 H 是一个犹豫 Fuzzy 集. 反之亦然, 对于 U 的一个满足 $|H(x)|=1$，$\forall x\in U$ 的犹豫 Fuzzy 集, 如果我们定义 $A(x)\in H(x)$，$\forall x\in U$，则 A 是 U 的一个 Fuzzy 集.

定理 7.4.1 (Hu, 2017b) 设 H 是 U 的一个犹豫 Fuzzy 集, $\alpha,\beta\in[0,1]$ 并且 $\alpha+\beta=1$. 如果考虑

$$E(H)(x)=\alpha\inf H(x)+\beta\sup H(x), \tag{7.4.16}$$

则 $E(H)(x)$ 是 U 的一个半决策评价函数并且 $E(H)(x)$ 是 U 的决策评价函数当且仅当 $\alpha=\beta=0.5$ 或 $|H(x)|=1$，$\forall x\in U$.

证明 显然 $E(H):\mathrm{Map}(U,2^{[0,1]}-\varnothing)\to\mathrm{Map}(U,[0,1])$ 满足公理 (E1) 和 (E2). 如果 $\alpha=\beta=0.5$，则由 (Hu, 2016) 中的定理 4.6 得到 $E(H)$ 满足自对偶性公理 (E3). 如果 H 是 U 的一个犹豫 Fuzzy 集并且 $|H(x)|=1$，$\forall x\in U$，则由式 (7.4.16) 得到 $E(H)(x)=\inf H(x)=\sup H(x)$．容易看到 $E(H)$ 满足自对偶性公理 (E3).

反之, 如果 $E(H)$ 满足 (E3), 即 $E(N(H))(x)=1-E(H)(x)$，$\forall x\in U$．还有

$$\begin{aligned}E(N(H))(x)&=\alpha\inf N(H)(x)+\beta\sup N(H)(x)\\&=\alpha-\alpha\sup H(x)+\beta-\beta\inf H(x)\\&=1-\alpha\sup H(x)-\beta\inf H(x).\end{aligned}$$

于是 $1-\alpha\sup H(x)-\beta\inf H(x)=1-\alpha\inf H(x)-\beta\sup H(x)$，即

$$(\alpha-\beta)(\inf H(x)-\sup H(x))=0.$$

因此, $\alpha=\beta=0.5$ 或 $\inf H(x)=\sup H(x)$，即 $|H(x)|=1$，$\forall x\in U$. □

例 7.4.6 设 $U=\{x_1,x_2,x_3,x_4,x_5\}$ 并且

$$H=\frac{\{0.4,0.5,0.6\}}{x_1}+\frac{\{0.8,0.9\}}{x_2}+\frac{\{0.2,0.3,0.4\}}{x_3}+\frac{\{0.1,0.2,0.3\}}{x_4}+\frac{\{0.5,0.7,0.8\}}{x_5},$$

则当 $\alpha=0.4$ 和 $\beta=0.6$ 时，由式 (7.4.16) 而知

$$E(H)=\frac{0.52}{x_1}+\frac{0.86}{x_2}+\frac{0.32}{x_3}+\frac{0.22}{x_4}+\frac{0.68}{x_5}.$$

由式 (7.3.1) 得到

$$E^*(H)=\frac{0.5}{x_1}+\frac{0.85}{x_2}+\frac{0.3}{x_3}+\frac{0.2}{x_4}+\frac{0.65}{x_5}.$$

下面的定理可类似于定理 7.4.1 的证明.

定理 7.4.2 (Hu, 2017b)　设 H 是有限论域 V 的一个犹豫 Fuzzy 集, R 是一个从 U 到 V 的犹豫 Fuzzy 关系并且 $|R_x|^{(0)}=\sum_{y\in V}\inf R(x,y)\neq 0$，$\forall x\in U$．则对 $\alpha,\beta\in[0,1]$，$\alpha+\beta=1$，我们有 $\lambda\in[0,1]$，

$$E^{(\lambda)}(H)(x)=\frac{\sum_{y\in V}\big(\alpha\inf H(y)+\beta\sup H(y)\big)\big((1-\lambda)\inf R(x,y)+\lambda\sup R(x,y)\big)}{\big|R_x\big|^{(\lambda)}} \tag{7.4.17}$$

是 U 的一个 $H\in\mathrm{Map}\big(V,2^{[0,1]}-\{\varnothing\}\big)$ 的半决策评价函数, 其中，$\forall x\in U$，$\lambda\in[0,1]$，

$$|R_x|^{(\lambda)}=\sum_{y\in V}(1-\lambda)\inf R(x,y)+\lambda\sup R(x,y).$$

$E^{(\lambda)}(H)(x)$ 是 U 的决策评价函数当且仅当 $\alpha=\beta=0.5$ 或 $|H(x)|=1$，$\forall x\in U$．

例 7.4.7　再次考虑例 7.4.1, 即 $U=\{x_1,x_2,\cdots,x_8\}$ 是由 8 位学生构成的论域并且 8 位学生的考试成绩构成下面的犹豫 Fuzzy 关系 R.

$$R=\begin{bmatrix}\{1\}&\{1\}&\{1\}&\{0\}&\{0\}&\{0\}&\{0.5\}&\{0\}\\\{1\}&\{1\}&\{1\}&\{0\}&\{0\}&\{0\}&\{0.5\}&\{0\}\\\{1\}&\{1\}&\{1\}&\{0\}&\{0\}&\{0\}&\{0.5\}&\{0\}\\0&0&\{0\}&\{1\}&\{1\}&\{0\}&\{0.5\}&[0.55,0.65]\\\{0\}&\{0\}&\{0\}&\{1\}&\{1\}&\{0\}&\{0.5\}&[0.55,0.65]\\\{0\}&\{0\}&\{0\}&\{0\}&\{0\}&\{1\}&\{0\}&\{0.35,0.4,0.45\}\\\{0.5\}&\{0.5\}&\{0.5\}&\{0.5\}&\{0.5\}&\{0\}&\{1\}&\{0\}\\\{0\}&\{0\}&\{0\}&[0.55,0.65]&[0.55,0.65]&\{0.35,0.4,0.45\}&\{0\}&\{1\}\end{bmatrix}.$$

假设学生的该课程演讲分数用下面的犹豫 Fuzzy 集表示

$$H=\frac{\{0.95,0.96,0.97,0.98,0.99,1\}}{x_1}+\frac{\{0.72,0.73,0.74,0.75\}}{x_2}+\frac{\{0.92,0.93,0.94\}}{x_3}$$

$$+\frac{[0.6,0.65]}{x_4}+\frac{\{0.65,0.66,0.67\}}{x_5}+\frac{[0.75,0.80]}{x_6}+\frac{[0.75,0.80]}{x_7}+\frac{\{0.35\}}{x_8}.$$

假设 $H^{(\alpha,\beta)}(x)=\alpha\inf H(x)+\beta\sup H(x)$ 并且取 $\alpha=0.4,\beta=0.6$．则我们有下列 Fuzzy 集.

$$H^{(0.4,0.6)}=\frac{0.98}{x_1}+\frac{0.738}{x_2}+\frac{0.932}{x_3}+\frac{0.63}{x_4}+\frac{0.662}{x_5}+\frac{0.78}{x_6}+\frac{0.78}{x_7}+\frac{0.35}{x_8}.$$

又

$$(H^c)^{(0.4,0.6)}=\frac{0.03}{x_1}+\frac{0.268}{x_2}+\frac{0.072}{x_3}+\frac{0.38}{x_4}+\frac{0.342}{x_5}+\frac{0.23}{x_6}+\frac{0.23}{x_7}+\frac{0.65}{x_8}.$$

取 $\lambda=0.5$，由式 (7.4.17) 得到

$$E^{(0.5)}(H)=\frac{0.869}{x_1}+\frac{0.869}{x_2}+\frac{0.869}{x_3}+\frac{0.61}{x_4}+\frac{0.61}{x_5}+\frac{0.657}{x_6}+\frac{0.786}{x_7}+\frac{0.553}{x_8},$$

$$E^{(0.5)}(H^c)=\frac{0.139}{x_1}+\frac{0.139}{x_2}+\frac{0.139}{x_3}+\frac{0.338}{x_4}+\frac{0.338}{x_5}+\frac{0.293}{x_6}+\frac{0.222}{x_7}+\frac{0.563}{x_8}.$$

由式 (7.3.1) 得到

$$E^*(H)=\frac{0.865}{x_1}+\frac{0.865}{x_2}+\frac{0.865}{x_3}+\frac{0.636}{x_4}+\frac{0.636}{x_5}+\frac{0.682}{x_6}+\frac{0.782}{x_7}+\frac{0.495}{x_8}.$$

定理 7.4.3 (Hu, 2017b) 设 $\mathcal{H}$ 是 U 的有限区间值犹豫 Fuzzy 集，则

$$E(\mathcal{H})(x)=\frac{1}{|\mathcal{H}(x)|}\sum_{[a^-,\,a^+]\in\mathcal{H}(x)}\left(\alpha a^-+\beta a^+\right) \tag{7.4.18}$$

是 U 的一个半决策评价函数. $E(\mathcal{H})(x)$ 是 U 的决策评价函数当且仅当 $\alpha=\beta=0.5$ 或 $a^-=a^+$，$\forall[a^-,a^+]\in\mathcal{H}(x)$，$\forall x\in U$.

证明 只证明如果 $E(\mathcal{H})$ 满足自对偶性公理，则 $\alpha=\beta=0.5$ 或 $a^-=a^+$，$\forall[a^-,a^+]\in\mathcal{H}(x)$，$\forall x\in U$．由式 (7.4.18) 我们有 $\forall x\in U$，

$$\begin{aligned}E(N(\mathcal{H}))(x)&=\frac{1}{|N(\mathcal{H})(x)|}\sum_{[a^-,\,a^+]\in N(\mathcal{H})(x)}\left(\alpha a^-+\beta a^+\right)\\&=\frac{1}{|\mathcal{H}(x)|}\sum_{[1-a^+,\,1-a^-]\in\mathcal{H}(x)}\left(\alpha-\alpha(1-a^-)+\beta-\beta(1-a^+)\right)\\&=\frac{1}{|\mathcal{H}(x)|}\left(|\mathcal{H}(x)|-\sum_{[1-a^+,\,1-a^-]\in\mathcal{H}(x)}\left(\alpha(1-a^-)+\beta(1-a^+)\right)\right)\\&=1-\frac{1}{|\mathcal{H}(x)|}\sum_{[a^-,\,a^+]\in\mathcal{H}(x)}\left(\alpha a^++\beta a^-\right).\end{aligned}$$

由自对偶性公理得到：$\forall x\in U$，

$$1-\frac{1}{|\mathcal{H}(x)|}\sum_{[a^-,a^+]\in\mathcal{H}(x)}\left(\alpha a^+ +\beta a^-\right)=1-\frac{1}{|\mathcal{H}(x)|}\sum_{[a^-,a^+]\in\mathcal{H}(x)}\left(\alpha a^- +\beta a^+\right),$$

即 $(\alpha-\beta)\sum\limits_{[a^-,a^+]\in\mathcal{H}(x)}(a^+-a^-)=0$，$\forall x\in U$．因此 $\alpha=\beta=0.5$ 或 $a^-=a^+$，$\forall[a^-,a^+]\in\mathcal{H}(x)$，$\forall x\in U$． □

定理 7.4.4 (Hu, 2017a)　设 $\mathcal{H}$ 是 U 的区间值犹豫 Fuzzy 集. 如果我们取

$$E_m(\mathcal{H})(x)=\alpha\inf\left\{\frac{a^-+a^+}{2}\,|\,[a^-,a^+]\in\mathcal{H}(x)\right\}+\beta\sup\left\{\frac{a^-+a^+}{2}\,|\,[a^-,a^+]\in\mathcal{H}(x)\right\},\tag{7.4.19}$$

$$E_I(\mathcal{H})(x)=\left[\alpha\inf\mathcal{H}^-(x)+\beta\sup\mathcal{H}^-(x),\alpha\inf\mathcal{H}^+(x)+\beta\sup\mathcal{H}^+(x)\right],\tag{7.4.20}$$

则 $E_m(\mathcal{H})(x)$ 和 $E_I(\mathcal{H})(x)$ 是 U 关于的半决策评价函数. $E_m(\mathcal{H})(x)$ 是 U 的决策评价函数当且仅当 $\alpha=\beta=0.5$ 或 $\frac{a^-+a^+}{2}=\frac{b^-+b^+}{2}$，$\forall[a^-,a^+]\in\mathcal{H}(x)$，$\forall x\in U$．$E_I(\mathcal{H})(x)$ 是 U 的决策评价函数当且仅当 $\alpha=\beta=0.5$ 或 $[a^-,a^+]=[b^-,b^+]$，$\forall[a^-,a^+],[b^-,b^+]\in\mathcal{H}(x)$，$\forall x\in U$．

证明　对于 $E_m(\mathcal{H})$，我们只证明如果满足自对偶性公理, 则 $\alpha=\beta=0.5$ 或 $\frac{a^-+a^+}{2}=\frac{b^-+b^+}{2}$，$\forall[a^-,a^+],[b^-,b^+]\in\mathcal{H}(x)$，$\forall x\in U$. 由式 (7.4.19) 我们有下列结论: $\forall x\in U$，

$$\begin{aligned}E(N(\mathcal{H}))(x)&=\alpha\inf\left\{\frac{a^-+a^+}{2}\middle|[a^-,a^+]\in N(\mathcal{H})(x)\right\}\\&\quad+\beta\sup\left\{\frac{a^-+a^+}{2}\middle|[a^-,a^+]\in N(\mathcal{H})(x)\right\}\\&=\alpha\inf\left\{\frac{a^-+a^+}{2}\middle|[1-a^+,1-a^-]\in\mathcal{H}(x)\right\}\\&\quad+\beta\sup\left\{\frac{a^-+a^+}{2}\middle|[1-a^+,1-a^-]\in\mathcal{H}(x)\right\}\\&=\alpha\inf\left\{1-\frac{a^-+a^+}{2}\middle|[a^-,a^+]\in\mathcal{H}(x)\right\}\\&\quad+\beta\sup\left\{1-\frac{a^-+a^+}{2}\middle|[a^-,a^+]\in\mathcal{H}(x)\right\}\end{aligned}$$

$$=\alpha\left(1-\sup\left\{\frac{a^-+a^+}{2}\middle|[a^-,a^+]\in\mathcal{H}(x)\right\}\right)$$
$$+\beta\left(1-\inf\left\{\frac{a^-+a^+}{2}\middle|[a^-,a^+]\in\mathcal{H}(x)\right\}\right)$$
$$=1-\alpha\sup\left\{\frac{a^-+a^+}{2}\middle|[a^-,a^+]\in\mathcal{H}(x)\right\}$$
$$-\beta\inf\left\{\frac{a^-+a^+}{2}\middle|[a^-,a^+]\in\mathcal{H}(x)\right\}.$$

由自对偶性公理得到

$$1-\alpha\sup\left\{\frac{a^-+a^+}{2}\middle|[a^-,a^+]\in\mathcal{H}(x)\right\}-\beta\inf\left\{\frac{a^-+a^+}{2}\middle|[a^-,a^+]\in\mathcal{H}(x)\right\}$$
$$=1-\alpha\inf\left\{\frac{a^-+a^+}{2}\middle|[a^-,a^+]\in\mathcal{H}(x)\right\}-\beta\sup\left\{\frac{a^-+a^+}{2}\middle|[a^-,a^+]\in\mathcal{H}(x)\right\},\quad \forall x\in U,$$

即 $(\alpha-\beta)\left(\sup\left\{\frac{a^-+a^+}{2}\middle|[a^-,a^+]\in\mathcal{H}(x)\right\}-\inf\left\{\frac{a^-+a^+}{2}\middle|[a^-,a^+]\in\mathcal{H}(x)\right\}\right)=0$，$\forall x\in U.$

于是 $\alpha=\beta=0.5$ 或 $\frac{a^-+a^+}{2}=\frac{b^-+b^+}{2}$，$\forall[a^-,a^+],[b^-,b^+]\in\mathcal{H}(x)$，$\forall x\in U$.

对于 $E_I(\mathcal{H})$，我们只证明如果满足自对偶性公理，则 $\alpha=\beta=0.5$ 或 $[a^-,a^+]=[b^-,b^+]$，$\forall[a^-,a^+],[b^-,b^+]\in\mathcal{H}(x)$，$\forall x\in U$. 由式 (7.4.20) 得到，$\forall x\in U$，

$$E_I(N(\mathcal{H}))(x)=\left\{\alpha\inf\left(N(\mathcal{H})\right)^-(x)+\beta\sup\left(N(\mathcal{H})\right)^-(x),\right.$$
$$\left.\alpha\inf\left(N(\mathcal{H})\right)^+(x)+\beta\sup\left(N(\mathcal{H})\right)^+(x)\right\},$$

其中

$$\inf\left(N(\mathcal{H})\right)^-(x)=\inf\left\{1-a^+\mid[a^-,a^+]\in\mathcal{H}(x)\right\}=1-\sup\mathcal{H}^+(x),$$
$$\sup\left(N(\mathcal{H})\right)^-(x)=\sup\left\{1-a^+\mid[a^-,a^+]\in\mathcal{H}(x)\right\}=1-\inf\mathcal{H}^+(x),$$
$$\inf\left(N(\mathcal{H})\right)^+(x)=\inf\left\{1-a^-\mid[a^-,a^+]\in\mathcal{H}(x)\right\}=1-\sup\mathcal{H}^-(x),$$
$$\sup\left(N(\mathcal{H})\right)^+(x)=\sup\left\{1-a^-\mid[a^-,a^+]\in\mathcal{H}(x)\right\}=1-\inf\mathcal{H}^-(x),$$

即 $E_I(N(\mathcal{H}))(x)=\left[1-\alpha\sup\mathcal{H}^+(x)-\beta\inf\mathcal{H}^+(x),1-\alpha\sup\mathcal{H}^-(x)-\beta\inf\mathcal{H}^-(x)\right]$

$$=1_{I^{(2)}}-\left[\alpha\sup\mathcal{H}^-(x)+\beta\inf\mathcal{H}^-(x),\alpha\sup\mathcal{H}^+(x)+\beta\inf\mathcal{H}^+(x)\right],$$

由自对偶性公理得到

$$\left[\alpha\sup\mathcal{H}^-(x)+\beta\inf\mathcal{H}^-(x),\alpha\sup\mathcal{H}^+(x)+\beta\inf\mathcal{H}^+(x)\right]$$

$$=\left[\alpha\inf\mathcal{H}^-(x)+\beta\sup\mathcal{H}^-(x),\alpha\inf\mathcal{H}^+(x)+\beta\sup\mathcal{H}^+(x)\right],\quad \forall x\in U,$$

即 $(\alpha-\beta)(\sup\mathcal{H}^-(x)-\inf\mathcal{H}^-(x))=0$ 和 $(\alpha-\beta)(\sup\mathcal{H}^+(x)-\inf\mathcal{H}^+(x))=0$，$\forall x\in U$．因此 $\alpha=\beta=0.5$ 或 $[a^-,a^+]=[b^-,b^+]$，$\forall[a^-,a^+],[b^-,b^+]\in\mathcal{H}(x)$，$\forall x\in U$．□

定理 7.4.5 (Hu, 2017b)　设 $\mathcal{H}$ 是有限论域 V 的一个区间值犹豫 Fuzzy 集和 $\mathcal{R}$ 是 U 到 V 的一个区间值犹豫 Fuzzy 关系并且 $|\mathcal{R}_x^-|^{(0)}=\sum_{y\in V}\inf\mathcal{R}^-(x,y)\neq 0$，$\forall x\in U$．则 $\lambda\in[0,1]$，

$$E^{(\lambda)}(\mathcal{H})(x)=\left[E^{(\lambda)}(\mathcal{H}^-),E^{(\lambda)}(\mathcal{H}^+)\right]\tag{7.4.21}$$

是 U 的一个半决策评价函数，其中

$$E^{(\lambda)}(\mathcal{H}^-)(x)=\frac{\sum_{y\in V}\left(\alpha\inf\mathcal{H}^-(y)+\beta\sup\mathcal{H}^-(y)\right)\left((1-\lambda)\inf\mathcal{R}^-(x,y)+\lambda\sup\mathcal{R}^-(x,y)\right)}{\left|\mathcal{R}_x^-\right|^{(\lambda)}}\tag{7.4.22}$$

和

$$E^{(\lambda)}(\mathcal{H}^+)(x)=\frac{\sum_{y\in V}\left(\alpha\inf\mathcal{H}^+(y)+\beta\sup\mathcal{H}^+(y)\right)\left((1-\lambda)\inf\mathcal{R}^+(x,y)+\lambda\sup\mathcal{R}^+(x,y)\right)}{\left|\mathcal{R}_x^+\right|^{(\lambda)}}.\tag{7.4.23}$$

$E^{(\lambda)}(\mathcal{H})(x)$ 是 U 的一个决策评价函数当且仅当 $\alpha=\beta=0.5$ 或 $[a^-,a^+]=[b^-,b^+]$，$\forall[a^-,a^+],[b^-,b^+]\in\mathcal{H}(x)$，$\forall x\in U$．

证明　我们只证明如果 $E^{(\lambda)}(\mathcal{H})$ 满足自对偶性公理，则 $\alpha=\beta=0.5$ 或 $[a^-,a^+]=[b^-,b^+]$，$\forall[a^-,a^+],[b^-,b^+]\in\mathcal{H}(x)$，$\forall x\in U$．由式 (7.4.21) 得到

$$E^{(\lambda)}(N(\mathcal{H}))(x)=\left[E^{(\lambda)}\left((N(\mathcal{H}))^-\right),E^{(\lambda)}\left((N(\mathcal{H}))^+\right)\right],\quad\forall x\in U.$$

由式 (7.4.22) 我们有

$$E^{(\lambda)}\left((N(\mathcal{H}))^-\right)(x)=1-\frac{\sum_{y\in V}\left(\alpha\sup\mathcal{H}^-(y)+\beta\inf\mathcal{H}^-(y)\right)\begin{pmatrix}(1-\lambda)\inf\mathcal{R}^-(x,y)+\\ \lambda\sup\mathcal{R}^-(x,y)\end{pmatrix}}{\left|\mathcal{R}_x^-\right|^{(\lambda)}}.$$

由自对偶性公理得到

$$\frac{\sum_{y\in V}\left(\alpha\sup\mathcal{H}^-(y)+\beta\inf\mathcal{H}^-(y)\right)\left((1-\lambda)\inf\mathcal{R}^-(x,y)+\lambda\sup\mathcal{R}^-(x,y)\right)}{\left|\mathcal{R}_x^-\right|^{(\lambda)}}$$

$$=\frac{\sum_{y\in V}\left(\alpha\inf\mathcal{H}^{-}(y)+\beta\sup\mathcal{H}^{-}(y)\right)\left((1-\lambda)\inf\mathcal{R}^{-}(x,y)+\lambda\sup\mathcal{R}^{-}(x,y)\right)}{\left|\mathcal{R}_x^{-}\right|^{(\lambda)}},\quad \forall x\in U,$$

即 $\sum_{y\in V}\left(\alpha\sup\mathcal{H}^{-}(y)+\beta\inf\mathcal{H}^{-}(y)\right)=\sum_{y\in V}\left(\alpha\inf\mathcal{H}^{-}(y)+\beta\sup\mathcal{H}^{-}(y)\right)$，$\forall x\in U$.

于是 $\alpha=\beta=0.5$ 或 $a^{-}=b^{-}$，$\forall[a^{-},a^{+}],\ [b^{-},b^{+}]\in\mathcal{H}(x)$，$\forall x\in U$. 同样地，由式 (7.4.23) 得到 $\alpha=\beta=0.5$ 或 $a^{+}=b^{+}$，$\forall[a^{-},a^{+}],\ [b^{-},b^{+}]\in\mathcal{H}(x)$，$\forall x\in U$. 因此 $\alpha=\beta=0.5$ 或 $[a^{-},a^{+}]=[b^{-},b^{+}]$，$\forall[a^{-},a^{+}],\ [b^{-},b^{+}]\in\mathcal{H}(x)$，$\forall x\in U$. □

7.4.6 基于 2 型 Fuzzy 集的三支决策

设 $A\in\mathrm{Map}(U,\mathrm{Map}([0,1],[0,1]))$. 对于给定的参数 $\lambda\in(0,1]$, A 的 λ 截集,

$$(A(x))_{\lambda}=\{u\in[0,1]\mid A(x)(u)\geqslant\lambda\}$$

确定了 U 的一个犹豫 Fuzzy 集. 于是由定理 7.4.1 得到下面的推论.

推论 7.4.1 (Hu, 2017b) 设 A 是 U 的一个 2 型 Fuzzy 集，$\alpha,\beta\in[0,1]$ 并且 $\alpha+\beta=1$. 如果

$$E(A)(x)=\alpha\inf\left(A(x)\right)_{\lambda}+\beta\sup\left(A(x)\right)_{\lambda},\tag{7.4.24}$$

则 $E(A)(x)$ 是 U 关于 $A\in\mathrm{Map}\left(U,\mathrm{Map}([0,1],[0,1])\right)$ 的一个半决策评价函数和 $E(A)(x)$ 是 U 的一个决策评价函数当且仅当 $\alpha=\beta=0.5$ 或 $|\left(A(x)\right)_{\lambda}|=1$，$\forall x\in U$.

由式 (7.4.1) 得到下面推论.

推论 7.4.2 (Hu, 2017b) 设 A 是 U 的一个 2 型 Fuzzy 集，$\alpha,\beta\in[0,1]$, $\alpha+\beta=1$ 并且 R 是 U 的一个 Fuzzy 关系满足 $\sum_{y\in V}R(x,y)\neq 0$. 令

$$A^{(\lambda)}(x)=\alpha\inf\left(A(x)\right)_{\lambda}+\beta\sup\left(A(x)\right)_{\lambda}\quad(\lambda\in[0,1)).$$

则

$$E(A)(x)=\frac{\sum_{y\in V}A^{(\lambda)}(y)\wedge R(x,y)}{\sum_{y\in V}R(x,y)}\tag{7.4.25}$$

是 U 的一个半决策评价函数.

推论 7.4.3 (Hu, 2017b) 设 A 是 U 的 2 型 Fuzzy 集, R 是 U 的 2 型 Fuzzy 关系，$\alpha_i,\beta_i\in[0,1]$ 并且 $\alpha_i+\beta_i=1$. 令

$$A^{(\lambda)}(x)=\alpha_1\inf\left(A(x)\right)_{\lambda}+\beta_1\sup\left(A(x)\right)_{\lambda}\quad(\lambda\in[0,1)),$$

$$R^{(\delta)}(x,y)=\alpha_2\inf\left(R(x,y)\right)_{\delta}+\beta_2\sup\left(R(x,y)\right)_{\delta}\quad(\delta\in[0,1)),$$

并且 $\sum_{y\in V} R^{(\delta)}(x,y)\neq 0$. 则

$$E(A)(x)=\frac{\sum_{y\in V} A^{(\lambda)}(y)\wedge R^{(\delta)}(x,y)}{\sum_{y\in V} R^{(\delta)}(x,y)} \tag{7.4.26}$$

是 U 的一个半决策评价函数.

7.5　多粒度半三支决策空间的聚合

设 $E_i:\mathrm{Map}(V,P_C)\to \mathrm{Map}(U,P_D)$ $(i=1,2,\cdots,n)$ 是 U 的 n 个决策评价函数. 则 $\bigwedge_{i=1}^{n} E_i(A)(x)$ 和 $\bigvee_{i=1}^{n} E_i(A)(x)$ 是 U 的半决策评价函数 (Hu, 2014, 2016). 如果我们考虑 $P_D=[0,1]$, 则通过定理 7.3.1 由 $\bigwedge_{i=1}^{n} E_i(A)(x)$ 或 $\bigvee_{i=1}^{n} E_i(A)(x)$ 构造的决策评价函数是

$$\frac{\bigwedge_{i=1}^{n} E_i(A)(x)+\bigvee_{i=1}^{n} E_i(A)(x)}{2}.$$

这表示多粒度粗糙集的综合方法比两个极端方法 (乐观和悲观多粒度粗糙集) 更加合理. 上面的结论可以推广到如下更一般情形.

定理 7.5.1 (Hu, 2017b)　设 $E_i:\mathrm{Map}(V,P_C)\to \mathrm{Map}(U,P_D)$ $(i=1,2,\cdots,n)$ 是 U 的 n 个半决策评价函数. 则 $\bigwedge_{i=1}^{n} E_i(A)(x)$ 和 $\bigvee_{i=1}^{n} E_i(A)(x)$ 都是 U 的半决策评价函数.

设 $E_i:\mathrm{Map}(V,P_C)\to \mathrm{Map}(U,[0,1])$ $(i=1,2,\cdots,n)$ 是 U 的 n 个半决策评价函数. 则从 $\bigwedge_{i=1}^{n} E_i(A)(x)$ 和 $\bigvee_{i=1}^{n} E_i(A)(x)$ 由定理 7.3.1 和式 (7.3.1) 构造的决策评价函数分别是

$$\frac{\bigwedge_{i=1}^{n} E_i(A)(x)+\bigvee_{i=1}^{n}\left(1-E_i(N_{P_C}(A))(x)\right)}{2}\quad (\text{记为 } E^{\mathrm{pe}}(A)(x)) \tag{7.5.1}$$

和

$$\frac{\bigvee_{i=1}^{n} E_i(A)(x)+\bigwedge_{i=1}^{n}\left(1-E_i(N_{P_C}(A))(x)\right)}{2}\quad (\text{记为 } E^{\mathrm{op}}(A)(x)) \tag{7.5.2}$$

式 (7.5.1) 和式 (7.5.2) 分别称为 U 的 n 个决策评价函数的悲观决策评价函数和乐观决策评价函数.

定理 7.5.2 (Hu, 2017b)　设 $E_i:\mathrm{Map}(V,P_C)\to \mathrm{Map}(U,P_D)$ $(i=1,2,\cdots,n)$ 是 U 的 n 个半决策评价函数并且 $f(x_1,x_2,\cdots,x_n)$ 是 P_D 的一个 n 元自对偶聚合函数. 则

$f(E_1(A)(x), E_2(A)(x), \cdots, E_n(A)(x))$ 是 U 的(半)决策评价函数.

设 $E_i: \mathrm{Map}(V, P_C) \to \mathrm{Map}(U, P_D)$ $(i = 1, 2, \cdots, n)$ 是 U 的 n 个半决策评价函数. 考虑自对偶聚合函数 $f(x, y) = \alpha x + (1-\alpha)y$ ($\alpha \in [0,1]$), 则由定理 7.5.1 和定理 7.5.2 得到

$$\alpha\left(\bigwedge_{i=1}^{n} E_i(A)(x)\right) + (1-\alpha)\left(\bigvee_{i=1}^{n} E_i(A)(x)\right) \tag{7.5.3}$$

是 U 的一个半决策评价函数.

7.6 一个应用实例

在这里, 我们考虑例 2.3.3 来说明半三支决策空间的一些概念.

让我们考虑一下信用卡申请人的评价问题 (Hu, 2014). 假设 $U = \{x_1, x_2, \cdots, x_9\}$ 是一组九个申请人. AT = {教育背景, 薪水}是两个条件属性的集合. “教育背景”的属性值是{最好, 较好, 好}. “薪水” 的属性值是{高, 中, 低}. 我们让三位专家Ⅰ, Ⅱ, Ⅲ评估这些申请人的属性值. 它们对相同属性值的评估结果可能彼此不相同. 评估结果列于表 7.6.1, 表中 $y_i(i = 1,2,3)$ 表示三位专家 I, II, III 的评估结果 y_i 和 n_i $(i = 1, 2, 3)$, 其中 y_i 表示 “是”, n_i 表示 “否”.

表 7.6.1 (Hu, 2014)一个评价信息系统

U	AT																	
属性值	教育背景									薪水								
	最好			较好			好			高			中			低		
	I	II	III	I	II	III	I	II	III	I	II	III	I	II	III	I	II	III
x_1	y_1	y_2	n_3	n_1	n_2	n_3	n_1	n_2	y_3	y_1	y_2	y_3	n_1	n_2	n_3	n_1	n_2	n_3
x_2	n_1	y_2	n_3	y_1	y_2	y_3	n_1	n_2	n_3	y_1	y_2	y_3	n_1	n_2	n_3	y_1	n_2	n_3
x_3	n_1	n_2	n_3	n_1	n_2	n_3	y_1	y_2	y_3	y_1	y_2	y_3	n_1	n_2	n_3	n_1	n_2	n_3
x_4	y_1	y_2	y_3	n_1	n_2	n_3	n_1	n_2	n_3	n_1	n_2	n_3	y_1	y_2	y_3	n_1	n_2	n_3
x_5	y_1	y_2	n_3	n_1	y_2	n_3	n_1	y_2	y_3	n_1	n_2	n_3	y_1	y_2	y_3	y_1	n_2	n_3
x_6	n_1	n_2	n_3	n_1	n_2	n_3	y_1	y_2	y_3	n_1	n_2	n_3	y_1	y_2	y_3	n_1	n_2	n_3
x_7	y_1	y_2	y_3	n_1	n_2	n_3	n_1	n_2	n_3	n_1	n_2	n_3	y_1	y_2	n_3	n_1	n_2	y_3
x_8	n_1	y_2	n_3	y_1	y_2	y_3	n_1	n_2	n_3	n_1	n_2	n_3	y_1	y_2	y_3	n_1	y_2	n_3
x_9	n_1	n_2	n_3	n_1	n_2	n_3	y_1	y_2	y_3	n_1	n_2	n_3	n_1	n_2	n_3	y_1	y_2	y_3

根据表 7.6.1, 专家 I, II, III 对于属性 “教育背景” 和 “薪水” 的评估结果的平均值见表 7.6.2.

表 7.6.2　评价信息系统的相应属性平均值

U	AT					
属性值	教育背景			薪水		
	最好	较好	好	高	中	低
x_1	2/3	0	1/3	1	0	0
x_2	1/3	1	0	1	0	1/3
x_3	0	0	1	1	0	0
x_4	1	0	0	0	1	0
x_5	2/3	1/3	2/3	0	1	1/3
x_6	0	0	1	0	1	0
x_7	1	0	1/3	0	2/3	1/3
x_8	1/3	1	0	0	1	1/3
x_9	0	0	1	0	0	1

对于申请者 x_i, 表 7.6.2 中的属性平均值记为 $x_i^{(k)}$, $k=1,2,3$. 利用下列公式

$$R(x_i,x_j)=1-\frac{1}{3}\sum_{k=1}^{3}|x_i^{(k)}-x_j^{(k)}|,$$

我们得到 U 的关于属性 “教育背景” 和 “薪水” 的相容关系如下.

$$R_{\text{education}}=\begin{bmatrix} 1 & 4/9 & 5/9 & 7/9 & 7/9 & 5/9 & 8/9 & 4/9 & 5/9 \\ 4/9 & 1 & 2/9 & 4/9 & 4/9 & 2/9 & 3/9 & 1 & 2/9 \\ 5/9 & 2/9 & 1 & 3/9 & 5/9 & 1 & 4/9 & 2/9 & 1 \\ 7/9 & 4/9 & 3/9 & 1 & 5/9 & 3/9 & 8/9 & 4/9 & 3/9 \\ 7/9 & 4/9 & 5/9 & 5/9 & 1 & 5/9 & 6/9 & 4/9 & 5/9 \\ 5/9 & 2/9 & 1 & 3/9 & 5/9 & 1 & 4/9 & 2/9 & 1 \\ 8/9 & 3/9 & 4/9 & 8/9 & 6/9 & 4/9 & 1 & 3/9 & 4/9 \\ 4/9 & 1 & 2/9 & 4/9 & 4/9 & 2/9 & 3/9 & 1 & 2/9 \\ 5/9 & 2/9 & 1 & 3/9 & 5/9 & 1 & 4/9 & 2/9 & 1 \end{bmatrix},$$

$$R_{\text{salary}}=\begin{bmatrix} 1 & 8/9 & 1 & 3/9 & 2/9 & 3/9 & 3/9 & 2/9 & 3/9 \\ 8/9 & 1 & 8/9 & 2/9 & 3/9 & 2/9 & 4/9 & 3/9 & 4/9 \\ 1 & 8/9 & 1 & 3/9 & 2/9 & 3/9 & 3/9 & 2/9 & 3/9 \\ 3/9 & 2/9 & 3/9 & 1 & 8/9 & 1 & 7/9 & 8/9 & 3/9 \\ 2/9 & 3/9 & 2/9 & 8/9 & 1 & 8/9 & 8/9 & 1 & 4/9 \\ 3/9 & 2/9 & 3/9 & 1 & 8/9 & 1 & 7/9 & 8/9 & 3/9 \\ 3/9 & 4/9 & 3/9 & 7/9 & 8/9 & 7/9 & 1 & 8/9 & 5/9 \\ 2/9 & 3/9 & 2/9 & 8/9 & 1 & 8/9 & 8/9 & 1 & 4/9 \\ 3/9 & 4/9 & 3/9 & 3/9 & 4/9 & 3/9 & 5/9 & 4/9 & 1 \end{bmatrix}.$$

如果我们考虑 U 的一个 Fuzzy 集 A, 则由例 7.2.1 得到

$$E_{\text{education}}(A)(x)=\frac{|A\cap R_{\text{education}}|}{|R_{\text{education}}|}$$

和

$$E_{\text{salary}}(A)(x)=\frac{|A\cap R_{\text{salary}}|}{|R_{\text{salary}}|}$$

是 U 的两个半决策评价函数, 但不一定是 U 的决策评价函数. 例如, 对于 Fuzzy 集

$$A=\frac{1}{x_1}+\frac{0.8}{x_2}+\frac{0.4}{x_5}+\frac{0.6}{x_8}$$

表示 U 上的 "年轻人", 我们有

$$E_{\text{education}}(A)=\frac{0.381}{x_1}+\frac{0.518}{x_2}+\frac{0.263}{x_3}+\frac{0.404}{x_4}+\frac{0.372}{x_5}+\frac{0.263}{x_6}+\frac{0.359}{x_7}+\frac{0.518}{x_8}+\frac{0.263}{x_9}.$$

但是对于

$$A^c=\frac{0.2}{x_2}+\frac{1}{x_3}+\frac{1}{x_4}+\frac{0.6}{x_5}+\frac{1}{x_6}+\frac{1}{x_7}+\frac{0.4}{x_8}+\frac{1}{x_9},$$

我们有

$$E_{\text{education}}(A^c)=\frac{0.756}{x_1}+\frac{0.574}{x_2}+\frac{0.892}{x_3}+\frac{0.791}{x_4}+\frac{0.736}{x_5}+\frac{0.892}{x_6}+\frac{0.800}{x_7}+\frac{0.574}{x_8}+\frac{0.892}{x_9}.$$

由式 (7.3.1) 得到

$$E^*_{\text{education}}(A)=\frac{0.313}{x_1}+\frac{0.472}{x_2}+\frac{0.186}{x_3}+\frac{0.307}{x_4}+\frac{0.318}{x_5}+\frac{0.186}{x_6}+\frac{0.280}{x_7}+\frac{0.472}{x_8}+\frac{0.186}{x_9}.$$

用同样方法

$$E_{\text{salary}}(A)=\frac{0.481}{x_1}+\frac{0.493}{x_2}+\frac{0.481}{x_3}+\frac{0.269}{x_4}+\frac{0.264}{x_5}+\frac{0.269}{x_6}+\frac{0.296}{x_7}+\frac{0.264}{x_8}+\frac{0.384}{x_9},$$

$$E_{\text{salary}}(A^c)=\frac{0.638}{x_1}+\frac{0.646}{x_2}+\frac{0.638}{x_3}+\frac{0.804}{x_4}+\frac{0.770}{x_5}+\frac{0.804}{x_6}+\frac{0.774}{x_7}+\frac{0.770}{x_8}+\frac{0.853}{x_9},$$

$$E^*_{\text{salary}}(A)=\frac{0.422}{x_1}+\frac{0.424}{x_2}+\frac{0.422}{x_3}+\frac{0.233}{x_4}+\frac{0.247}{x_5}+\frac{0.233}{x_6}+\frac{0.261}{x_7}+\frac{0.247}{x_8}+\frac{0.266}{x_9}.$$

对于两个半决策评价函数 $E_{\text{education}}$ 和 E_{salary}，由式 (7.5.1) 和式 (7.5.2) 分别得到 U 的悲观决策评价函数 E^{pe} 和乐观决策评价函数 E^{op}，

$$E^{\text{pe}}(A)=\frac{0.372}{x_1}+\frac{0.460}{x_2}+\frac{0.313}{x_3}+\frac{0.239}{x_4}+\frac{0.264}{x_5}+\frac{0.230}{x_6}+\frac{0.261}{x_7}+\frac{0.345}{x_8}+\frac{0.205}{x_9},$$

$$E^{\text{op}}(A)=\frac{0.363}{x_1}+\frac{0.436}{x_2}+\frac{0.295}{x_3}+\frac{0.300}{x_4}+\frac{0.301}{x_5}+\frac{0.189}{x_6}+\frac{0.280}{x_7}+\frac{0.374}{x_8}+\frac{0.246}{x_9}.$$

如果在定理 7.5.2 考虑 $f(x,y)=\dfrac{x+y}{2}$，那么由 $E^*_{\text{education}}$ 和 E^*_{salary} 得到

$$f(E^*_{\text{education}}+E^*_{\text{salary}})(A)=\frac{0.368}{x_1}+\frac{0.448}{x_2}+\frac{0.304}{x_3}+\frac{0.270}{x_4}+\frac{0.283}{x_5}+\frac{0.210}{x_6}+\frac{0.271}{x_7}+\frac{0.360}{x_8}+\frac{0.226}{x_9}.$$

在半三支决策空间 $(U,\text{Map}(U,[0,1]),[0,1],E_{\text{education}})$ 和 $(U,\text{Map}(U,[0,1]),[0,1],E_{\text{salary}})$ 中，如果考虑 $\alpha=0.4,\beta=0.3$，则 A 对 U 的半决策评价函数 $E_{\text{education}}$ 和 E_{salary} 的三支决策列入表 7.6.3 中.

表 7.6.3　用于评估信用卡的“年轻人” A 的三支决策

	$\text{ACP}_{(0.4,0.3)}(E,A)$	$\text{REJ}_{(0.4,0.3)}(E,A)$	$\text{UNC}_{(0.4,0.3)}(E,A)$
$E^*_{\text{education}}$	$\{x_2,x_8\}$	$\{x_3,x_6,x_7,x_9\}$	$\{x_1,x_4,x_5\}$
E^*_{salary}	$\{x_1,x_2,x_3\}$	$\{x_4,x_5,x_6,x_7,x_8,x_9\}$	$\varnothing$
E^{pe} (定理 7.5.1)	$\{x_2\}$	$\{x_4,x_5,x_6,x_7,x_9\}$	$\{x_1,x_3,x_8\}$
E^{op} (定理 7.5.1)	$\{x_2\}$	$\{x_3,x_6,x_7,x_9\}$	$\{x_1,x_4,x_5,x_8\}$
$f(E^*_{\text{education}}+E^*_{\text{salary}})$ (定理 7.5.2)	$\{x_2\}$	$\{x_4,x_5,x_6,x_7,x_9\}$	$\{x_1,x_3,x_8\}$

从表 7.6.3 我们能看到下面结论.

(1) 申请者 x_2 在五个决策平均函数中评估为“接受”，这是由于 x_2 是具有“更好的教育”和“高薪”的年轻申请人.

(2) 申请人 x_1 被评定为“接受”时只考虑属性“薪水”并在其他四个决策评价函数中 x_1 评定“不确定”.

(3) 申请人 x_6, x_7 和 x_9 在五个决策评价函数中被评估为“拒绝”，这是由于三个申请人不是具有“良好教育”或/和“低薪”的年轻申请人.

(4) 申请人 x_3, x_4, x_5 和 x_8 的评价结论因决策评价函数不同而有所不同.

7.7 本章小结

本章介绍了半决策评价函数的新概念，使三支决策理论得到更广泛的应用，并在决策域[0,1], $I^{(2)}$和 I^2 上找到了一种从半决策评价函数到决策评价函数的有效转变方法. 本章的主要结论和继续开展的工作如下.

(1) 更多的函数可以应用于三支决策，特别是在基于 Fuzzy 集、区间值 Fuzzy 集、直觉 Fuzzy 集、随机集和犹豫 Fuzzy 集的三支决策中. 这些函数仅满足最小元公理和单调性公理.

(2) 通过一些例子，如例 7.4.1，将半决策评价函数直接应用于三支决策中是不合理的.

(3) 当 $X(\omega)=\varnothing$ 时，文献 (Hu, 2014) 中讨论的函数

$$\frac{|A\cap X(\omega)|}{|X(\omega)|}$$

是无意义的. 本章通过一个半决策平均函数解决了这一问题.

(4) 本章考虑了多粒度半决策函数的聚合问题. 通过对这个问题的讨论，我们得到的结论是多粒度粗糙集的折中方法比乐观和悲观的两种极端方法更合理.

(5) 本章仅讨论了[0, 1], $I^{(2)}$ 和 I^2 上从半决策评价函数到三支决策评价函数的变换方法. 在一般的决策域中是否有类似的变换方法？我们可以在今后的工作中讨论这个问题.

(6) 半决策评价函数和决策评价函数可以应用于区间值 Fuzzy 信息、犹豫 Fuzzy 信息、2 型 Fuzzy 信息等各类广义 Fuzzy 集下基于决策理论粗糙集的三支决策.

第 8 章　基于三角模的决策评价函数构造

在第 3 章基于 Fuzzy 格和第 4 章基于偏序集的三支决策空间被公理化定义提出. 而且, 在三支决策空间理论中, 决策评价函数 (由所谓的最小元公理、单调性公理和自对偶性公理定义) 是一个至关重要的概念, 在实际决策问题中起着非常重要的作用. 然而, 有许多有意义的方便函数不能成为决策评价函数, 因为它们只满足最小元公理和单调性公理. 因此, 第 7 章引入了没有自对偶性公理的半决策评价函数的概念, 并提出了基于半三支决策空间的三支决策. 本章继续研究该主题, 并给出了基于 t-模和 t-余模的从半三支决策空间到三支决策空间的几种变换方法. 基于此, 决策者可以获得更有用的决策评价函数, 从而在现实的决策问题上有更多的选择. 此外, 作为应用, 我们使用本章获得的结果分析了信用卡申请人评估问题的真实示例.

8.1　引言

在三支决策中, 决策评价函数对决策起着重要作用, 例如, (Cabitza et al., 2017; Liang et al., 2015; Liu et al., 2011; Peters, Ramanna, 2016; Savchenko, 2016; Yang, Yao, 2012; Yao, Azam, 2015). 不同的决策评价函数决定了不同的决策结果. 例如, 考虑例 7.4.1(Hu, 2017b, 例 4.1).

$$A=\frac{1}{x_1}+\frac{0.7}{x_2}+\frac{0.9}{x_3}+\frac{0.6}{x_4}+\frac{0.6}{x_5}+\frac{0.7}{x_6}+\frac{0.7}{x_7}+\frac{0.3}{x_8},$$

$$R=\begin{bmatrix} 1 & 1 & 1 & 0 & 0 & 0 & 0.5 & 0 \\ 1 & 1 & 1 & 0 & 0 & 0 & 0.5 & 0 \\ 1 & 1 & 1 & 0 & 0 & 0 & 0.5 & 0 \\ 0 & 0 & 0 & 1 & 1 & 0 & 0.5 & 0.6 \\ 0 & 0 & 0 & 1 & 1 & 0 & 0.5 & 0.6 \\ 0 & 0 & 0 & 0 & 0 & 1 & 0 & 0.4 \\ 0.5 & 0.5 & 0.5 & 0.5 & 0.5 & 0 & 1 & 0 \\ 0 & 0 & 0 & 0.6 & 0.6 & 0.4 & 0 & 1 \end{bmatrix}.$$

然后，我们根据不同的决策评价函数，得到以下两种不同的决策结果.

情形 1 如果我们取例 7.3.2 的决策评价函数

$$E_1(A)(x)=\frac{1}{2}+\frac{\sum_{y\in V}A(y)\wedge R(x,y)-\sum_{y\in V}\left(1-A(y)\right)\wedge R(x,y)}{2\sum_{y\in V}R(x,y)},$$

得到

$$E_1(A)=\frac{0.843}{x_1}+\frac{0.843}{x_2}+\frac{0.843}{x_3}+\frac{0.548}{x_4}+\frac{0.548}{x_5}+\frac{0.607}{x_6}+\frac{0.743}{x_7}+\frac{0.519}{x_8},$$

则三支决策如下.

(1) 接受域：$\mathrm{ACP}_{(0.8,\,0.6)}(E_1,A)=\{x_1,x_2,x_3\}$；

(2) 拒绝域：$\mathrm{REJ}_{(0.8,\,0.6)}(E_1,A)=\{x_4,x_5,x_8\}$；

(3) 不确定域：$\mathrm{UNC}_{(0.8,\,0.6)}(E_1,A)=\{x_6,x_7\}$.

情形 2 如果我们取例 7.3.2 的决策评价函数

$$E_2(A)(x)=\frac{\sum_{y\in V}A(y)R(x,y)}{\sum_{y\in V}R(x,y)},$$

得到

$$E(A)=\frac{0.843}{x_1}+\frac{0.843}{x_2}+\frac{0.843}{x_3}+\frac{0.558}{x_4}+\frac{0.558}{x_5}+\frac{0.586}{x_6}+\frac{0.743}{x_7}+\frac{0.5}{x_8},$$

则三支决策如下:

(1) 接受域：$\mathrm{ACP}_{(0.8,\,0.6)}(E_2,A)=\{x_1,x_2,x_3\}$；

(2) 拒绝域：$\mathrm{REJ}_{(0.8,\,0.6)}(E_2,A)=\{x_4,x_5,x_6,x_8\}$；

(3) 不确定域：$\mathrm{UNC}_{(0.8,\,0.6)}(E_7,A)=\{x_7\}$.

从以上两个情形可以看出，如果用 $E_1(A)$，学生 x_6 的最终成绩是不确定，也就是不能确定他/她是优秀还是不及格. 但是，从 $E_2(A)$ 中，我们可以准确地判断学生 x_6 的最终成绩是不及格的. 因此，从理论角度研究决策评价函数的构造方法时，出现了许多讨论，例如 (Hu, 2014, 2016, 2017b; Hu et al., 2016, 2017; Xiao et al., 2016). 此外，正如我们在定义 4.2.1 中所述(Hu, 2014, 2016)，决策评价函数由三个公理定义，即最小元公理、单调性公理和自对偶性公理. 而且，一方面，最小元公理和单调性公理可以很容易地被许多有意义的函数满足，而自对偶性公理不能自然地满足. 另一方面，有许多工作指出，自对偶性公理非常重要，对于三支决策非常重要，例如, (Liang, Liu, 2014, 2015; Liang et al., 2013, 2015, 2016; Yao, 2010,

2011; Zhao, Hu, 2016). 针对这个问题, 胡宝清引入了不考虑自对偶性公理的半决策评价函数的概念, 并在 (Hu, 2014) 给出了一种从半三支决策空间到三支决策空间的变换方法. 本章继续研究这个问题. 一方面, Fuzzy 逻辑(Zadeh, 2008)提供了精确的形式化和有效的手段, 用于在不完备信息环境中对人类近似推理和决策能力的转化. 此外, 它允许执行各种物理和心理任务, 而无须任何测量和任何计算. 另一方面, t-模和 t-余模(Klement et al., 2000)分别作为合取和析取的推广, 在 Fuzzy 逻辑中起着重要作用. 此外, 它们是单位区间上两个不错且最常用的结构. 因此, 在本章中, 我们通过使用 t-模和 t-余模研究了从半三支决策空间到三支决策空间的变换方法. 通过这种方式, 我们可以从理论角度获得更多有用的决策评价函数. 同时, 从应用的角度来看, 它为决策者选择更合适的决策评价函数提供了便利, 以便在实际决策问题中做出决策. 这也是这项研究的动机.

本章主要介绍了 Qiao 和 Hu(2018)的研究成果. 8.2 节介绍了从半决策评价函数到基于 t-模和 t-余模的决策评价函数的构造方法. 8.3 节讨论了基于 Fuzzy 集、区间值 Fuzzy 集、Fuzzy 关系和犹豫 Fuzzy 集的三支决策. 8.4 节使用本章获得的结果来分析一个实际问题. 8.5 节对本章进行了小结.

8.2 基于 t-模和 t-余模的决策评价函数构造

本节通过 t-模和 t-余模构造决策评价函数, 详细内容可参阅 (Qiao, Hu, 2018).

定理 8.2.1 如果我们定义映射 $E_*:\mathrm{Map}(U,[0,1])\to\mathrm{Map}(U,[0,1])$ 如下:

$$E_*(A)(x)=\frac{\mathsf{T}(A(x),A(x))+\perp(A(x),A(x))}{2},$$

$\forall A\in\mathrm{Map}(U,[0,1])$, $\forall x\in U$, 其中 T 和 $\perp$ 是关于 $N_I(x)=1-x$ 对偶的 t-模和 t-余模, 则 E_* 是 U 的决策评价函数.

证明 显然 E_* 满足最小元公理和单调性公理. 于是, 下面只证明满足自对偶性公理.

$\forall A\in\mathrm{Map}(U,[0,1])$, $\forall x\in U$,

$$\begin{aligned}E_*(N(A))(x)&=\frac{\mathsf{T}(N(A)(x),N(A)(x))+\perp(N(A)(x),N(A)(x))}{2}\\&=\frac{\mathsf{T}(1-A(x),1-A(x))+\perp(1-A(x),1-A(x))}{2}\\&=\frac{1-\perp(A(x),A(x))+1-\mathsf{T}(A(x),A(x))}{2}\end{aligned}$$

$$=1-\frac{\mathsf{T}(A(x),A(x))+\perp(A(x),A(x))}{2}$$
$$=N(E_*(A))(x).$$

因此, 我们得到 $E_*(N(A))=N(E_*(A))$, $\forall A\in \mathrm{Map}(U,[0,1])$. □

注 8.2.1 在定理 8.2.1, 如果 $\mathsf{T}=\mathsf{T}_M$ (min)、 $\mathsf{T}=\mathsf{T}_P$ (代数积)或 $\mathsf{T}=\mathsf{T}_L$ (Łukasiewicz 有界积)并且 $\perp=\perp_M$ (max)、 $\perp=\perp_P$ (代数和)或 $\perp=\perp_L$ (Łukasiewicz 有界和), 则 $\forall A\in \mathrm{Map}(U,[0,1])$ 和 $\forall x\in U$, $E_*(A)(x)=A(x)$, 即 E_* 成为(Hu, 2014) 中 4.1 节给出的 Fuzzy 集的决策评价函数.

在下列命题中, 我们通过利用 t-模和 t-余模获得了半决策评价函数一些构造方法.

命题 8.2.1 设 $E_1,E_2:\mathrm{Map}(V,P_C)\to \mathrm{Map}(U,[0,1])$ 是 U 的两个半决策评价函数, 取

$$E_{\mathsf{T}}(A)(x)=\mathsf{T}(E_1(A)(x),E_2(A)(x)),$$

$\forall A\in \mathrm{Map}(V,P_C)$, $\forall x\in U$, 则 E_{T} 是 U 的半决策评价函数.

证明 (1) 最小元公理.

$$\forall x\in U,\ E_{\mathsf{T}}((0_P)_V)(x)=\mathsf{T}(E_1((0_P)_V)(x),E_2((0_P)_V)(x))=0.$$

于是, $E_{\mathsf{T}}((0_P)_V)=0_U$.

(2) 单调性公理.

设 $A,B\in \mathrm{Map}(V,P_C)$, 并且 $A\subseteq B_{P_C}$, 则 $\forall x\in U$,

$$\begin{aligned}E_{\mathsf{T}}(A)(x)&=\mathsf{T}(E_1(A)(x),E_2(A)(x))\\&\leqslant \mathsf{T}(E_1(B)(x),E_2(B)(x))\\&=E_{\mathsf{T}}(B)(x).\end{aligned}$$

于是, 我们得到 $E_{\mathsf{T}}(A)\subseteq E_{\mathsf{T}}(B)$, $\forall A,B\in \mathrm{Map}(V,P_C)$. □

命题 8.2.2 设 $E_1,E_2:\mathrm{Map}(V,P_C)\to \mathrm{Map}(U,[0,1])$ 是 U 的两个半决策评价函数, 取

$$E_{\perp}(A)(x)=\perp(E_1(A)(x),E_2(A)(x)),$$

$\forall A\in \mathrm{Map}(V,P_C)$, $\forall x\in U$, 则 $E_{\perp}$ 是 U 的半决策评价函数.

证明 类似命题 8.2.1 可证. □

命题 8.2.3 设 $E_1,E_2:\mathrm{Map}(V,P_C)\to \mathrm{Map}(U,[0,1])$ 是 U 的两个半决策评价函数, $a,b\in[0,1]$ 并且 $a+b=1$, 取

$$E_{(\mathsf{T},\perp,a,b)}(A)(x)=a\mathsf{T}(E_1(A)(x),E_2(A)(x))+b\perp(E_1(A)(x),E_2(A)(x)),$$

$\forall A\in \mathrm{Map}(V,P_C)$, $\forall x\in U$, 则 $E_{(\mathsf{T},\perp,a,b)}$ 是 U 的半决策评价函数.

证明 类似命题 8.2.1 和命题 8.2.2 可证. □

命题 8.2.4 设映射 $E:\mathrm{Map}(V,P_C)\to\mathrm{Map}(U,[0,1])$ 是 U 的一个半决策评价函数, 取

$$E_{(\top,N_{P_C})}(A)(x)=\top(E(A)(x),1-E(N_{P_C}(A))(x)),$$

$\forall A\in\mathrm{Map}(V,P_C)$, $\forall x\in U$, 则 $E_{(\top,N_{P_C})}$ 是 U 的半决策评价函数.

证明 (1) 最小元公理.

$$\begin{aligned}\forall x\in U,\quad E_{(\top,N_{P_C})}((0_P)_V)(x)&=\top(E((0_P)_V)(x),1-E(N_{P_C}((0_P)_V))(x))\\&=\top(0,1-E(N_{P_C}((0_P)_V))(x))=0.\end{aligned}$$

于是, $E_{(\top,N_{P_C})}((0_P)_V)=0_U$.

(2) 单调性公理.

设 $A,B\in\mathrm{Map}(V,P_C)$ 并且 $A\subseteq B_{P_C}$, 则 $\forall x\in U$,

$$\begin{aligned}E_{(\top,N_{P_C})}(A)(x)&=\top(E(A)(x),1-E(N_{P_C}(A))(x))\\&\leqslant\top(E(B)(x),1-E(N_{P_C}(B))(x))\\&=E_{(\top,N_{P_C})}(B)(x).\end{aligned}$$

于是, 我们得到 $E_{(\top,N_{P_C})}(A)\subseteq E_{(\top,N_{P_C})}(B)$, $\forall A,B\in\mathrm{Map}(V,P_C)$. □

命题 8.2.5 设映射 $E:\mathrm{Map}(V,P_C)\to\mathrm{Map}(U,[0,1])$ 是 U 的一个半决策评价函数, 并且 $E((1_{P_C})_V)=1_U$, 取

$$E_{(\bot,N_{P_C})}(A)(x)=\bot(E(A)(x),1-E(N_{P_C}(A))(x)),$$

$\forall A\in\mathrm{Map}(V,P_C)$, $\forall x\in U$, 则 $E_{(\bot,N_{P_C})}$ 是 U 的半决策评价函数.

证明 类似命题 8.2.4 可证. □

现在, 我们展示了在 (Hu, 2017b) 中给出的另一种方法, 即使用 t-模和 t-余模从半决策评价函数中获得一个决策评价函数. 此外, 应该指出的是, 在 (Hu, 2017b) 中, 作者只是给出了这种方法, 没有讨论它的应用的更多细节. 因此, 接下来我们主要考虑与 Fuzzy 集、区间 Fuzzy 集、Fuzzy 关系和犹豫 Fuzzy 集相关的三支决策新类型, 这些新类型使用定理 8.2.1 中和以下引理给出的方法从基于 t-模和 t-余模的半三支决策转换而来.

引理 8.2.1 (Hu, 2017b) 设映射 $E:\mathrm{Map}(V,P_C)\to\mathrm{Map}(U,[0,1])$ 是 U 的一个半决策评价函数, 并且 $E((1_{P_C})_V)=1_U$, 如果取

$$E_{(\top,\bot,N_{P_C})}(A)(x)=\frac{\top(E(A)(x),1-E(N_{P_C}(A))(x))+\bot(E(A)(x),1-E(N_{P_C}(A))(x))}{2},$$

$\forall A\in\mathrm{Map}(V,P_C)$, $\forall x\in U$, 则 $E_{(\bot,N_{P_C})}$ 是 U 的决策评价函数.

8.3 从半三支决策到三支决策的转化

在本节中, 我们提出了一些基于 t-模和 t-余模的半三支决策转换而来的新型三支决策, 例如, 基于 Fuzzy 集、区间值 Fuzzy 集、Fuzzy 关系和犹豫 Fuzzy 集的三支决策, 详细内容可参阅 (Qiao, Hu, 2018).

8.3.1 基于 Fuzzy 集的三支决策

在本小节中, 我们展示了从半决策评价函数中获得的一些决策评价函数以及基于 Fuzzy 集的相应三支决策.

设 A 是 U 的 Fuzzy 集, 则由定理 8.2.1,

$$E_*(A)(x)=\frac{\top(A(x),A(x))+\bot(A(x),A(x))}{2}$$

是 U 的决策评价函数.

在下列例子里, 我们通过用不同的 t-模和 t-余模说明决策评价函数 E_* 的三支决策.

例 8.3.1 设 $U=\{x_1,x_2,x_3,x_4,x_5,x_6\}$, 并且

$$A=\frac{0.5}{x_1}+\frac{0.7}{x_2}+\frac{0.8}{x_3}+\frac{0.6}{x_4}+\frac{1}{x_5}+\frac{0.4}{x_6}$$

是 U 的有限 Fuzzy 集.

(1) 如果我们取 $\top=\top_0^H$, $\bot=\bot_0^H$ (参见第 1 章, 例 1.3.1(6)), 即

$$\top(x,y)=\begin{cases}0, & x=y=0,\\ \dfrac{xy}{x+y-xy}, & \text{其他},\end{cases}\qquad \bot(x,y)=\begin{cases}1, & x=y=1,\\ \dfrac{x+y-2xy}{1-xy}, & \text{其他},\end{cases}$$

则

$$E_*(A)(x)=\frac{0.5}{x_1}+\frac{0.681}{x_2}+\frac{0.778}{x_3}+\frac{0.590}{x_4}+\frac{1}{x_5}+\frac{0.411}{x_6},$$

而且, 对 $\alpha=0.75$, $\beta=0.5$, A 的三支决策如下:

(i) 接受域: $\mathrm{ACP}_{(0.75,\,0.5)}(E_*,A)=\{x_3,x_5\}$;

(ii) 拒绝域: $\mathrm{REJ}_{(0.75,\,0.5)}(E_*,A)=\{x_1,x_6\}$;

(iii) 不确定域: $\mathrm{UNC}_{(0.75,\,0.5)}(E_*,A)=\{x_2,x_4\}$.

(2) 如果我们取 $\top=\top_1^{\mathrm{SW}}$, $\bot=\bot_{-0.5}^{\mathrm{SW}}$ (参见第 1 章, 例 1.3.1(7)), 即

$$\mathsf{T}(x,y)=\max\left(\frac{x+y-1+xy}{2},0\right),$$

$$\perp(x,y)=\min(x+y-0.5xy,1).$$

则

$$E_*(A)(x)=\frac{0.5}{x_1}+\frac{0.723}{x_2}+\frac{0.810}{x_3}+\frac{0.650}{x_4}+\frac{1}{x_5}+\frac{0.360}{x_6},$$

而且, 对 $\alpha=0.8$, $\beta=0.45$, A 的三支决策如下:

(i) 接受域: $\mathrm{ACP}_{(0.8,\,0.45)}(E_*,A)=\{x_3,x_5\}$;

(ii) 拒绝域: $\mathrm{REJ}_{(0.8,\,0.45)}(E_*,A)=\{x_6\}$;

(iii) 不确定域: $\mathrm{UNC}_{(0.8,\,0.45)}(E_*,A)=\{x_1,x_2,x_4\}$.

(3) 如果我们取 $\mathsf{T}=\mathsf{T}_{0.5}^{\mathrm{MT}}$, $\perp=\perp_{0.5}^{\mathrm{MT}}$ (参见第 1 章, 例 1.3.1(8)), 即

$$\mathsf{T}(x,y)=\begin{cases}\max\{x+y-0.5,0\}, & (x,y)\in[0,0.5]^2,\\ \min\{x,y\}, & \text{其他},\end{cases}$$

$$\perp(x,y)=\begin{cases}\min\{x+y-0.5,1\}, & (x,y)\in[0.5,1]^2,\\ \max\{x,y\}, & \text{其他},\end{cases}$$

则

$$E_*(A)(x)=\frac{0.500}{x_1}+\frac{0.800}{x_2}+\frac{0.900}{x_3}+\frac{0.650}{x_4}+\frac{1}{x_5}+\frac{0.350}{x_6},$$

而且, 对 $\alpha=0.85$, $\beta=0.45$, A 的三支决策如下:

(1) 接受域: $\mathrm{ACP}_{(0.85,\,0.45)}(E_*,A)=\{x_3,x_5\}$;

(2) 拒绝域: $\mathrm{REJ}_{(0.85,\,0.45)}(E_*,A)=\{x_6\}$;

(3) 不确定域: $\mathrm{UNC}_{(0.85,\,0.45)}(E_*,A)=\{x_1,x_2,x_4\}$.

命题 8.3.1　设 $P_C=P_D=[0,1]$, 如果我们定义映射 $E_f:\mathrm{Map}(V,[0,1])\to\mathrm{Map}(U,[0,1])$,

$$E_f(A)(x)=f(A(x)),$$

$\forall A\in\mathrm{Map}(V,[0,1])$, $\forall x\in U$, 其中 f 是 1 元自对偶聚合函数 (定义 5.2.1), 则 E_f 是 U 的半决策评价函数.

证明　(1) 最小元公理.

$$\forall x\in U,\quad E_f(0_V)(x)=f(0_V(x))=f(0)=0.$$

于是, 我们得到 $E_f(0_V)=0_U$.

(2) 单调性公理.

设 $A,B\in\mathrm{Map}(V,[0,1])$, $A\subseteq B$, 则

$$
\begin{aligned}
E_f(A)(x) &= f(A(x)) \\
&\leqslant f(B(x)) \\
&= E_f(B)(x).
\end{aligned}
$$

于是，$E_f(A) \subseteq E_f(B)$，$\forall A, B \in \mathrm{Map}(V,[0,1])$. □

定理 8.3.1 设 $P_C = P_D = [0,1]$，如果我们定义映射 $E: \mathrm{Map}(V,[0,1]) \to \mathrm{Map}(U,[0,1])$，

$$
E_{(\top,\perp,f)}(A)(x) = \frac{\top(E_f(A)(x), 1-E_f(1-A(x))) + \perp(E_f(A)(x), 1-E_f(1-A(x)))}{2},
$$

$\forall A \in \mathrm{Map}(V,[0,1])$，$\forall x \in U$ 并且 f 为 1 元自对偶聚合函数，则 E_f 是 U 的决策评价函数.

证明 由引理 8.2.1 和命题 8.3.1 直接得到. □

注 8.3.1 (1) 在定理 8.3.1 中，对任意 1 元自对偶聚合函数 f,

$$
E_{(\top_M,\perp_M,f)} = E_{(\top_P,\perp_P,f)} = E_{(\top_L,\perp_L,f)}.
$$

(2) 如果在定理 8.3.1 中取 $f(x) = x^2$，则 $\forall A \in \mathrm{Map}(V,[0,1])$，

$$
E_{(\top_M,\perp_M,f)}(A) = E_{(\top_P,\perp_P,f)}(A) = E_{(\top_L,\perp_L,f)}(A) = A.
$$

在下面的例子里，我们通过利用三对不同的 t-模和 t-余模展示决策评价函数 $E_{(\top,\perp,f)}$ 的三支决策.

例 8.3.2 设 $U = \{x_1, x_2, x_3, x_4, x_5\}$ 并且

$$
A = \frac{0.4}{x_1} + \frac{0.6}{x_2} + \frac{0.8}{x_3} + \frac{0.5}{x_4} + \frac{1}{x_5}
$$

是 U 的有限 Fuzzy 集.

(1) 如果我们取 $\top = \top_M$，$\perp = \perp_M$，$f(x) = x^3$，则

$$
E_f(A) = \frac{0.125}{x_1} + \frac{0.008}{x_2} + \frac{0.343}{x_3} + \frac{0.027}{x_4} + \frac{1}{x_5},
$$

$$
E_{(\top_M,\perp_M,f)}(A) = \frac{0.5}{x_1} + \frac{0.248}{x_2} + \frac{0.658}{x_3} + \frac{0.342}{x_4} + \frac{1}{x_5}.
$$

(2) 如果我们取 $\top = \top_M$，$\perp = \perp_M$，$f(x) = \dfrac{2x}{1+x}$，则

$$
E_f(A) = \frac{0.666}{x_1} + \frac{0.333}{x_2} + \frac{0.824}{x_3} + \frac{0.462}{x_4} + \frac{1}{x_5},
$$

$$
E_{(\top_M,\perp_M,f)}(A) = \frac{0.5}{x_1} + \frac{0.222}{x_2} + \frac{0.681}{x_3} + \frac{0.319}{x_4} + \frac{1}{x_5}.
$$

(3) 如果我们取 $\mathsf{T}=\mathsf{T}_D$，$\bot=\bot_D$，$f(x)=x^2$，则

$$E_f(A)=\frac{0.25}{x_1}+\frac{0.04}{x_2}+\frac{0.49}{x_3}+\frac{0.09}{x_4}+\frac{1}{x_5},$$

$$E_{(\mathsf{T}_D,\bot_D,f)}(A)=\frac{0.5}{x_1}+\frac{0.5}{x_2}+\frac{0.5}{x_3}+\frac{0.5}{x_4}+\frac{1}{x_5}.$$

命题 8.3.2　设 U 和 V 是两个有限论域, $P_C=P_D=[0,1]$, $R\in\mathrm{Map}(U\times V,[0,1])$, 并且 $\sum\limits_{y\in V}R(x,y)\neq 0$. 如果我们定义映射 $E:\mathrm{Map}(V,[0,1])\to\mathrm{Map}(U,[0,1])$,

$$E_{(\mathsf{T})}^R(A)(x)=\frac{\sum\limits_{y\in V}\mathsf{T}(A(y),R(x,y))}{\sum\limits_{y\in V}R(x,y)},$$

$\forall A\in\mathrm{Map}(V,[0,1])$, $\forall x\in U$, 其中 f 是 1 元自对偶聚合函数, 则 $E_{(\mathsf{T})}^R$ 是 U 的半决策评价函数.

证明　(1) 最小元公理.

$\forall x\in U$,

$$E_{(\mathsf{T})}^R(0_V)(x)=\frac{\sum\limits_{y\in V}\mathsf{T}(0_V(y),R(x,y))}{\sum\limits_{y\in V}R(x,y)}=0.$$

于是, 我们得到 $E_{(\mathsf{T})}^R(0_V)=0_U$.

(2) 单调性公理.

设 $A,B\in\mathrm{Map}(V,[0,1])$，$A\subseteq B$，则

$$\begin{aligned}E_{(\mathsf{T})}^R(A)(x)&=\frac{\sum\limits_{y\in V}\mathsf{T}(A(y),R(x,y))}{\sum\limits_{y\in V}R(x,y)}\\&\leqslant\frac{\sum\limits_{y\in V}\mathsf{T}(B(y),R(x,y))}{\sum\limits_{y\in V}R(x,y)}\\&=E(B)(x).\end{aligned}$$

于是，$E(A)\subseteq E(B)$，$\forall A,B\in\mathrm{Map}(V,[0,1])$.　□

注 8.3.2　在命题 8.3.2, 如果 $\mathsf{T}=\mathsf{T}_M$，则 $\forall A\in\mathrm{Map}(V,[0,1])$，$\forall x\in U$，

$$E_{(\wedge)}^R(A)(x)=\frac{\sum\limits_{y\in V}A(y)\wedge R(x,y)}{\sum\limits_{y\in V}R(x,y)}.$$

即 $E^R_{(\wedge)}$ 成为 (Hu, 2017b) 中例 3.1 的半决策评价函数.

定理 8.3.2 设 U 和 V 是两个有限论域, $P_C = P_D = [0,1]$, $R \in \text{Map}(U \times V, [0,1])$ 并且 $\sum_{y\in V} R(x,y) \neq 0$. 如果我们定义映射 $E: \text{Map}(V,[0,1]) \to \text{Map}(U,[0,1])$,

$$E^R_{(\top,\perp,\top')}(A)(x) = 0.5\top\left(\frac{\sum_{y\in V}\top'(A(y),R(x,y))}{\sum_{y\in V}R(x,y)}, 1-\frac{\sum_{y\in V}\top'(1-A(y),R(x,y))}{\sum_{y\in V}R(x,y)}\right)$$
$$+0.5\perp\left(\frac{\sum_{y\in V}\top'(A(y),R(x,y))}{\sum_{y\in V}R(x,y)}, 1-\frac{\sum_{y\in V}\top'(1-A(y),R(x,y))}{\sum_{y\in V}R(x,y)}\right),$$

$\forall A \in \text{Map}(V,[0,1])$, $\forall x \in U$, 其中 $\top$ 与 $\top'$ 是 t-模, $\perp$ 是 t-余模, 则 $E^R_{(\top,\perp,\top')}$ 是 U 的决策评价函数.

证明 由引理 8.2.1 和命题 8.3.2 直接得到. □

注 8.3.3 在定理 8.3.2 中, 如果 $\top' = \top_P$, $\top = \top_M$, $\top_P$ 或 $\top_L$, $\perp = \perp_M$, $\perp_P$ 或 $\perp_L$, 则 $\forall A \in \text{Map}(V,[0,1])$, $\forall x \in U$,

$$E^R_{(\top,\perp,\top')}(A)(x) = \frac{\sum_{y\in V}A(y)R(x,y)}{\sum_{y\in V}R(x,y)} = E^R_{(\cdot)}(A)(x),$$

即 $E^R_{(\top,\perp,\top')}$ 成为 (Hu, 2016) 例 2.1(1) 的决策评价函数.

例 8.3.3 设 $U = V = \{x_1, x_2, x_3, x_4\}$ 并且

$$A = \frac{0.4}{x_1} + \frac{0.6}{x_2} + \frac{0.1}{x_3} + \frac{0.8}{x_4}$$

是 U 的有限 Fuzzy 集, 并且

$$R = \begin{bmatrix} 1 & 0.5 & 0.4 & 0.8 \\ 0.4 & 1 & 0.6 & 0.3 \\ 0.7 & 0.9 & 1 & 0.5 \\ 0.3 & 0.6 & 0.8 & 1 \end{bmatrix}.$$

(1) 如果我们取 $\top = \top' = \top_M$, $\perp = \perp_M$, 则

$$E^R_{(\top)}(A) = \frac{0.666}{x_1} + \frac{0.609}{x_2} + \frac{0.516}{x_3} + \frac{0.666}{x_4},$$

$$E^R_{(\top_M,\perp_M,\top_M)}(A) = \frac{0.537}{x_1} + \frac{0.457}{x_2} + \frac{0.403}{x_3} + \frac{0.518}{x_4}.$$

(2) 如果我们取 $\mathsf{T}=\mathsf{T}_M$，$\bot=\bot_M$，$\mathsf{T}'=\mathsf{T}_L$，则

$$E^R_{(\mathsf{T})}(A)=\frac{0.407}{x_1}+\frac{0.304}{x_2}+\frac{0.323}{x_3}+\frac{0.37}{x_4},$$

$$E^R_{(\mathsf{T}_M,\bot_M,\mathsf{T}_L)}(A)=\frac{0.463}{x_1}+\frac{0.457}{x_2}+\frac{0.42}{x_3}+\frac{0.519}{x_4}.$$

例 8.3.4　设 $U=\{x_1,x_2,x_3,x_4,x_5,x_6,x_7,x_8,x_9,x_{10}\}$ 是 10 个学生构成的论域并且 $V=\{y_1,y_2,y_3,y_4,y_5\}$ 是一个由 5 个课程测试组成的论域. 从 5 个测试中获得的 10 名学生的成绩构成以下 Fuzzy 关系 R.

$$R=\begin{bmatrix}1 & 0.6 & 0.3 & 0.7 & 0.4\\ 0.7 & 0.8 & 0.5 & 0.9 & 0.6\\ 0.8 & 0.4 & 0.5 & 0.7 & 0.3\\ 0.5 & 0.4 & 0.7 & 0.9 & 0.8\\ 0.4 & 0.6 & 0.9 & 0.6 & 1\\ 0.7 & 0.4 & 0.8 & 0.9 & 0.5\\ 0.3 & 0.5 & 0.4 & 0.7 & 0.6\\ 0.9 & 0.6 & 0.8 & 0.5 & 0.6\\ 0.5 & 0.7 & 0.4 & 0.6 & 0.3\\ 0.6 & 0.5 & 0.7 & 0.9 & 0.4\end{bmatrix}.$$

本课程每个测试的百分比由下式给出

$$A=\frac{0.1}{y_1}+\frac{0.1}{y_2}+\frac{0.3}{y_3}+\frac{0.2}{y_4}+\frac{0.3}{y_5}.$$

(1) 如果我们取 $\mathsf{T}=\mathsf{T}_M$，$\bot=\bot_M$，$\mathsf{T}'=\mathsf{T}_P$，则

$$E^R_{(\mathsf{T}_M,\bot_M,\mathsf{T}_P)}(A)=\frac{0.170}{x_1}+\frac{0.189}{x_2}+\frac{0.185}{x_3}+\frac{0.218}{x_4}+\frac{0.226}{x_5}+\frac{0.272}{x_6}+\frac{0.208}{x_7}+\frac{0.197}{x_8}+\frac{0.180}{x_9}+\frac{0.200}{x_{10}}.$$

取 $\alpha=0.21$，$\beta=0.19$，A 的三支决策如下:

(i) 接受域: $\mathrm{ACP}_{(0.21,\,0.19)}(E_*,A)=\{x_4,x_5,x_6\}$;

(ii) 拒绝域: $\mathrm{REJ}_{(0.21,\,0.19)}(E_*,A)=\{x_1,x_2,x_3,x_9\}$;

(iii) 不确定域: $\mathrm{UNC}_{(0.21,\,0.19)}(E_*,A)=\{x_7,x_8,x_{10}\}$.

(2) 如果我们取 $\mathsf{T}=\mathsf{T}_M$，$\bot=\bot_M$，$\mathsf{T}'=\mathsf{T}_L$，则

$$E^R_{(\mathsf{T}_M,\bot_M,\mathsf{T}_L)}(A)=\frac{0.184}{x_1}+\frac{0.157}{x_2}+\frac{0.146}{x_3}+\frac{0.182}{x_4}+\frac{0.058}{x_5}+\frac{0.043}{x_6}+\frac{0.200}{x_7}+\frac{0.162}{x_8}+\frac{0.200}{x_9}+\frac{0.178}{x_{10}}.$$

取$\alpha=0.2$，$\beta=0.15$，A 的三支决策如下:

(i) 接受域: $\mathrm{ACP}_{(0.2,\,0.15)}(E_*,A)=\{x_7,x_9\}$;

(ii) 拒绝域: $\mathrm{REJ}_{(0.2,\,0.15)}(E_*,A)=\{x_3,x_5,x_6\}$;

(iii) 不确定域: $\mathrm{UNC}_{(0.2,\,0.15)}(E_*,A)=\{x_1,x_2,x_4,x_8,x_{10}\}$.

8.3.2 基于区间值 Fuzzy 集的三支决策

在本小节中, 我们展示了从半决策评价函数获得的一些决策评价函数, 以及基于区间值 Fuzzy 集的相应三支决策.

命题 8.3.3 设 $P_C=I^{(2)}$，$P_D=[0,1]$，$N_{P_D}(x)=N_I(x)=1-x$，如果我们定义映射 $E_{(\top,\,\mathrm{int})}:\mathrm{Map}(V,I^{(2)})\to\mathrm{Map}(U,[0,1])$,

$$E_{(\top,\,\mathrm{int})}(A)(x)=\top(A^-(x),A^+(x)),$$

$\forall A\in\mathrm{Map}(V,I^{(2)})$，$\forall x\in U$，则 $E_{(\top,\,\mathrm{int})}$ 是 U 的半决策评价函数.

证明 (1) 最小元公理.

$$\forall x\in U,\quad E_{(\top,\,\mathrm{int})}(0_{I^{(2)}})(x)=\top(\varnothing(x),\varnothing(x))=0.$$

于是, 我们得到 $E_{(\top,\,\mathrm{int})}(0_V)=0_U$.

(2) 单调性公理.

设 $A,B\in\mathrm{Map}(V,I^{(2)})$，$A\subseteq B$，则

$$\begin{aligned}E_{(\top,\,\mathrm{int})}(A)(x)&=\top(A^-(x),A^+(x))\\&\leqslant\top(B^-(x),B^+(x))\\&=E_{(\top,\mathrm{int})}(B)(x).\end{aligned}$$

于是，$E_{(\top,\,\mathrm{int})}(A)\subseteq E_{(\top,\,\mathrm{int})}(B)$，$\forall A,B\in\mathrm{Map}(V,I^{(2)})$. □

命题 8.3.4 设 $P_C=I^{(2)}$，$P_D=[0,1]$，$N_{P_D}(x)=N_I(x)=1-x$，如果我们定义映射 $E_{(\perp,\,\mathrm{int})}:\mathrm{Map}(V,I^{(2)})\to\mathrm{Map}(U,[0,1])$,

$$E_{(\perp,\,\mathrm{int})}(A)(x)=\perp(A^-(x),A^+(x)),$$

$\forall A\in\mathrm{Map}(V,I^{(2)})$，$\forall x\in U$，则 $E_{(\perp,\,\mathrm{int})}$ 是 U 的半决策评价函数.

证明 类似命题 8.3.3 可证. □

定理 8.3.3 设 $P_C=I^{(2)}$，$P_D=[0,1]$，$N_{P_D}(x)=N_I(x)=1-x$，如果我们定义映射 $E_{(\top,\,\perp,\,\mathrm{int})}:\mathrm{Map}(V,I^{(2)})\to\mathrm{Map}(U,[0,1])$,

$$E_{(\top,\,\perp,\,\mathrm{int})}(A)(x)=\frac{\top(A^-(x),A^+(x))+\perp(A^-(x),A^+(x))}{2},$$

$\forall A \in \mathrm{Map}(V,[0,1])$，$\forall x \in U$，则 $E_{(\top,\perp,\mathrm{int})}$ 是 U 的决策评价函数.

证明　由引理 8.2.1 和命题 8.3.1 直接得到. □

注 8.3.4　在定理 8.3.3 中，如果取 $\top=\top_M$，$\top=\top_P$ 或 $\top=\top_L$ 并且 $\perp=\perp_M$，$\perp=\perp_P$ 或 $\perp=\perp_L$，则 $\forall A \in \mathrm{Map}(V,[0,1])$，$\forall x \in U$，

$$E_{(\top,\perp,\mathrm{int})}(A)(x)=\frac{A^-(x)+A^+(x)}{2}$$

成为 (Hu, 2014, 4.2 节) 讨论 U 的关于 $A \in \mathrm{Map}(U,I^{(2)})$ 的决策评价函数.

例 8.3.5　设 $U=\{x_1,x_2,x_3,x_4,x_5,x_6\}$ 并且

$$A=\frac{[0.2,0.3]}{x_1}+\frac{[0.6,0.8]}{x_2}+\frac{[0.1,0.4]}{x_3}+\frac{[0.3,0.5]}{x_4}+\frac{[0.7,0.8]}{x_5}+\frac{[0.5,0.9]}{x_6}$$

是 U 的有限 Fuzzy 集.

(1) 如果我们取 $\top=\top_M$ 和 $\perp=\perp_M$，则

$$E_{(\top,\perp,\mathrm{int})}(A)(x)=\frac{0.25}{x_1}+\frac{0.7}{x_2}+\frac{0.25}{x_3}+\frac{0.4}{x_4}+\frac{0.75}{x_5}+\frac{0.7}{x_6},$$

而且，对 $\alpha=0.65$，$\beta=0.55$，A 的三支决策如下:

(i) 接受域: $\mathrm{ACP}_{(0.65,\,0.55)}(E_{(\top,\perp,\mathrm{int})},A)=\{x_2,x_5,x_6\}$；

(ii) 拒绝域: $\mathrm{REJ}_{(0.65,\,0.55)}(E_{(\top,\perp,\mathrm{int})},A)=\{x_1,x_3,x_4\}$；

(iii) 不确定域: $\mathrm{UNC}_{(0.65,\,0.55)}(E_{(\top,\perp,\mathrm{int})},A)=\varnothing$.

(2) 如果我们取 $\top=\top_0^H$，$\perp=\perp_0^H$，即

$$\top(x,y)=\begin{cases}0, & x=y=0,\\ \dfrac{xy}{x+y-xy}, & \text{其他},\end{cases}$$

$$\perp(x,y)=\begin{cases}1, & x=y=1,\\ \dfrac{x+y-2xy}{1-xy}, & \text{其他},\end{cases}$$

则

$$E_{(\top,\perp,\mathrm{int})}(A)(x)=\frac{0.27}{x_1}+\frac{0.684}{x_2}+\frac{0.262}{x_3}+\frac{0.41}{x_4}+\frac{0.731}{x_5}+\frac{0.694}{x_6},$$

而且，对 $\alpha=0.6$，$\beta=0.4$，A 的三支决策如下:

(1) 接受域: $\mathrm{ACP}_{(0.6,\,0.4)}(E_*,A)=\{x_2,x_5,x_6\}$；

(2) 拒绝域: $\mathrm{REJ}_{(0.6,\,0.4)}(E_*,A)=\{x_1,x_3\}$；

(3) 不确定域: $\mathrm{UNC}_{(0.6,\,0.4)}(E_*,A)=\{x_4\}$.

定理 8.3.4　设 $P_C=I^{(2)}$，$P_D=[0,1]$，$N_{P_D}(x)=N_I(x)=1-x$，如果我们定义映

射 $E_{(\top,\perp,Q_{\text{int}})}:\text{Map}(V,I^{(2)})\to\text{Map}(U,[0,1])$,

$$E_{(\top,\perp,Q_{\text{int}})}(A)(x)=\frac{\top(aA^-(x)+bA^+(x),aA^+(x)+bA^-(x))}{2}+\frac{\perp(aA^-(x)+bA^+(x),aA^+(x)+bA^-(x))}{2},$$

$\forall A\in\text{Map}(V,I^{(2)})$, $\forall x\in U$, $a+b=1$ 并且 $a,b\in[0,1]$, 则 $E_{(\top,\perp,Q_{\text{int}})}$ 是 U 的决策评价函数.

证明 (1) 最小元公理.

$$\forall x\in U,\ E_{(\top,\perp,Q_{\text{int}})}(0_{I^{(2)}})(x)=\frac{\top(0,0)+\perp(0,0)}{2}=0.$$

于是, 我们得到 $E_{(\top,\perp,Q_{\text{int}})}(0_V)=0_U$.

(2) 单调性公理.

设 $A,B\in\text{Map}(V,I^{(2)})$, $A\subseteq_{I^{(2)}}B$, 则

$$\begin{aligned}E_{(\top,\perp,Q_{\text{int}})}(A)(x)&=\frac{\top(aA^-(x)+bA^+(x),aA^+(x)+bA^-(x))}{2}\\&\quad+\frac{\perp(aA^-(x)+bA^+(x),aA^+(x)+bA^-(x))}{2}\\&\leqslant\frac{\top(aB^-(x)+bB^+(x),aB^+(x)+bB^-(x))}{2}\\&\quad+\frac{\perp(aB^-(x)+bB^+(x),aB^+(x)+bB^-(x))}{2}\\&=E_{(\top,\perp,Q_{\text{int}})}(B)(x).\end{aligned}$$

于是, $E_{(\top,\perp,Q_{\text{int}})}(A)\subseteq E_{(\top,\perp,Q_{\text{int}})}(B)$, $\forall A,B\in\text{Map}(V,I^{(2)})$.

(3) 自对偶性公理.

$\forall A\in\text{Map}(V,I^{(2)})$, $\forall x\in U$,

$$\begin{aligned}E_{(\top,\perp,Q_{\text{int}})}(N_{P_D}(A))(x)&=\frac{\top(aN_{P_D}(A)^-(x)+bN_{P_D}(A)^+(x),aN_{P_D}(A)^+(x)+bN_{P_D}(A)^-(x))}{2}\\&\quad+\frac{\perp(aN_{P_D}(A)^-(x)+bN_{P_D}(A)^+(x),aN_{P_D}(A)^+(x)+bN_{P_D}(A)^-(x))}{2}\\&=\frac{\top(a(1-A^+(x))+b(1-A^-(x)),a(1-A^-(x))+b(1-A^+(x)))}{2}\\&\quad+\frac{\perp(a(1-A^+(x))+b(1-A^-(x)),a(1-A^-(x))+b(1-A^+(x)))}{2}\end{aligned}$$

$$
\begin{aligned}
&= \frac{\top(1-aA^+(x)-bA^-(x),1-aA^-(x)-bA^+(x))}{2} \\
&\quad + \frac{\perp(1-aA^+(x)-bA^-(x),1-aA^-(x)-bA^+(x))}{2} \\
&= \frac{1-\perp(aA^+(x)+bA^-(x),aA^-(x)+bA^+(x))}{2} \\
&\quad + \frac{1-\top(aA^+(x)+bA^-(x),aA^-(x)+bA^+(x))}{2} \\
&= 1-\left(\frac{\perp(aA^+(x)+bA^-(x),aA^-(x)+bA^+(x))}{2}\right. \\
&\quad \left. + \frac{\top(aA^+(x)+bA^-(x),aA^-(x)+bA^+(x))}{2}\right) \\
&= 1-E_{(\top,\perp,Q_{\text{int}})}(A)(x) \\
&= N(E_{(\top,\perp,Q_{\text{int}})}(A))(x).
\end{aligned}
$$

于是, 我们得到 $E_{(\top,\perp,Q_{\text{int}})}(N_{P_D}(A)) = N(E_{(\top,\perp,Q_{\text{int}})}(A))$, $\forall A \in \text{Map}(V, I^{(2)})$. □

例 8.3.6　设 $U=\{x_1,x_2,x_3,x_4,x_5\}$ 并且

$$
A=\frac{[0.2,0.4]}{x_1}+\frac{[0.6,0.7]}{x_2}+\frac{[0.1,0.3]}{x_3}+\frac{[0.5,0.8]}{x_4}+\frac{[0.5,0.8]}{x_5}
$$

是 U 的有限区间值 Fuzzy 集.

(1) 如果我们取 $\top=\top_M$ 和 $\perp=\perp_M$, $a=0.6$ 和 $b=0.4$, 则

$$
E_{(\top,\perp,Q_{\text{int}})}(A)(x)=\frac{0.3}{x_1}+\frac{0.65}{x_2}+\frac{0.2}{x_3}+\frac{0.65}{x_4}+\frac{0.95}{x_5},
$$

而且, 对 $\alpha=0.7$, $\beta=0.5$, A 的三支决策如下:

(i) 接受域: $\text{ACP}_{(0.7,0.5)}(E_{(\top,\perp,Q_{\text{int}})},A)=\{x_5\}$;

(ii) 拒绝域: $\text{REJ}_{(0.7,0.5)}(E_{(\top,\perp,Q_{\text{int}})},A)=\{x_1,x_3\}$;

(iii) 不确定域: $\text{UNC}_{(0.7,0.5)}(E_{(\top,\perp,Q_{\text{int}})},A)=\{x_2,x_4\}$.

(2) 如果我们取 $\top=\top^{nM}$, $\perp=\perp^{nM}$, 即

$$
\top(x,y)=\begin{cases}0, & x+y\leqslant 1,\\ \min\{x,y\}, & \text{其他},\end{cases}
$$

$$
\perp(x,y)=\begin{cases}1, & x+y\geqslant 1,\\ \max\{x,y\}, & \text{其他},\end{cases}
$$

则

$$
E_{(\top,\perp,Q_{\text{int}})}(A)(x)=\frac{0.16}{x_1}+\frac{0.82}{x_2}+\frac{0.11}{x_3}+\frac{0.81}{x_4}+\frac{0.97}{x_5},
$$

而且, 对 $\alpha=0.8$, $\beta=0.6$, A 的三支决策如下:

(1) 接受域: $\mathrm{ACP}_{(0.8,\,0.6)}(E_{(\top,\,\perp,\,Q_{\mathrm{int}})},A)=\{x_2,x_4,x_5\}$;

(2) 拒绝域: $\mathrm{REJ}_{(0.8,\,0.6)}(E_{(\top,\,\perp,\,Q_{\mathrm{int}})},A)=\{x_1,x_3\}$;

(3) 不确定域: $\mathrm{UNC}_{(0.8,\,0.6)}(E_{(\top,\,\perp,\,Q_{\mathrm{int}})},A)=\varnothing$.

命题 8.3.5 设 $P_C=I^{(2)}$, $P_D=[0,1]$, $N_{P_D}(x)=N_I(x)=1-x$, 如果我们定义映射 $E_{(\top,\,m)}:\mathrm{Map}(V,I^{(2)})\to\mathrm{Map}(U,[0,1])$,

$$E_{(\top,\,m)}^{R}(A)(x)=\frac{\sum\limits_{y\in V}\top(A^{(m)}(y),R(x,y))}{\sum\limits_{y\in V}R(x,y)},$$

$\forall A\in\mathrm{Map}(V,I^{(2)})$, $\forall x\in U$, 则 $E_{(\top,\,m)}^{R}$ 是 U 的半决策评价函数.

证明 (1) 最小元公理.

$$\forall x\in U,\ E_{(\top,\,m)}^{R}(0_{I^{(2)}})(x)=\frac{\sum\limits_{y\in V}\top(0,R(x,y))}{\sum\limits_{y\in V}R(x,y)}=0.$$

于是, 我们得到 $E_{(\top,\,m)}^{R}(0_V)=0_U$.

(2) 单调性公理.

设 $A,B\in\mathrm{Map}(V,I^{(2)})$, $A\subseteq_{I^{(2)}}B$, 则

$$\begin{aligned}E_{(\top,\,m)}^{R}(A)(x)&=\frac{\sum\limits_{y\in V}\top(A^{(m)}(y),R(x,y))}{\sum\limits_{y\in V}R(x,y)}\\&\leqslant\frac{\sum\limits_{y\in V}\top(B^{(m)}(y),R(x,y))}{\sum\limits_{y\in V}R(x,y)}\\&=E_{(\top,\,m)}^{R}(B)(x).\end{aligned}$$

于是, $E_{(\top,\,m)}^{R}(A)\subseteq E_{(\top,\,m)}^{R}(B)$, $\forall A,B\in\mathrm{Map}(V,I^{(2)})$. □

注 8.3.5 在命题 8.3.5 中, 如果 $\top=\top_M$, 则 $\forall A\in\mathrm{Map}(V,I^{(2)})$, $\forall x\in U$,

$$E_{(\wedge,\,m)}^{R}(A)(x)=\frac{\sum\limits_{y\in V}A^{(m)}(y)\wedge R(x,y)}{\sum\limits_{y\in V}R(x,y)},$$

即 $E_{(\wedge,\,m)}^{R}$ 成为 (Hu, 2017b, 4.2 节) 给出的 U 的半决策评价函数.

定理 8.3.5 设 U 和 V 是两个有限论域, $P_C=I^{(2)}$, $P_D=[0,1]$, $N_{P_D}(x)=1-x$,

$\forall x \in [0,1]$，$R \in \mathrm{Map}(U \times V, [0,1])$ 并且 $\sum_{y \in V} R(x,y) \neq 0$. 如果我们定义映射 $E^{(m)}_{(\mathrm{T},\perp,\mathrm{T}')}$：$\mathrm{Map}(V, I^{(2)}) \to \mathrm{Map}(U,[0,1])$，

$$E^{(m)}_{(\mathrm{T},\perp,\mathrm{T}')}(A)(x) = 0.5\mathrm{T}\left(\frac{\sum_{y \in V} \mathrm{T}'(A^{(m)}(y), R(x,y))}{\sum_{y \in V} R(x,y)}, 1 - \frac{\sum_{y \in V} \mathrm{T}(1 - A^{(m)}(y), R(x,y))}{\sum_{y \in V} R(x,y)}\right)$$

$$+0.5 \perp \left(\frac{\sum_{y \in V} \mathrm{T}'(A^{(m)}(y), R(x,y))}{\sum_{y \in V} R(x,y)}, 1 - \frac{\sum_{y \in V} \mathrm{T}'(1 - A^{(m)}(y), R(x,y))}{\sum_{y \in V} R(x,y)}\right),$$

$\forall A \in \mathrm{Map}(V, I^{(2)})$，$\forall x \in [0,1]$，则 $E^{(m)}_{(\mathrm{T},\perp,\mathrm{T}')}$ 是一个 U 的决策评价函数.

证明　由引理 8.2.1 和命题 8.3.5 直接得到. □

注 8.3.6　在定理 8.3.5, 如果 $\mathrm{T}' = \mathrm{T}_P$，$\mathrm{T} = \mathrm{T}_M$，$\mathrm{T}_P$ 或 T_L，并且 $\perp = \perp_M$，$\perp_P$ 或 $\perp_L$，则 $\forall A \in \mathrm{Map}(V, I^{(2)})$，$\forall x \in [0,1]$，

$$E^{(m)}_{(\mathrm{T},\perp,\mathrm{T}')}(A)(x) = \frac{\sum_{y \in V} A^{(m)}(y) R(x,y)}{\sum_{y \in V} R(x,y)}.$$

下面给出例子说明当 t-模取 $\mathrm{T}' = \mathrm{T}_P$ 或 $\mathrm{T}' = \mathrm{T}_L$ 时, 决策评价函数 $E^{(m)}_{(\mathrm{T},\perp,\mathrm{T}')}$ 的三支决策.

例 8.3.7　设 $U = \{x_1, x_2, x_3, x_4, x_5, x_6\}$，$V = \{y_1, y_2, y_3, y_4\}$，

$$A = \frac{[0.3,0.5]}{y_1} + \frac{[0.4,0.7]}{y_2} + \frac{[0.8,1]}{y_3} + y\frac{[0.6,0.9]}{x_4}$$

是 V 的有限区间值 Fuzzy 集, 并且

$$R = \begin{bmatrix} 1 & 0.8 & 0.4 & 0.7 \\ 0.3 & 0.7 & 0.5 & 0.9 \\ 0.8 & 0.6 & 0.5 & 0.7 \\ 0.6 & 0.4 & 0.8 & 0.9 \\ 0.7 & 0.6 & 0.9 & 0.5 \\ 0.4 & 0.9 & 0.7 & 1 \end{bmatrix}$$

是 $U \times V$ 的 Fuzzy 关系.

(1) 如果我们取 $\mathrm{T} = \mathrm{T}_M$，$\perp = \perp_M$ 和 $\mathrm{T}' = \mathrm{T}_P$，则

$$E^{(m)}_{(\mathrm{T}_M,\perp_M,\mathrm{T}_P)}(A) = \frac{0.595}{x_1} + \frac{0.679}{x_2} + \frac{0.625}{x_3} + \frac{0.687}{x_4} + \frac{0.665}{x_5} + \frac{0.678}{x_6},$$

而且, 对 $\alpha = 0.65$，$\beta = 0.6$，A 的三支决策如下:

(i) 接受域: $\mathrm{ACP}_{(0.65,\,0.6)}(E^{(m)}_{(\mathsf{T}_M,\,\perp_M,\,\mathsf{T}_P)},A)=\{x_2,x_4,x_5,x_6\}$;

(ii) 拒绝域: $\mathrm{REJ}_{(0.65,\,0.6)}(E^{(m)}_{(\mathsf{T}_M,\,\perp_M,\,\mathsf{T}_P)},A)=\{x_1\}$;

(iii) 不确定域: $\mathrm{UNC}_{(0.65,\,0.5)}(E^{(m)}_{(\mathsf{T}_M,\,\perp_M,\,\mathsf{T}_P)},A)=\{x_3\}$.

(2) 如果我们取 $\mathsf{T}=\mathsf{T}_M$, $\perp=\perp_M$ 和 $\mathsf{T}'=\mathsf{T}_L$, 则

$$E^{(m)}_{(\mathsf{T}_M,\,\perp_M,\,\mathsf{T}_L)}(A)=\frac{0.612}{x_1}+\frac{0.708}{x_2}+\frac{0.644}{x_3}+\frac{0.685}{x_4}+\frac{0.676}{x_5}+\frac{0.786}{x_6},$$

而且, 对 $\alpha=0.7$, $\beta=0.65$, A 的三支决策如下:

(i) 接受域: $\mathrm{ACP}_{(0.7,\,0.65)}(E^{(m)}_{(\mathsf{T}_M,\,\perp_M,\,\mathsf{T}_L)},A)=\{x_2,x_6\}$;

(ii) 拒绝域: $\mathrm{REJ}_{(0.7,\,0.65)}(E^{(m)}_{(\mathsf{T}_M,\,\perp_M,\,\mathsf{T}_L)},A)=\{x_1,x_3\}$;

(iii) 不确定域: $\mathrm{UNC}_{(0.7,\,0.65)}(E^{(m)}_{(\mathsf{T}_M,\,\perp_M,\,\mathsf{T}_L)},A)=\{x_4,x_5\}$.

命题 8.3.6 设 U, V 是两个有限论域, $P_C=P_D=I^{(2)}$, $R\in\mathrm{Map}(U\times V,[0,1])$, 并且 $\sum_{y\in V}R(x,y)\neq 0$, 如果我们定义一个映射 $E_\#:\mathrm{Map}(V,I^{(2)})\to\mathrm{Map}(U,I^{(2)})$ 如下:

$$E_\#(A)(x)=\left[\frac{\sum_{y\in V}\mathsf{T}(A^-(y),R(x,y))}{\sum_{y\in V}R(x,y)},\frac{\sum_{y\in V}\mathsf{T}(A^+(y),R(x,y))}{\sum_{y\in V}R(x,y)}\right],$$

$\forall A\in\mathrm{Map}(V,I^{(2)})$, $\forall x\in U$, 则 $E_\#$ 是 U 的一个半决策评价函数.

证明 (1) 最小元公理.

$\forall x\in U$, 我们有

$$E_\#(\overline{0}_V)(x)=\left[\frac{\sum_{y\in V}\mathsf{T}(\overline{0}_V^-(y),R(x,y))}{\sum_{y\in V}R(x,y)},\frac{\sum_{y\in V}\mathsf{T}(\overline{0}_V^+(y),R(x,y))}{\sum_{y\in V}R(x,y)}\right]$$
$$=\overline{0}.$$

于是, 我们得到 $E_\#(\overline{0}_V)=\overline{0}_U$.

(2) 单调性公理.

$\forall A,B\in\mathrm{Map}(V,I^{(2)})$, $A\subseteq B$, 则 $\forall x\in U$, 我们得到

$$E_\#(A)(x)=\left[\frac{\sum_{y\in V}\mathsf{T}(A^-(y),R(x,y))}{\sum_{y\in V}R(x,y)},\frac{\sum_{y\in V}\mathsf{T}(A^+(y),R(x,y))}{\sum_{y\in V}R(x,y)}\right]$$
$$\leqslant_{I^{(2)}}\left[\frac{\sum_{y\in V}\mathsf{T}(B^-(y),R(x,y))}{\sum_{y\in V}R(x,y)},\frac{\sum_{y\in V}\mathsf{T}(B^+(y),R(x,y))}{\sum_{y\in V}R(x,y)}\right]$$

$$= E_{\#}(B)(x).$$

于是，我们得到 $E_{\#}(A) \subseteq E_{\#}(B)$，$\forall A, B \in \mathrm{Map}(V, I^{(2)})$． □

定理 8.3.6　设 U 和 V 是两个有限论域，$P_C = P_D = I^{(2)}$，$R \in \mathrm{Map}(U \times V, [0,1])$ 并且 $\sum_{y \in V} R(x,y) \neq 0$．如果我们定义映射 $E^{(i)}_{(\mathsf{T},\perp,\mathsf{T}')}(A) = \left[\left(E^{(i)}_{(\mathsf{T},\perp,\mathsf{T}')}(A)\right)^{-}, \left(E^{(i)}_{(\mathsf{T},\perp,\mathsf{T}')}(A)\right)^{+}\right]$：$\mathrm{Map}(V, I^{(2)}) \to \mathrm{Map}(U, I^{(2)})$，

$$\left(E^{(i)}_{(\mathsf{T},\perp,\mathsf{T}')}(A)\right)^{-}(x) = 0.5\mathsf{T}\left(\frac{\sum_{y \in V}\mathsf{T}'(A^{-}(y), R(x,y))}{\sum_{y \in V} R(x,y)}, 1 - \frac{\sum_{y \in V}\mathsf{T}'(1 - A^{-}(y), R(x,y))}{\sum_{y \in V} R(x,y)}\right)$$

$$+ 0.5\perp\left(\frac{\sum_{y \in V}\mathsf{T}'(A^{-}(y), R(x,y))}{\sum_{y \in V} R(x,y)}, 1 - \frac{\sum_{y \in V}\mathsf{T}'(1 - A^{-}(y), R(x,y))}{\sum_{y \in V} R(x,y)}\right),$$

$$\left(E^{(i)}_{(\mathsf{T},\perp,\mathsf{T}')}(A)\right)^{+}(x) = 0.5\mathsf{T}\left(\frac{\sum_{y \in V}\mathsf{T}'(A^{+}(y), R(x,y))}{\sum_{y \in V} R(x,y)}, 1 - \frac{\sum_{y \in V}\mathsf{T}'(1 - A^{+}(y), R(x,y))}{\sum_{y \in V} R(x,y)}\right)$$

$$+ 0.5\perp\left(\frac{\sum_{y \in V}\mathsf{T}'(A^{+}(y), R(x,y))}{\sum_{y \in V} R(x,y)}, 1 - \frac{\sum_{y \in V}\mathsf{T}'(1 - A^{+}(y), R(x,y))}{\sum_{y \in V} R(x,y)}\right),$$

$\forall A \in \mathrm{Map}(V, I^{(2)})$，$\forall x \in U$，其中 T 与 T' 是 t-模，$\perp$ 是 t-余模，则 $E^{(i)}_{(\mathsf{T},\perp,\mathsf{T}')}$ 是 U 的决策评价函数.

证明　最小元公理和单调性公理由引理 8.2.1 和命题 8.3.6 立即得到. 于是，我们只证明满足自对偶性公理. $\forall A \in \mathrm{Map}(V, I^{(2)})$，$\forall x \in U$，

$$\left(E^{(i)}_{(\mathsf{T},\perp,\mathsf{T}')}(N_{I^{(2)}}(A))\right)^{-}(x)$$

$$= 0.5\mathsf{T}\left(\frac{\sum_{y \in V}\mathsf{T}'((N_{I^{(2)}}(A))^{-}(y), R(x,y))}{\sum_{y \in V} R(x,y)}, 1 - \frac{\sum_{y \in V}\mathsf{T}'(1 - (N_{I^{(2)}}(A))^{-}(y), R(x,y))}{\sum_{y \in V} R(x,y)}\right)$$

$$+ 0.5\perp\left(\frac{\sum_{y \in V}\mathsf{T}'((N_{I^{(2)}}(A))^{-}(y), R(x,y))}{\sum_{y \in V} R(x,y)}, 1 - \frac{\sum_{y \in V}\mathsf{T}'(1 - (N_{I^{(2)}}(A))^{-}(y), R(x,y))}{\sum_{y \in V} R(x,y)}\right)$$

$$= 0.5\mathsf{T}\left(\frac{\sum_{y \in V}\mathsf{T}'(1 - A^{+}(y), R(x,y))}{\sum_{y \in V} R(x,y)}, 1 - \frac{\sum_{y \in V}\mathsf{T}'(A^{+}(y), R(x,y))}{\sum_{y \in V} R(x,y)}\right)$$

$$+0.5\perp\left(\frac{\sum\limits_{y\in V}\mathsf{T}'(1-A^{+}(y),R(x,y))}{\sum\limits_{y\in V}R(x,y)},1-\frac{\sum\limits_{y\in V}\mathsf{T}'(A^{+}(y),R(x,y))}{\sum\limits_{y\in V}R(x,y)}\right)$$

$$=0.5\left(1-\perp\left(1-\frac{\sum\limits_{y\in V}\mathsf{T}'(1-A^{+}(y),R(x,y))}{\sum\limits_{y\in V}R(x,y)},\frac{\sum\limits_{y\in V}\mathsf{T}'(A^{+}(y),R(x,y))}{\sum\limits_{y\in V}R(x,y)}\right)\right)$$

$$+0.5\left(1-\mathsf{T}\left(1-\frac{\sum\limits_{y\in V}\mathsf{T}'(1-A^{+}(y),R(x,y))}{\sum\limits_{y\in V}R(x,y)},\frac{\sum\limits_{y\in V}\mathsf{T}'(A^{+}(y),R(x,y))}{\sum\limits_{y\in V}R(x,y)}\right)\right)$$

$$=1-0.5\mathsf{T}\left(\frac{\sum\limits_{y\in V}\mathsf{T}'(A^{+}(y),R(x,y))}{\sum\limits_{y\in V}R(x,y)},1-\frac{\sum\limits_{y\in V}\mathsf{T}'(1-A^{+}(y),R(x,y))}{\sum\limits_{y\in V}R(x,y)}\right)$$

$$-0.5\perp\left(\frac{\sum\limits_{y\in V}\mathsf{T}'(A^{+}(y),R(x,y))}{\sum\limits_{y\in V}R(x,y)},1-\frac{\sum\limits_{y\in V}\mathsf{T}'(1-A^{+}(y),R(x,y))}{\sum\limits_{y\in V}R(x,y)}\right),$$

$$\left(E^{(i)}_{(\mathsf{T},\perp,\mathsf{T}')}(N_{I^{(2)}}(A))\right)^{-}(x)=\left(N_{I^{(2)}}(E^{(i)}_{(\mathsf{T},\perp,\mathsf{T}')}(A))\right)^{-}(x).$$

同理可证

$$\left(E^{(i)}_{(\mathsf{T},\perp,\mathsf{T}')}(N_{I^{(2)}}(A))\right)^{-}(x)=\left(N_{I^{(2)}}(E^{(i)}_{(\mathsf{T},\perp,\mathsf{T}')}(A))\right)^{-}(x),$$

$$E^{(i)}_{(\mathsf{T},\perp,\mathsf{T}')}(N_{I^{(2)}}(A))(x)=N_{I^{(2)}}(E^{(i)}_{(\mathsf{T},\perp,\mathsf{T}')}(A))(x),$$

$$E^{(i)}_{(\mathsf{T},\perp,\mathsf{T}')}(N_{I^{(2)}}(A))=N_{I^{(2)}}(E^{(i)}_{(\mathsf{T},\perp,\mathsf{T}')}(A)).$$ □

注 8.3.7 在定理 8.3.2 中，如果 $\mathsf{T}'=\mathsf{T}_P$，$\mathsf{T}=\mathsf{T}_M$，T_P 或 T_L，$\perp=\perp_M$，$\perp_P$ 或 $\perp_L$，则 $\forall A\in \mathrm{Map}(V,I^{(2)})$，$\forall x\in U$，

$$E^{(i)}_{(\mathsf{T},\perp,\mathsf{T}')}(A)(x)=\left[\frac{\sum\limits_{y\in V}A^{-}(y)R(x,y)}{\sum\limits_{y\in V}R(x,y)},\frac{\sum\limits_{y\in V}A^{+}(y)R(x,y)}{\sum\limits_{y\in V}R(x,y)}\right],$$

即 $E^{(i)}_{(\mathsf{T},\perp,\mathsf{T}')}$ 成为 (Hu, 2016) 中例 2.1(1) 给出的 U 的决策评价函数.

例 8.3.8 设 $U=\{x_1,x_2,x_3,x_4,x_5\}$，$V=\{y_1,y_2,y_3,y_4\}$ 并且

$$A=\frac{[0.4,0.5]}{y_1}+\frac{[0.6,0.9]}{y_2}+\frac{[0.8,1]}{y_3}+\frac{[0.7,0.8]}{y_4}$$

是 V 的有限区间值 Fuzzy 集，并且

$$R=\begin{bmatrix}0.3 & 0.5 & 0.6 & 0.7\\0.5 & 0.4 & 0.7 & 0.9\\0.4 & 0.9 & 0.5 & 1\\0.6 & 0.7 & 0.8 & 0.9\\0.9 & 0.9 & 0.8 & 1\end{bmatrix}$$

是$U\times V$ 的 Fuzzy 关系.

(1) 如果我们取 $\mathsf{T}=\mathsf{T}_M$，$\bot=\bot_M$，$\mathsf{T}'=\mathsf{T}_P$，则

$$E^{(i)}_{(\mathsf{T}_M,\bot_M,\mathsf{T}_P)}(A)=\frac{[0.662,0.838]}{x_1}+\frac{[0.652,0.812]}{x_2}+\frac{[0.643,0.825]}{x_3}+\frac{[0.643,0.817]}{x_4}+\frac{[0.622,0.794]}{x_5}.$$

而且，对 $\alpha=[0.65,0.81]$，$\beta=[0.63,0.8]$, A 的三支决策如下:

(i) 接受域: $\mathrm{ACP}_{([0.65,0.81],[0.63,0.8])}(E^{(i)}_{(\mathsf{T}_M,\bot_M,\mathsf{T}_P)},A)=\{x_1,x_2\}$;

(ii) 拒绝域: $\mathrm{REJ}_{([0.65,0.81],[0.63,0.8])}(E^{(i)}_{(\mathsf{T}_M,\bot_M,\mathsf{T}_P)},A)=\{x_5\}$;

(iii) 不确定域: $\mathrm{UNC}_{([0.65,0.81],[0.63,0.8])}(E^{(i)}_{(\mathsf{T}_M,\bot_M,\mathsf{T}_P)},A)=\{x_3,x_4\}$.

(2) 如果我们取 $\mathsf{T}=\mathsf{T}_M$，$\bot=\bot_M$，$\mathsf{T}'=\mathsf{T}_L$，则

$$E^{(i)}_{(\mathsf{T}_M,\bot_M,\mathsf{T}_L)}(A)=\frac{[0.714,0.857]}{x_1}+\frac{[0.660,0.820]}{x_2}+\frac{[0.661,0.839]}{x_3}+\frac{[0.667,0.817]}{x_4}+\frac{[0.639,0.806]}{x_5}.$$

而且，对 $\alpha=[0.65,0.83]$，$\beta=[0.64,0.81]$, A 的三支决策如下:

(i) 接受域: $\mathrm{ACP}_{([0.65,0.83],[0.64,0.81])}(E^{(i)}_{(\mathsf{T}_M,\bot_M,\mathsf{T}_L)},A)=\{x_1,x_3\}$;

(ii) 拒绝域: $\mathrm{REJ}_{([0.65,0.83],[0.64,0.81])}(E^{(i)}_{(\mathsf{T}_M,\bot_M,\mathsf{T}_L)},A)=\{x_5\}$;

(iii) 不确定域: $\mathrm{UNC}_{([0.65,0.83],[0.64,0.81])}(E^{(i)}_{(\mathsf{T}_M,\bot_M,\mathsf{T}_L)},A)=\{x_2,x_4\}$.

8.3.3　基于 Fuzzy 关系的三支决策

在本小节中，我们展示了从半决策评价函数获得决策评价函数以及基于 Fuzzy 关系的相应三支决策.

命题 8.3.7　设 $P_C=P_D=[0,1]$，如果我们定义映射 $E:\mathrm{Map}(U\times U,[0,1])\to\mathrm{Map}(U\times U,[0,1])$ 如下:

$$E(R)(x,y)=\mathsf{T}(R(x,y),R(y,x)),$$

$\forall R\in\mathrm{Map}(U\times U,[0,1])$，$\forall(x,y)\in U\times U$，则 E 是 $U\times U$ 的半决策评价函数.

证明 由半决策评价函数和 t-模的定义直接得到. □

命题 8.3.8 设 $P_C = P_D = [0,1]$，如果我们定义映射 $E:\mathrm{Map}(U\times U,[0,1])\to \mathrm{Map}(U\times U,[0,1])$ 如下:

$$E(R)(x,y) = \perp(R(x,y),R(y,x)),$$

$\forall R\in \mathrm{Map}(U\times U,[0,1])$，$\forall (x,y)\in U\times U$，则 E 是 $U\times U$ 的半决策评价函数.

证明 由半决策评价函数和 t-模的定义直接得到. □

定理 8.3.7 设 $P_C = P_D = [0,1]$，如果我们定义映射 $E:\mathrm{Map}(U\times U,[0,1])\to \mathrm{Map}(U\times U,[0,1])$ 如下:

$$E(R)(x,y) = \frac{\mathsf{T}(R(x,y),R(y,x)) + \perp(R(x,y),R(y,x))}{2},$$

$\forall R\in \mathrm{Map}(U\times U,[0,1])$，$\forall x\in U$，其中 T 和 $\perp$ 是关于 $N_I(x)=1-x$ 对偶的 t-模和 t-余模, 则 E 是 $U\times U$ 的决策评价函数.

证明 这是定理 8.2.1 的直接结果. □

注 8.3.8 在定理 8.3.3 中，如果考虑 $\mathsf{T}=\mathsf{T}_M$，$\mathsf{T}=\mathsf{T}_P$ 或 $\mathsf{T}=\mathsf{T}_L$ 并且 $\perp=\perp_M$，$\perp=\perp_P$ 或 $\perp=\perp_L$，$\forall R\in \mathrm{Map}(U\times U,[0,1])$，$\forall (x,y)\in U\times U$，

$$E(R)(x,y) = \frac{R(x,y)+R(y,x)}{2}.$$

例 8.3.9 设 $U=\{x_1,x_2,x_3,x_4,x_5,x_6\}$，并且

$$R=\begin{bmatrix} 1 & 0.4 & 0.6 & 0.8 & 0.7 & 0.2\\ 0.3 & 0.9 & 0.5 & 0.7 & 0.4 & 0.6\\ 0.7 & 0.6 & 1 & 0.2 & 0.9 & 1\\ 0.6 & 0.8 & 0.4 & 1 & 0.5 & 0.9\\ 0.4 & 0.5 & 0.7 & 0.6 & 0.8 & 0.3\\ 0.8 & 0.6 & 0.1 & 1 & 0.7 & 0.9 \end{bmatrix}.$$

(1) 如果我们取 $\mathsf{T}=\mathsf{T}_M$，$\perp=\perp_M$，则

$$E(R)=\begin{bmatrix} 1 & 0.35 & 0.65 & 0.7 & 0.55 & 0.5\\ 0.35 & 0.9 & 0.55 & 0.75 & 0.45 & 0.6\\ 0.65 & 0.55 & 1 & 0.3 & 0.8 & 0.55\\ 0.7 & 0.75 & 0.3 & 1 & 0.55 & 0.95\\ 0.55 & 0.45 & 0.8 & 0.55 & 0.8 & 0.5\\ 0.5 & 0.6 & 0.55 & 0.95 & 0.5 & 0.9 \end{bmatrix}.$$

而且, 对 $\alpha=0.75$，$\beta=0.6$，A 的三支决策如下:

(i) 接受域:

$$\mathrm{ACP}_{(0.75,\,0.6)}(E,R)=\begin{bmatrix}1&0&0&0&0&0\\0&1&0&1&0&0\\0&0&1&0&1&0\\0&1&0&1&0&1\\0&0&1&0&1&0\\0&0&0&1&0&1\end{bmatrix}.$$

(ii) 拒绝域:

$$\mathrm{REJ}_{(0.75,\,0.6)}(E,R)=\begin{bmatrix}0&1&0&0&1&1\\1&0&1&0&1&1\\0&1&0&1&0&1\\0&0&1&0&1&0\\1&1&0&1&0&1\\1&1&1&0&1&0\end{bmatrix}.$$

(iii) 不确定域:

$$\mathrm{UNC}_{(0.75,\,0.6)}(E,R)=\begin{bmatrix}0&0&1&1&0&0\\0&0&0&0&0&0\\1&0&0&0&0&0\\1&0&0&0&0&0\\0&0&0&0&0&0\\0&0&0&0&0&0\end{bmatrix}.$$

(2) 如果我们取 $\mathsf{T}=\mathsf{T}_1^{\mathrm{SW}}$, $\perp=\perp_{-0.5}^{\mathrm{SW}}$, 则

$$E(R)=\begin{bmatrix}1&0.32&0.725&0.72&0.575&0.5\\0.32&0.8525&0.575&0.765&0.425&0.44\\0.725&0.575&1&0.28&0.8075&0.55\\0.72&0.765&0.28&1&0.575&0.95\\0.575&0.425&0.8075&0.575&0.71&0.5\\0.5&0.44&0.55&0.95&0.5&0.8525\end{bmatrix}.$$

而且, 对 $\alpha=0.72$, $\beta=0.6$, A 的三支决策如下:

(i) 接受域:

$$\mathrm{ACP}_{(0.72,\,0.6)}(E,R)=\begin{bmatrix}1&0&1&1&0&0\\0&1&0&1&0&0\\1&0&1&0&1&0\\1&1&0&1&0&1\\0&0&1&0&0&0\\0&0&0&1&0&1\end{bmatrix}.$$

(ii) 拒绝域:

$$\mathrm{REJ}_{(0.72,\,0.6)}(E,R)=\begin{bmatrix}0&1&0&0&1&1\\1&0&1&0&1&1\\0&1&0&1&0&1\\0&0&1&0&1&0\\1&1&0&1&0&1\\1&1&1&0&1&0\end{bmatrix}.$$

(iii) 不确定域:

$$\mathrm{UNC}_{(0.72,\,0.6)}(E,R)=\begin{bmatrix}0&0&0&0&0&0\\0&0&0&0&0&0\\0&0&0&0&0&0\\0&0&0&0&0&0\\0&0&0&0&1&0\\0&0&0&0&0&0\end{bmatrix}.$$

8.3.4 基于犹豫 Fuzzy 集的三支决策

在本小节中, 我们展示了从半决策评价函数获得决策评价函数, 以及基于犹豫 Fuzzy 集的相应三支决策.

命题 8.3.9 设 $P_C=2^{[0,1]}-\{\varnothing\}$, $P_D=[0,1]$, 如果我们定义映射 $E_{(\mathrm{T})}^{(h)}:\mathrm{Map}(V,2^{[0,1]}-\{\varnothing\})\to\mathrm{Map}(U,[0,1])$,

$$E_{(\mathrm{T})}^{(h)}(H)(x)=\mathrm{T}(a\inf H(x),b\sup H(x)),$$

$\forall A\in\mathrm{Map}(V,2^{[0,1]}-\{\varnothing\})$, $\forall x\in U$ $a,b\in[0,1]$ 并且 $a+b=1$, 则 $E_{(\mathrm{T})}^{(h)}$ 是 U 的半决策评价函数.

证明 (1) 最小元公理.

$$\forall x\in U,$$

$E_{(\top)}^{(h)}(0_{2^{[0,1]}-\{\varnothing\}})(x)=\top(a\inf 0_{2^{[0,1]}-\{\varnothing\}}(x),b\sup 0_{2^{[0,1]}-\{\varnothing\}}(x))=\top(a\inf\{0\},b\sup\{0\})=0$.

于是, 我们得到 $E_{(\top)}^{(h)}(0_{2^{[0,1]}-\{\varnothing\}})=0_U$.

(2) 单调性公理.

设 $H,G\in \mathrm{Map}(V,2^{[0,1]}-\{\varnothing\})$, $H\subseteq G$, 则 $\forall x\in U$,

$$\sup H(x)\leqslant \sup G(x),\quad \inf H(x)\leqslant \inf G(x).$$

于是,

$$\begin{aligned}E_{(\top)}^{(h)}(H)(x)&=\top(a\inf H(x),b\sup H(x))\\&\leqslant \top(a\inf G(x),b\sup G(x))\\&=E_{(\top)}^{(h)}(G)(x).\end{aligned}$$

于是, $E_{(\top)}^{(h)}(H)\subseteq E_{(\top)}^{(h)}(G)$, $\forall H,G\in \mathrm{Map}(V,2^{[0,1]}-\{\varnothing\})$. □

命题 8.3.10　设 $P_C=2^{[0,1]}-\{\varnothing\}$, $P_D=[0,1]$, 如果我们定义映射 $E_{(\perp)}^{(h)}:\mathrm{Map}(V,2^{[0,1]}-\{\varnothing\})\to \mathrm{Map}(U,[0,1])$,

$$E_{(\perp)}^{(h)}(H)(x)=\perp(a\inf H(x),b\sup H(x)),$$

$\forall A\in \mathrm{Map}(V,2^{[0,1]}-\{\varnothing\})$, $\forall x\in U$ $a,b\in[0,1]$ 并且 $a+b=1$, 则 $E_{(\perp)}^{(h)}$ 是 U 的半决策评价函数.

证明　类似命题 8.3.9 可证. □

定理 8.3.8　设 $P_C=2^{[0,1]}-\{\varnothing\}$, $P_D=[0,1]$, 如果我们定义映射 $E_{(\perp)}^{(h)}:\mathrm{Map}(V,2^{[0,1]}-\{\varnothing\})\to \mathrm{Map}(U,[0,1])$,

$$\begin{aligned}E_{(\top,\perp)}^{(h)}(H)(x)=&\,0.5\top(a\inf H(x)+b\sup H(x),a\sup H(x)+b\inf H(x))\\&+0.5\perp(a\inf H(x)+b\sup H(x),a\sup H(x)+b\inf H(x)),\end{aligned}$$

$\forall H\in \mathrm{Map}(V,2^{[0,1]}-\{\varnothing\})$, $\forall x\in U$ $a,b\in[0,1]$ 并且 $a+b=1$, 则 $E_{(\perp)}^{(h)}$ 是 U 的决策评价函数.

证明　(1) 最小元公理.

$$\begin{aligned}\forall x\in U,\ E_{(\top,\perp)}^{(h)}(0_{2^{[0,1]}-\{\varnothing\}})(x)&=0.5\top(a\inf\{0\}+b\sup\{0\},a\sup\{0\}+b\inf\{0\})\\&\quad+0.5\perp(a\inf\{0\}+b\sup\{0\},a\sup\{0\}+b\inf\{0\})\\&=0,\end{aligned}$$

于是, 我们得到 $E_{(\top,\perp)}^{(h)}(0_{2^{[0,1]}-\{\varnothing\}})=0_U$.

(2) 单调性公理.

设 $H,G\in \mathrm{Map}(V,2^{[0,1]}-\{\varnothing\})$, $H\subseteq G$, 则 $\forall x\in U$,

$$\sup H(x)\leqslant \sup G(x),\ \inf H(x)\leqslant \inf G(x).$$

于是,

$$
\begin{aligned}
E^{(h)}_{(\top,\bot)}(H)(x) &= 0.5\top(a\inf H(x)+b\sup H(x), a\sup H(x)+b\inf H(x)) \\
&\quad + 0.5\bot(a\inf H(x)+b\sup H(x), a\sup H(x)+b\inf H(x)) \\
&\leqslant 0.5\top(a\inf G(x)+b\sup G(x), a\sup G(x)+b\inf G(x)) \\
&\quad + 0.5\bot(a\inf G(x)+b\sup G(x), a\sup G(x)+b\inf G(x)) \\
&= E^{(h)}_{(\top,\bot)}(G)(x).
\end{aligned}
$$

于是，$E^{(h)}_{(\top,\bot)}(H)\subseteq E^{(h)}_{(\top,\bot)}(G)$，$\forall H,G\in \mathrm{Map}(V,2^{[0,1]}-\{\varnothing\})$.

(3) 自对偶性公理.

$\forall x\in U$,

$$
\begin{aligned}
E^{(h)}_{(\top,\bot)}(N(H))(x) &= 0.5\top(a\inf N(H)(x)+b\sup N(H)(x), a\sup N(H)(x)+b\inf N(H)(x)) \\
&\quad + 0.5\bot(a\inf N(H)(x)+b\sup N(H)(x), a\sup N(H)(x)+b\inf N(H)(x)) \\
&= 0.5\top(a\inf N(H(x))+b\sup N(H(x)), a\sup N(H(x))+b\inf N(H(x))) \\
&\quad + 0.5\bot(a\inf N(H(x))+b\sup N(H(x)), a\sup N(H(x))+b\inf N(H(x))) \\
&= 0.5\top(a\inf_{r\in H(x)}(1-r)+b\sup_{r\in H(x)}(1-r), a\sup_{r\in H(x)}(1-r)+b\inf_{r\in H(x)}(1-r)) \\
&\quad + 0.5\bot(a\inf_{r\in H(x)}(1-r)+b\sup_{r\in H(x)}(1-r), a\sup_{r\in H(x)}(1-r)+b\inf_{r\in H(x)}(1-r)) \\
&= 0.5\top(a(1-\sup_{r\in H(x)} r)+b(1-\inf_{r\in H(x)} r), a(1-\inf_{r\in H(x)} r)+b(1-\sup_{r\in H(x)} r)) \\
&\quad + 0.5\bot(a(1-\sup_{r\in H(x)} r)+b(1-\inf_{r\in H(x)} r), a(1-\inf_{r\in H(x)} r)+b(1-\sup_{r\in H(x)} r)) \\
&= 0.5\top(1-a\sup_{r\in H(x)} r-b\inf_{r\in H(x)} r, 1-a\inf_{r\in H(x)} r-b\sup_{r\in H(x)} r) \\
&\quad + 0.5\bot(1-a\sup_{r\in H(x)} r-b\inf_{r\in H(x)} r, 1-a\inf_{r\in H(x)} r-b\sup_{r\in H(x)} r) \\
&= 0.5(1-\bot(a\sup_{r\in H(x)} r+b\inf_{r\in H(x)} r, a\inf_{r\in H(x)} r+b\sup_{r\in H(x)} r)) \\
&\quad + 0.5(1-\top(a\sup_{r\in H(x)} r+b\inf_{r\in H(x)} r, a\inf_{r\in H(x)} r+b\sup_{r\in H(x)} r)) \\
&= 1-0.5\top(a\inf_{r\in H(x)} r+b\sup_{r\in H(x)} r, a\sup_{r\in H(x)} r+b\inf_{r\in H(x)} r) \\
&\quad - 0.5\bot(a\inf_{r\in H(x)} r+b\sup_{r\in H(x)} r, a\sup_{r\in H(x)} r+b\inf_{r\in H(x)} r) \\
&= 1-0.5\top(a\inf H(x)+b\sup H(x), a\sup H(x)+b\inf H(x)) \\
&\quad - 0.5\bot(a\inf H(x)+b\sup H(x), a\sup H(x)+b\inf H(x)) \\
&= 1-E^{(h)}_{(\top,\bot)}(H)(x) \\
&= N_I(E^{(h)}_{(\top,\bot)}(H))(x).
\end{aligned}
$$

因此，$E^{(h)}_{(\top,\perp)}(N_{2^{[0,1]}-\{\varnothing\}}(H))=N_I(E^{(h)}_{(\top,\perp)}(H))$，$\forall H\in \mathrm{Map}(V,2^{[0,1]}-\{\varnothing\})$． □

注 8.3.9 在 $a=1$，$b=1$，则

$$E^{(h)}_{(\top,\perp)}(H)(x)=\frac{\top(\inf H(x),\sup H(x))+\perp(\inf H(x),\sup H(x))}{2}.$$

$\forall H\in \mathrm{Map}(V,2^{[0,1]}-\{\varnothing\})$，$\forall x\in U$．而且，如果取 $\top=\top_M$，$\top=\top_P$ 或 $\top=\top_L$ 并且 $\perp=\perp_M$，$\perp=\perp_P$ 或 $\perp=\perp_L$，则 $\forall H\in \mathrm{Map}(V,2^{[0,1]}-\{\varnothing\})$，$\forall x\in U$，

$$E^{(h)}_{(\top,\perp)}(H)(x)=\frac{\inf H(x)+\sup H(x)}{2},$$

即 $E^{(h)}_{(\top,\perp)}$ 成了(Hu, 2016)中定理 4.6 对犹豫 Fuzzy 集的决策评价函数.

例 8.3.10 设 $U=\{x_1,x_2,x_3,x_4,x_5,x_6\}$ 并且

$$A=\frac{[0.3,0.4]}{x_1}+\frac{\{0.4,0.6,0.8\}}{x_2}+\frac{\{0.5,0.7\}}{x_3}+\frac{[0.9,1]}{x_4}+\frac{[0.8,0.9]}{x_5}+\frac{\{0.7\}}{x_6}$$

是 U 的犹豫 Fuzzy 集.

(1) 如果我们取 $\top=\top_M$ 和 $\perp=\perp_M$，a=0.6 和 b=0.4，则

$$E^{(h)}_{(\top,\perp)}(A)(x)=\frac{0.35}{x_1}+\frac{0.6}{x_2}+\frac{0.6}{x_3}+\frac{0.95}{x_4}+\frac{0.85}{x_5}+\frac{0.7}{x_6},$$

而且，对 $\alpha=0.7$，$\beta=0.6$，A 的三支决策如下:

(i) 接受域：$\mathrm{ACP}_{(0.7,0.6)}(E^{(h)}_{(\top,\perp)},A)=\{x_4,x_5,x_6\}$；

(ii) 拒绝域：$\mathrm{REJ}_{(0.7,0.6)}(E^{(h)}_{(\top,\perp)},A)=\{x_1,x_2,x_3\}$；

(iii) 不确定域：$\mathrm{UNC}_{(0.7,0.6)}(E^{(h)}_{(\top,\perp)},A)=\varnothing$．

(2) 如果我们取 $\top=\top^{nM}$，$\perp=\perp^{nM}$，即

$$\top(x,y)=\begin{cases}0, & x+y\leqslant 1,\\ \min\{x,y\}, & \text{其他},\end{cases}$$

$$\perp(x,y)=\begin{cases}1, & x+y\geqslant 1,\\ \max\{x,y\}, & \text{其他},\end{cases}$$

则

$$E^{(h)}_{(\top,\perp)}(A)(x)=\frac{0.348}{x_1}+\frac{0.59}{x_2}+\frac{0.59}{x_3}+\frac{0.94}{x_4}+\frac{0.83}{x_5}+\frac{0.681}{x_6},$$

而且，对 $\alpha=0.7$，$\beta=0.6$，A 的三支决策如下:

(i) 接受域：$\mathrm{ACP}_{(0.7,0.6)}(E^{(h)}_{(\top,\perp)},A)=\{x_4,x_5\}$；

(ii) 拒绝域：$\mathrm{REJ}_{(0.7,0.6)}(E^{(h)}_{(\top,\perp)},A)=\{x_1,x_2,x_3\}$；

(iii) 不确定域：$\mathrm{UNC}_{(0.7,0.6)}(E^{(h)}_{(\top,\perp)},A)=\{x_6\}$．

命题 8.3.11 设 $P_C = \text{Finite}(2^{[0,1]} - \{\varnothing\})$，$P_D = [0,1]$，如果我们定义映射 $E_{(\mathsf{T})}^{(fh)}$: $\text{Map}(V, \text{Finite}(2^{[0,1]} - \{\varnothing\})) \to \text{Map}(U, [0,1])$，

$$E_{(\mathsf{T})}^{(fh)}(H)(x) = \frac{\sum_{r \in H(x)} \mathsf{T}(r,r)}{|H(x)|},$$

$\forall H \in \text{Map}(V, \text{Finite}(2^{[0,1]} - \{\varnothing\}))$，$\forall x \in U$，则 $E_{(\mathsf{T})}^{(fh)}$ 是 U 的半决策评价函数.

证明 (1) 最小元公理.

$$\forall x \in U, \quad E_{(\mathsf{T})}^{(fh)}(0_{2^{[0,1]}-\{\varnothing\}})(x) = \frac{\sum_{r \in \{0\}} \mathsf{T}(r,r)}{|\{0\}|} = 0 .$$

于是，我们得到 $E_{(\mathsf{T})}^{(h)}(0_{2^{[0,1]}-\varnothing}) = 0_U$.

(2) 单调性公理.

设 $H, G \in \text{Map}(V, \text{Finite}\,(2^{[0,1]} - \{\varnothing\}))$，$H \subseteq G$，则 $\forall x \in U$，

$$E_{(\mathsf{T})}^{(fh)}(H)(x) = \frac{\sum_{r \in H(x)} \mathsf{T}(r,r)}{|H(x)|} \leqslant \frac{\sum_{r \in G(x)} \mathsf{T}(r,r)}{|G(x)|} = E_{(\mathsf{T})}^{(fh)}(G)(x) .$$

于是，$E_{(\mathsf{T})}^{(fh)}(H) \subseteq E_{(\mathsf{T})}^{(fh)}(G)$，$\forall H, G \in \text{Map}(V, \text{Finite}(2^{[0,1]} - \{\varnothing\}))$. □

命题 8.3.12 设 $P_C = \text{Finite}(2^{[0,1]} - \{\varnothing\})$，$P_D = [0,1]$，如果我们定义映射 $E_{(\perp)}^{(fh)} : \text{Map}(V, \text{Finite}(2^{[0,1]} - \{\varnothing\})) \to \text{Map}(U, [0,1])$，

$$E_{(\perp)}^{(fh)}(H)(x) = \frac{\sum_{r \in H(x)} \perp(r,r)}{|H(x)|},$$

$\forall H \in \text{Map}(V, \text{Finite}(2^{[0,1]} - \{\varnothing\}))$，$\forall x \in U$，则 $E_{(\perp)}^{(fh)}$ 是 U 的半决策评价函数.

证明 类似命题 8.3.11 可证. □

定理 8.3.9 设 $P_C = \text{Finite}(2^{[0,1]} - \{\varnothing\})$，$P_D = [0,1]$，如果我们定义映射 $E_{(\mathsf{T},\perp)}^{(fh)} : \text{Map}\ (V, \text{Finite}(2^{[0,1]} - \{\varnothing\})) \to \text{Map}(U, [0,1])$，

$$E_{(\mathsf{T},\perp)}^{(fh)}(H)(x) = 0.5\frac{\sum_{r \in H(x)} \mathsf{T}(r,r)}{|H(x)|} + 0.5\frac{\sum_{r \in H(x)} \perp(r,r)}{|H(x)|},$$

$\forall H \in \text{Map}(V, \text{Finite}(2^{[0,1]} - \{\varnothing\}))$，$\forall x \in U$，则 $E_{(\mathsf{T},\perp)}^{(fh)}$ 是 U 的决策评价函数.

证明 最小元公理和单调性公理由命题 8.3.11 和命题 8.3.12 直接得到. 于是，我们只证明自对偶性公理.

$$E_{(\top,\perp)}^{(fh)}(N_{2^{[0,1]}-\{\varnothing\}}(H))(x)=0.5\frac{\sum\limits_{r\in N_{2^{[0,1]}-\{\varnothing\}}(H)(x)}\top(r,r)}{|N_{2^{[0,1]}-\{\varnothing\}}(H)(x)|}+0.5\frac{\sum\limits_{r\in N_{2^{[0,1]}-\{\varnothing\}}(H)(x)}\perp(r,r)}{|N_{2^{[0,1]}-\{\varnothing\}}(H)(x)|}$$

$$=0.5\frac{\sum\limits_{r\in H(x)}\top(1-r,1-r)}{|H(x)|}+0.5\frac{\sum\limits_{r\in H(x)}\perp(1-r,1-r)}{|H(x)|}$$

$$=0.5\frac{\sum\limits_{r\in H(x)}(1-\perp(r,r))}{|H(x)|}+0.5\frac{\sum\limits_{r\in H(x)}(1-\top(r,r))}{|H(x)|}$$

$$=0.5\left(1-\frac{\sum\limits_{r\in H(x)}\perp(r,r)}{|H(x)|}\right)+0.5\left(1-\frac{\sum\limits_{r\in H(x)}\top(r,r)}{|H(x)|}\right)$$

$$=1-0.5\frac{\sum\limits_{r\in H(x)}\top(r,r)}{|H(x)|}-0.5\frac{\sum\limits_{r\in H(x)}\perp(r,r)}{|H(x)|}$$

$$=N(E_{(\top,\perp)}^{(fh)}(H))(x).$$

于是, $E_{(\top,\perp)}^{(fh)}(N_{2^{[0,1]}-\{\varnothing\}}(H))=N(E_{(\top,\perp)}^{(fh)}(H))$, $\forall H\in\mathrm{Map}(V,\mathrm{Finite}(2^{[0,1]}-\{\varnothing\}))$. □

注 8.3.10 在定理 8.3.5, 如果取 $\top=\top_M$ 和 $\perp=\perp_M$, 或 $\top=\top_P$ 和 $\perp=\perp_P$, 或 $\top=\top_L$ 或 $\perp=\perp_L$, 则 $\forall H\in\mathrm{Map}(V,\mathrm{Finite}(2^{[0,1]}-\{\varnothing\}))$, $x\in U$,

$$E_{(\top,\perp)}^{(fh)}(H)(x)=\frac{\sum\limits_{r\in H(x)}r}{|H(x)|},$$

即 $E_{(\top,\perp)}^{(fh)}$ 是(Hu, 2016)中定理 4.5 所给的基于有限犹豫集的决策评价函数.

例 8.3.11 设 $U=\{x_1,x_2,x_3,x_4,x_5,x_6\}$, 并且

$$H=\frac{\{0.3,0.6\}}{x_1}+\frac{\{0.5,0.7,0.8\}}{x_2}+\frac{\{0.8,0.9\}}{x_3}+\frac{\{0.7,0.8\}}{x_4}+\frac{\{0.4,0.6,0.8,0.9\}}{x_5}+\frac{\{1\}}{x_6},$$

是 U 的有限犹豫 Fuzzy 集.

(1) 如果我们取 $\top=\top_M$ 和 $\perp=\perp_M$, 则

$$E_{(\top,\perp)}^{(fh)}(H)(x)=\frac{0.450}{x_1}+\frac{0.667}{x_2}+\frac{0.850}{x_3}+\frac{0.75}{x_4}+\frac{0.675}{x_5}+\frac{1}{x_6},$$

而且, 对 $\alpha=0.8$, $\beta=0.6$, H 的三支决策如下:

(i) 接受域: $\mathrm{ACP}_{(0.8,0.6)}(E_{(\top,\perp)}^{(fh)},H)=\{x_3,x_6\}$;

(ii) 拒绝域: $\mathrm{REJ}_{(0.8,0.6)}(E_{(\top,\perp)}^{(fh)},H)=\{x_1\}$;

(iii) 不确定域: $\mathrm{UNC}_{(0.8,0.6)}(E_{(\top,\perp)}^{(fh)},H)=\{x_2,x_4,x_5\}$.

(2) 如果我们取 $\top=\top_1^{\mathrm{SW}}$, $\perp=\perp_{-0.5}^{\mathrm{SW}}$, 即

$$\top(x,y)=\max\left(\frac{x+y-1+xy}{2},0\right),$$

$$\perp(x,y)=\min(x+y-0.5xy,1),$$

则

$$E_{(\top,\perp)}^{(fh)}(H)(x)=\frac{0.450}{x_1}+\frac{0.667}{x_2}+\frac{0.850}{x_3}+\frac{0.75}{x_4}+\frac{0.675}{x_5}+\frac{1}{x_6}.$$

而且，对 $\alpha=0.8$，$\beta=0.6$，H 的三支决策如下：

(i) 接受域：$\mathrm{ACP}_{(0.8,0.6)}(E_{(\top,\perp)}^{(fh)},H)=\{x_3,x_6\}$；

(ii) 拒绝域：$\mathrm{REJ}_{(0.8,0.6)}(E_{(\top,\perp)}^{(fh)},H)=\{x_1\}$；

(iii) 不确定域：$\mathrm{UNC}_{(0.8,0.6)}(E_{(\top,\perp)}^{(fh)},H)=\{x_2,x_4,x_5\}$.

8.4 一个应用实例

在这一节，我们通过 7.6 节的一个实际例子(Hu, 2017b; Lin et al., 2013)来说明本章获得的结果. 更准确地说，我们考虑了信用卡申请人的评估问题. 而且，为了方便读者，首先，我们将该示例描述如下：设 $U=\{x_1, x_2, \cdots, x_9\}$ 是一组九个申请人. 此外，我们考虑两个条件属性 AT={教育背景，薪水}，其中属性“教育背景”的值为{最好，更好，好}，属性“薪水”的值为{高，中，低}. 三位专家 I, II, III 评估这些申请人的属性值. 它们对相同属性值的评估结果可能彼此不相同. 评估结果如表 7.6.1 所示. 专家 I, II, III 对于属性“教育背景”和“薪水”评估结果的平均值见表 7.6.2.

由 7.6 节，我们得到 U 的关于属性“教育背景”和“薪水”的相容关系如下：

$$R_{\text{education}}=\begin{bmatrix}1&4/9&5/9&7/9&7/9&5/9&8/9&4/9&5/9\\4/9&1&2/9&4/9&4/9&2/9&3/9&1&2/9\\5/9&2/9&1&3/9&5/9&1&4/9&2/9&1\\7/9&4/9&3/9&1&5/9&3/9&8/9&4/9&3/9\\7/9&4/9&5/9&5/9&1&5/9&6/9&4/9&5/9\\5/9&2/9&1&3/9&5/9&1&4/9&2/9&1\\8/9&3/9&4/9&8/9&6/9&4/9&1&3/9&4/9\\4/9&1&2/9&4/9&4/9&2/9&3/9&1&2/9\\5/9&2/9&1&3/9&5/9&1&4/9&2/9&1\end{bmatrix},$$

$$R_{\text{salary}}=\begin{bmatrix} 1 & 8/9 & 1 & 3/9 & 2/9 & 3/9 & 3/9 & 2/9 & 3/9 \\ 8/9 & 1 & 8/9 & 2/9 & 3/9 & 2/9 & 4/9 & 3/9 & 4/9 \\ 1 & 8/9 & 1 & 3/9 & 2/9 & 3/9 & 3/9 & 2/9 & 3/9 \\ 3/9 & 2/9 & 3/9 & 1 & 8/9 & 1 & 7/9 & 8/9 & 3/9 \\ 2/9 & 3/9 & 2/9 & 8/9 & 1 & 8/9 & 8/9 & 1 & 4/9 \\ 3/9 & 2/9 & 3/9 & 1 & 8/9 & 1 & 7/9 & 8/9 & 3/9 \\ 3/9 & 4/9 & 3/9 & 7/9 & 8/9 & 7/9 & 1 & 8/9 & 5/9 \\ 2/9 & 3/9 & 2/9 & 8/9 & 1 & 8/9 & 8/9 & 1 & 4/9 \\ 3/9 & 4/9 & 3/9 & 3/9 & 4/9 & 3/9 & 5/9 & 4/9 & 1 \end{bmatrix}.$$

在下面中, 我们利用本章给出的方法从半决策评价函数中获得的决策评价函数, 对中年人刷信用卡的情况进行分析. 首先, 假设

$$A=\frac{0.8}{x_1}+\frac{0.5}{x_2}+\frac{1}{x_3}+\frac{0.7}{x_4}+\frac{0.9}{x_5}+\frac{0.3}{x_6}+\frac{0.6}{x_7}+\frac{0.4}{x_8}+\frac{0.1}{x_9}$$

表示 U 上的 "中年人", 则对命题 8.3.2 给出的半决策评价函数

$$E(A)(x)=\frac{\sum_{y\in V}\mathsf{T}'(A(y),R(x,y))}{\sum_{y\in V}R(x,y)}.$$

从定理 8.3.2 讨论的转换方法, 对条件属性 "教育背景" 和 "薪水" 我们有下列决策评价函数.

$$E^{\text{education}}_{(\mathsf{T},\perp,\mathsf{T}')}(A)(x)=\frac{1}{2}(\mathsf{T}(E_{\text{education}}(A)(x),1-E_{\text{education}}(1-A(x)))+\perp(E_{\text{education}}(A)(x),1-E_{\text{education}}(1-A(x)))),$$

$$E^{\text{salary}}_{(\mathsf{T},\perp,\mathsf{T}')}(A)(x)=\frac{1}{2}(\mathsf{T}(E_{\text{salary}}(A)(x),1-E_{\text{salary}}(1-A(x)))+\perp(E_{\text{salary}}(A)(x),1-E_{\text{salary}}(1-A(x)))),$$

而且, 在这种情形, 不同的决策评价函数能由不同的 t-模 T, T' 和 t-余模 $\perp$ 导出. 例如, 我们能获得下列决策评价函数.

情形 1 如果我们考虑 $\mathsf{T}'=\mathsf{T}_M$, 则

$$E_{\text{education}}(A)=\frac{0.780}{x_1}+\frac{0.718}{x_2}+\frac{0.700}{x_3}+\frac{0.824}{x_4}+\frac{0.834}{x_5}+\frac{0.700}{x_6}+\frac{0.786}{x_7}+\frac{0.718}{x_8}+\frac{0.700}{x_9},$$

$$E_{\text{salary}}(A)=\frac{0.817}{x_1}+\frac{0.805}{x_2}+\frac{0.817}{x_3}+\frac{0.671}{x_4}+\frac{0.642}{x_5}+\frac{0.671}{x_6}+\frac{0.683}{x_7}+\frac{0.642}{x_8}+\frac{0.768}{x_9}.$$

另外, 对于

$$A^c=\frac{0.2}{x_1}+\frac{0.5}{x_2}+\frac{0}{x_3}+\frac{0.3}{x_4}+\frac{0.1}{x_5}+\frac{0.7}{x_6}+\frac{0.4}{x_7}+\frac{0.6}{x_8}+\frac{0.9}{x_9},$$

$$E_{\text{education}}(A^c)=\frac{0.500}{x_1}+\frac{0.572}{x_2}+\frac{0.571}{x_3}+\frac{0.543}{x_4}+\frac{0.540}{x_5}+\frac{0.571}{x_6}+\frac{0.469}{x_7}+\frac{0.572}{x_8}+\frac{0.571}{x_9},$$

$$E_{\text{salary}}(A^c)=\frac{0.498}{x_1}+\frac{0.507}{x_2}+\frac{0.498}{x_3}+\frac{0.494}{x_4}+\frac{0.523}{x_5}+\frac{0.494}{x_6}+\frac{0.550}{x_7}+\frac{0.523}{x_8}+\frac{0.739}{x_9}.$$

而且我们有下列情形.

情形 1.1 如果我们取 $\mathsf{T}=\mathsf{T}_P$ 和 $\perp=\perp_P$ (例 1.3.1 (2)), 则

$$E^{\text{education}}_{(\mathsf{T}_P,\perp_P,\mathsf{T}_M)}(A)=\frac{0.640}{x_1}+\frac{0.573}{x_2}+\frac{0.565}{x_3}+\frac{0.641}{x_4}+\frac{0.647}{x_5}+\frac{0.565}{x_6}+\frac{0.659}{x_7}+\frac{0.573}{x_8}+\frac{0.565}{x_9},$$

$$E^{\text{salary}}_{(\mathsf{T}_P,\perp_P,\mathsf{T}_M)}(A)=\frac{0.660}{x_1}+\frac{0.649}{x_2}+\frac{0.660}{x_3}+\frac{0.589}{x_4}+\frac{0.560}{x_5}+\frac{0.589}{x_6}+\frac{0.567}{x_7}+\frac{0.560}{x_8}+\frac{0.515}{x_9}.$$

情形 1.2 如果我们取 $\mathsf{T}=\mathsf{T}_0^H$ 和 $\perp=\perp_0^H$ (例 1.3.1 (6)), 即

$$\mathsf{T}(x,y)=\frac{xy}{x+y-xy},$$

$$\perp(x,y)=\begin{cases}1, & x=y=1,\\ \dfrac{x+y-2xy}{1-xy}, & \text{其他},\end{cases}$$

则

$$E^{\text{education}}_{(\mathsf{T}_0^H,\perp_0^H,\mathsf{T}_M)}(A)=\frac{0.629}{x_1}+\frac{0.567}{x_2}+\frac{0.559}{x_3}+\frac{0.632}{x_4}+\frac{0.638}{x_5}+\frac{0.559}{x_6}+\frac{0.646}{x_7}+\frac{0.567}{x_8}+\frac{0.559}{x_9},$$

$$E^{\text{salary}}_{(\mathsf{T}_0^H,\perp_0^H,\mathsf{T}_M)}(A)=\frac{0.648}{x_1}+\frac{0.638}{x_2}+\frac{0.648}{x_3}+\frac{0.580}{x_4}+\frac{0.553}{x_5}+\frac{0.580}{x_6}+\frac{0.560}{x_7}+\frac{0.553}{x_8}+\frac{0.514}{x_9}.$$

情形 1.3 如果我们取 $\mathsf{T}=\mathsf{T}_{0.5}^{\text{MT}}$ 和 $\perp=\perp_{0.5}^{\text{MT}}$ (例 1.3.1(8)), 即

$$\mathsf{T}(x,y)=\begin{cases}\max(x+y-0.5,0), & x,y\in[0,0.5],\\ \min(x,y), & \text{其他},\end{cases}$$

$$\perp(x,y)=\begin{cases}\min(x+y-0.5,1), & x,y\in[0.5,1],\\ \max(x,y), & \text{其他},\end{cases}$$

则

$$E^{\text{education}}_{(\mathrm{T}^{\mathrm{MT}}_{0.5},\perp^{\mathrm{MT}}_{0.5},\mathrm{T}_M)}(A)=\frac{0.640}{x_1}+\frac{0.573}{x_2}+\frac{0.565}{x_3}+\frac{0.641}{x_4}+\frac{0.647}{x_5}+\frac{0.565}{x_6}+\frac{0.674}{x_7}+\frac{0.573}{x_8}+\frac{0.565}{x_9},$$

$$E^{\text{salary}}_{(\mathrm{T}^{\mathrm{MT}}_{0.5},\perp^{\mathrm{MT}}_{0.5},\mathrm{T}_M)}(A)=\frac{0.656}{x_1}+\frac{0.649}{x_2}+\frac{0.656}{x_3}+\frac{0.592}{x_4}+\frac{0.560}{x_5}+\frac{0.592}{x_6}+\frac{0.567}{x_7}+\frac{0.560}{x_8}+\frac{0.515}{x_9}.$$

情形 2　如果我们考虑 $\mathrm{T}'=\mathrm{T}_P$，则

$$E_{\text{education}}(A)=\frac{0.626}{x_1}+\frac{0.572}{x_2}+\frac{0.571}{x_3}+\frac{0.630}{x_4}+\frac{0.628}{x_5}+\frac{0.571}{x_6}+\frac{0.635}{x_7}+\frac{0.572}{x_8}+\frac{0.571}{x_9},$$

$$E_{\text{salary}}(A)=\frac{0.664}{x_1}+\frac{0.642}{x_2}+\frac{0.664}{x_3}+\frac{0.583}{x_4}+\frac{0.566}{x_5}+\frac{0.583}{x_6}+\frac{0.569}{x_7}+\frac{0.566}{x_8}+\frac{0.513}{x_9},$$

$$E_{\text{education}}(A^c)=\frac{0.374}{x_1}+\frac{0.428}{x_2}+\frac{0.429}{x_3}+\frac{0.370}{x_4}+\frac{0.372}{x_5}+\frac{0.429}{x_6}+\frac{0.365}{x_7}+\frac{0.428}{x_8}+\frac{0.429}{x_9},$$

$$E_{\text{salary}}(A^c)=\frac{0.336}{x_1}+\frac{0.358}{x_2}+\frac{0.336}{x_3}+\frac{0.417}{x_4}+\frac{0.434}{x_5}+\frac{0.417}{x_6}+\frac{0.431}{x_7}+\frac{0.434}{x_8}+\frac{0.487}{x_9}.$$

而且我们有下列情形.

情形 2.1　如果我们取 $\mathrm{T}=\mathrm{T}_L$ 和 $\perp=\perp_L$ (例 1.3.1(3))，则

$$E^{\text{education}}_{(\mathrm{T}_L,\perp_L,\mathrm{T}_P)}(A)=\frac{0.626}{x_1}+\frac{0.572}{x_2}+\frac{0.571}{x_3}+\frac{0.630}{x_4}+\frac{0.628}{x_5}+\frac{0.571}{x_6}+\frac{0.635}{x_7}+\frac{0.572}{x_8}+\frac{0.571}{x_9},$$

$$E^{\text{salary}}_{(\mathrm{T}_L,\perp_L,\mathrm{T}_P)}(A)=\frac{0.664}{x_1}+\frac{0.642}{x_2}+\frac{0.664}{x_3}+\frac{0.583}{x_4}+\frac{0.566}{x_5}+\frac{0.583}{x_6}+\frac{0.569}{x_7}+\frac{0.566}{x_8}+\frac{0.513}{x_9}.$$

情形 2.2　如果我们取 $\mathrm{T}=\mathrm{T}^H_0$ 和 $\perp=\perp^H_0$ (例 1.3.1(6))，则

$$E^{\text{education}}_{(\mathrm{T}^H_0,\perp^H_0,\mathrm{T}_P)}(A)=\frac{0.613}{x_1}+\frac{0.564}{x_2}+\frac{0.563}{x_3}+\frac{0.616}{x_4}+\frac{0.615}{x_5}+\frac{0.563}{x_6}+\frac{0.621}{x_7}+\frac{0.564}{x_8}+\frac{0.563}{x_9},$$

$$E^{\text{salary}}_{(\mathrm{T}^H_0,\perp^H_0,\mathrm{T}_P)}(A)=\frac{0.648}{x_1}+\frac{0.627}{x_2}+\frac{0.648}{x_3}+\frac{0.574}{x_4}+\frac{0.559}{x_5}+\frac{0.574}{x_6}+\frac{0.561}{x_7}+\frac{0.559}{x_8}+\frac{0.512}{x_9}.$$

情形 2.3　如果我们取 $\mathrm{T}=\mathrm{T}^{\mathrm{MT}}_{0.5}$ 和 $\perp=\perp^{\mathrm{MT}}_{0.5}$ (例 1.3.1(8))，则

$$E^{\text{education}}_{(\mathrm{T}^{\mathrm{MT}}_{0.5},\perp^{\mathrm{MT}}_{0.5},\mathrm{T}_P)}(A)=\frac{0.689}{x_1}+\frac{0.608}{x_2}+\frac{0.607}{x_3}+\frac{0.695}{x_4}+\frac{0.692}{x_5}+\frac{0.607}{x_6}+\frac{0.703}{x_7}$$

$$+\frac{0.608}{x_8}+\frac{0.607}{x_9}.$$

$$E^{\text{salary}}_{(\top^{\text{MT}}_{0.5},\perp^{\text{MT}}_{0.5},\top_P)}(A)=\frac{0.746}{x_1}+\frac{0.713}{x_2}+\frac{0.746}{x_3}+\frac{0.625}{x_4}+\frac{0.599}{x_5}+\frac{0.625}{x_6}+\frac{0.604}{x_7}+\frac{0.599}{x_8}+\frac{0.520}{x_9}.$$

在决策评价函数空间 $(U,\text{Map}(U,[0,1]),[0,1],E^{\text{education}}_{(\top,\perp,\top')})$ 和 $(U,\text{Map}(U,[0,1]),[0,1],E^{\text{salary}}_{(\top,\perp,\top')})$ 中，如果我们考虑 α=0.610 和 β=0.571，则 A 在 U 上对决策评价函数 $E^{\text{education}}_{(\top,\perp,\top')}$ 和 $E^{\text{salary}}_{(\top,\perp,\top')}$ 的三支决策列入表 8.4.1 中.

表 8.4.1 "中年人" A 对信用卡评价的三支决策

决策评价函数	$\text{ACP}_{(0.610,571)}(E,A)$	$\text{REJ}_{(0.610,571)}(E,A)$	$\text{UNC}_{(0.610,571)}(E,A)$
$E^{\text{education}}_{(\top_P,\perp_P,\top_M)}$	$\{x_1,x_4,x_5,x_7\}$	$\{x_3,x_6,x_9\}$	$\{x_2,x_8\}$
$E^{\text{salary}}_{(\top_P,\perp_P,\top_M)}$	$\{x_1,x_2,x_3\}$	$\{x_5,x_7,x_8,x_9\}$	$\{x_4,x_6\}$
$E^{\text{education}}_{(\top^H_0,\perp^H_0,\top_M)}$	$\{x_1,x_4,x_5,x_7\}$	$\{x_2,x_3,x_6,x_8,x_9\}$	$\varnothing$
$E^{\text{salary}}_{(\top^H_0,\perp^H_0,\top_M)}$	$\{x_1,x_2,x_3\}$	$\{x_5,x_7,x_8,x_9\}$	$\{x_4,x_6\}$
$E^{\text{education}}_{(\top^{\text{MT}}_{0.5},\perp^{\text{MT}}_{0.5},\top_M)}$	$\{x_1,x_4,x_5,x_7\}$	$\{x_3,x_6,x_9\}$	$\{x_2,x_8\}$
$E^{\text{salary}}_{(\top^{\text{MT}}_{0.5},\perp^{\text{MT}}_{0.5},\top_M)}$	$\{x_1,x_2,x_3\}$	$\{x_5,x_7,x_8,x_9\}$	$\{x_4,x_6\}$
$E^{\text{education}}_{(\top_L,\perp_L,\top_P)}$	$\{x_1,x_4,x_5,x_7\}$	$\{x_3,x_6,x_9\}$	$\{x_2,x_8\}$
$E^{\text{salary}}_{(\top_L,\perp_L,\top_P)}$	$\{x_1,x_2,x_3\}$	$\{x_5,x_7,x_8,x_9\}$	$\{x_4,x_6\}$
$E^{\text{education}}_{(\top^H_0,\perp^H_0,\top_P)}$	$\{x_1,x_4,x_5,x_7\}$	$\{x_2,x_3,x_6,x_8,x_9\}$	$\varnothing$
$E^{\text{salary}}_{(\top^H_0,\perp^H_0,\top_P)}$	$\{x_1,x_2,x_3\}$	$\{x_5,x_7,x_8,x_9\}$	$\{x_4,x_6\}$
$E^{\text{education}}_{(\top^{\text{MT}}_{0.5},\perp^{\text{MT}}_{0.5},\top_P)}$	$\{x_1,x_4,x_5,x_7\}$	$\varnothing$	$\{x_2,x_3,x_6,x_8,x_9\}$
$E^{\text{salary}}_{(\top^{\text{MT}}_{0.5},\perp^{\text{MT}}_{0.5},\top_P)}$	$\{x_1,x_2,x_3,x_4,x_6\}$	$\{x_9\}$	$\{x_5,x_7,x_8\}$

从表 8.4.1 我们可以得到如下分析:

(1) 申请者 x_1 用 12 个决策评价函数被评价为"接受"，这主要是因为他/她是被两位专家评为"最好教育"和被所有三位专家评为"高薪水"的中年申请者.

(2) 申请者 x_4, x_5 和 x_7 在 6 个考虑教育属性的决策评价函数中被评价为"接受"，这是因为中年申请者 x_4 和 x_7 被所有的三位专家评为"最好教育"，中年申请者 x_5 被两位专家评为"最好教育". 此外，申请人 x_5, x_7 和 x_8 仅考虑属性"薪水"

在 8 个决策评价函数中被评估为“拒绝”, 因为 x_5, x_7 和 x_8 是中年申请人, 没有被所有三位专家评估为“高薪”. 而且, 仅考虑属性“薪水”, 申请人 x_4 在 5 个决策评价函数中被评估为“不确定”, 因为他/她是中年申请人, 由所有三位专家评估“中等薪水”.

(3) 申请人 x_2 和 x_3 只考虑归因“薪水”在 6 个决策评价函数中被评估为“接受”, 这是因为他们是中年申请人, 由所有三位专家评估“高薪”.

(4) 申请人 x_6 仅考虑属性“教育”在 5 个决策评价函数中被评估为“拒绝”, 因为他/她是中年申请人, 只有“良好教育”被所有三位专家评估. 此外, 他/她在八个决策评价函数中仅考虑归因“薪水”就被评估为“不确定”, 因为他/她是一名中年申请人, 所有三位专家都评估了“中等工资”.

(5) 申请人 x_8 在大多数决策评价函数中通过考虑属性“薪水”来评估“拒绝”, 在某些决策评价函数中通过考虑属性“教育”来评估, 因为他/她是中年申请人, 所有三位专家评估具有“中等工资”和“较好的教育”.

(6) 申请人 x_9 在 11 个决策评价函数中被评估为“拒绝”, 因为他/她是所有三位专家评估为“良好教育”和“低薪水”的中年申请人.

8.5　本章小结

在本章中, 为了获得更多的决策评价函数, 我们跟进胡宝清的论文(Hu, 2017b), 提出了从半决策评价函数到决策评价函数的构建方法. 本章研究的工作使我们在实际问题中对决策评价函数有了更多的选择, 使三支决策理论的应用更加广泛. 本章的主要贡献如下.

(1) 我们得到了从半决策评价函数到基于三角模和三角余模的决策评价函数的一种构造方法.

(2) 我们展示了一些通过使用三角模和三角余模从现有的半决策评价函数中获得一个半决策评价函数的方法.

(3) 作为本章和 (Hu, 2017b) 中从半决策评价函数中决策评价函数的变换方法的应用, 我们展示了一些新型的三支决策, 例如基于 Fuzzy 集、区间值 Fuzzy 集、Fuzzy 关系和犹豫 Fuzzy 集的三支决策.

(4) 作为本章所得结果的实际应用, 我们分析了信用卡申请人评价问题的真实示例.

在后续工作中, 由于缺乏以统一格式从半决策评价函数中获得决策评价函数的方法, 因此它成为我们讨论的主题之一.

第 9 章　广义三支决策空间的三支决策

第 3 章通过公理定义提出了基于偏序集的三支决策空间的概念，这些偏序集具有对合否算子. 然而，从理论的角度来看，对合否算子是如此之强，以至于对三支决策空间理论的使用施加了限制. 因此，本章试图将三支决策空间的概念从具有对合否算子的偏序集扩展到具有否算子的偏序集. 首先，我们推广了基于具有否算子偏序集的三支决策空间和三支决策，使得现有的三支决策是本章讨论的广义三支决策空间的特殊情况. 其次，我们在广义三支决策空间中给出了一些新的决策评价函数 (例如，基于 Fuzzy 集、区间值 Fuzzy 集、Fuzzy 关系、阴影集和犹豫 Fuzzy 集的决策评价函数)，丰富了决策评价函数的类型. 特别是，它们为决策者在现实的决策问题上提供了更多的选择. 最后，为了说明本章结果的实际应用，我们分析了信用卡申请人评价问题的实际例子.

9.1　引言

在三支决策空间的定义 (定义 4.2.1) 中，我们假设了 $(P_C,\leqslant_{P_C},N_{P_C},0_{P_C},1_{P_C})$ 和 $(P_D,\leqslant_{P_D},N_{P_D},0_{P_D},1_{P_D})$ 是两个偏序集合，分别具有对合否算子 N_{P_C} 和 N_{P_D}. 另外，让 U 是一个非空论域来做决定，称为决策域，V 是条件函数被定义的非空论域，命名为条件域. 一方面，许多讨论都指出了这一点 (例如，文献 (Cabitza et al., 2017; Liang et al., 2015; Liu et al., 2011; Yao, Azam, 2015)). 在三支决策中，决策评价函数在决策中发挥着非常重要的作用. 另一方面，在现实的决策问题中，决策者总是依靠决策评价函数来获得决策结果. 不同的决策评价函数决定了不同的决策结果. 例如，我们在之前的工作 (Qiao, Hu, 2018) 中已经说过，根据不同的决策评价函数，我们得到了以下两种不同的决策结果. 例如，考虑 $U=V=\{x_1,x_2,x_3,x_4,x_5\}$，并且

$$R=\begin{bmatrix}1 & 0.8 & 0.6 & 0.4 & 0.6\\ 0.8 & 1 & 0.6 & 0.4 & 0.6\\ 0.6 & 0.6 & 1 & 0.4 & 0.9\\ 0.4 & 0.4 & 0.4 & 1 & 0.4\\ 0.6 & 0.6 & 0.9 & 0.4 & 1\end{bmatrix},$$

$$A = \frac{0.8}{x_1} + \frac{0.2}{x_2} + \frac{0.6}{x_3} + \frac{0.9}{x_4} + \frac{1}{x_5}.$$

情形 1 如果我们取例 7.3.2 的决策评价函数

$$E_1(A)(x) = \frac{1}{2} + \frac{\sum_{y\in V} A(y) \wedge R(x,y) - \sum_{y\in V}\left(1 - A(y)\right) \wedge R(x,y)}{2\sum_{y\in V} R(x,y)},$$

得到

$$E_1(A) = \frac{0.662}{x_1} + \frac{0.662}{x_2} + \frac{0.7}{x_3} + \frac{0.731}{x_4} + \frac{0.586}{x_5},$$

则三支决策如下:

(1) 接受域: $\mathrm{ACP}_{(0.7,\,0.6)}(E_1, A) = \{x_3, x_4\}$;

(2) 拒绝域: $\mathrm{REJ}_{(0.7,\,0.6)}(E_1, A) = \{x_5\}$;

(3) 不确定域: $\mathrm{UNC}_{(0.7,\,0.6)}(E_1, A) = \{x_1, x_2\}$.

情形 2 如果我们取例 7.3.2 的半决策评价函数

$$E_2(A)(x) = \frac{\sum_{y\in V} A(y) \wedge R(x,y)}{\sum_{y\in V} R(x,y)},$$

得到

$$E_2(A) = \frac{0.765}{x_1} + \frac{0.765}{x_2} + \frac{0.771}{x_3} + \frac{0.885}{x_4} + \frac{0.731}{x_5},$$

则三支决策如下:

(1) 接受域: $\mathrm{ACP}_{(0.7,\,0.6)}(E_2, A) = \{x_1, x_2, x_3, x_4, x_5\}$;

(2) 拒绝域: $\mathrm{REJ}_{(0.7,\,0.6)}(E_2, A) = \varnothing$;

(3) 不确定域: $\mathrm{UNC}_{(0.7,\,0.6)}(E_2, A) = \varnothing$.

从以上两个案例可以看出, 学生 x_5 的最终成绩在 $E_1(A)$ 中是不及格. 但是, 从 $E_2(A)$ 中, 我们可以准确地判断学生 x_5 的最终成绩是优秀.

因此, 从理论角度研究决策评价函数的构造方法时出现了许多讨论, 例如, (Hu, 2014, 2016, 2017b; Hu et al., 2016, 2017; Qiao, Hu, 2018; Xiao et al., 2016). 此外, 还会出现以下关键问题:

问: 如何尽可能多地获得决策评价函数?

为了解决这个问题, 我们可以考虑以下两种方式.

第一种方法是考虑决策评价函数的更一般论域. 由于犹豫 Fuzzy 集 (Torra,

2010)、区间值犹豫 Fuzzy 集(Chen et al., 2013a)和其他 Fuzzy 集有意义的广义结构通常不能构成 Fuzzy 格, 因此(Hu, 2014)中在 Fuzzy 格上引入的三支决策空间理论对该理论在实际决策问题中的广泛应用施加了限制. 因此, 在(Hu, 2016)中, 将三支决策空间中决策结论的测量从 Fuzzy 格扩展到具有对合否算子的偏序集合. 此外, 作为一个应用, 还系统地研究了基于犹豫 Fuzzy 集和区间值犹豫 Fuzzy 集的三支决策空间和三支决策, 得到了大量有用的决策评价函数.

第二种方法是推广决策评价函数的公理定义. 一方面, 我们在定义 3.2.1 和定义 4.2.1 中已经说过, 决策评价函数是由三个公理来定义的, 即最小元公理、单调性公理和自对偶性公理. 此外, 最小元公理和单调性公理可以很容易地被许多函数满足, 而自对偶性公理不能自然地满足. 另一方面, 许多现有的讨论表明, 自对偶性公理对于三支决策相当重要且非常必要, 例如, (Liang, Liu, 2014; Liang et al., 2013, 2016; Liu et al., 2016; Yao, 2010; Zadeh, 1965). 因此, 在 Hu (2017b) 与 Qiao 和 Hu (2018) 中, 引入了无自对偶性公理的半决策评价函数的概念, 并给出了从半三支决策空间到三支决策空间的转换方法.

然而, 在定义 3.2.1 和定义 4.2.1 中, 请注意自对偶性公理 (E3) 使用了对合否算子. 同时, 众所周知, 否算子比对合否算子更普遍, 并且已经在许多方面提出并应用了它, 例如, (Klement et al., 2000). 因此, 在本章中, 试图使用否算子来定义决策评价函数的自对偶性公理, 这可以被视为扩展决策评价函数公理定义的另一种方式, 这与我们之前的工作(Hu, 2016, 2017b; Qiao, Hu, 2018)中提出的不同. 通过这种方式, 现有的决策评价函数成为本章所讨论的广义决策评价函数的特例, 从理论角度可以得到更多的决策评价函数. 而且, 从应用的角度来看, 它为决策者选择更合适的决策评价函数提供了便利, 以便在实际决策问题中做出决策. 这也是这项研究的动机.

本章主要介绍 Qiao 和 Hu (2020) 的研究成果. 在 9.2 节中, 我们给出了基于带否定的偏序集的广义三支决策的度量和广义决策评价函数的公理定义, 我们还建立了基于带否定的偏序集的广义三支决策空间. 在 9.3 节中, 我们提出了基于带否定的偏序集合的广义三支决策空间的广义三支决策理论, 其中包括广义三支决策、广义三支决策诱导的下近似和上近似、多粒度广义三支决策空间的广义三支决策等. 9.4 节建立了一些新型的决策评价函数和广义三支决策, 如广义决策评价函数和基于 Fuzzy 集、区间值 Fuzzy 集、Fuzzy 关系、阴影集和犹豫 Fuzzy 集的广义三支决策. 在 9.5 节中, 我们展示了本章获得的结果的实际应用. 最后, 9.6 节对本章进行了小结.

9.2　基于带有否算子偏序集的广义三支决策空间

本节引入基于具有否算子的偏序集上的广义决策评价函数与广义三支决策空间的公理定义. 详见文献 (Qiao, Hu, 2020).

本章考虑 $(P_C,\leqslant_{P_C},N_{P_C},0_{P_C},1_{P_C})$ 和 $(P_D,\leqslant_{P_D},N_{P_D},0_{P_D},1_{P_D})$ 是分别带有否算子 N_{P_C} 和 N_{P_D} 的有界偏序集.

定义 9.2.1　设 U 是一个决策域和 V 是一个条件域, 映射 $E:\mathrm{Map}(V,P_C)\to\mathrm{Map}(U,P_D)$ 满足下列条件:

(E1) 最小元公理. $E(\varnothing)=\varnothing$, 即 $E(\varnothing)(x)=0_{P_D},\forall x\in U$;

(E2) 单调性公理. $A\subseteq_{P_C}B\Rightarrow E(A)\subseteq_{P_D}E(B),\forall A,B\in\mathrm{Map}(V,P_C)$, 即

$$E(A)(x)\leqslant_{P_D}E(B)(x),\quad\forall x\in U;$$

(E3) 自对偶性公理. $N_{P_D}(E(A))=E(N_{P_C}(A)),\forall A\in\mathrm{Map}(V,P_C)$, 即

$$N_{P_D}(E(A))(x)=E(N_{P_C}(A))(x),\quad\forall x\in U,$$

则称 $E(A)$ 为 U 的关于 A 的广义决策评价函数, $E(A)(x)$ 为 A 在 x 的决策值. 称 $(U,\mathrm{Map}(V,P_C),P_D,E)$ 是具有否算子偏序集的一个**广义三支决策空间** (generalized three-way decision space).

注 9.2.1　注意定义 9.2.1 的形式是类似于定义 4.2.1. 但是, 这里 N_{P_C} 和 N_{P_D} 是否算子, 不是对合否算子.

定理 9.2.1　设 $E:\mathrm{Map}(V,P_C)\to\mathrm{Map}(U,P_D)$ 是 U 的关于决策评价函数, 则下列命题成立. $\forall A,B\in\mathrm{Map}(V,P_C)$.

(1) $E(A)\bigcup_{P_D}E(B)\subseteq_{P_D}E(A\bigcup_{P_C}B)$;

(2) $E(A\bigcap_{P_C}B)\subseteq_{P_D}E(A)\bigcap_{P_D}E(B)$;

(3) $E((1_{P_C})_V)=(1_{P_D})_U$.

9.3　广义三支决策空间的三支决策

在本节中, 首先, 我们给出了基于具有否算子偏序集的广义三支决策空间的广义三支决策的概念, 这在 9.4 节中是必需的. 然后, 作为理论上的完备性, 我们还给出了乐观的广义三支决策、悲观的广义三支决策和基于具有否定的偏序集的多粒度广义三支决策空间的聚合. 我们必须指出本节中的大多数定义和命题与第

3 章 (Hu, 2014) 和第 4 章 (Hu, 2016) 中的定义和命题相似. 但是, 在这里, N_{P_C} 和 N_{P_D} 表示两个具有否算子而不是对合否算子的偏序集 (Qiao, Hu, 2020).

9.3.1 广义三支决策

下面将三支决策推广到广义三支决策.

定义 9.3.1 设 $(U, \mathrm{Map}(V, P_C), P_D, E)$ 是具有否算子偏序集的一个广义三支决策空间, $A \in \mathrm{Map}(V, P_C)$, $\alpha, \beta \in P_D$ 并且 $0_{P_D} \leqslant_{P_D} \beta <_{P_D} \alpha \leqslant_{P_D} 1_{P_D}$. 则广义三支决策定义如下:

(1) 接受域: $\mathrm{ACP}_{(\alpha,\beta)}(E, A) = \{x \in U \mid E(A)(x) \geqslant_{P_D} \alpha\}$;

(2) 拒绝域: $\mathrm{REJ}_{(\alpha,\beta)}(E, A) = \{x \in U \mid E(A)(x) \leqslant_{P_D} \beta\}$;

(3) 不确定域: $\mathrm{UNC}_{(\alpha,\beta)}(E, A) = \left(\mathrm{ACP}_{(\alpha,\beta)}(E, A) \cup \mathrm{REJ}_{(\alpha,\beta)}(E, A)\right)^c$.

如果 P_D 是线性序, 显然有 $\mathrm{UNC}_{(\alpha,\beta)}(E, A) = \{x \in U \mid \beta <_{P_D} E(A)(x) <_{P_D} \alpha\}$.

对于广义的三支决策, 定理 3.3.1 和定理 3.3.2 (Hu, 2014, 定理 3.1、定理 3.2) 的结论也成立, 我们在这里不列出它们.

定义 9.3.2 设 $A \in \mathrm{Map}(V, P_C)$, 则分别称

$$\underline{\mathrm{apr}}_{(\alpha,\beta)}(E, A) = \mathrm{ACP}_{(\alpha,\beta)}(E, A),$$

$$\overline{\mathrm{apr}}_{(\alpha,\beta)}(E, A) = \left(\mathrm{REJ}_{(\alpha,\beta)}(E, A)\right)^c$$

为 A 的下近似和上近似.

通过广义三支决策中下近似和上近似的概念, 我们可以获得许多类似于粗糙集的性质, 我们在这里省略了细节, 因为定理 3.3.3 和定理 3.3.4 (Hu, 2014, 定理 3.2 和定理 3.3) 中的结论也成立, 除了定理 3.3.3 中的(4)需要假设 N_{P_C} 和 N_{P_D} 是对合否算子.

9.3.2 多粒度广义三支决策空间的乐观广义三支决策

在本小节中, 我们将多粒度三支决策空间(Hu, 2014)的乐观三支决策的结论扩展到多粒度广义三支决策空间的乐观广义三支决策.

定义 9.3.3 设 $(U, \mathrm{Map}(V, P_C), P_D, \{E_1, E_2, \cdots, E_n\})$ 是一个具有否算子偏序集上的 n 粒度广义三支决策空间, $A \in \mathrm{Map}(V, P_C)$, $\alpha, \beta \in P_D$, 并且 $0_{P_D} \leqslant_{P_D} \beta <_{P_D} \alpha \leqslant_{P_D} 1_{P_D}$, 则乐观多粒度三支决策定义为

(1) 接受域: $\mathrm{ACP}^{\mathrm{op}}_{(\alpha,\beta)}(E_{1\sim n},A)=\bigcup\limits_{i=1}^{n}\mathrm{ACP}_{(\alpha,\beta)}(E_i,A)=\bigcup\limits_{i=1}^{n}\left\{x\in U\mid E_i(A)(x)\geqslant_{P_D}\alpha\right\}$;

(2) 拒绝域: $\mathrm{REJ}^{\mathrm{op}}_{(\alpha,\beta)}(E_{1\sim n},A)=\bigcap\limits_{i=1}^{n}\mathrm{REJ}_{(\alpha,\beta)}(E_i,A)=\bigcap\limits_{i=1}^{n}\left\{x\in U\mid E_i(A)(x)\leqslant_{P_D}\beta\right\}$;

(3) 不确定域: $\mathrm{UNC}^{\mathrm{op}}_{(\alpha,\beta)}(E_{1\sim n},A)=\left(\mathrm{ACP}^{\mathrm{op}}_{(\alpha,\beta)}(E_{1\sim n},A)\cup\mathrm{REJ}^{\mathrm{op}}_{(\alpha,\beta)}(E_{1\sim n},A)\right)^c$.

定义 9.3.4 设 $A\in\mathrm{Map}(V,P_C)$, 则分别称

$$\underline{\mathrm{apr}}^{\mathrm{op}}_{(\alpha,\beta)}(E_{1\sim n},A)=\mathrm{ACP}^{\mathrm{op}}_{(\alpha,\beta)}(E_{1\sim n},A),$$

$$\overline{\mathrm{apr}}^{\mathrm{op}}_{(\alpha,\beta)}(E_{1\sim n},A)=\left(\mathrm{REJ}^{\mathrm{op}}_{(\alpha,\beta)}(E_{1\sim n},A)\right)^c$$

为 A 相对于 n 粒度广义三支决策空间的乐观广义三支决策多粒度下近似和上近似.

很显然, 如果 P_D 是线性序, 则

$$\overline{\mathrm{apr}}^{\mathrm{op}}_{(\alpha,\beta)}(E_{1\sim n},A)=\left\{x\in U\mid\bigvee_{i=1}^{n}E_i(A)(x)>_{P_D}\beta\right\}.$$

通过来自多粒度广义三支决策空间的乐观广义三支决策的下近似和上近似的概念, 我们可以获得许多类似于粗糙集的性质. 例如定理 3.3.5—定理 3.3.7 (Hu, 2014, 定理 3.4—定理 3.6) 中的结论也成立, 我们在这里省略.

9.3.3 多粒度广义三支决策空间的悲观广义三支决策

在本小节中, 我们考虑另一种类型的广义三支决策空间, 这些决策空间基于带有否算子的偏序集.

定义 9.3.5 设 $(U,\mathrm{Map}(V,P_C),P_D,\{E_1,E_2,\cdots,E_n\})$ 是一个 n 粒度广义三支决策空间, $A\in\mathrm{Map}(V,P_C)$, $\alpha,\beta\in P_D$ 并且 $0_{P_D}\leqslant_{P_D}\beta<_{P_D}\alpha\leqslant_{P_D}1_{P_D}$, 则悲观 n 粒度三支决策为

(1) 接受域: $\mathrm{ACP}^{\mathrm{pe}}_{(\alpha,\beta)}(E_{1\sim n},A)=\bigcap\limits_{i=1}^{n}\mathrm{ACP}_{(\alpha,\beta)}(E_i,A)=\bigcap\limits_{i=1}^{n}\left\{x\in U\mid E_i(A)(x)\geqslant_{P_D}\alpha\right\}$;

(2) 拒绝域: $\mathrm{REJ}^{\mathrm{pe}}_{(\alpha,\beta)}(E_{1\sim n},A)=\bigcup\limits_{i=1}^{n}\mathrm{REJ}_{(\alpha,\beta)}(E_i,A)=\bigcup\limits_{i=1}^{n}\left\{x\in U\mid E_i(A)(x)\leqslant_{P_D}\beta\right\}$;

(3) 不确定域: $\mathrm{UNC}^{\mathrm{pe}}_{(\alpha,\beta)}(E_{1\sim n},A)=\left(\mathrm{ACP}^{\mathrm{pe}}_{(\alpha,\beta)}(E_{1\sim n},A)\cup\mathrm{REJ}^{\mathrm{pe}}_{(\alpha,\beta)}(E_{1\sim n},A)\right)^c$.

如果 P_D 是线性序, 则 $\mathrm{UNC}^{\mathrm{pe}}_{(\alpha,\beta)}(E_{1\sim n},A)=\left\{x\in U\mid\beta<_{P_D}\bigwedge\limits_{i=1}^{n}E_i(A)(x)<_{P_D}\alpha\right\}$.

定义 9.3.6 设 $A\in\mathrm{Map}(V,P_C)$, 则分别称

$$\underline{\mathrm{apr}}^{\mathrm{pe}}_{(\alpha,\beta)}(E_{1\sim n},A)=\mathrm{ACP}^{\mathrm{pe}}_{(\alpha,\beta)}(E_{1\sim n},A),$$

$$\overline{\mathrm{apr}}^{\mathrm{pe}}_{(\alpha,\beta)}(E_{1\sim n},A)=\left(\mathrm{REJ}^{\mathrm{pe}}_{(\alpha,\beta)}(E_{1\sim n},A)\right)^c$$

为 A 的悲观 n 粒度下近似和上近似.

很显然, 当 P_D 是线性序时,

$$\overline{\mathrm{apr}}^{\mathrm{pe}}_{(\alpha,\beta)}(E_{1\sim n},A)=\left\{x\in U \mid \bigwedge_{i=1}^{n}E_i(A)(x)>_{P_D}\beta\right\}.$$

通过在多粒度广义三支决策空间上的悲观广义三支决策中得出的下近似和上近似的概念, 我们可以获得许多类似于粗糙集的属性. 例如定理 3.3.8—定理 3.3.11 (Hu, 2014, 定理 3.7—定理 3.10) 中的结论也成立, 除了定理 3.3.11 中的项目需要假设 N_{P_C} 和 N_{P_D} 是对合否算子, 我们在这里省略.

9.3.4 多粒度广义三支决策空间的聚合

在本小节中, 类似于文献 (Hu et al., 2016) 中讨论的多粒度三支决策空间的聚合, 我们引入了基于具有否算子的偏序集的多粒度广义三支决策空间的聚合.

命题 9.3.1 设 $(U,\mathrm{Map}(V,P_C),P_D,\{E_1,E_2,\cdots,E_n\})$ 是 U 的一个 n 粒度广义三支决策空间并且 $f(x_1,x_2,\cdots,x_n)$ 是一个 n 元自对偶聚合函数. 如果我们假设

$$E^f(A)(x)=f(E_1(A)(x),E_2(A)(x),\cdots,E_n(A)(x)),\quad A\in\mathrm{Map}(V,P_C),\quad x\in U,$$

则 $(U,\mathrm{Map}(V,P_C),P_D,E^f)$ 是广义三支决策空间.

9.4 广义三支决策空间上的一类新决策评价函数

在本节中, 我们针对基于具有否算子的偏序集的广义三支决策空间提出了一些新型的决策评价函数, 称为广义决策评价函数, 并展示了一些与广义决策评价函数相对应的广义三支决策, 例如基于 Fuzzy 集、区间值 Fuzzy 集、Fuzzy 关系、阴影集和犹豫 Fuzzy 集的广义决策评价函数和广义三支决策.

9.4.1 基于 Fuzzy 集的广义决策评价函数和三支决策

在本小节中, 我们给出了一些基于 Fuzzy 集的新型决策评价函数, 并通过示例展示了一些相应的广义三支决策.

命题 9.4.1 设 $P_C=P_D=[0,1]$,

$$N_{P_C}(x)=N_{P_D}(x)=\begin{cases}1, & x=0,\\ 0, & x\neq 0,\end{cases}$$

并且 $t \in \mathrm{Map}([0,1],(0,+\infty))$. 如果我们定义映射 $E:\mathrm{Map}(U,[0,1]) \to \mathrm{Map}(U,[0,1])$ 如下:

$$\forall A \in \mathrm{Map}(U,[0,1]), \quad \forall x \in U, \quad E^{(t)}(A)(x) = (A(x))^{t(x)},$$

则 $E^{(t)}$ 是 U 的一个广义决策评价函数.

证明　我们下面核实 $E^{(t)}$ 满足定义 9.2.1 的三个公理.

(1) 最小元公理.

$\forall x \in U$, 我们有

$$E^{(t)}(0_U)(x) = (0_U(x))^{t(x)} = 0 = 0_U(x).$$

于是, 我们得到 $E^{(t)}(0_U)(x) = 0_U(x)$.

(2) 单调性公理.

设 $A, B \in \mathrm{Map}(U,[0,1])$ 并且 $A \subseteq B$, 则 $\forall x \in U$,

$$E^{(t)}(A)(x) = (A(x))^{t(x)} \leqslant (B(x))^{t(x)} = E^{(t)}(B)(x).$$

于是, 我们得到 $E^{(t)}(A) \subseteq E^{(t)}(B)$.

(3) 自对偶性公理.

$\forall A \in \mathrm{Map}(U,[0,1])$, $\forall x \in U$,

$$E^{(t)}(N_{P_C}(A))(x) = (N_{P_C}(A)(x))^t = N_{P_C}((A(x))^{t(x)}) = \begin{cases} 1, & A(x) = 0, \\ 0, & A(x) \neq 0, \end{cases}$$

$$N_{P_D}(E^{(t)}(A))(x) = N_{P_D}((A(x))^{t(x)}) = \begin{cases} 1, & A(x) = 0, \\ 0, & A(x) \neq 0. \end{cases}$$

于是, 我们得到 $E^{(t)}(N_{P_C}(A)) = N_{P_D}(E^{(t)}(A))$. □

例 9.4.1　设 $U = \{x_1, x_2, x_3, x_4, x_5\}$,

$$A = \frac{0.4}{x_1} + \frac{0.5}{x_2} + \frac{0.6}{x_3} + \frac{1}{x_4} + \frac{0.9}{x_5}$$

是 U 的一个有限 Fuzzy 集并且 $E^{(t)}(A)(x) = (A(x))^t$, $t \in (0,+\infty)$. 则

$$E^{(0.5)}(A) = \frac{0.632}{x_1} + \frac{0.707}{x_2} + \frac{0.775}{x_3} + \frac{1}{x_4} + \frac{0.949}{x_5},$$

$$E^{(2)}(A) = \frac{0.16}{x_1} + \frac{0.25}{x_2} + \frac{0.36}{x_3} + \frac{1}{x_4} + \frac{0.81}{x_5}.$$

对不同参数 α, β 和 t, A 的广义三支决策列入表 9.4.1 和表 9.4.2.

表 9.4.1　对 t=0.5 和不同参数 α, β, Fuzzy 集 A 的广义三支决策

α, β	$\mathrm{ACP}_{(\alpha,\beta)}(E^{(0.5)}, A)$	$\mathrm{REJ}_{(\alpha,\beta)}(E^{(0.5)}, A)$	$\mathrm{UNC}_{(\alpha,\beta)}(E^{(0.5)}, A)$
$\alpha = 1, \beta = 0$	$\{x_4\}$	$\varnothing$	$\{x_1, x_2, x_3, x_5\}$

续表

α,β	$\mathrm{ACP}_{(\alpha,\beta)}(E^{(0.5)},A)$	$\mathrm{REJ}_{(\alpha,\beta)}(E^{(0.5)},A)$	$\mathrm{UNC}_{(\alpha,\beta)}(E^{(0.5)},A)$
$\alpha=0.8,\beta=0.65$	$\{x_4,x_5\}$	$\{x_1\}$	$\{x_2,x_3\}$
$\alpha=0.9,\beta=0.78$	$\{x_4,x_5\}$	$\{x_1,x_2,x_3\}$	$\varnothing$

表 9.4.2 对 t=2 和不同参数 α,β, Fuzzy 集 A 的广义三支决策

α,β	$\mathrm{ACP}_{(\alpha,\beta)}(E^{(2)},A)$	$\mathrm{REJ}_{(\alpha,\beta)}(E^{(2)},A)$	$\mathrm{UNC}_{(\alpha,\beta)}(E^{(2)},A)$
$\alpha=1,\beta=0.2$	$\{x_4\}$	$\{x_1\}$	$\{x_2,x_3,x_5\}$
$\alpha=0.75,\beta=0.4$	$\{x_4,x_5\}$	$\{x_1,x_2,x_3\}$	$\varnothing$
$\alpha=0.85,\beta=0.55$	$\{x_4\}$	$\{x_1,x_2,x_3\}$	$\{x_5\}$

命题 9.4.2 设 $P_C=P_D=[0,1]$，并且 $\forall x\in U$，

$$N_{P_C}(x)=N_{P_D}(x)=\begin{cases}1, & x=0,\\ 0, & x\neq 0.\end{cases}$$

如果我们定义映射 $E:\mathrm{Map}(U,[0,1])\to\mathrm{Map}(U,[0,1])$ 如下：$t\in(0,+\infty)$，

$$E_f(A)(x)=f(A(x)),\quad \forall A\in\mathrm{Map}(U,[0,1]),\quad \forall x\in U,$$

其中 $f(x)\in\mathrm{Map}([0,1],[0,1])$ 满足 (1) $f(x)=0$ 当且仅当 $x=0$; (2) $f(1)=1$; (3)单调递增, 则 E_f 是 U 的一个广义决策评价函数.

证明 我们下面核实 E_f 满足定义 9.2.1 的三个公理.

(1) 最小元公理.

$\forall x\in U$，我们有

$$E_f(0_U)(x)=f(0_U(x))=f(0)=0_U(x).$$

于是, 我们得到 $E_f(0_U)(x)=0_U(x)$.

(2) 单调性公理.

设 $A,B\in\mathrm{Map}(U,[0,1])$ 并且 $A\subseteq B$，则 $\forall x\in U$，

$$E_f(A)(x)=f(A(x))\leqslant f(B(x))=E_f(B)(x).$$

于是, 我们得到 $E_f(A)\subseteq E_f(B)$.

(3) 自对偶性公理.

$\forall A\in\mathrm{Map}(U,[0,1])$，$\forall x\in U$，

$$E_f(N_{P_C}(A))(x)=f(N_{P_C}(A)(x))=f(N_{P_C}(A(x)))=\begin{cases}1, & A(x)=0,\\ 0, & A(x)\neq 0.\end{cases}$$

$$N_{P_D}(E_f(A))(x)=N_{P_D}(f(A(x)))=\begin{cases}1, & A(x)=0,\\ 0, & A(x)\neq 0.\end{cases}$$

于是，我们得到 $E_f(N_{P_C}(A))=N_{P_D}(E_f(A))$. □

注 9.4.1　命题 9.4.2 提供了一个获得广义决策评价函数的一般方法. 例如，如果我们取 $f(x)=\sin\frac{\pi}{2}x$，$\forall x\in[0,1]$，则 $E(A)(x)=\sin\left(\frac{\pi}{2}A(x)\right)$，$\forall A\in \mathrm{Map}(U,[0,1])$，$\forall x\in U$.

例 9.4.2　设 $U=\{x_1,x_2,x_3,x_4,x_5\}$，

$$A=\frac{1/3}{x_1}+\frac{1/2}{x_2}+\frac{2/3}{x_3}+\frac{1}{x_4}+\frac{1/2}{x_5}$$

是 U 的一个有限 Fuzzy 集并且 $E_f(A)(x)=f(A(x))$，并且 $f(x)=\sin\frac{\pi}{2}x$，则

$$E_f(A)=\frac{0.5}{x_1}+\frac{0.707}{x_2}+\frac{0.866}{x_3}+\frac{1}{x_4}+\frac{0.707}{x_5}.$$

对不同参数 α,β,A 的广义三支决策列入表 9.4.3.

表 9.4.3　对 $f(x)=\sin\frac{\pi}{2}x$ 和不同参数 α,β, Fuzzy 集 A 的广义三支决策

α,β	$\mathrm{ACP}_{(\alpha,\beta)}(E_f,A)$	$\mathrm{REJ}_{(\alpha,\beta)}(E_f,A)$	$\mathrm{UNC}_{(\alpha,\beta)}(E_f,A)$
$\alpha=1,\beta=0$	$\{x_4\}$	$\varnothing$	$\{x_1,x_2,x_3,x_5\}$
$\alpha=0.75,\beta=0.65$	$\{x_3,x_4\}$	$\{x_1\}$	$\{x_2,x_5\}$
$\alpha=0.65,\beta=0.55$	$\{x_2,x_3,x_4,x_5\}$	$\{x_1\}$	$\varnothing$

命题 9.4.3　设 $P_C=P_D=[0,1]$ 并且 $N_{P_C}(x)=N_{P_D}(x)=x\to_{\mathrm{T}}0$，$\forall x\in U$，其中 $\to_{\mathrm{T}}$ 是一个 t-模诱导的蕴涵算子(参见定义 1.3.3). 如果我们定义映射 $E:\mathrm{Map}(U,[0,1])\to \mathrm{Map}(U,[0,1])$ 如下：$\forall A\in \mathrm{Map}(U,[0,1])$，$\forall x\in U$，

$$E(A)(x)=(A(x)\to_{\mathrm{T}}0)\to_{\mathrm{T}}0,$$

则 E 是 U 的一个广义决策评价函数.

证明　我们下面核实 E 满足定义 9.2.1 的三个公理.

(1) 最小元公理.

$\forall x\in U$，我们有

$$E(0_U)(x)=(0_U(x)\to_{\mathrm{T}}0)\to_{\mathrm{T}}0=0=0_U(x).$$

于是，我们得到 $E(0_U)(x)=0_U(x)$.

(2) 单调性公理.

设 $A,B\in \text{Map}(U,[0,1])$ 并且 $A\subseteq B$，则 $\forall x\in U$，

$$\begin{aligned}E(A)(x)&=(A(x)\to_{\mathrm{T}} 0)\to_{\mathrm{T}} 0\\&\leqslant (B(x)\to_{\mathrm{T}} 0)\to_{\mathrm{T}} 0\\&=E(B)(x).\end{aligned}$$

于是，我们得到 $E(A)\subseteq E(B)$.

(3) 自对偶性公理.

$\forall A\in \text{Map}(U,[0,1])$，$\forall x\in U$，

$$\begin{aligned}E(N_{P_C}(A))(x)&=(N_{P_C}(A)(x)\to_{\mathrm{T}} 0)\to_{\mathrm{T}} 0\\&=(N_{P_C}(A(x))\to_{\mathrm{T}} 0)\to_{\mathrm{T}} 0\\&=((A(x)\to_{\mathrm{T}} 0)\to_{\mathrm{T}} 0)\to_{\mathrm{T}} 0\\&=E(A)(x)\to_{\mathrm{T}} 0\\&=N_{P_D}(E_f(A))(x).\end{aligned}$$

于是，我们得到 $E(N_{P_C}(A))=N_{P_D}(E(A))$. □

在命题 9.4.3 的启发下，我们得到了以下更广义的结论.

命题 9.4.4　设 $P_C=P_D=P$ 并且 $N_{P_C}=N_{P_D}=N$ 为 P 的否算子. 如果我们定义映射 $E:\text{Map}(U,[0,1])\to \text{Map}(U,[0,1])$ 如下：$\forall A\in \text{Map}(U,[0,1])$，$\forall x\in U$，

$$E(A)(x)=N(N(A(x))),$$

则 E 是 U 的一个广义决策评价函数.

注 9.4.2　(1) 如果 $P=[0,1]$ 和 N 是命题 9.4.4 的对合否算子，则 E 是 U 的一个决策评价函数 (定义 3.2.1).

(2) 命题 9.4.4 给出了获得广义决策评价函数的常用方法. 例如，如果我们取 $P=[0,1]$ 并且 $N(x)=1-x^{\lambda}$，$\forall x\in U$，$\lambda\in(0,+\infty)$，则 $E(A)(x)=1-(1-(A(x))^{\lambda})^{\lambda}$，$\forall A\in \text{Map}(U,[0,1])$，$\forall x\in U$.

例 9.4.3　设 $U=\{x_1,x_2,x_3,x_4,x_5,x_6\}$，

$$A=\frac{0.6}{x_1}+\frac{0.2}{x_2}+\frac{0.7}{x_3}+\frac{0.4}{x_4}+\frac{0.8}{x_5}+\frac{0.9}{x_6}$$

是 U 的一个有限 Fuzzy 集.

(1) 如果我们在注 9.4.2(2)中取 $\lambda=1$，则 $E(A)=A$，对不同参数 α 和 β，A 的三支决策列入表 9.4.4.

(2) 如果我们在注 9.4.2 (2)中取 $\lambda=2$，则

$$E(A)=\frac{0.5904}{x_1}+\frac{0.0784}{x_2}+\frac{0.7399}{x_3}+\frac{0.2944}{x_4}+\frac{0.8704}{x_5}+\frac{0.9639}{x_6}.$$

对不同参数 α 和 β, A 的三支决策列入表 9.4.5.

表 9.4.4　对不同参数 α,β, Fuzzy 集 A 的广义三支决策

α,β	$\mathrm{ACP}_{(\alpha,\beta)}(E,A)$	$\mathrm{REJ}_{(\alpha,\beta)}(E,A)$	$\mathrm{UNC}_{(\alpha,\beta)}(E,A)$
$\alpha=0.9,\beta=0.2$	$\{x_6\}$	$\{x_2\}$	$\{x_1,x_3,x_4,x_5\}$
$\alpha=0.8,\beta=0.4$	$\{x_5,x_6\}$	$\{x_2,x_4\}$	$\{x_1,x_3\}$
$\alpha=0.7,\beta=0.6$	$\{x_3,x_5,x_6\}$	$\{x_1,x_2,x_4\}$	$\varnothing$

表 9.4.5　对不同参数 α,β, Fuzzy 集 A 的广义三支决策

α,β	$\mathrm{ACP}_{(\alpha,\beta)}(E,A)$	$\mathrm{REJ}_{(\alpha,\beta)}(E,A)$	$\mathrm{UNC}_{(\alpha,\beta)}(E,A)$
$\alpha=0.85,\beta=0.2$	$\{x_5,x_6\}$	$\{x_2\}$	$\{x_1,x_3,x_4\}$
$\alpha=0.7,\beta=0.45$	$\{x_3,x_5,x_6\}$	$\{x_2,x_4\}$	$\{x_1\}$
$\alpha=0.65,\beta=0.6$	$\{x_3,x_5,x_6\}$	$\{x_1,x_2,x_4\}$	$\varnothing$

9.4.2　基于区间值 Fuzzy 集的广义决策评价函数和三支决策

在本小节中, 我们给出了两种基于区间值 Fuzzy 集的决策评价函数, 并通过示例展示了一些相应的广义三支决策.

在下面的讨论中, 我们使用符号 $I_*^{(2)}=I^{(2)}-\{[a,1]\mid a\neq 0,1\}$ (第 1 章, 例 1.1.2(5)).

命题 9.4.5　设 $P_D=[0,1]$, $P_C=I_*^{(2)}$. $\forall\lambda\in(0,1]$, 我们假设 $N_{P_D}^{\lambda}(1)=0$ 和 $N_{P_D}^{\lambda}(x)=1-\lambda x$, $\forall x\in[0,1)$. $\forall[a,b]\in I_*^{(2)}$, 我们取 $N_{P_C}^{\lambda}([a,b])=[N_{P_D}^{\lambda}(b),N_{P_D}^{\lambda}(a)]$. 如果我们定义一个映射

$$E^{(\lambda)}:\mathrm{Map}(U,I_*^{(2)})\to\mathrm{Map}(U,[0,1]),$$

$$E^{(\lambda)}(A)=\begin{cases}\dfrac{1}{1+\lambda}, & A^-(x)=0,A^+(x)=1,\\ \dfrac{A^-(x)+A^+(x)}{2}, & \text{其他},\end{cases}$$

$\forall A=[A^-,A^+]\in\mathrm{Map}(U,I_*^{(2)})$, $x\in U$, 则 $E^{(\lambda)}$ 是 U 的一个广义决策评价函数.

证明　我们下面核实 E 满足定义 9.2.1 的三个公理.

(1) 最小元公理.

$\forall x\in U$, 我们有

$$E^{(\lambda)}((0_{I^{(2)}})_U)(x)=\frac{(0)_U+(0)_U}{2}=0.$$

于是，我们得到$E^{(\lambda)}((0_{I^{(2)}})_U)=(0)_U$.

(2) 单调性公理.

设$A,B\in \mathrm{Map}(U,I_*^{(2)})$并且$A\subseteq_{I^{(2)}} B$. 下面我们证明$E^{(\lambda)}(A)(x)\leqslant E^{(\lambda)}(B)(x)$, $\forall x\in U$.

(i) 如果$A(x)=[0,1]$，则很显然$E^{(\lambda)}(A)\subseteq E^{(\lambda)}(B)$.

(ii) 如果$A(x)\neq[0,1]$，则我们分下面两种情形核实$E^{(\lambda)}(A)\subseteq E^{(\lambda)}(B)$.

情形 1 如果$B(x)=[0,1]$，则我们有

$$\begin{aligned}E^{(\lambda)}(A)(x)&=\frac{A^-(x)+A^+(x)}{2}\\&<\frac{1}{2}\leqslant\frac{1}{1+\lambda}\\&=E^{(\lambda)}(B)(x).\end{aligned}$$

情形 2 如果$B(x)\neq[0,1]$，则我们有

$$\begin{aligned}E^{(\lambda)}(A)(x)&=\frac{A^-(x)+A^+(x)}{2}\\&\leqslant\frac{B^-(x)+B^+(x)}{2}\\&=E^{(\lambda)}(B)(x).\end{aligned}$$

于是，我们得到$E^{(\lambda)}(A)\subseteq E^{(\lambda)}(B)$.

(3) 自对偶性公理.

$\forall A\in \mathrm{Map}(U,I_*^{(2)})$, $\forall x\in U$, 下面我们证明$E^{(\lambda)}(N_{P_C}^{\lambda}(A))(x)=N_{P_D}^{\lambda}(E^{(\lambda)}(A))(x)$.

(i) 如果$E^{(\lambda)}(A)(x)\neq 1$，则分下列两种情形验证

$$E^{(\lambda)}(N_{P_C}^{\lambda}(A))(x)=N_{P_D}^{\lambda}(E^{(\lambda)}(A))(x).$$

情形 1 如果$A(x)=[0,1]$，则我们有

$$\begin{aligned}N_{P_D}^{\lambda}(E^{(\lambda)}(A))(x)&=N_{P_D}^{\lambda}(E^{(\lambda)}(A)(x))\\&=N_{P_D}^{\lambda}\left(\frac{1}{1+\lambda}\right)\\&=1-\lambda\frac{1}{1+\lambda}\\&=\frac{1}{1+\lambda}\\&=E^{(\lambda)}(N_{P_C}^{\lambda}(A))(x).\end{aligned}$$

情形 2 如果 $A(x)\neq[0,1]$，则我们有

$$\begin{aligned}E^{(\lambda)}(N_{P_C}^{\lambda}(A))(x)&=\frac{N_{P_C}^{\lambda}(A)^-(x)+N_{P_C}^{\lambda}(A)^+(x)}{2}\\&=\frac{1-\lambda A^-(x)+1-\lambda A^+(x)}{2}\\&=1-\lambda\frac{A^-(x)+A^+(x)}{2}\\&=N_{P_D}^{\lambda}(E^{(\lambda)}(A)(x))\\&=N_{P_D}^{\lambda}(E^{(\lambda)}(A))(x).\end{aligned}$$

(ii) 因为 $\lambda\in(0,1]$，所以 $E^{(\lambda)}(A)(x)=1$ 当且仅当 $A(x)=1_{I^{(2)}}$. 于是，如果 $E^{(\lambda)}(A)(x)=1$，则很显然

$$E^{(\lambda)}(N_{P_C}^{\lambda}(A))(x)=0=N_{P_D}^{\lambda}(E^{(\lambda)}(A))(x).$$

因此，我们得到 $E^{(\lambda)}(N_{P_C}^{\lambda}(A))=N_{P_D}^{\lambda}(E^{(\lambda)}(A))$，$\forall A\in \mathrm{Map}(U,I_*^{(2)})$. □

例 9.4.4 设 $U=\{x_1,x_2,x_3,x_4,x_5\}$,

$$A=\frac{[0.1,0.3]}{x_1}+\frac{[0.2,0.4]}{x_2}+\frac{[0.7,0.8]}{x_3}+\frac{[0.7,0.9]}{x_4}+\frac{[0,1]}{x_5}$$

是 U 的一个区间值 Fuzzy 集并且

$$E^{(\lambda)}(A)(x)=\begin{cases}\dfrac{1}{1+\lambda}, & A^-(x)=0, A^+(x)=1,\\ \dfrac{A^-(x)+A^+(x)}{2} & \text{其他}.\end{cases}$$

取 $\lambda=0.6$，得到

$$E^{(0.6)}(A)=\frac{0.2}{x_1}+\frac{0.3}{x_2}+\frac{0.75}{x_3}+\frac{0.8}{x_4}+\frac{0.625}{x_5}.$$

取 $\lambda=0.1$，得到

$$E^{(0.1)}(A)=\frac{0.2}{x_1}+\frac{0.3}{x_2}+\frac{0.75}{x_3}+\frac{0.8}{x_4}+\frac{0.909}{x_5}.$$

则对不同参数 λ,α 和 β, A 的广义三支决策列入表 9.4.6 和表 9.4.7.

表 9.4.6 对 $\lambda=0.6$ 和不同参数 α,β, Fuzzy 集 A 的广义三支决策

α,β	$\mathrm{ACP}_{(\alpha,\beta)}(E^{(0.6)},A)$	$\mathrm{REJ}_{(\alpha,\beta)}(E^{(0.6)},A)$	$\mathrm{UNC}_{(\alpha,\beta)}(E^{(0.6)},A)$
$\alpha=0.7,\beta=0.2$	$\{x_3,x_4\}$	$\{x_1\}$	$\{x_2,x_5\}$
$\alpha=0.6,\beta=0.25$	$\{x_3,x_4,x_5\}$	$\{x_1\}$	$\{x_2\}$
$\alpha=0.5,\beta=0.3$	$\{x_3,x_4,x_5\}$	$\{x_1,x_2\}$	$\varnothing$

表 9.4.7 对 $\lambda=0.1$ 和不同参数 α,β, Fuzzy 集 A 的广义三支决策

α,β	$\mathrm{ACP}_{(\alpha,\beta)}(E^{(0.1)},A)$	$\mathrm{REJ}_{(\alpha,\beta)}(E^{(0.1)},A)$	$\mathrm{UNC}_{(\alpha,\beta)}(E^{(0.1)},A)$
$\alpha=0.9,\beta=0.1$	$\{x_5\}$	$\varnothing$	$\{x_1,x_2,x_3,x_4\}$
$\alpha=0.7,\beta=0.2$	$\{x_3,x_4,x_5\}$	$\{x_1\}$	$\{x_2\}$
$\alpha=0.6,\beta=0.4$	$\{x_3,x_4,x_5\}$	$\{x_1,x_2\}$	$\varnothing$

由命题 9.4.4, 对区间值 Fuzzy 集, 我们立即得出以下事实.

命题 9.4.6 设 $P_C=P_D=I^{(2)}$ 和 $N_{P_C}=N_{P_D}=N$ 是 $I^{(2)}$ 上的否算子. 如果我们定义映射 $E:\mathrm{Map}(U,I^{(2)})\to\mathrm{Map}(U,I^{(2)})$:

$$E(A)(x)=N(N(A(x))),$$

$\forall A\in\mathrm{Map}(U,I^{(2)})$, $\forall x\in U$, 则 E 是 U 的一个广义决策评价函数.

注 9.4.3 命题 9.4.6 给出了获得广义决策评价函数的一般方法. 特别地, 如果 N_{P_C} 和 N_{P_D} 是对合否算子, 则 3.2 节 (Hu, 2014, 第 2.3 节)、4.2 节 (Hu, 2016, 第 2 节) 中讨论的 E 是 U 的决策评价函数.

例 9.4.5 设 $U=\{x_1,x_2,x_3,x_4,x_5,x_6\}$,

$$A=\frac{[0.4,0.6]}{x_1}+\frac{[0.2,0.5]}{x_2}+\frac{[0.5,0.9]}{x_3}+\frac{[0.7,0.8]}{x_4}+\frac{[0.9,1]}{x_5}+\frac{[0.2,0.2]}{x_6}$$

是 U 的一个区间值 Fuzzy 集, 取 $N([a^-,a^+])=[1-(a^+)^2,1-(a^-)^2]$, $[a^-,a^+]\in I^{(2)}$. 考虑命题 9.4.6 的广义决策评价函数 $E(A)(x)=[1-(1-(A^-(x))^2)^2,1-(1-(A^+(x))^2)^2]$, 有

$$E(A)=\frac{[0.294,0.590]}{x_1}+\frac{[0.078,0.438]}{x_2}+\frac{[0.438,0.964]}{x_3}+\frac{[0.740,0.870]}{x_4}+\frac{[0.964,1]}{x_5}+\frac{[0.078,0.078]}{x_6}.$$

则对不同参数 α,β,A 的广义三支决策列入表 9.4.8.

表 9.4.8 对不同参数 α,β, Fuzzy 集 A 的广义三支决策

α,β	$\mathrm{ACP}_{(\alpha,\beta)}(E,A)$	$\mathrm{REJ}_{(\alpha,\beta)}(E,A)$	$\mathrm{UNC}_{(\alpha,\beta)}(E,A)$
$\alpha=[0.75,0.85],\beta=[0.1,0.45]$	$\{x_5\}$	$\{x_2,x_6\}$	$\{x_1,x_3,x_4\}$
$\alpha=[0.65,0.8],\beta=[0.3,0.6]$	$\{x_4,x_5\}$	$\{x_1,x_2,x_6\}$	$\{x_3\}$
$\alpha=[0.5,0.5],\beta=[0.45,0.45]$	$\{x_4,x_5\}$	$\{x_2,x_6\}$	$\{x_1,x_3\}$

9.4.3 基于 Fuzzy 关系的广义决策评价函数和三支决策

在本小节中, 我们给出了基于 Fuzzy 关系的一类新决策评价函数, 并通过示例展示了一些相应的广义三支决策.

命题 9.4.7 设 $P_C = P_D = [0,1]$ 并且 $N_{P_C}(x) = N_{P_D}(x) = 1 - x$, $\forall x \in [0,1]$. 如果我们定义映射 $E: \mathrm{Map}(U \times U, [0,1]) \to \mathrm{Map}(U \times U, [0,1])$ 如下: $\forall R \in \mathrm{Map}(U \times U, [0,1])$, $\forall x, y \in U$,

$$E(R)(x,y) = \frac{R(x,y) + R(y,x)}{2},$$

则 E 是 $U \times U$ 的一个决策评价函数.

证明 我们下面验证 E 是否满足定义 9.2.1 的三个公理.

(1) 最小元公理.

$\forall x, y \in U$, 我们有

$$E(0_{U \times U})(x,y) = \frac{0_{U \times U}(x,y) + 0_{U \times U}(y,x)}{2} = 0.$$

于是, 我们得到 $E(0_{U \times U}) = 0_{U \times U}$.

(2) 单调性公理.

设 $R, S \in \mathrm{Map}(U \times U, [0,1])$ 并且 $R \subseteq S$, 则 $\forall x, y \in U$,

$$\begin{aligned} E(R)(x,y) &= \frac{R(x,y) + R(y,x)}{2} \\ &\leqslant \frac{S(x,y) + S(y,x)}{2} \\ &= E(S)(x,y). \end{aligned}$$

于是, 我们得到 $E(R) \subseteq E(S)$.

(3) 自对偶性公理.

$\forall R \in \mathrm{Map}(U \times U, [0,1])$, $\forall x, y \in U$,

$$\begin{aligned} E(N(R))(x,y) &= \frac{1 - R(x,y) + 1 - R(y,x)}{2} \\ &= 1 - \frac{R(x,y) + R(y,x)}{2} \\ &= N(E(R))(x,y). \end{aligned}$$

于是, 我们得到 $E(N(R)) = N(E(R))$, $\forall R \in \mathrm{Map}(U \times U, [0,1])$. □

例 9.4.6 设 $U = \{x_1, x_2, x_3, x_4, x_5\}$,

$$R=\begin{bmatrix} 1 & 0.4 & 0.3 & 0.7 & 0.2 \\ 0.5 & 0.8 & 0.6 & 0.4 & 1 \\ 0.9 & 0.3 & 0.5 & 0.8 & 0.2 \\ 0.4 & 0.6 & 0.5 & 1 & 0.8 \\ 0.7 & 0.5 & 0.9 & 0.3 & 1 \end{bmatrix}$$

是 U 的一个 Fuzzy 关系并且

$$E(R)(x,y)=\frac{R(x,y)+R(y,x)}{2},$$

$\forall R\in \mathrm{Map}(U\times U,[0,1])$，$\forall x,y\in U$. 则

$$E(R)=\begin{bmatrix} 1 & 0.45 & 0.6 & 0.55 & 0.45 \\ 0.45 & 0.8 & 0.45 & 0.5 & 0.75 \\ 0.6 & 0.45 & 0.5 & 0.65 & 0.55 \\ 0.55 & 0.5 & 0.65 & 1 & 0.55 \\ 0.45 & 0.75 & 0.55 & 0.55 & 1 \end{bmatrix}.$$

取 α=0.7 和 β=0.55, 则 U 的三支决策由下面的 Boolean 矩阵表示.

(1) 接受域:

$$\mathrm{ACP}_{(0.7,\,0.55)}(E,R)=\begin{bmatrix} 1 & 0 & 0 & 0 & 0 \\ 1 & 0 & 1 & 1 & 0 \\ 0 & 1 & 1 & 0 & 1 \\ 0 & 0 & 0 & 1 & 0 \\ 0 & 1 & 0 & 0 & 1 \end{bmatrix}.$$

(2) 拒绝域:

$$\mathrm{REJ}_{(0.7,\,0.55)}(E,R)=\begin{bmatrix} 0 & 1 & 0 & 1 & 1 \\ 0 & 1 & 1 & 0 & 1 \\ 1 & 1 & 0 & 0 & 1 \\ 1 & 1 & 0 & 0 & 1 \\ 1 & 0 & 1 & 1 & 0 \end{bmatrix}.$$

(3) 不确定域:

$$\mathrm{UNC}_{(0.7,\,0.55)}(E,R)=\begin{bmatrix} 0 & 0 & 1 & 0 & 0 \\ 0 & 0 & 0 & 0 & 0 \\ 1 & 0 & 0 & 1 & 0 \\ 0 & 0 & 1 & 0 & 0 \\ 0 & 0 & 0 & 0 & 0 \end{bmatrix}.$$

命题 9.4.8 设 $P_C=P_D=[0,1]$ 并且 $N_{P_C}(x)=N_{P_D}(x)=1-x$，$\forall x\in[0,1]$. 如果我

们定义映射 $E:\mathrm{Map}(U\times V,[0,1])\to\mathrm{Map}(U,[0,1])$ 如下：$\forall R\in\mathrm{Map}(U\times V,[0,1])$，$\forall x\in U$，

$$E(R)(x)=\frac{1}{2}\left(\sup_{y\in V}R(x,y)+\inf_{y\in V}R(x,y)\right),$$

则 E 是 $U\times V$ 的一个决策评价函数.

证明　我们下面验证 E 是否满足定义 9.2.1 的三个公理.

(1) 最小元公理.

$\forall x\in U$，我们有

$$E(0_{U\times V})(x,y)=\frac{1}{2}\left(\sup_{y\in V}0_{U\times V}(x,y)+\inf_{y\in V}0_{U\times V}(x,y)\right)=0.$$

于是，我们得到 $E(0_{U\times V})=0_U$.

(2) 单调性公理.

设 $R,S\in\mathrm{Map}(U\times V,[0,1])$ 并且 $R\subseteq S$，则 $\forall x\in U$，有

$$\begin{aligned}E(R)(x)&=\frac{1}{2}\left(\sup_{y\in V}R(x,y)+\inf_{y\in V}R(x,y)\right)\\&\leqslant\frac{1}{2}\left(\sup_{y\in V}S(x,y)+\inf_{y\in V}S(x,y)\right)\\&=E(S)(x).\end{aligned}$$

于是，我们得到 $E(R)\subseteq E(S)$.

(3) 自对偶性公理.

$\forall R\in\mathrm{Map}(U\times V,[0,1])$，$\forall x\in U$，有

$$\begin{aligned}E(N(R))(x)&=\frac{1}{2}\left(\sup_{y\in V}N(R)(x,y)+\inf_{y\in V}N(R)(x,y)\right)\\&=\frac{1}{2}\left(\sup_{y\in V}N(R(x,y))+\inf_{y\in V}N(R(x,y))\right)\\&=\frac{1}{2}\left(1-\inf_{y\in V}R(x,y)+1-\sup_{y\in V}R(x,y)\right)\\&=1-\frac{1}{2}\left(\sup_{y\in V}R(x,y)+\inf_{y\in V}R(x,y)\right)\\&=N(E(R))(x).\end{aligned}$$

于是，我们得到 $E(N(R))=N(E(R))$，$\forall R\in\mathrm{Map}(U\times V,[0,1])$. □

9.4.4　基于阴影集的广义决策评价函数和三支决策

在本小节中，我们给出了一种基于阴影集的新型决策评价函数，并通过示例

显示了相应的广义三支决策.

命题 9.4.9 设 $P_C=[0,1]$，$P_D=\{0,[0,1],1\}$ 并且 $N_{P_C}(x)\neq 0,1$，$\forall x\in[0,1]$. 如果我们定义映射

$$E:\mathrm{Map}(U,[0,1])\to \mathrm{Map}(U,\{0,[0,1],1\}),$$

$$E(A)(x)=\begin{cases}1, & A(x)=1,\\ 0, & A(x)=0,\\ [0,1], & 0<A(x)<1.\end{cases}$$

$\forall A\in \mathrm{Map}(U,[0,1])$ 并且 $\forall x\in U$，则 E 是 U 的一个广义决策评价函数.

证明 我们下面验证 E 满足定义 9.2.1 的三个公理.

(1) 最小元公理.

$$\forall x\in U,\quad E(0_U)(x)=0=0_U(x).$$

于是, 我们得到 $E(0_U)=0_U$.

(2) 单调性公理.

设 $A,B\in \mathrm{Map}(U,[0,1])$ 并且 $A\subseteq B$. 则 $\forall x\in U$，下面我们证明 $E(A)(x)\leqslant_{P_D} E(B)(x)$.

(i) 如果 $A(x)=1$，则 $B(x)=1$. 于是, 我们有

$$E(A)(x)=1=E(B)(x).$$

(ii) 如果 $A(x)=0$，则显然

$$E(A)(x)\leqslant_{P_D} E(B)(x).$$

(iii) 如果 $0<A(x)<1$，则我们分下列两种情形证明 $E(A)(x)\leqslant E(B)(x)$.

情形 1 如果 $B(x)<1$，则

$$E(A)(x)=[0,1]=E(B)(x).$$

情形 2 如果 $B(x)=1$，则很显然

$$E(A)(x)\leqslant_{P_D} E(B)(x).$$

因此, 我们得到 $E(A)\subseteq_{P_D} E(B)$.

(3) 自对偶性公理.

$\forall A\in \mathrm{Map}(U,[0,1])$，$\forall x\in U$，下面我们证明 $E(N_{P_C}(A))(x)=N_{P_D}(E(A))(x)$.

(i) 如果 $A(x)=1$，则 $N_{P_C}(A)(x)=0$. 于是

$$E(N_{P_C}(A))(x)=0=N_{P_D}(E(A))(x).$$

(ii) 如果 $A(x)=0$，则 $N_{P_C}(A)(x)=1$. 于是

$$E(N_{P_C}(A))(x)=1=N_{P_D}(E(A))(x).$$

(iii) 如果 $0 < A(x) < 1$，则 $0 < N_{P_C}(A)(x) < 1$．于是

$$E(N_{P_C}(A))(x) = [0,1] = N_{P_D}(E(A))(x).$$

因此，我们得到 $E(N_{P_C}(A)) = N_{P_D}(E(A))$，$\forall A \in \mathrm{Map}(U,[0,1])$． □

请注意，命题 9.4.9 表明，当我们考虑满足 $\forall x \in (0,1)$，$N_{P_C}(x) \neq 0,1$，而不是 $\forall x \in [0,1]$ 的标准对合否算子 $N_I(x) = 1 - x$ 的任意否算子时，在 (Hu, 2014) 中 4.4 节的结论也适用于 $t = 1$．

假设[0,1]上的否算子满足 $N_{P_C}(x) \neq 0,1$，$\forall x \in [0,1]$，$A \in \mathrm{Map}(U,[0,1])$ 并且

$$E(A)(x) = \begin{cases} 1, & A(x) = 1, \\ 0, & A(x) = 0, \\ [0,1], & 0 < A(x) < 1, \end{cases}$$

则 $(U, \mathrm{Map}(U,[0,1]), \{0,[0,1],1\}, E)$ 是一个广义三支决策空间．如果 $0 \leqslant \beta < \alpha \leqslant 1$，则广义三支决策列入表 9.4.9.

表 9.4.9　对不同参数 α, β, Fuzzy 集 A 的广义三支决策

α,β	$\mathrm{ACP}_{(\alpha,\beta)}(E,A)$	$\mathrm{REJ}_{(\alpha,\beta)}(E,A)$	$\mathrm{UNC}_{(\alpha,\beta)}(E,A)$
$\alpha=1, \beta=0$	$\{x \in U \mid A(x)=1\}$	$\{x \in U \mid A(x)=0\}$	$\{x \in U \mid 0 < A(x) < 1\}$
$\alpha=[0,1], \beta=0$	$\{x \in U \mid A(x)>0\}$	$\{x \in U \mid A(x)=0\}$	$\varnothing$
$\alpha=1, \beta=[0,1]$	$\{x \in U \mid A(x)=1\}$	$\{x \in U \mid A(x)<1\}$	$\varnothing$

假设 $A \in \mathrm{Map}(U,\{0,[0,1],1\})$ 并且取 $E(A)(x) = A(x)$．则 $(U, \mathrm{Map}(U,\{0,[0,1],1\}), \{0,[0,1],1\}, E)$ 是一个广义三支决策空间．如果 $0 \leqslant \beta < \alpha \leqslant 1$，则广义三支决策列入表 9.4.10.

表 9.4.10　对不同参数 α, β, 基于阴影集 A 的广义三支决策

α,β	$\mathrm{ACP}_{(\alpha,\beta)}(E,A)$	$\mathrm{REJ}_{(\alpha,\beta)}(E,A)$	$\mathrm{UNC}_{(\alpha,\beta)}(E,A)$
$\alpha=1, \beta=0$	$\{x \in U \mid A(x)=1\}$	$\{x \in U \mid A(x)=0\}$	$\{x \in U \mid A(x)=[0,1]\}$
$\alpha=[0,1], \beta=0$	$\{x \in U \mid A(x)\neq 0\}$	$\{x \in U \mid A(x)=0\}$	$\varnothing$
$\alpha=1, \beta=[0,1]$	$\{x \in U \mid A(x)=1\}$	$\{x \in U \mid A(x)\neq 1\}$	$\varnothing$

9.4.5　基于犹豫 Fuzzy 集的广义决策评价函数和三支决策

在本小节中，我们给出了两种基于犹豫 Fuzzy 集的新型决策评价函数，并通过示例显示了相应的广义三支决策.

首先，从命题 9.4.4 开始，对于犹豫 Fuzzy 集，我们立即得出以下结论.

命题 9.4.10 设 $P_C = P_D = 2^{[0,1]} - \{\varnothing\}$ 并且 $N_{P_C} = N_{P_D} = N$ 为 $2^{[0,1]} - \{\varnothing\}$ 的否算子. 如果我们定义映射

$$E : \mathrm{Map}(U, 2^{[0,1]} - \{\varnothing\}) \to \mathrm{Map}(U, 2^{[0,1]} - \{\varnothing\}),$$

$$E(H)(x) = N(N(H(x))),$$

$\forall H \in \mathrm{Map}(U, 2^{[0,1]} - \{\varnothing\})$, $x \in U$, 则 E 是 U 的一个广义决策评价函数.

注 9.4.4 命题 9.4.10 给出了获得广义决策评价函数的常用方法. 特别是, 如果 N_{P_C} 和 N_{P_D} 是对合否算子, 那么 E 是文献 (Hu, 2016) 中 4.2 节讨论的 U 的决策评价函数.

例 9.4.7 设 $U = \{x_1, x_2, x_3, x_4, x_5, x_6\}$,

$$H = \frac{[0.3, 0.7]}{x_1} + \frac{\{0.4\}}{x_2} + \frac{\{0.6, 0.8\}}{x_3} + \frac{\{0.5, 0.9\}}{x_4} + \frac{[0.9, 1]}{x_5} + \frac{[0.6, 0.9]}{x_6}$$

是 U 的一个犹豫 Fuzzy 集并且 $E(H)(x) = \{1 - (1 - r^2)^2 \mid r \in H(x)\}$. 则

$$H = \frac{[0.1719, 0.7399]}{x_1} + \frac{\{0.2944\}}{x_2} + \frac{\{0.5904, 0.8704\}}{x_3} + \frac{\{0.4375, 0.9639\}}{x_4} + \frac{[0.9639, 1]}{x_5} + \frac{[0.5904, 0.9639]}{x_6}.$$

如果我们考虑不同参数 α 和 β, 则 H 的广义三支决策列在表 9.4.11.

表 9.4.11 对不同参数 α, β, 犹豫 Fuzzy 集 H 的广义三支决策

α, β	$\mathrm{ACP}_{(\alpha,\beta)}(E, A)$	$\mathrm{REJ}_{(\alpha,\beta)}(E, A)$	$\mathrm{UNC}_{(\alpha,\beta)}(E, A)$
$\alpha = \{0.9\}, \beta = \{0.3\}$	$\{x_5\}$	$\{x_2\}$	$\{x_1, x_3, x_4, x_6\}$
$\alpha = \{0.55\}, \beta = \{0.4\}$	$\{x_3, x_5, x_6\}$	$\{x_2\}$	$\{x_1, x_4\}$
$\alpha = \{0.85\}, \beta = \{0.75\}$	$\{x_5\}$	$\{x_1, x_2\}$	$\{x_3, x_4, x_6\}$

命题 9.4.11 设 $P_C = (2^{(0,1)} - \{\varnothing\}) \cup \{0\} \cup \{1\}$, $P_D = [0, 1]$. $\forall x \in [0, 1]$, 我们假设

$$N_{P_D}^{\lambda}(1) = 0, \quad N_{P_D}^{\lambda}(x) = 1 - \lambda x, \quad \forall x \in [0, 1).$$

$\forall A \in (2^{(0,1)} - \{\varnothing\}) \cup \{0\} \cup \{1\}$, 取 $N_{P_C}^{\lambda}(A) = \{N_{P_D}^{\lambda}(a) \mid a \in A\}$. 如果我们定义如下映射

$$E : \mathrm{Map}(U, (2^{(0,1)} - \{\varnothing\}) \cup \{0\} \cup \{1\}) \to \mathrm{Map}(U, [0, 1]),$$

$$E(H)(x) = \frac{\inf H(x) + \sup H(x)}{2},$$

$H \in \mathrm{Map}(U, (2^{(0,1)} - \{\varnothing\}) \cup \{0\} \cup \{1\})$, $x \in U$. 则 E 是 U 的一个广义决策评价函数.

证明 值得注意的是 $P_C = (2^{(0,1)} - \{\varnothing\}) \cup \{0\} \cup \{1\} \subseteq 2^{[0,1]} - \{\varnothing\}$, 这时 $\sqsubseteq$, $\Subset$, $\trianglelefteq$ 也是 $(2^{(0,1)} - \{\varnothing\}) \cup \{0\} \cup \{1\}$ 上的有界偏序.

我们下面验证 E 是否满足定义 9.2.1 的三个公理.

(1) 最小元公理.

$\forall x, y \in U$，我们有

$$E(\{0\}_U)(x) = \frac{1}{2}(\inf\{0\}_U(x) + \sup\{0\}_U(x)) = 0 .$$

于是，我们得到 $E(\{0\}_U) = 0_U$.

(2) 单调性公理.

设 $G, H \in \mathrm{Map}(U, (2^{(0,1)} - \{\varnothing\}) \cup \{0\} \cup \{1\})$ 并且 $G \sqsubseteq H$ ，即 $G \sqcap H = G$ ，则 $\forall x \in U$,

$$\begin{aligned}E(G)(x) &= \frac{\inf(G \sqcap H)(x) + \sup(G \sqcap H)(x)}{2} \\ &= \frac{\inf(G(x) \sqcap H(x)) + \sup(G(x) \sqcap H(x))}{2} \\ &\leqslant \frac{\inf(H(x)) + \sup(H(x))}{2} \\ &= E(H)(x) .\end{aligned}$$

于是，我们得到 $E(H) \subseteq E(G)$. 同理当 $G \Subset H$ 时，即 $G \sqcup H = H$ ，$E(H) \subseteq E(G)$.

(3) 自对偶性公理.

$\forall H \in \mathrm{Map}(U, (2^{(0,1)} - \{\varnothing\}) \cup \{0\} \cup \{1\})$ ，$\forall x \in U$ ，我们分下列三种情形证明

$$E(N_{P_C}^{\lambda}(H))(x) = N_{P_D}^{\lambda}(E(H))(x) .$$

(a) **情形 1**　如果 $H(x) \neq \{0\}, \{1\}$ ，则

$$\begin{aligned}E(N_{P_C}^{\lambda}(H))(x) &= \frac{1}{2}\left(\inf N_{P_C}^{\lambda}(H)(x) + \inf N_{P_C}^{\lambda}(H)(x)\right) \\ &= \frac{1}{2}\left(\inf N_{P_C}^{\lambda}(H(x)) + \inf N_{P_C}^{\lambda}(H(x))\right) \\ &= \frac{1}{2}\left(1 - \lambda \sup H(x) + 1 - \lambda \inf H(x)\right) \\ &= 1 - \frac{\lambda}{2}\left(\inf H(x) + \sup H(x)\right) \\ &= N_{P_D}^{\lambda}(E(H)(x)) \\ &= N_{P_D}^{\lambda}(E(H))(x) .\end{aligned}$$

(b) **情形 2**　如果 $H(x) = \{0\}$ ，则 $E\left(N_{P_C}^{\lambda}(H)\right)(x) = 1 = N_{P_C}^{\lambda}(E(H))(x)$.

(c) **情形 3**　如果 $H(x) = \{1\}$ ，则 $E\left(N_{P_C}^{\lambda}(H)\right)(x) = 0 = N_{P_C}^{\lambda}(E(H))(x)$.

于是，我们得到 $E\left(N_{P_C}^{\lambda}(H)\right) = 1 = N_{P_C}^{\lambda}(E(H))$ ，$\forall H \in \mathrm{Map}(U, (2^{(0,1)} - \{\varnothing\}) \cup \{0\}$

$\cup\{1\})$. □

例 9.4.8 设 $U=\{x_1,x_2,x_3,x_4,x_5,x_6\}$,

$$H=\frac{\{0.5,0.7\}}{x_1}+\frac{\{0.3,0.5\}}{x_2}+\frac{\{0.6\}}{x_3}+\frac{\{0.7,0.9\}}{x_4}+\frac{\{0.8,1\}}{x_5}+\frac{\{0.3,0.7\}}{x_6}$$

是 U 的一个有限犹豫 Fuzzy 集并且

$$E(H)(x)=\frac{\inf H(x)+\sup H(x)}{2},$$

则

$$E(H)=\frac{0.6}{x_1}+\frac{0.4}{x_2}+\frac{0.6}{x_3}+\frac{0.8}{x_4}+\frac{0.9}{x_5}+\frac{0.5}{x_6},$$

则对不同参数 α,β,H 的广义三支决策列入表 9.4.12.

表 9.4.12 对不同参数 α,β, 犹豫 Fuzzy 集 H 的广义三支决策

α,β	$\mathrm{ACP}_{(\alpha,\beta)}(E,H)$	$\mathrm{REJ}_{(\alpha,\beta)}(E,H)$	$\mathrm{UNC}_{(\alpha,\beta)}(E,H)$
$\alpha=0.9,\beta=0.4$	$\{x_5\}$	$\{x_2\}$	$\{x_1,x_3,x_4,x_6\}$
$\alpha=0.8,\beta=0.5$	$\{x_4,x_5\}$	$\{x_2,x_6\}$	$\{x_1,x_3\}$
$\alpha=0.7,\beta=0.6$	$\{x_4,x_5\}$	$\{x_1,x_2,x_3,x_6\}$	$\varnothing$

9.5 一个应用实例

在这一节, 我们用 7.6 节的应用实例说明本章一些概念. 我们考虑了信用卡申请人的评价问题. 首先, 假设

$$A=\frac{1}{x_1}+\frac{0.8}{x_2}+\frac{0.9}{x_3}+\frac{0.4}{x_4}+\frac{0.7}{x_5}+\frac{0.1}{x_6}+\frac{0.5}{x_7}+\frac{0.6}{x_8}+\frac{0.2}{x_9}$$

表示 U 上的 "成人", 由命题 9.4.1 中的广义决策评价函数

$$E^{(t)}(A)(x)=(A(x))^t,$$

我们分别对条件属性 "教育背景" 和 "薪水" 具有以下广义决策评价函数.

取 $t_1(x)=\frac{1}{9}\sum_{i=1}^{9}R_{\text{education}}(x,x_i)$, $t_2(x)=\frac{1}{9}\sum_{i=1}^{9}R_{\text{salary}}(x,x_i)$,

$$E^{\text{education}}(A)(x)=A(x)^{t_1(x)},\quad E^{\text{salary}}(A)(x)=A(x)^{t_2(x)}.$$

而且, 我们得到

$$E^{\text{education}}(A)=\frac{1.00}{x_1}+\frac{0.898}{x_2}+\frac{0.946}{x_3}+\frac{0.594}{x_4}+\frac{0.802}{x_5}+\frac{0.256}{x_6}+\frac{0.657}{x_7}+\frac{0.782}{x_8}+\frac{0.385}{x_9},$$

$$E^{\text{salary}}(A)=\frac{1.00}{x_1}+\frac{0.888}{x_2}+\frac{0.947}{x_3}+\frac{0.588}{x_4}+\frac{0.795}{x_5}+\frac{0.228}{x_6}+\frac{0.630}{x_7}+\frac{0.716}{x_8}+\frac{0.470}{x_9}.$$

在广义三支决策空间 $(U,\text{Map}(U,[0,1]),[0,1],E^{\text{education}})$ 和 $(U,\text{Map}(U,[0,1]),[0,1],E^{\text{salary}})$ 中，如果我们考虑 $\alpha=0.8$ 和 $\beta=0.5$，则对于广义决策评价函数 $E^{\text{education}}$ 和 E^{salary} 的 A 的广义三支决策见表 9.5.1.

表 9.5.1　Fuzzy 集 “成人” A 的信用卡评价的广义三支决策

E	$\text{ACP}_{(0.8,0.5)}(E,A)$	$\text{REJ}_{(0.8,0.5)}(E,A)$	$\text{UNC}_{(0.8,0.5)}(E,A)$
$E^{\text{education}}$	$\{x_1,x_2,x_3,x_5\}$	$\{x_6,x_9\}$	$\{x_4,x_7,x_8\}$
E^{salary}	$\{x_1,x_2,x_3\}$	$\{x_6,x_9\}$	$\{x_4,x_5,x_7,x_8\}$

基于表 9.5.1 我们有下列分析.

(1) 申请人 x_1，x_2 和 x_3 在两个广义决策评价函数中评估“接受”，因为 x_1，x_2 和 x_3 是成年申请人，x_1 由两名专家评估“最佳教育”，由所有三名专家评估“高薪”，x_2 由所有三名专家评估“更好教育”和“高薪”，x_3 由所有三名专家分别评估为“高薪”.

(2) 申请人 x_4，x_7 和 x_8 在两个广义决策评价函数中被评估为“不确定”，因为 x_4 是三位专家评估“最佳教育”和三位专家评估“中等工资”的成人申请人，x_7 是三位专家评估“最佳教育”、两名专家评估“中等工资”、一位专家评估“低薪”的成人申请人，x_8 是一名由所有三位专家评估为具有“更好的教育”和“中等工资”成年申请人.

(3) 申请人 x_5 在第一个广义决策评价函数中被评估为“接受”，因为他/她是由两名专家评估的具有“最佳教育”的成年申请人. 此外，x_5 在第二个广义决策评价函数中被评估为“不确定”，因为他/她是三位专家评估“中等工资”的成年申请人.

9.6　本章小结

在本章中，为了获得更多的决策评价函数，我们推广了决策评价函数到广义决策评价函数. 此外，本章建立了基于带否算子偏序集的广义三支决策空间，为决策者提供更多选择以实际决策问题做出决策. 进而，我们在广义三支决策空间上提出了广义三支决策和基于带否算子偏序集的多粒度广义三支决策空间的广义三支决策. 作为一个应用，我们展示了一些新型的决策评价函数和相应的广义三支决策，如广义决策评价函数和基于 Fuzzy 集、区间值 Fuzzy 集、Fuzzy 关系、阴影集和犹豫 Fuzzy 集的广义三支决策集合. 特别地，作为本章中所获结果的实际应用，我们说明了信用卡申请人评价问题的真实示例. 但是，缺乏以统一格式获得广义决策评价函数的方法. 因此，这一主题将成为进一步工作的热点.

参 考 文 献

胡宝清. 2010. 模糊理论基础. 2 版. 武汉: 武汉大学出版社.

胡宝清. 2012. 云模型与相近概念的关系//王国胤, 李德毅, 姚一豫, 等. 云模型与粒计算. 北京: 科学出版社.

胡宝清. 2013. 基于区间集的三支决策粗糙集//刘盾, 李天瑞, 苗夺谦, 等. 三支决策与粒计算. 北京: 科学出版社: 163-195.

胡宝清, 赵雪荣. 2022. 三支思想的渗透//张贤亮, 苗夺谦, 王国胤, 李天瑞, 姚一豫. 北京: 科学出版社: 124-157.

姚一豫. 2012. 区间集//王国胤, 李德毅, 姚一豫, 等. 云模型与粒计算. 北京: 科学出版社.

姚一豫. 2013. 三支决策研究的若干问题//刘盾, 李天瑞, 苗夺谦, 等. 三支决策与粒计算. 北京: 科学出版社: 1-13.

Ali B, Azam N, Yao J T. 2022. A three-way clustering approach using image enhancement operations. Int J Approx Reason, 149: 1-38.

Atanassov K T. 1983. Intuitionistic fuzzy sets//V Sequrev, ed. VII Itkr's Session, Sofia (Gentral Sci. and Techn. Library, Bulg. Academy of Sciences, 1984).

Atanassov K T. 1986. Intuitionistic fuzzy sets. Fuzzy Sets Syst, 20: 87-96.

Atanassov K T. 1999. Intuitionistic Fuzzy Sets. Heidelberg, New York: Physica-Verlag.

Atanassov K T, Gargov G. 1989. Interval-valued intuitionistic fuzzy sets. Fuzzy Sets Syst, 31: 343-349.

Banerjee M, Pal S K. 1996. Roughness of a fuzzy set. Inform Sci, 93: 235-246.

Bellman R E, Giertz M. 1973. On the analytic formalism of the theory of fuzzy sets. Inform Sci, 5: 149-156.

Birkhoff G. 1973. Lattice Theory, American Mathematical Society. Providence: Colloquium Publication, 25, RI, 1-19, 111-112.

Bodjanova S. 1997. Approximation of fuzzy concepts in decision making. Fuzzy Sets Syst, 85: 23-29.

Bonikowski Z, Bryniarski E, Wybraniec-Skardowska U. 1998. Extensions and intentions in the rough set theory. Inform Sci, 107(1-4): 149-167.

Burillo P, Bustince H. 1996. Entropy on intuitionistic fuzzy sets and on interval-valued fuzzy sets.

Fuzzy Sets Syst, 78: 305-316.

Bustince H, Fernandez J, Mesiar R, Montero J, Orduna R. 2009. Overlap index, overlap functions and migrativity. Proceedings of IF-29 SA/EUSFLAT Conference: 300-305.

Bustince H, Pagola M, Mesiar R, Hullermeier E, Herrera F. 2012. Grouping, overlap, and generalized bientropic functions for fuzzy modeling of pairwise comparisons. IEEE Trans Fuzzy Syst, 20: 405-415.

Cabitza F, Ciucci D, Locoro A. 2017. Exploiting collective knowledge with three-way decision theory: Cases from the questionnaire-based research. Int J Approx Reason, 83: 356-370.

Chen D, Wang C, Hu Q. 2007. A new approach to attribute reduction of consistent and inconsistent covering decision systems with covering rough sets. Inform Sci, 177: 3500-3518.

Chen N, Xu Z, Xia M. 2013a. Correlation coefficients of hesitant fuzzy sets and their applications to clustering analysis. Appl Math Model, 37: 2197-2211.

Chen N, Xu Z, Xia M. 2013b. Interval-valued hesitant preference relations and their applications to group decision making. Knowl-Based Syst, 37: 528-540.

Chen Y, Zeng Z, Zhu Q, Tang C. 2016. Three-way decision reduction in neighborhood systems. Appl Soft Comput, 38: 942-954.

Chen W, Zhang Q, Dai Y. 2022. Sequential multi-class three-way decisions based on cost-sensitive learning. Int J Approx Reason, 146: 47-61.

Chen J, Zhang Y P, Zhao S. 2016. Multi-granular mining for boundary regions in three-way decision theory. Knowledge-Based Syst, 91: 287-292.

Coker D. 1998. Fuzzy rough sets are intuitionistic *L*-fuzzy sets. Fuzzy Sets Syst, 96: 381-383.

Deng X, Yao Y. 2014. Decision-theoretic three-way approximations of fuzzy sets. Inform Sci, 279: 702-715.

Du W S, Hu B Q. 2014. Approximate distribution reducts in inconsistent interval-valued ordered decision tables. Inform Sci, 271: 93-114.

Dubois D, Prade H. 1980a. Fuzzy Sets and Systems: Theory and Applications. New York, London: Toronto.

Dubois D, Prade H. 1980b. New results about properties and semantics of fuzzy set-theoretic operators.// Wang P P, Chang S K. Fuzzy Sets. Springe In Wang and Chang: 59-75.

Dubois D, Prade H. 1982. A class of fuzzy measures based on triangular norms. Int J Gen Syst, 8: 43-61.

Dubois D, Prade H. 1990. Rough fuzzy sets and fuzzy rough sets. Int J Gen Syst, 17: 191-209.

Fan T F, Liau C J, Liu D R. 2011. Dominance-based fuzzy rough set analysis of uncertain and possibilistic data tables. Int J Approx Reason, 52: 1283-1297.

Fan M, Luo S, Li J H. 2023. Network rule extraction under the network formal context based on three-way decision. Appl Intell, 53: 5126-5145.

Fang Y, Min F. 2019. Cost-sensitive approximate attribute reduction with three-way decisions. Int J Approx Reason, 104: 148-165.

Farhadinia B. 2013b. Information measures for hesitant fuzzy sets and interval-valued hesitant fuzzy sets. Inform Sci, 240: 129-144.

Farhadinia B. 2013a. A novel method of ranking hesitant fuzzy values for multiple attribute decision-making problems. Int J Intell Syst, 28: 752-767.

Farhadinia B. 2014b. Distance and similarity measures for higher order hesitant fuzzy sets. Knowledge-Based Syst, 55: 43-48.

Farhadinia B. 2014a. A series of score functions for hesitant fuzzy sets. Inform Sci, 277: 102-110.

Feng T, Fan H T, Mi J S. 2017. Uncertainty and reduction of variable precision multigranulation fuzzy rough sets based on three-way decisions. Int J Approx Reason, 85: 36-58.

Fodor J, Yager R R, Rybalov A. 1997. Structure of uninorms. Int J Uncertain Fuzziness Knowledge-Based Syst, 5: 411-427.

Giles R. 1976. Łukasiewicz logic and fuzzy set theory. Int J Man-Mach Stud, 8: 313-327.

Goguen J A. 1967. L-fuzzy sets. J Math Anal Appl, 18: 145-174.

Gong Z, Sun B, Chen D. 2008. Rough set theory for the interval-valued fuzzy information systems. Inform Sci, 178:1968-1985.

Grabisch M, Marichal J L, Mesiar R, Pap E. 2009. Aggregation Functions. Cambridge: Cambridge University Press.

Greco S, Matarazzo B, Slowinski R. 2002. Rough approximation by dominance relations. Int J Intell Syst, 17: 153-171.

Han X, Zhu X, Pedrycz W, Li Z. 2023. A three-way classification with fuzzy decision trees. Appl Soft Comput, 132: 109788.

Herbert J P, Yao J T. 2011. Game-theoretic rough sets. Fundam Inform, 108: 267-286.

Hu B Q. 2014. Three-way decisions space and three-way decisions. Inform Sci, 281: 21-52.

Hu B Q. 2015. Generalized interval-valued fuzzy variable precision rough sets determined by fuzzy logical operators. Int J Gen Syst, 44(7-8): 849-875.

Hu B Q. 2016. Three-way decision spaces based on partially ordered sets and three-way decisions based on hesitant fuzzy sets. Knowledge-Based Syst, 91: 16-31.

Hu B Q. 2017a. Hesitant sets and hesitant relations. J Intell Fuzzy Syst, 33: 3629-3640.

Hu B Q. 2017b. Three-way decisions based on semi-three-way decision spaces. Information Sciences, 382-383: 415-440.

Hu J H, Cao W Y, Liang P. 2022. A novel sequential three-way decision model for medical diagnosis. Symmetry, 14(5): 1004.

Hu B Q, Kwong C K. 2014. On type-2 fuzzy sets and their t-norm operations. Inform Sci, 255: 58-81.

Hu B Q, Wang S. 2006. A novel approach in uncertain programming part I: New arithmetic and order relation for interval numbers. J Ind Manag Optim, 2(4): 351-371.

Hu B Q, Wang C Y. 2014. On type-2 fuzzy relations and interval-valued type-2 fuzzy sets. Fuzzy Sets Syst, 236: 1-32.

Hu B Q, Wong H. 2013. Generalized interval-valued fuzzy rough sets based on interval-valued fuzzy logical operators. Int J Fuzzy Syst, 15: 381-391.

Hu B Q, Wong H. 2014. Generalized interval-valued fuzzy variable precision rough sets. Int J Fuzzy Syst, 16: 554-565.

Hu B Q, Wong H, Yiu K F C. 2016. The aggregation of multiple three-way decision space. Knowl-Based Syst, 98: 241-249.

Hu B Q, Wong H, Yiu K F C. 2017. On two novel types of three-way decisions in three-way decision space. Int J Approx Reason, 82: 285-306.

Hu B Q, Yiu K F C. 2024. A bipolar valued fuzzy set is an intersected interval-valued fuzzy set. Inform Sci, 657: 119980 DOI: 10.13140/RG.2.2.185/0.8301.

Hu Q, Yu D, Xie Z, Liu J. 2006. Fuzzy probabilistic approximation spaces and their information measures. IEEE Trans Fuzzy Syst, 14(2): 191-201.

Huynh V N, Nakamori Y. 2005. A roughness measure for fuzzy sets. Inform Sci, 173: 255-275.

Jia F, Liu P. 2019. A novel three-way decision model under multiple-criteria environment. Inform Sci, 471: 29-51.

Jiang H, Hu B Q. 2021a. A novel three-way group investment decision model under intuitionistic fuzzy multi-attribute group decision-making environment. Inform Sci, 569: 557-581.

Jiang H, Hu B Q. 2021b. A decision-theoretic fuzzy rough set in hesitant fuzzy information systems and its application in multi-attribute decision-making. Inform Sci, 579:103-127.

Jiang H, Hu B Q. 2022. An optimization viewpoint on evaluation-based interval-valued multi-attribute three-way decision model. Inform Sci, 603: 60-90.

Katzberg J D, Ziarko W. 1994. Variable precision rough sets with asymmetric bounds//Ziarko W. ed. Rough Sets, Fuzzy Sets and Knowledge Discovery. London: Springer: 167-177.

Klement E P, Mesiar R, Pap E. 1996. On the relationship of associative compensatory operators to triangular norms and conforms. Int J Uncertain Fuzzy, 4: 129-144.

Klement E P, Mesiar R, Pap E. 2000. Triangular Norms. Dordrecht: Kluwer Academic Publisher.

Kryszkiewicz M. 1998. Rough set approach to incomplete information systems. Inform Sci, 112: 39-49.

Kryszkiewicz M. 1999. Rules in incomplete information systems. Inform Sci, 113: 271-292.

Kuncheva L I. 1992. Fuzzy rough sets: Application to feature selection. Fuzzy Sets Syst, 51:147-153.

Li W, Huang Z, Li Q. 2016. Three-way decisions based software defect prediction. Knowl-Based Syst, 91: 263-274.

Li W, Jia X, Wang L, Zhou B. 2019. Multi-objective attribute reduction in three-way decision-theoretic rough set model. Int J Approx Reason, 105: 327-341.

Li M, Wang G. 2016. Approximate concept construction with three-way decisions and attribute reduction in incomplete contexts. Knowl-Based Syst, 91: 165-178.

Li T J, Yang X P. 2014. An axiomatic characterization of probabilistic rough sets. Int J Approx Reason, 55: 130-141.

Li H X, Zhang L B, Huang B, Zhou X Z. 2016. Sequential three-way decision and granulation for cost-sensitive face recognition. Knowl-Based Syst, 91: 241-251.

Li H X, Zhang L B, Zhou X Z, Huang B. 2017. Cost-sensitive sequential three-way decision modeling using a deep neural network. Int J Approx Reason, 85: 68-78.

Li Y F, Zhang L B, Xu Y, Yao Y Y, Lau R Y K, Wu Y T. 2017. Enhancing binary classification by modeling uncertain boundary in three-way decisions. IEEE Trans Knowl Data Eng, 29(7): 1438-1451.

Li H X, Zhou X Z. 2011. Risk decision making based on decision-theoretic rough set: a three-way view decision model. Int J Comput Intell Syst, 4:1-11.

Liang D, Liu D. 2014. Systematic studies on three-way decisions with interval-valued decision-theoretic rough sets. Inform Sci, 276: 186-203.

Liang D, Liu D. 2015a. A novel risk decision making based on decision-theoretic rough sets under hesitant fuzzy information. IEEE Trans Fuzzy Syst, 23: 237-247.

Liang D, Liu D. 2015b. Deriving three-way decisions from intuitionistic fuzzy decision-theoretic rough sets. Inform Sci, 300: 28-48.

Liang D C, Liu D, Kobina A. 2016. Three-way group decisions with decision-theoretic rough sets. Inform Sci, 345: 46-64.

Liang D, Liu D, Pedrycz W, Hu P. 2013. Triangular fuzzy decision-theoretic rough sets. Int J Approx Reason, 54: 1087-1106.

Liang D, Pedrycz W, Liu D, Hu P. 2015. Three-way decisions based on decision-theoretic rough sets under linguistic assessment with the aid of group decision making. Appl Soft Comput, 29: 256-269.

Liang D, Wang M, Xu Z, Liu D. 2020. Risk appetite dual hesitant fuzzy three-way decisions with TODIM. Inform Sci, 507: 585-605.

Liang D, Xu Z, Liu D, Wu Y. 2018. Method for three-way decisions using ideal TOPSIS solutions at Pythagorean fuzzy information. Inform Sci, 435: 282-295.

Lin G, Liang J, Qian Y. 2013. Multigranulation rough sets: From partition to covering. Inform Sci, 241: 101-118.

Lin G, Qian Y, Li J. 2012. NMGRS: neighborhood-based multigranulation rough sets. Int J Approx Reason, 53: 1080-1093.

Liu F, Hu B Q. 2006. Fuzziness in rough fuzzy sets and fuzzy rough sets. Fuzzy Inform Eng, 6(1): 36-51.

Liu D, Li T, Li H. 2012a. A multiple-category classification approach with decision-theoretic rough sets. Fundam Inform, 115 (2-3): 173-188.

Liu D, Li T, Liang D. 2012b. Three-way government decision analysis with decision-theoretic rough sets. Int J Uncertain Fuzzy, 20: 119-132.

Liu D, Li T R, Liang D C. 2014. Incorporating logistic regression to decision-theoretic rough sets for classifications. Int J Approx Reason, 55(1): 197-210.

Liu D, Li T, Ruan D. Probabilistic model criteria with decision-theoretic rough sets. Inform Sci, 2011, 181: 3709-3722.

Liu D, Liang D C. 2017. Three-way decisions in ordered decision system. Knowl-Based Syst, 137: 182-195.

Liu D, Liang D, Wang C. 2016. A novel three-way decision model based on incomplete information system. Knowl-Based Syst, 91: 32-45.

Liu D, Yao Y Y, Li T. 2011. Three-way investment decisions with decision-theoretic rough sets. Int J Comput Intell Syst, 4: 66-74.

Luo J, Hu M, Qin K. 2020. Three-way decision with incomplete information based on similarity and satisfiability. Int J Approx Reason, 120: 151-183.

Luo C, Li T, Huang Y, Fujita H. 2019. Updating three-way decisions in incomplete multi-scale information systems. Inform Sci, 476: 274-289.

Ma W, Sun B. 2012. Probabilistic rough set over two universes and rough entropy. Int J Approx Reason, 53: 608-619.

Ma X, Wang G, Yu H, Li T. 2014. Decision region distribution preservation reduction in decision-theoretic rough set model. Inform Sci, 278: 614-640.

Ma X A. Yao Y Y. 2018. Three-way decision perspectives on class-specific attribute reducts. Inform Sci, 450: 227-245.

Maldonado S, Peters G, Weber R. 2020. Credit scoring using three-way decisions with probabilistic rough sets. Inform Sci, 507: 700-714.

Mathéron G. 1975. Random Sets and Integral Geometry. New York: Wiley.

Mayor G, Torrens J. 1991. On a Family of *t*-norms. Fuzzy Sets Syst, 41: 161-166.

Menger K. 1942. Statistical Metrics. Proc Nat Acad Sci USA, 28: 535-537.

Miranda E, Couso I, Gil P. 2005. Random sets as imprecise random variables. J Math Anal Appl, 307: 32-47.

Mizumoto M. 1981. Fuzzy sets and their operations, II. Inform Control, 50: 160-174.

Mizumoto M, Tanaka K. 1976. Some properties of fuzzy sets of type 2. Inform Control, 31: 312-340.

Nakamura A. 1988. Fuzzy rough sets. Note on Multiple-valued Logic in Japan, 9: 1-8.

Nakamura A, Gao J M. 1992. On a KTB-modal fuzzy logic. Fuzzy Sets Syst, 45: 327-334.

Nanda S, Majumdar S. 1992. Fuzzy rough sets. Fuzzy Sets Syst, 45: 157-160.

Nguyen H T. 2000. Some mathematical structures for computational information. Inform Sci, 128: 67-89.

Nguyen H T. 2005. Fuzzy and random sets. Fuzzy Sets Syst, 156: 349-356.

Ouyang T, Pedrycz W, Pizzi N J. 2019. Record linkage based on a three-way decision with the use of granular descriptors. Expert Syst Appl, 122:16-26.

Pawlak Z. 1982. Rough sets. Int J Comput Inform Sci, 11(5), 341-356.

Pawlak Z. 1991. Rough Sets: Theoretical Aspects of Reasoning about Data. Dordrecht: Kluwer Academic Publishers.

Pawlak Z, Skowron A. 1994. Rough membership functions//Yager R R, Fedrizzi M, Kacprzyk J. ed. Advances in the Dempster-Shafer Theory of Evidence. New York: John Wiley and Sons: 251-271.

Pawlak Z, Wong S K M, Ziarko W. 1988. Rough sets: probabilistic versus deterministic approach. Int J Man-Machine Studies, 29: 81-95.

Pedrycz W. 1998. Shadowed sets: Representing and processing fuzzy sets. IEEE Trans Syst, Man, and Cyb, Part B: Cyb, 28: 103-109.

Pedrycz W. 2009. From fuzzy sets to shadowed sets: Interpretation and computing. Int J Intell Syst, 24: 48-61.

Peters J F, Ramanna S. 2016. Proximal three-way decisions: Theory and applications in social networks. Knowl-Based Syst, 91: 4-15.

Qian J, Dang C Y, Yue X D, Zhang N. 2017. Attribute reduction for sequential three-way decisions under dynamic granulation. Int J Approx Reason, 85: 196-216.

Qian Y, Li S, Liang J, Shi Z, Wang F. 2014. Pessimistic rough set based decisions: A multigranulation fusion strategy. Inform Sci, 264: 196-210.

Qian Y H, Liang J Y. 2006. Rough set based on multi-granulations. Proc. 5th IEEE Conference on Cognitive Information, 1: 297-304.

Qian Y H, Liang J Y, Yao Y Y, Dang C Y. 2010. MGRS: A multi-granulation rough set. Inform Sci, 180: 949-970.

Qian J, Liu C, Yue X. 2019. Multigranulation sequential three-way decisions based on multiple thresholds. Int J Approx Reason, 105: 396-416.

Qian J, Tang D W, Yu Y, Yang X B, Gao S. 2022. Hierarchical sequential three-way decision model. Int J Approx Reason, 140: 156-172.

Qian Y, Zhang H, Sang Y, Liang J. 2014. Multigranulation decision-theoretic rough sets. Int J Approx Reason, 55: 225-237.

Qiao J, Hu B Q. 2018. On transformations from semi-three-way decision spaces to three-way decision spaces based on triangular norms and triangular conorms. Inform Sci, 432: 22-51.

Qiao J, Hu B Q. 2020. On decision evaluation functions in generalized three-way decision spaces. Inform Sci, 507: 733-754.

Sanchez E. 1976. Resolution of composite fuzzy relation equations. Inform Control, 30: 38-48.

Sang Y, Liang J, Qian Y. 2016. Decision-theoretic rough sets under dynamic granulation. Knowl-Based Syst, 91: 84-92.

Savchenko A V. 2016. Fast multi-class recognition of piecewise regular objects based on sequential three-way decisions and granular computing. Knowl-Based Syst, 91: 252-262.

Slezak D, Ziarko W. 2005. The investigation of the Bayesian rough set model. Int J Approx Reason,

40: 81-91.

Sun B, Gong Z, Chen D. 2008. Fuzzy rough set theory for the interval-valued fuzzy information systems. Inform Sci, 178: 2794-2815.

Sun B Z, Ma W M, Xiao X. 2017. Three-way group decision making based on multigranulation fuzzy decision-theoretic rough set over two universes. Int J Approx Reason, 81: 87-102.

Torra V. 2010. Hesitant fuzzy sets. Int J Intell Syst, 25: 529-539.

Tsang E, Chen D, Lee J, Yeung D. 2004. On the upper approximations of covering generalized rough sets. Proc. Third Int'l Conf. Machine Learning and Cybernetics: 4200-4203.

Wang C Y, Hu B Q. 2015b. On fuzzy-valued operations and fuzzy-valued fuzzy sets. Fuzzy Sets Syst, 268: 72-92.

Wang C Y, Hu B Q. 2015a. Generalized extended fuzzy implications. Fuzzy Sets Syst, 268: 93-109.

Wang P X, Shi H, Yang X B, Mi J S. 2019. Three-way k-means: integrating k-means and three-way decision. Int J Mach Learn Cyb, 10(10): 2767-2777.

Wang P X, Yao Y Y. 2018. Ce3: a three-way clustering method based on mathematical morphology. Knowl-Based Syst, 155: 54-65.

Wang W J, Zhan J M, Ding W P, Wan S P. 2022. A three-way decision method with tolerance dominance relations in decision information systems. Artif Intell Rev, DOI:10.1007/s10462-022-10311-4.

Weber S. 1983. A general concept of fuzzy connectives, negations and implications based on *t*-norms and *t*-conorms. Fuzzy Sets Syst, 11: 115-134.

Wei L L, Zhang W X. 2004. Probabilistic rough sets characterized by fuzzy sets. Int J Uncertain Fuzz, 12: 47-60.

Willaeys D, Malvache N. 1981. The use of fuzzy sets for the treatment of fuzzy information by computer. Fuzzy Sets Syst, 5: 323-327.

Wong S K M, Ziarko W. 1987. Comparison of the probabilistic approximate classification and the fuzzy set model. Fuzzy Sets Syst, 21: 357-362.

Wu W Z, Leung Y, Zhang W X. 2002. Connections between rough set theory and Dempster-Shafer theory of evidence. Int J Gen Syst, 31(4): 405-430.

Xiao Y C, Hu B Q, Zhao X R. 2016. Three-way decisions based on type-2 fuzzy sets and interval-valued type-2 fuzzy sets. J Intell Fuzzy Syst, 31: 1385-1395.

Xu J F, Miao D Q, Zhang Y J, Zhang Z F. 2017. A three-way decisions model with probabilistic rough sets for stream computing. Int J Approx Reason, 88: 1-22.

Yager R R. 2013. Pythagorean fuzzy subsets. Proc. Joint IFSA World Congress and NAFIPS Annual Meeting, Edmonton, Canada: 57-61.

Yager R R. 2017. Generalized orthopair fuzzy sets. IEEE Trans Fuzzy Syst, 25:1222-1230.

Yager R R, Rybalov A. 1996. Uninorm aggregation operators. Fuzzy Sets Syst, 80:111-120.

Yan Y T, Wu Z B, Du X Q, Chen J, Zhao S, Zhang Y P. 2019. A three-way decision ensemble method for imbalanced data oversampling. Int J Approx Reason, 107:1-16.

Yang D, Deng T, Fujita H. 2020. Partial-overall dominance three-way decision models in interval-valued decision systems. Int J Approx Reason, 128: 308-325.

Yang X P, Li T J, Tan A H. 2020. Three-way decisions in fuzzy incomplete information systems. Int J Mach Learn Cyb, 11(3): 667-674.

Yang H L, Liao X, Wang S, et al. 2013. Fuzzy probabilistic rough set model on two universes and its applications. Int J Approx Reason, 54: 1410-1420.

Yang H L, Xue S Y, She Y H. 2022. General three-way decision models on incomplete information tables. Inform Sci, 605: 136-158.

Yang X P, Yao J T. 2012. Modelling multi-agent three-way decisions with decision-theoretic rough sets. Fundam Inform, 115: 157-171.

Yang J, Yao Y. 2020. Semantics of soft sets and three-way decision with soft sets. Knowl-Based Syst, 194: 105538.

Yao Y Y. 1993. Interval-set algebra for qualitative knowledge representation. Proceedings of the 5th International Conference on Computing and Information, Sudbury, Canada: 370-374.

Yao Y Y. 1996. Two views of the theory of rough sets in finite universes. Int J Approx Reason, 15(4): 291-317.

Yao Y Y. 1997. Combination of rough and fuzzy sets based on α-level sets. Rough Sets and Data Mining: Analysis for Imprecise Data, chapter 1, 301-321. Kluwer Academic Publishers.

Yao Y Y. 2003. Probabilistic approaches to rough sets. Expert Syst, 20: 287-297.

Yao Y Y. 2007. Decision-theoretic rough set models. Rough Sets and Knowledge Technology. Lecture Notes in Computer Science, 4481: 1-12.

Yao Y Y. 2008. Probabilistic rough set approximations. Int J Approx Reason, 49: 255-271.

Yao Y Y. 2009. Interval sets and interval-set algebras. Proceedings of the 8th IEEE International Conference on Cognitive Informatics, Hong Kong, 2009: 307-314.

Yao Y Y. 2010. Three-way decisions with probabilistic rough sets. Inform Sci, 180: 341-353.

Yao Y Y. 2011. The superiority of three-way decisions in probabilistic rough set models. Inform Sci,

181: 1080-1096.

Yao Y Y. 2012. An outline of a theory of three-way decisions. Proceedings of the 8th international RSCTC Conference, 7413: 1-17.

Yao Y Y. 2015a. Rough sets and three-way decisions//Ciucci D, et al. ed. RSKT 2015, LNAI 9436, pp. 62-73, Switzerland: Springer International Publishing.

Yao Y Y. 2015b. The two sides of the theory of rough sets. Knowl-Based Syst, 80: 67-77.

Yao Y Y. 2016. Three-way decisions and cognitive computing. Cognit Comput, 8(4): 543-554.

Yao Y Y. 2017. Combination of rough and fuzzy sets based on α-level sets. Rough Sets and Data Mining: Analysis for Imprecise Data, chapter 1, 301-321. Kluwer Academic Publishers.

Yao Y Y. 2018. Three-way decision and granular computing. Int J Approx Reason,103: 107-123.

Yao Y Y, Azam N. 2015. Web-based medical decision support systems for three-way medical decision making with game-theoretic rough sets. IEEE Trans Fuzzy Syst, 23: 3-15.

Yao Y Y, Deng X F. 2011. Sequential three-way decisions with probabilistic rough sets. Proceedings of IEEE ICCI*CC' 11, IEEE: 120-125.

Yao J, Herbert J P. 2007. Web-based support systems with rough set analysis. Lect Notes Comput Sci, 4585: 360-370.

Yao Y Y, Wong S K M. 1992. A decision theoretic framework for approximating concepts. Int J Man-machine Studies, 37: 793-809.

Yao Y Y, Wong S K M, Lingras P. 1990. A decision-theoretic rough set model//Ras Z W, Zemankova M, Emrich M L. ed. Methodologies for Intelligent Systems. New York: North-Holland, 5: 17-24.

Yu H, Zhang C, Wang G. 2016. A tree-based incremental overlapping clustering method using the three-way decision theory. Knowl-Based Syst, 91: 189-203.

Zadeh L A. 1965. Fuzzy sets. Inform Control, 8: 338-353.

Zadeh L A. 1968. Probability measures of fuzzy events. J Math Anal Appl, 23: 421-427.

Zadeh L A. 1971. Similarity relations and fuzzy orderings. Inform Sci, 3: 177-200.

Zadeh L A. 1975. The concept of a linguistic variable and its application in approximate reasoning-I. Inform Sci, 8:199-249.

Zadeh L A. 2008. Is there a need for fuzzy logic? Inform Sci, 178: 2751-2779.

Zakowski W. 1983. Approximations in the space (u, p). Demonstration Math, 16: 761-769.

Zhang W R. 1994. Bipolar fuzzy sets and relations: A computational framework for cognitive modeling and multiagent decision analysis. Proc. 1st Int. Joint Conf. North American Fuzzy Information Processing Society Biannual Conf., San Antonio, TX, USA: 305-309.

Zhang Z H, Li Y, et al. 2014. A three-way decision approach to incremental frequent itemsets mining. J Inform Comput Sci, 11: 3399-3410.

Zhang X Y, Miao D Q. 2017. Three-way attribute reducts. Int J Approx Reason, 88: 401-434.

Zhang H R, Min F. 2016. Three-way recommender systems based on random forests. Knowl-Based Syst, 91: 275-286.

Zhang H R, Min F, Shi B. 2017. Regression-based three-way recommendation. Inform Sci, 378: 444-461.

Zhang Q H, Xia D Y, Wang G Y. 2017. Three-way decision model with two types of classification errors. Inform Sci, 420: 431-453.

Zhang H Y, Yang S Y, Ma J M. 2016. Ranking interval sets based on inclusion measures and applications to three-way decisions. Knowl-Based Syst, 91: 62-70.

Zhang Y, Yao J T. 2017. Gini objective functions for three-way classifications. Int J Approx Reason, 81: 103-114.

Zhang H, Zhou J, Miao D, et al. 2012. Bayesian rough set model: A further investigation. Int J Approx Reason, 53: 541-557.

Zhao X R, Hu B Q. 2015. Fuzzy and interval-valued fuzzy decision-theoretic rough set approaches based on fuzzy probability measure. Inform Sci, 298: 534-554.

Zhao X R, Hu B Q. 2016. Fuzzy probabilistic rough sets and their corresponding three-way decisions. Knowl-Based Syst, 91: 126-142.

Zhao X R, Hu B Q. 2020. Three-way decisions with decision-theoretic rough sets in multiset-valued information tables. Inform Sci, 507: 684-699.

Zhao T, Zhang Y, Miao D, Pedrycz W. 2022. Selective label enhancement for multi-label classification based on three-way decisions. Int J Approx Reason, 150:172-187.

Zhou B. 2014. Multi-class decision-theoretic rough sets. Int J Approx Reason, 55(1): 211-224.

Zhu W. 2006. Properties of the second type of covering-based rough sets. In 2006 IEEE/WIC/ACM International Conference on Web Intelligence and Intelligent Agent Technology, Workshops Proceedings: 494-497.

Zhu W. 2007b. Topological approaches to covering rough sets. Inform Sci, 177: 1499-1508.

Zhu W. 2007a. A class of covering-based fuzzy rough sets. In Fourth International Conference on Fuzzy Systems and Knowledge Discovery, Vol 1, Proceedings: 7-11.

Zhu W, Wang F Y. 2003. Reduction and aximization of covering generalized rough sets. Inform Sci, 152: 217-230.